파인만의 물리학 강의 I

최신 개정판

The Feynman

파인만의 물리학 강의 I 최신 개정판

LECTURES ON PHYSICS

DEFINITIVE EDITION

리처드 파인만 · 로버트 레이턴 · 매슈 샌즈

VOLUME I

승산

The Feynman Lectures On Physics

Authorized translation from the English language edition, entitled THE FEYNMAN LECTURES ON PHYSICS, THE DEFINITIVE EDITION VOLUME 1, 2nd Edition, ISBN: 0805390464 by FEYNMAN, RICHARD P.; LEIGHTON, ROBERT B.; SANDS, MATTHEW, published by Pearson Education, Inc, publishing as Benjamin Cummings, Copyright © 2007 California Institute of Technology.

리처드 파인만에 대하여

리처드 파인만은 1918년에 뉴욕 브루클린에서 출생하였으며, 1942년에 프린스턴 대학교에서 박사학위를 받았다. 그는 어린 나이에도 불구하고 2차 세계대전 중 로스앨러모스(Los Alamos)에서 진행된 맨해튼 프로젝트(Manhattan Project)에 참여하여 중요한 역할을 담당하였으며, 그 후에는 코넬 대학교와 캘리포니아 공과대학(Caltech, California Institute of Technology)에서 학생들을 가르쳤다. 1965년에는 도모나가 신이치로(朝永振一郎)와 줄리언 슈윙거(Julian Schwinger)와 함께, 양자전기역학(quantum electrodynamics)을 완성한 공로로 노벨 물리학상을 수상하였다.

파인만은 양자전기역학이 갖고 있었던 기존의 문제점들을 말끔하게 해결하여 노벨상을 수상했을 뿐만 아니라, 액체 헬륨에서 나타나는 초유동(superfluidity) 현상을 수학적으로 규명하기도 했다. 그 후에는 겔만(Murray Gell-Mann)과 함께 베타 붕괴 현상을 일으키는 약한 상호작용을 연구하여 이 분야의 초석을 다졌으며, 이로부터 몇 년 후에는 높은 에너지에서 양성자들이 충돌하는 과정을 설명해 주는 파톤 모형(parton model)을 제안하여 쿼크(quark) 이론의 발전에 커다란 업적을 남겼다.

이 대단한 업적들 외에도, 파인만은 여러 가지 새로운 계산법과 표기법을 물리학에 도입하였다. 특히 그가 개발한 파인만 다이어그램(Feynman diagram)은 기본적인 물리 과정을 개념화하고 계산하는 강력한 도구로서, 최근의 과학 역사상 가장 훌륭한 아이디어로 손꼽히고 있다.

파인만은 경이로울 정도로 능률적인 교사이기도 했다. 그는 학자로 일하는 동안 수많은 상을 받았지만, 파인만 자신은 1972년에 받은 외르스테드 메달(Oersted Medal, 훌륭한 교육자에게 수여하는 상)을 가장 자랑스럽게 생각했다. 1963년에 처음 출판된 『파인만의 물리학 강의』를 두고 〈사이언티픽 아메리칸(Scientific American)〉의 한 비평가는 다음과 같은 평을 내렸다. “어렵지만 유익하며, 학생들을 위한 배려로 가득 찬 책. 지난 25년간 수많은 교수들과 신입생들을 최상의 강의로 인도했던 지침서.” 파인만은 또 일반 대중에게 최첨단의 물리학을 소개하기 위해 『물리 법칙의 특성(The Character of Physical Law)』과

『일반인을 위한 파인만의 QED 강의(QED : The Strange Theory of Light and Matter)』를 집필하였으며, 현재 물리학자들과 학생들에게 최고의 참고서와 교과서로 통용되고 있는 수많은 전문 서적을 남겼다.

리처드 파인만은 물리학 이외의 분야에서도 여러 가지 활동을 했다. 그는 챌린저(Challenger)호 진상조사위원회에서도 많은 업적을 남겼는데, 특히 낮은 온도에서 원형 고리(O-ring)의 민감성에 대한 유명한 실험은 오로지 얼음물 한 잔으로 참사 원인을 규명한 전설적인 사례로 회자되고 있다. 그리고 세간에는 잘 알려져 있지 않지만, 그는 1960년대에 캘리포니아 주의 교육위원회에 참여하여 진부한 교과서의 내용을 신랄하게 비판한 적도 있었다.

리처드 파인만의 업적들을 아무리 나열한다 해도, 그의 인간적인 면모를 보여 주기에는 턱없이 부족하다. 그가 쓴 가장 전문적인 글을 읽어 본 사람들은 알겠지만 다채로우면서도 생동감 넘치는 그의 성품은 그의 모든 저작에서 생생한 빛을 발하고 있다. 파인만은 물리학자였지만 틈틈이 라디오를 수리하거나 자물쇠 따기, 그림 그리기, 봉고 연주 등의 과외 활동을 즐겼으며, 마야의 고대 문헌을 해독하기도 했다. 항상 주변 세계에 대한 호기심을 갖고 있던 그는 경험주의자의 위대한 표상이었다.

리처드 파인만은 1988년 2월 15일 로스앤젤레스에서 세상을 떠났다.

개정판에 붙이는 머리말

리처드 파인만이 『파인만의 물리학 강의』라는 세 권의 책으로 출간된 물리학 입문 코스를 가르친 지도 어느덧 40년이 넘는 세월이 흘렀다. 지난 40년간 물리적 세계에 대한 우리의 이해에는 많은 변화가 있었으나, 파인만 강의록은 그러한 세파를 견뎌 냈다. 강의록은 파인만 특유의 물리적 통찰과 교수법 덕분에 처음 출간되었던 당시와 마찬가지로 오늘날에도 여전히 위력적이다. 또한 전 세계적으로 물리학에 갓 입문한 학생들뿐만 아니라 원숙한 물리학자들에 이르기까지 널리 읽히고 있다. 적어도 12개의 언어로 번역되었으며, 영어로 발행된 부수만 해도 150만 부가 넘는다. 이렇게 오랫동안, 이토록 광범위한 영향을 끼친 물리학 책은 아마 없을 것이다.

이번에 새롭게 발간된 『파인만의 물리학 강의 : 개정판』은 두 가지 점에서 기존의 판과 다르다. 그동안 발견된 모든 오류들이 정정되었으며, 새로이 제4권이 함께 출간되었다는 점이다. 제4권은 강의록에 딸린 부록으로, 『파인만의 물리학 길라잡이(Feynman's tips on physics) : 강의에 딸린 문제 풀이』(가제)이다. 이 부록은 파인만의 강의 코스에서 추가된 내용들로 구성되어 있다. 문제 풀이에 대해 파인만이 행한 세 번의 강의와 관성 유도에 관한 한 번의 강의, 그리고 파인만의 동료인 로버트 레이턴(Robert B. Leighton)과 로쿠스 포크트(Rochus Vogt)가 마련한 문제와 해답이 바로 그것이다.

개정판이 나오게 된 경위

원래 세 권의 파인만 강의록은 파인만과 함께 공저자인 로버트 레이턴과 매슈 샌즈(Matthew Sands)에 의해 파인만의 1961~1963년도 강의 코스의 칠판 사진과 녹음테이프를 토대로 매우 서둘러 제작되었다.*[1] 따라서 오류가 없을 수 없었다. 파인만은 그 후 수년간 전 세계의 독자들과 칼텍의 학생들 및 교수진이 발견한 오류들의 긴 목록을 작성해 나갔다. 파인만은 1960년대부터 1970년대 초반까지는 바쁜 와중에도 시간을 내어 1권과 2권에 대해 지적된 모든 오류들을 검토하여 추후에 인쇄된 책에는 정정된 내용이 실리도록 하였다. 하지만 오류를 수정해야 한다는 파인만의 책임감이 3권까지 지속되지는 못했다. 자연을 탐구하며 새로운 것을 발견하는 흥분에 비하면 정정 작업은 재미가 없었기 때문이다.*[2] 1988년에 그가 갑작스레 세상을 떠난 후엔, 검토되지 않은 오류들의 목록이 칼텍의 문서보관소에 예치되었으며, 거기서 잊혀진 채 묻혀 있었다.

---

*[1] 파인만의 강의가 기획되어 세 권의 책으로 나오게 된 경위는 강의록의 권두에 있는 특별 머리말과 파인만의 머리말, 그리고 서문에 잘 나와 있다. 또한 이번에 새로 발간된 부록에 실려 있는 매슈 샌즈의 회상도 참고하기 바란다.

*[2] 1975년에 그는 3권에 대한 오류 점검에 착수하였지만 다른 일들로 바빴기 때문에 작업을 마무리하지 못했으며, 결국 정정은 이루어지지 않았다.

2002년에 랠프 레이턴(Ralph Leighton, 로버트 레이턴의 아들로 파인만과 절친한 사이였음)이 기존의 잊혀져 있던 오류와 자신의 친구인 마이클 고틀리브(Michael Gottlieb)가 수집한 새로운 오류의 긴 목록을 내게 알려 왔다. 레이턴은 칼텍 당국에서 이 모든 오류를 바로잡아 새롭게 『파인만의 물리학 강의 : 개정판』을 만들고 동시에 자신과 고틀리브가 준비하고 있던 『부록』도 함께 출판하자고 제안하였다. 레이턴은 또한 부록에 들어갈 고틀리브가 편집한 네 개의 강의 원고에 물리학상의 오류가 없다는 것을 확인받기 위해서, 그리고 세 권의 강의록 개정판과 함께 부록이 공식적으로 한 세트로 출간되는 것에 대해 칼텍의 동의를 얻기 위해 내게 도움을 청했다.

파인만은 나의 우상이었으며 개인적으로 가까운 친구였다. 나는 오류의 목록과 부록의 내용을 보자마자 도움을 주기로 약속했다. 때마침 나는 부록의 물리학적 내용과 강의록의 오류를 세밀하게 검토해 나갈 적임자를 알고 있었다. 바로 마이클 하틀(Michael Hartl) 박사였다.

하틀은 최근에 칼텍에서 물리학으로 박사학위를 받았으며, 칼텍 역사상 대학원생으로서는 유일하게 학부생들이 뽑은 뛰어난 강사에 선정되어 평생 공로상을 받기도 하였다. 하틀은 물리를 깊게 이해하고 있으며, 내가 아는 물리학자 중에서 가장 꼼꼼한 사람 중 하나로서 파인만만큼이나 뛰어난 선생이다.

그리하여 우리는 다음과 같이 하기로 결정했다. 랠프 레이턴과 마이클 고틀리브는 부록에 실을 네 강의에 대해서 판권 소유자인 파인만의 자녀 칼(Carl)과 미셸(Michelle)로부터 허락을 받고, 부록의 연습문제와 답에 대해서는 레이턴 자신과 로쿠스 포크트의 검사를 받아 원고를 작성하기로 하였다(그들은 이 일을 아주 잘 해냈다). 레이턴과 고틀리브 그리고 파인만의 자녀들은 부록의 내용에 대한 최종적인 권한을 나에게 위임했다. 칼텍 당국, 즉 물리학, 수학 및 천문학부장인 톰 톰브렐로(Tom Tombrello)는 기존 강의록 세 권의 새로운 개정판에 대해 감독 권한을 나에게 위임했고 부록이 개정판과 한 세트로 출간되는 것에 동의해 주었다. 그리고 모두가 마이클 하틀이 나를 대신하여 개정판에 관련된 오류를 검토하고 부록의 물리학적인 내용과 글의 스타일을 편집하는 데 동의했다. 나의 임무는 하틀이 작업한 결과를 살펴보고 네 권 모두에 대해 최종적인 승인을 하는 것이었다. 그리고 마지막으로 에디슨-웨슬리(Addison-Wesley) 출판사에서 이 프로젝트를 마무리 짓기로 했다.

다행스럽게도 위의 과정은 끝까지 순조롭게 잘 진행되었다! 만약 파인만이 살아 있었다면 우리가 만들어 낸 결과에 대해 자랑스럽게 생각하고 기뻐했으리라 믿는다.

오류

이번 개정판에서 수정된 오류들은 다음 세 가지 출처에서 나온 것이다. 80퍼센트 정도는 마이클 고틀리브가 수집한 것이고, 나머지 대부분은 1970년대 초반에 이름 모를 독자들로부터 출판사를 거쳐 파인만에게 답지한 긴 목록에 있던 것이다. 그 밖의 것들은 다양한 독자들로부터 파인만이나 우리에게 도착한 단편적인 짧은 목록에 있던 것이다.

수정된 오류들의 유형은 주로 다음 세 가지 종류이다. (i)문장 중에 있는 오타 (ii)그림이나 표 또는 수식에서 발견된 대략 150개 정도 되는 수학적인 오타—부호가 틀렸거나, 숫자가 잘못되었거나(가령, 4여야 할 것이 5로 되어 있거나 하는 것), 아래 첨자가 빠져 있거나, 수식에서 괄호나 항이 잘못된 것들. (iii)장(章)이나, 그림 또는 표에 대한 잘못된 상호참조 약 50여 개. 이러한 종류의 오타들은 원숙한 물리학자들에게는 그다지 큰 문제가 되지 않지만, 파인만이 다가가려고 했던 대상인 학생들의 입장에서는 매우 혼란스럽고 짜증 나는 것일 수 있다.

놀랍게도 부주의로 인해 발생한 물리적으로 문제가 있는 오류는 단 두 개뿐이었다 : 제1권 45-4쪽을 보면 기존 판에서는 "고무줄을 잡아당기면 온도가 내려가고"라고 되어 있으나 개정판에서는 "올라가고"라고 정정되었다(한글판의 45-5쪽에 해당되며 한글판은 이미 "올라가고"라고 정정되어 있다 : 옮긴이). 그리고 개정판 제2권 5장의 마지막 페이지를 보면 "……밀폐된 (그리고 접지된) 도체의 내부 공간에서 정전하의 분포 상태와 상관없이, 공동의 외부에는 전기장이 형성되지 않는다……"라고 되어 있는데 이전의 판에서는 '접지된'이라는 부분이 빠져 있었다. 이 두 번째 오류는 많은 독자들이 파인만에게 지적한 것인데, 그중에는 강의록의 이 잘못된 단락을 믿고 시험을 친 윌리엄 앤드 메리 대학(The College of William and Mary)의 학생이었던 뷸라 엘리자베스 콕스(Beulah Elizabeth Cox)도 있었다. 1975년에 파인만은 콕스 양에게 이렇게 썼다.* "담당 교사가 콕스 양에게 점수를 주지 않은 건 당연한 일입니다. 왜냐하면 그가 가우스 법칙을 사용해서 보여 주었듯이 콕스 양의 답안은 틀렸기 때문입니다. 과학에서는 세심하게 끌어내어진 논의와 논리를 믿어야지 권위를 믿어선 안 됩니다. 또한 책을 읽을 때도 정확하게 읽고 이해해야 합니다. 이 부분은 나의 실수이며 따라서 책은 틀렸습니다. 아마 당시에 나는 접지된 도체구를 생각하고 있었을 겁니다. 그게 아니라면 내부에서 전하를 이리저리 움직여도 외부에는 아무런 영향도 주지 않는다는 사실을 염두에 두고 있었을 겁니다. 어떻게 그렇게 된 것인지는 확실치 않지만 어리석게도 내가 실수한 겁니다. 그리고 나를 믿은 콕스 양 역시 실수한 겁니다."

파인만은 이 오류뿐만 아니라 다른 오류들도 알고 있었으므로 심기가 불편

---

* 『정상궤도에서 벗어난 완벽하게 합리적인 일탈—리처드 파인만의 편지(Perfectly Reasonable Deviations from the Beaten Track, The Letters of Richard P. Feynman)』, 미셸 파인만 편집(베이직 북스, 뉴욕, 2005), 288~289쪽.

했다. 파인만은 1975년에 출판사로 보낸 서신에서 "단순한 인쇄상의 오류로 볼 수 없는 2권과 3권의 물리학적 오류"에 대해서 언급했다. 내가 알고 있는 오류는 이것이 전부이다. 또 다른 오류의 발견은 미래 독자들의 도전 과제이다! 이러한 용도로 마이클 고틀리브는 www.feynmanlectures.info라는 웹사이트를 개설하고 있는데, 여기에는 이번 개정판에서 정정된 모든 오류들과 함께 향후에 미래의 독자들이 발견하게 될 새로운 오류들이 게시될 것이다.

부록

이번에 새로이 출간된 제4권, 『파인만의 물리학 길라잡이(Feynman's tips on physics) : 강의에 딸린 문제 풀이』는 매혹적인 책이다. 이 책의 하이라이트는 원 강의록에 있는 파인만의 머리말에서 언급된 네 개의 강의다. 강의록의 머리말에서 파인만은 이렇게 적고 있다. "첫해에는 문제 풀이법에 대하여 세 차례에 걸쳐 강의를 했었는데, 그 내용은 이 책에 포함시키지 않았다. 그리고 회전계에 관한 강의가 끝난 후에 관성 유도에 관한 강의가 당연히 이어졌지만, 그것도 이 책에서 누락되었다."

마이클 고틀리브는 랠프 레이턴과 함께 파인만의 강의 녹음테이프와 칠판 사진을 토대로 부록에 실릴 네 개의 강의에 대한 원고를 작성하였다. 이러한 작업 방식은 40여 년 전 랠프의 아버지와 매슈 샌즈가 원래의 세 권의 강의록을 만들어 냈던 방식과 크게 다르지 않았지만, 이번엔 그 당시와 달리 시간상의 촉박함은 없었다. 다만 한 가지 아쉬운 것은 원고를 검토해 줄 파인만이 없다는 점이었다. 파인만의 역할은 매슈 샌즈가 담당하였다. 그는 원고를 읽어 본 다음 고틀리브에게 고칠 점을 알려 주고 조언을 해 주었다. 그 후에 하틀과 내가 최종적으로 검토하였다. 다행히도 고틀리브가 파인만의 네 강의를 생생하게 글로 잘 옮겨 놓아서 우리가 맡은 일은 수월하게 끝났다. 이들 네 개의 '새로운' 강의는 즐겁게 읽혀지는데, 특히 파인만이 하위권 학생들에게 조언해 주는 대목이 그러하다.

이들 '새로운' 강의와 함께 부록에 실려 있는 매슈 샌즈의 회고담 역시 유쾌하다—『파인만의 물리학 강의』가 구상되어 세상에 나오기까지의 과정을 43년이 지난 시점에서 회상한 것이다. 또한 부록에는 파인만 강의록과 병행해서 사용할 목적으로 1960년대 중반에 로버트 레이턴과 로쿠스 포크트가 마련한 유익한 연습문제와 해답이 실려 있다. 그 당시 칼텍의 학생으로서 이 문제들을 풀어 본 나의 몇몇 동료 물리학자들의 말에 따르면 문제들이 매우 잘 만들어졌으며 많은 도움이 되었다고 한다.

개정판의 구성

이 개정판은 쪽수가 로마 숫자로 매겨진 머리글로 시작되는데, 이는 초판이 나온 지 한참 지나서 비교적 '최근'에 추가된 것들이다. 이 머리말과 파인만에 대한 짧은 소개, 그리고 1989년에 게리 노이게바우어(Gerry Neugebauer, 그는 기존 세 권의 강의록을 만드는 과정에 관여했었다)와 데이비드 굿스타인[David Goodstein, "기계적 우주(The Mechanical Universe)" 강좌와 동영상물의 창안자이다—이 교육방송 TV 시리즈물은 전 세계적으로 백만 명 정도의 학생들이 시청했다고 한다 : 옮긴이]이 쓴 특별 머리말이 그것이다. 뒤이어 나오는, 아라비아 숫자 1, 2, 3, …으로 쪽수가 매겨진 본문은 수정된 오류들을 제외하면 원래의 초판과 동일하다.

파인만 강의에 대한 기억

이들 세 권의 강의록은 자체로서 완비된 교육용 서적이다. 이것은 또한 파인만의 1961~1963년도 강의에 대한 역사적 기록이기도 하다. 이 강좌는 칼텍의 모든 신입생과 2학년생들이 자신의 전공과 무관하게 반드시 수강해야 하는 것이었다.

독자들은 나와 마찬가지로, 파인만의 강의가 당시의 그 학생들에게 어떤 영향을 미쳤을지 궁금할 것이다. 파인만 자신은 머리말에서 "학부생의 입장에서 볼 때는 결코 훌륭한 강의가 아니었을 것이다"라고 써, 다소 부정적인 관점을 피력하였다. 굿스타인과 노이게바우어는 1989년 특별 머리말에서 뒤섞인 관점을 나타내고 있으며, 반면에 샌즈는 새 부록에 실린 회고담에서 훨씬 더 긍정적인 관점을 피력하고 있다. 궁금한 나머지 나는 2005년 봄에 거의 무작위로 1961~1963년에 강의를 들었던 칼텍의 학생들(약 150명 정도) 중에서 17명을 뽑아서 이메일을 보내거나 대화를 나눠 보았다. 몇몇은 수업을 굉장히 힘들어했지만, 개중에는 쉽게 강의 내용을 알아들은 사람들도 있었다. 그들의 전공은 물리학뿐만 아니라 천문학, 수학, 지질학, 공학, 화학, 생물학 등으로 다양했다.

그간의 세월로 인해서 그들의 기억이 감상적인 색조로 물들어 있을지도 모르겠지만, 대략 80퍼센트 정도는 파인만의 강의를 대학 시절의 중요한 장면으로 기억하고 있었다. "마치 교회에 나가는 것 같았다", 강의는 "지적으로 거듭나는 경험"이었다, "평생에 손꼽을 만한 경험이었다, 아마도 내가 칼텍에서 얻은 가장 중요한 소득일 것이다", "나는 생물학 전공이었지만 파인만의 강의는 나의 학부 시절 경험 중 가장 인상에 남는 것이었다……. 하지만 고백하건대 당시에 나는 숙제를 할 수 없어서 제출한 적이 거의 없었다", "나는 이 강의 코스에서 가장 촉망 받는 극소수의 학생들 중 하나였다. 강의를 놓친 적이 없었으며…… 아직도 발견의 순간에 파인만이 짓던 환희의 표정이 생생하게 기억난다……. 그의 강의는 정서적 충격을 주었는데 인쇄된 강의록에서는 그러한 느낌을 받기가 어려워 보인다."

이와는 대조적으로, 몇몇 학생들은 대략 크게 두 가지 이유로 부정적인 기억을 갖고 있었다. (i) "강의에 출석해도 숙제 문제를 푸는 방법은 습득할 수가 없었다. 파인만은 능수능란해서 갖가지 트릭을 알고 있었으며 특정 상황에서 어떤 근사가 가능한지를 알고 있었다. 그리고 신입생들은 갖지 못한 경험에서 나온 직관력과 천재성도 갖고 있었다." 파인만과 그의 동료들도 이러한 문제를 알고 있었으며, 이제 부록에 실리게 된 내용을 통하여 부분적으로 이 문제를 해결하고자 했던 것이다. 레이턴과 포크트의 문제와 해답, 그리고 파인만의 문제 풀이에 관한 강의가 그것이다. (ii) "교재도 없었고 강의 내용과 관련된 참고서도 없었기 때문에 다음 강의에서 어떤 내용이 논의될지 알 수가 없었다는 점, 그러므로 예습할 책이 없었다는 점은 대단히 불만스러웠다……. 강의실에서 강의를 들을 때는 흥미진진하고 이해할 수 있었지만 밖으로 나와서 세세한 내용을 재구성해 보려고 하면 꽉 막혀 버리기 일쑤였다." 물론 이 문제는 『파인만의 물리학 강의』의 성문판(成文版) 세 권이 나오면서 해결되었다. 이 책들은 그 후로 칼텍의 학생들이 다년간 공부한 교재가 되었으며, 오늘날까지도 파인만이 남긴 가장 위대한 유산 중 하나로 남아 있다.

감사의 글

이번 『파인만의 물리학 강의 : 개정판』은 랠프 레이턴과 마이클 고틀리브의 최초의 추진력과 마이클 하틀의 뛰어난 오류 정정 솜씨 없이는 불가능했을 것이다. 수정 작업의 근거가 된 오류의 목록을 제공해 준 이름 모를 독자들과 고틀리브에게 감사의 말을 전하고 싶다. 그리고 톰 톰브렐로, 로쿠스 포크트, 게리 노이게바우어, 제임스 하틀(James Hartle), 칼과 미셸 파인만, 그리고 아담 블랙(Adam Black)이 이번 일에 보내 준 지원과 사려 깊은 조언 및 조력에도 감사를 드린다.

킵 손(Kip S. Thorne)
캘리포니아 공과대학 이론물리학 파인만좌 교수

2005년 5월

특별 머리말

파인만의 명성은 말년에 이르러 물리학계를 넘어선 곳까지 알려지게 되었다. 우주왕복선 챌린저호가 참사를 당했을 때 진상조사위원회의 일원으로 활동하면서, 파인만은 대중적 인물이 되었다. 또한 그의 엉뚱한 모험담이 일약 베스트셀러가 되면서 아인슈타인 못지않은 대중적 영웅이 되기도 했다. 노벨상을 수상하기 전인 1961년에도, 그의 명성은 이미 전설이 되어 있었다. 어려운 이론을 쉽게 이해시키는 그의 탁월한 능력은 앞으로도 오랜 세월 동안 전설로 남을 것이다.

파인만은 진정으로 뛰어난 스승이었다. 당대는 물론, 현 시대를 통틀어서 그와 필적할 만한 스승은 찾기 힘들 것이다. 파인만에게 있어서 강의실은 하나의 무대였으며, 강의를 하는 사람은 교과 내용뿐만 아니라 드라마적인 요소와 번뜩이는 기지를 보여 줘야 할 의무가 있는 연극배우였다. 그는 팔을 휘저으며 강단을 이리저리 돌아다니곤 했는데, 뉴욕타임스의 한 기자는 "이론물리학자와 서커스 광대, 현란한 몸짓, 음향 효과 등의 절묘한 결합"이라고 평했다. 그의 강연을 들어 본 사람은 학생이건, 동료건, 또는 일반인들이건 간에 그 환상적인 강연 내용과 함께 파인만이라는 캐릭터를 영원히 잊지 못할 것이다.

그는 강의실 안에서 진행되는 연극을 어느 누구보다도 훌륭하게 연출해 냈다. 청중의 시선을 한곳으로 집중시키는 그의 탁월한 능력은 타의 추종을 불허했다. 여러 해 전에 그는 고급 양자역학을 강의한 적이 있었는데, 학부 수강생들로 가득 찬 강의실에는 대학원생 몇 명과 칼텍 물리학과의 교수들도 끼어 있었다. 어느 날 강의 도중에 파인만은 복잡한 적분을 그림(다이어그램)으로 나타내는 기발한 방법을 설명하기 시작했다. 시간축과 공간축을 그리고, 상호작용을 나타내는 구불구불한 선을 그려 나가면서 한동안 청중의 넋을 빼앗는가 싶더니, 어느 순간에 씨익 웃으며 청중을 향해 이렇게 말하는 것이었다. "……그리고 이것을 '바로 그' 다이어그램(THE daigram)이라고 부릅니다!" 그 순간, 파인만의 강의는 절정에 달했고 좌중에서는 우레와 같은 박수갈채가 터져 나왔다.

파인만은 이 책에 수록된 강의를 마친 후에도 여러 해 동안 칼텍의 신입생들을 대상으로 하는 물리학 강의에서 특별 강사로 나서기도 했다. 그런데 그가 강의를 한다는 소문이 퍼지면 강의실이 미어터질 정도로 수강생들이 모여들었기 때문에, 수강 인원을 조절하기 위해서라도 개강 전까지 강사의 이름을 비밀에 부쳐야 했다. 1987년에 초신성이 발견되어 학계가 술렁이고 있을 때, 파인만은 휘어진 시공간에 대한 강의를 하면서 이런 말을 한 적이 있다. "티코 브라헤(Tycho Brahe)는 자신만의 초신성을 갖고 있었으며, 케플러도 초신성을 갖고 있었습니다. 그리고 그 후로 400년 동안은 어느 누구도 그것을 갖지 못했지요. 그런데 지금 저는 드디어 저만의 초신성을 갖게 되었습니다!" 학생들은 숨을 죽이며 그다음에 나올 말을 기다렸고, 파인만은 계속해서 말을 이어 나갔다. "하나의 은하 속에는 10^{11}개의 별이 있습니다. 이것은 정말로 큰 숫자입니다. 그런데 이 숫자를 소리 내서 읽어 보면 단지 천억에 불과합니다. 우리나라 국가 예산의

1년간 적자 액수보다도 작단 말입니다. 그동안 우리는 이런 수를 가리켜 '천문학적 숫자'라고 불러 왔습니다만, 이제 다시 보니 '경제학적' 숫자라고 부르는 게 차라리 낫겠습니다." 이 말이 끝나는 순간, 강의실은 웃음바다가 되었고 재치 어린 농담으로 청중을 사로잡은 파인만은 강의를 계속 진행해 나갔다.

파인만의 강의 비결은 아주 간단했다. 칼텍의 문서보관소에 소장된 그의 노트에는 1952년 브라질에 잠시 머물면서 자신의 교육 철학을 자필로 남겨 놓은 부분이 아직도 남아 있다.

> "우선, 당신이 강의하는 내용을 학생들이 왜 배워야 하는지, 그 점을 명확하게 파악하라. 일단 이것이 분명해지면 강의 방법은 자연스럽게 떠오를 것이다."

파인만에게 자연스럽게 떠오른 것은 한결같이 강의 내용의 핵심을 찌르는 영감 어린 아이디어들이었다. 한번은 어떤 공개 강연석상에서 '한 아이디어의 타당성을 증명할 때, 그 아이디어를 맨 처음 도입하면서 사용된 데이터를 다시 사용할 수 없는 경우도 있다'는 것을 설명하다가 잠시 논지에서 벗어난 듯 느닷없이 자동차 번호판에 관한 이야기를 꺼냈다. "오늘 저녁에 저는 정말로 놀라운 일을 겪었습니다. 강의실로 오는 길에 차를 몰고 주차장으로 들어갔는데, 정말 기적 같은 일이 벌어진 겁니다. 옆에 있는 자동차의 번호판을 보니 글쎄, ARW 357번이 아니겠습니까? 이게 얼마나 신기한 일입니까? 이 주에서 돌아다니는 수백만 대의 자동차 중에서 하필이면 그 차와 마주칠 확률이 대체 얼마나 되겠습니까? 기적이 아니고서는 불가능한 일이지요!" 이렇듯 평범한 과학자들이 흔히 놓치기 쉬운 개념들도, 파인만의 놀라운 '상식' 앞에서는 그 모습이 명백하게 드러나곤 했다.

파인만은 1952년부터 1987년까지 35년 동안 칼텍에서 무려 34개 강좌를 맡아서 강의했다. 이 중에서 25개 강좌는 대학원생을 위한 과목이었으며, 학부생들이 이 강좌를 들으려면 따로 허가를 받아야 했다(종종 수강 신청을 하는 학부생들이 있었고, 거의 언제나 수강이 허락되었다). 파인만이 오로지 학부생만을 위해 강의를 한 것은 단 한 번뿐이었는데, 이 강의 내용을 편집하여 출판한 것이 바로 『파인만의 물리학 강의』이다.

당시 칼텍의 1~2학년생들은 필수 과목으로 지정된 물리학을 2년 동안 수강해야 했다. 그러나 학생들은 어려운 강의로 인해 물리학에 매혹되기보다는 점점 흥미를 잃어 가는 경우가 많았다. 이런 상황을 개선하기 위하여, 학교 측에서는 신입생들을 대상으로 한 강의를 파인만에게 부탁하게 되었고, 그 강의는 2년 동안 계속되었다. 파인만이 강의를 수락했을 때, 이와 동시에 수업의 강의 노트를 책으로 출판하기로 결정했다. 그러나 막상 작업에 들어가 보니 그것은 애초에 생각했던 것보다 훨씬 더 어려운 일이었다. 이 일 때문에 파인만 본인은 물론이고 그의 동료들까지 엄청난 양의 노동을 감수해야 했다.

강의 내용도 사전에 결정해야만 했다. 파인만은 자신의 강의 내용에 관하여 대략적인 아우트라인만 설정해 두고 있었기 때문에, 이것 역시 엄청나게 복잡한 일이었다. 파인만이 강의실에 들어가 운을 떼기 전에는 그가 무슨 내용으로 강의를 할지 아무도 몰랐던 것이다. 또한 칼텍의 교수들은 학생들에게 내줄 과제물들을 선정하는 등 파인만이 강의를 진행하는 데 필요한 잡다한 일들을 최선을 다해 도와주었다.

물리학의 최고봉에 오른 파인만이 왜 신입생들의 물리학 교육을 위해 2년 이상의 세월을 투자했을까? 내 개인적인 짐작이긴 하지만, 거기에는 대략 세 가지의 이유가 있었을 것이다. 첫째로, 그는 다수의 청중에게 강의하는 것을 좋아했다. 그래서 대학원 강의실보다 훨씬 큰 대형 강의실을 사용한다는 것이 그의 성취동기를 자극했을 것이다. 두 번째 이유로, 파인만은 진정으로 학생들을 염려해 주면서, 신입생들을 제대로 교육시키는 것이야말로 물리학의 미래를 좌우하는 막중대사라고 생각했다. 그리고 가장 중요한 세 번째 이유는 파인만 자신이 이해하고 있는 물리학을 어린 학생들도 알아들을 수 있는 쉬운 형태로 재구성하는 것에 커다란 흥미를 느꼈다는 점이다. 이 작업은 자신의 이해 수준을 가늠해 보는 척도였을 것이다. 언젠가 칼텍의 동료 교수 한 사람이 파인만에게 질문을 던졌다. “스핀이 1/2인 입자들이 페르미-디랙의 통계를 따르는 이유가 뭘까?” 파인만은 즉각적인 답을 회피하면서 이렇게 말했다. “그 내용으로 1학년생들을 위한 강의를 준비해 보겠네.” 그러나 몇 주가 지난 후에 파인만은 솔직하게 털어놓았다. “자네도 짐작했겠지만, 아직 강의 노트를 만들지 못했어. 1학년생들도 알아듣게끔 설명할 방법이 없더라구. 그러니까 내 말은, 우리가 아직 그것을 제대로 이해하지 못하고 있다는 뜻이야. 내 말 알아듣겠나?”

난해한 아이디어를 일상적인 언어로 쉽게 풀어내는 파인만의 특기는 『파인만의 물리학 강의』 전반에 걸쳐 유감없이 발휘되고 있다. 특히 이 점은 양자역학을 설명할 때 가장 두드러지게 나타난다. 그는 물리학을 처음 배우는 학생들에게 경로 적분법(path integral)을 강의하기도 했다. 이것은 물리학 역사상 가장 심오한 문제를 해결해 준 경이로운 계산법으로서, 그 원조가 바로 파인만 자신이었다. 물론 다른 업적도 많이 있었지만, 경로 적분법을 개발해 낸 공로를 전 세계적으로 인정받은 그는 1965년에 줄리언 슈윙거, 도모나가 신이치로와 함께 노벨 물리학상을 수상하였다.

파인만의 강의를 들었던 학생들과 동료 교수들은 지금도 그때의 감동을 떠올리며 고인을 추모하고 있다. 그러나 강의가 진행되던 당시에는 분위기가 사뭇 달랐었다. 많은 학생들이 파인만의 강의를 부담스러워했고, 시간이 갈수록 학부생들의 출석률이 저조해지는 반면에 교수들과 대학원생들의 수가 늘어나기 시작했다. 그 덕분에 강의실은 항상 만원이었으므로, 파인만은 정작 강의를 들어야 할 학부생이 줄어들고 있다는 사실을 눈치 채지 못했을 것이다. 돌이켜 보면, 파인만 스스로도 자신의 강의에 만족하지 않았던 것 같다. 1963년에 작성된 그의 강의록 머리말에는 다음과 같은 글귀가 적혀 있다. “내 강의는 학생들에게 큰 도움을 주지 못했다.” 그의 강의록들을 읽고 있노라면, 그가 학부생들이 아닌 동료 교수들을 향하여 이렇게 외치고 있는 듯하다. “이것 봐! 내가 이 어려운 문제를 얼마나 쉽고 명쾌하게 설명했는지 좀 보라구! 정말 대단하지 않은가 말이야!”

그러나 파인만의 명쾌한 설명에도 불구하고 그의 강의로부터 득을 얻은 것은 학부생들이 아니었다. 그 역사적인 강의의 수혜자들은 주로 칼텍의 교수들이었다. 그들은 파인만의 역동적이고 영감 어린 강의를 편안한 마음으로 감상하면서 마음속으로는 깊은 찬사를 보내고 있었다.

파인만은 물론 훌륭한 교수였지만, 그 이상의 무언가를 느끼게 하는 사람이었다. 그는 교사 중에서도 가장 뛰어난 교사였으며, 물리학의 전도를 위해 이 세상에 태어난 천재 중의 천재였다. 만약 그의 강의가 단순히 학생들에게 시험 문제를 푸는 기술을 가르치기 위한 것이었다면 『파인만의 물리학 강의』는 성공작으로 보기 어려울 것이다. 더구나 강의의 의도가 대학 신입생들을 위한 교재 출판에 있었다면 이것 역시 목적을 이루었다고 볼 수 없다. 그러나 그의 강의록은 현재 10개 국어로 번역되었으며, 2개 국어 대역판도 네 종류나 된다. 파인만은 자신이 물리학계에 남긴 가장 큰 업적이 무엇이라고 생각했을까? 그것은 QED도 아니었고 초유체 헬륨 이론도, 폴라론(polaron) 이론도, 파톤(parton) 이론도 아니었다. 그가 생각했던 가장 큰 업적은 바로 붉은 표지 위에 『파인만의 물리학 강의』라고 선명하게 적혀 있는 세 권의 강의록이었다. 그의 유지를 받들어 위대한 강의록의 기념판이 새롭게 출판된 것을 기쁘게 생각한다.

데이비드 굿스타인(David Goodstein)
게리 노이게바우어(Gerry Neugebauer)
캘리포니아 공과대학

1989년 4월

The Feynman

LECTURES ON PHYSICS

파인만의 물리학 강의 I : 역학, 복사, 열

리처드 파인만

캘리포니아 공과대학 이론 물리학 석좌 교수

로버트 레이턴

캘리포니아 공과대학 교수

매슈 샌즈

스탠퍼드 대학 교수

승산

리처드 파인만의 머리말

이 책은 내가 1961~1962년에 칼텍의 1~2학년생들을 대상으로 강의했던 내용을 편집한 것이다. 물론 강의 내용을 그대로 옮긴 것은 아니다. 편집 과정에서 상당 부분이 수정되었고, 전체 강의 내용 중 일부는 이 책에서 누락되었다. 강의의 수강생은 모두 180명이었는데, 일주일에 두 번씩 대형 강의실에 모여서 강의를 들었으며, 15~20명씩 소그룹을 이루어 조교의 지도하에 토론을 하는 시간도 가졌다. 그리고 실험 실습도 매주 한 차례씩 병행하였다.

우리가 이 강좌를 개설한 의도는 고등학교를 갓 졸업하고 칼텍에 진학한 열성적이고 똑똑한 학생들이 물리학에 꾸준한 관심을 갖게끔 유도하자는 것이었다. 사실 학생들은 그동안 상대성 이론이나 양자 역학 등 현대 물리학의 신비로운 매력에 끌려 기대에 찬 관심을 갖다가도, 일단 대학에 들어와 2년 동안 물리학을 배우다보면 다들 의기소침해지기 일쑤였다. 장대하면서도 파격적인 현대 물리학을 배우지 못하고, 기울어진 평면이나 정전기학 등 다소 썰렁한 고전 물리학을 주로 배웠기 때문이다. 이런 식으로 2년을 보내면 똑똑했던 학생들도 점차 바보가 되어가면서, 물리학을 향한 열정도 차갑게 식어버리는 경우가 다반사였다. 그래서 우리 교수들은 우수한 학생들의 물리학을 향한 열정을 유지시켜줄 수 있는 특단의 조치를 강구해야 했다.

이 책에 수록된 강의들은 대략적인 개요만 늘어놓은 것이 아니라 꽤 수준 높은 내용을 담고 있다. 나는 강의의 수준을 수강생 중 가장 우수한 학생에게 맞추었고, 심지어는 그 학생조차도 강의 내용을 완전히 소화할 수 없을 정도로 난이도를 높였다. 그리고 강의의 목적을 제대로 이루기 위해 모든 문장들을 가능한 한 정확하게 표기하려고 많은 애를 썼다. 이 강의는 학생들에게 물리학의 기초 개념을 세워주고 앞으로 배우게 될 새로운 개념의 주춧돌이 될 것이기 때문이다. 또한 나는 이전에 배운 사실로부터 필연적으로 수반되는 사실이 무엇인지를 학생들이 스스로 깨닫도록 유도하였다. 개연성이 없는 경우에는 그것이 학생들이 이미 알고 있는 사실들로부터 유도되지 않은 새로운 아이디어임을 강조하여 '목적 없이 끌려가는 수업'이 되지 않도록 신경을 썼다.

강의가 처음 시작되었을 때, 나는 학생들이 고등학교에서 기하 광학과 기초 화학 등을 이미 배워서 알고 있다고 가정하였다. 그리고 어떤 정해진 순서를 따라가지 않고 필요에 따라 다양한 내용들을 수시로 언급함으로써 적극적인 학생들의 지적 호기심을 자극시켰다. 완전히 준비되었을 때에만 입을 열어야 한다는 법이 어디 있는가? 이 책에는 충분한 설명 없이 간략하게 언급된 개념들이 도처에 널려 있다. 그리고 이 개념들은 사전 지식이 충분히 전달된 후에 자세히 다룸으로써 학생들이 성취감을 느낄 수 있도록 하였다.

적극적인 학생들에게 자극을 주는 것도 중요했지만, 강의에 별 흥미를 갖지 못하거나 강의 내용을 거의 이해하지 못하는 학생들도 배려해야 했다. 이런 학생들은 내 강의를 들으면서 지적 성취감을 느끼지는 못하겠지만, 적어도 강의 내용의 핵심을 이루는 아이디어만은 건질 수 있도록 최선을 다했다. 내가 하는 말을 전혀 알아듣지 못한 학생이 있다 해도 그것은 전혀 실망할 일이 아니었다. 나는 학생들이 모든 것을 이해하기를 바라지 않았다. 논리의 근간을 이루는 핵심적 개념과 가장 두드러지는 특징 정도만 기억해준다면 그것으로 대만족이었다. 사실, 어린 학생들이 강의를 들으면서 무엇이 핵심적 개념이며 무엇이 고급 내용인지를 판단하는 것은 결코 쉬운 일이 아니었을 것이다.

이 강의를 진행해나가면서 한 가지 어려웠던 점은, 강의에 대한 학생들의 만족도를 가늠할 만한 제도적 장치가 전혀 마련되지 않았다는 것이다. 이것은 정말로 심각한 문제였다. 그래서 나는 지금도 내 강의가 학생들에게 얼마나 도움이 되었는지 감도 못 잡고 있다. 사실, 내 강의는 어느 정도 실험적 성격을 띠고 있었다. 만일 내게 똑같은 강의를 다시 맡아달라는 부탁이 들어온다면, 절대 그런 식으로는 하지 않을 것이다. 솔직히 말해서, 이런 강의를 또다시 맡지 않았으면 좋겠다. 그러나 내가 볼 때, 물리학에 관한 한 첫해의 강의는 그런대로 만족스러웠다고 생각한다.

두 번째 해에는 그다지 만족스럽지 못했다. 이 강의에서는 주로 전기와 자기 현상을 다루었는데, 보통의 평범한 방법 이외의 기발한 착상으로 이 현상을 설명하고 싶었지만, 결국 나의 강의는 평범함의 범주를 크게 벗어나지 못했다. 그래서 전기와 자기에 관한 강의는 별로 잘했다고 생각하지 않는다. 2년째 강의가 마무리될 무렵에, 나는 물질의 기본 성질에 관한 내용을 추가하여 기본 진동형과 확산 방정식의 해, 진동계, 직교 함수 등을 소개함으로써 '수리물리학'의 진수를 조금이나마 보여주고 싶었다. 만일 이 강의를 다시 하게 된다면, 이것을 반드시 실천에 옮길 것이다. 그러나 내가 학부생 강의를 다시 하리란 보장이 전혀 없었으므로 양자 역학의 기초 과정을 시도해보는 것이 좋겠다는 의견이 나왔다. 그 내용은 강의록 3권에 수록되었다.

나중에 물리학을 전공할 학생이라면, 양자 역학을 배우기 위해 3학년이 될 때까지 기다릴 수도 있겠지만, 다른 과를 지망하는 다수의 학생들은 장차 자신의 전공 분야에 필요한 기초를 다지기 위해 물리학을 수강하는 경우가 많았다. 그런데 보통의 양자 역학 강좌는 주로 물리학과의 고학년을 대상으로 하고 있었기 때문에 이들이 그것을 배우려면 너무 오랫동안 기다려야 했다. 즉, 다른 과를 지망하는 학생들에게 양자 역학은 '그림의 떡'이었던 것이다. 그런데 전자 공학이나 화학 등의 응용 분야에서는 양자 역학의 그 복잡한 미분 방정식이 별로 쓰이지 않는다. 그래서 나는 편미분 방정식과 같은 수학적 내용들을 모두 생략한 채로 양자 역학의 기본 원리를 설명하기로 마음먹었다. 통상적인 강의 방식과 거의 정반대라 할 수 있는 이 강의는 이론 물리학자라면 한번쯤 시도해볼만한 가치가 충분히 있었다. 그러나 강의가 막바지에 이르면서 시간이 너무 부족했기 때문에, 나 자신도 만족할 만한 유종의 미를 거두지는 못했다(에너지 띠나 확률 진폭의 공간 의존성 등에 대하여 좀더 자세히 설명하려면, 적어도 3~4회의 강의가 더 필요했다). 또한 이런 식의 강의를 처음 해보았기 때문에 학생들로부터 별 반응이 없는 것도 내게는 악재로 작용했다. 역시 양자 역학은 고학년을 상대로 가르치는 것이 정상이다. 앞으로 이 강의를 또 맡게 된다면 그때는 지금보다 잘 할 수 있을 것 같다.

나는 수강생들로 하여금 소모임을 조직하여 별도의 토론을 하도록 지시했기 때문에 문제 풀이에 관한 강의를 따로 준비하지는 않았다. 첫해에는 문제 풀이법에 대하여 세 차례에 걸쳐 강의를 했었는데, 그 내용은 이 책에 포함시키지 않았다. 그리고 회전계에 관한 강의가 끝난 후에 관성 유도에 관한 강의가 당연히 이어졌지만, 그것도 이 책에서 누락되었다. 다섯 번째와 여섯 번째 강의는 내가 외부에 나가 있었기 때문에 매슈 샌즈(Matthew Sands) 교수가 대신 해주었다.

이 실험적인 강의가 얼마나 성공적이었는지는 사람들마다 의견이 분분하여 판단을 내리기가 어렵다. 내가 보기에는 다소 회의적이다. 학부생의 입장에서 볼 때는 결코 훌륭한 강의가 아니었을 것이다. 특히, 학생들이 제출한 시험 답안지를 볼 때, 아무래도 이 강의는 실패작인 것 같다. 물론 개중에는 강의를 잘 따라온 학생들도 있었다. 강의실에 들어왔던 동료 교수들의 말에 의하면, 거의 모든 내용을 이해하고 과제물도 충실하게 제출하면서 끝까지 흥미를 잃지 않은 학생이 10~20명 정도 있었다고 한다. 내 생각에, 이 학생들은 최고 수준의 기초 물리학을 터득한 학생들로서 내가 주로 염두에 두었던 대상이기도 하다. 그러나 역사가인 기번(Edward Gibbon)이 말했던 대로, "수용할 자세가 되어 있지 않은 학생에게 열성적인 교육은 별 효과가 없다."

사실 나는 어떤 학생도 포기하고 싶지 않다. 강의 중 내가 부지불식간에 그런 실수를 저질렀을지도 모르지만, 순전히 강의가 어렵다는 이유만으로 우수한 학생이 낙오되는 것은 누구에게나 불행한 일이다. 그런 학생들을 돕는 방법 중 하나는 강의 중에 도입된 새로운 개념의 이해를 돕는 연습 문제를 부지런히 개발하는 것이다. 연습 문제를 풀다보면 난해한 개념들이 현실적으로 다가오면서, 그들의 마음 속에 분명하게 자리를 잡게 될 것이다.

그러나 뭐니 뭐니 해도 가장 훌륭한 교육은 학생과 교사 사이의 개인적인 접촉, 즉 새로운 아이디어에 관하여 함께 생각하고 토론하는 분위기를 조성하는 것이다. 이것이 선행되지 않으면 어떤 방법도 성공을 거두기 어렵다. 강의를 그저 듣기만 하거나 단순히 문제 풀이에 급급해서는 결코 많은 것을 배울 수 없다. 그런데 학교에서는 가르쳐야 할 학생수가 너무나 많기 때문에 이 이상적인 교육을 실천할 수가 없다. 그러므로 우리는 대안을 찾아야 한다. 이 점에서는 나의 강의가 한몫을 할 수도 있을 것 같다. 학생수가 비교적 적은 집단이라면, 이 강의록으로부터 어떤 영감이나 아이디어를 떠올릴 수 있을 것이다. 그들은 생각하는 즐거움을 느낄 것이고, 한 걸음 더 나아가서 아이디어를 더욱 큰 규모로 확장할 수도 있을 것이다.

1963년 6월

리처드 파인만(Richard P. Feynman)

서문

이 책은 1961~1962년에 캘리포니아 공과대학(Califonia Institute of Technology)에서 리처드 파인만 교수가 강의한 내용을 묶은 것이다. 이 강의는 2년짜리 물리학 기초 과정 중 첫 번째 해에 실시되었고 그 다음 해인 1962~1963년에도 이 강의의 후속으로 비슷한 강의가 이어졌다. 강의의 상당 부분은 물리학의 기초 과정을 소개하는 데 할당되었다.

최근 수십 년 동안 물리학은 빠르게 발전하였고 고등학교 수학 교과 과정이 강화되면서 대학 신입생들의 수학 실력이 날로 향상되고 있으므로 이것은 시기 적절한 강의였다고 생각한다. 우리의 목적은 학생들의 향상된 수학 실력을 십분 활용하여 현대 물리학의 최신 주제를 되도록 자세히 강의하는 것이었다.

우리는 강의 내용과 전달 방법에 내실을 기하기 위해 물리학과 교수들의 다양한 의견을 수렴하였으며, 충분한 논의를 거친 후에 강의 주제를 선별하였다. 우리는 강의 주제의 특성상 기존의 교재로 강의하거나 새로운 교재를 당장 집필하는 것은 별로 도움이 되지 않는다고 생각했다. 그래서 일단은 2~3주당 한 장(chapter)씩 선별된 주제로 강의를 진행한 후에 적절한 교재를 집필하기로 합의를 보았다. 처음에 대략적으로 잡아놓은 강의 계획은 부실한 부분이 많았지만, 시간이 지나면서 많이 보완되었다.

애초에 우리는 N 명의 집필진이 거의 동일한 분량의 강의를 책임지고 교재를 집필하기로 계획했었다. 즉, 한 개인이 강의 전체의 $1/N$ 을 책임지는 동등 분할 방식이었다. 그러나 집필진이 그리 많지도 않은데다가 각 개인의 개인적 성향과 철학적 관점이 서로 달라서 시종 동일한 관점을 유지하기가 어려웠다.

샌즈(M. Sands) 교수는 이 강좌의 독창성을 유지하기 위해 강의와 교재 집필을 모두 파인만 교수에게 맡기고 강의 내용을 녹음 테이프로 남기자는 제안을 했다. 이렇게 하면 한 차례의 강좌가 마무리된 후에 큰 어려움 없이 교재를 만들 수 있을 것 같았다. 그래서 물리학과의 교수들은 샌즈의 의견을 따르기로 했다.

녹음된 내용을 들으며 교재를 집필하는 것은 별로 어려운 일이 아닐 거라고 생각했다. 강의록에 필요한 그림을 삽입하고 구두점과 문법을 조금 수정하는 것은 대학원생의 시간제 아르바이트 일감 정도로 적당할 것 같았다. 그러나 막상 뚜껑을 열어보니 사정은 전혀 딴판이었다. 우리는 대화체의 말투를 설명문으로 바꾸는 데 대부분의 시간을 보내야 했다. 파인만 같은 물리학자의 하루치 강의를 10~20 시간에 편집하는 것은 대학원생이나 전문 편집자가 할 수 있는 일이 전혀 아니었다!

편집 작업은 이렇게 어려웠지만, 무엇보다도 학생들에게 교재를 제공하는 것이 시급했으므로 우리는 어쩔 수 없이 "기술적으로 별 문제는 없지만 편집 상태가 완전하지 않은" 초기 버전을 먼저 내놓아야 했다. 게다가 다른 대학의 교수들과 학생들도 파인만의 강의록을 빨리 보고 싶어 했기 때문에 출간을 서두르지 않을 수 없었다. 앞으로 내용이 깔끔하게 다듬어진 개정판이 나오면 좋겠지만 그럴 가능성은 별로 없을 것 같다. 사실, 편집 상태가 완벽한 책은 애초부터 기대도 하지 않았다. 조속한 시일 내에 약간의 교정을 보기로 나름대로 계획이 잡혀 있는데, 예정대로 실행될 수 있기를 바랄 뿐이다.

강의 내용과 관련하여 학생들의 능력을 효과적으로 향상시키기 위해서는 연습 문제 풀이와 실험이 병행되어야 한다. 이 부분은 강의록만큼 완성되진 않았지만 그동안 많은 진전을 보았다. 일부 연습 문제들은 강의가 진행되는 동안 만들어졌으며, 완전한 형태의 문제집은 교재와 별도로 내년쯤 출간될 예정이다.

이 강좌와 관련된 실험은 네어(H.V. Neher) 교수가 기획하였는데, 여기에는 마찰이 거의 없는 기체 베어링과 공기 홈통을 이용한 1차원 운동 및 충돌 문제와 조화 진동자가 포함되어 있고 공기로 작동하는 맥스웰의 팽이를 이용하여 가속 원운동과 세차 운동 및 장동을 관측하는 과정도 들어 있다. 모든 실험 과정을 기획하려면 앞으로 상당한 기간이 필요할 것으로 보인다.

이 강의는 레이턴과 네어, 그리고 샌즈 교수의 책임하에 기획되었다. 그 외에 파인만, 노이게바우어(G. Neugebauer), 서턴(R.M. Sutton), 스태블러(H.P. Stabler), 스트롱(F. Strong), 포크트(R. Vogt) 교수 등이 물리학, 수학, 천문학 분야에 참여하였고 공학과 관련된 부분은 코게이(T. Caughey), 플레셋(M. Plesset), 윌츠(C.H. Wilts) 교수의 도움을 받았다. 그 밖에 이 책의 출간을 위해 물심양면으로 도움을 준 많은 분들에게 깊은 감사를 드린다. 특히 재정적으로 뒷받침을 해준 포드 재단에 감사를 전하고 싶다. 포드 재단의 도움이 없었다면 이 책은 탄생하지 못했을 것이다.

1963년 7월

로버트 레이턴(Robert B. Leighton)

차례

파인만의 물리학 강의 I-I

파인만의 물리학 강의 I-II

CHAPTER 01

움직이는 원자

1-1 강의에 앞서

2년에 걸쳐 진행될 본 물리학 과정은 여러분, 그리고 이 글을 읽는 독자들이 장차 물리학자가 될 사람들이라는 가정하에 진행될 것이다. 물론 이 가정이 반드시 옳은 것은 아니지만, 대부분의 대학 교수들은 강의에 앞서 이와 비슷한 가정을 내세우는 습관이 있다! 만일 여러분들이 정말로 물리학자가 되고자 한다면, 공부해야 할 것들이 눈앞에 산적해 있다. 지난 200년 동안 물리학은 다른 어떤 분야보다도 빠르게 발전하면서 엄청난 양의 지식들을 축적해왔다. 여러분이 4년 동안 아무리 공부를 열심히 한다 해도, 이들 중 대부분은 아마 배우지 못하고 지나칠 것이다. 분명히 그렇다. 도저히 다 배울 수가 없다. 더 배우고자 한다면 대학원에 진학해야 한다.

지난 세월 동안 끊임없이 쌓여온 방대한 양의 물리학적 지식들이 '법칙'이라는 이름하에 간단히 요약될 수 있다는 것은 정말로 놀라운 일이다. 물리학의 법칙들 속에는 우리가 갖고 있는 모든 지식들이 함축되어 있다. 그런데 이 법칙이라는 것들이 너무 어렵기 때문에, 여러분들을 다짜고짜 그 속에 끌어들이는 것은 아무래도 가혹한 처사라고 생각되어 초행자를 위한 안내용 지도를 지금부터 제공하고자 한다. 그것은 여러분에게 여러 과학 분야들 사이의 상호 관계를 분명하게 보여줄 것이다. 서론이 끝나고 그 뒤에 이어지는 세 개의 장(chapter)에서는 물리학과 여타 과학 분야들 간의 상호 관계와 과학 분야들 사이의 관계, 그리고 과학이라는 말 자체의 의미를 살펴볼 것이다. 이 과정을 거치면서 여러분은 우리가 다루게 될 주제에 대하여 어느 정도 감을 잡게 될 것이다.

여러분들 중에는 이렇게 따지고 싶은 사람도 있을 것이다. "잔소리는 다 빼고, 그냥 처음부터 물리학 법칙들을 강의한 뒤에 곧바로 다양한 환경에서 응용하는 법을 가르칠 수는 없는 겁니까?" 사실, 유클리드 기하학을 배울 때에도 우리는 다짜고짜 공리에서부터 시작하여 그 위에 온갖 종류의 추론들을 쌓아 올렸다. (물리학을 4년 동안 배우는 것이 낭비라고 생각하는 학생들, 제군들은 그것을 4분 안에 끝내기를 원하는가?) 물리학을 유클리드 기하학처럼 가르칠 수 없는 데에는 두 가지 이유가 있다. 첫 번째 이유는 아직도 우리가 모든 기본 법칙들을 알고 있지 못하기 때문이다. 최첨단의 물리학은 한마디로 말해 '무식의 전당'이다. 두 번째 이유는 물리학의 법칙들을 제대로 서술하려면 보기에도 생소한 고등 수학이 반드시 동원되어야 한다는 점이다. 그래서 여러분은 최소한 용어들에 익숙해지기 위해서라도 꽤 오랜 준비 기간을 거쳐야만 하는 것이다. 빨리 배우고 싶은 학생 여러분들의 심정은 이해하지만, 그것은 애초부터 불가능한 일이다. 우리는 첫걸음부터 차근차근 나아가야 한다. 자연에 대해 우리가 알고 있는 것은 진리(또는 우리가 진리라고 믿고 있는)의 '근사적인' 서술에 불과하다. 앞에서 말했듯이 아직 우리는 모든 법칙들을 알고 있지 못하기 때문이다. 따라서 우리는 잘못된 지식을 버리거나 수정하기 위해 무언가를 배워야만 하는 것이다.

과학에 대한 정의는 대략 다음과 같이 내릴 수 있다—"과학이란 실험을 통하여 모든 지식을 검증하는 행위이다." 과학적 진리를 검증하는 유일한 방법은 실험뿐이다. 그렇다면 지식의 원천은 무엇인가? 우리 앞에서 검증되기를 기다리는 이 모든 법칙들은 어디에서 온 것인가? 실험 행위 자체는 법칙을 세우는 데 도움이 될 수 있다. 실험이 진행되는 와중에 모종의 힌트를 얻을 수도 있기 때문이다. 그러나 이것을 폭넓게 일반화시키려면 상상력이 동원되어야 한다. 실험중에 얻은 희미한 실마리로부터 경이롭고 단순한 (때로는 신기하기까지 한) 패턴들을 추정해내는 데에는 우리의 상상력이 반드시 요구되는 것이다. 그런 다음에는 우리가 올바른 추측을 내렸는지를 검증하는 또 다른 실험이 계속 이어져야 한다. 그런데 상상력을 동원하는 과정이 너무 어렵기 때문에 물리학은 몇 개의 분야로 나뉘어져 노동량을 분담하고 있다. 그중 하나가 이론 물리학으로서, 이론 물리학자들의 주된 업무는 상상과 추론을 통해 새로운 법칙들을 찾아내는 일이다. 그러나 이들은 실험에 관여하지 않는다. 반면에 실험 물리학자들은 실험을 통해 상상력과 추리력을 발휘하는 사람들이다.

나는 방금 전에 자연의 법칙이 근사적 법칙이라고 말했다. 우리가 처음에 찾아내는 법칙은 대부분 '틀린'것이고 이것을 수정, 보완해나가면서 '올바른' 법칙이 정립되기 때문이다. 그렇다면 어떻게 실험이 '틀린' 결과를 줄 수 있다는 말인가? 우선 간단한 경우를 생각해보자. 여러분이 사용하는 실험 기구에 여러분도 모르는 하자가 있을 수도 있다. 그러나 이런 문제는 쉽게 수정될 수 있으며, 약간의 조작으로 수정에 따른 효과를 눈으로 확인할 수 있다. 이런 사소한 문제들을 모두 극복한 상황에서도 잘못된 실험 결과는 얼마든지 나올 수 있다. 대체 왜 그런 것일까? 바로 정확성이 결여되어 있기 때문이다. 한 가지 예를 들어보자. 물체의 질량은 어떤 경우에도 변하지 않는 것처럼 보인다. 팽이의 무게는 회전할 때나 정지해 있을 때나 똑같다. 여기서 우리는 하나의 법칙, 즉 "질량은 속도와 상관없는 불변량이다"라는 법칙을 만들어낼 수 있다. 그러나 오늘날 이 법칙은 잘못된 것으로 판명되었다. 물체의 질량은 속도가 빠를수록 증가하는 성질을 갖고 있다. 단, 물체의 속도가 광속에 가까워져야 질량 증가 효과가 눈에 띄게 나타난다. 따라서 올바른 법칙은 다음과 같다. "물체의 속도가 초속 100마일 이내일 때, 그 물체의 질량은 1/10000%

이내의 범위에서 불변이다." 이렇게 근사적인 형태로 서술해야 올바른 법칙이 되는 것이다. 여러분은 새롭게 수정된 후자의 법칙이 첫 번째 법칙과 별반 다를 것이 없다고 생각할지도 모른다. 글쎄, 그 생각은 맞기도 하고 또 틀리기도 하다. 일상적인 속도로 움직이는 물체들에 대해서는 이 모든 복잡한 상황을 무시한 채로 질량 불변의 법칙을 그냥 적용해도 별 문제가 없다. 그러나 속도가 빨라지면 그것은 틀린 법칙이 되고, 더 빨라질수록 오류도 그만큼 커지는 것이다.

마지막으로, 가장 흥미 있는 사실 하나를 강조하고 싶다. '근사적으로' 맞는 법칙들은 철학적 관점에서 볼 때 완전히 틀린 법칙이라는 사실이다. 질량의 변화가 아무리 작다 해도 그것이 완전 불변량이 아닌 한, 우리의 자연관은 완전히 달라져야 한다. 이것은 법칙들 뒤에 숨어 있는 자연 철학의 특징이기도 하다. 지극히 미미한 효과 때문에 자연에 대한 개념을 송두리째 바꿔야 했던 경험을 우리는 이미 여러 차례 겪어왔다.

그렇다면 제일 먼저 무엇을 가르쳐야 하는가? 상대성 이론이나 4차원 시공간 이론 등과 같이 '맞기는' 하지만 생소하고 어렵기만 한 법칙들을 먼저 언급하는 것이 과연 바람직한 교습 방법일까? 아니면 '질량 보존의 법칙'처럼 근사적으로 맞긴 하지만 어려운 개념이 들어 있지 않은 고전적인 법칙들부터 시작하는 것이 좋은가? 물론, 첫 번째 방법이 더욱 재미있고 경이로운 것은 사실이다. 그러나 초심자들에게는 두 번째 방법이 더 쉽고 후속 개념들을 쌓아 나가는 데에도 무리가 없다. 이것은 물리학을 강의할 때마다 항상 직면하는 문제이다. 앞으로 우리는 상황에 따라서 이 문제를 다양한 방법으로 해결해나갈 것이다. 그러나 매 단계마다 우리가 다루는 주제가 현재 어느 정도까지 알려져 있으며 얼마나 정확하게 알려져 있는지, 그리고 그것이 다른 법칙들과 어떻게 조화를 이루고 있으며, 앞으로 더 배우게 되면 어떤 부분에 수정이 가해지게 될지를 언급하고 넘어갈 것이다.

이제 우리의 지도에 그려진 길을 따라 현대 과학을 향한 여행을 시작해보자. (물리학을 주로 언급하게 되겠지만, 주변의 관련 분야도 함께 다룰 예정이다.) 어느 정도 진도가 나간 뒤에 특정 문제에 집중하는 단계가 오면, 여러분은 그 문제가 왜 특별한 관심을 끄는지, 그리고 자연의 거대한 구조에 어떻게 맞아 들어가는지를 알 수 있을 것이다. 결국 여러분은 현재 우리가 갖고 있는 자연관을 수용하고, 그것을 이해하게 될 것이다.

1-2 모든 물질은 원자로 이루어져 있다

만일 기존의 모든 과학적 지식들을 송두리째 와해시키는 대재앙이 일어나서 다음 세대에 물려줄 과학적 지식을 단 한 문장으로 요약해야 한다면, 그 문장은 어떤 내용을 담고 있을까? 내 생각에 그것은 아마도 '원자 가설(atomic hypothesis)'일 것이다(또는 원자론, 원자적 사실 등 어떤 말로 불러도 상관없다). 즉, '모든 물질은 원자로 이루어져 있으며, 이들은 영원히 운동을 계속하는 작은 입자로서 거리가 어느 정도 이상 떨어져 있을 때에는 서로 잡아당기고, 외부의 힘에 의해 압축되어 거리가 가까워지면 서로 밀어낸다'는 가설이 그것이다. 여러분도 앞으로 알게 되겠지만, 이 한 문장을 놓고 약간의 사고와 상상력을 동원하면 거기에는 이 세계에 대한 엄청난 양의 정보가 함축되어 있음을 알 수 있다.

그림 1-1 10억 배로 확대한 물방울의 모습

원자론의 위력을 실감나게 이해하기 위해 한쪽 길이가 1/4인치 정도 되는 물방울 한 개를 상상해보자. 아주 가까운 곳에서 들여다봐도, 그것은 그저 매끈한 물의 연속체로 보일 뿐이다. 가장 배율이 높은 광학 현미경으로 2000배쯤 확대시키면 물방울은 폭이 40피트 정도 되는 커다란 방의 크기로 확대될 것이다. 그러나 아무리 유심히 들여다봐도 그것은 여전히 매끈한 표면의 물방울일 뿐이다. 단, 이 경우에는 조그만 공처럼 생긴 물체가 이리 저리 돌아다니는 광경을 볼 수도 있어 매우 흥미롭다. 그것은 바로 짚신벌레이다. 여러분은 이쯤에서 잠시 행동을 멈추고 꼼지락거리는 짚신벌레의 섬모 조직과 뒤틀린 몸체를 매우 신기한 눈으로 바라볼 것이다. 그렇다고 여기서 짚신벌레에 초점을 맞춰 계속 확대해나간다면 그것은 생물학 실험이 된다. 우리의 목적은 원자론의 참모습을 눈으로 확인하는 것이므로, 안타깝긴 하지만 짚신벌레는 그냥 무시하고 물방울 자체에 초점을 맞춰 2000배 더 확대해보자. 이제 폭이 24km 크기로 확대된 물방울은 더 이상 매끄러운 표면을 갖고 있지 않다. 무언가 조그만 물체들이 우글거리는 것이, 마치 먼 거리에서 관람석이 가득 메워진 축구 경기장을 보는 것과도 같다. 이 우글거리는 물체를 좀더 정확하게 보기 위해 다시 2000배 확대한다면, 그때 나타나는 광경은 그림 1-1과 비슷할 것이다. 이 그림은 물방울을 10억 배 확대한 모습인데, 번잡함을 피하기 위해 몇 가지를 단순화시켰다. 우선, 입자들은 실제로 그림과 같은 원형이 아니다. 그리고 그림에는 2차원적 배열 상태만 표시되어 있는데, 실제 입자들은 3차원 공간을 움직이고 있으므로 배열 역시 3차원적이어야 한다. 그림에 나타난 두 종류의 알갱이들 중 검은 것은 산소 원자를 나타내며, 흰색 알갱이는 수소 원자이다. 개개의 산소 원자에는 두 개의 수소 원자가 달라붙어 있다(하나의 산소 원자와 두 개의 수소 원자가 결합되면 물의 최소 단위, 즉 물분자가 된다). 이 그림은 매우 정적이지만, 실제의 원자들은 잠시도 가만 있지 못하여 이리저리 흔들리고, 튀고, 돌아가면서 어지러운 운동을 계속하고 있다. 그러므로 여러분은 이 그림을 보면서 원자들이 역동적으로 움직이는 모습을 상상해야 한다. 그림으로 표현할 수 없는 또 한 가지는 입자들 간의 상호작용이다. 이들은 서로 밀고 당기는 힘을 주고받으면서 전체적으로는 '단단하게 뭉쳐져' 있다. 반면에 입자들은 서로 밀착되지 않는 성질이 있다. 만일 두 개의 입자를 아주 가깝게 접근시키면 이들은 서로를 밀어내게 될 것이다.

원자의 반경은 $1 \sim 2 \times 10^{-8}$cm 정도이다. 10^{-8}cm는 옹스트롬(angstrom : 그냥 사람 이름에서 따온 말이니 신경 쓸 것 없다)이라는 단위로 표현되니까, 원자의 반경은 1 ~ 2옹스트롬(Å)이라고 말할 수 있다. 원자의 크기를 상상하는 또 다른 방법이 있다. 사과를 지구만한 크기로 확대시켰을 때, 사과 속의 원자는 원래 사과의 크기 정도가 된다.

자, 이렇게 서로 달라붙어서 이리저리 움직이는 입자들의 집합체, 즉 원래의 물방울로 다시 돌아가보자. 물은 부피가 변하지 않는다. 그리고 물분자들 간의 상호 인력 때문에 여러 조각으로 쪼개지지도 않는다. 만일 물방울을 경사면에 떨어뜨린다면 그것은 아래쪽으로 흐르긴 하겠지만 도중에 분해되거나 어디론가 사라지는 일은 결코 일어나지 않는다. 물분자들이 서로를 잡아당기면서 단단한 결속력을 발휘하고 있기 때문이다. 입자들이 '떠는' 현상은 열(heat)의 개념으로 설명될 수 있다. 온도를 높인다는 것은 곧 분자들의 운동을 증가시킨다는 뜻이다. 물을 끓이면 이 떨림 현상이 증폭되어 원자들 간의 거리가 멀어지고, 여기서 계속 열을 가하면 분자들 사이의 인력만으로는 더 이상 결속 상태를 유지할 수 없는 시점이 찾아온다.

이때가 되면 분자들은 드디어 속박 상태에서 풀려나 자유를 얻게 된다. 물이 증기로 변하는 원리가 바로 이것이다. 온도가 올라가면 입자들의 운동이 격렬해지기 때문에 서로를 묶어두고 있던 입자들이 자유롭게 풀려나는 것이다. 그림 1-2에는 증기 상태가 표현되어 있다. 그런데 이 그림은 한 가지 면에서 볼 때 완전히 실패작이다. 정상적인 대기압이 작용하고 있을 때 보통 크기의 방 안에는 불과 몇 개의 물(증기)분자들만이 존재할 수 있기 때문에, 그림에 그려진 분자들은 사실 개수가 너무 많다. 이 정도 크기의 공간 속에 존재할 수 있는 증기 분자의 수는 거의 0이다.

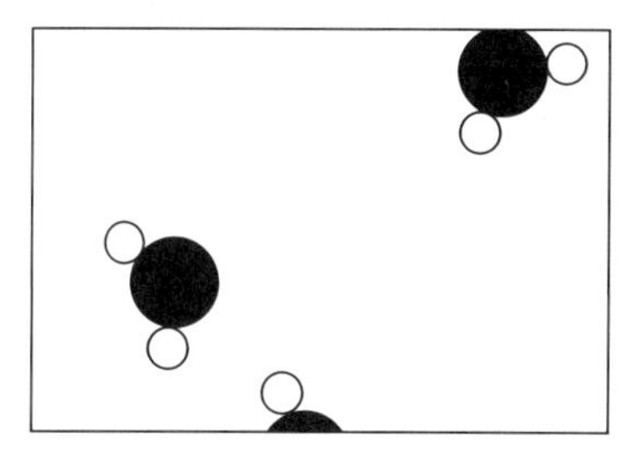

그림 1-2 증기

그러나 아무 것도 없이 텅 빈 사각형을 그려놓고 '이것이 증기의 분자다'라고 말하자니, 왠지 어색한 기분이 들어 하는 수 없이 2 ~ 3개 정도를 그려넣은 것이다. 물보다는 증기 상태일 때 분자의 특성이 더욱 확실하게 보인다. 두 개의 수소 원자는 105°3′의 각도를 이루고 있으며, 수소 원자의 중심에서 산소 원자 중심까지의 거리는 0.957Å 이다. 이 정도면 물분자에 관하여 꽤 많이 알고 있는 셈이다.

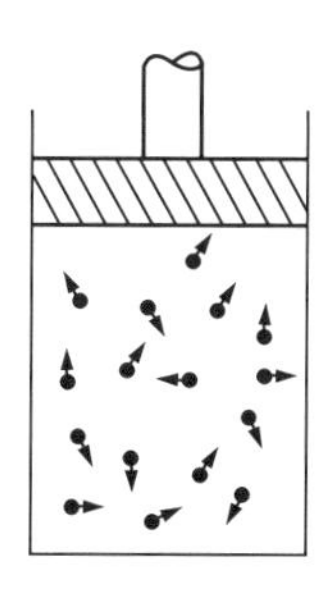

그림 1-3

여기서 잠시 수증기를 비롯한 여러 기체들에 대하여 몇 가지 공통된 성질을 알아보자. 결속 상태에서 분리된 분자는 계속해서 벽(기체를 담고 있는 그릇)에 부딪힌다. 밀폐된 방 안에 수백 개의 테니스공들이 어지럽게 날아다니는 상황을 생각해보면 도움이 될 것이다(물론 이 공들은 영원히 운동을 멈추지 않는다고 가정한다). 공이 벽에 부딪칠 때, 벽은 바깥쪽으로 밀려나는 힘을 받게 된다. 공의 수가 매우 많은 경우에는 벽에 부딪치는 횟수도 그만큼 많아져서 벽은 비슷한 크기의 힘을 '거의' 연속적으로 받게 되는데, 인간의 감각은 한 번의 충돌과 그 다음 충돌 사이의 시간 간격을 감지해낼 만큼 예민하지 못하기 때문에 우리의 눈에는 마치 벽이 연속적으로 밀리는 것처럼 보인다. 즉, 우리는 벽에 가해지는 '평균 압력'만을 느낄 수 있는 것이다(우리의 감각 기관도 10억 배 가량 기능이 향상된다면 그 시간차를 느낄 수 있을 것이다). 따라서 기체를 용기 안에 가두어두려면 외부로부터 일정한 압력을 가해주어야 한다. 그림 1-3에는 피스톤이 달려 있는 원통형 용기에 기체가 담겨 있는 상황이 그려져 있다(모든 물리학 교과서에 빠지지 않고 등장하는 그림이다). 이제, 물분자의 구체적인 모양은 별로 중요하지 않으므로 간단하게 점으로 표시하자. 이 분자들은 모든 방향으로 영구히 운동을 계속하고 있다.

이들 중 상당수는 위쪽에 있는 피스톤에 계속해서 부딪치는데, 피스톤의 입장에서 서술한다면 피스톤은 분자들과의 충돌로 인해 일정한 크기의 힘을 위쪽 방향으로 받게 된다. 우리는 이 힘을 '압력'이라고 부른다(압력에 면적을 곱하면 '힘'이 된다). 피스톤에 가해지는 힘은 피스톤의 면적에 비례한다. 왜냐하면 단위 부피당 분자의 개수를 그대로 유지한 채 용기와 피스톤의 면적을 증가시키면 피스톤에 부딪치는 분자의 수도 그만큼 늘어날 것이기 때문이다.

이제, 용기 안에 들어 있는 분자의 수를 두 배로 늘려보자. 그러면 분자의 밀도는 아까의 2배가 된다. 그리고 분자들의 속도는 이전의 경우와 동일하다고 가정하자(즉, 온도의 변화가 없다는 뜻이다). 이 경우, 벽에 부딪치는 분자의 수 역시 거의 2배가 되며, 온도가 동일하다고 가정했으므로 용기의 내벽에 가해지는 압력은 분자의 밀도에 곧바로 비례하게 된다(여기서 말하는 분자의 밀도란, 분자 자체의 질량을 분자의 부피로 나눈 값이 아니라, 용기 내의 단위 부피당 존재하는 분자의 개수를 뜻한다 : 옮긴이).

여기서 원자들 사이에 작용하는 인력의 효과를 고려한다면 압력의 크기는 예상치보다 약간 줄어들 것이며, 실제의 원자는 점이 아니라 유한한 크기를 갖고 있음을 고려한다면 압력은 약간 커질 것이다. 그러나 기체의 경우에는 분자의 평균 밀도가 매우 작기 때문에 '압력은 밀도에 비례한다'고 말해도 사실에서 크게 벗어나지 않는다.

이 밖에 다른 사실들도 알 수 있다. 기체의 밀도를 그대로 유지한 채로 온도를 높이면(분자의 운동 속도를 증가시키면) 압력에 어떤 변화가 올 것인가? 기체 분자는 온도를 높이기 전보다 더욱 세게 부딪칠 것이고, 또 부딪치는 횟수도 늘어나기 때문에 압력은 증가한다. 이것이 바로 원자 이론이다. 이 얼마나 간결하고 명쾌한 이론인가!

또 다른 상황을 고려해보자. 만일 피스톤을 아래쪽으로 내리눌러서 용기 안의 기체를 압축시킨다면, 움직이는 피스톤을 때리는 원자들에게는 무슨 변화가 일어날 것인가? 우선, 피스톤에 부딪치는 속도가 상대적으로 커질 것이다. 앞으로 다가오는 벽을 향해 탁구공을 던져보면 이 효과를 쉽게 확인할 수 있다. 이 경우, 탁구공이 튕겨나올 때의 속도는 벽에 부딪치기 전의 속도보다 빠르다(극단적인 사례로, 정지해 있는 원자에 피스톤이 와서 부딪친 경우에도 원자는 분명히 되튈 것이다). 따라서 일단 피스톤에 충돌한 원자는 충돌 전보다 더욱 '높은' 온도를 갖게 된다. 이것은 용기 내의 모든 원자에 적용되는 사실이므로 우리는 다음과 같은 결론을 내릴 수 있다 — "기체를 서서히 압축시키면, 기체의 온도는 상승한다." 이와 반대로, 기체의 부피를 서서히 증가시키면 온도는 내려간다.

이제 다시 원래의 물방울로 돌아가서 다른 방향으로 접근해보자. 물방울의 온도를 낮추면 물분자의 떨림 현상이 줄어든다. 원자들 사이에는 인력이 작용하기 때문에 온도가 어느 정도까지 내려가면 원자들은 더 이상 마음대로 떨릴 수가 없게 된다. 그림 1-4에는 매우 낮은 온도에서의 분자 배열 상태가 그려져 있다.

물분자들이 새로운 배열을 찾아 그림과 같이 정돈되었을 때, 우리는 그 상태를 '얼음'이라고 부른다. 그런데 그림 1-4는 2차원 배열 상태만 고려한 것이므로 이 역시 올바른 그림은 아니다. 이것은 단지 얼음의 원자 배열 상태를 개략적으로 표현한 것이다. 여기서 한 가지 흥미로운 것은, 모든 원자들이 정해진 위치를 고수하고 있다는 사실이다. 그래서 얼음의 한쪽 끝을 손으로 잡고 특정 방향으로 힘을 가하면 그 힘은 수 마일이나 떨어진(현미경으로 확대시킨 규모에서 볼 때) 반대편 원자에까지 전달되어 결국 얼음 조각 전체가 움직이게 되는 것이다. 물의 경우에는 원자들이 비교적 크게 진동하면서 자유로운 운동을 하고 있기 때문에 이런 현상이 일어나지 않는다. 고체와 액체의 차이는 바로 여기서 비롯된다. 즉, 고체 내부의 원자들은 결정 구조를 따라 규칙적으로 분포되어 있기 때문에 한 원자의 위치와 배열 상태는 이로부터 수백만 개의 원자를 사이에 둔 저쪽 반대편에 있는 원자의 위치에 따라 결정된다고 할 수 있다. 그림 1-4는 편의상 간단하게 그린 원자 배치도로서, 얼음 결정의 특성을 올바르게 담고 있는 면도 많긴 하지만 완전히 믿을 만한 그림은 못 된다. 얼음 결정은 정육각형의 대칭 구조를 갖고 있는데, 그림에는 이 성질이 제대로 표현되어 있다. 이 그림을 120° 돌려서 본다면 원래의 그림과 정확하게 일치할 것이다. 눈의 결정도 육각형의 대칭 구조를 보인다. 그림 1-4를 주의 깊게 관찰해보면 얼음이 녹을 때 부피가 줄어드는 이유를 알 수 있다. 보다시피, 여섯 개의 분자들이 육각형을 이루고 있고, 그 중심에는 커다란 구멍이 존재한다. 이 구조가 붕괴되면, 가운데 구멍으로 다른 분자들이 흘러들어와 여백을 메우게 될 것이다. 얼음과 비슷한 결정 구조를 가진 일부 금속을 제외하고, 대부분의 물질들은 녹을 때 부피가 늘어난다. 고체일 때 서로 가까이 뭉쳐 있던 분자들이 액체 상태로 변하면서 더욱 많은 활동 공간을 필요로 하기 때문이다. 그러나 얼음과 같이 빈 공간을 가진 결정 구조는 액체로 변할 때 빈 공간이 다른 분자로 채워지기 때문에 부피가 줄어드는 것이다.

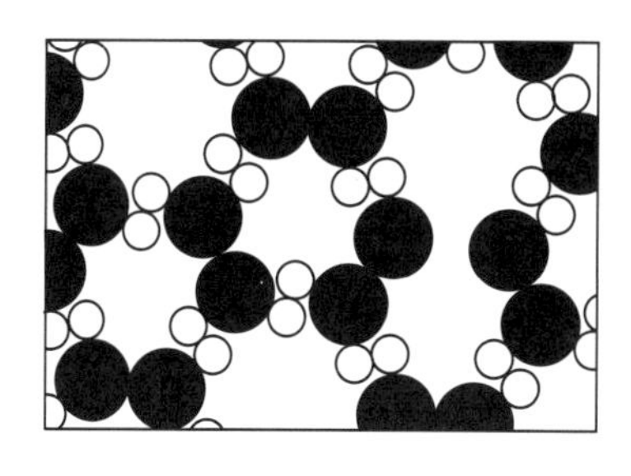

그림 1-4 얼음

얼음은 분명히 고체이지만, 온도는 얼마든지 변할 수 있다. 즉, 얼음도 '열'을 가지고 있는 것이다. 우리는 얼음의 온도를 원하는 대로 조절할 수 있다. 얼음 속의 열은 어떻게 존재하는 것일까? 원자들은 단 한 순간도 조용히 있는 법이 없다. 이들은 이리저리 떨면서 진동하고 있다. 고체에 명확한 결정 구조가 있다 해도, 원자들은 지정된 위치에서 지금도 맹렬한 진동을 계속하고 있다. 여기에 온도를 높여주면 원자의 진폭이 점점 커지다가 결국에는 구속 상태를 벗어나게 된다. 우리는 이런 현상을 융해(融解)라고 부른다. 이와는 반대로 온도를 점점 낮추면 진동이 점차 약해지다가 절대 영도(섭씨 −273°C)가 되면 최소한의 진동만 남게 된다. 이런 극저온의 상태에서도 원자는 진동을 멈추지 않는다. 원자가 가질 수 있는 최소한의 운동만으로는 물질을 녹일 수 없다. 단, 불활성 기체인 헬륨(He)만은 예외이다. 헬륨도 온도가 감소함에 따라 진동의 크기가 줄어들긴 하지만, 절대 온도 0K인 상태에서도 얼지 않을 만한 최소 에너지를 보유하고 있다. 그래서 헬륨은 외부에서 원자들이 서로 짓눌릴 정도로 엄청난 압력을 가해주지 않는 한, 절대 온도 0K에서도 얼지 않는다. 압력을 가해준다면 고체가 된 헬륨을 얻을 수 있다.

1-3 원자적 과정

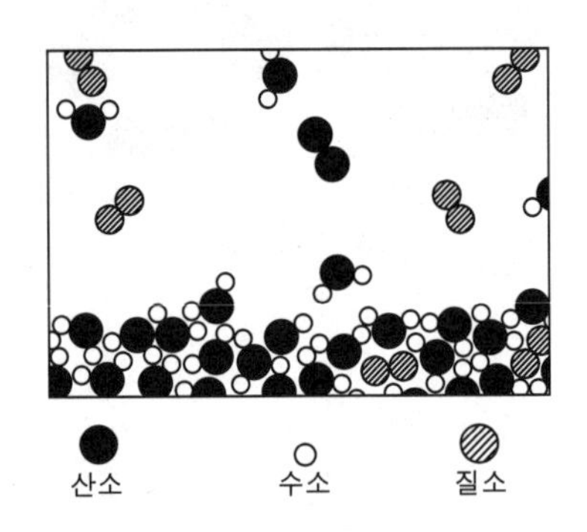

그림 1-5 공기 속으로 증발하는 물

지금까지 우리는 원자론 하나만으로 고체, 액체, 그리고 기체의 성질에 관하여 꽤 많은 것을 알아냈다. 그러나 원자론을 적절히 응용하면 중간 과정들도 알아낼 수 있다. 지금부터 몇 가지의 과정들을 원자적 관점에서 바라보기로 한다. 제일 먼저, 물의 표면에서 일어나는 과정들을 살펴보자. 수면에서는 과연 어떤 일들이 진행되고 있는가? 공기와 맞닿아 있는 수면의 상태를 좀더 복잡하고 사실에 가깝게 그려보면 그림 1-5와 같다.

아까와 마찬가지로 물분자들은 액체 상태의 물을 형성하고 있다. 그러나 이 그림은 물과 공기가 접해 있는 수면을 포함하고 있다. 수면의 윗부분에는 여러 종류의 입자들이 공존하고 있다. 우선 첫 번째로 수면 위에도 물분자가 존재한다. 이것은 끓는 물 위에 증기가 피어오르는 것과 비슷한 현상이다. 수면 위의 물분자들은 수증기의 형태로 존재하며, 이는 물의 온도와 상관없이 항상 일어나는 현상이다(이것이 바로 수증기와 물의 평형 상태인데, 자세한 설명은 나중에 할 예정이다). 수면 위에는 물분자 외에 다른 종류의 분자들도 있다. 두 개의 산소 원자가 결합된 산소 분자와 두 개의 질소 원자가 결합된 질소 분자가 그것이다. 공기의 거의 대부분은 질소와 산소, 그리고 약간의 수증기로 되어 있으며, 이 밖에 이산화탄소와 아르곤 등의 기체들이 아주 조금 섞여 있다. 따라서 수면 윗부분은 약간의 수증기를 포함한 기체로 가득 차 있는 셈이다. 자, 이런 상황에서는 과연 어떤 일이 일어날 것인가? 물 속의 분자들은 끊임없이 진동하고 있다. 그러다가 때로는 수면 근처의 분자 하나가 다른 분자에게 평소보다 세게 얻어맞아 수면 위로 튕겨져 나올 수도 있다. 그림 1-5만 봐서는 도저히 이런 일이 일어날 것 같지 않다. 이 그림에는 분자들의 움직임이 표현되어 있지 않기 때문이다. 그러나 우리는 상상력을 동원하여 하나의 분자가 다른 분자에게 얻어맞은 후 공기 중으로 방출되는 광경을 머릿속에 그려볼 수 있다. 다시 말해서 수면 근처의 분자들은 하나씩 둘씩 공기 속으로 이주해가고 있는 중이다. 이 상황을 두 글자로 줄이면? 바로 '증발'이다! 그러나 수면 윗부분을 마개로 막고 잠시 기다리면, 마개 위에는 많은 양의 물분자들이 모이게 된다. 수증기 상태의 물분자들도 때때로 물 속으로 침입해들어와 물의 일부가 되기 때문이다. 만일 유리잔에 물을 담고 덮개를 씌운 채로 방치해둔다면, 수십 년의 세월이 흘러도 외견상으로는 아무 것도 달라지지 않을 것이다. 그러나 실제로는 덮개 근처에서 매우 역동적이고 흥미로운 현상들이 잠시도 쉬지 않고 반복되고 있다. 우리의 시신경이 너무 둔해서 그 복잡한 상황을 감지하지 못하는 것뿐이다. 만일 모든 상황을 10억 배가량 확대해서 볼 수 있다면 매 순간 수면과 공기 사이를 오가는 물분자들의 모습을 적나라하게 볼 수 있을 것이다.

우리 눈에는 왜 변하는 과정이 보이지 않는 걸까? 수면에서 대기 중으로 빠져나가는 분자수만큼 다시 수면으로 되돌아오기 때문이다! 그래서 결국에는 아무런 변화도 감지되지 않는다. 만일 유리컵의 덮개를 제거하고 컵 주변의 습한 공기를 저만치 불어낸 후에 컵 주변을 건조한 공기로 대치한다면, 수면에서 이탈되는 분자수는 이전과 동일하겠지만(증발되는 양은 물속에 있는 분자들의 진동 상태에 따라 좌우된다) 대기 중에서 다시 물 속으로 흡수되는 분자수는 급격하게 줄어들 것이다. 왜냐하면 건조한 공기 속에는 물분자가 거의 없기 때문이다. 따라서 이 경우에는 공기 중으로 나가는 분자수가 물 속으로 들어오는 분자수보다 훨씬 많다. 간단히 말해서, 물은 증발되기 시작한다. 그러니 물을 빨리 증발시키고 싶다면 선풍기를 켜놓도록 하라!

또 한 가지 질문을 던져보자. 그 많은 분자들 중에서 과연 어떤 놈들이 대기 중으로 증발되는 것일까? 분자가 수면을 이탈하는 이유는 주변 분자들의 인력을 극복할 수 있을 정도의 여분의 에너지를 우연히 획득했기 때문이다. 따라서 증발하는 분자들은 평균치보다 많은 에너지를 갖고 있으며 물 속에 남아 있는 분자들의 평균적인 운동 상태는 이전보다 활발하지 못하다(분자가 수면을 이탈할 때는 반드시 에너지가 필요하다. 그런데 이 여분의 에너지는 인근에 있는 다른 분자들로부터 '빼앗은' 것이므로 물 속에 남은 분자들 중 누군가는 에너지를 빼앗긴 상태이다. 따라서 전체적으로 볼 때 남은 분자의 에너지는 줄어들게 된다 : 옮긴이). 그 결과, 증발하고 있는 액체는 서서히 온도가 내려간다. 물론, 수증기 속의 물분자가 물 속으로 침투할 때에도 수면 근처에서는 강한 인력이 작용하여 물분자의 속도가 급격히 증가하며, 그 결과로 물의 온도는 상승하게 된다. 증발되는 양과 흡수되는 양이 같은 경우에는 온도 변화가 일어나지 않을 것이다. 만일 수면 위에 계속해서 바람을 불어준다면 증발량이 흡수량보다 항상 많게 되어 물의 온도는 내려갈 것이다. 따라서 수프를 식혀 먹으려면 입으로 열심히 불어라!

물론 실제로 일어나는 과정은 지금까지 설명했던 것보다 훨씬 더 복잡하다. 물분자들이 수면을 경계로 오락가락하는 것 이외에, 가끔씩은 공기 중의 산소 분자나 질소 분자가 물 속으로 침투해들어와 수많은 물분자들 틈에서 제 방식대로 움직여가기도 한다. 다시 말해서, 공기가 물 속에 녹아드는 것이다. 산소와 질소 분자들은 물 속에서 제 갈 길을 가고 있고, 물은 이들을 기꺼이 받아들인다.

유리컵 주변의 공기를 갑자기 제거하면 물 속에 녹아 있던 공기 분자들은 급하게 수면 위로 탈출하여 원래의 고향(공기)으로 되돌아가고 싶어 하는데, 이 현상은 수면 위에 거품의 형태로 나타난다. 여러분도 알다시피, 이런 현상은 스쿠버 다이빙을 하는 사람들에게는 매우 좋지 않다.

이제 또 하나의 과정을 살펴보자. 그림 1-6은 원자적 규모에서 고체가 물 속에 녹아 있는 상태를 표현한 것이다. 물 속에 소금을 넣으면 어떤 일이

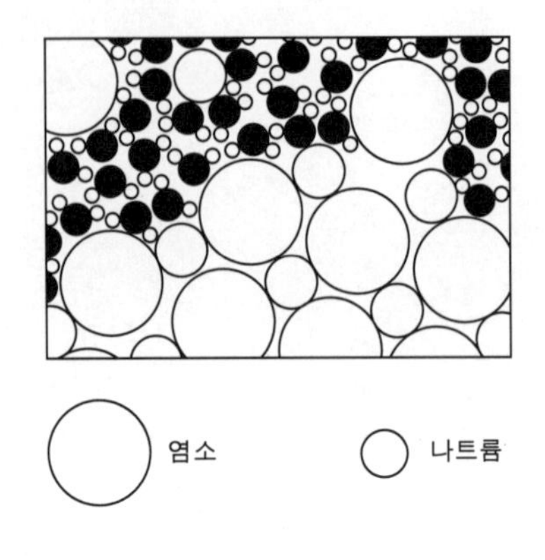

그림 1-6 물 속에 녹는 소금

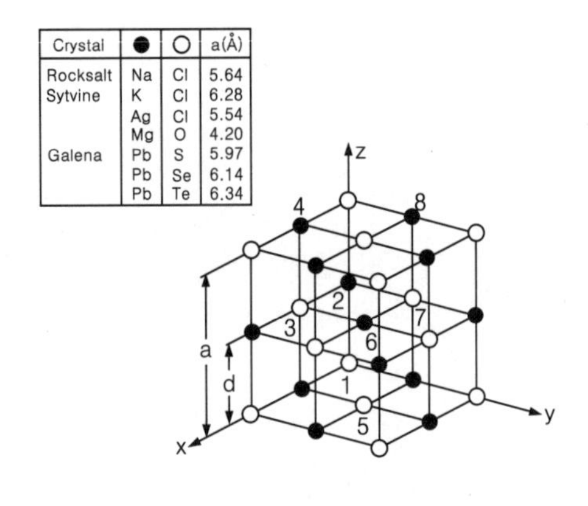

Crystal	●	○	a(Å)
Rocksalt	Na	Cl	5.64
Sytvine	K	Cl	6.28
	Ag	Cl	5.54
	Mg	O	4.20
Galena	Pb	S	5.97
	Pb	Se	6.14
	Pb	Te	6.34

그림 1-7 가장 가까운 인접 원자들 사이의 거리 $d = a/2$

일어나는가? 소금은 원자들이 결정 구조를 따라 규칙적으로 배열되어 있는 고체이다. 소금은 화학 용어로 염화나트륨(NaCl)이라고 부르며, 3차원적 결정 구조는 그림 1-7과 같다.

엄밀히 말해서 소금 결정을 이루는 요소들은 원자가 아니라 이온(ion)이다. 이온이란 몇 개의 전자가 초과되거나 혹은 결여된 상태의 원자를 말한다. 소금의 결정은 전자 한 개가 초과 상태인 염소 이온과 전자 하나를 잃어버린 나트륨 이온으로 구성되어 있다. 고체 상태의 소금에는 이 두 가지 이온들이 전기력에 의해 단단히 결합되어 있지만, 물 속에 집어넣으면 물에서 전리된 산소의 음이온과 수소의 양이온들이 나트륨과 염소 이온을 각각 끌어당기기 때문에 소금의 결정 구조는 붕괴되기 시작한다. 그림 1-6에는 염소 이온 하나가 결정으로부터 분리되는 장면이 그려져 있다. 그리고 다른 원자들은 이온의 형태로 물 속을 표류하게 된다. 그런데 이 그림을 볼 때는 몇 가지 주의해야 할 점이 있다. 예를 들어, 물분자 속의 수소 이온은 염소 이온 쪽으로, 그리고 산소 이온은 나트륨 이온 쪽으로 끌리는 경향이 있다. 왜냐하면 이들은 서로 반대의 극성을 가진 이온들이어서, 전기적 인력이 작용하기 때문이다. 그렇다면 여기서 우리는 과연 소금이 물 속에 녹을 것인지, 아니면 물 속에서 결정화될 것인지를 알아낼 수 있을까? 물론 알 수 없다. 일부 원자들은 결정 구조를 이탈하는 반면에, 다른 원자들은 다시 결정 구조 속으로 되돌아오기 때문이다. 이것은 수면 근처에서 일어나는 증발과 비슷한 현상으로, 물과 소금의 상대적인 양에 따라 좌우된다. 평형 상태에서는 결정을 이탈하는 이온의 수와 결정으로 되돌아오는 이온의 수가 같다. 만일 소금에 비해 물의 양이 압도적으로 많다면 결정을 이탈하는 이온의 수가 되돌아오는 수보다 많아질 것이므로, 소금은 물에 녹게 된다. 반대로 소금이 물보다 많은 경우라면 모든 상황이 반대가 되어 소금은 결정화된다.

이왕 말이 나온 김에, '분자'의 개념에 대하여 한마디만 짚고 넘어가자. 물질이 분자로 구성되어 있다는 말은 사실 대략적인 서술에 불과하다. 어떤 특정 부류의 물질들만이 분자로 이루어져 있다. 물의 경우에는 3개의 원자들(수소 원자 2개와 산소 원자 1개)이 결합하여 하나의 분자를 이루고 있으므로 별로 문제될 것이 없다. 그러나 고체 상태의 소금은 사정이 다르다. 소금의 결정에는 염소 이온과 나트륨 이온이 육면체 형태로 배열되어 있는데, 이 패턴이 모든 방향으로 계속되기 때문에 '소금의 분자'에 해당되는 최소 단위를 정의할 방법이 없다.

다시 소금물 문제로 돌아가자. 소금이 녹아 있는 물의 온도를 높여주면 결정 구조를 이탈하는 이온의 수와 되돌아오는 이온의 수가 모두 증가한다. 그러나 소금의 녹는 양이 증가할 것인지, 아니면 감소할 것인지를 예측하기는 매우 어렵다. 일반적으로 온도가 올라가면 소금의 녹는 양도 조금씩 증가하지만, 경우에 따라서는 감소할 수도 있다.

1-4 화학 반응

지금까지 언급된 모든 과정들에서는 원자나 이온들이 자신의 파트너를 바꾸지 않았다. 그러나 원자가 파트너를 바꾸고 새로운 분자로 다시 태어나는 과정도 얼마든지 있다. 그림 1-8에는 이러한 과정들 중 한 가지 예가 도식적으로 표현되어 있다. 원자가 파트너를 바꾸어 결합 상태에 변화가 초래되는 이러한 반응들을 통칭 '화학 반응'이라고 한다.

이전에 다루었던 과정들은 보통 '물리적 과정'이라고 하는데, 사실 이들 둘 사이에는 명백한 구분이 없다(우리가 무슨 이름을 붙여서 부르건, 자연은 그런 것에 관심이 없다. 그저 정해진 길로 나아갈 뿐이다). 이 그림은 탄소가 산소 속에서 타는(산화되는) 과정을 표현한 것이다. 산소의 분자는 두 개의 산소 원자들이 매우 강하게 결합된 형태이다(3개, 또는 4개가 결합되면 왜 안 되는가? 이것이 바로 원자적 과정들의 매우 두드러진 특성이다. 원자는 정말로 유별난 존재이다. 이들은 특정한 파트너와 특정 방향만을 좋아하는 등, 그 입맛이 엄청나게 까다롭다. 그리고 이들의 유별난 성향을 연구하는 것이 바로 물리학이다. 어쨌거나, 두 개의 산소 원자가 만나면 모든 조건들이 행복하게 충족되어 안정된 분자를 이룬다).

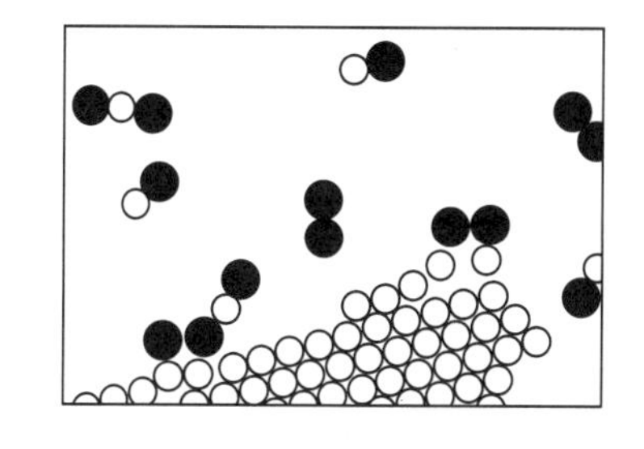

그림 1-8 탄소가 산소 속에서 타는(산화되는) 과정

탄소 원자는 결정 구조 속에 들어 있다(흔히 흑연, 또는 다이아몬드라고 부른다). 이제, 산소 분자 하나가 탄소 원자에 접근하면 개개의 산소 원자들은 자신의 파트너와 작별을 고하고 탄소 원자 하나와 새롭게 결합하여 멀리 달아나버린다. 이렇게 탄생한 탄소-수소 원자쌍이 바로 일산화탄소(carbon-monoxide) 기체의 분자이며, 화학식으로는 CO로 표기한다. 이름을 붙이는 방법은 아주 간단하다. 구성 원자의 머리글자를 갖다붙인 것이다. 이렇게 하면 화학식만 보고도 구성 성분을 알 수 있다. 그런데 산소 원자끼리, 혹은 탄소 원자끼리 당기는 힘보다는 탄소 원자와 산소 원자 사이의 인력이 훨씬 강하다. 그래서 산소 원자가 탄소 원자 근처로 접근할 때에는 에너지를 조금밖에 갖고 있지 않지만, 산소와 탄소가 결합할 때에는 한바탕 난리가 일어나서 주변의 다른 원자들에게도 그 여파가 전달된다. 즉, 운동 에너지가 생성되는 것이다. 이 과정을 간단하게 표현하면 바로 '연소'가 된다. 탄소와 산소가 결합할 때 주변에는 항상 열이 발생된다. 보통의 경우, 열은 뜨거운 기체 분자의 운동으로부터 생성되는데, 어떤 특별한 환경에서는 열이 너무 많이 발생하여 빛이 나는 경우도 있다. 불꽃 반응이 일어나는 이유가 바로 이것이다.

탄소와 산소가 결합할 때 발생하는 기체는 일산화탄소뿐만이 아니다. 일산화탄소에 산소 원자가 하나 더 붙을 수도 있다. 이 경우, 산소와 탄소가 결합하는 반응 구조는 훨씬 더 복잡하다. 그리고 새로 생성된 분자는 일산화탄소 분자와 충돌할 수도 있다. 하나의 산소 원자가 CO에 들러붙으면 이산화탄소(CO_2 : carbon-dioxide)가 된다. 아주 짧은 시간 안에 탄소를 태우면(자동차 엔진이 이런 경우에 속한다. 연소되는 시간이 매우 짧기 때문에 이 과정에서는 이산화탄소가 생성되지 않는다) 일산화탄소가 아주 많이 생성되는데, 이 과정에서 에너지가 발생하여 폭발이나 불꽃 반응 등의 현상이 일어나는 것이다. 화학자들은 이런 종류의 '원자 재배열' 현상을 꾸준히 연구한 결과, 모든 물질은 각기 고유한 형태의 원자 배열을 갖고 있다는 사실을 알아냈다.

이 개념을 이해하기 위해 또 하나의 예를 들어보자. 제비꽃이 만발한 들판에 들어서면 우리는 그 냄새를 맡을 수 있다. 냄새의 정체는 꽃으로부터 바람을 타고 날아온 분자, 또는 원자의 배열이다. 그렇다면 이들은 어떻게 대기 중을 날아다니는 것일까? 이것은 비교적 쉬운 질문이다. 냄새를 품은 분자들은 공기 중에서 이리저리 흔들리기도 하고 또 사방팔방으로 다른 분자들과 부딪히면서 표류하다가 우연히 우리의 코 안으로 들어온 것이다. 물론 이들이 꼭 우리 코 안으로 들어온다는 보장은 없다. 공기 중을 떠다니는 냄새 분자는 스스로 갈 길을 정할 수 없다. 이들은 다른 분자들로 북적거리는 대기 속에서 이리저리 채이고 받히다가 사람의 콧김에 우연히 빨려 들어간 것뿐이다.

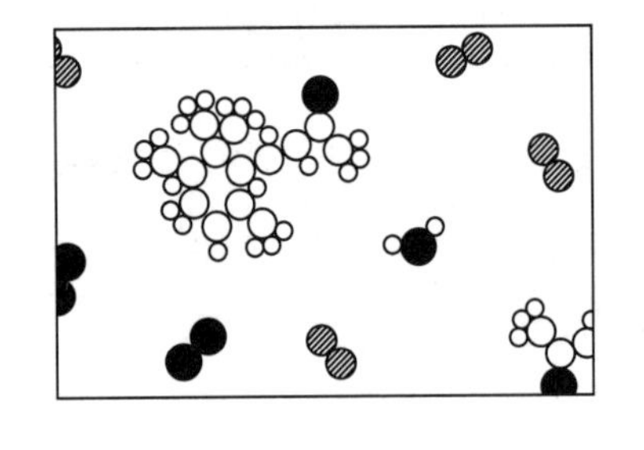

그림 1-9 제비꽃의 냄새

화학자들은 제비꽃의 향기를 채취하여 성분을 분석한다. 그러고는 원자들이 좁은 공간 속에서 정확하게 배열되어 있다는 사실을 우리에게 알려준다. 현재 우리는 이산화탄소 분자가 O－C－O와 같이 선형 대칭적인 원자 배열로 되어 있음을 알고 있다(이것은 물리학적인 방법으로도 어렵지 않게 알아낼 수 있다). 뿐만 아니라, 이와는 비교가 되지 않을 정도로 복잡한 원자 배열까지도 알아낼 수 있다. 물론 여기에는 엄청난 노력과 시간이 투자되어야 한다. 그림 1-9는 제비꽃 근처의 대기 상태를 10억 배 확대시킨 그림이다. 대기 중에는 앞서 말한 대로 질소와 산소, 그리고 수증기가 섞여 있다(근처에 호수도 없는데 수증기가 왜 있을까? 제비꽃이 젖어 있기 때문이다. 모든 식물은 광합성의 부산물로 수분을 발산한다). 그런데 그림에는 탄소, 수소 그리고 산소 원자로 이루어진 괴물 같은 분자도 그려져 있다. 이 괴물은 현재 구성 성분을 불러들여 특정한 배열을 만들어나가는 중인데, 이산화탄소와는 비교도 안 될 정도로 복잡한 배열임이 분명하다. 안타깝게도 우리는 이 괴물 같은 분자의 원자 배열 상태를 그림으로 표현할 수가 없다. 물론, 화학적 배열 상태는 모두 알려져 있지만 3차원 공간에서 이루어진 배열이기 때문에 2차원 평면의 종이 위에는 그릴 방법이 없는 것이다.
이 분자 속에는 여섯 개의 탄소 원자들이 원형 고리를 이루고 있다. 그런데 이 고리는 2차원 평면이 아닌 3차원적 구조, 즉 '일그러진' 형태를 취하고 있다. 원자들 사이의 거리와 각도는 모두 알려져 있다. 따라서 분자를 표현하는 화학식은 대략적인 조감도의 구실밖에 하지 못한다. 화학자가 칠판에 이런 화학식을 쓸 때, 그는 3차원의 공간적 구조를 2차원 평면에 그리려고 애를 쓰고 있는 것이다. 예를 들자면, 여섯 개의 탄소 원자가 '원형 고리'를 이루고, 고리의 귀퉁이에는 몇 개의 탄소 원자가 '사슬'처럼 매달려 있으며, 이쪽의 탄소 원자에는 산소 원자 하나가 결합되고, 저쪽 탄소 원자에는 수소 원자 세 개가 결합되어 있으며, 또 이쪽에는 두 개의 탄소 원자와 세 개의 수소 원자가 들러붙어서… 이런 식이다.

화학자들은 분자의 세부 구조를 어떻게 알아내는 것일까? 그들은 병 속에 여러 가지 시료와 시약들을 섞어넣고 변화를 관찰한다. 만일 병 속의 물질이 붉은 색으로 변하면 거기에는 산소 원자 하나와 탄소 원자 두 개가 결합된 분자들이 있다는 뜻이며, 파란색으로 변하면 그렇지 않다는 뜻이다. 이것은 지금까지 실행된 그 어떤 방법보다도 환상적이고 탐색적인 분석법으로서, 흔히 유기 화학이라고 부른다. 엄청나게 복잡한 분자의 구조를 알아내기 위해, 화학자는 두 종류의 재료를 섞었을 때 일어나는 반응을 주로 관찰한다. 그러나 화학자가 원자의 배열 상태(분자의 세부 구조)를 설명하고 있을 때, 그 말을 듣고 있는 물리학자는 화학자가 그 모든 것을 이해했다고 생각하지 않을 것이다. 복잡한 분자(방금 예를 든 분자처럼 끔찍하게 복잡한 괴물들 말고, 그 분자 구조의 일부를 포함하는 다른 분자들)를 볼 수 있는 물리적 방법이 지금으로부터 20년 전에 개발되었다. 이 방법을 이용하면 개개의 원자들이 점유하고 있는 위치를 알아낼 수 있는데, 눈으로 직접 보면서 색상으로 확인하는 것이 아니라 그들의 위치를 간접적으로 측정하는 것이다. 그런데 세상에 이런 일이, 화학자들의 주장이 항상 거의 옳았음이 입증된 것이다! 제비꽃의 향기를 내는 분자들은 수소 원자의 배열이 조금씩 다른 세 가지의 유형이 있는 것으로 밝혀졌다.

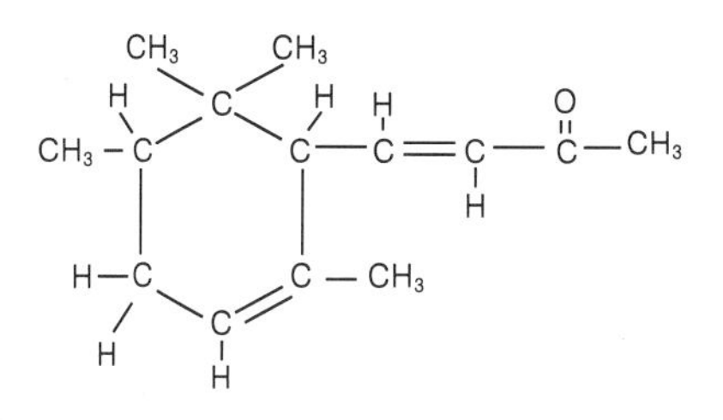

그림 1-10 알파-아이론(α-irone)의 분자 구조를 보여주는 그림

화학이 안고 있는 어려움 중 하나는 모든 물질에 적절한 이름을 붙이는 일이다. 이름만 봐도 어떤 물질인지 누구나 알 수 있는, 그런 이름이어야 한다. 다시 말해서, 화학식만 보고도 물질의 구성 상태를 알 수 있어야 한다는 뜻이다. 그러므로 이름 속에는 원자의 배열 상태뿐만 아니라, 각 원자의 이름까지도 함축되어 있어야 한다. 한마디로 말해서 '어떤' 원자가 '어디에' 있는지를 이름만 보고 알 수 있어야 하는 것이다. 그래서 각 물질들의 화학적 이름은 길어질 수밖에 없다. 그림 1-10에 적혀 있는 화합물의 이름을 좀더 완전한 형태로 쓴다면, 4 – (2, 2, 3, 6 테트라메틸 – 5 사이클로헥사닐) – 3 – 부텐 – 2 – 온이 된다. 이렇게 써야 전체적 구조와 배열 상태를 짐작할 수 있다. 사정이 이러니 우리는 화학자들의 고충을 이해하고, 다소 이름이 길더라도 참고 수용해야 할 것이다. 그들은 화학을 어렵게 만들려는 것이 아니라, 분자를 말로 표현하는 지극히 어려운 작업을 수행하고 있는 것이다!

원자가 실제로 존재한다는 것을 어떻게 알 수 있을까? 앞에서 언급했던 트릭을 사용하면 된다. 즉 원자가 존재한다는 가설을 세운 뒤에 그것을 기초로 하여 여러 가지 이론적인 예견들을 내놓는다. 그리고 실제 실험을 통하여 얻을 결과와 가설에 근거한 예상들을 비교하면 진위여부를 가릴 수 있다. 또, 이보다 좀더 직접적인 방법도 있다. 한 가지 예를 들어보자. 원자는 너무도 작기 때문에 광학 현미경으로는 볼 수 없다. 전자 현미경을 동원한다 해도 사정은 마찬가지다(광학 현미경으로는 원자적 규모에서 볼 때 '초대형' 물체만을 볼 수 있다). 만일 원자들이 물 속에서 끝없이 움직이고 있다면, 원자보다 훨씬 큰 공을 물 속에 집어넣으면 공은 원자들에 부딪혀 이리저리 흔들릴 것이다. 이것은 축구장에서 선수들의 발길질에 공이 이리저리 날아다니는 것과 비슷한 상황이다. 단지 선수들이 무척 많고 공이 엄청나게 크다는 점이 다를 뿐이다. 사방에서 선수들이 달려들어 공을 차면(또는 밀면) 공은 매우 불규칙한 방향으로 굴러다니게 될 것이다. 이와 마찬가지로, 물 속에 넣은 '커다란 공'은 매 순간 수많은 원자들로부터 각기 다른 크기의 충격을 받아 이리저리 움직일 것이다. 물 속에 떠 있는 아주 작은 입자(사람의 눈으로 볼 때)를 현미경으로 관찰해보면, 그것은 수시로 일어나는 원자들과의 충돌로 인해 계속해서 이리저리 비틀거리는 것처럼 보인다. 이것이 바로 '브라운 운동'이다.

결정 구조에서도 원자의 존재를 확인할 수 있다. 대부분의 경우, **X**선 촬영 분석으로부터 추정된 결정 구조는 결정 자체의 외형과 일치한다. 결정면들 사이의 각도가 앞서 추론된 원자 구조, 즉 원자층들 사이의 각도와 거의 일치하는 것이다. 이 오차는 몇 도(°)에서 몇 초(′) 이내이다.

"모든 것은 원자로 이루어져 있다." 이것은 우리의 핵심 가설이다. 모든 생물학 분야에서 가장 중요한 가설은 '동물이 하는 짓은 원자도 한다'이다. 다시 말해서 "살아 있는 생명체의 모든 행위는 그 생명체들이 '물리 법칙을 따르는 원자들'로 이루어져 있다는 관점만으로 모두 이해될 수 있다"는 뜻이다.

원자들로 이루어져 있는 쇳조각이나 소금 덩어리가 이렇게 흥미로운 성질을 갖고 있다면, 그리고 지구의 대부분을 덮고 있는(그러나 사실은 작은 물방울들의 집합에 불과한) 물이 파도를 일으키거나 거품을 내고, 또 방파제의 시멘트벽을 때리면서 요란한 소리와 함께 이상한 형태를 취할 수 있다면… 모든 생명체의 운명이 결국 한 무더기의 원자에 의해 결정되는 것으로 판명되었다면 대체 그 밖에 어떤 가능성이 있을 수 있겠는가?

정해진 패턴에 따라 반복되면서 제비꽃의 냄새 분자까지 이루어내는 원자들의 일사불란한 배열 대신에 매 위치마다 다르고 반복되지도 않는, 그리고 온갖 종류의 원자들이 다양하게 나열되어 수시로 변하는, 그런 복잡하기 그지없는 배열로 이루어진 물질(사람을 뜻함 : 옮긴이)이 제대로 작동한다는 것은 얼마나 기적 같은 일인가? 여러분 앞을 서성대며 말하고 있는 이 물질(파인만 자신을 가리킴 : 옮긴이)이, 복잡다단하게 얽혀 있는 원자의 초대형 집합체로서, 그 복잡한 구조로부터 상상력을 발휘하고 있다는 사실이 여러분은 믿어지는가? 우리가 사람을 원자의 집합체라고 말할 때, 그것은 단순히 원자로만 이루어져 있다는 뜻이 아니다. 반복되는 패턴을 갖지 않는 원자의 집합체는, 여러분이 거울 앞에 섰을 때 눈앞에 보이는 그 무한한 가능성을 역시 지니고 있기 때문이다.

CHAPTER 02

기초 물리학

2-1 서론

이 장에서는 물리학의 근간을 이루는 몇 가지 기본 개념에 대하여 설명하고자 한다. 하지만 이 개념들이 물리적 진실로 밝혀지게 된 역사적 배경에 관해서는 언급하지 않을 것이다. 그것은 때가 되면 자연스럽게 알게 된다.

과학의 대상이 되는 사물들은 그 형태와 특성이 참으로 다양하다. 예를 들어 여러분이 해변에 서서 바다를 바라볼 때, 여러분의 눈에는 방대한 양의 물과 부서지는 파도, 거품, 출렁이는 물, 소리, 공기, 바람과 구름, 태양, 푸른 하늘, 그리고 빛 등이 한꺼번에 들어올 것이다. 물론 해변이므로 모래사장도 있고 다양한 색상과 굳은 재질로 이루어진 바위들도 있다. 뿐만 아니라 배고프고 병든 여러 종의 동물들과 해조류 그리고 바다를 바라보는 관찰자, 즉 여러분도 그곳에 있다. 여러분의 머릿속에 떠오르는 행복한 생각도 빼놓을 수 없을 것이다. 자연의 다른 구성 요소들도 이처럼 다양한 형태로 상호간에 영향력을 행사하고 있다. 어디에 있는 놈들이건 간에 자연을 이루는 요소들은 한결같이 복잡하기 짝이 없다. 이들에 대하여 궁금증을 갖게 되면 우리의 머릿속에는 자연스럽게 질문이 떠오른다—몇 종류 되지 않는 기본 입자들과 힘들로부터 어떻게 이토록 다양한 세계가 창조될 수 있다는 말인가?

간단한 예를 하나 들어보자. 모래와 바위는 서로 다른 존재인가? 모래라는 것은 결국 작은 돌알갱이들의 집합이 아니었던가? 달은 하나의 거대한 바위덩어리인가? 만일 우리가 바위의 성질을 모두 이해한다면, 모래와 달의 성질도 이해하게 될 것인가? 공기 속에서 부는 바람은 바다에서 이는 파도와 비슷한 원리로 이해할 수 있을까? 서로 다른 것으로 보이는 여러 움직임들의 공통점은 무엇인가? 여러 가지 다양한 소리들은 어떤 공통점을 갖고 있는가? 색깔은 대체 몇 종류가 있는 걸까? 등등… 이런 질문들에 올바른 답을 구하려면, 우리는 언뜻 보기에 전혀 다른 듯한 대상들을 순차적으로 분석하여 다른 점이 별로 없는 근본까지 파고들어가야 한다. 계속 파고들다 보면 공통점이 발견되리라는 희망을 갖고 모든 물질과 자연 현상을 낱낱이 분해해야 하는 것이다. 이러한 노력 속에서 우리의 이해는 한층 더 깊어지게 된다.

비록 부분적이긴 하지만, 이런 질문의 해답을 얻어내는 방법은 이미 수백년 전에 개발되었다. 관측과 논리, 그리고 일련의 실험으로 진행되는 이 방법은 '과학'이라는 명칭으로 불려졌다. 앞으로 우리는 이 과학적 방법으로 구축된 '기초 물리학'을 집중적으로 탐구하게 될 것이다.

무언가를 '이해한다'는 것의 진정한 의미는 무엇인가? 이 우주의 진행 방식을 하나의 체스 게임에 비유해보자. 그렇다면 이 체스 게임의 규칙은 신이 정한 것이며, 우리는 게임을 관람하는 관객에 불과하다. 그것도 규칙을 제대로 이해하지 못한 채로 구경할 수밖에 없는 딱한 관객인 것이다. 우리에게 허락된 것은 오로지 게임을 '지켜보는' 것뿐이다. 물론 충분한 시간을 두고 지켜본다면 몇 가지 규칙 정도는 알아낼 수도 있다. 체스 게임이 성립되기 위해 반드시 요구되는 기본 규칙들—이것이 바로 기초 물리학이다. 그런데 체스에 사용되는 말의 움직임이 워낙 복잡한데다가 인간의 지성은 명백한 한계가 있기 때문에 모든 규칙을 다 알고 있다 해도 특정한 움직임이 왜 행해졌는지를 전혀 이해하지 못할 수도 있다. 체스 게임의 규칙은 비교적 쉽게 배울 수 있지만, 매 순간 말이 갈 수 있는 최선의 길을 찾아내는 일은 결코 쉽지 않기 때문이다. 자연계에서도 사정은 마찬가지다. 난이도가 훨씬 높은 것뿐이다. 우리가 열심히 노력하면 그 복잡하고 어려운 규칙들을 모두 알아낼 수도 있을 것이다. 물론 지금은 규칙의 일부만이 알려져 있다. (그래도, 가끔 우리는 무의식적으로 캐슬링—체스의 방어 기술 가운데 하나—을 하기도 한다.) 규칙을 모두 알아내는 것도 문제지만, 알아낸 규칙으로 설명할 수 있는 현상이 극히 한정되어 있다는 것도 커다란 장애다. 거의 모든 상황들이 끔찍하게 복잡하여 게임의 진행 양상을 따라가기가 벅찰뿐만 아니라, 다음에 벌어질 상황을 예측하기도 쉽지 않기 때문이다. 따라서 우리는 '게임의 규칙'이라는 지극히 기본적인 질문에 집중할 수밖에 없다. 규칙을 모두 이해한다면 그것은 곧 이 세계를 이해하는 것이다. 이것이 바로 우리가 말하는 '이해의 참뜻'이다.

게임 자체를 완전히 분석하지 못한 상태에서 추측해낸 규칙들의 진위 여부를 우리는 어떻게 알 수 있을까? 거기에는 대략 세 가지 방법이 있다. 첫째, 자연적으로 이루어진 상황이건 혹은 인위적으로 만들었던 간에 극히 단순한 구조를 가진 자연 현상이라면 우리는 앞으로 일어날 일을 비교적 정확하게 예측할 수 있고 따라서 짐작했던 '게임의 규칙'이 얼마나 잘 맞아떨어지는지도 확인할 수 있다. (체스판의 한쪽 귀퉁이에 관심을 집중한다면 거기에는 말이 몇 개 없기 때문에 벌어진 상황을 이해하는 것이 아주 쉽다.)

게임의 규칙을 확인하는 두 번째 방법은 규칙으로부터 유도된 다소 불분명한 규칙을 이용하는 것이다. 예를 들어 체스판에서 비숍(bishop)이라는 말은 항상 칸의 대각선 방향으로만 움직일 수 있으므로, 우리는 붉은 비숍이 어떻게 움직였던 간에 항상 붉은 칸 위에 놓여 있으리라는 것을 쉽게 짐작할 수 있다. 따라서 게임의 구체적인 상황들을 일일이 고려하지 않고서도 '비숍은 항상 붉은 칸 위에 놓여 있어야 한다'는 우리의 추론을 검증할 수 있는 것이다[체스의 규칙에 따르면, 가장 졸병에 해당하는 폰(pawn)이 상대방 진영의 마지막 칸에 도달하게 되면, 그때부터는 퀸(queen)이건 비숍이건 자기가 원하는 다른 말로 변할 수 있다. 그러므로 검은 비숍이 붙잡힌 사이에 붉은

폰이 '붉은' 비숍으로 변신해서 '검은' 칸 위에 놓일 가능성이 있긴 하다. 이런 상황은 게임을 계속 지켜보면서 또 다른 규칙을 도입하여 이해될 수 있다]. 물리학도 바로 이런 식으로 발전한다. 세부적인 규칙(법칙)들을 모두 이해하지 못한 상황이라 해도 위와 같은 과정을 꾸준히 반복하면서 결국에는 올바른 법칙을 발견하게 되고, 그 와중에 전혀 예기치 못했던 새로운 법칙을 발견할 수도 있다. 기초 물리학에서 가장 관심을 끄는 영역은 기존의 법칙이 잘 통하는 분야가 아니라 잘 먹혀들지 않는 새로운 분야이다! 우리는 이러한 방법으로 새로운 법칙들을 찾아내고 있다.

아이디어의 타당성을 검증하는 세 번째 방법은 전술한 두 가지 방법과 비교할 때 세련미가 다소 떨어지긴 하지만 가장 막강한 위력을 갖고 있다. 바로 '근사적인 방법(approximation)'이다. 체스 게임을 처음 구경하는 사람은 알레킨(Alekhine : 체스 기술의 일종) 기법에서 특정한 말을 왜 그런 방식으로 움직여야 하는지 이해할 수 없다. 그러나 그가 '왕을 보호하려는' 의도하에 주변의 말들을 왕의 주변으로 모으고 있다는 것 정도는 막연하게나마 알 수 있다. 체스에 대해 별로 아는 것이 없는 사람에게는 이것이 최선이다. 자연을 탐구할 때에도 우리는 그 복잡한 과정들을 일일이 이해할 수 없기 때문에 바로 이런 '대략적인 이해'로부터 실마리를 풀어나갈 수밖에 없는 것이다.

과거에는 자연 현상들을 열, 전기, 역학, 물성, 화학적 현상, 빛(광학), X-선, 핵물리학, 중력, 중간자 현상 등으로 대충 분류했다. 그러나 우리의 목표는 자연의 특성을 단순히 나열하는 것이 아니라 이러한 구성 요소들로부터 자연이 왜 지금과 같은 모습을 갖게 되었는지를 논리적으로 이해하는 것이다. 이것이 바로 현대 이론 물리학이 추구하고 있는 기본적인 방향이다. 실험을 통해 새로운 법칙을 발견하고, 이렇게 얻어진 수많은 법칙들을 하나로 묶어왔다. 그러나 흐르는 세월과 함께 새로운 법칙들도 끊임없이 발견되어 왔다. 우리의 선배 물리학자들이 눈앞에 널려 있는 법칙들을 잘 묶어가고 있을 때, 어느 날 갑자기 X-선이 발견되었다. 그래서 그들은 X-선을 자연의 법칙 속에 포함시켜 더욱 규모가 큰 통합을 시도하였다. 이 작업이 성공적으로 진행되던 중에 또 다른 새로운 요소, 즉 중간자(meson)가 발견되었다… 이런 과정은 앞으로도 상당 기간 동안 되풀이 될 것이기에 자연을 상대로 하는 체스 게임은 언제 봐도 엉성할 수밖에 없다. 지금까지 상당히 많은 법칙들이 한데 묶여지긴 했지만, 아직도 우리 주변에는 정리되지 않은 끈들이 어지럽게 널려 있다. 이것이 바로 지금부터 설명할 기초 물리학의 현주소인 것이다.

서로 다른 법칙들을 성공적으로 통합했던 대표적인 사례를 예로 들어보자. 열(heat)과 역학(mechanics). 언뜻 보기에 이들은 비슷한 점이 거의 없다. 그러나 역학으로 서술되는 원자의 운동이 격렬해질수록, 이 원자들로 이루어진 계(system)는 더욱 많은 양의 열을 갖게 된다. 그러므로 열을 비롯한 모든 온도 효과는 역학적 법칙으로 표현될 수 있는 것이다. 전기와 자기 그리고 빛을 하나의 체계로 통합한 것도 위대한 성공 사례이다. 겉모습이 전혀 다른 이들은 동일한 실체의 각기 다른 단면임이 밝혀졌으며, 그 실체는 '전자기장

(electromagnetic field)'이라는 이름으로 명명되었다. 또 다른 사례로는 화학적 현상의 통합을 들 수 있는데, 다양한 물질들의 고유한 특성과 원자의 운동을 하나로 묶은 이 분야는 '양자 화학(quantum mechanics of chemistry)'으로 불리고 있다.

그렇다면 당장 이런 질문이 떠오를 것이다. "우리가 모든 법칙들을 남김없이 찾아낸다 해도, 그들이 과연 순순히 통합에 응해줄 것인가? 자연에서 발견되는 모든 법칙들이 '동일한 실체의 다른 모습'이라는 보장이 어디에 있는가?" 이 질문의 답을 아는 사람은 아무도 없다. 우리가 아는 것이라곤 지금까지의 작업이 그런대로 성공적으로 진행되어 왔고 앞으로도 계속될 것이라는 추측뿐이다. 간혹 도중에 이가 맞지 않는 조각이 발견될 수도 있지만, 계속 한 방향으로 노력하다 보면 그림 맞추기 퍼즐처럼 길 잃은 조각들은 서서히 제자리를 찾아갈 것이다. 물론 우리는 완성된 퍼즐이 어떤 그림인지 짐작조차 할 수 없으며, 조각의 개수가 유한한지 아니면 무한한지조차 알 길이 없다. 조각을 다 맞추기 전에는 (그럴 수 있을 지도 의문이지만) 아무 것도 알 수 없는 상황이다. 이 강의의 목표는 완성된 퍼즐의 모양을 짐작하는 것이 아니라 최소한의 원리를 이용하여 '현재 통합 작업이 어디까지 진행되어 왔으며, 기초적인 자연 현상에 대한 이해가 어느 수준에 이르렀는지'를 알아보는 것이다. 이것은 다음의 한 문장으로 요약될 수 있다. "사물을 이루는 구성 요소는 무엇이며, 이 구성 요소는 얼마나 많은 종류를 갖고 있는가?" 물론 우리는 그 수가 적기를 희망한다.

2-2 1920년 이전의 물리학

최근의 물리학부터 언급하면 여러분은 다소 부담을 느낄 것이다. 그래서 1920년경으로 되돌아가 당시의 물리학적 관점을 먼저 살펴본 뒤에 몇 가지 중요한 점을 강조하기로 하겠다. 1920년 이전에 우리의 세계관은 대략 다음과 같았다. **우주가 펼쳐지는 무대는 유클리드 기하학으로 서술되는 3차원 공간이며 모든 사물들은 '시간'이라는 매개체 속에서 모양과 성질이 변해가고 있다.** 무대 위에 등장하는 기본 요소들은 원자와 같은 입자(particle)들인데 이들은 몇 가지 고유한 특성을 갖고 있다. 첫 번째 특성은 관성(inertia)으로서 모든 입자들은 외부로부터 힘을 받지 않는 한 동일한 방향으로 계속 움직이려는 성질을 갖는다. 두 번째 특성은 힘(force)이며, 여기에는 두 가지 종류가 있다. 이들 중 하나는 원자들의 배열 상태를 결정하는 엄청나게 복잡 미묘한 상호 작용으로서, 소금에 열을 가할 때 소금이 녹는 속도는 바로 이 상호 작용에 의해 좌우된다. 다른 하나의 힘은 그 크기가 거리의 제곱에 반비례하면서 아주 먼 곳까지 전달되는 부드럽고 조용한 인력이었는데, 사람들은 이 힘을 중력(gravitation)이라고 불렀다. 중력의 법칙은 일찌감치 알려져 있었고, 그 형태 또한 아주 간결했다. 그러나 당시에는 "왜 움직이는 물체는 계속 움직이고 싶어 하는가?"나 "중력은 왜 존재하는가?" 따위의 근본적인 질문에는 마땅한 답을 제시할 수 없었다.

이 강의의 주된 목표는 자연을 서술하는 것이다. 이러한 목표 의식을 갖고 기체(사실은 모든 물질)를 관찰해보면, 그것은 정신없이 움직이고 있는 무수히 많은 입자들로 이루어져 있음을 알 수 있다. 따라서 앞서 우리가 해변에서 보았던 여러 대상들 사이에는 당장 모종의 관계가 성립된다. 우선, 압력은 벽 또는 이와 비슷한 곳에 원자들이 충돌함으로써 나타나는 현상이다. 그리고 원자의 흐름이 한쪽 방향으로만 진행된다면 그것은 바람이 된다. 한정된 영역 안에서 원자들이 무작위적으로 난동을 치면 열이 발생하며, 한 지역의 밀도가 초과되어 저밀도 지역으로 입자들이 파도치듯이 밀려나가는 현상은 소리를 만들어낸다. 모든 물질들이 원자로 이루어져 있다는 간단한 사실 하나만으로 이렇게 많은 현상들을 이해할 수 있다는 것은 엄청난 발전이다. 지금 언급한 현상들 중 일부는 이미 첫 번째 강의에서 설명한 바 있다.

자연에는 얼마나 많은 종류의 입자들이 존재하는가? 1920년 당시에는 92종으로 알려져 있었다. 그때까지 발견된 원자의 종류가 92가지였기 때문이다. 이들은 화학적 성질에 따라 각기 고유의 이름이 붙여졌다.

그 다음으로 제기된 문제는 아주 짧은 거리 이내에서만 작용하는 힘(short-range force)에 관한 것이었다. 탄소는 산소 한 개(CO), 또는 두 개(CO_2)만을 끌어당겨서 화합물을 만드는데, 산소 세 개와 결합한 탄소화합물(CO_3)은 왜 존재하지 않는 것인가? 원자들 사이에서 일어나고 있는 상호 작용의 정체는 무엇인가? 혹시 그것은 중력이 아닐까? 물론 중력은 아니다. 중력은 너무나도 약한 힘이기 때문에 도저히 원자들을 한데 붙여놓을 수 없다. 그렇다면 중력처럼 거리의 제곱에 반비례하면서 중력보다 훨씬 강력한 힘을 상상해보자. 중력은 항상 인력의 형태로 작용하지만, 우리가 지금 상상하는 힘은 인력과 척력의 두 가지 형태로 작용한다고 가정해보자. 그렇다면 인력/척력을 좌우하는 요인이 있어야 한다. 즉, 이 힘을 발휘하는 물체는 두 가지 물성을 가지고 있어서 물성이 같으면 서로 밀어내고, 다르면 서로 끌어당기는 특성을 갖고 있다. 두말할 것도 없이 이것은 바로 전기력의 특징이며, 인력/척력을 좌우하는 물성에는 '전하(charge)'라는 이름이 붙어 있다.

자, 여기 서로 다른 전하를 가진 두 개의 입자가 있다. 한 입자의 전하는 양이고, 다른 입자의 전하는 음이다. 그리고 이들은 매우 가깝게 근접해 있다. 이런 상황에서 멀리 떨어진 곳에 제3의 하전 입자(전하를 가진 입자)를 갖다 놓는다면 어떤 일이 벌어질 것인가? 끌거나 밀어내는 힘이 작용할 것인가? 처음에 가정했던 두 개의 입자들이 같은 양의 전하(부호는 반대!)를 갖고 있었다면, 이 경우에는 아무런 일도 일어나지 않는다. 제3입자의 전하가 양이건 혹은 음이건 간에, 첫 번째 입자와 주고받는 인력(또는 척력)이 두 번째 입자와 주고받는 척력(또는 인력)과 상쇄되기 때문이다. 물론 입자 1과 입자 3 사이의 거리는 입자 2와 입자 3 사이의 거리와 정확하게 일치하지 않을 수도 있기 때문에 이 두 개의 힘은 항상 정확하게 상쇄되지는 않는다. 그러나 입자 1과 입자 2 사이의 거리에 비해 입자 3의 거리가 충분히 먼 경우에는 상쇄되고 남은 힘이 아주 작아서 무시할 수 있게 된다. 그렇다면 제 3의 입자를 처음 두 개의 입자와 아주 가까운 곳에 갖다놓았을 때에는 무슨 일이 생길까? 이 경우, 제 3의 입자는 '당겨진다'. 같은 전하끼리는 서로 밀어내서 거리가 멀어지고, 다른 전하끼리는 서로 끌어당겨서 거리가 가까워지기 때문에, 결국 척력보다 인력이 커지는 것이다. 바로 이런 이유 때문에 양전하와 음전하로 이루어진 원자들은 서로 적당한 거리를 유지하는 한 주고받는 힘이 거의 없다(그래도 중력은 작용한다). 그러나 원자들이 서로 가깝게 접근하면 서로 상대방의 내부 구조를 '볼 수' 있게 되어 자신의 전하 배치가 달라지고, 그 결과 매우 강한 상호 작용을 주고받게 된다. 그러므로 원자들 사이에 작용하는 힘의 근원은 '전기력'이라고 할 수 있다. 이 힘은 위력이 엄청나기 때문에 양/음 전하를 가진 모든 입자들은 가능한 한 가깝게 밀착된 상태로 구조를 유지하고 있다. 인간을 포함한 이 세상의 모든 만물들은 수많은 양의 양/음 전하로 이루어져 있는데, 엄청나게 강한 인력과 이에 못지않게 강한 척력이 서로 팽팽하게 균형을 이루어 전체적으로 평온함을 유지하고 있는 것이다. 두 개 이상의 물체들을 서로 문지르면 양전하나 음전하가 물체로부터 분리되는 경우가 있는데(양전하보다 음전하가 더 쉽게 분리된다), 우리가 일상 생활에서 전기력의 존재를 눈으로 확인할 수 있는 대표적인 사례가 바로 이것이다.

전기력이 중력보다 얼마나 더 강한지를 알아보기 위해, 30미터 간격을 두고 떨어져 있는 직경 1mm짜리 모래 알갱이 두 개를 상상해보자. 만일 이 모래 알갱이 속에 양/음 전하가 골고루 분포되어 있지 않고, 한 가지 종류의 전하만으로 이루어져 있다면, 두 모래알 사이에 작용하는 인력(또는 척력)의 크기는 무려 300만 톤이나 된다. 따라서 어떤 물체에 양전하 또는 음전하가 아주 조금이라도 모자라거나 넘쳐난다면 그 효과는 명백하게 나타난다. 그래서 우리는 일상 생활 속에서도 대전된 물체와 그렇지 않은(중성) 물체를 쉽게 구별할 수 있는 것이다. 대전된 물체라 해도, 분리된 입자(주로 음전하)의 수는 극히 소량이기 때문에 그 물체의 크기나 무게는 거의 변하지 않는다.

1920년경의 물리학자들은 원자의 세부 구조를 다음과 같이 이해하고 있었다—모든 원자의 중심에는 매우 무거운 '핵(nucleus)'이 자리 잡고 있다. 핵은 전기적으로 양전하를 띠고 있으며, 그 주위는 음전하를 띤 일단의 '전자(electron)'들이 에워싸고 있다. 여기서 한걸음 더 나아가 핵의 내부 구조를 들여다보면, 양성자(proton)와 중성자(neutron)의 집합으로 이루어져 있는데, 이 두 종류의 입자들은 크기가 거의 비슷하고 양성자는 양전하를 띠고 있으며 중성자는 전기적으로 중성이다(즉, 전하를 갖고 있지 않다). 예를 들어, 여섯 개의 양성자가 핵 안에 들어 있고 그 주변에 여섯 개의 전자가 에워싸고 있다면, 이 집합체는 원자 번호 '6'인 탄소(carbon) 원자가 된다(일상적인 세계에서 음전하를 갖는 입자는 전자뿐이며, 이들은 핵을 이루는 양성자나 중성자에 비해 매우 가볍다). 원자 번호 8번은 산소(O), 9번은 불소(F) 등등으로 불리는데, 원자마다 고유 번호가 붙여져 있는 이유는 원자의 중요한 화학적 성질이 핵의 주변을 에워싸고 있는 전자의 '개수'에 전적으로 좌우되기 때문이다(원자에 관심을 갖는 사람들이 오로지 화학자들뿐이었다면 원자의 이름은 1, 2, 3, 4, 5, … 와 같이 번호만으로 명명되었을지도 모른다. 하지만 원자가 처음 발견되었을 당시에는 전자 개수의 중요성이 알려져 있지 않았다. 물론 지금은 고유한 이름이나 기호로 원자를 표현하는 것이 훨씬 더 효율적이라는 사실에 이의를 달 사람은 없다).

그후로 전기력에 대하여 더욱 많은 사실들이 밝혀졌다. 이전까지는 전기력이라는 것이 '전하의 부호가 다른 두 하전 입자들이 서로 잡아당기는 힘'으로 이해됐다. 그러나 이런 단순한 시나리오로는 새롭게 발견된 사실들을 설명할 수 없었다. 더욱 적절한 설명은 "양전하의 존재가 공간상에 어떤 '상태'를 형성하며, 그 안에 음전하가 들어오면 끌어당겨지는 힘을 느끼게 한다"는 것이다. 힘을 발생시키는 이 잠재적인 능력을 우리는 '전기장(electric field)'이라 부른다. 전기장의 영향권 안에 전자를 집어넣으면 전자는 "당겨진다"고 표현되는데, 여기에는 두 가지 법칙이 있다. (a)전하는 전기장을 만들어내고, (b)전기장 속의 전하는 특정 방향으로 힘을 받아 움직이기 시작한다. 다음의 현상을 살펴보면 그 이유가 분명해질 것이다. 머리빗을 문질러서 전기적으로 대전시키고, 적당한 거리에 대전된 종잇조각을 놓아둔 다음 머리빗을 앞뒤로 흔들면 종잇조각은 항상 머리빗을 향한 방향으로 반응을 보일 것이다. 이때, 머리빗을 좀더 빨리 흔들면 종잇조각은 약간 뒤쪽으로 처지는데, 그 이유는 작용이 '지연'되었기 때문이다[빗을 천천히 흔드는 경우에는 자기(magnetism) 현상까지 발생하여 상황이 아주 복잡해진다. 자기적 영향은 하전 입자들 사이의 '상대적 운동 상태'와 관련되어 있기 때문에, 자기력과 전기력은 동일한 하나의 장(field)에서 비롯된다고 말할 수 있다. 다시 말해서, 전기와 자기는 동일한 현상의 서로 다른 측면이라는 것이다. 자기적 현상이 동반되지 않고는 전기장을 변화시킬 수 없다]. 종잇조각을 머리빗으로부터 더 멀리 떼어놓으면 지연 현상이 더욱 두드러지게 나타나며, 이때 매우 재미있는 현상이 관측된다. 대전된 두 물체 사이에 작용하는 힘은 거리의 제곱에 반비례하는데, 물체를 흔들면 그 영향은 우리가 예상했던 것보다 훨씬 먼 곳까지 전달되는 것이다. 즉, 머리빗을 흔들어서 발생된 영향은 거리의 역제곱보다 느리게 감소한다는 뜻이다.

이와 비슷한 사례를 하나만 들어보자. 당신은 수영장에 몸을 담그고 있고, 바로 옆의 수면에는 누군가가 버린 코르크 조각이 떠 있다. 당신은 코르크를 멀리 밀어내기 위해 또 다른 코르크 조각을 손에 쥐고 물결을 일으켰다. 이 상황에서 당신을 빼놓고 두 개의 코르크 조각에만 관심을 집중한다면, 이것은 하나의 코르크 조각이 움직여서 다른 코르크 조각의 운동을 야기한 경우에 해당된다. 즉, 이들 사이에 모종의 '상호 작용'이 발생한 것이다. 물론 사실대로 따지자면 당신의 팔 힘이 코르크 조각에 전달되어 물결을 만들었고, 이 물결이 다른 코르크 조각에 전달되면서 운동이 발생한 것이다. 그렇다면 당장 하나의 법칙을 만들어낼 수 있다 — "물을 밀어내면 근처에 떠 있는 물체가 움직인다." 물 위에 떠 있는 코르크 조각을 좀더 먼 곳에 갖다놓고 물결을 일으키면 코르크 조각은 거의 움직이지 않는다. 왜냐하면 물을 밀어내는 당신의 행위는 '국소적'인 범위에만 영향을 주기 때문이다. 코르크 조각을 빠르게 흔들면 새로운 현상이 나타난다. 즉 코르크의 떨림이 물에 전달되면서 '파동'이 발생하여 멀리 있는 곳까지 전달되는 것이다. 이것은 일종의 진동으로서, 직접적인 상호 작용으로는 설명될 수 없다. 따라서 상호 작용이라는 개념은 물의 존재를 통해 이해되어야 하며, 전기력의 경우에는 '전자기장'의 개념을 도입할 수밖에 없는 것이다.

전자기장은 파동을 실어나를 수 있다. 실려가는 파동 중 일부는 빛(가시광선)이며, 라디오 방송을 송신할 때 사용되는 라디오파도 여기 포함되어 있다. 이 모든 파동들을 한데 묶어서 부르는 이름이 '전자기파(electromagnetic wave)'이다. 이들은 모두 진동하면서 전달되기 때문에 각기 고유한 진동수(frequency)를 갖고 있다. 전자기파 속에 섞여 있는 여러 파동들의 차이점이라고는 오로지 진동수(1초당 진동하는 횟수)뿐이다. 하전 입자를 앞뒤로 빠르게 진동시켰을 때 나타나는 현상은 하나의 숫자, 즉 '진동수로 대표되는 여러 종류의 파동'이라고 간략하게 표현될 수 있다. 가정용 전깃줄에 흐르는 전류는 1초당 약 100회의 진동을 하고 있다. 여기서 진동수를 초당 500,000 ~ 1,000,000회로 증가시키면 당신은 '방송중(on air)'이다. 왜냐하면 이것은 라디오 방송을 송출할 때 사용하는 파동이기 때문이다(물론 여기서 말하는 'air'는 공기하고 아무런 상관이 없다. 라디오파는 공기가 없어도 어디든지 갈 수 있다. 산이나 건물 같은 장애물만 없으면 된다). 여기서 진동수를 더욱 높이면 FM이나 텔레비전 방송이 가능해지고, 계속 더 높여 가면 레이더에 감지되는 단파(short wave)에 이르게 된다. 자, 여기서 진동수를 더 높이면 어떻게 될 것인가? 이때부터는 파동을 수신하는 별도의 장치가 필요 없다. 모든 인간은 선천적으로 이 진동수에 해당하는 파동의 감지 장치를 몸에 지니고 있기 때문이다. 바로 우리의 '눈'이 그 감지 장치이다! 단파에서 진동수가 더 증가하면 그 파동은 드디어 우리의 눈에 보이기 시작한다. 머리카락과 마찰시켜 대전된 머리빗을 1초당 $5 \times 10^{14} \sim 5 \times 10^{15}$번 흔들 수만 있다면 빗에서 나오는 빨간색, 파란색, 보라색 등의 빛을 눈으로 볼 수 있을 것이다(색의 차이는 진동수의 차이에서 기인한다). 이보다 낮은 진동수는 적외선(infrared)이며, 더 높은 진동수의 파동은 자외선(ultraviolet)에 해당된다. 물리학자들은 눈에 보이는 진동수(가시광선) 영역이라고 해서 다른 영역보다 깊은 관심을 보이지는 않는다. 그러나 일상에 묻혀 사는 사람들은 당연히 가시광선 영역에 각별한 관심을 보일 수밖에 없다. 자외선이나 적외선은 사람의 눈에 보이지 않기 때문이다. 자외선 영역에서 진동수를 더욱 키워나가면 X-선을 얻을 수 있다. X-선은 전혀 유별난 존재가 아니다. 그것은 그저 진동수가 높은 빛일 뿐이다. 그리고 여기서 진동수를 더 높이면 감마(gamma)선이 얻어진다. 사실 X-선과 감마선은 거의 비슷한 뜻으로 통용되고 있다. 보통은 원자핵에서 방출되는 전자기파를 감마선이라 부르고, 높은 에너지 상태의 원자에서 방출되는 전자기파를 X-선이라 부르고 있지만, 이들이 어디서 방출되건 간에 진동수가 같으면 물리적으로 완전히 동일하게 취급된다. 초당 10^{24}의 엄청난 진동수를 갖는 전자기파도 있다. 이러한 파는 실험실에서 인공적으로 만들어낼 수 있다. 칼텍에 있는 싱크로트론(synchrotron)을 사용한다면 가능한 일이다. 우주선(cosmic ray)에 실려오는 전자기파는 이보다 수천 배나 큰 진동수를 갖고 있으며, 이 정도가 되면 인공적으로 제어할 방법이 없다.

표 2-1 전자기파의 스펙트럼

1초당 진동 횟수(진동수)	이름	대략적인 외형
10^2	전기적 진동	장(場, field)
$5 \times 10^5 \sim 10^6$	라디오파	파동
10^8	FM, TV	〃
10^{10}	레이더	〃
$5 \times 10^{14} \sim 10^{15}$	빛(가시광선)	〃
10^{18}	X-선	입자
10^{21}	핵에서 방출된 감마선	〃
10^{24}	인공 감마선	〃
10^{27}	우주선 속의 감마선	〃

2-3 양자 물리학

이제 여러분은 전자기장이라는 개념과, 장이 파동을 실어나른다는 사실을 어느 정도 이해했을 것이다. 그러나 이제 곧 알게 되겠지만, 이런 파동들은 전혀 파동답게 행동하지 않는다. 진동수가 높아질수록, 파동은 입자를 닮아가는 것이다! 1920년대 초기에 탄생한 양자 역학은 바로 이 신기한 현상을 설명하기 위해 개발되었다. 1920년 이전에는 아인슈타인의 물리학이 권좌를 차지하고 있었다. 전혀 다른 존재로 여겨졌던 3차원 공간과 1차원의 시간은 상대성 이론에 의해 '4차원 시공간'으로 통합되었고, 중력을 설명하기 위해 '휘어진 시공간'의 개념이 도입되어 있었다. 따라서 물리학의 주된 무대는 시공간이었으며 중력은 시공간을 변형시키는 원인으로 이해되었다. 이렇게 시간과 공간의 개념이 변화를 겪던 무렵에 입자의 운동에 관한 법칙에서도 심각한 문제점이 발견되었다. 뉴턴이 발견했던 '관성'과 '힘'의 법칙이 원자에는 통하지 않았던 것이다. 아주 작은 규모(미시적 세계)에 적용되는 법칙은 큰 규모(거시적 세계)의 경우와 전혀 딴판이었다. 이것 때문에 물리학은 한층 더 어려워졌지만, 그와 동시에 아주 재미있는 학문이 되기도 했다. 왜 어려워졌을까? 미시 세계에서 작은 입자들의 행동 방식이 너무나 '부자연스러웠기' 때문이다. 사람은 미시 세계를 직접 경험할 수 없기 때문에, 이 희한한 행동 양식을 체계적으로 연구한다는 것 자체가 불가능했다. 그래서 물리학자들은 분석적인 방법을 동원할 수밖에 없었으며, 상상력을 최대한으로 발휘해야 했다.

양자 역학의 모습은 매우 다양하다. 우선, 양자 역학적 관점에서 바라본 입자는 정확한 위치나 정확한 속도를 가질 수 없다. 다시 말해서, 뉴턴의 고전 역학이 틀렸다는 뜻이다. 양자 역학에 의하면, 우리는 임의의 물체의 위치와 빠르기(속도)를 '동시에' 정확하게 알 수 없다. 운동량(질량 × 속도)의 불확정성과 위치의 불확정성은 서로 상보적 관계(한쪽이 커지면 다른 한쪽이 작아지는 관계)에 있으며, 이들을 곱하면 항상 어떤 특정 상수보다 크거나 같다. 이를 수식으로 표현하면 $\Delta x \Delta p \geq h/2\pi$ 이다. 여기에 담긴 의미는 나중에 자세히 설명하기로 한다. 어쨌거나, 이 수식은 지독한 역설이다. 원자는 양전하와 음전하를 모두 갖고 있는데, 왜 이들은 가깝게 달라붙어서 전하를 상쇄시키지 않고 그토록 큰 공간을 차지하고 있는 것일까? 반대 부호의 전하들이 서로 끌어당긴다는 사실을 상기해보면, 이것은 정말 미스터리가 아닐 수 없다. 왜 원자의 핵은 중앙에 놓여 있고, 그 주위를 전자들이 에워싸고 있는가? 처음에는 핵의 크기가 커서 그렇다고 생각했으나, 알고 보니 전혀 그렇지 않았다. 원자 전체의 크기는 10^{-8}cm 인데, 그 한가운데를 점유하고 있는 핵은 10^{-13}cm 밖에 되지 않는다. 원자를 집안의 거실만한 크기로 확대한다 해도, 핵은 거실 바닥에 나 있는 바늘구멍 정도의 크기에 불과하다. 그러나 원자가 갖는 질량의 대부분은 이 조그만 핵에 집중되어 있다. 그렇다면 주위의 전자들은 왜 핵 속으로 빨려 들어가지 않는가? 그 이유는 다음과 같다. 만일 전자가 핵 속으로 빨려 들어간다면 우리는 전자의 위치를 매우 정확하게 알 수 있게 된다. 그런데 불확정성 원리에 의하면 위치와 운동량의 불확정성을 곱한 값이 특정 상수보다 커야 하기 때문에, 이 법칙에 위배되지 않으려면 운동량이 엄청나게 커지는 수밖에 없다. 그런데 운동량이 크다는 것은 곧 운동 에너지가 크다는 것을 의미하므로 이렇게 큰 에너지를 가진 전자는 핵으로부터 멀리 탈출해버릴 것이다. 따라서 원자의 기본적인 형태를 유지하려면 핵과 전자는 적당한 선에서 타협을 보는 수밖에 없다. 즉, 전자는 '적당한' 크기의 영역 안에서 '적당한' 속도를 유지해야 하는 것이다. [앞에서 나는 고체의 온도를 절대 온도 0K 까지 냉각시켜도 원자들은 최소한의 운동 상태를 유지한다고 말했다. 왜 그런가? 만일 원자가 움직임을 멈춘다면 위치의 불확정성(Δx)이 '0'이 되어, 무한대의 운동량을 갖기 때문이다. 이렇게 되면 원자가 어느 곳에서 얼마나 빠르게 움직이는지 종잡을 수가 없게 된다. 따라서 절대 온도 0K 에서도 원자는 움직여야만 한다.]

양자 역학은 매우 흥미로운 과학 철학적 개념을 낳기도 했다. 아무리 이상적인 상황에서도 앞으로 어떤 일이 일어날지를 '정확하게' 예측하는 것이 불가능하다는 것이다. 예를 들어, 실험실에서 원자들의 상태를 조절하여 빛을 방출하도록 만들었다고 하자(이것은 얼마든지 가능한 일이다). 그리고 잠시 후에 다시 언급하겠지만, 원자로부터 방출된 빛을 감지하는 장치를 그 근처에 대기시켰다고 하자. 이제 잠시 후면 감지기는 빛이 도달했음을 알리는 신호음을 낼 것이다. 그런데 이런 상황에서도 '어떤' 원자가 '언제' 빛을 방출할 것인지를 알아내는 방법은 없다. 여러분은 이 한계가 원자의 내부에 대한 '정보부족'에서 기인했다고 생각할지도 모른다. 그러나 사실은 그렇지 않다. 빛의 방출과 관계된 원자의 성질에 관한 한, 우리가 모르는 더 이상의 정보는 없다. 그런데도 결과는 이렇게 실망스럽기만 하다. 이와 같이 자연은 '앞으로의 일을 예측할 수 없는' 방식으로 운영되고 있는 것이다. 물리학자의 입장에서 볼 때, 이것은 재앙이나 다름없다. 오랜 옛날부터 철학자들은 과학이 갖춰야 할 조건으로 "언제, 누가 실험을 하건 간에, 동일한 조건하에서는 항상 동일한 결과가 얻어져야 한다"는 점을 강조해왔다. 그러나 양자 역학이 등장하면서 과학은 이 대전제를 포기해야만 했다. 그것은 과학뿐만 아니라, 이 우주 안에서 얻을 수 있는 모든 수단과 방법을 동원해도 만족시킬 수 없는 조건이었던 것이다. 그렇다고 과학을 포기할 것인가? 물론 그럴 수는 없다. 철학자들이 내걸었던 과학의 조건은 양자 역학이 탄생하기 전의 이야기였으므로, 약간의 수정만 가하면 된다. 어떤 일이 일어날지 정확하게 예견할 수 없다 해도, 어떤 일이 일어난 '확률'은 알 수 있지 않은가! 이 확률만으로도 물리학은 훌륭하게 유지될 수 있다. 지난 세월 동안 철학자들은 '엄밀한 과학이 갖춰야 할 조건'에 대하여 참으로 많은 이야기를 해왔지만, 그들의 주장은 다소 비전문가적이었으며 사실과는 거리가 있었다. 예를 들어, 어떤 철학자가 "스톡홀름에서 실험을 행하여 어떤 결과가 얻어졌다면, 이 결과는 동일한 조건하에서 실험을 행한 퀴토(Quito, 적도상에 위치한 에콰도르의 수도 : 옮긴이)의 실험실에서도 얻어져야 한다"는 주장을 펼쳤다고 하자. 이것이 과연 맞는 말인가? 스톡홀름에서 진행된 실험이 극광(오로라)을 관측하는 것이었다면, 퀴토에서도 극광이 보여야 한다는 말인가? 아니다. 퀴토에서는 절대로 극광을 볼 수 없다. 철학자의 주장은 '경험적 사실'이 될 수는 있겠지만, 과학이 반드시 갖추어야 할 필요 조건은 아니다. "그것은 실험실 바깥을 관측했기 때문에 발생한 차이점이 아닌가? 실험실을 완전히 밀폐시킨 상태에서 극광 관측 말고 다른 실험을 한다면 그 결과는 같아야 하는 것 아닌가?" 여러분은 이렇게 묻고 싶을 것이다. 하지만 그렇게 차단된 환경에서 실험을 한다 해도 다른 결과는 얼마든지 나올 수 있다. 천장에 추(진자)를 매달아 흔드는 실험을 예로 들어보자. 스톡홀름의 경우, 흔들리는 진자의 궤적이 속한 평면은 지면(실험실 바닥)에 대하여 일정한 속도로 회전하게 된다. 이것은 1851년에 푸코(J. B. L. Foucault)가 발견한 아주 유명한 현상이다. 그러나 퀴토는 적도상에 있기 때문에 그곳에서는 푸코의 회전 현상이 관측되지 않는다. 자, 실험실을 밀폐시켰는데도 결과가 다르지 않은가? 그래도 과학은 멀쩡하다. 전혀 와해되지 않았다. 그렇다면 과학에 적용되는 근본적인 가설(철학)은 과연 무엇인가? 첫 번째 강의에서 언급한 바와 같이, "모든 아이디어의 타당성은 오로지 실험을 통해 검증되어야 한다"는 요구가 바로 그것이다. 만일 대부분의 실험 결과가 스톡홀름과 퀴토에서 동일하게 나왔다면, 우리는 이로부터 일반적인 법칙을 유도해낼 것이며, 결과가 일치하지 않는 일부 실험에 대해서는 각 지역의 환경적인 차이에서 그 원인을 찾아낼 것이다. 그리고는 실험 결과들을 효과적으로 요약하는 방법을 개발할 것이다. 이 방법의 구체적인 모양새에 관해서는 지금 언급할 필요가 없을 것 같다. 어쨌거나 동일한 실험에서 동일한 결과를 얻었다면 아주 바람직한 일이고, 그렇지 않았다 해도 그 또한 사실로 받아들이면 그만이다. 우리는 그저 실험 결과를 받아들이면서 여기에 우리의 경험을 추가하여 머릿속의 아이디어를 체계화시켜나갈 뿐이다.

다시 양자 역학과 기초 물리학으로 돌아가자. 양자 역학적 원리의 자세한 부분들은 난이도가 꽤 높기 때문에 지금 당장은 언급하지 않을 생각이다. 그러므로 일단은 “양자 역학이라는 분야가 있다고 하더라. 그런데 무지 어렵다더라” 정도로 기억해두고, 지금부터는 양자 역학이 낳은 결과에 관심을 돌려보자. 가장 놀라운 것은 우리가 파동이라고 생각했던 것들이 입자처럼 행동한다는 것이다. 물론 그 반대도 성립한다. 입자들도 파동적 성질을 갖는다. 조금 더 엄밀하게 말하자면, 이세상의 모든 만물들은 파동성과 입자성을 모두 갖고 있다. 그러므로 파동과 입자를 구별할 만한 기준 같은 것은 더 이상 존재하지 않는다. 양자 역학은 장(field)과 파동(wave), 그리고 입자(particle)라는 개념들을 하나의 실체로 통일시켜버렸다. 진동수가 낮을 때에는 물체가 만들어낸 장의 특성이 분명하게 나타나며, 우리가 경험으로 알고 있는 기존의 현상들을 근사적으로 서술할 때에도 장의 개념은 매우 유용하다. 그러나 진동수가 높아지면 우리가 통상적으로 사용하는 관측 장비에는 진동자(진동하는 주체)의 입자적 성질이 주로 관측된다. 지금까지 나는 수치에 제약을 받지 않고 진동수를 마음대로 키워나갔지만, 사실 10^{12} 이상의 진동수와 직접적으로 관련된 현상은 지금까지 단 한 번도 발견된 적이 없다. 단지 양자 역학으로부터 얻어진 파동-입자의 이중성에 입각하여 높은 에너지를 갖는 ‘입자’로부터 진동수를 유추해낸 것뿐이다.

이런 방식으로, 우리는 전자기적 상호 작용을 새로운 관점에서 바라볼 수 있게 되었다. 그런데 이렇게 바라보니 전자와 양성자, 그리고 중성자 이외에 또 하나의 입자가 추가될 여지가 남아 있음을 알게 되었으며, 이 새로운 입자에는 ‘광자(photon)’라는 이름이 붙여졌다. 고전적 관점에서 본 전자-양성자 간의 상호 작용은 19세기 말에 전자기학이라는 이론으로 정립되었는데, 이 모든 것을 양자 역학적 버전으로 재구성한 이론이 바로 ‘양자 전기 역학(QED, Quantum Electrodynamics)’이다. 이는 빛과 물질간의 상호 작용(또는 장과 전하 사이의 상호 작용)을 설명해 주는 이론으로서, 물리학 역사상 가장 성공적인 작품으로 손색이 없다. 이 하나의 이론 속에는 중력과 핵의 내부를 제외한 모든 자연 현상들이 논리 정연한 법칙들 속에 깔끔하게 정리되어 있다. 예를 들어 이미 알려져 있는 전기, 역학, 화학 등의 모든 법칙들은 양자 전기 역학으로부터 자연스럽게 유도된다. 당구공의 충돌이나 자기장 속에 놓인 전선의 운동, 일산화탄소의 비열, 네온등의 색상, 소금의 밀도, 그리고 산소와 수소가 반응하여 물이 되는 과정 등은 모두 양자 전기 역학의 법칙으로부터 이론적으로 계산될 수 있다. 근사적인 계산이 가능한 상황이라면 양자 전기 역학은 정확도에서 타의 추종을 불허하는 이론이다. 이 이론이 틀렸다는 증거는 지금까지 단 한 번도 발견된 적이 없다. 단, 핵의 내부에 관해서는 아직 알려진 것이 별로 없기 때문에 양자 전기 역학이 그곳에서도 통할지는 아직 미지로 남아 있다.

원리적으로 따져 볼 때, 생명에 관한 연구는 화학으로 귀결되며, 화학은 이미 물리학의 범주로 들어왔기 때문에 양자 전기 역학은 모든 화학과 생명 현상까지 포함하는 이론이라고 할 수 있다. 게다가 양자 전기 역학이 예견할 수 있는 분야는 무궁무진하다. 초 고에너지 광자와 감마선 등의 성질을 비롯하여 양전자(positron)의 존재도 양자 전기 역학으로부터 유도될 수 있다(양전자는 전자와 질량이 같으면서 전하의 부호가 반대인 입자이다. 전자와 양전자가 만나면 이들은 빛이나 감마선을 방출하면서 소멸된다. 이것은 빛과 감마선이 '진동수만 다른' 동일한 실체임을 보여주는 또 하나의 사례이다). 이 사실을 일반화하면 모든 입자들이 자신의 파트너에 해당하는 '반입자(antiparticle)'를 갖고 있다고 말할 수 있는데, 이것은 놀랍게도 사실임이 입증되었다. 전자는 오래 전에 발견되어 이미 유명세를 타고 있었기 때문에 파트너에게까지 새 이름을 선사할 수 있었지만, 다른 입자들은 파트너의 이름 앞에 '반(反 : anti-)'이라는 접두어가 붙는 것으로 만족해야 했다. 반양성자(antiproton), 반중성자(antineutron) 등이 대표적인 사례이다. 양자 전기 역학에서 필요한 입력 데이터는 단 두 개이며, 이로부터 모든 정보가 출력된다. 이 두 개의 입력 데이터는 흔히 '전자의 질량'과 '전자의 전하'라고 언급되곤 하는데, 사실 이것은 반드시 옳다고 볼 수 없다. 핵의 무게를 나타내는 숫자만 해도 100여 가지가 넘기 때문이다. 지금부터 그 속사정을 살펴보기로 하자.

2-4 핵과 입자

핵은 무엇으로 이루어져 있는가? 그 구성 성분들은 무슨 힘으로 그토록 단단하게 뭉쳐져 있는가? 핵자(핵을 구성하는 입자)들은 엄청난 힘으로 서로를 잡아당기고 있다. 그래서 이들을 분리시키면 엄청난 양의 에너지가 외부로 방출된다. 이것은 TNT가 폭발할 때 방출되는 에너지와는 수준이 다르다. TNT의 파괴력은 핵과 멀리 떨어져 있는 외곽 전자의 배열이 바뀌면서 발생하지만, 원자폭탄의 파괴력은 핵의 내부 구조가 바뀌면서 발생하기 때문이다. 그렇다면 양성자와 중성자를 한데 묶어 놓는 힘의 정체는 과연 무엇인가? 일본의 물리학자인 유카와 히데키(湯川秀樹)는 전자기력과 광자가 밀접하게 관련되어 있음에 착안하여, 핵자들 사이에 작용하는 힘도 일종의 장(field)을 통해 전달되며 장의 진동은 입자의 형태로 나타날 것이라고 제안하였다. 이것은 곧 양성자와 중성자 이외에 다른 입자가 추가로 존재한다는 것을 의미했고, 유카와는 이미 알려져 있는 핵력의 특성에서 새로운 입자의 성질을 유추해 내었다. 그의 계산에 의하면 이 입자의 질량은 전자 질량의 200 ~ 300배나 되었는데, 어느 날 우주선(cosmic ray) 속에서 이런 질량을 갖는 입자가 실제로 발견되었다. 그러나 후에 이 입자는 유카와가 예견했던 입자가 아니었음이 밝혀졌다. 뮤-중간자(μ-meson), 또는 뮤온(muon)이라 불리는 입자가 바로 그것이다.

이보다 조금 전, 그러니까 1947 ~ 1948년 무렵에 파이-중간자(π-meson), 또는 파이온(pion)이라 불리는 입자가 발견되었는데, 이 입자야말로 유카와가 원하던 조건을 모두 갖추고 있었다. 이제 핵력을 완전히 이해하려면 양성자와 중성자 이외에 파이온을 추가해야 한다. 자, 이것으로 모든 문제가 해결 되었을까? “와! 대단한데? 그렇다면 이제 파이온을 추가하여 양자 핵역학(Quantum Nucleodynamics)을 만들기만 하면 되겠군. 제대로 만들어지기만 하면 모든 의문이 술술 풀어지겠지…” 여러분은 이렇게 생각할지도 모르겠다. 그러나 실제 사정은 전혀 그렇지가 않았다. 이 이론에 등장하는 계산들이 너무나도 어려워서, 실용적인 결과를 단 하나도 얻어내지 못한 것이다. 전자기력의 구조를 본떠서 만든 핵력 이론은 실험치와 비교할 만한 계산 결과를 전혀 제시하지 못한 채로 근 20년의 세월을 보내버렸다!

물리학자들은 아직도 이 이론에 매달리고 있다. 그것이 맞는지 틀린지는 확인할 길이 없지만, 그다지 ‘많이 틀리지는 않은’ 이론이라는 것을 알고 있기 때문이다. 이론 물리학자들이 핵력 이론에 매달려 세월을 보내는 동안, 실험 물리학자들은 몇 가지 새로운 입자들을 발견해냈다. 뮤온(뮤-중간자)은 이미 발견되었지만 이 입자가 대체 물질과 어떤 관계가 있는지는 아직도 오리무중이다. 우주선 속에서는 새로운 입자들이 다량으로 발견되기도 했다. 지금까지 알려진 입자는 대략 30종류 정도인데, 이 모든 입자들 사이의 상호 관계는 아직 밝혀지지 않고 있다. 간단히 말해서, “이들이 왜 존재하는지”를 모르고 있는 것이다. 지금 우리는 근 30종의 입자들이 ‘동일한 존재의 다른 측면’이라는 증거를 찾고 있지만 아직 이렇다할 성과는 없다. 모든 것을 하나로 통합해줄 매끈한 이론이 없는 상태에서, 서로 연관성이 없어 보이는 다양한 입자들의 목록만 확보하고 있는 것이다. [한 세기가 넘어간 지금은 초끈 이론(Superstring Theory)이 이 문제를 해결해줄 유력한 후보로 꼽히고 있다 : 옮긴이] 양자 전기 역학이 대성공을 거둔 후에, 핵물리학 분야에서도 약간의 진보가 있었다.

반은 경험으로, 반은 가설에 기초한 이론으로 집요하게 파고들어서 몇 가지 새로운 사실을 밝혀낸 것이다. 그러나 핵력의 원천이 무엇인지는 여전히 미지로 남아 있다. 다른 분야에서도 물론 진전은 있었다. 엄청난 양의 화학 원소들을 체계적으로 분류할 수 있게 된 것이다. 원소들 사이의 관계가 어느 날 갑자기 분명해지면서, 결국에는 멘델레예프(Mendeléev)의 주기율표를 통해 말끔하게 정리되었다. 예를 들어, 나트륨(Na)과 칼륨(K)은 화학적 성질이 비슷하기 때문에 주기율표의 같은 세로줄 상에 자리를 잡고 있다. 입자(엄밀하게 말하면 소립자)에 관심을 갖는 물리학자들도, 주기율표와 비슷한 ‘소립자표’를 완성하기 위해 지금도 연구에 박차를 가하고 있다. 미국의 겔-만(Murray Gell-Mann)과 일본의 니시지마(西島和彦, Nishijima Kazuhiko)는 그들 나름대로의 소립자표를 만들어서 발표하였는데, 여기에는 소립자들이 전기 전하와 기묘도(strangeness) S에 따라 분류되어 있다. 전기 전하가 항상 보존되는 것처럼, 기묘도 S 역시 핵력이 작용하는 반응 과정에서 일정한 값으로 보존된다.

표 2-2에는 지금까지 알려진 모든 입자들이 정리되어 있다. 여러분에게 자세한 설명을 할 수는 없지만, 이 표로부터 지금 우리가 입자들에 대해 ‘얼

마나 모르고 있는지'를 짐작할 수는 있다. 각 입자의 하단부에는 질량이 Mev (Mega-electronvolt) 단위로 표시되어 있다($1\text{Mev} = 1.782 \times 10^{-27}\text{g}$) 이런 이상한 단위를 사용하는 데에는 역사적 이유가 약간 숨겨져 있는데, 지금은 바쁘니까 그냥 넘어가기로 한다. 이 표에서는 질량이 큰 입자일수록 위쪽에 위치한다. 보는 바와 같이, 양성자(p)와 중성자(n)는 질량이 거의 같다. 세로줄 방향으로 같은 위치에 있는 입자들은 전하량이 모두 같은데, 가운데 줄에 있는 중성 입자를 기준으로 하여 오른쪽에는 양전하, 왼쪽에는 음전하를 갖는 입자들이 나열되어 있다.

또한, 실선이 그어진 것은 입자이며, 점선은 공명(resonance)을 뜻한다. 질량과 전하가 모두 0인 광자와 중력자는 이 표에 포함시키지 않았다. 이들은 중입자(baryon)－중간자(meson)－경입자(lepton)식 분류법에서 어디에도 해당되지 않기 때문이다. 새로 발견된 공명 입자인 K^*와 φ, η도 이런 이유로 제외되었다. 중간자의 반입자들은 표에 포함되어 있지만, 경입자와 중입자의 반입자들은 제외시켰다. 이들을 표현하려면 좌-우가 바뀐 도표를 새로 그려야 한다(전하가 반대 부호이므로). 전자와 광자, 중성자, 중력자, 양성자를 제외한 모든 입자들은 불안정하지만, 붕괴된 후의 생성물은 공명 입자에 한해서 표시하였다. 그리고 경입자들은 핵자(양성자와 중성자)와 상호 작용을 하지 않으므로 기묘도를 갖지 않는다.

중성자와 양성자를 포함하는 입자 그룹을 통칭하여 중입자(baryon)라 하며, 여기에는 질량이 1154Mev인 람다 입자(Λ)와 시그마 입자(Σ^0, Σ^+, Σ^-) 등이 있다. 질량이 거의 같은 입자들의 집합(1 ~ 2% 이내의 차이)을 '멀티플렛(multiplet)'이라고 하는데, 하나의 멀티플렛에 속해 있는 입자들은 기묘도가 같다[세 개는 트리플렛(triplet), 두 개인 경우는 더블렛(doublet), 하나뿐이면 싱글렛(singlet)이라고 한다]. 양성자와 중성자는 더블렛을 이루며, 람다 입자는 싱글렛, 그리고 시그마 입자는 트리플렛을 이룬다. 그 위에는 크사이(Ξ) 더블렛이 있다. 최근(1961년)에 발견된 입자도 있다. 그런데 이들이 과연 입자인지가 좀 애매하다. 이 입자는 수명이 너무나 짧아서 생성되자마자 곧 바로 사라져 버리기 때문에, 다른 것들과 같은 입자인지, 아니면 Λ와 π 사이의 어떤 에너지 값에서 공명 상호 작용에 의해 나타나는 현상인지 알기가 어렵다.

중입자 이외에 핵력과 관계된 입자들이 있는데, 이들은 통칭 중간자(meson)라 불린다. 여기에는 +, 0, － 의 전하를 갖는 세 종류의 파이온(즉, 파이온 트리플렛)이 있으며, 더블렛을 이루는 K-중간자(K^+, K^0)도 이 그룹에 속한다. 모든 입자는 자신의 파트너, 즉 반입자를 갖고 있는데(자기 스스로 자신의 파트너가 되는 입자는 제외), 예를 들어 π^-의 반입자는 π^+이고 π^0는 자기 스스로가 반입자이다. K^+와 K^-, K^0와 $\bar{K}^0$도 서로 반입자의 관계이다. 1961년도에 몇 종류의 중간자가 추가로 발견되었는데, 사실 이들은 태어나자마자 사라지기 때문에 중간자로 단정하기는 좀 곤란하다. '중간자 후보생'이라고나 할까? 이 밖에 오메가(ω) 입자는 질량이 780Mev로서 세 개의 파이온(π)으로 붕괴되며, 로(ρ) 입자는 두 개의 파이온으로 붕괴되는데, 이들 역시 수명이

표 2-2 소립자(Elementary Particles)

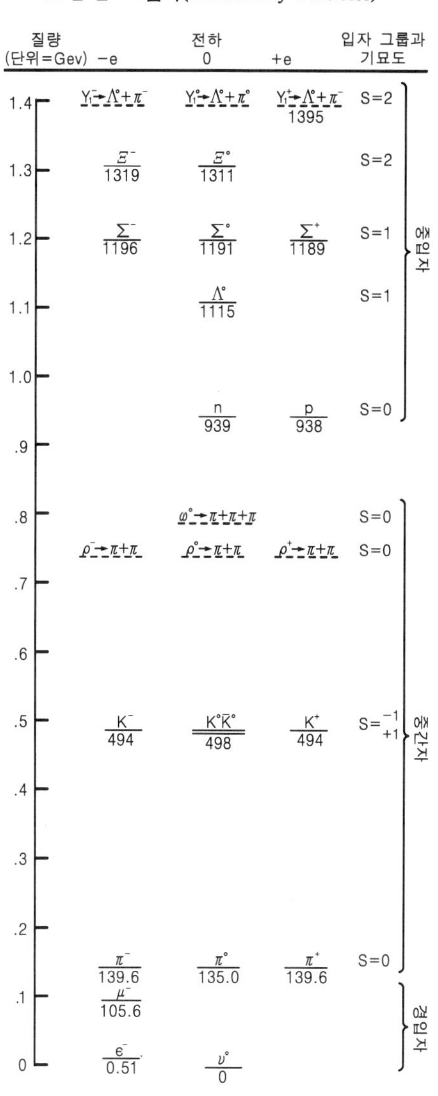

짧기 때문에 확실하게 단정 짓기는 어렵다. 중간자와 중입자, 그리고 중간자의 반입자들은 하나의 표 안에 모두 표현될 수 있지만, 중입자의 반입자들까지 표현하려면 좌-우가 바뀐 새로운 도표를 따로 그려야 한다.

몇 개의 희토류(rare-earth) 원소들의 위치가 적절치 않다는 것만 눈감아준다면, 멘델레예프의 주기율표는 매우 훌륭한 원소 분류법을 보여주고 있다. 이와 마찬가지로, 우리의 입자 분류법도 아직까지는 대충 쓸 만한 것 같다. 여기에 또 한 그룹의 입자들을 추가한다면 말이다. 핵자들과 강한 상호 작용을 하지 않으며 핵력과 아무런 상관이 없는 입자들, 우리는 이들을 '경입자(lepton)'라 부른다. 대표적인 경입자로는 전자를 들 수 있는데, 질량이 0.510Mev이다. 쉽게 말해서, 엄청나게 가볍다. 뮤온의 1/206밖에 되지 않는다. 그런데 실험적으로 밝혀진 사실에 의하면 전자와 뮤온의 차이점은 질량뿐이다. 다른 성질들은 완전히 똑같다. 왜 그럴까? 목소리와 생김새는 똑같고 몸무게만 서로 다른 두 사람의 배우를 같은 무대에 세울 필요가 있었을까? 그 이유를 아는 사람은 아무도 없다. 전하가 없는 경입자로는 뉴트리노(neutrino)가 있는데, 이 입자는 전하뿐만 아니라 질량도 없다. 지금까지 두 종류의 뉴트리노가 발견되었으며, 이중 하나는 전자와 관계되어 있고 다른 하나는 뮤온과 친한 사이다.

마지막으로 핵력과 상관없는 입자 두 개가 있다. 바로 광자(photon)와 중력자(graviton)이다. 광자는 전자기장을 매개하는 입자로서 흔히 '빛을 구성하는 입자'로 알려져 있으며, 중력자는 "중력의 구조가 양자 역학적으로 전자기력과 비슷하다"는 가정하에 중력을 매개하는 입자로 추대된 상상속의 입자이다(중력의 양자 역학적 버전은 아직 완성되지 못했다). 중력자도 뉴트리노처럼 질량을 갖지 않는다.

여기서 잠깐! 여러분은 조금 혼란스러울 것이다. 질량이 0이라니, 그게 대체 무슨 말인가? 질량이 없으면 존재 자체가 없다는 뜻인데, 거기에 왜 이름까지 붙여가며 헛고생을 하고 있는가? 여기서 질량이 0이라 함은, 입자가 아무런 운동도 하고 있지 않은 상태, 즉 '정지 질량(rest mass)'이 0이라는 뜻이다. 따라서 정지 질량이 0인 입자들은 단 한순간도 멈춰 있을 수가 없다. 광자는 우주가 탄생한 후로 지금까지 한시도 쉬지 않고 초당 300,000km의 속도로 달리고 있다. 나중에 상대성 이론을 배우게 되면 질량의 의미를 더욱 정확하게 이해할 수 있을 것이다.

모든 만물의 기본을 이루는 입자들의 목록은 이상과 같다. 다행히도 이들이 상호 작용 하는 패턴은 입자들마다 제각각이 아니라 몇 개의 패턴으로 요약될 수 있다. 실제로, 자연계에 존재하는 상호 작용은 핵력, 전자기력, 베타 붕괴 상호 작용(약력), 그리고 중력뿐이다(힘의 크기가 큰 순서로 나열하였다). 광자는 전하를 띤 모든 입자들과 결합되어 있는데, 이 상호 작용의 세기는 1/137이라는 숫자 속에 함축되어 있다. 이 결합에 관한 모든 사항을 설명해주는 이론이 바로 양자 전기 역학(QED)이다. 중력은 모든 에너지와 결합되어 있으나, 전기력과 비교할 때 너무나도 약한 힘이다. 이 법칙도 이미 잘 알려져 있다(양자 역학적 버전을 제외하고). 그 다음으로 베타 붕괴 상호 작용, 즉 약력이라는 것이 있는데, 이 힘에 의해 중성자는 양성자＋전자＋뉴트리노로 서서히 분해된다. 약력에 관한 이론은 부분적으로 밝혀진 상태이다(1979년에 약력은 전자기력과 멋지게 통합되었다 : 옮긴이). 마지막으로 핵력은 가장 강한 힘으로서 강력 또는 강한 상호 작용이라고도 하며, '중입자 수(baryon number) 보존 법칙'과 같은 일부 법칙들이 알려져 있긴 하지만, 전체적인 상황은 한마디로 오리무중이다.

표 2-3 상호 작용

결합	세기*	법칙
광자와 하전 입자	$\sim 10^{-2}$	알려져 있음
중력과 에너지	$\sim 10^{-40}$	알려져 있음
약 붕괴(베타 붕괴)	$\sim 10^{-5}$	일부만 알려져 있음
중간자와 중입자	~ 1	밝혀지지 않았음(일부 법칙만 알려짐)

*힘의 '세기'는 각 상호 작용에 관계된 결합 상수 값이며 단위는 없다. '~'는 대략적인 값이라는 의미다.

그러므로 오늘날의 물리학이 처한 상황은 정말 끔찍하다. 여러분의 이해를 돕기 위해 간단히 정리해보면 대충 다음과 같다. 핵의 바깥 영역에서 벌어지는 일은 모두 알고 있는 것 같다. 그리고 핵의 내부에는 양자 역학이 적용된다. 양자 역학은 지금까지 단 한 번도 실패한 적이 없다. 지금 물리학의 무대는 시공간(space-time)이다. 아마 중력도 이 안에 포함될 것이다. 우리는 우주 탄생의 비밀을 알 수 없고, 우리가 갖고 있는 시공간의 개념을 극미의 영역에서 검증해본 적도 없다. 어떤 특정 규모 이상에서만 우리의 아이디어가 통한다는 것을 알고 있을 뿐이다. 우리가 지금 벌이고 있는 게임의 규칙은 양자 역학적 원리이며, 이 원리는 기존의 입자들뿐만 아니라 새로 발견되는 입자에도 적용되어야 한다. 핵력의 정체를 추적하던 중에 새로운 입자들이 발견되긴 했지만, 그 종류가 너무 많아서 미로에 빠지고 말았다. 우리는 지금 원자 규모 이하의 미시 세계를 탐구하고 있으나, 우리의 현재 위치가 어디쯤이며 앞으로 얼마나 더 가야 하는지 전혀 모르는 상태이다.

CHAPTER 03
물리학과 다른 과학들 사이의 관계

3-1 서론

물리학은 모든 과학 분야 중에서 가장 기본적인 분야이며, 과학의 발전에 가장 지대한 영향을 끼치는 학문이다. 사실, 오늘날의 물리학은 현대 과학의 산파 역할을 했던 자연 철학과 거의 동등한 역할을 하고 있다. 여러 다른 분야를 전공하는 학생들도 의무적으로 물리학 강의를 듣게 되어 있는데, 이는 물리학이 자연 현상을 설명하는 데 필수적으로 요구되는 기초 학문이기 때문이다. 이 장에서 우리는 다른 과학 분야가 안고 있는 근본적인 문제들을 살펴볼 것이다. 물론 그 복잡 미묘한 사항들을 이렇게 한정된 지면에서 모두 다룰 수는 없다. 물리학이 모든 과학 분야와 밀접하게 연결되어 있는 것은 분명한 사실이지만, 공학과 산업, 사회, 전쟁 등과의 관계에 대해서는 사정상 생략해야 할 것 같다. 또한, 물리학과 가장 인연이 깊은 수학에 대해서도 깊은 이야기를 할 시간이 없다(수학은 지금 우리의 관점에서 볼 때 자연을 탐구하는 학문이 아니므로 '자연 과학'이라 부를 수 없다. 수학의 진위 여부는 실험으로 검증되지 않는다). 이왕 말이 나온 김에, 한 가지 분명하게 해둘 것이 있다. 사람들은 흔히 '과학적이 아닌' 것에 대하여 불신하는 경향이 있는데, 그것은 전적으로 잘못된 생각이다. 과학이 아니면서도 우리에게 좋은 것은 얼마든지 있다. 사랑이 과학이라고 말할 수 있겠는가? 무언가가 과학의 범주에 들지 않는다고 해서, 그것이 잘못되었다는 뜻은 결코 아니다. 그것은 단지 과학이 아닌 '다른 무엇'일 뿐이다.

3-2 화학

물리학으로부터 가장 깊은 영향을 받은 과학은 아마도 화학(chemistry)일 것이다. 역사적으로 볼 때 초기의 화학은 생명과 직접적인 관계가 없는 무기화학만을 주로 다루었다. 화학자들은 수많은 원소들을 찾아내고 그들 사이의 관계를 규명하기 위해 엄청난 노력을 했고, 그 결과로 다양한 원소들이 화합물을 이루어 바위나 지구와 같은 물질이 만들어진다는 사실을 알아낼 수 있었다. 이 초기 화학은 물리학에서도 매우 중요하게 취급되었다. 화학의 원자 이론은 실험적으로 거의 완벽하게 규명되어 있었으므로, 화학과 물리학은 운명적으로 각별한 사이가 될 수밖에 없었다. 화학의 반응 이론은 멘델레예프의 주기율표 속에 훌륭하게 함축되어 있으며, 이로부터 원자들 사이의 신기한 상호 관계가 차츰 알려지게 되었는데, 이 모든 것은 훗날 무기 화학 법칙의 토대가 되었다. 그런데 무기 화학의 법칙들은 궁극적으로 양자 역학을 통해 설명될 수 있기 때문에 사실 이론 화학은 물리학과 다를 것이 없다. 물론 여기서 말하는 '설명'이란 원리적인 설명을 뜻한다. 앞에서 언급한대로, 체스 게임의 규칙을 잘 안다고 해서 프로기사가 될 수는 없다. 거기에는 수많은 실전 경험이 반드시 필요하다. 임의의 화학 반응에서 구체적으로 어떤 일이 일어날 것인지를 미리 예측하기란 매우 어려운 일이다. 하지만 누가 뭐라 해도 이론 화학의 핵심이 양자 역학이라는 데에는 반론의 여지가 없다.

물리학과 화학이 합작하여 새롭게 태어난 분야도 있다. 이것은 역학 법칙이 성립한다는 전제하에 모든 결론을 통계적으로 유도하는 매우 중요한 과학인데, 흔히들 '통계 역학(statistical mechanics)'이라고 부른다. 화학적 대상을 연구할 때에는 제멋대로 움직이고 있는 엄청난 수의 입자들을 고려해야 하는 경우가 흔히 있는데, 이 모든 입자들의 운동을 일일이 분석할 수 있다면 기존의 화학이나 물리학만으로 결론을 유도해낼 수 있겠지만, 사실 이것은 가장 빠른 컴퓨터를 동원한다 해도 엄청난 시간이 소요될 뿐만 아니라 우리 인간의 머리로는 그 복잡한 상황을 머릿속에 그릴 수도 없다. 이런 경우에는 연구하는 방법 자체를 바꾸어야 한다. 통계 역학은 열과 관련된 현상, 즉 열역학(thermodynamics)을 다루는 과학이다. 오늘날의 무기 화학은 물리 화학과 양자 화학으로 모든 것이 설명된다. 물리 화학은 반응이 일어나는 비율과 반응의 구체적·과정(분자들 간의 충돌이나 물질의 분해 등)을 연구하는 과학이며, 양자 화학은 화학적 현상들을 물리학의 법칙으로 이해하기 위해 탄생한 분야이다.

다른 화학 분야로는 생명 현상과 관계된 물질을 대상으로 하는 유기 화학(organic chemistry)을 들 수 있다. 생명 현상과 관계된 물질들은 그 구조가 너무나 복잡하고 경이롭기 때문에 한동안 화학자들은 무기물로부터 유기물을 만들어낼 수 없다고 믿어왔다. 물론 이것은 틀린 생각이다. 유기물은 원자의 배열 상태가 복잡하다는 것 말고는 무기물과 조금도 다를 것이 없다. 유기 화학은 연구 대상을 제공해주는 생물학(biology)과 필연적으로 밀접한 관계일 수밖에 없으며, 산업과도 깊게 관련되어 있다. 그리고 물리 화학과 양자 역학은 무기물과 유기물에 모두 적용될 수 있다. 그러나 유기 화학의 주된 관심사는 어디까지나 생명을 이루는 물질을 분석하고 합성하는 것이다. 이 모든 분야들은 은연중에 보조를 맞추면서 생화학, 생물학, 분자 생물학 등으로 연결된다.

3-3 생물학

이렇게 해서 우리는 생명 자체를 연구하는 생물학에 이르게 된다. 초기의 생물학자들은 생명체의 종류를 나열하고 분류하는 것이 주된 업무였기 때문에 벼룩의 다리에 난 털 개수까지도 일일이 세어야 했다. 그들은 이 번거로운 듯한 작업을 훌륭하게 완수한 후에 드디어 생체의 내부 구조에 관심을 갖기 시작했다. 그러나 초기에는 갖고 있는 정보의 양이 절대적으로 부족했기 때문에 두리뭉실한 일반적 특성밖에는 알 수가 없었다.

물리학과 생물학 사이에도 매우 유서 깊은 인연이 있다. 물리학의 기본 법칙 중 하나인 에너지 보존 법칙이 생물학 분야에서 먼저 발견된 것이다. 이것은 마이어(J. R. Mayer, 1814～1878)라는 의사가 처음으로 입증하였는데, 그는 생명체가 흡수하는 열량과 방출하는 열량 사이의 관계를 추적하다가 이 놀라운 사실을 알아냈다고 한다.

살아 있는 동물들이 겪는 생물학적 과정을 좀더 자세히 관찰해보면, 거기에는 많은 물리적 현상들이 숨어 있는 것을 알 수 있다. 피의 순환과 심장의 펌프질, 압력 등이 그 대표적인 사례이다. 물론 신경 구조도 빼놓을 수 없다. 날카로운 돌을 밟았을 때, 통증을 느끼는 이유는 발바닥에 전달된 신호가 신경 계통을 거쳐 통증을 감지하는 대뇌에 전달되기 때문이다. 이 과정은 정말로 흥미롭다. 생물학자들은 연구를 거듭한 끝에 신경이라는 것이 매우 얇고 복잡한 외벽을 가진 미세한 관(tube)이라는 결론에 도달했다. 이 벽을 통해서 이온이 교환되어 세포의 내부는 음이온, 외부는 양이온으로 차게 되는데, 이는 전기 회로의 소자로 사용되는 축전기(capacitor)와 구조가 거의 비슷하다. 세포막(membrane)도 매우 흥미로운 성질을 갖고 있다. 막의 특정 위치에서 방전이 일어나면(즉, 일부 이온들이 다른 위치로 이동하여 그 지점에서의 전위차가 감소하면), 그 전기적 영향이 근방에 있는 이온들에게 전달되어 순차적인 이동이 일어나는 것이다. 그래서 우리가 뾰족한 돌을 밟았을 때 발바닥의 신경들은 전기적으로 들뜬 상태가 되고, 이 상태가 이웃의 신경 세포들에게 도미노처럼 전달되어 통증을 느끼게 된다. 물론 쓰러진 도미노가 다시 세워지지 않으면 더 이상의 신호를 보낼 수 없다. 따라서 우리의 신경 세포는 이온을 외부로 서서히 방출하면서 그 다음의 신호에 대비하고 있다. 우리는 바로 이러한 과정을 통해 '내가 지금 무슨 일을 하고 있는지', 아니면 적어도 '어디에 서 있는지'를 알게 되는 것이다. 신경 세포와 관련된 전기적 현상은 실험 장치를 통해 감지될 수 있으며, 이 과정에는 전기적 현상이 분명히 존재하기 때문에, 신경계를 통해 자극이 전달되는 원리는 물리학적으로 이해될 수 있다. 다시 말해서, 물리학은 생물학에도 지대한 영향을 미친 셈이다.

이와는 반대로, 뇌의 특정 부위에서 내려진 명령이 말단 신경 조직으로 전달되는 과정도 있다. 이런 경우에 신경계의 최말단에서는 어떤 현상이 나타날 것인가? 이곳에서 신경망은 아주 미세한 가지로 분리되어 '종판(end plate)'이라 불리는 근육 근처의 미세 구조와 연결된다. 아직 정확하게 밝혀지진 않았지만, 두뇌로부터 하달된 신호가 신경계의 최말단에 도달하면 아세틸콜린(acetylcholine)이라는 화학 물질이 다발로 튀어나와서(초당 분자 5 ～ 10개 정도) 근육 섬유에 모종의 영향을 주어 수축이 일어난다. 말로 옮겨놓고 보면 이렇게 간단명료하다! 그렇다면 근육을 수축시키는 요인은 무엇일까? 근육은 치밀하게 묶여져 있는 섬유 조직의 집합체로서 미오신(myosin)과 액토미오신

(actomyosin)이라는 두 종류의 화학 물질을 함유하고 있는데, 아세틸콜린에 의해 야기된 화학 반응으로부터 분자의 부피가 변하는 과정은 아직 밝혀지지 않고 있다. 다시 말해서, 역학적 운동을 일으키는 근육의 변형 과정은 아직 미지로 남아 있다는 뜻이다.

생물학은 엄청나게 광범위한 분야이므로, 거기에는 수많은 문제들이 도처에 산재해 있다. 이들 중 어떤 문제는 그 복잡한 정도가 우리의 상상을 초월하여, 말로 표현조차 할 수 없을 정도이다. 사물을 바라보는 우리의 눈과 소리를 감지하는 귀의 세부 구조 역시 복잡하기 짝이 없다(우리의 '생각'이 발생하고 진행되는 원리에 관해서는 후에 심리학을 논할 때 자세히 언급할 것이다). 내가 지금 말하고 있는 것들은 사실 생물학자의 입장에서 볼 때 근본적인 문제는 아니다. 이런 세세한 과정 속에 숨어 있는 원리들을 모두 알아낸다 해도, 생명 자체에 관한 문제들은 여전히 미지로 남을 것이기 때문이다. 한 가지 예를 들어보자.

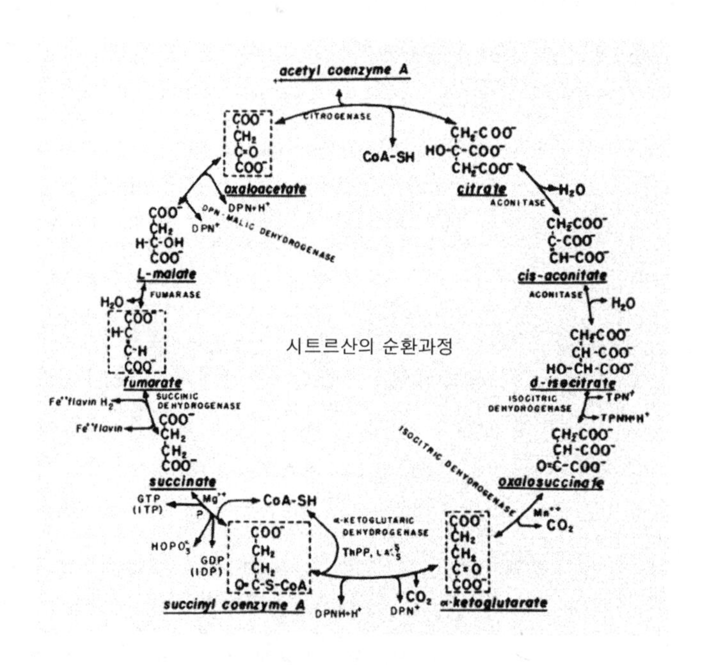

그림 3-1 크렙스 순환도

신경 계통을 연구하는 학자는 자신의 일이 매우 중요하다고 생각한다. 신경계를 갖지 않은 동물은 이 세상에 존재하지 않기 때문이다. 그러나 신경 계통이 없어도 '생명'은 존재할 수 있다. 식물은 신경이나 근육 없이 지금도 잘 살아가고 있다. 그러므로 우리는 생물학의 근본적인 문제가 무엇인지, 신중하게 생각해야 한다. 조금 더 깊이 생각해보면, 살아 있는 모든 생명체들은 무수히 많은 공통점을 갖고 있음을 알 수 있다. 가장 보편적인 공통점은 생명체들이 한결같이 세포로 이루어져 있다는 사실이다. 각 세포의 내부에서는 매우 복잡하고 정교한 '화학 공장'이 가동되고 있다. 예를 들어, 식물 세포의 경우에는 낮에 햇빛을 받아 수크로오스(sucrose)를 생성하는데, 바로 이 수크로오스 덕분에 밤에도 생명 활동을 계속할 수 있다. 그리고 동물이 식물을 먹으면 동물의 뱃속에서는 광합성과 비슷한 일련의 화학 반응들이 일어나게 된다.

생명체의 세포 속에서는 정교한 화학 반응이 끊임없이 일어나면서, 하나의 화합물이 다른 여러 종의 화합물로 변해가고 있다. 그동안 생화학자들이 얼마나 고생했는지를 알고 싶다면 그림 3-1을 눈여겨보기 바란다. 이 그림은 세포 속에서 진행되고 있는 반응들 중 1%도 안 되는 내용을 추려서 요약한 것이다.

이 순환도 속에는 각 과정을 거치면서 변해가는 분자의 변천 과정이 단계별로 정리되어 있다. 언뜻 보기에는 눈이 돌아갈 정도로 복잡하지만 사실 이것은 우리가 늘 경험하고 있는 호흡의 과정, 이른바 크렙스(Krebs) 순환이다. 분자 구조의 변천 과정을 각 단계별로 분리해서 보면 그다지 격렬한 변화 같지는 않다. 그러나 이것은 생화학 역사상 가장 위대한 발견이며, 실험실에서 인공적으로 이 사이클을 재현시킬 방법은 없다. 서로 비슷한 구조를 가진 두 종류의 물질이 있을 때, 한 물질이 다른 물질로 변하는 데에는 그에 합당한 대가가 치러져야 한다. 서로 다른 두 형태 사이에는 에너지의 '언덕'이 가로막고 있기 때문이다. 비유를 들어 설명하자면 다음과 같다. 산골짜기에 바위가 하나 놓여 있는데, 이 바위를 봉우리 건너편의 다른 골짜기로 옮기려면 산허리에 터널을 뚫지 않는 한 일단은 산꼭대기까지 끌고 올라가야 한다. 즉 어떤 형태로든 에너지가 투입되어야만 하는 것이다. 대부분의 화학 반응이 저절로 일어나지 않는 것은 바로 이런 이유 때문이다. 화학자들은 이때 투입되는 에너지를 '활성화 에너지'라고 부른다. 주어진 화학 물질에 원자를 추가로 붙이려면 새로운 원자를 아주 가깝게 가져가서 원자의 배치 상태가 달라지도록 만들어야 한다. 그런데 이때 투입된 에너지의 양이 부족했다면 마치 산꼭대기로 끌고 올라가던 바위가 도중에 굴러떨어지는 것처럼, 우리가 원하는 화학 반응은 일어나지 않을 것이다. 원자들 사이의 간격이 충분히 가까워지지 못했기 때문이다. 그러나 만일 분자를 손으로 잡아서 강제로 틈을 벌인 후에 새로운 원자를 끼워 넣을 수 있다면, 이것은 산허리를 돌아가는 지름길로 반응을 유도한 셈이며, 따라서 많은 양의 에너지를 투여하지 않고서도 원하는 화학 반응을 일으킬 수 있다. 그런데 놀랍게도, 세포 속에서는 이런 일이 실제로 일어나고 있다. 엄청나게 많은 분자로 이루어진 물질들이 아주 교묘한 방법으로 작은 분자들을 붙들고 있으면서 위에서 서술한 식으로 반응이 쉽게 일어나도록 유도하고 있는 것이다. 이 복잡한 물질이란, 다름 아닌 효소(enzyme)이다[효소는 설탕이 발효되는 과정에서 처음 발견되었기 때문에, 당시에는 효모(ferment)라는 이름으로 불렸다. 실제로 그림 3-1의 첫 반응 과정 중 일부는 설탕의 발효 과정을 연구하면서 밝혀진 것이다]. 효소가 있는 한, 이런 반응은 항상 일어난다.

효소는 단백질(protein)로 이루어져 있다. 이들은 덩치가 매우 크고 복잡한 구조를 갖고 있으며, 개개의 효소들은 특정 반응을 제어하는 고유의 임무를 수행하고 있다(그림 3-1에는 각 반응 단계마다 효소의 이름이 명시되어 있다. 경우에 따라서는 하나의 효소가 두 가지 임무를 수행하기도 한다). 그러나 효소는 반응에 직접 참여하지 않는다. 효소의 성분은 언제나 불변이다. 이들의 역할이란, 주어진 원자를 다른 곳으로 이동시키는 것뿐이다. 마치 공장의 기계처럼 계속해서 원자나 분자를 운반하는 것이 효소의 임무이다. 물론 이를 위해서는 원자가 계속해서 공급되어야 하고, 운반된 원자를 적절하게 배치하는 데 필요한 모종의 원칙이 있어야 한다. 수소 원자를 예로 들어보자. 수소 원자가 이동하는 모든 화학 반응에는 그 일을 떠맡은 효소가 반응에 관계되어 있다. 그림 3-1에는 3 ~ 4개의 수소 원자를 환원키는 효소들이 사이클 전체에 걸쳐 활동하고 있는데, 한 장소에서 수소 원자를 풀어주는 장치가 다른 곳에서는 그 수소 원자를 다시 잡아들이는 장치로 사용되기도 한다.

그림 3-1에서 가장 눈여겨 볼 지점은 GDP(guanadine-di-phosphate)가 GTP(guanadine-tri-phosphate)로 변하는 과정이다. 이 두 가지는 에너지 상태가 다르기 때문에 변화가 공짜로 일어나는 일은 결코 없다. 효소 안에 수소 원자를 실어 나르는 일종의 '상자' 같은 것이 존재하는 것처럼, 어떤 효소 안에는 에너지를 운반하는 삼인산기(triphosphate) 무리가 있다. 물 속에 근육 섬유의 일부를 담가놓고 거기에 GTP를 첨가한다면 GTP가 GDP로 바뀌면서 근육이 수축할 것이다. 정말 그럴까? 정말 그렇다. 단, 반응에 필요한 적절한 효소들도 첨가되어야 한다. 그러므로 사이클의 핵심은 GDP－GTP 변환에 있는 셈이다. 밤이 되면 낮 동안 비축된 GTP를 사용하여 전체 사이클이 반대 방향으로 진행된다. 그리고 효소는 사이클의 진행 방향에 상관없이 자신의 임무를 수행한다. 만일 그렇지 않다면 물리학의 법칙에 위배되기 때문이다.

물리학이 생물학을 비롯한 여타 과학 분야에서 중요하게 취급되는 이유는 이것 말고도 얼마든지 있는데, 그 대표적인 예가 바로 '실험 기술'이다. 사실 실험 물리학 분야의 발전이 없었다면 그림 3-1과 같은 생화학적 사이클은 세상에 알려지지 못했을 것이다. 이렇게 눈이 돌아갈 정도로 복잡한 반응 과정을 분석할 때, 가장 효율적인 방법은 반응에 관여하는 원자들마다 일종의 '꼬리표'를 달아두는 것이다. 예를 들어 어떤 탄소 원자에 '녹색 꼬리표'를 달아 줄 수만 있다면, 향후 그 녀석의 위치를 추적하여 반응의 전모를 훨씬 쉽게 알아낼 수 있다. 그렇다면 '녹색 꼬리표'란 무엇인가? 그것은 바로 '동위원소(isotope)'이다. 원자의 화학적 성질을 결정하는 것은 핵의 질량이 아니라 전자의 개수다. 그런데 자연에는 6개의 양성자와 6개의 중성자로 이루어진 핵이 있고, 이와 동시에 6개의 양성자와 7개의 중성자로 이루어진 핵도 있다. 우리는 이 두 가지를 모두 '탄소(C)의 핵'이라고 부른다(양성자의 개수는 전자의 개수와 일치하므로, 양성자의 수가 같은 원자들은 같은 이름으로 불린다. 원소의 이름이 달라지려면 양성자의 수가 달라져야 한다 : 옮긴이). 화학적인 관점에서 볼 때, C^{12}와 C^{13}원자는 성질은 동일하지만 핵의 세부 구조와 질량이 다르기 때문에 실험실에서 구별될 수 있다. 그러므로 우리는 C^{13}(또는 C^{14})라는 동위원소를 첨가하여 이들의 자취를 추적할 수 있는 것이다.

다시 효소와 단백질에 관한 이야기로 돌아가자. 단백질이라고 해서 모두 효소는 아니지만, 모든 효소는 무조건 단백질이다. 단백질은 종류가 다양하여 근육이나 연골, 머리카락, 피부 등에 산재되어 있는데, 물론 이들은 효소가 아니다. 그러나 단백질이야말로 생물과 무생물을 가르는 커다란 기준이다. 단백질이 없는 생명체는 존재하지 않기 때문이다. 단백질은 효소를 이루기도 하고, 생명체의 몸을 이루는 데도 필수적이다. 이들은 매우 단순하고도 흥미로운 구조를 갖고 있는데, 보통 여러 종의 아미노산들이 사슬처럼 엮인 형태를 띠고 있다. 아미노산은 20여 종이 있으며, 이들이 그물처럼 엮여서 CO－NH를 기본 골격으로 하는 사슬 구조를 형성한다. 즉, 단백질이란 20여 종의 아미노산들이 복잡하게 얽혀 있는 형태인 것이다. 물론 각각의 아미노산들은 고유의 임무를 수행하고 있다. 예를 들어, 어떤 아미노산은 황(S)원자를 갖고 있는데, 같은 단백질 내에 두 개의 황원자가 있으면 이들은 서로 붙으려는 성질이 있기 때문에 결국 두 개의 아미노산은 사슬처럼 연결된다. 또 다른 아미노산은 여분의 산소 원자를 갖고 있으며, 이런 여분의 원자들이 아미노산의 특성을 결정한다. 프롤린(prolene)이라 불리는 아미노산도 있는데, 사실 이것은 엄밀히 말해서 아미노산이 아니라 이미노산(imino acid)이다. 이 프롤린의 사슬구조 속에 엮여 있으면 꼬인 구조를 갖는 독특한 단백질이 형성된다. 만일 우리가 특정 단백질을 인공적으로 만들고자 한다면 이러한 원리에 입각해서 순서를 밟아나가야 한다. 이쪽에 황-고리를 붙이고 저쪽에는 다른 아미노산을 붙이고, 또 한쪽에는 꼬여 있는 프롤린을 붙이고… 이런 식으로 붙여나가다 보면 결국에는 엄청나게 복잡한 구조의 단백질이 얻어질 것이다. 아마도 모든 종류의 효소들은 이런 과정을 거쳐 만들어질 것이다. 최근 들어(1960년대 초반) 이 분야에서 이룬 가장 커다란 업적은 56 ~ 60개의 아미노산으로 이루어진 엄청난 단백질의 원자 배열 상태를 알아낸 것이다. 단 두 개의 아미노산이 결합한다 해도, 거기에는 1000개 이상(수소 원자까지 포함시킨다면 2000개 이상)의 원자들이 복잡하게 배열되어 있다. 학자들이 맨 처음 발견한 단백질은 헤모글로빈(hemoglobin)이었는데, 애석하게도 원자의 배열 상태에서 추가로 알아낸 정보가 하나도 없었다. 따라서 우리는 헤모글로빈이 '왜' 그런 구조를 가져야만 했는지 알 도리가 없는 것이다. 물론 이것은 학자들이 앞으로 밝혀내야 할 과제 중 하나이다.

그 다음 문제. 효소는 자신이 관여한 반응의 진행 과정을 어떻게 알 수 있는가? 여러분도 알다시피, 붉은 눈을 가진 파리는 역시 붉은 눈을 가진 파리를 낳는다. 다시 말해서, 붉은 색소를 만드는 효소의 전체적인 패턴이 어떤 식으로든 정보화되어 다음 세대로 전달되는 것이다. 이것은 단백질이 아니라 세포의 핵 속에 있는 DNA(deoxyribose nucleic acid)가 하는 일이며, 이 DNA야 말로 하나의 세포로부터 다른 세포로 전달되는 핵심 물질이다(정자 세포의 대부분은 DNA로 이루어져 있다). 또한 DNA 속에는 효소의 생성에 관한 정보도 들어 있다. 한마디로, DNA는 생명체의 '청사진'인 셈이다. 그렇다면 이 청사진은 어떻게 생겼으며 어떤 원리로 작동하는가? 무엇보다도 먼저, 청사진은 자기 자신을 똑같이 복제할 수 있어야 하며, 덤으로 단백질 생성에 관한 지침을 하달해주어야 한다. 그런데 복제라는 말을 들으면 우리는 흔히 둘로 나눠지는 세포 분열을 떠올린다. 세포는 단순히 몸집을 키운 후에 둘로 나눠진다. 그렇다면 DNA를 이루는 분자들도 자신의 몸집을 키운 후에 둘로 나눠지는 것일까? 아니다. 그건 불가능하다. 원자는 자라지 않으며 둘로 쪼개지는 일도 없다. 따라서 분자를 복제하려면 단순 이분법보다 더욱 고차원적인 방법이 동원되어야 한다.

DNA의 구조는 오랜 세월 동안 연구의 대상이었다. 처음에 밝혀진 것은 화학적 구성 성분이었으며, 그 후에 X-선 실험을 통해 공간상의 구조가 밝혀지게 되었는데, 이것은 인류의 과학 역사상 실로 위대한 발견이었다. 너무나도 유명한 DNA의 구조—분자들로 이루어진 두 가닥의 가느다란 선이 서로 상대를 휘감고 있는 이중 나선 구조가 바로 그것이다. 두 개의 선은 단백질 사슬과 비슷하지만 화학적 성질은 전혀 다르다(구체적인 형태는 그림 3-2를 참조할 것). 우리는 이러한 구조적 성질로부터 DNA에 의해 정보가 전달되는 과정을 이해할 수 있다. DNA의 이중 나선 구조를 분리시키면 BADDC…와 같은 배열이 얻어지는데, 모든 생명체들은 각자 고유의 배열을 갖고 있다. 따라서 단백질 제조에 관한 구체적인 정보는 이 특정한 배열 속에 들어 있을 가능성이 높다.

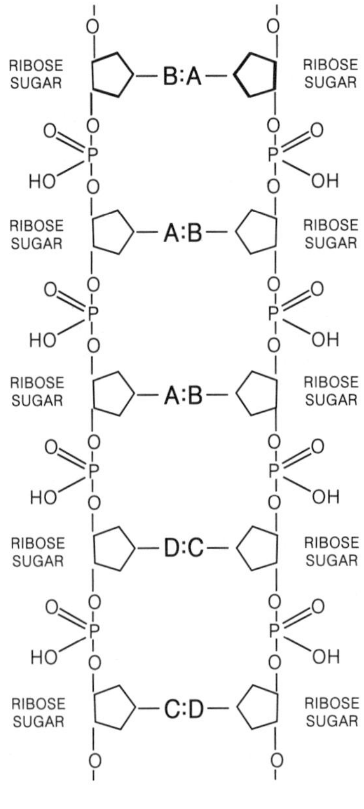

DNA의 한쪽 줄에 붙어 있는 당(糖, sugar)은 다른 한 줄과 결합하는 실마리를 제공한다. 그런데 이 당들은 모두 같은 것이 아니라 아데닌(adenine), 티민(thymine), 시토신(cytosine), 구아닌(guanine)의 4종류로 구별된다. 여기서는 편의상 이들을 A, B, C, D라 부르기로 하자. 재미있는 것은, 이들 중 어떤 특정한 짝들만이 서로 마주 볼 수 있다는 것이다. 예를 들자면 A는 B와, C는 D와 마주봐야 하는 규칙이 있다는 뜻이다. 이 짝들은 각각의 줄을 따라 한 치의 오차도 없이 배열되어 두 개의 줄을 단단하게 결합시킨다. 여기에 A와 C가 마주보거나 B와 D가 마주보는 경우는 결코 없다. 그러므로 한쪽 줄에 C가 달려 있다면, 나머지 줄의 같은 자리에는 반드시 D가 위치해야만 한다. 하나의 줄(사슬)에 A, B, C, D가 어떻게 배열되어 있건 간에, 나머지 줄에는 A—B, C—D의 규칙에 맞게 4종류의 염기들이 배열되어 있는 것이다.

그림 3-2 DNA의 구조

그렇다면 복제는 어떻게 이루어지는가? DNA를 두 가닥의 줄로 분리했다고 가정해보자. 이렇게 혼자가 된 두 개의 줄에게 새로운 짝을 만들어주려면 무엇을 어떻게 해야 할까? 만일 세포의 내부에 인산염(phosphate)과 당, 그리고 A, B, C, D 염기들을 만들어내는 공장이 있다면, BAADC…의 순서로 되어 있는 기존의 줄과 정확하게 들어맞는 ABBCD…의 줄을 만들어 낼 수 있을 것이다. 세포가 분열할 때 두 가닥으로 갈라진 DNA는 바로 이런 과정을 통해 자신의 짝을 만들어서 온전한 DNA가 되는 것이다.

그 다음 질문. A, B, C, D의 배열 순서는 단백질 내부에 있는 아미노산의 배열과 어떤 관계가 있는가? 이것은 오늘날 생물학이 안고 있는 커다란 의문 중 하나이다. 이 문제를 해결할 만한 첫 번째 실마리는 다음과 같다. 세포 안에는 마이크로솜(microsome)이라 불리는 작은 입자들이 있는데, 단백질을 만들어내는 공장이 바로 이곳에 존재하고 있다. 그런데 문제는 마이크로솜이 세포핵의 바깥에 있다는 점이다(DNA는 세포핵의 내부에 있다). 물론 그렇다고 해서 방법이 전혀 없는 것은 아니다. DNA로부터 아주 작은 분자들이 외부로 방출되고 있기 때문에, 이들이 필요한 정보를 실어나른다고 생각할 수 있다. DNA보다 덩치는 훨씬 작으면서 DNA의 정보를 외부로 전달하는 이들은 현재 RNA로 불리고 있으며, 복제 과정의 핵심을 이룰 정도로 중요한 대상은 아니지만, 어쨌거나 DNA의 정보들 중 일부가 RNA에 복사되어 단백질의 생산 공장인 마이크로솜에 전달된다는 것까지는 알려져 있다. 그리고 RNA에 담긴 지령에 의해 단백질이 만들어지는 것도 사실이다. 그러나 이 과정에서 아미노산이 어떤 식으로 개입하는지, 그리고 이들이 RNA에 담겨 있는 정보를 어떻게 해독하는지에 관해서는 여전히 미지로 남아 있다. 만일 'ABCCA'라는 염기의 배열 순서가 RNA에 의해 전달되었다 해도, 이 정보만 갖고는 어떤 단백질을 만들어야 할지 알 도리가 없는 것이다.

그러나 이 정도만 보더라도, 지금의 생물학은 다른 어떤 분야보다 첨단을 달리고 있다. 그리고 생명을 연구하는 모든 분야에 공통적으로 적용되는 대전제는 모든 물질이 원자들로 이루어져 있다는 사실이다. 그러므로 모든 생명활동은 결국 원자의 움직임으로부터 이해될 수 있을 것이다.

3-4 천문학

나는 지금 세상만사에 걸친 모든 과학 분야를 설명하고 있기 때문에 잠시도 여유를 부릴 틈이 없다. 그야말로 번갯불에 콩을 볶아 먹듯 진도를 나가야 한다. 그래서 지금부터는 천문학 쪽으로 무대를 옮기기로 한다. 천문학은 물리학보다 훨씬 긴 역사를 갖고 있다. 사실 물리학은 천문학이 별과 행성의 운동으로부터 아름답고 단순한 규칙을 발견함으로써 태동되었다고 해도 과언이 아니다. 그러나 뭐니 뭐니 해도 천문학 역사상 가장 위대한 발견은 우주 내의 모든 별들이 지구에 있는 원소들과 동일한 종류로 이루어져 있음을 알아낸 것이다.*

---

* 지금 내 입은 정말 바쁘다! 그래서 자세한 이야기를 일일이 하고 넘어갈 수가 없다. "모든 별들은 지구와 동일한 원소들로 이루어져 있다"는 문장 속에는 엄청난 사연이 숨어 있어서, 이것 하나만으로도 웬만큼 강의 시간을 다 때울 수 있을 정도이다. 시인들은 과학이 별의 구조를 분해하여 고유의 아름다움을 빼앗아간다고 불평하지만, 내가 보기에 이것은 전혀 근거가 없는 주장이다. 나 역시도 스산한 밤에 하늘의 별을 바라보며 감상을 떠올릴 줄 아는 사람이다. 그러나 내가 물리학자라고 해서 시인보다 느낌이 강하거나 약하다고 말할 수는 없지 않은가? 나의 상상력은 드넓은 하늘을 가로질러 무한히 뻗어나갈 수 있다. 우주를 선회하는 회전 목마를 탄 채로, 나의 눈은 백만 년 전의 빛을 볼 수도 있다. 어쩌면 내 몸은 아득한 옛날에 어떤 별에서 방출된 원자들의 집합체일지도 모른다. 팔로마 산 천문대의 헤일 망원경으로 하늘을 바라보면 이 우주가 태초의 출발점을 중심으로 서로 멀어져가고 있음을 누구나 느낄 것이다. 이 거대한 이동 패턴의 의미는 무엇이며 이런 일은 왜 일어나는 것일까? 이 질문에 대한 해답을 조금 안다고 해서 우주의 신비함이 손상을 입지는 않는다. 진리란 과거의 어떤 예술가가 상상했던 것보다 훨씬 더 경이롭기 때문이다! 오늘날의 시인들은 왜 이런 것을 시의 소재로 삼지 않는가? 왜 그들은 목성을 쉽게 의인화하면서도 목성이 메탄과 암모니아로 이루어진 구형의 회전체라는 뻔한 사실 앞에서는 침묵하고 있는가? 시인들은 왜 이렇게 한정된 소재에만 관심을 갖는가?

이 사실을 어떻게 알 수 있었을까? 모든 원자들은 각자 고유한 진동수의 빛을 방출하고 있다. 이것은 악기마다 고유한 진동수의 소리를 내는 것과 비슷한 이치이다. 그런데 여러 가지 소리가 한꺼번에 들려올 때는 개개의 소리를 분리할 수 있지만, 여러 가지 색의 빛이 한꺼번에 들어오면 우리의 눈은 이들을 분리할 수 없다. 입력 신호를 분해하는 능력만큼은 눈보다 귀가 우수하다는 뜻이다. 그러나 분광기(spectroscope)라는 도구를 이용하면 빛의 다양한 진동수(또는 파장)를 분리시킬 수 있으며, 이런 방법으로 여러 개의 별에서 날아오는 빛을 분석할 수 있다. 실제로, 지금까지 알려진 화학 원소들 중 두 개는 지구에서 발견되기 전에 분광기를 통하여 우주 공간에서 먼저 발견되었다. 헬륨(He)과 테크노튬(Te)이 바로 그들인데, 헬륨은 태양에서 발견되어 지금과 같은 이름을 얻게 되었으며[태양의 신인 헬리오스(Helios)의 이름을 따서 헬륨(Helium)이라고 명명되었다 : 옮긴이] 테크노튬은 어느 차가운 별(cool stars)에서 발견되었다.

별을 이루는 구성 성분이 지구에 있는 원소들과 동일하다는 사실이 알려지면서 별에 대한 우리의 이해는 커다란 진전을 보였다. 이제 우리는 원자에 관하여 많은 것을 알고 있으며 특히 고온-저밀도 상태에 있는 원자의 운동을 성공적으로 기술할 수 있으므로 통계 역학을 적절히 이용하여 별의 구성 성분과 행동 양식을 분석할 수 있게 되었다. 별과 동일한 상황을 지구에서 재현하지 못한다 하더라도 물리학의 기본 법칙들을 이용하여 별의 운명을 정확하게(또는 거의 정확하게) 예견할 수 있게 된 것이다. 물리학은 이런 식으로 천문학에 도움을 주고 있다. 이상하게 들리겠지만, 지금 우리는 지구의 내부보다 태양의 내부를 더욱 자세하게 알고 있다. 망원경으로 별을 관측하면 하나의 점으로밖에 보이지 않기 때문에, 별의 내부 구조를 알아내는 것은 언뜻 생각하기에 무척이나 어려운 일처럼 여겨질 것이다. 그러나 실제로는 전혀 그렇지 않다. 별의 내부를 육안으로 볼 수는 없지만, 그곳에 있는 원자들의 행동 방식을 계산으로 알아낼 수는 있기 때문이다.

천문학이 이루어낸 또 하나의 쾌거는 별을 계속해서 타오르게 만드는 에너지의 정체를 규명한 것이다. 이 놀라운 비밀을 알아낸 몇몇 과학자들 중 한 사람은 별의 내부에서 핵반응이 일어나고 있음을 처음으로 확인했던 바로 그날 밤에 자신의 여자 친구와 잠시 산책을 했다. “저 반짝이는 별들 좀 보세요!”라고 그녀가 외치자, 그는 조용한 어투로 이렇게 대답했다. “그래, 그리고 지금 이 순간만은 별들이 왜 반짝이는지, 그 이유를 아는 사람이 지구상에 딱 한 명 있는데, 그게 바로 나야.” 그러나 그녀는 싱겁게 웃고 말았다. ‘별들이 빛을 발하는 이유를 알고 있는’ 유일한 남자와 데이트를 하고 있다는 것 정도로는 그다지 감동을 받지 못했던 모양이다. 그렇다. 혼자라는 것은 언제나 슬프고 고독하다. 그러나 어쩌겠는가? 세상의 이치가 원래 그런 것을….

태양에 끊임없이 에너지를 공급하는 원천은 바로 수소 원자의 핵융합 반응이었다. 이 과정을 거치면서 수소는 헬륨으로 변한다. 헬륨뿐만 아니라 대부분의 화학 원소들 역시 별 속에서 일어나는 핵반응의 부산물로 생성되고 있다. 우리의 몸을 이루고 있는 모든 원자들도, 먼 옛날 어떤 별 속에서 '조리되어' 밖으로 방출된 것이다. 다시 말해서, 우리 모두는 '별의 후손'인 셈이다. 이런 사실을 어떻게 알 수 있었을까? 물론 하나의 실마리로부터 풀어낸 결론이다. 탄소의 동위원소인 C^{12}와 C^{13}은 화학적 성질이 완전히 똑같기 때문에 화학 반응에 의해 C^{12}가 C^{13}으로 변하는 일은 결코 없다. 이런 변화는 오로지 핵반응을 통해 일어난다. 그러므로 완전히 타서 재만 남은 '죽은 별'을 관측하여 C^{12}와 C^{13}의 존재 비율을 계산해보면 생전에 별을 태우던 용광로(핵반응)의 정체를 추적할 수 있다. 지금 우리 주변에 존재하는 모든 원소들은 먼 옛날에 신성(novae)이나 초신성(supernovae)이 폭발하면서 흩어진 잔해의 일부일 것이다. 이렇듯 천문학은 물리학과 밀접한 관계에 있으므로, 앞으로 우리는 물리학을 공부하면서 천문학에 대하여 꽤 많은 사실들을 덤으로 알게 될 것이다.

3-5 지질학

이제 지구 과학, 혹은 지질학이라 불리는 '땅의 과학' 분야로 관심을 돌려보자. 우선적인 관심사는 기상학과 날씨에 관한 것이다. 기상학에 동원되는 도구들이 물리적 장비임은 두말할 필요가 없다. 그래서 기상학 역시 실험 물리학의 발전에 힘입은 바가 크다. 그러나 물리학자들은 만족스런 기상학 이론을 만들어내지는 못했다. 여러분은 이렇게 반문할지도 모른다. "어쨌거나 지구 근처의 공간은 공기로 가득 차 있고 공기의 운동 방정식은 이미 알고 있지 않은가?" 그렇다. 그 정도는 우리도 알고 있다. "그렇다면 오늘의 공기 상태로부터 내일의 공기 상태를 알 수 있어야 하지 않은가? 그게 왜 어렵다는 말인가?" 나로서도 안타까운 일이지만, 그게 그렇게 말처럼 쉬운 작업이 아니다. 우선, 오늘의 공기 상태를 안다는 것부터가 엄청나게 어려운 일이다. 공기는 시도 때도 없이 소용돌이치면서 뒤틀리고 있기 때문이다. 그래서 지구 근처의 대기는 매우 예민하며, 불안정한 경우가 많다. 장마철에 물이 둑 위로 넘칠 때, 둑을 넘어가는 물은 부드럽게 흐르지만 일단 아래로 떨어지면 수많은 물방울과 거품이 일면서 혼란스러운 상태로 변하는 광경을 여러분도 본적이 있을 것이다. 이것이 바로 '불안정'의 의미이다. 둑 위를 넘어가기 전에 물의 흐름은 더할 나위 없이 유연하고 부드럽다. 그러나 일단 둑을 넘어선 물은 완전히 다른 모습으로 변한다. 그렇다면 물이 떨어지기 시작한 후에, 과연 어느 지점에서 물방울이 형성되기 시작하는가? 물방울의 크기와 향후 그들의 운명은 무엇에 의해 결정되는가? 이것은 아직 밝혀지지 않은 문제이다. 둑의 꼭대기를 통과한 물은 이미 불안정한 상태이기 때문이다. 부드럽게 이동하는 공기도 산봉우리를 만나면 갑자기 소용돌이나 난기류로 변하는 수가 있다. 이 난기류(turbulent flow) 현상은 여러 분야에서 시도 때도 없이 나타나는데, 지금의 기술로는 체계적인 분석이 불가능하다. 이제 날씨 이야기는 그만하고 지질학으로 무대를 옮겨보자.

지질학의 가장 기본적인 질문은 아주 간단하다. "땅은 왜 지금과 같은 모습을 하고 있는가?" 강이나 바람에 의한 침식 작용 같은 현상들은 우리의 눈에 분명하게 보이기 때문에 쉽게 이해할 수 있지만, 모든 침식 과정에는 눈에 보이지 않는 다른 현상들이 동시에 진행되고 있다. 지구의 모든 산은 평균적으로 볼 때 과거보다 높아지고 있다. "산을 형성하는 과정"이 은밀하게 진행되고 있는 것이다. 지질학을 공부하다 보면 산이 형성되는 과정과 화산 활동에 대해서 배우게 될 텐데, 사실 이것은 아직 분명하게 밝혀지지 않았다. 그러나 지질학의 절반은 이런 내용으로 채워져 있다. 특히 화산의 활동은 정말로 지독한 미스터리다. 무언가가 또 다른 무언가를 밀어내면 그것은 외부로 분출되어 흘러내린다. 이건 너무도 당연한 이야기다. 화산의 경우도 이럴 것이라고 어렴풋이 짐작은 하고 있다. 그러나 용암을 밀어내는 원천은 무엇이며, 이런 현상은 왜 일어나는가? 지금까지 제시된 이론에 의하면 지구의 내부에 무언가가 순환하면서 흐르고 있는데(내부와 외부의 온도차에 기인하는 것으로 추정된다), 이 흐름에 의해 지구의 표면이 약간 바깥쪽(위쪽)으로 밀리는 힘을 받는다는 것이다. 그래서 서로 반대 방향으로 순환하는 흐름이 한 지점에서 교차하게 되면 이곳에 물질이 집중되어 압력을 받게 되며, 그 결과로 나타나는 현상이 화산과 지진이라고 설명하고 있다.

지구의 내부는 어떤 모습일까? 지구를 관통하는 지진파의 속도와 지구의 밀도 분포에 관해서는 꽤 많은 사실들이 알려져 있다. 그러나 현재 예상되는 지구 중심부의 압력하에서, 그 근처에 있는 물질들의 밀도를 예측하는 이론적인 모델은 아직 만들지 못했다. 초고압의 상태에서는 물질의 특성을 규명할 수 있는 방법이 아직 개발되지 못했기 때문이다. 역설적으로 들리겠지만, 우리가 지구의 내부에 대하여 알고 있는 것은 멀리 떨어져 있는 별의 내부에 관한 지식보다 훨씬 적다. 이 문제와 관련된 수학 역시 아직은 다루기가 어려워서 답보 상태를 벗어나지 못하고 있다. 그러나 머지않은 미래에 누군가가 이 문제의 중요성을 깨닫고 결국은 풀어내리라 믿는다. 물론, 지구 내부의 밀도를 알아낸다 해도 내부에서 진행되고 있는 물질의 순환은 여전히 미지로 남을 것이다. 뿐만 아니라 초고압 상태에서 바위가 갖는 특성이나 바위의 수명 등도 역시 알 수 없다. 이런 것들은 실험을 통해 밝혀져야 한다.

3-6 심리학

그 다음으로, 심리학이라는 과학을 생각해보자. 그런데 여기서 한 가지 부언할 것이 있다. 정신분석학(psychoanalysis)은 과학이 아니다. 그것은 일종의 치료 과정이며, 경우에 따라서는 주술에 가깝다고 말할 수도 있다. 정신분석학에는 질병의 원인을 규명하는 이론이 있는데, 여러 종류의 영혼(귀신)에서 그 원인을 찾고 있다. 주술사들은 말라리아 같은 질병이 공기를 따라 어떤 영혼이 흘러 들어와서 발병하는 것으로 믿고 있다. 환자의 머리 위에서 뱀을 흔드는 행위는 치료에 도움이 되지 않는다. 그러나 키니네(quinine)는 말라리

아에 분명한 효험이 있다. 그러나 만일 여러분이 병에 걸렸다면 나는 주술사에게 가보라고 권할 것이다. 부족 내에서 병에 관하여 가장 해박한 사람이 바로 그이기 때문이다. 하지만 그의 지식은 결코 과학이 아니다. 정신 분석은 실험을 통해 검증된 바가 전혀 없고, 그것이 통하는 경우와 통하지 않는 경우를 구별할 방법도 없기 때문이다.

지각심리학과 같은 심리학의 다른 분과들은 조금 따분한 경향이 있다. 그러나 이 분야에서도 미미하지만 분명한 진보가 이루어졌다. 이들 중 가장 우리의 관심을 끄는 것은 신경 계통에 관한 문제인데, 질문의 내용을 요약하면 다음과 같다. “어떤 동물이 무언가 새로운 지식을 습득하면 전에 못하던 행동을 할 수 있게 된다. 이것은 곧 그 동물의 뇌세포에 변형이 일어났음을 뜻한다. 그렇다면, 구체적으로 어느 부분이 어떻게 달라진 것일까?” 물론 지금 우리에겐 해답이 없다. 새로운 것을 습득할 때 신경 계통에 어떤 변화가 일어나는지, 지금으로서는 오리무중이다. 또한 이것은 앞으로 반드시 해결되어야 할 매우 중요한 문제이기도 하다. 기억에 관여하는 어떤 물질이 존재한다고 가정한다 해도, 동물의 뇌는 수많은 신경망들이 얽혀 있는 거대한 기관이기 때문에 직접적인 방법으로는 분석이 불가능할지도 모른다. 우리가 흔히 사용하는 컴퓨터 역시 뇌와 비슷한 구조를 갖고 있다. 컴퓨터의 내부 기관은 수많은 회로 소자와 전선으로 이루어져 있으며, 이는 뇌 속의 신경 세포 및 이들 사이를 연결하는 시냅스(synapse)와 매우 유사하다. 동물의 사고 체계와 컴퓨터 사이의 유사성, 이것 역시 매우 흥미로운 주제이긴 하지만 지금 여기서 다루기에는 시간이 턱도 없이 모자라기 때문에 그냥 넘어가기로 한다. 물론 이 분야가 아무리 발전한다 해도 복잡 미묘한 인간의 행동 양식을 모두 설명하진 못할 것이다. 이 세계에는 60억이 넘는 인구가 살고 있지만, 똑같은 사람은 하나도 없다. 인간을 과학적으로 이해하려면 앞으로도 많은 세월이 흘러야 할 것이다. 그리고 이 문제를 해결하기 위해서는 한참 뒤로 물러나서 모든 상황을 다시 한번 관망하는 자세가 필요하다. 누군가가 사람이 아닌 개의 행동 양식을 완전히 파악했다면, 그것만으로도 장족의 발전이다. 개는 사람보다 단순하지만, 길거리에서 마주친 개가 나를 물 것인지, 아니면 무사히 지나칠 것인지를 예견할 수 있는 이론은 아직 개발되지 않았다.

3-7 왜 이렇게 되었는가?

도구를 발명하는 것과 달리, 물리학이 다른 과학에 유용한 이론을 제시하려면 먼저 해당 분야의 과학자들은 자신이 안고 있는 문제를 물리학적 용어로 바꾸어 물리학자에게 설명해 주어야 한다. “개구리는 왜 느긋하게 걷지 않고 팔짝팔짝 뛰어다닙니까?” 라고 묻는다면 물리학자는 아무런 답도 줄 수 없다. “개구리의 모습을 띠고 있는 분자의 집합체가 여기 있습니다. 이 속에는 신경 조직과 근육 세포가 있고…” 이런 식으로 이야기를 풀어나가야 물리학자와의 대화가 가능하다. 지질학자나 천문학자가 지구와 별에 대하여 이런 유의 정보를 준다면 물리학자는 기존의 이론(또는 새로운 이론)으로 지구와 별의 현재 상태와 과거, 미래를 알아낼 것이다. 물리학 이론이 어떻게든 유용하게 사용되기 위해서는, 먼저 원자의 정확한 위치가 규명되어야 한다. 그리고 화학을 이해하려면 존재하는 원자의 종류를 알아야 한다. 그래야만 대상을 분석할 수 있기 때문이다. 물론 이것은 우리가 직면할 수 있는 수많은 한계들 중 하나의 사례에 불과하다.

다른 과학 분야에는 물리학에서 찾아볼 수 없는 또 다른 문제점이 있다. 이 문제를 표현할 만한 적절한 단어가 없기 때문에, 일단은 '역사적 질문'이라고 해두자. 그 내용은 다음과 같다. 만일 우리가 생물학의 모든 것을 이해하게 되었다면, 그 다음에는 지구 위에 그런 생물들이 왜 존재하는지 궁금해질 것이다. 이 의문에 부분적인 해답을 주는 이론이 바로 진화론인데 이는 생물학에서도 매우 중요한 분야지만 아직은 보완되어야 할 구석이 많은 미완의 이론이다. 지질학의 경우에도 우리는 산의 생성 과정뿐만 아니라 지구 자체의 생성 과정, 더 나아가서는 은하계의 기원까지도 알고 싶어 한다. 물론 이러한 의문은 "이 세상은 어떤 물질들로 이루어져 있는가?"라는 질문으로 귀결된다. 별들은 어떻게 진화하는가? 별이 처음 생성되던 시기의 초기 조건은 어떠했는가? 이것은 또 천문학에서 다루어야 할 '역사적 질문'이다. 별과 우리 자신을 이루고 있는 원소들에 대해서는 상당히 많은 사실들이 알려져 있으며, 아주 조금이긴 하지만 우주의 기원도 베일을 벗기 시작했다.

그러나 현시점에서 물리학은 '역사적 질문'으로 고민하지 않는다. "여기 물리학 법칙이 있다. 그런데 왜 하필 이런 법칙이어야만 하는가?" 물리학에는 이런 식의 질문이 없다. 물리학자는 하나의 물리 법칙을 발견했을 때 "이 법칙은 어떤 변천 과정을 거쳐서 지금과 같이 되었을까? 변하기 전의 법칙은 어떤 모습이었을까?" 등등의 의문으로 골머리를 앓지 않는다. (그러나 지금의 물리학자들은 초끈 이론을 통해 이 문제의 해답을 구하려고 노력하고 있다 : 옮긴이) 물론, 물리 법칙은 시간과 함께 변할 수도 있다. 만일 이것이 사실로 판명된다면 물리학의 '역사적 질문'은 곧 우주의 역사에 대한 질문으로 발전할 것이며, 이때부터 물리학자는 천문학자나 지질학자, 생물학자 등과 동일한 주제를 놓고 대화하게 될 것이다.

마지막으로, 많은 분야에 공통적으로 적용되면서 아직 해결되지 않고 있는 물리학 문제가 하나 있다. 이것은 새로운 소립자를 찾아내는 첨단 물리학의 문제가 아니라, 백년이 넘도록 방치되고 있는 유서 깊은 문제이다. 다른 과학 분야와도 밀접하게 관계되어 있는 매우 중요한 문제임에도 불구하고, 이것을 수학적으로 만족스럽게 해결한 물리학자는 아직 나타나지 않았다. 대체 얼마나 대단한 문제이기에 아직도 난공불락이라는 말인가? 그것은 바로 '난류의 순환 과정'을 분석하는 일이다. 별의 진화 과정을 추적하다보면 별에서 대류(convection)가 일어나는 시점에 이르게 되는데, 일단 여기까지 오면 더 이상의 논리를 진행시킬 수가 없다. 앞으로 수백만 년 후에 그 별이 폭발한다는 것은 알겠는데, 왜 폭발하는지를 알 수가 없는 것이다. 이뿐만이 아니다. 우리는 난류에 대해서 아는 것이 없기 때문에 날씨를 정확하게 예측할 수 없고, 지구의 내부에서 일어나고 있는 현상도 이해하지 못하고 있다. 난류 문제의 가장 간단한 예로서, 기다란 파이프 안에 빠른 속도로 물을 유입시키는 경우를 들 수 있다. 여기서 질문! 주어진 양의 물을 그 파이프 속으로 모두 유입시키려면 어느 정도의 압력이 필요할 것인가? 유체 역학의 원리와 우리가 알고 있는 물의 성질을 총동원한다 해도 아직은 답을 구할 수 없다. 만일 물의 흐르는 속도가 아주 느리거나 꿀같이 걸쭉한 액체를 물 대신 사용한다면 이 문제는 간단하게 해결된다. 풀이 과정이 너무 쉬워서 교과서의 연습 문제에 나와 있을 정도다. 그러나 정상적인 물을 빠른 속도로 흘려보내는 경우에는 아무도 답을 제시하지 못하고 있다. 이것 역시 앞으로 꼭 풀어야 할 아주 중요한 문제이다.

상상력이 풍부했던 어느 시인은 "한잔의 와인 속에 우주의 모든 것이 담겨 있다"고 표현했다. 시인들은 쉽게 이해될 만한 언어를 구사하지 않기 때문에 이 시구의 진정한 의미는 나로서도 알 길이 없다. 그러나 와인이 담겨 있는 잔을 아주 자세히 들여다보면, 거기에는 정말로 전 우주가 함축되어 있다. 출렁이는 와인은 바람과 기온에 따라 증발하고, 유리잔은 빛을 반사시키며, 우리의 상상력은 거기에 또 다른 원자들을 추가시킨다. 이런 것은 모두 물리적인 요소들이다. 유리잔은 지구의 바위를 정제시켜서 만들어진 것이므로, 그 원자의 구조로부터 우리는 우주의 나이와 별들의 진화 과정을 알아낼 수 있다. 와인 속에는 어떤 화학 성분이 들어 있으며, 이들은 어떻게 존재하게 되었을까? 거기에는 효모와 효소, 그리고 효소의 영향을 받는 물질들과 이들로부터 생성된 결과물이 한데 뭉쳐져 있다. 여기서 우리는 매우 일반적인 사실 하나를 알게 된다. 모든 생명은 발효 과정에서 비롯된다는 것이다. 루이 파스퇴르(Louis Pasteur)가 했던 것처럼, 수많은 질병의 원인을 규명한 후에야 비로소 와인 속에 담긴 화학을 이해할 수 있다. 우리의 보잘것없는 지성이 와인 한잔을 놓고 물리학, 생물학, 지질학, 천문학, 심리학 등을 떠올린다 해도, 자연은 그런 것에 전혀 관심이 없다. 그러므로 와인의 존재 이유를 기억하면서 그것과 알맞은 거리를 유지하도록 하라. 두 눈을 부릅뜨고 와인 잔을 뚫어지게 바라볼 필요는 없다. 이 얼마나 향기로운 와인인가… 그것을 마시고 모든 것을 잊어라!

CHAPTER 04

에너지의 보존

4-1 에너지란 무엇인가?

이제 사물에 대한 일반적인 서술은 이 정도로 끝내고, 지금부터는 물리학의 여러 가지 측면들을 좀더 자세히 들여다보기로 하자. 이론 물리학에 흔히 사용되는 아이디어와 논리들을 한눈에 일목요연하게 보여주는 예제로 에너지 보존 법칙이 있다.

지금까지 알려진 모든 자연 현상은 어떤 정해진 룰을 따르고 있다. 여러분이 원한다면 그것을 '법칙'이라 불러도 좋다. 물리학자들이 실험을 한 이래로 이 법칙에서 벗어나는 사례는 단 한 번도 발견된 적이 없었다. 이것이 바로 그 유명한 '에너지 보존 법칙'이다. 내용인즉, 우리가 '에너지'라고 부르는 양은 어떠한 상황에서도 변하지 않는다는 것이다. 그런데 이것은 수학적 원리에 바탕을 두고 있기 때문에 다소 추상적인 개념이다. 어떤 사건이 일어날 때 수학적으로 정의된 특정량이 불변이라는 것인데, 이것은 역학(力學)에 입각한 설명이 아니며 어떤 구체적인 내용을 담고 있는 것도 아니다. 단지 우리가 어떤 양을 수학적으로 계산하고, 무언가 변화가 일어난 후에 그 양을 다시 계산하여 비교해보면 정확하게 일치한다는 뜻이다(체스 게임에서 붉은 비숍은 항상 붉은 칸 위에서만 움직일 수 있다. 이것이 바로 체스라는 자연계의 법칙이다. 에너지 보존 법칙도 이와 비슷한 맥락으로 이해될 수 있다). 에너지 보존 법칙은 추상적인 개념이기 때문에 비유를 들어 설명하는 편이 좋을 것 같다.

장난감 블록을 갖고 놀고 있는 개구쟁이 데니스(미국의 인기 만화 주인공 : 옮긴이)를 상상해보자. 이 장난감 블록은 매우 단단하여, 절대로 쪼개지거나 조각나는 일이 없다. 데니스는 지금 방 안에서 똑같은 재질로 되어 있는 28개의 블록을 갖고 하루 종일 놀고 있다. 하도 장난이 심해서 데니스의 엄마가 아침에 데니스를 장난감과 함께 방에 가둔 것이다. 밤이 되자 엄마는 장난감이 제대로 다 있는지 확인하기 위해 블록의 개수를 세어보았다. 그러고는 무언가 하나의 법칙을 발견하였다. 데니스가 블록으로 무엇을 만들건 간에, 블록의 개수는 항상 28개였던 것이다! 이런 식으로 며칠이 지난 어느 날, 데니스의 엄마는 블록을 세다가 깜짝 놀랐다. 28개였던 블록이 27개로 줄어든 것이다. 그러나 엄마는 자신이 찾아낸 법칙을 하늘같이 믿고 있었으므로 방안의 구석구석을 뒤지기 시작했다. 그리고 잠시 후에 데니스의 베개 밑에서 없어진 한 조각을 찾을 수 있었다. 그런데 어느 날, 이상한 일이 벌어졌다. 방안을 아무리 뒤져봐도 블록이 26개뿐이었던 것이다. 이리저리 둘러보던 데니스의 엄마는 창문이 열려 있는 것을 보고 바깥을 내다보았다. 그랬더니 아니나 다를까, 창문 아래쪽에 두 개의 블록이 떨어져 있었다. 역시 그녀의 법칙은 틀림이 없었다. 그런데 또 다른 어느 날에는 정말로 황당한 일이 벌어졌다. 데니스의 블록이 30개로 늘어난 것이다! 그러나 엄마는 침착하게 그날 있었던 일들을 되새겨보았다. 그러다가 아까 낮에 데니스의 친구인 브루스가 자기의 장난감 블록을 갖고 놀러왔었다는 사실을 깨달았다. 즉, 브루스가 자신의 블록 중 일부를 데니스의 방에 놓고 간 것이다. 엄마는 브루스에게 블록을 돌려주면서 두 번 다시 블록을 가지고 오지 말라고 주의를 주었다. 그리고 데니스 방의 창문도 닫았다. 그랬더니 한동안은 모든 것이 정상이었다. 그런데 어느 날 블록을 세어보니 또다시 문제가 발생했다. 블록이 25개밖에 없었던 것이다. 놀란 엄마가 장난감 상자를 열려고 하자 데니스가 가로막으며 소리쳤다. "안 돼요! 내 장난감 상자를 열지 마세요! 나도 사생활이라는 게 있다구요!" 엄마는 기가 막혔지만 막무가내로 버티는 아이를 이길 수는 없었다. 그러나 어떻게든 장난감의 행방은 알아야겠기에 다른 방법을 떠올렸다. 예전에 그녀는 장난감 블록의 무게를 저울로 달아본 적이 있었는데, 블록 하나의 무게는 3온스였고 텅 빈 장난감 상자의 무게는 16온스였다. 그래서 이번에는 장난감 상자의 무게를 잰 후에 거기에서 16온스를 빼고, 다시 3으로 나누었다. 그랬더니 그 결과는 다음과 같았다.

$$\begin{pmatrix}\text{현재 눈에 보이는}\\ \text{블록의 개수}\end{pmatrix} + \frac{(\text{상자의 무게}) - 16\,\text{온스}}{3\,\text{온스}} = \text{상수} \tag{4.1}$$

데니스의 엄마는 이 상수의 값이 28이 되어주기를 바랐을 것이다. 그러나 여전히 28보다 작았다. 슬슬 화가 나기 시작한 그녀는 데니스가 목욕을 하고 있는 욕조를 바라보았다. 그랬더니, 이 말썽꾼이 욕조 안에서 장난감 블록을 갖고 노는 것이 아닌가! 아이의 수중에 있는 블록이 몇 개인지 세어보려 했지만 물이 너무 탁해서 볼 수가 없었다. 그러나 엄마의 집요함은 곧바로 다른 방법을 찾아내기에 이르렀다. 욕조에 담긴 물의 원래 높이는 6인치였고, 블록 하나가 물속에 잠길 때마다 수면의 1/4인치씩 올라간다는 사실도 이미 알고 있었던 것이다! 그래서 그녀는 자신의 수식을 다음과 같이 수정하였다.

$$\begin{pmatrix}\text{현재 눈에 보이는}\\ \text{블록의 개수}\end{pmatrix} + \frac{(\text{상자의 무게}) - 16\,\text{온스}}{3\,\text{온스}} + \frac{(\text{물의 높이}) - 6\,\text{인치}}{1/4\,\text{인치}} = \text{상수} \tag{4.2}$$

상황이 점점 복잡해질수록, 데니스의 엄마는 눈에 보이지 않는 블록의 개수를 확인하기 위해 더욱 많은 항들을 찾아서 원래의 식에 추가해야 한다. 비록 수식은 복잡해지고 계산도 어려워지지만, 어쨌거나 그녀는 최종적으로 얻어진 수식을 계산함으로써 28개의 블록들이 모두 안전하다는 확신을 가질 수 있게 되는 것이다.

이 이야기와 에너지 보존 법칙의 공통점은 무엇일까? 이 점을 논하려면, 먼저 '눈에 보이는 블록'을 잊어버려야 한다. 즉, 식 (4.1)과 (4.2)에서 첫 번째 항을 떼어버리라는 뜻이다. 그러면 다소 추상적인 항들이 남게 된다. 블록 찾기와 에너지 보존 사이의 유사점은 다음과 같다. 첫째로, 우리가 에너지를 계산할 때 일부는 계(system)를 떠나 외부로 방출되고, 일부는 외부로부터 유입되기도 한다. 그러므로 에너지 보존 법칙을 입증하려면 우리가 관심을 갖고 있는 계로부터 나가거나 들어오는 것이 전혀 없도록 주의를 기울여야 한다. 둘째로, 에너지는 다양한 형태로 존재하며 각 형태마다 나름대로의 산출 방식이 있다는 점이다. 중력 에너지, 운동 에너지, 열에너지, 탄성 에너지, 전기 에너지, 화학 에너지, 복사 에너지, 핵에너지, 질량 에너지 등등… 이 모든 것들이 다 에너지이다. 이들 각각의 기여도를 모두 더하면, 에너지의 출입이 없는 계에 대하여 항상 같은 값을 보일 것이다.

에너지의 진정한 본질은 무엇인가? 이것은 현대 물리학조차도 해답을 알 수 없는 물리학의 화두이다. 에너지는 특정량이 덩어리처럼 뭉쳐진 형태로 존재하지 않는다. 그러나 우리에게는 어떤 숫자를 계산해낼 수 있는 공식이 있다. 그리고 이 값들을 모두 더하면 항상 28로 떨어진다(데니스의 장난감 블록의 경우). 그러나 이것은 매우 추상적인 값이다. 이 값만으로는 에너지를 산출하는 공식이 '왜 그런 모양이어야 하는지'를 알 방법이 없다.

4-2 중력에 의한 위치 에너지

에너지 보존 법칙은 에너지를 구하는 수식이 모두 알려져 있어야만 성립 여부를 확인할 수 있다. 지금부터 나는 지표면 근처에서 중력 에너지를 나타내는 수식을 유도할 것이다. 방법은 여러 가지가 있는데, 여기서는 물리학의 역사적 사실들을 전혀 언급하지 않고 오로지 논리적 사고 하나만으로 이 작업을 완수할 예정이다. 여러분은 이 사례로부터 자연의 상당 부분이 몇 개의 알려진 사실과 치밀한 논리만으로 이해될 수 있음을 알게 될 것이다. 지금부터 사용될 우리의 논리는 카르노(N. L. Sade Carnot)가 증기 기관의 효율을 연구하면서 정립했던, 바로 그 논리이다.*

한쪽 끝을 내리 눌러서 다른 한쪽의 물건을 들어올리는 기구를 상상해보자. 그리고 여기에 다음과 같은 가설을 추가하자. "영원히 움직이는 기계는 없다." 물론 이것은 방금 말한 기구에도 적용된다(사실 영원히 움직이는 기계, 즉 영구 기관이 존재하지 않는다는 것은 에너지 보존 법칙에 대한 가장 일반적인 서술이다). 이 시점에서 우리는 영원히 움직이는 것, 즉 영구 운동을

* 지금 우리에게 중요한 것은 식 (4.3)에 적혀 있는 결과가 아니다. 이것은 여러분도 이미 알고 있을 것이다. 내가 강조하고자 하는 것은 아무런 사전지식 없이 논리적 추론만으로도 이 결과를 얻을 수 있다는 사실이다.

엄밀하게 정의하고 넘어가야 한다. 먼저 물건을 들어올리는 기구의 경우에 한하여 영구 운동의 정의를 내려보자. 만일 이 기구를 이용하여 여러 장의 벽돌을 여러 차례 올리고 내린 후에 맨 처음의 상태로 돌아왔을 때, 그 최종 결과가 벽돌 한 장을 들어올린 것과 동일하다면 이 기구는 영구 기관이다. 왜냐하면 위로 올려진 벽돌 한 장은 어떤 형태로든 '일'을 할 수 있기 때문이다. 단, 기구가 움직이는 동안 외부로부터 유입된 에너지가 없을 때에만 그렇다(이런 경우, 이 기구는 '독립계'라고 불린다).

그림 4-1 물건을 들어올리는 단순한 기구

무게를 들어올리는 가장 단순한 형태의 기구는 그림 4-1과 같다. 이 기구는 1kg짜리 벽돌 한 장으로 3kg을 들어올릴 수 있다. 방법은 아주 간단하다. 그저 한쪽 끝에 3kg짜리 벽돌을 얹어놓고, 반대쪽 끝에 1kg짜리 벽돌을 얹기만 하면 된다. 그러나 이 기구가 실제로 작동하려면, 3kg짜리 벽돌이 얹혀 있는 접시를 약간 위쪽으로 들어주어야 한다. 또는 이와 반대로 3kg짜리 벽돌을 이용하여 1kg의 벽돌을 들어올릴 수도 있는데, 이 경우 역시 1kg짜리 벽돌이 얹힌 접시를 약간 위로 들어주어야 기구가 작동을 시작한다(그림 4-1에서, 받침점과 벽돌 사이의 거리의 비는 3 : 1이다 : 옮긴이). 이 경우뿐만 아니라, 물건을 들어올리는 모든 종류의 기구들은 외부에서 무언가를 '가해야' 작동된다. 하지만 당분간은 이 점을 무시하고 논리를 진행시켜보자. 가장 이상적인 기구는(실제로 존재하지는 않지만) 이런 여분의 무언가를 가하지 않아도 스스로 작동하는 기구이다. 우리가 일상적으로 사용하는 도구들은 거의 '가역적(reversible)'인 성질을 갖게끔 만들 수 있다. 다시 말해서, 1kg짜리 추를 아래로 내림으로써 3kg짜리 추를 위로 들어올렸다면, 반대로 3kg짜리 추를 아래로 내려서 거의 1kg짜리 추를 들어올릴 수도 있다는 뜻이다.

이제 물건을 들어올리는 모든 기구들을 가역적인 것(아무리 잘 만들어도 이렇게 될 수는 없다)과 비가역적인 것(실제로 사용되는 대부분의 도구들이 여기에 해당된다)으로 분류해보자. 그리고 여기에 1kg짜리 추를 1m 내려서 3kg짜리 물건을 들어올리는 가역적인 기구가 있다고 가정해보자. 지금부터 이 기계를 '기구 *A*'라 부르기로 한다. 기구 *A*로 3kg을 들어올렸을 때 올라간 높이를 *X*라 하자. 또한 여기에는 '기구 *B*'라고 불리는 또 하나의 기구가 있는데, 이 기구는 반드시 가역적일 필요는 없고 1kg 추를 1m 내렸을 때 3kg짜리 물건을 높이 *Y*만큼 들어올린다고 하자. 그렇다면 우리는 당장 *Y*가 *X*보다 '높지 않다'는 것을 증명할 수 있다. 다시 말해서, 가역적인 기구보다 더 높이 들어올릴 수 있는 기구는 존재하지 않는다는 뜻이다. 왜 그럴까? 증명은 다음과 같다. 우선 *Y*가 *X*보다 높다고 가정해보자. 기구 *B*를 사용하여 1kg 추를 1m 내리면 3kg짜리 추가 *Y*만큼 올라간다. 그러면 여기서 *Y*만큼 올라간 3kg 추를 높이 *X*까지 내릴 수 있는데, 이 과정에서 우리는 공짜로 일(work/power)을 얻게 된다. 그런 다음에 기구를 *A*로 교체하여 3kg 추를 *X*만큼 내리면 1kg 추는 1m 상승하여 원래의 배치 상태로 되돌아오게 된다. 즉, 똑같은 과정을 다시 되풀이할 수 있게 된 것이다! 이런 식으로 기구 *A*, *B*를 계속 가동하면 결국 이 기구는 영구 기관이 된다. 그러나 앞에서 지적했듯이, 이런 일은 결코 일어날 수 없다. 무엇이 잘못되었을까? 그렇다. Y가 X보다 높다고 했던 가정이 틀린 것이다! 따라서 Y는 절대로 X보다 높지 않으며, 모든 기구들 중에서 성능이 가장 우수한 것은 가역적인 기구라는 결론이 얻어진다.

또한 우리는 모든 가역 기구들이 물건을 들어올릴 수 있는 높이가 모두 같다는 것도 증명할 수 있다. 기구 B가 가역적이라고 가정하면 방금 전에 얻은 결론, 즉 Y가 X보다 높지 않다는 사실이 여전히 성립하면서, 논리의 순서를 바꾸어 'X가 Y보다 높지 않다'는 사실도 증명할 수 있다. 이렇게 되면 $Y \leqq X$이면서 동시에 $X \leqq Y$이므로 $X = Y$라는 결론이 자연스럽게 내려진다. 이것은 매우 주목할 만한 결과이다. 이 결과를 이용하면 기구의 내부 구조를 들여다보지 않고서도 다양한 기구들이 물건을 들어올리는 높이를 미리 알 수 있다. 만일 누군가가 엄청난 노력을 기울여서 '1kg의 추를 1m 내려서 3kg짜리 물건을 들어올리는' 매우 복잡한 기계를 만들었다면, 우리는 이 기계와 동일한 일을 하는 가역성 단순 지렛대로부터 그의 걸작품이 3kg짜리 물건을 들어올릴 수 있는 높이의 한계를 금방 알아낼 수 있다. 그리고 만일 그의 기계가 가역적이었다면 올릴 수 있는 높이를 '정확하게' 알 수 있다. 지금까지 내용을 요약하면 다음과 같다. 가역적인 기구들은 구조에 상관없이 1kg 추를 1m 내렸을 때 3kg짜리 물건이 들어올려지는 높이가 X로 모두 같다. 이것은 매우 유용한 보편적 법칙이다. 그렇다면 그 다음 질문을 던져보자. X의 값은 과연 얼마인가?

여기 1kg 추를 1m 내려서 3kg짜리 물건을 X만큼 들어올리는 가역적 지레가 있다고 해보자. 또한 3kg짜리 물건은 1kg짜리 추 세 개를 모아놓은 것으로서, 그림 4-2와 같이 3층으로 된 선반 위에 얹혀져 있다고 하자(선반 한 층의 높이는 X이다). 애초에 하나의 추(지레의 왼쪽)는 지면으로부터 1m 높이에 있었다(a). 이제 오른쪽 벽의 3층 선반에 놓여 있는 세 개의 추를 지레의 오른쪽에 달린 3층 방에 '장전'시킨다(b). 단, 이 과정에서는 에너지가 투입되지 않은 것으로 간주한다. 세 개의 추는 높이의 변화 없이 수평으로만 이동했기 때문이다. 우리의 가역적 지레는 지금부터 비로소 작동되기 시작한다. 즉, 지레의 왼쪽에 얹혀 있는 하나의 추가 1m 아래의 바닥으로 내려가면서 오른쪽에 얹혀진 3개의 추를 X만큼 들어올리는 것이다(c). 이 과정이 끝나면 3개의 추를 다시 평행 이동시켜서 선반 위에 얹어 놓고, 지레의 왼쪽에 있는 하나의 추도 평행 이동시켜서 바닥으로 끌어내린다(d). 이 모든 과정이 끝난 후에 지레의 기울어진 상태를 처음의 위치로 되돌린다. 자, 이제 상황을 정리해보자. 세 개의 추는 아까보다 한 층씩 높아진 상태로 선반에 각각 얹혀져 있고, 하나의 추는 바닥에 놓여 있다. 그런데 어찌 보면 이것은 좀 이상한 상황이다. 실제로 지레는 3개의 추를 들어올렸지만, (a)와 (d)를 비교해보면 두 개는 그 자리에 가만히 있고 맨 아래에 놓여 있던 하나의 추만 4층 선반으로 올려진 형국이기 때문이다. 그러므로 이 지레는 1kg짜리 추 하나를 높이 $3X$만큼 들어올린 셈이다. 그런데 만일 $3X$라는 높이가 1m를 초과한다

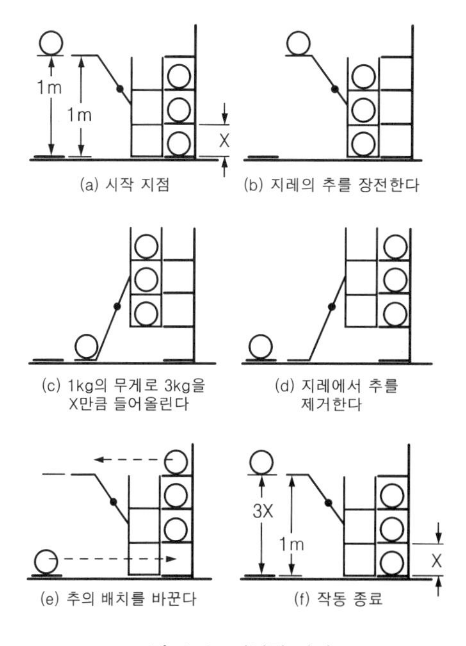

그림 4-2 가역적 지레

면 그림 (e)에 그려진 화살표 방향을 따라 추의 역할을 바꾼 후에 $3X$ 높이에 있는 추를 1m까지 '추락시켜서' 또다시 지레를 작동시킬 수 있게 된다(f). 다시 말해서, 우리의 지레는 영구 기관이 되는 것이다. 그러므로 $3X$는 결코 1m보다 높을 수 없다. 또, 이 지레의 기능을 역으로 뒤집어서 '세 개의 추를 이용하여 하나의 추를 들어올리는 지레'로 사용한다면, 위와 비슷한 논리를 통해 '1m는 결코 $3X$보다 높을 수 없다'는 결론을 유도할 수 있다(우리의 지레는 '가역적' 기구임을 상기하라). 결국, 지금까지의 결과를 종합하면 우리는 $X = 1/3$m라는 하나의 법칙을 얻는다. 그리고 이 법칙은 아주 쉽게 일반화될 수 있다. 가역적 기구를 이용하여 1kg짜리 추를 어떤 높이 h만큼 내리면, $p$kg짜리 추를 h/p만큼 들어 올릴 수 있다. 방금 전의 예에서 3kg짜리 추는 1/3m 들어올려졌고 1kg짜리 추는 1m 내려갔는데, 이들의 무게와 거리를 곱한 값은 모두 '1'로 동일하다. 조금 더 일반적으로 말하자면, 지레의 양 끝에 임의의 무게를 올려놓고, 작동되기 전에 이들의 무게와 높이를 곱하여 모두 더한 값과, 지레의 작동이 끝난 후에 무게와 높이를 곱하여 모두 더한 값은 달라지지 않는다(추의 개수가 여러 개인 경우로 일반화해도 여전히 같은 결과가 얻어진다. 이것은 그다지 어려운 작업이 아니므로 생략한다).

무게와 높이를 곱하여 모두 더한 값을 우리는 '중력 위치 에너지(gravitational potential energy)'라 부르는데, 이것은 임의의 물체와 지구 사이의 상대적 위치 관계에 의해 나타나는 에너지로서, 물체가 지구로부터 너무 멀리 떨어져 있지 않은 경우에 한하여 다음과 같이 표현된다.

$$(\text{물체의 중력 위치 에너지}) = (\text{무게}) \times (\text{높이}) \tag{4.3}$$

지금까지 우리의 논리는 아주 매끄럽고 아름답게 진행되어 왔다. 단 한 가지 문제가 있다면, 이것이 사실이 아닐 수도 있다는 점이다. 자연의 섭리는 우리의 논리를 따라 주지 않는다. 조금 심한 경우에는 논리적으로 불가능했던 영구 기관이 실제로 존재할 수도 있는 것이다. 가정의 일부가 잘못되었을 수도 있고, 논리상의 실수를 범했을 수도 있다. 누가 알겠는가? 인간은 원래 실수와 친한 동물이다. 그래서 우리는 이론적으로 얻어진 결과를 다양한 방법으로 확인해야 한다. 다행히도, 위에서 얻어진 결론은 실험을 통해 사실임이 이미 확인되었다.

무언가와의 위치에 의해 크기가 결정되는 에너지를 통칭하는 말은 '위치 에너지(potential energy)'이다. 앞에서 다루었던 지레의 경우에는 중력에 의해 작동되기 때문에 '중력 위치 에너지'라고 불렀던 것이다. 만일 지레의 추를 하전 입자로 대치시키고, 지레의 아랫부분에 커다란 하전체(전하를 띤 물체)를 갖다 놓은 상태에서 실험을 한다면, 이 상황에서 문제가 되는 에너지는 중력 위치 에너지가 아닌 '전기적 위치 에너지'가 될 것이다. 에너지의 변화량은 물체에 작용한 힘과 물체가 이동한 거리의 곱으로 표현되며, 이것은 일반적으로 어느 경우에나 적용되는 원리이다.

$$(\text{에너지의 변화량}) = (\text{힘}) \times (\text{물체가 이동한 거리}) \tag{4.4}$$

앞으로 이야기가 진행되면서 이런 종류의 에너지는 수시로 거론될 것이다.

에너지 보존 법칙은 다양한 환경 속에서 앞으로 벌어질 상황을 예측할 때 매우 유용하게 써먹을 수 있다. 여러분은 고등학교 시절에 도르래와 지레에 관한 여러 가지 법칙들을 배웠을 것이다. 이제 여러분도 짐작하겠지만, 이 모든 법칙들은 모두 '동일한 사실을 조금 다르게 서술한 것'에 불과하다. 그러므로 70여 개나 되는 법칙들을 모두 외우고 있을 필요가 없다. 간단한 예를 하나 들어보자. 여기 직각 삼각형 모양의 경사면이 있다. 각 변의 길이는… 다행히도 정확하게 3m, 4m, 5m이다(그림 4-3 참조). 이제, 경사면에 1kg짜리 물건을 올려놓고 거기에 실을 묶어놓았다. 그리고 그 실은 삼각형의 모서리에 설치된 도르래를 통하여 아래로 늘어져 있으며, 그 끝에는 무게 W의 추가 매달려 있다. 여기서 우리의 질문은 다음과 같다. "이 상황에서 아무 것도 움직이지 않고 평형을 이루려면 W는 몇 kg이 되어야 하는가?" 자, 이 문제는 어떻게 풀어야 할까? 주어진 상황에서 평형을 이룬다고 했으므로, 우리는 1kg짜리 물건의 위치를 경사면을 따라 '가역적으로' 이동시킬 수 있다. 그러므로 처음에는 1kg 추를 그림 4-3의 (a)처럼 바닥에 놓았다가 가역적 과정을 통해 그림 4-3의 (b)처럼 경사면의 꼭대기로 옮길 수도 있을 것이다. 이렇게 하면 결국 1kg의 추는 높이가 3m 증가했고, 무게 W의 추는 높이가 5m 감소한 셈이다. 그러므로 앞에서 얻은 법칙에 의해 $W = 3/5$kg이라는 답이 쉽게 얻어진다. 지금 우리는 문제를 해결하기 위해 에너지 보존 법칙만을 사용했을 뿐, 물체에 작용하는 힘에 대해서는 언급조차 하지 않았다. 힘의 성분들을 일일이 고려하지 않아도 이렇게 답을 얻을 수 있다. 이 정도면 꽤 훌륭한 답이지만, 스테비누스(Simon Stevinus, 1548 ~ 1620 : 네덜란드의 수학자)가 발견하여 자신의 묘비에까지 새겨넣은 해답은 훨씬 더 우아하다. 그가 제시한 답은 그림 4-4와 같다. 이 그림만 보면 W가 3/5kg이라는 것은 너무나도 자명하다. 왜냐하면 삼각형을 감고 있는 체인은 결코 스스로 돌아가지 않기 때문이다! 곡선을 그리며 늘어져 있는 부분은 자기 스스로 균형을 이루는 게 분명하므로 결국 빗면에 얹혀 있는 5개의 구슬과 수직면을 따라 매달려 있는 3개의 구슬이 평형을 이루어야 한다(그렇지 않으면 이 구슬 체인은 스스로 돌아갈 것이다). 각 변의 길이가 지금과 다른 경우에도 구슬의 개수만 변할 뿐, 지금의 논리는 그대로 적용된다. 그러므로 그림 4-4로부터 $W = 3/5$kg이라는 답이 명쾌하게 얻어지는 것이다(여러분도 묘비에 이 정도 수준의 비문을 남길 수 있다면 성공한 삶이라고 할 수 있을 것이다).

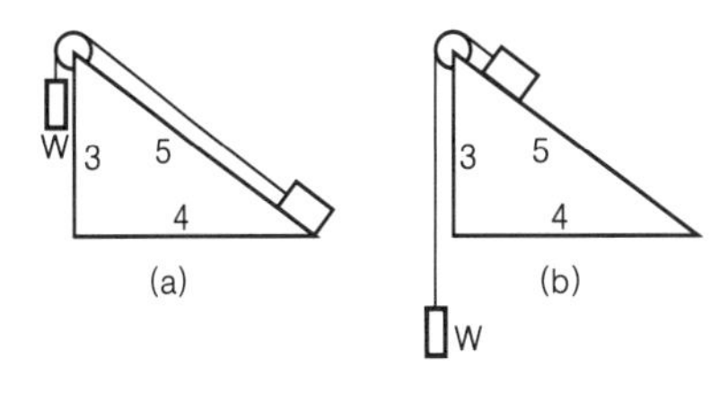

그림 4-3 경사면

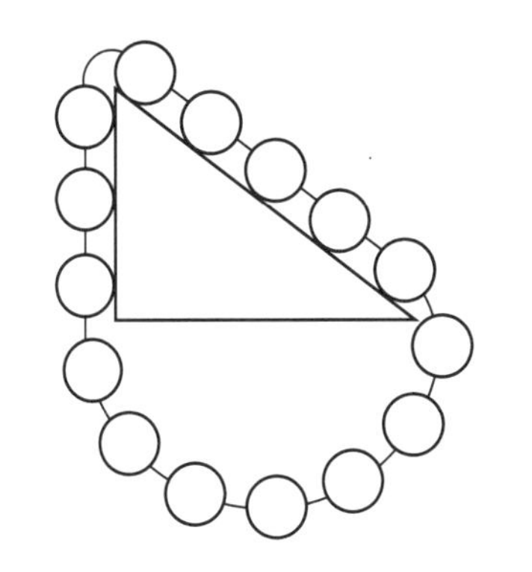

그림 4-4 스테비누스의 묘비에 새겨진 그림

이제 좀더 복잡한 문제, 그림 4-5에 예시된 스크루 잭(screw jack) 문제에 도전해보자. 손잡이의 길이는 20cm이고, 스크루에는 1cm당 10개의 나사선이 새겨져 있다. 이 기구로 1톤짜리 짐을 들어올리려면 손잡이에 어느 정도의 힘을 가해야 할까? 1톤짜리 짐을 1cm 들어올리려면 손잡이를 10번 돌려야 한다. 그리고 손잡이가 한 바퀴 돌면서 지나가는 원주의 길이는 대략 126cm 정도이다. 따라서 손잡이는 $126 \times 10 = 1260$cm의 거리를 이동해야 한다. 손잡이에 가해지는 힘의 크기를 W라고 했을 때, 앞에서 알게 된 원리에

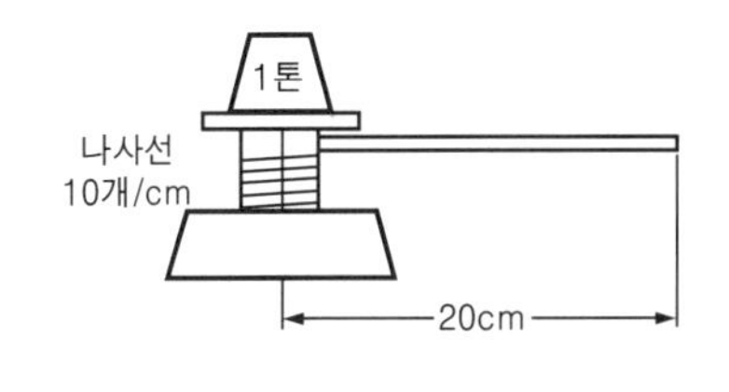

그림 4-5 스크루 잭

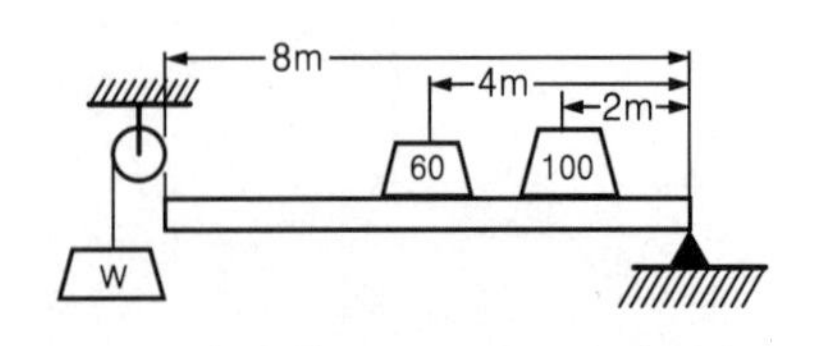

그림 4-6 지지대에 한쪽 끝만 걸친 채로 하중을 받고 있는 막대

의하면 1톤 × 1cm = W × 1260cm이므로, W는 약 0.8kg이다(엄밀한 답은 0.8kg'중'인데, 여기서 중은 9.8m/s^{2}의 중력 가속도이다. 그러나 저자는 무게를 표현하면서 편의상 이 값을 생략하고 있다. kg은 힘이나 무게의 단위가 아니라 질량의 단위이다 : 옮긴이). 이것 역시 에너지 보존 법칙으로부터 얻어진 결과이다.

한 걸음 더 나가서, 더욱 복잡해 보이는 그림 4-6의 문제를 풀어보자. 길이 8m인 막대의 한쪽 끝이 지지대로 받쳐져 있다. 막대의 중심에는 60kg의 물건이 놓여 있고, 지지대로부터 2m 떨어진 곳에는 100kg짜리 물건이 놓여져 있다. 막대 자체의 무게를 무시했을 때, 이 막대의 다른 쪽 끝을 들어서 수평 상태를 유지하려면 어느 정도의 힘을 가해야 하는가? 우리가 힘을 가하는 쪽이 도르래에 매달려 있다고 가정해보자. 그렇다면 이 문제는 다음과 같이 변형된다. 막대가 수평을 유지하려면 W는 얼마나 무거워야 하는가? 도르래에 매단 추 W가 4cm 내려갔다면, 간단한 비례식에 의해 60kg은 2cm, 100kg은 1cm 위로 올라간다는 것을 알 수 있다. 그러므로 무게와 높이를 곱하여 모두 더한 값이 불변이라는 원리를 이용하면 다음과 같은 식이 얻어진다.

$$-4W + (2)(60) + (1)(100) = 0, \qquad W = 55\text{kg} \tag{4.5}$$

즉, 도르래의 한쪽에 55kg짜리 추를 달아놓으면 막대는 수평을 유지하게 된다. 이 방법을 적절하게 응용하면 교각을 비롯한 복잡한 물체의 평형 조건을 어렵지 않게 구할 수 있다. 이런 식의 접근 방법은 흔히 '가상적 일의 원리(principle of virtual work)'라고 하는데, 그 이유는 논리를 적용할 때 실제로는 움직이지 않는 물체를 움직이는 것처럼 상상하여 해답을 유도해내기 때문이다.

4-3 운동 에너지

다른 형태의 에너지를 보여주는 대표적인 사례로는 진자(pendulum)가 있다(그림 4-7). 진자를 한쪽으로 잡아당겼다가 가만히 놓으면 좌우로 왕복운동을 하는데, 한쪽 끝에서 가운데로 이동하는 동안 진자의 높이는 감소한다. 즉, 중력 위치 에너지가 감소하는 것이다. 그러면 감소한 에너지는 어디로 간 걸까? 진자가 가운데로 왔을 때 위치 에너지는 감소하지만, 그래도 진자는 운동을 계속하여 반대쪽 끝으로 '올라간다.' 중력 위치 에너지는 사라진 것이 아니라 다른 형태로 저장되어 있다가, 진자의 높이가 상승할 때 다시 나타나는 것이다. 그러므로 진자의 높이가 점차 감소하면서 가운데로 오는 동안, 중력 위치 에너지는 무언가 다른 형태의 에너지로 변화되는 것이 분명하다.

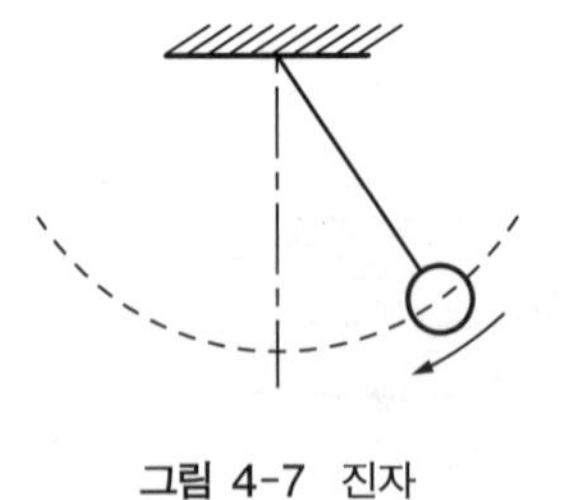

그림 4-7 진자

변형된 에너지는 진자의 '운동'에 의해 생성된다. 그러나 이런 심증만으로는 물리학이 될 수 없다. 우리는 그 에너지를 수식으로 표현할 수 있어야 한다. 앞에서 가역적 기구에 관하여 언급할 때, 바닥에서의 움직임은 어떤 무게를 위로 들어올리는 에너지를 갖고 있으며, 이것은 기구의 기계적 구조나

물체의 이동 경로와 전혀 무관하다는 점을 강조했었다. 그러므로 우리는 개구쟁이 데니스의 장난감 블록처럼 무언가 이에 해당하는 수식을 찾을 수 있을 것이다. 위치 에너지가 아닌 또 다른 형태의 에너지, 이것이 무엇인지 말로 표현하기는 쉽다. 바닥에서의 운동 에너지(kinetic energy)는 물체의 무게(W)에다가 '지금의 속도로 미루어 볼 때 이 물체가 앞으로 올라갈 수 있는 높이(H)'를 곱하여 얻어진다. 이제 우리는 물체의 운동 상태로부터 H를 결정하는 법칙만 찾으면 된다. 임의의 물체를 연직 상승 방향으로 던져 올리면 그 물체는 손에서 떠날 때의 속도에 따라 어떤 특정 높이까지 이른 후에 다시 낙하하기 시작한다. 물론 지금은 최고 도달 높이를 계산하자는 게 아니다. 중요한 것은 이 높이가 물체의 출발 속도와 매우 밀접하게 관련되어 있다는 사실이다. 이들 사이에는 분명한 수학적 관계가 있다. V의 속도로 움직이는 물체의 운동 에너지를 구하려면, 우리는 이 물체가 도달할 수 있는 최고 높이를 계산하여, 거기에 물체의 무게를 곱해야 한다. 그 결과는 다음과 같다.

$$\text{운동 에너지(K.E)} = WV^2/2\text{g} \tag{4.6}$$

물론, 물체의 운동 때문에 생긴 운동 에너지는 중력장의 존재와 전혀 무관하다. 운동의 원인이 무엇이건 간에 일단 움직이기만 하면 그 물체는 무조건 운동 에너지를 갖는다. 식 (4.6)은 V의 값에 상관없이 항상 성립하는 공식이다. 그런데 여기서 한 가지 짚고 넘어갈 것이 있다. 식 (4.3)과 (4.6)은 정확하게 맞아떨어지는 식이 아니라, '거의 비슷하게 맞는' 근사식이라는 점이다. 그 이유는, 첫째로 지구로부터 멀어질수록 중력이 작아지는데 식 (4.6)에 나타난 g는 상수로 취급되기 때문이며, 둘째로 물체의 속도가 매우 빠를 때에는 상대성 이론에 입각한 수정이 가해지기 때문이다. 그러나 필요한 수정을 모두 가하여 에너지에 관한 '정확한' 식을 얻어낸 후에도 에너지 보존 법칙은 여전히 성립한다.

4-4 다른 형태의 에너지

이런 식으로 우리의 논리를 확장해가면, 다른 형태의 에너지를 계속해서 유추해낼 수 있다. 우선 첫째로 탄성 에너지를 생각해보자. 용수철을 잡아당겨서 길이를 늘이려면 우리는 용수철에 반드시 일을 해주어야 한다. 늘어난 용수철은 물건을 들어올릴 수 있기 때문이다. 그러므로 길이가 늘어난 용수철은 무언가 일을 할 수 있는 능력을 갖고 있다. 용수철에 물건을 매단 상태에서 위로 들어올리면 우리의 팔이 해준 일만큼 물체의 위치 에너지가 증가하지 않는다. 이 불일치를 해소하려면 용수철의 늘어난 상태가 고려된 어떤 양을 더해주어야 한다. 탄성 에너지란, 용수철이 당겨져 있을 때 (또는 수축되었을 때) 그 안에 저장된 에너지를 뜻한다. 그렇다면 얼마나 많은 에너지가 거기에 저장되어 있을까? 당겨진 용수철을 붙들고 있는 손을 놓으면 용수철이 원래의 평형 지점을 지날 때 탄성 에너지는 모두 운동 에너지로 전환되며,

압축과 인장 상태가 주기적으로 반복되면서 운동 에너지의 값도 이 주기를 따라 변하게 된다(용수철이 수직 방향으로 진동할 때에는 중력도 한몫을 한다. 중력까지 끼어들어 문제가 복잡해지는 것을 원치 않는다면 용수철을 평면에 눕혀놓았다고 생각하면 된다). 이렇게 왕복 운동을 하던 용수철은 시간이 지나면 평형 지점에서 운동을 멈춘다. "아니? 용수철이 왜 운동을 멈춘다는 거지? 그러면 그동안 갖고 있던 에너지는 다 어디로 간 거야?" 이 시점에서 당연히 떠올려야 할 질문이다. 그렇다! 여러분이 경험을 통해 잘 알고 있듯이 진동하는 용수철은 시간이 지나면 반드시 멈춘다! 그렇다면 보존된다던 에너지는 다 어디로 갔을까? 그것은 에너지의 또 다른 형태인 '열에너지(heat energy)'로 전환된다.

용수철이나 지레는 여러 개의 원자들로 이루어진 결정(crystal) 구조를 갖고 있다. 한 물체가 다른 물체 위를 굴러갈 때, 이 결정 구조는 (특히 접촉면에서) 외부의 충격을 받아 어쩔 수 없이 움직이게 된다. 엄청난 주의를 기울여 아무리 조심스럽게 굴린다 해도, 접촉면에서 원자의 요동을 진정시킬 수는 없다. 그런데 이런 종류의 요동은 물체의 내부에서 일어나기 때문에 에너지의 존재가 눈에 보이지는 않는다. 물체의 운동이 스스로 정지되었을 때, 사실 물체의 내부에서는 수많은 원자들이 여전히 복잡한 운동을 계속하고 있다. 즉, 물체의 내부에 운동 에너지가 여전히 존재하는 것이다. 그러나 이 운동 에너지는 '눈에 보이는' 운동 때문에 생긴 것이 아니다. "꿈같은 말만 하시는군요! 물체의 내부에 운동 에너지가 있다는 것을 무슨 수로 안다는 말입니까?" 역시 좋은 질문이다. 원자의 운동은 너무 작아서 속도를 측정할 방법도 없거니와, 그 많은 원자들의 운동을 일일이 계산하여 더할 수도 없다. 그러나 다른 방법이 있다. 온도계로 용수철이나 지레의 온도를 재는 것이다! 운동이 끝난 용수철은 운동 전보다 분명히 따뜻하게 데워져 있을 것이다. 이것이 바로 용수철이 내부에 운동 에너지가 존재한다는 증거이며, 운동하기 전보다 운동 에너지가 증가했다는 뜻이기도 하다. 우리는 이것을 '열에너지'라 부르지만, 사실 열에너지는 새로운 형태의 에너지가 아니다. 그것은 물체의 내부에서 일어나는 운동으로부터 생성된 운동 에너지인 것이다. (거시적인 규모에서 실험을 할 때 우리가 흔히 겪는 어려움은 에너지 보존 법칙을 실험적으로 증명하기가 매우 어렵다는 것과, 가역적인 기구를 실제로 만들 수가 없다는 것이다. 덩치가 큰 물체를 옮길 때 아무리 조심한다 해도 내부의 원자들은 교란될 수밖에 없으며 결국 원자들은 특정량의 운동 에너지를 가질 수밖에 없다. 우리는 이 에너지를 눈으로 볼 수 없지만 온도계를 이용하여 간접적으로 측정할 수는 있다.)

다른 형태의 에너지들은 아직도 많이 있지만, 지금은 여러분에게 자세한 이야기를 할 수가 없다. 하전 입자의 인력/척력에 관여하는 것은 전기 에너지이며, 빛의 에너지에 해당되는 복사 에너지(빛은 전자기장의 요동으로 설명되므로, 복사 에너지는 전기 에너지의 한 형태로 이해될 수 있다), 화학 반응 과정에서 방출되는 화학 에너지도 모두 에너지이다. 어떤 면에서 보면 탄성 에너지는 화학 에너지의 일종으로 간주할 수 있다. 왜냐하면 화학 에너지란 원자들끼리 서로 끌어당기는 힘으로부터 비롯된 것이고, 탄성 에너지 역시 근원이 같기 때문이다. 화학 에너지에 대한 현대 물리학의 이해 수준은 다음과 같다. 화학 에너지는 크게 두 가지로 나눠지는데, 하나는 원자 내부에 있는 전자의 운동에 의한 운동 에너지이며, 다른 하나는 전자와 양성자의 상호 작용에 의한 전기 에너지이다. 여기서 한걸음 더 나아가 원자핵 속으로 들어가보면, 양성자와 중성자의 결합과 관계된 핵에너지가 있는데, 이를 수학적으로 표현하는 방법은 알고 있지만 근본적인 법칙은 아직 미지로 남아 있다. 핵자들(양성자와 중성자)을 단단히 묶어두고 있는 힘의 원천은 전기력이나 중력도 아니고, 순전히 화학적인 성질에서 비롯된 것도 아니기 때문에 전혀 다른 종류의 에너지로 취급되어야 한다. 마지막으로 상대성 이론에 의하면 운동 에너지에 관한 법칙이 수정되어야 하는데, 이렇게 수정된 운동 에너지는 '질량 에너지(mass energy)'와 밀접하게 연관된다. 모든 물체는 그저 '존재한다는 것'만으로 나름대로의 에너지를 갖고 있다. 예를 들어, 전자와 양전자가 정지 상태로 조용히 있다가 서로 가까이 접근하면서 돌연 사라져버리는 경우가 있는데, 이때 이들은 그냥 사라지는 것이 아니라 특정량의 복사 에너지를 방출한다. 그리고 우리는 이 값을 정확하게 계산할 수 있다. 전자와 양전자의 질량만 알면 된다. 반드시 전자와 양전자일 필요는 없다. 두 개의 물체가 결합하여 사라지면, 거기에는 항상 에너지가 남는다. 질량과 에너지의 관계, 즉 $E = mc^2$을 처음 알아낸 사람은 바로 아인슈타인이었다.

지금까지 들었던 예로부터 알 수 있듯이, 에너지를 수학적으로 표현하지 못하는 상황에서도 에너지 보존 법칙은 주어진 물리계를 분석하는 데 엄청나게 유용하다. 만일 우리가 각종 에너지를 표현하는 수학 공식들을 완전히 꿰차고 있다면, 세부 사항을 일일이 따지지 않고서도 얼마나 많은 과정을 거쳐야 답을 얻어낼 수 있는지 미리 짐작할 수 있을 것이다. 그래서 에너지 보존 법칙은 우리에게 매우 흥미로운 대상이다. 그렇다면 에너지 말고 다른 보존 법칙은 없을까? 에너지 보존 법칙과 유사한 것으로는 두 개의 보존 법칙이 더 알려져 있다. '선운동량 보존 법칙(linear momentum conservation)'과 '각운동량 보존 법칙(angular momentum conservation)'이 그것이다. 이들에 관한 자세한 이야기는 나중에 따로 하게 될 것이다. 사실, 우리는 아직도 에너지 보존 법칙을 깊이 이해하지 못하고 있다. '에너지 보존'이라는 말 자체가 아직도 모호한 구석을 갖고 있는 것이다. 대체 에너지는 왜 보존되어야만 하는가? 우리는 에너지를 작은 덩어리의 집합으로 이해하고 있지 않다. 여러분은 광자가 작은 알갱이이며, 광자 하나가 갖는 에너지는 플랑크 상수에 진동수를 곱한 값이라고 어디선가 들었을지도 모른다. 물론 맞는 말이다. 그러나 빛의 진동수는 어떤 값이든 가질 수 있기 때문에 에너지가 어떤 특정값이 되어야 한다는 법칙은 어디에도 없다. 개구쟁이 데니스의 블록과는 달리 지금까지 알려진 바에 의하면 에너지는 어떤 값이든 가질 수 있다. 그래서 우리는 에너지를 '주어진 순간에 어떤 특정량을 세는 수단'으로 간주하지 않고, '수학적으로 정의되는 추상적인 양' 정도로 이해하고 있다. 양자 역학에서 에너지 보존 법칙은 독특한 방식으로 유도된다. 즉, "모든 물리 법칙은 시간에 따라 변하지 않는다"는 가정을 내세우면, 이로부터 에너지 보존 법칙이 자연스럽게 유도되는 것이다. 어느 특정 시간에 실험 장치를 세팅해놓고 실험을 한 뒤에 동일한 실험을 다른 시간에 다시 되풀이했다면, 두 실험에서 얻어진 결과는 과연 일치할 것인가? 지금의 물리학 수준으로는 확답을 내릴 수가 없다. 그러나 일단 이것을 사실로 받아들이고 거기에 양자 역학의 원리들을 추가하면 에너지 보존 법칙을 유도해낼 수가 있다. 이것은 아주 미묘하고 재미있는 문제로서, 말로 설명하기가 쉽지 않다. 다른 두 개의 보존 법칙 역시 이와 비슷한 성질을 갖고 있는데, 선운동량 보존 법칙은 "실험 장소를 어디로 정하건, 동일 조건하에서의 실험 결과는 모두 같다"는 가정으로부터 유도된다. 물리 법칙의 시간에 대한 불변성이 에너지 보존 법칙을 낳은 것처럼, 위치에 대한 불변성이 선운동량 보존 법칙을 낳은 것이다. 그리고 마지막으로, "물리계를 바라보는 각도를 아무리 바꾸어도 물리 법칙은 불변이다"라는 가정을 세우면 각운동량 보존 법칙이 유도된다. 이들 이외에도 세 종류의 보존 법칙이 더 있는데, 이들은 블록을 세는 것과 비슷한 개념이기 때문에 앞의 세 개보다는 이해하기가 훨씬 쉽다.

첫 번째는 전하 보존 법칙(conservation of charge)이다. 간단히 말하자면 양전하의 합에서 음전하의 합을 뺀 양이 불변이라는 법칙인데, 주어진 전체 전하들 중에서 동일한 양의 양전하와 음전하를 제거시킨 후에 이 법칙을 적용해도 여전히 성립한다. 두 번째는 바리온 보존 법칙(conservation of baryon)이다. 바리온은 희한한 성질을 가진 입자인데, 구체적인 설명은 기회가 있을 때 다시 하기로 하고, 지금은 양성자와 중성자가 바리온의 대표적 사례라는 것만 알아두기 바란다. 자연에서 일어나는 모든 반응은 반응 과정에 '입장'한 바리온의 수와 '퇴장'한 바리온의 수가 항상 같게끔 일어난다는 게 이 보존 법칙의 내용이다(바리온의 반입자 즉, 반-바리온은 -1개로 센다). 마지막으로 렙톤 보존 법칙(conservation of leptons)이 있다. 렙톤에는 전자와 뮤-중간자, 그리고 뉴트리노가 있다. 이 법칙 역시 반응 과정에 입장한 렙톤의 수와 퇴장한 렙톤의 수가 항상 동일하다는 내용인데, 아직까지는 사실로 인정받고 있다(전자의 반입자인 양전자는 -1개로 센다).

자연에는 이렇게 여섯 가지의 보존 법칙이 존재한다. 이들 중 셋은 아주 미묘한 내용으로 시간-공간과 밀접한 관계가 있고, 나머지 셋은 조약돌을 세는 것처럼 단순하다.

에너지의 총량이 보존되는 것은 분명하지만, '사용 가능한' 에너지를 얻는 것은 이것과 전혀 별개의 문제이다. 예를 들어, 바닷물을 이루고 있는 원자들은 끊임없이 움직이고 있지만 다른 곳에서 별도의 에너지를 빌려오지 않고서는 이 에너지를 특정한 운동으로 바꿀 수는 없다. 에너지가 아무리 보존된다 해도, 인간 생활에 필요한 에너지는 쉽게 보존되지 않는다. 유용한 에너지의 양을 계산하는 법칙이 바로 '열역학 법칙'인데, 여기에는 비가역적 열역학 과정을 설명하는 '엔트로피(entropy)'의 개념이 도입되어 있다.

마지막으로, 오늘날 우리가 사용할 수 있는 에너지원에 대해 잠시 언급하고자 한다. 우리는 태양과 비, 석탄, 우라늄, 수소 등으로부터 에너지를 얻고 있다. 그리고 비와 석탄은 태양의 작품이다. 따라서 이 두 가지 에너지도 결국 태양으로부터 온 것이다. 물리적으로 에너지는 분명히 보존되지만, 자연은 그런 법칙 따위에 별로 관심이 없는 것 같다. 태양에서 방출된 에너지 중 지구에 도달하는 것은 겨우 20억분의 1에 불과한데도, 자연은 그 쥐꼬리만한 에너지를 모든 방향으로 소비하고 있는 것이다. 우리는 우라늄과 수소로부터 에너지를 얻어낼 수 있지만 아직은 이 에너지를 폭탄처럼 파괴적인 용도에만 사용하고 있다. 만일 열핵반응 과정을 제어할 수만 있다면 1분당 150갤론의 물로부터 미국 전역에서 생산하는 양의 전력을 얻을 수 있다! 그러므로 미래의 에너지 문제를 해결할 열쇠는 거의 물리학자가 쥐고 있다 해도 과언이 아니다. 에너지 문제는 반드시 해결되어야 하고, 또 해결될 수 있는 문제이다.

CHAPTER 05
시간과 거리

5-1 운동

이 장에서는 물리학의 무대라 할 수 있는 시간과 공간의 개념에 대하여 생각해보기로 하겠다. 다른 모든 과학과 마찬가지로, 물리학 역시 관찰로부터 모든 것이 이루어진다. 물리학이 지금과 같은 형태로 발전하기까지에는 정량적인(quantitative) 관찰이 결정적인 역할을 해왔다. 정량적인 관찰이 선행되어야만 사물들 간의 정량적인 관계를 알아낼 수 있으며, 이 과정은 물리학의 핵심이기도 하다.

현대적 의미의 물리학이 탄생한 시기는 학자들마다 다소의 의견 차이가 있을 수 있지만 지금으로부터 약 350년 전으로 보는 것이 정설이며, 그 산파는 갈릴레오(Galileo Galilei)였다. 말하자면 갈릴레오는 인류 최초의 물리학자였던 셈이다. 그 당시만 해도 물체의 운동은 다분히 철학적인 관점에서 이해되고 있었는데, 그 논리의 대부분은 아리스토텔레스를 비롯한 그리스 철학자들에 의해 만들어진 것이었으며, 대다수의 사람들에게 무리 없이 받아들여지고 있었다. 그러나 여기에 회의적인 시각을 갖고 있던 갈릴레이는 기울어진 널판지 위에 공을 굴려 내리면서 물체의 운동을 관찰하였다. 이것은 눈앞에서 벌어지는 현상을 그저 쳐다보기만 하는 단순한 행위가 아니라, "주어진 시간 동안 얼마나 멀리 굴러가는지"를 관측하는 매우 구체적인 실험이었다.

거리를 측정하는 방법은 갈릴레오 이전부터 잘 알려져 있었지만, 시간을 정확히 재는 방법, 특히 짧은 시간 간격을 측정하는 것은 당시만 해도 매우 어려운 작업이었다. 후에 갈릴레오는 독특한 시계(지금의 시계와는 사뭇 다른)를 고안하여 이 문제를 해결하였지만, 처음에는 균일한 시간 간격 유지하기 위해 자신의 맥박을 측정했다고 한다. 우리도 갈릴레오와 같은 방법으로 실험을 해보자.

경사면을 따라 공이 굴러가는 동안 손목의 맥박을 세어보자 : "하나… 둘… 셋… 넷… 다섯… 여섯… 일곱… 여덟…" 맥박의 횟수가 하나씩 증가할 때마다 현재 공의 위치를 표시해달라고 옆에 있는 친구에게 부탁을 해놓는다. 이렇게 하면 동일한 시간 간격 동안 공이 굴러간 거리를 잴 수 있다. 갈릴레오는 자신의 관측 결과를 다음과 같이 표현했다. "공이 경사면을 출발한 순간부터 1, 2, 3, 4… 등의 각 시간 단위에서 공의 위치를 표시하면, 그 지점들은

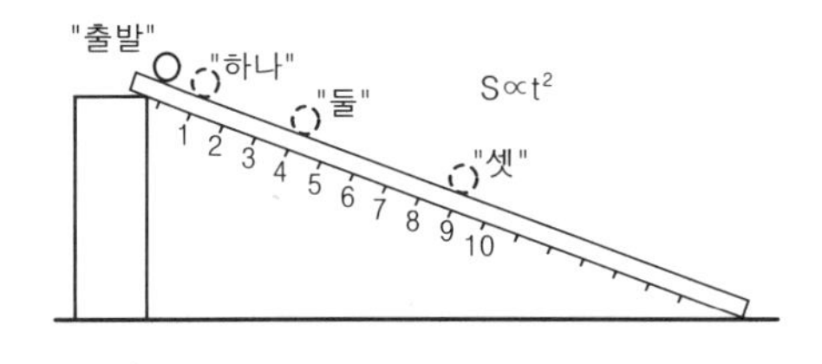

그림 5-1 경사면을 굴러 내려오는 공

1, 4, 9, 16⋯의 단위로 출발 지점으로부터 멀어져간다" 오늘날의 표현법으로 다시 서술한다면, "공이 굴러간 거리는 시간의 제곱에 비례한다"라고 할 수 있다.

$$D \propto t^2$$

운동에 관한 연구는 모든 물리학의 기본을 이루며, 항상 "어디? 그리고 언제?"라는 질문을 수반한다.

5-2 시간

먼저 시간의 의미를 생각해보자. 시간이란 과연 무엇인가? 시간을 정확하게 정의할 수 있다면 여러모로 편리할 것이다. 웹스터(Webster)사전에서 시간(time)이라는 단어를 찾아보면 "기간(period)"이라는 뜻으로 명시되어 있는데, 이런 풀이는 우리의 목적에 별로 도움이 되지 않는다. 차라리 이렇게 표현하는 게 나을 것 같다—"시간이란, 아무런 사건이 일어나지 않을 때에도 꾸준히 일어나고 있는 그 무엇"이라고 말이다. 그러나 이것 역시 만족스러운 정의는 아니다. "시간은 사전적 의미로 정의될 수 없으며, 우리는 그 의미를 직관적으로 이미 알고 있다"고 말을 해도 크게 틀리지는 않는다. 한 마디로 말해서, 시간이란 "얼마나 기다려야 하는지"를 나타내는 척도라고 할 수 있다.

어쨌거나, 실제로 중요한 것은 시간을 정의하는 문제가 아니라, 그것을 측정하는 방법이다. 시간을 측정하는 한 가지 방법은 주기적으로 반복되는 어떤 사건을 척도로 이용하는 것인데, '하루의 길이'가 그 대표적인 사례이다. 누구나 동감하듯이, '하루' 라는 사건은 주기적으로 반복되고 있다. 그러나 이 점에 관하여 곰곰 생각하다 보면 다음과 같은 질문이 떠오른다—"하루라는 시간은 주기적인가? 모든 하루는 길이가 모두 똑같은가?" 분명히 여름의 하루는 겨울의 하루보다 길게 느껴진다. 물론, 매우 지루한 일을 하고 있다면 겨울의 하루도 얼마든지 길게 느껴질 수 있다. 주변 사람들이 "오늘은 정말 긴 하루였어!"라며 푸념을 늘어놓는 모습을 여러분은 종종 보았을 것이다.

그러나 평균적으로 볼 때, 하루의 길이는 거의 비슷하다. 이것을 실험적으로 확인할 수 있을까? 한 가지 방법은 주기성을 가진 다른 현상과 비교해보는 것이다. 어떤 현상이 적절할까? 누구에게나 익숙한 모래시계(hour glass)가 좋을 것 같다. 모래시계 옆을 주야장천 지키면서 마지막 모래알이 떨어질 때마다 뒤집어놓으면, 이것이 바로 주기적 사건에 해당된다.

이런 식으로 매일 아침부터 다음날 아침까지 모래시계를 몇 번 뒤집었는지를 세어보면, 하루의 길이(모래시계를 뒤집은 횟수)가 결코 균일하지 않다는 사실을 금방 알게 된다. 따라서 태양의 운행이 불규칙적이거나, 모래시계가 수상쩍거나, 아니면 둘 다 수상하다는 결론을 내릴 수밖에 없다. 심란해진 여러분은 잠시 생각에 잠긴 후에 정오에서 다음날 정오까지의 시간 간격을 측정하기로 마음먹었다. (여기서 말하는 정오란, 낮 12시가 아니라 하루 중 태양의 고도가 가장 높은 시점을 뜻한다) 이렇게 하면 하루 동안 모래시계를 뒤집은 횟수가 항상 똑같다는 결론이 얻어진다.

지금까지 우리는 태양이나 모래시계 자체의 주기성에 대하여는 아무런 언급도 하지 않았다. 그런데도 모래시계를 뒤집는 행위와 하루의 길이를 비교함으로써, 이들이 일정한 주기로 반복된다는 것을 확신하게 되었다. 누군가는 이런 의심을 품을지도 모른다—"매일 밤마다 모래의 흐름을 늦췄다가 낮이 되면 다시 속도를 높이는 어떤 전지 전능한 존재가 있을 수도 있지 않은가?" 맞는 말이다. 사실 그럴지도 모른다. 우리의 실험은 이런 종류의 질문에 대답을 줄 수 없다. 우리가 확인한 거라곤, 하나의 규칙성(태양의 남중)이 다른 규칙성(모래시계)과 일맥상통한다는 사실뿐이다. 왜냐하면, 지금 우리가 한 일은 주기적으로 반복되는 어떤 현상에 기초하여 시간을 정의한 것에 지나지 않기 때문이다.

5-3 짧은 시간

방금 우리는 하루의 길이를 측정하면서 한 가지 중요한 부수입을 올렸다. 그것은 다름이 아니라, 하루의 길이를 잘게 세분하여 측정하는 기술을 발견했다는 사실이다. 다시 말해서 더욱 작은 단위로 시간을 측정하는 방법을 알아낸 것이다. 그렇다면 이 기술을 더욱 발전시켜서 모래시계보다 더 짧은 단위로 시간을 측정할 수 있을까?

갈릴레오는 주어진 길이의 단진자(pendulum)가 한 번 왕복하는 데 걸리는 시간이 항상 일정하다는 사실을 알고 있었다(진동의 폭이 작은 경우). 모래시계를 한 번 뒤집을 때까지 단진자가 왕복한 횟수를 측정하는 실험을 여러 차례 실시하여, 그 결과를 서로 비교해보면 사실을 확인할 수 있다. 그러므로 모래시계가 한 번 뒤집힐 때까지 걸리는 시간은 단진자를 이용하여 더욱 작은 조각으로 세분화될 수 있다. 만일 당신이 진자의 왕복횟수를 기록하는 장치와, 진자를 계속해서 움직이게 하는 장치를 만들었다면, 그것은 곧 괘종시계를 만들었다는 뜻이다.

우리가 사용 중인 모래시계는 하루에 정확하게 24번 뒤집힌다고 가정하자. 그리고 모래시계가 한 번 뒤집힐 때까지 걸리는 시간을 '한 시간'이라 부르기로 하자. 실험 결과, 단진자는 바로 이 한 시간 동안 3600번 왕복하는 것으로 판명되었다. 이 단진자가 한 번 왕복하는 데 소요되는 시간을 '일 초'라 부르기로 하자. 이렇게 하면 하루라는 시간 단위는 약 10^5개의 작은 토막으로 세분된다. 이런 식의 세분화 과정은 얼마든지 더 진행될 수 있다. 그러나 계속되는 세분화 과정에서 여전히 단진자를 도구로 사용하는 것은 별로 실용적이지 않다. 시간의 단위가 아주 짧은 경우에는 진동자(oscillator)라 불리는 전기적 추를 사용하는 것이 훨씬 실용적이다. 이것은 아주 빠른 속도로 진동하면서 매우 짧은 주기적 사건을 만들어내는 전기적 장치이다. 단진자의 끝에는 추가 매달려 있었지만, 전기적 진동자는 전류가 오락가락하면서 주기 운

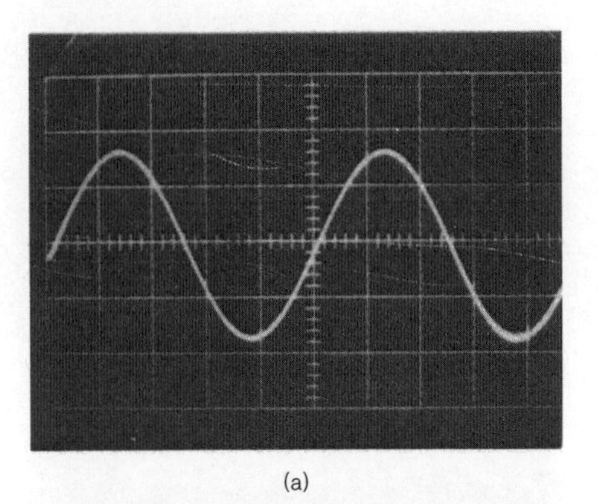

(a)

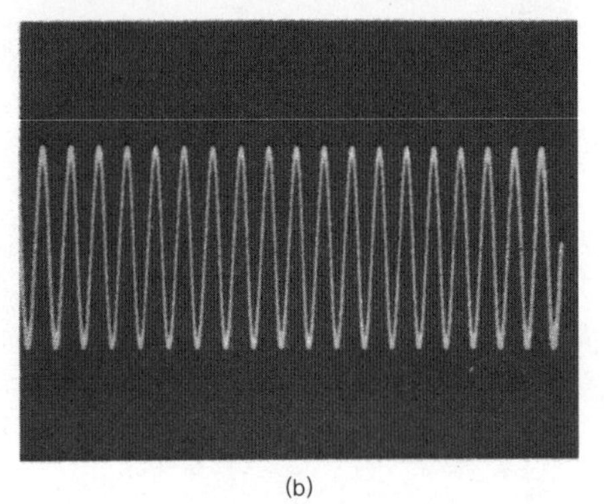

(b)

그림 5-2 오실로스코프에 나타난 전기 진동자의 주기
(a)는 특정 전기 진동자에 연결했을 때 나타나는 주기이며,
(b)는 진동 속도가 10배 빠른 진동자의 주기이다.

동을 발생시킨다.

이제 여러 개의 진동자를 순차적으로 만들되, 한 진동자의 주기가 바로 전 진동자의 주기보다 10배 짧아지도록 조절한다. 그런데 초 단위의 시계로는 이렇게 빠른 진동 주기를 측정할 수가 없다. 이 경우에는 더욱 정밀하게 세팅된 측정 장비가 필요하다. 이런 장비의 한 예로 전자 빔 오실로스코프(electron beam oscilloscope)를 들 수 있는데, 이것은 짧은 시간을 들여다보는 일종의 현미경으로서, 형광 스크린 위에 시간 대비 전류(또는 전압)의 그래프를 그려주는 장치이다. 주기가 10배 차이 나는 두 개의 진동자를 오실로스코프에 연결해서 시간에 따른 전류의 그래프를 순차적으로 그려보면 그림 5-2에 보이는 것과 같은 두 개의 그래프가 얻어진다. 우리는 이로부터 느린 진동자가 한 번 진동할 때 빠른 진동자가 몇 번 진동했는지를 알 수 있다.

지금의 기술로는 10^{-12}초의 주기를 갖는 진동자까지 만들 수 있다. 물론, 시간을 비교하는 방법은 앞에서 말한 그대로이다. 지난 몇 년 동안 레이저(laser)의 응용 분야가 확대되면서 10^{-12}초보다 더 짧은 주기를 갖는 진동자를 만들 수 있게 되었지만, 아직은 정확한 시간을 조율할 만한 방법이 없어서 시계로서의 역할은 하지 못하고 있다. 그러나 이 문제는 조만간 틀림없이 해결될 것이다.

그렇다고 해서, 10^{-12}초보다 더 짧은 시간을 측정할 방법이 없다는 뜻은 아니다. 물리학자들은 이것을 전혀 다른 방법으로 실현시켰다. 그들은 시간에 대한 또 다른 정의를 이용하여 찰나와도 같은 시간을 잡아내는 데 성공한 것이다. 움직이는 물체에서 일어나는 두 사건 사이의 '거리'를 관측하는 방법이 바로 그것이었다. 예를 들어, 달리는 자동차의 전조등이 어느 순간에 켜졌다가 잠시 후에 꺼졌을 때, 전조등의 점등 상태가 바뀐 정확한 위치와 자동차의 속도를 알고 있으면 전조등이 얼마나 오랫동안 켜져 있었는지를 알 수 있다. 전조등이 켜진 채로 달려간 거리를 자동차의 속도로 나누면 되는 것이다.

파이제로-중간자(π^0-meson)의 수명은 바로 이러한 방법으로 측정되었다. 감광액이 칠해진 스크린 위로 π^0-중간자가 지나가면 흔적을 남기게 되는데, 이 흔적을 현미경으로 관찰한 결과 갓 태어난 π^0-중간자는 평균적으로 약 10^{-7}미터의 거리를 진행한 후에 소멸된다는 사실을 알게되었다(이 입자는 거의 빛의 속도로 움직인다). 따라서 π^0-중간자는 불과 10^{-16}초 동안 살아 있었던 셈이다. 여기서 사용된 시간의 정의는 앞에서 정의했던 것과 분명히 다르다. 그러나, 우리의 이해 방식에 모순이 없는 한, 새로운 정의 역시 타당하다는 신뢰를 가질 수 있다.

지금까지 언급된 측정 기술과 시간에 대한 정의를 더욱 확장시키면 원자핵의 진동 주기는 물론이고, 2장에서 언급된 '이상한 공명 입자'의 수명까지도 측정할 수 있다. 그 결과는 약 10^{-24}초 정도인데, 이는 대략 빛의 속도(지금까지 알려진 가장 빠른 속도)로 수소의 핵(양성자, 지금까지 알려진 가장 작은 물체)을 가로지르는 데 걸리는 시간에 해당된다.

이보다 더 짧은 시간도 측정할 수 있을까? 측정할 수 없을 정도로 짧은 시간을 고려한다는 게 과연 물리적으로 의미가 있을까? 내 생각에는 별로 의미가 없을 것 같다. 여러분은 앞으로 20 ~ 30년 동안 이런 질문을 수도 없이 접하게 될 것이며, 어쩌면 올바른 답을 찾아내는 장본인이 될지도 모른다.

5-4 긴 시간

이제, 하루 이상의 긴 시간에 대해 생각해보자. 이런 시간은 쉽게 잴 수 있다. 그냥 날짜를 세기만 하면 된다. (물론 세주는 사람이 있어야 하지만)—날짜를 세다 보면, 자연계에 또 다른 주기성이 있다는 사실을 알게 된다. 365일을 주기로 한 해가 반복되는 것이다. 또는 나무의 나이테나 강바닥에 쌓인 퇴적층의 형태로부터 햇수를 셀 수도 있다. 이것은 어떤 특정 사건(예를 들면 무인도 표류 등)이 일어난 후 시간이 얼마나 지났는지를 헤아릴 때 아주 유용하게 써먹을 수 있다.

햇수를 일일이 셀 수 없을 정도로 긴 시간을 측정할 때에는 다른 방법이 동원되어야 한다. 가장 훌륭한 방법 중 하나는 방사능 물질을 시계 대용으로 사용하는 것이다. 이 경우에는 '하루'나 '단진자'처럼 주기적 반복은 없지만, 새로운 종류의 규칙이 존재한다—특정 물질에서 나오는 방사능은 같은 시간 동안 동일한 비율로 감소한다. 일정한 시간 간격으로 방사능의 양을 측정해보면 그림 5-3과 같은 그래프를 얻는다. 만일 시간 T 동안 방사능이 반으로 줄었다면(이 시간을 '반감기'라 한다), $2T$의 시간이 흐른 뒤에는 1/4로 줄어든다. 따라서 임의의 시간 t에서 방출되는 방사능의 양은 $(1/2)^{t/T}$가 된다.

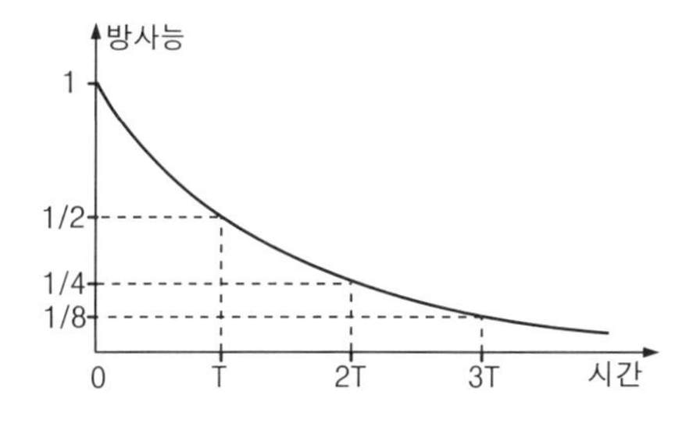

그림 5-3 시간이 지남에 따라 방사능의 양은 감소한다. 처음 양의 반으로 줄어들 때까지 걸리는 시간을 '반감기(half life)'라 한다.

만일 나무조각에 함유된 방사능 물질의 양이 B이고, 나무가 처음 탄생하던 무렵의 방사능 물질 함유량이 A였다면, 나무의 나이는 다음의 방정식으로부터 계산될 수 있다.

$$\left(\frac{1}{2}\right)^{t/T} = B/A$$

그런데, 여기서 t를 구하려면 A를 알고 있어야 한다. 이 값을 어떻게 알 수 있을까? 한 가지 예를 들어보자. 공기 중의 이산화탄소는 탄소의 방사성 동위원소인 C^{14}(우주선으로부터 계속 재공급 됨)를 소량(일정 비율) 함유하고 있다. 따라서 한 물체에 함유된 탄소의 총량을 측정하면 애초에 포함되어 있던 C^{14}의 양을 알 수 있고, 이로부터 위의 방정식에 들어 있는 초기량 A를 결정할 수 있다. C^{14}의 반감기는 5000년이므로, 만일 어떤 물체에 남아 있는 C^{14}의 양이 초기량의 $(1/2)^{20}$배였다면, 그 물체의 나이는 5000년 $\times$ 20 = 100,000년이 되는 것이다.

우리는 이보다 더 긴 시간도 알고 싶어 하며, 또 안다고 믿고 있다. 연대기에 관하여 우리가 갖고 있는 대부분의 지식은 다양한 반감기를 가진 여러 가지 방사능 동위원소들을 측정함으로써 얻어진 것이다. 더 긴 반감기를 가진 동위원소의 잔류량을 측정하면, 더욱 큰 스케일의 시간을 잴 수 있다. 예를 들어, 우라늄은 반감기가 약 10^9년인 동위원소를 갖고 있으므로 어떤 물질이

10^9년 전에 형성되었다면 지금 그 안에는 우라늄 동위원소의 절반만이 남아 있을 것이다. 우라늄이 붕괴되면 납으로 바뀐다. 오랜 세월 동안 화학적 과정을 거치면서 형성된 바위조각을 생각해보자. 이 바위의 일부분에는 우라늄과 화학적 성질이 전혀 다른 납이 포함되어 있을 것이고, 다른 부분에는 우라늄도 있을 것이다. 그런데, 우라늄이 밀집되어 있는 부분에서 납이 발견되었다면 이것은 우라늄이 납으로 붕괴되었음을 의미한다. 여기서 우라늄과 납의 성분비를 계산하면 몇 %의 우라늄이 납으로 붕괴되었는지를 알 수 있고, 이로부터 바위의 생성 연대를 추정할 수 있게 되는 것이다. 바닷물 속에 함유된 우라늄에 대하여 이 방법을 적용하면 지구의 나이를 대략적으로 알 수 있는데, 지금 알려진 바에 의하면 약 45억년 정도이다.

우라늄 동위원소의 잔량으로 생성 연대를 추정한 결과 지구로 떨어지는 운석의 나이와 지구 자체의 나이는 거의 비슷한 것으로 알려졌는데, 이는 매우 바람직한 결과이다. 이로부터 우리는 지구가 우주에 떠다니는 바위로부터 형성되었고, 운석들은 그때 남겨진 잔여 물질이라고 추정할 수 있다. 즉, 이 우주의 나이는 적어도 50억 년 이상이라고 짐작할 수 있는 것이다. 현재 알려진 우주의 나이는 대략 100억 ~ 120억 년 정도이다. 물론, 우주가 생성되기 전에 어떤 사건이 있었는지, 지금으로서는 알 길이 없다. 사실, 우주가 생성되기 이전의 시간에 대해서는 의문을 갖는 것 자체가 무의미할 수도 있다.

표 5-1 시간

년	초		평균 수명
		? ? ? ? ? ? ? ?	
	10^{18}	우주의 나이	
		지구의 나이	U^{238}
10^9			
	10^{15}		
		최초의 인류 등장	
10^6			
	10^{12}	피라미드 건설	Ra^{226}
10^3			
		미국의 역사	
	10^9	인간의 수명	H^3
1			
	10^6		
		하루	
	10^3	태양 빛이 지구에 도달하는 데 걸리는 시간	중성자
	1	심장의 박동 주기	
	10^{-3}	음파의 주기	
	10^{-6}	라디오파의 주기	μ-중간자
			$\pi^{\pm}$-중간자
	10^{-9}	빛이 1피트를 가는 데 걸리는 시간	
	10^{-12}	분자 회전 운동의 주기	
	10^{-15}	원자의 진동 주기	
			π^0-중간자
	10^{-18}	빛이 원자를 가로지르는 데 걸리는 시간	
	10^{-21}		
		핵자의 진동 주기	
	10^{-24}	빛이 핵자를 가로지르는 데 걸리는 시간	기묘 입자 (Strange particle)
		? ? ? ? ? ? ? ?	

5-5 시간의 단위와 기준

지금까지 우리는 '일초'와 같은 시간의 기초 단위를 설정하여 모든 시간을 이 기초 단위의 배수로 나타내는 것이 편리하다고 생각해왔다. 그렇다면, 이 기초 단위는 무엇을 근거로 결정되는가? 사람의 맥박 주기를 기준으로 정하면 어떨까? 그러나 여러 사람의 맥박 주기를 비교해보면 개인차는 물론이고, 같은 사람이라 해도 몸의 상태에 따라 그 주기는 천차만별이다. 여러분은 시계를 기준으로 삼자고 주장할 수도 있다. 좋다, 그렇게 해보자. 그런데 누구의 시계를 기준으로 삼아야 하는가? 옛날에 스위스에 사는 어떤 소년이 온 마을의 시계가 정오에 일제히 울리게 하려고 온 마을을 돌아다니며 사람들을 설득했다고 한다. 마을 사람들도 소년의 의견에 동의하여 시계를 맞추려 하였다. 그런데, 과연 누구의 시계에 맞춰야 하는가? 기준으로 삼을 만한 시계를 결정하는 것은 결코 쉬운 일이 아니다. 다행히도 우리에게는 이 문제를 해결해줄 기준이 있다. 바로 지구의 운동이 그것이다! 지구의 자전 주기는 오랜 세월 동안 시간의 기준으로 사용되어왔다. 그러나 더욱 정밀한 측정 기술이 개발되면서 가장 잘 맞는 시계로 측정한 결과, 지구의 자전 주기는 일정하지 않다는 사실이 알려지게 되었다. '가장 잘 맞는 시계' 라고 부르는 이유는, 여러 개의 시계로 시간을 측정했을 때 자기들끼리 정확하게 일치하기 때문이다. 여러 가지 이유로 인해 하루의 길이가 매일 조금씩 변한다는 것은 오늘날 누구나 알고 있는 사실이다. 뿐만 아니라, 지구의 평균 자전 주기도 아주 조금씩 길어지고 있다는 것이 학계의 정설이다.

바로 얼마 전까지만 해도, 가장 훌륭한 시간의 기준은 역시 지구의 자전 주기였다. 그래서 모든 시계는 하루의 길이와 관련되어 있었고, 하루의 1/86400을 1초로 정의하여 사용해왔다. 그러나 최근 들어 지구의 운동보다 더욱 정확한 기준이 세워졌다—자연계에 천연으로 존재하는 원자의 진동 주기를 이용한 '원자시계'가 바로 그것이다. 이 새로운 시계는 외부의 온도나 기타 여러 가지 요인들에 거의 영향을 받지 않을 뿐만 아니라, $1/10^9$초 이내의 정확도를 유지할 수 있다. 하버드 대학의 노먼 램시(Norman Ramsy) 교수는 지난 2년에 걸쳐 수소 원자의 진동으로 작동되는 원자시계를 제작하였는데, 지금까지 만들어졌던 그 어떤 시계보다 100배 이상 정확할 것으로 믿고 있다. 물론, 이 정도의 정확성을 검증할 만한 방법은 아직 없으며, 램시의 시계가 얼마나 잘 맞는지는 앞으로 측정 기술이 발달하면서 차차 밝혀지게 될 것이다.

원자시계는 천문학적 현상을 기준으로 한 것보다 훨씬 더 믿을 만하기 때문에, 앞으로 시간의 표준은 원자시계를 이용하여 재정의 될 것이다. 과학자들 사이에서는 이러한 움직임이 차츰 가시화되고 있다. (1967년 국제 도량형 총회에서, 1초의 길이는 세슘(Cs^{133}) 원자에서 방출된 빛이 9,192,631,770번 진동하는 데 걸리는 시간으로 정의되었다 : 옮긴이)

5-6 큰 거리

이제 '거리(길이)'의 문제로 관심을 돌려보자. 사물들은 얼마나 멀리 있으며, 또 얼마나 큰가? 막대기를 이용하여 거리를 측정하는 방법은 삼척동자도 알고 있다. 막대기가 없으면 손가락을 사용하기도 한다. 이때, 막대기나 손가락은 길이의 기본 단위로 사용되는 셈이다. 그렇다면, 더욱 작은 물체의 크기는 어떻게 잴 수 있을까? 길이는 어떻게 쪼개나가야 할까? 앞에서 시간을 쪼개나간 것과 비슷한 방법을 동원하면 된다. 즉, 작은 길이 단위를 잡아서 그것이 기존의 단위에 몇 개나 들어가는지를 세는 것이다. 이렇게 하면 더욱 작은 단위의 길이를 측정할 수 있다.

그러나 거리란 미터자로 측정한 것만을 의미하는 것은 아니다. 두 개의 산봉우리 사이의 수평 거리를 미터자로 측정한다면 엄청난 노동이 요구될 것이다. 우리는 이런 무식한 방법으로 봉우리 사이의 거리를 재지 않는다. 이 경우에는 삼각측량법(triangulation)을 이용하는 것이 더욱 효율적이다. 이렇게 얻어진 거리는 앞에서 정의했던 것과 조금 다른 방식으로 정의된 거리이지만, 결과는 서로 정확하게 일치한다. 우리가 살고 있는 공간은 유클리드(Euclid)가 생각했던 것과 거의 일치하기 때문에, 거리에 관한 두 가지의 정의 역시 동일한 것으로 간주해도 크게 틀리지 않는다. 지금까지 지구상에서 관측된 결과들은 매우 정확했으므로, 이 방법은 더욱 커다란 스케일에도 적용될 수 있다. 스푸트니크(Sputnik) 1호의 높이를 측정할 때에도 과학자들은 삼각측량법을 사용하였는데, 그 결과는 대략 5×10^5 미터였다. 이 방법을 좀 더 조심스럽게 적용하면 지구에서 달까지의 거리도 측정할 수 있다. 지구 위의 서로 다른 두 지점에 설치된 망원경으로 달의 고도를 측정한 후에 삼각측량법을 적용하여 얻어진 결과는 약 4×10^8 미터이다.

그러나 삼각측량법으로는 태양까지의 거리를 측정할 수 없다. 측량에 수반되는 기술적인 오차가 계산 결과에 엄청난 영향을 주기 때문이다. 그렇다면 태양까지의 거리는 어떻게 측정되었을까? 삼각측량법의 아이디어를 확장시키면 된다. 먼저, 모든 행성들 사이의 상대적 거리를 측정하여 '상대적 태양계 모델'을 완성한 다음, 여기에 기준이 될 만한 절대 거리 하나를 추가하면 모든 천체들 사이의 거리가 얻어진다. 절대 거리는 다양한 방법으로 측정될 수 있는데 그 중 가장 정확한 값인, 지구에서 에로스(Eros) 소행성까지의 거리가 사용되고 있다(역시 삼각측량법으로 측정한다). 행성들 간의 상대 거리를 모두 알고 있는 상황에서 하나의 절대 거리가 알려지면 그것으로 끝이다. 지구와 태양 사이의 거리, 지구와 명왕성 사이의 거리 등은 모두 이 모델로부터 얻어질 수 있다.

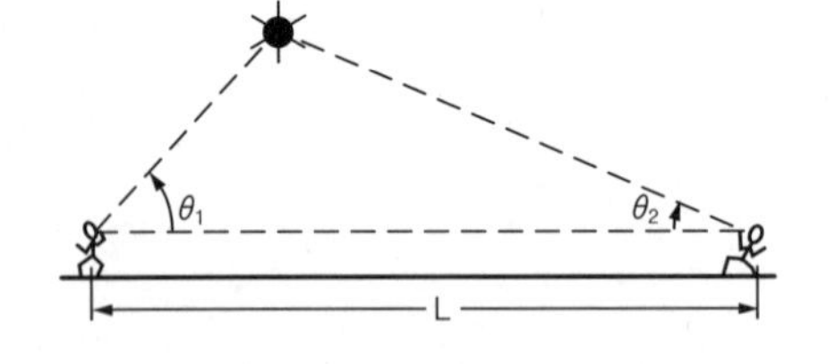

그림 5-4 스푸트니크(Sputnik) 1호의 높이는 삼각측량법으로 계산되었다.

바로 지난해에, 천문학계에서는 태양계의 스케일에 관하여 커다란 진전이 있었다. 제트 추진 연구소(Jet Propulsion Laboratory)에서 레이더 관측을 이용하여 지구에서 금성까지의 거리를 매우 정확하게 측정한 것이다. 물론 이것은 또 다른 방식으로 정의된 거리이다. 빛은 모든 우주 공간에서 항상 동일한 속도로 전달된다는 사실을 우리는 이미 알고 있다(레이더파 역시 빛의 일종이다). 따라서 라디오파를 금성으로 쏘아보낸 뒤에 금성의 표면에서 반사되어 지구로 돌아올 때까지 소요된 시간을 측정하여, 거기에 빛의 속도를 곱하면 새로운 방식으로 거리를 얻게 되는 것이다.

아주 멀리 있는 별까지의 거리는 어떻게 측정할 수 있을까? 이 경우에는 다행히도 삼각측량법을 다시 적용할 수 있다. 태양을 중심으로 공전하는 지구가 거대한 기준선 역할을 하기 때문이다. 망원경으로 하나의 별을 여름과 겨울에 각각 관측하여 공전면과 이루는 각도를 정확하게 결정하면, 별까지의 거리는 쉽게 구해진다.

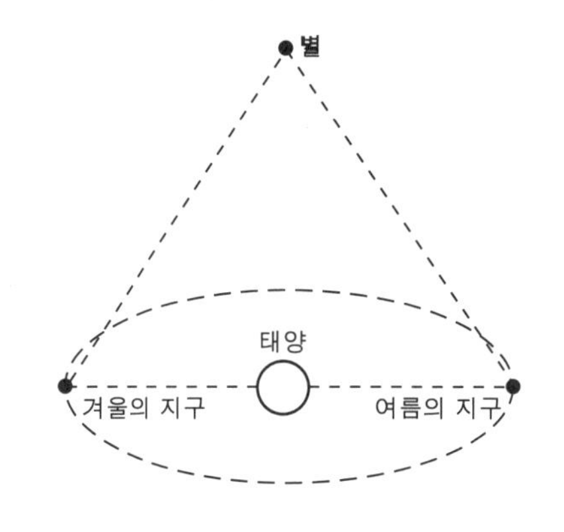

그림 5-5 비교적 가까운 거리에 있는 별까지의 거리는 삼각측량법으로 측정할 수 있다. 이 경우, 지구의 공전면은 측량의 기준선 역할을 한다.

삼각측량법이 무용지물이 될 정도로 거리가 먼 별들은 어떻게 측정하는가? 천문학자들은 거리를 측정하는 새로운 방법을 끊임없이 연구한 결과, 별빛의 색으로부터 별의 밝기와 크기를 알아내는 방법을 고안하였다. 그들은 지구와 비교적 가까운 거리에 있는 별들의 색과 밝기(이들과 지구 사이의 거리는 삼각측량법으로 이미 알고 있다)를 측정하여, 별빛의 색과 별의 밝기 사이에 분명한 관계가 있음을 알아냈다. 이 관계를 이용하면 멀리 있는 별의 색을 관측함으로써 그 별의 고유한 밝기를 결정할 수 있다. 그리고 지구에 있는 우리의 눈에 별이 얼마나 밝게(또는 희미하게) 보이는지를 알면 그 별까지의 거리를 계산할 수 있다. (별의 겉보기 밝기는 거리의 제곱에 반비례한다.) 이 방법의 타당성을 입증하는 증거로는 그림 5-6에 제시된 구상 성단(공 모양의 별무리)을 들 수 있다. 언뜻 보기에도 이 별들은 한데 뭉쳐 있는 것이 틀림없는데, 색-밝기의 상호 관계를 이용하여 거리를 측정해봐도 역시 같은 결과가 얻어진다.

그림 5-6 은하의 중심부에 위치한 성단의 모습. 이 성단은 지구로부터 약 3만 광년(3×10^{20}미터) 정도 떨어져 있다.

여러 개의 구상 성단들을 연구하다 보면, 또 하나의 중요한 정보가 얻어진다 — 별들이 밀집되어 있는 성단은 하늘의 어떤 특정 부분에 집중적으로 분포되어 있고, 지구로부터의 거리도 모두 비슷하다. 이 정보에 다른 몇 가지 관측 결과들을 추가해서 종합해보면, 성단이 밀집되어 있는 곳이 바로 우리 은하계의 중심부라는 결론이 내려진다. 그렇다면, 우리는 은하 중심부까지의 거리를 알아낸 셈이다. 그 값은 약 10^{20} 미터이다.

태양계가 속해 있는 우리 은하계의 크기를 알면 다른 은하까지의 거리도 알 수 있다. 그림 5-7은 우리의 은하계와 생김새가 비슷한 다른 은하의 사진인데, 어쩌면 크기까지 비슷할지도 모른다(지금까지 수집된 증거들에 의하면, 모든 은하들은 비슷한 크기를 갖는 것으로 추정된다). 만일 이 은하가 우리의 은하와 같은 규모라면, 지구로부터의 거리를 알아낼 수 있다. 먼저 이 은하가 하늘에서 차지하는 각도를 측정한 다음, 이미 알고 있는 지름으로부터 거리를 산출하는 것이다. (다시 삼각측량법으로 돌아왔다!) 최근 들어 팔로마산에 있

그림 5-7 나선형 은하의 모습. 이 은하의 직경은 우리의 은하와 비슷할 것으로 추정되며, 지구로부터 약 3천만 광년(3×10^{23} 미터) 정도 떨어져 있다.

그림 5-8 렌즈의 직경이 200인치나 되는 헤일 망원경으로 촬영한 목자 자리 3C295의 모습(화살표로 표시된 천체, 1960년 촬영).

는 헤일(Hale) 망원경으로 엄청나게 멀리 있는 은하를 촬영하였는데, 그 중 한 장이 그림 5-8에 제시되어 있다. 이 은하들 중 일부는 우주의 크기(10^{26} 미터, 우리가 생각할 수 있는 가장 먼 거리!)의 절반 정도만큼 떨어져 있는 것으로 추정된다.

5-7 짧은 거리

이제, 아주 짧은 거리에 대해서 생각해보자. 1미터를 작은 조각으로 나누는 것은 별로 어렵지 않다. 두 눈을 부릅뜨고 정신을 집중하면 1미터를 1000개의 조각으로 분할할 수 있다. 이 작은 조각 하나가 1밀리미터에 해당된다. 그리고 여기서 한 걸음 더 나아가 성능 좋은 현미경을 동원한다면 1밀리미터를 1000개로 분할하여 1마이크로미터(1미터의 백만 분의 일)까지 만들어 낼 수 있다. 여기서 진도를 더 나갈 수 있을까? 이런 방식으로는 어렵다. 가시광선의 파장(약 5×10^{-7}미터)보다 작은 물체는 눈으로 볼 수 없기 때문이다.

그렇다고 해서, 진도를 멈출 필요는 없다. 전자 현미경을 이용하면 10^{-8} 미터의 영역까지 눈으로 볼 수 있다(그림 5-9). 그리고 간접적인 측정법(미시적 스케일에서의 삼각측량법 등)을 동원하면 이보다 더 작은 영역까지 측정할 수 있는데, 그 대표적인 예가 X-선을 이용하는 것이다. 어떤 규칙적인 모양을 하고 있는 미세 구조의 표면에 빛을 쪼여서 반사되는 패턴을 관찰하면 그로부터 빛의 파장을 알아낼 수 있다(미세 구조의 정확한 스케일을 알고 있는 경우). 따라서, 이미 파장을 알고 있는 X-선을 미지의 구조에 쪼여서 반사되는 패턴을 관찰하면, 결정 구조를 이루고 있는 원자들의 상대적 위치를 알아낼 수 있다. 이렇게 얻어진 값은 화학적 방법을 통해 얻어진 값과 정확하게 일치한다. 원자의 지름이 약 10^{-10}미터라는 사실은 이런 과정을 거쳐 알려지게 되었다.

그림 5-9 전자 현미경으로 촬영한 바이러스 분자의 모습. 가운데 있는 커다란 구형은 크기를 비교하기 위해 갖다놓은 척도로서, 지름 $= 2 \times 10^{-7}$미터(2000A)이다.

원자의 크기는 약 10^{-10}미터인데, 그속에 들어 있는 원자핵의 크기는 10^{-15}미터로서, 이들 사이에는 무려 100,000배의 차이가 있다. 물리적으로 의미를 갖는 스케일의 목록에 커다란 갭이 존재하는 것이다. 핵의 크기를 측정할 때에는 전혀 다른 방법을 사용한다. 즉, '단면적(cross section)'이라 불리는 겉보기 단면적 σ를 구하는 것이다. 만일 원자핵의 반지름을 알고 싶다면 $\sigma = \pi r^2$로부터 r을 구하면 된다. (핵의 생김새는 거의 구형에 가깝다.)

원자핵의 단면적 σ는 얇은 판에 고에너지 입자 빔을 발사하여 판을 관통하지 못한 입자의 개수를 헤아림으로써 얻어진다. 높은 에너지를 가진 입사 입자들은 얇은 전자 구름의 방해를 받지 않고 곧바로 진행하여, 원자핵과 충돌할 때에만 경로에 변화를 일으키거나 멈추게 된다. 여기, 균일한 물질로 이루어진 1센티미터 두께의 조각이 있다고 하자. 이 안에는 약 10^8개의 원자들이 여러 개의 층을 이루고 있다. 그러나 원자핵은 워낙 작기 때문에, 하나의 원자핵 바로 위에 다른 원자핵이 정확하게 겹쳐져 있는 경우는 거의 없다. 이 상황을 크게 확대해보면 그림 5-10과 같을 것이다.

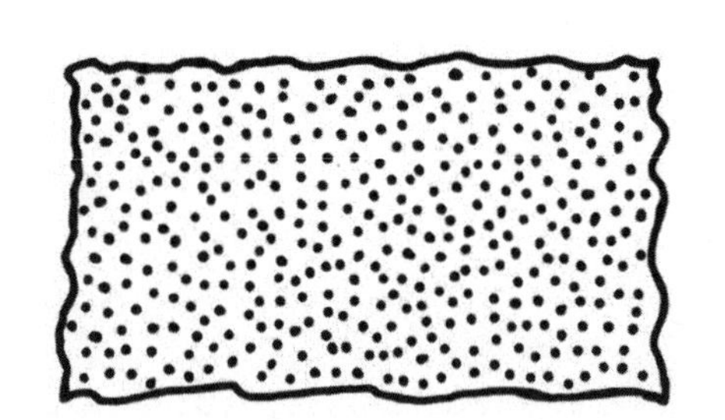

그림 5-10 1cm 두께의 탄소판에 원자핵들이 나열되어 있는 상상도

아주 작은 입사 입자가 이들 중 하나의 원자핵과 충돌할 확률은 원자핵들로 덮여 있는 총 면적을 표적으로 사용한 조각 자체의 면적(그림 5-10의 전체 면적)으로 나눈 값과 일치할 것이다. 이제, 조각판의 넓이를 A라 하고, 그 안에 들어 있는 원자의 수를 N이라 하자. (하나의 원자는 하나의 핵을 가지고 있다.) 그러면 핵이 차지하는 총면적의 비율은 $N\sigma/A$가 된다. 조각판을 향해 발사된 탐사 입자의 총 개수가 n_1이고, 반대편으로 뚫고 나온 입자의 수가 n_2였다면, 통과하지 못한 입자의 비율은 $(n_1 - n_2)/n_1$이며, 이것은 원자핵과 조각판 사이의 면적 비율과 일치해야 한다. 그러므로 원자핵의 단면적은 다음과 같이 구해지며, 이로부터 원자핵의 지름도 구할 수 있다.

$$\pi r^2 = \sigma = \frac{A}{N}\,\frac{n_1 - n_2}{n_1}$$

(이 방정식은 원자핵의 전체 면적이 아주 작을 때, 즉, $(n_1 - n_2)/n_1$이 1보다 훨씬 작을 때에만 성립한다. 만일 그렇지 않다면 일부 원자핵이 다른 원자핵에 의해 가려지는 효과를 고려해야 한다.)

이 실험으로 알려진 원자핵의 크기는 대략 $1 \sim 6 \times 10^{-15}$미터이다. 10^{-15}미터는 1페르미(1F)라고 쓰기도 하는데, 이는 이탈리아의 물리학자인 엔리코 페르미(Enrico Fermi, 1901 ~ 1958)의 이름에서 따온 것이다.

이보다 더 작은 스케일에는 어떤 것들이 존재할 것인가? 더 작은 거리를 측정한다는 것이 과연 가능한가? 이 질문에는 적절한 대답을 하기가 어렵다. 초미세 영역에서 공간과 측정의 개념이 수정되어야 핵력의 수수께끼를 풀 수 있다는 것이 지금 물리학자들의 생각이다. 여러분은 지구의 반지름이나 그것을 잘게 쪼갠 일부처럼, 자연계에 천연적으로 존재하는 길이를 기본 단위로 사용하는 것이 타당하다고 생각할지도 모른다. 원래 1미터라는 길이도 처음에는 '지구 둘레의 4천만분의 1'로 정의되었다. 하지만 길이의 기초가 되는 단위를 이런 식으로 정의하는 것은 편리하지도 않을 뿐더러 정확하지도 않다.

지난 오랜 세월 동안 우리는 프랑스의 한 연구소에 보관되어 있는 금속막대 위의 두 눈금 사이의 거리를 1미터의 국제적 기준으로 사용해왔다. 그러나 최근 들어 이러한 기준은 정확성에 문제가 있으며 영구적으로 보존되기도 어렵다는 주장이 제기되었다. 길이에 대한 새로운 기준은 현재 다양한 방법으로 연구되고 있는데, 특정 스펙트럼 파장의 정수배로 정하자는 의견이 지배적이다.

표 5-2 여러 가지 거리

광년	미터	
		? ? ? ? ? ? ? ?
	10^{27}	
		우주의 크기
10^{9}		
	10^{24}	
10^{6}		가장 가까운 은하까지의 거리
	10^{21}	
		우리 은하의 중심부까지의 거리
10^{3}		
	10^{18}	
		가장 가까운 별(항성)까지의 거리
1		
	10^{15}	
		명왕성의 공전 반경
	10^{12}	
		태양까지의 거리
	10^{9}	
		달까지의 거리
	10^{6}	
		스푸트니크 1호의 비행 고도
	10^{3}	
		TV 송신탑의 높이
	1	어린아이의 키
	10^{-3}	
		소금 한 알갱이의 크기
	10^{-6}	
		바이러스
	10^{-9}	
		원자의 반지름
	10^{-12}	
	10^{-15}	원자핵의 반지름
		? ? ? ? ? ? ? ?

시간과 거리는 그것을 관측하는 관찰자의 운동 상태에 따라 달라지는 양이다. 서로에 대해 움직이고 있는 두 명의 관찰자가 동일한 물체(또는 사건)를 대상으로 시간과 거리를 측정했을 때, 그 결과는 얼마든지 달라질 수 있다. 다시 말해서, 시간과 거리는 측정에 사용된 좌표계(기준계)에 따라 달라진다는 의미이다. 이에 관한 이야기는 나중에 뒷장에서 자세히 언급될 것이다(저자는 지금 특수 상대성 이론을 염두에 두고 있다 : 옮긴이).

또 한 가지, 시간과 거리를 아무런 오차 없이 정확하게 측정하는 것은 자연의 법칙에 의해 금지되어 있다. 임의의 물체의 위치를 측정했을 때 필연적으로 수반되는 오차는 아무리 작아도 다음의 값보다 작아질 수 없다.

$$\Delta x = h/\Delta p$$

여기서 h는 '플랑크 상수(Planck's constant)'라 불리는 아주 작은 양이며, Δp는 측정 대상의 운동량(질량 곱하기 속도)에 수반되는 오차이다. 위치의 불확정성은 입자의 파동성에 기인하는데, 이에 관한 내용은 앞에서 이미 언급된 바 있다.

불확정성은 위치와 운동량뿐만 아니라, 시간과 에너지 사이에도 존재한다. 이 관계는

$$\Delta t = h/\Delta E$$

로 주어지며, 여기서 ΔE는 우리가 시간을 측정하고 있는 대상(물리적 과정)의 에너지에 수반되는 오차이다. 즉, 임의의 사건이 '언제' 일어났는지를 정확하게 알려고 하면 할수록, 사건의 구체적인 내용은 점점 더 알 수 없게 된다는 뜻이다. 시간의 불확정성도 물질의 파동성과 깊이 관련되어 있다.

CHAPTER 06
확률

"이 세상의 진정한 논리는 확률 계산법 속에 들어 있다."

—제임스 클러크 맥스웰(James Clerk Maxwell)

6-1 가능성에 대하여

'가능성(chance)'은 일상생활 속에서 흔히 사용되는 친숙한 단어이다. 라디오 뉴스에서는 내일의 날씨를 수시로 예보해주고 있다—"내일 비가 올 가능성은 60% 입니다." 또 여러분은 이렇게 말하기도 한다—"내가 백살까지 살 가능성은 별로 없어." 과학자들도 가능성이라는 단어를 자주 언급한다. 지진학자는 이런 질문에 관심이 많다—"내년에 남부 캘리포니아에서 특정 규모의 지진이 일어날 가능성은 얼마인가?" 물리학자의 관심은 조금 다르다—"앞으로 10초 동안 가이거 계수기의 눈금에 20이 기록될 가능성은 얼마인가?" 정치가들이라면 다음과 같은 질문에 관심을 가질 것이다—"앞으로 10년 이내에 핵전쟁이 발발할 가능성은 얼마인가?" 아울러, 여러분은 이번 장에서 무언가를 배우게 될 가능성에 관심을 두고 있을 것이다.

가능성이라는 단어에는 무언가를 추측한다는 의미가 함축되어 있다. 그렇다면 우리는 왜 추측을 하는가? 어떤 결정을 내리려고 하는데, 관련 정보나 지식이 불완전한 경우에는 추측밖에 할 수 없기 때문이다. 그래서 우리는 다소 무지한 상태에서 사물의 정체나 사건의 발생 가능성을 조금이라도 알기 위해 시도 때도 없이 추측을 하고 있다. 또는 어떤 결정을 빨리 내려야 할 때에도 추측에 의지한다. 내일 우산을 가지고 나가야 할까? 지진이나 전쟁에 대비해서 방공호를 짓는게 좋을까? 다가오는 국제 협상에서 내 의견을 바꾸면 어떨까? 오늘 수업을 꼭 들을 필요가 있을까?

우리는 어떤 상황에 대하여 충분한 지식을 갖고 있지 않을 때에도 가능한 한 많은 것을 알고 싶어하기 때문에 추측을 한다. 사실, 모든 종류의 일반화 과정 속에는 바로 이 '추측'이 커다란 몫을 차지하고 있다. 물리학의 모든 이론들도 추측의 산물이다. 물론, 거기에는 올바른 추측도 있고 잘못된 추측도 있다. 확률 이론이란, 더 나은 추측을 하기 위해 개발된 하나의 수학적 체계이다. 확률 이론을 이용하면 매우 가변적인 상황에 대하여 정량적인 서술을 할 수 있다. 거기에는 어떤 확고한 '평균적' 성질이 있기 때문이다.

동전 던지기를 예로 들어보자. 던지는 행위에 아무런 속임수가 없다면(그리고 동전도 정상이라면), 한 번 던졌을 때 어떤 결과가 나올지를 예견할 방법은 없다. 그래도 우리는 동전을 여러 차례 던지면 앞면과 뒷면의 출현 횟수가 같아진다는 것을 직관적으로 알고 있다. 다시 말해서, 동전을 던졌을 때 앞면이 나올 확률은 0.5이다.

우리는 앞으로 일어날 상황에 대해서만 확률을 이야기한다. 즉, 확률의 대상은 과거나 현재가 아닌 미래인 것이다. 어떤 관측 행위에서 특정한 결과를 얻을 확률이란, 관측을 여러 번 반복했을 때 특정 결과가 얻어지는 횟수를 전체 관측 횟수로 나눈 값, 즉 가장 그럴듯한 비율을 의미한다. 이제, 어떤 관측 행위를 N번 반복하기로 했다고 가정해보자. (허공으로 던져진 동전이 바닥에 떨어져서 멈춘 모습을 바라보는 것도 일종의 관측이다.) 그리고 이 관측에서 A라는 결과가 N_A번 얻어질 것으로 추정된다고 하자. 그렇다면 단 한 번의 관측에서 A라는 결과가 나올 확률 $P(A)$는 다음과 같다.

$$P(A) = N_A/N \tag{6.1}$$

그런데 여기서 몇 가지 짚고 넘어갈 것이 있다. 어떤 사건에 대해 확률을 논하려면, 우선 그 사건이 반복해서 되풀이될 수 있어야 한다. 그러므로 "그 집에 유령이 있을 확률은 얼마인가?"라고 묻는 것은 의미가 없다.

여러분은 "어떤 상황도 완전하게 똑같이 반복될 수는 없다"며 내 말에 반대할지도 모른다. 물론 옳은 지적이다. 여러 번의 관측을 제아무리 동일한 환경에서 실행한다 해도 실험이 이루어진 공간(위치)이 다를 수도 있고, 시간이 달라질 수도 있다. 우리가 말할 수 있는 것이라고는 "반복되는 관측은 관측의 목적으로부터 미루어 볼 때 동일하게 보여야 한다"는 것뿐이다. 그러므로 "동일한 관측을 반복한다"는 말속에는 모든 관측이 동일한 준비 하에서 이루어지며, 관측자가 결과에 대해 '무지한 정도'가 매번 똑같다는 가정을 세워야 한다. (포커게임을 할 때 상대방의 카드를 훔쳐본다면 이길 확률이 분명히 달라진다!)

식 (6.1)에 들어 있는 N과 N_A는 실제 관측에서 얻은 숫자가 아님을 명심하기 바란다. N_A는 가상적으로 이루어진 N번의 관측에서 A라는 결과를 몇 번이나 얻을 수 있는지를 미리 예측하여 얻은 숫자이다(물론 이 값은 우리가 예상할 수 있는 '최선'의 값이다). 그러므로 확률이란, 결과를 예측하는 우리의 지식과 능력에 따라 다른 값을 보일 수도 있다. 다시 말해서, 우리의 상식이 확률을 좌우한다는 뜻이다! 다행히도 사람들이 갖고 있는 상식은 많은 점에서 서로 일치하기 때문에, 여러 명의 사람들이 제각기 구한 확률도 일치하는 경우가 많다. 그러나 확률은 결코 절대적인 값이 아니다. 그 값은 우리의 '무지한 정도'에 따라 얼마든지 달라질 수 있다. 우리가 갖고 있는 지식이나 정보의 양이 달라지면 확률도 달라지는 것이다.

여러분은 방금 서술한 확률의 정의에 다소 '주관적인' 측면이 있음을 눈치챘을 것이다. 전술한 바와 같이 N_A는 "관측자의 판단에 의해, A라는 결과가 얻어질 가장 그럴듯한 횟수"를 의미한다. 즉, 결과 A가 반드시 N_A번 나온다는 것이 아니라, N_A에 '가까운' 횟수만큼 나올 것이 예상된다는 뜻이며, 그 근처의 어떤 수보다도 N_A가 가장 그럴 듯하다는 뜻이다. 예를 들어, 동전을 30번 던진다고 했을 때 여러분은 앞면이 정확하게 15번 나온다고 호언장담하지 않을 것이다. 그보다는 15에 가까운 수들, 즉 13, 14, 15, 16, 17 중 하나가 맞을 거라고 예측하는 편이 훨씬 그럴 듯하다. 그러나, 만일 당신이 이들 중 하나를 선택해야만 하는 상황이라면 앞면이 15번 나오는 경우가 다른 어떤 경우보다 '가능성이 높다'고 생각할 것이다. 그래서 우리는 앞면이 나올 확률을 $P(\text{앞면}) = 0.5\ (= 15/30)$ 라고 표기한다.

가장 가능성이 높은 횟수가 왜 하필 15인가? 우리의 논증은 다음과 같다. 동전을 N번 던졌을 때 앞면이 나오는 횟수 중에서 가장 기대치가 높은 값을 N_T라 하면, 가장 기대치가 높은 뒷면의 출현 횟수 N_T는 $N - N_H$이다(던져진 동전은 반드시 앞면 아니면 뒷면이 나온다고 가정한다. 즉, 동전이 똑바로 서는 경우는 고려하지 않는다). 그런데, 동전에 아무런 이상이 없다면 앞면과 뒷면이 나타나는 횟수는 다를 이유가 없다. 동전을 던지는 행위(또는 동전 자체)에 불공정한 요인이나 속임수가 없는 한, 앞면과 뒷면은 나타날 가능성이 똑 같다. 즉, $N_T = N_H = N/2$이며, 따라서 $P(H) = P(T) = 0.5$이다.

동전의 경우는 나타날 수 있는 결과가 단 2가지뿐이지만, 지금까지의 논리는 'm개의 서로 다른 결과가 동일한 확률로 나타나는' 모든 상황에 적용될 수 있다. 이 경우, A라는 특정한 결과가 나올 확률은 $P(A) = 1/m$이다.

뚜껑이 닫힌 상자 속에 색깔이 서로 다른 7개의 공이 들어 있다고 하자. 이 중에서 하나를 무작위로 고를 때 어떤 특정 색깔의 공을 뽑을 확률은 1/7이다. 충분히 섞은 52장의 카드 한 벌에서 눈을 감고 아무렇게나 뽑은 한 장의 카드가 하트 10일 확률은 1/52이며, 두 개의 주사위를 던졌을 때 둘 다 1이 나올 확률은 1/36이다.

5장에서 우리는 원자핵의 크기를 겉보기 면적, 즉 단면적(σ)으로부터 구했는데, 사실 이것도 확률에 기초한 방법이었다. 특정 물질로 이루어진 얇은 판에 높은 에너지를 가진 입자(매우 빠른 속도로 움직이는 입자)를 쏘았을 때, 이들은 판을 관통할 수도 있고 핵과 충돌할 수도 있다(원자핵은 너무 작아서 눈에 보이지 않기 때문에 '조준 사격'이 불가능하다. 그저 눈을 감고 아무렇게나 갈기는 수밖에 없다). 표적으로 삼은 판에 n개의 원자가 들어 있고 각 원자핵의 단면적을 σ라 하면, 원자핵으로 '덮여 있는' 총 면적은 $n\sigma$이다. 이제, N개의 입사 입자를 얇은 판에 발사한다고 했을 때, 이 입자들이 핵과 충돌한 횟수를 N_C라 하면 이들 사이에는 다음과 같은 관계식이 성립한다.

$$N_C/N = n\sigma/A \tag{6.2}$$

그러므로 임의의 입사입자가 원자핵과 충돌할 확률 P_C는

$$P_C = \frac{n}{A}\sigma \tag{6.3}$$

로 계산된다. 여기서 n/A는 판의 단위면적 안에 들어 있는 원자의 수이다.

6-2 요동(Fluctuation)

지금까지 서술한 확률의 정의를 이용하여, 다음의 질문을 심도 있게 고려해보자 — "동전을 N번 던진다고 했을 때, 앞면은 몇 번이나 나올 것인가?" 이 질문에 답하기 전에, 우선 이 실험을 직접 해보기로 하자. 너무 많이 던지면 팔이 아플 테니까 $N = 30$으로 제한하자. 구체적인 실험 결과는 그림 6-1에 제시되어 있다. 이 그림은 30번 던지는 실험을 세 번 시행한 결과이며, 앞면과 뒷면이 나온 순서가 그대로 기록되어 있다. 첫 번째와 두 번째의 실험에서는 앞면이 11번 나왔고, 세 번째는 앞면이 16번 나왔다. 실험을 세 번이나 했는데도, 앞면이 15번 나온 경우는 단 한 번도 없다. 그렇다면 동전이 잘못된 것일까? 아니면 이 실험에서 앞면이 나올 가장 그럴듯한 횟수가 15라고 생각한 것이 잘못이었을까? 좀더 확실한 데이터를 얻기 위해, 30번씩 던지는 실험을 97번 더 시행해서 총 100번의 실험을 해보자(겁먹을 필요는 없다. 누군가 부지런한 사람이 이 지루한 실험을 이미 끝마치고 우리에게 데이터를 넘겨주었다). 실험 결과는 표 6-1에 나와 있다(처음 세 번의 실험에서는 일일이 동전을 던졌지만, 그후의 실험은 동전 30개를 상자 속에 넣고 격렬하게 흔든 뒤에 상자의 뚜껑을 열고 앞면이 나온 동전의 수를 헤아렸다).

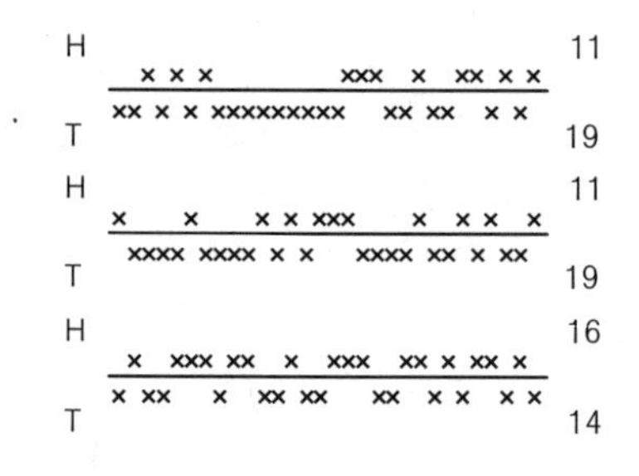

그림 6-1 동전을 30번 던지는 실험을 세 번 시행한 결과(H = 앞면, T = 뒷면)

표 6-1 동전을 30번 던졌을 때 앞면이 나온 횟수(90번 시행한 결과)

11	16	17	15	17	16	19	18	15	13
11	17	17	12	20	23	11	16	17	14
16	12	15	10	18	17	13	15	14	15
16	12	11	22	12	20	12	15	16	12
16	10	15	13	14	16	15	16	13	18
14	14	13	16	15	19	21	14	12	15
16	11	16	14	17	14	11	16	17	16
19	15	14	12	18	15	14	21	11	16
17	17	12	13	14	17	9	13	16	13

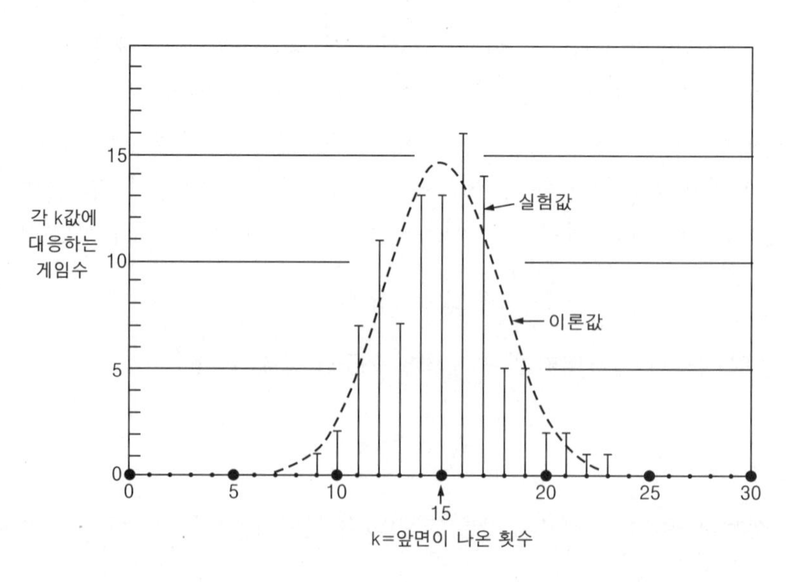

그림 6-2 동전을 30번 던지는 실험을 100번 시행한 결과. 세로축은 앞면이 k번 나온 실험의 횟수이며, 점선은 계산상으로 예측되는 횟수이다.

표 6-1에 나타난 숫자들을 자세히 보면, 대부분의 결과들이 15에 가깝다는 것을 알 수 있다(주로 12와 18사이에 있다). 이들의 분포 상태를 좀더 깊이 이해하기 위해 그래프를 그려보자. 그리는 방법은 다음과 같다 — k라는 결과가 몇 번 얻어졌는지를 센 다음, 가로축에서 k값에 해당하는 지점을 찾아 그곳에 횟수를 나타내는 세로 선을 그리는 것이다. 이렇게 하면 그림 6-2와 같은 그래프가 얻어진다. 이 그래프에서 보면 앞면이 15번 나온 실험은 13번이고, 앞면이 14번 나온 실험도 13회로 기록되었다. 앞면이 각각 16, 17번 나온 실험은 13번 보다 많다. 그렇다면 이 동전은 뒷면보다 앞면이 자주 나오는 성향이 있다고 있다고 판단해야 할까? "앞면이 15번 나올 가능성이 가장 크다"라고 추측했던 우리의 판단이 잘못된 것일까? 그래프에 나타난 대로 "동전을 30번 던졌을 때 앞면이 나올 가장 그럴 듯한 횟수는 15가 아니라 16이다!"라고 결론지어야 할까? 그러나 잠깐! 이 실험에서 동전은 총 3000번 던져졌고, 이중 앞면이 나온 횟수는 1492번이다. 즉, 앞면이 나온 비율은 0.497로서, 절반(0.5)보다 약간 작다. 그러므로 앞면이 나올 확률이 0.5보다 크다고 가정할 수는 없다. 사실, 16번이라는 결과가 가장 많이 얻어진 것은 일종의 요동(fluctuation) 현상으로서, 이런 경우에도 "앞면이 나올 가장 그럴듯한 횟수"는 여전히 15로 보아야 한다.

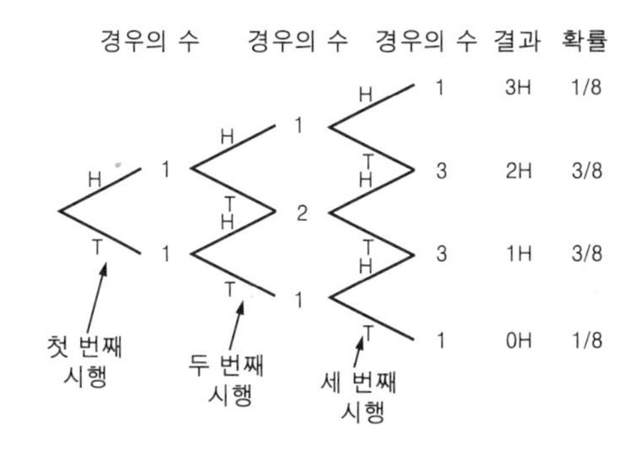

그림 6-3 동전을 세 번 던졌을 때 나타날 수 있는 모든 경우들

여러분은 이렇게 물을 수도 있다 — "동전을 30번 던질 때 앞면이 15번 나올 확률은 얼마인가?" 동전을 단 한 번 던진다면, 앞면이 나올 확률은 뒷면이 나올 확률과 똑같이 0.5이다. 그러나 동전을 두 번 던진다면 나올 수 있는 경우는 HH, HT, TH, TT 네 가지가 있다. 이 네 가지 경우들은 나올 확률이 모두 똑같기 때문에, (a)두 번 다 앞면이 나올 확률은 1/4이고 (b)앞면이 한 번 나올 확률은 2/4, (c)앞면이 한 번도 나오지 않을 확률은 1/4이 되는 것이다. 앞면이 한 번 나오는 경우는 두 가지가 있지만, 두 번 다 앞면이 나오거나 앞면이 한 번도 나오지 않는 경우는 오직 한 가지뿐이다.

이제, 주사위를 세 번 던져보자. 세 번째로 던질 때에도 동전의 앞면이나 뒷면이 나올 확률은 여전히 똑같다. 그리고 앞의 경우와 마찬가지로 세 번 다 앞면이 나오는 경우는 단 한 가지뿐이다 — 처음 두 번 던졌을 때 앞면이 두 번 연속해서 나오고, 세 번째의 시도에서도 앞면이 나와야 한다. 그러나, 앞면이 두 번 나오는 경우는 '세 가지'가 있다. 두 번 연속해서 앞면이 나온 후에 세 번째 시도에서 뒷면이 나올 수도 있고, 처음 두 번의 시도에서 앞면이 한 번 나온 뒤에 마지막 시도에서 앞면이 나올 수도 있다. 따라서, 앞면이 n번 나오는 경우를 n-H로 표기했을 때, 3-H, 2-H, 1-H, 0-H가 발생하는 방법의 수는 1, 3, 3, 1이며, 총 8가지의 서로 다른 세부적 경우의 수가 존재한다. 각각의 경우가 발생할 확률은 1/8, 3/8, 3/8, 1/8이다.

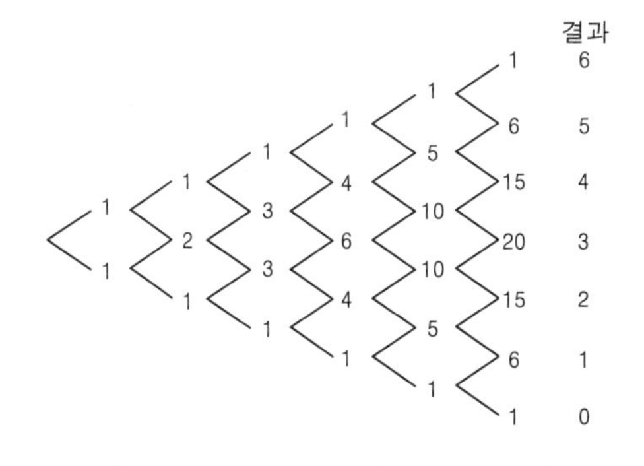

그림 6-4 동전을 6번 던졌을 때 나타날 수 있는 모든 경우들

지금까지의 논리는 그림 6-3에 그려진 도식으로 요약될 수 있다. 동전을 세 번 이상 던지는 경우에는 이 그림을 계속 확장해나가면 된다. 그림 6-4는 동전을 6번 던질 때 발생할 수 있는 모든 경우를 보여주고 있다. 그림 상의 어떤 점까지 이르는 '방법'의 수는, 출발점에서 시작하여 그 지점으로 갈 수

있는 '길'의 수와 동일하다. 또한 이 수들은 $(a + b)^n$을 전개했을 때 나타나는 각 항의 계수와 같기 때문에 이항 계수(binomial coefficient)'라고 부르기도 한다. 동전을 던진 횟수를 n이라 하고, 앞면이 나온 횟수를 k라 하면, 그림에 나타나는 모든 숫자들은 ${}_nC_k$라는 기호로 나타낼 수 있다. 궁금한 사람들을 위해 그 구체적인 모양을 소개하자면 다음과 같다.

$${}_nC_k = \frac{n!}{k!(n-k)!} \tag{6.4}$$

여기서 $n!$은 'n 팩토리얼(factorial)'이라고 읽으며, $(n)(n-1)(n-2)\cdots(3)(2)(1)$로 계산한다.

이제 우리는 식 (6.1)을 이용하여 n번의 시행 중 앞면이 k번 나올 확률 $P(k, n)$을 계산할 수 있게 되었다. 발생 가능한 모든 세부경우의 수는 2^n이고(던질 때마다 항상 두 가지의 결과가 나오므로), 앞면이 k번 나오는 경우의 수는 ${}_nC_k$이다. 그런데 이들은 모두 동일한 확률을 갖고 있으므로, 우리가 구하고자 하는 확률은 다음과 같다.

$$P(k, n) = \frac{{}_nC_k}{2^n} \tag{6.5}$$

$P(k, n)$은 주사위를 n번 던졌을 때 앞면이 k번 나올 확률이므로, 100번의 게임에서(주사위를 n번 던지는 것을 한 '게임'으로 간주한다) 앞면이 k번 나오는 게임의 횟수는 $100 \cdot P(k, n)$이 될 것이다. 그림 6-2에서 점선으로 표시된 곡선은 $100 \cdot P(k, 30)$의 값을 k의 함수로 나타낸 것이다. 계산에 의하면 앞면이 15번 나오는 게임은 100번 중 14 ~ 15번쯤 나타날 것으로 기대되지만, 실제 실험에서는 13번 나타났다. 또한, 앞면이 16번 나오는 경우는 계산상으로 100번의 게임 중 13 ~ 14번 나타나지만, 실제로는 16번이나 나왔다. 이렇게 예상 값과 실험 결과가 일치하지 않는 것이 바로 '요동 현상'이며, 이것은 확률이 갖고 있는 고유한 성질이다.

지금까지 사용한 방법은 '한 번의 관측에서 두 종류의 결과만이 얻어지는' 모든 경우에 적용될 수 있다. 이 두 결과를 W와 L로 표기하자. 일반적으로, 단일 사건에서 W와 L은 반드시 같은 확률을 가질 필요가 없다. 단, W라는 결과가 얻어질 확률을 p라 했을 때, L이 얻어질 확률 q는 반드시 $(1-p)$가 되어야 한다. n번의 시행 중에서 W가 k번 얻어질 확률 $P(k, n)$은 다음과 같다.

$$P(k, n) = {}_nC_k\, p^k q^{n-k} \tag{6.6}$$

이 확률 함수는 베르누이의 확률(Bernoulli probability), 혹은 이항 확률(binomial probability)이라고 불린다.

6-3 마구 걷기(Random walk)

확률적 개념이 적용되는 또 하나의 재미있는 문제를 생각해보자. 바로 '마구 걷기(Random walk)' 문제이다. 이것은 여러 가지 형태로 예시될 수 있는데, 가장 간단한 설명은 다음과 같다 — x축 상의 원점($x=0$인 지점)에 한 사람이 서 있다. 이 사람은 한 번 움직일 때마다 앞으로($+x$ 방향) 한 걸음 가거나, 혹은 뒤로($-x$ 방향) 한 걸음씩만 갈 수 있다. 방향 설정은 무작위로 이루어지는데, 일단은 동전을 던져서 결정하기로 하자. 그렇다면 이 사람의 운동은 어떤 식으로 서술될 수 있을까? 이 운동은 기체 속에 들어 있는 원자의 운동(브라운 운동)이나, 측정에서 발생하는 오차의 패턴 등과 밀접하게 연관되어 있다. 그리고 이 '마구 걷기' 문제는 앞에서 논의한 '동전 던지기' 문제와 거의 동일한 구조를 갖고 있다.

먼저, 몇 가지 예를 살펴보기로 하자. N걸음을 걸은 후에 보행자가 서 있는 위치를 D_N으로 표기하면, 걷는 사람의 위치변화는 그림 6-5의 그래프처럼 나타난다(여기서, 걸음의 방향은 동전 던지기로 결정하였으며, 동전 던지기의 결과는 그림 6-1의 세 가지 결과를 사용하였다).

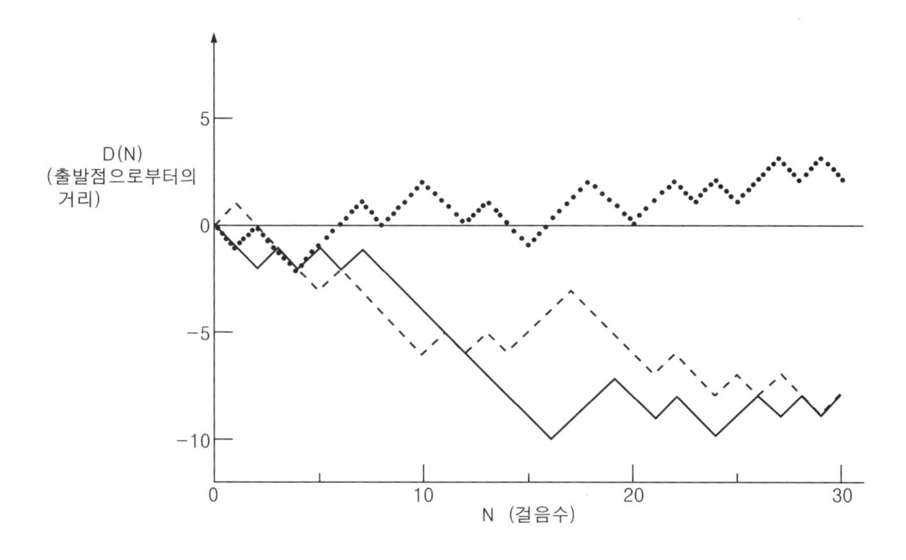

그림 6-5 마구 걷기의 진행 과정을 보여주는 그래프. 가로축의 N은 전체 걸음 수를 나타내며, 세로축의 $D(N)$은 N걸음을 걸은 후에 보행자가 서 있는 위치(좌표)를 나타낸다.

이로부터 우리가 알 수 있는 것은 무엇인가? 먼저 이런 질문이 가능하다 — "평균적으로 볼 때, 보행자는 출발점으로부터 얼마나 멀리 갈 수 있는가?" 수학적으로 예측되는 보행자의 평균 진행 거리는 0이다(즉, 여전히 출발점에서 있을 가능성이 제일 높다). 왜냐하면 보행자의 진행 방향은 동전을 던져서 결정되는데, 동전의 특성상 앞으로 갈 확률과 뒤로 갈 확률이 똑같기 때문이다. 그러나 우리의 직관에 의하면, N이 증가할수록 보행자의 위치가 출발점으로부터 멀어질 가능성이 높아질 것 같다. 출발점에서 얼마나 '멀어졌는지'를 나타내는 양은 보행자의 위치 D가 아니라 D의 절대값인 $|D|$이므로, 일단은 이 값에 관심을 가져보자.

그런데 $|D|$와 D^2는 증감 관계가 동일하고($|D|$가 커지면 D^2도 커진다), 수학적으로는 $|D|$보다 D^2의 계산이 더 쉽기 때문에, 보행자가 출발점에서 얼마나 멀어졌는지를 나타내는 척도로서 D^2을 택하기로 한다. (지금, 기호의 표기에 약간의 혼동이 있을 수도 있다. 정리하자면, D_N은 N 걸음을 걸은 후에 보행자가 서 있는 위치이며, $D(N)$도 이와 동일한 의미이다. 그리고 D는 보행자가 몇 걸음을 걸었건 간에, 출발점과 현재 위치 사이의 거리로 이해하면 된다 : 옮긴이)

결론부터 말하자면, D_N^2의 기대값은 N, 즉 내디딘 걸음의 수이다. 여기서 말하는 "기대값(expected value)"이란, 여러 번 반복되는 시행에서 평균적으로 얻을 수 있는 가장 '그럴듯한' 값을 뜻한다. 앞으로 이 값을 $\langle D_N^2 \rangle$로 표기하고, '평균 제곱 거리(mean square distance)'라 부르기로 한다. 처음 한 걸음을 내디딘 순간에 D^2은 항상 $+1$이며, 따라서 $\langle D_1^2 \rangle = 1$이다(지금 사용하고 있는 거리의 단위는 한 걸음의 보폭을 1로 간주한 것이다). $N > 1$인 경우, D_N^2 의 기대값은 D_{N-1}로부터 구할 수 있다. $(N-1)$번 걸어갔을 때 보행자의 위치는 D_{N-1}이므로, N번 걸어간 후에 보행자의 위치는 $D_N = D_{N-1} + 1$, 또는 $D_N = D_{N-1} - 1$이다. 이 값을 제곱하면 다음과 같은 식이 얻어진다.

$$D_N^2 = \begin{cases} D_{N-1}^2 + 2D_{N-1} + 1 \\ D_{N-1}^2 - 2D_{N-1} + 1 \end{cases} \tag{6.7}$$

위에 제시된 두 가지 경우는 발생할 확률이 동일하므로, 평균 기대값은 이 두 값의 평균을 구함으로써 얻어진다. 즉, D_N^2 의 기대값은 $D_{N-1}^2 + 1$이다. 그리고 정의에 따라 D_{N-1}^2 의 기대값은 $\langle D_{N-1}^2 \rangle$이므로, 다음의 관계가 성립한다.

$$\langle D_N^2 \rangle = \langle D_{N-1}^2 \rangle + 1 \tag{6.8}$$

앞에서 $\langle D_1^2 \rangle = 1$임을 이미 보았으므로, 위의 결과와 조합하면 다음과 같이 간단한 결과가 얻어진다!

$$\langle D_N^2 \rangle = N \tag{6.9}$$

출발점으로부터 벗어난 정도를 나타낼 때, 거리를 제곱한 양보다 거리 자체의 값을 쓰고 싶은 경우에는 '제곱 평균 제곱근(root-mean-square)'인 D_{rms}를 사용한다.

$$D_{\text{rms}} = \sqrt{\langle D^2 \rangle} = \sqrt{N} \tag{6.10}$$

나는 마구 걷기와 동전 던지기 문제가 수학적으로 유사하다는 사실을 앞에서 언급한 바 있다. 보행자의 진행 방향을 동전 던지기로 결정한다고 하였으므로, 출발점으로부터의 거리 D는 바로 $N_H - N_T$, 즉 동전의 앞면이 나온 횟수와 뒷면이 나온 횟수의 차이와 같다. 그런데 $N_H + N_T = N$, 즉 전체 걸음 수이므로, $D = 2N_H - N$이 된다. 우리는 앞에서 N_H(k로 표기하기도 했음)에 따른 확률 분포를 유도하여 식 (6.5)를 얻은 바 있으므로, 지금은 D에 따른 확률 분포를 얻은 셈이다(N은 상수임을 명심하라. N_H와 D를 연결해주는 관계식에서 N_H 앞에 2가 곱해져 있는 이유는, 앞면이 한 번 나올 때마다 뒷면이 나오는 경우가 그만큼 줄어들기 때문이다). 그림 6-2의 그래프는 무작위로 30걸음을 걸은 후에 최종적으로 얻어지는 거리의 분포도로 이해될 수 있다($k = 15$는 $D = 0$에 해당되고, $k = 16$은 $D = 2$에 해당된다).

N_H와 그 기대값 $N/2$ 사이의 차이는

$$N_H - \frac{N}{2} = \frac{D}{2} \tag{6.11}$$

이며, rms 편차(deviation)는 다음과 같이 주어진다.

$$\left(N_H - \frac{N}{2}\right)_{\text{rms}} = \frac{1}{2}\sqrt{N} \tag{6.12}$$

식 (6.10)에 의해, 30걸음을 걸어간 후의 '전형적인' 거리는 $\sqrt{30} = 5.5$이며, 전형적인 k의 값은 15를 중심으로 $5.5/2 = 2.8$단위 정도 퍼져 있음을 알 수 있다. 그림 6-2에서 중심으로부터 잰 곡선의 '너비'는 약 3단위인데, 위의 결과와 잘 일치하고 있다.

자, 이제 핵심을 찌르는 질문을 던져보자. "그림 6-2와 같은 데이터를 우리에게 안겨준 동전은 과연 정상적인 동전인가? 아니면 약간의 속임수가 가미된 이상한 동전인가?" 우리는 정답을 구할 수는 없지만, 부분적인 대답은 할 수 있다. 정상적인 동전이라면, 전체 시행 횟수에 대하여 앞면이 나오는 횟수의 비율은 다음과 같이 0.5이다.

$$\frac{\langle N_H \rangle}{N} = 0.5 \tag{6.13}$$

그리고 실제의 N_H값은 $N/2$으로부터 $\sqrt{N}/2$만큼 벗어나 있을 것으로 기대되며, 비율로는 다음과 같이 표현된다.

$$\frac{1}{N}\frac{\sqrt{N}}{2} = \frac{1}{2\sqrt{N}}$$

N 값이 커질수록, N_H/N은 $1/2$에 가까워질 것으로 기대된다.

앞에서 언급했던 동전 던지기의 실험 결과가 그림 6-6에 제시되어 있다. 이 그림에서 가로축은 시행 횟수를 나타내며, 매순간 동전의 앞면이 나오는 누적 확률은 세로축에 표시되어 있다. 그림에서 보다시피, 시행 횟수 N이 증가할수록 앞면이 나올 확률은 0.5에 접근하고 있다. 그러나, 실험에서 관측된 편차가 이론적으로 계산된 편차에 접근한다는 보장은 어디에도 없다. 그림 6-6의 그래프가 요동을 칠 가능성은 항상 존재한다(동전의 앞면 또는 뒷면이 계속해서 나오는 경우). 우리가 말할 수 있는 것이라곤 편차(벗어난 정도)가 $1/2\sqrt{N}$에 가까우면(가령 2배 내지 3배 이내에 들면), 동전을 의심할 만한 이유가 없다는 것뿐이다. 만일 벗어난 정도가 지나치게 크다면 동전이 정상적인지(또는 던지는 사람이 속임수를 쓰고 있는지)를 의심해볼 만하지만, 그렇다고 이를 증명할 방법은 없다.

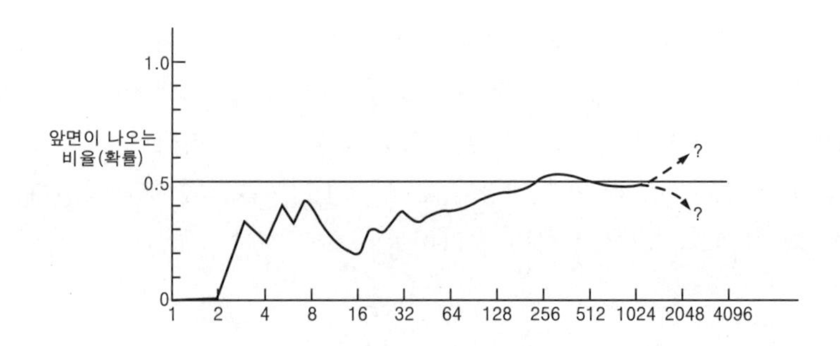

그림 6-6 동전을 여러 차례 던졌을 때 앞면이 나오는 누적 확률(비율)의 그래프

동전 던지기와 같이 단 두 가지 경우만 발생하는 임의의 게임이 얼마나 공정하게 이루어지고 있는지를 판단하는 방법은 무엇일까? 우리는 앞에서 $P(H) = \langle N_H \rangle / N$을 정의하였다. 여기서 N_H의 값은 어떻게 예측될 수 있는가? 그저 무작정 많이 던져보는 수밖에 없다. 이것도 신뢰가 가지 않는다면 $\langle N_H \rangle = N_H$(관측된 값)로 놓는 것이 최선이다. (그 밖에 어떤 짐작을 할 수 있겠는가?) 그러나 이런 경우에는 실험마다, 그리고 관측자마다 서로 다른 $P(H)$ 값이 얻어질 수도 있다는 사실을 명심해야 한다. 물론, 그 여러 가지 값들은 $1/2\sqrt{N}$의 편차 이내에 들어 있을 것이다[$P(H)$가 $1/2$에 가까운 경우]. 실험 물리학자들은 "실험적으로 결정된 확률에는 항상 오차가 존재한다"고 말하며, 이는 수식으로 다음과 같이 표현된다.

$$P(H) = \frac{N_H}{N} \pm \frac{1}{2\sqrt{N}} \tag{6.14}$$

이 수식 속에는 "우리가 관련 정보를 충분히 알고 있다면 정확한 확률을 계산할 수 있다"는 것과, "관측 결과에는 요동에 의한 오차가 수반될 수 있다"는 사실이 함축되어 있다. 그러나 이를 논리적으로 유도하는 방법은 존재하지 않는다. 확률 자체가 다분히 주관적인 개념이기 때문이다. 그것은 항상 불확실한 지식에 바탕을 두고 있으며, 여기서 얻어진 결과는 관련 정보의 습득량에 따라 얼마든지 달라질 수 있다고 보아야 한다.

6-4 확률 분포

마구 걷기 문제에 약간의 변형을 가해보자. 각 걸음의 방향이 무작위로 정해지는 것에 덧붙여서, 각 걸음의 보폭까지도 어떤 예측할 수 없는 방법으로 변한다고 가정해보자. 단, 보폭의 평균값은 1이라는 제한 조건이 붙어 있다. 이것은 기체 분자의 열역학적 운동 상태를 표현하는 데 매우 적절한 예제이다. 보폭을 S라고 하면, S는 어떤 값도 가질 수 있지만 1에 가까운 값이 가장 빈번하게 나타날 것이다. 이를 구체적으로 표현하자면 $\langle S^2 \rangle = 1$이며, 따라서 $S_{\text{rms}} = 1$이다. 이 경우 $\langle D^2 \rangle$의 편차는 이전의 경우와 비슷한 성질을 가지되, 식 (6.8)은 다음과 같이 달라져야 한다.

$$\langle D_N^2 \rangle = \langle D_{N-1}^2 \rangle + \langle S^2 \rangle = \langle D_{N-1}^2 \rangle + 1 \tag{6.15}$$

그리고 앞의 경우와 마찬가지로

$$\langle D_N^2 \rangle = N \tag{6.16}$$

이다.

그렇다면 거리 D의 분포 상태는 어떻게 될 것인가? 예를 들어, 30걸음 후에 $D = 0$일 확률은 얼마인가? 답은 0이다! 보폭이 수시로 변하는 마구 걷기에서, 앞쪽으로 걸어간 거리의 합과 뒤로 걸어간 거리의 합이 정확하게 같아질 가능성은 전혀 없기 때문이다. 따라서, 이 경우에는 그림 6-2와 같은 그래프를 얻을 수 없다.

그러나 D의 값이 0, 1, 2… 와 같은 정수로 떨어지는 경우 말고, 정수에 '가까운' 값이 될 확률을 묻는다면, 그림 6-2와 비슷한 그래프를 얻을 수 있다. 이제, D의 값이 x에서 $x + \Delta x$ 사이에 있을 확률을 $P(x, \Delta x)$라 하자. Δx가 작은 값일 때 D가 이 구간에 속할 확률은 이 구간의 너비인 Δx에 비례할 것이다. 그러므로

$$P(x, \Delta x) = p(x)\Delta x \tag{6.17}$$

라고 쓸 수 있다. 여기서 함수 $p(x)$는 '확률 밀도(probability density)'라고 불린다.

$p(x)$의 구체적인 형태는 내디딘 걸음의 수 N과, 수시로 변하는 보폭의 분포에 따라 달라질 것이다. 증명 과정이 다소 복잡하여 여기서 보여줄 수는 없지만, N 값이 아주 클 때 $p(x)$는 다양한 보폭의 모든 분포에 대하여(지나치게 편중된 분포는 제외) 동일한 값을 가지며, N의 값에만 의존하는 함수가 된다. 그림 6-7에는 $p(x)$가 3종류의 N 값에 대하여 그려져 있다. 앞서 본 바와 같이, 이 곡선들의 반-너비(half-width, $x = 0$를 중심으로 그래프가 퍼져 있는 정도)는 $\sqrt{N}$이다.

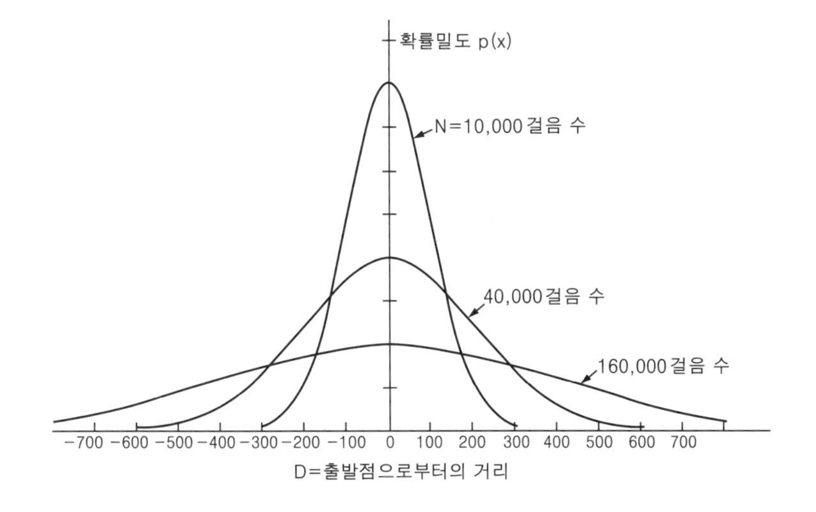

그림 6-7 N걸음을 걸어서 출발점으로부터 D만큼 떨어진 곳에 도달하는 경우의 확률 밀도

또, 0 근처에서 $p(x)$의 값이 $\sqrt{N}$에 거의 반비례하는 것을 볼 수 있는데,

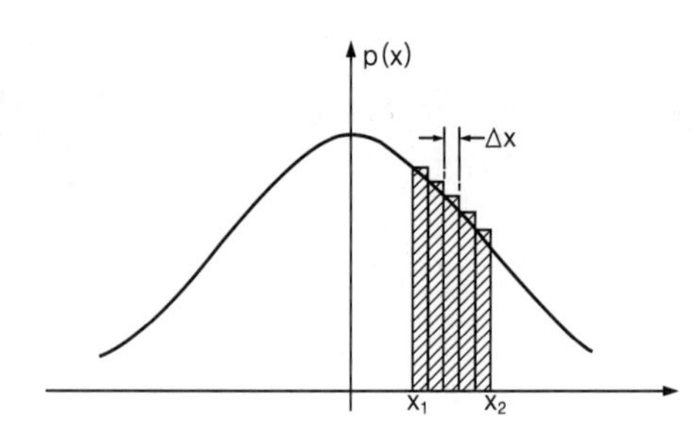

그림 6-8 마구 걷기에서 출발점으로부터의 거리 D가 $x_1 \sim x_2$ 사이에 있을 확률은 이 구간에 해당하는 곡선 아래 부분의 면적과 같다.

이는 곡선들이 모두 비슷한 모양을 가져야 하고, 곡선 밑의 넓이가 모두 같아야 하기 때문에 나타나는 현상이다. $p(x)\Delta x$는 Δx가 아주 작을 때 D의 값이 Δx 내에 존재할 확률이므로, 일반적으로 D가 x_1에서 x_2 사이에 있을 확률은 이 구간을 Δx의 폭으로 잘게 잘라서 개개의 직사각형의 면적 $p(x)\Delta x$를 더하여 얻을 수 있다. D가 $x_1 \sim x_2$ 구간에 있을 확률 $P(x_1 < D < x_2)$는 그림 6-8에서 빗금 친 부분의 면적에 해당된다. Δx를 작게 잡을수록 계산 결과는 더 정확해진다. 그러므로

$$P(x_1 < D < x_2) = \sum p(x)\Delta x = \int_{x_1}^{x^2} p(x)dx \tag{6.18}$$

로 쓸 수 있다.

전체 곡선과 x축으로 둘러싸인 부분의 면적은 D가 '어딘가'에 있을 ($x = -\infty$와 $x = +\infty$ 사이에 있을) 확률이므로, 이 값은 누가 뭐라 해도 1이다. 이것은 다음과 같은 조건식으로 표현할 수 있다.

$$\int_{-\infty}^{+\infty} p(x)dx = 1 \tag{6.19}$$

그림 6-7에 그려진 그래프의 폭은 $\sqrt{N}$에 비례하여 넓어지므로, 넓이가 1로 일정하게 유지되려면 이들의 높이는 $1/\sqrt{N}$에 반비례해야 한다.

지금 언급되고 있는 확률 밀도 함수는 앞으로 빈번하게 등장할 것이다. '정규(normal)' 또는 '가우시안(gaussian)' 확률 밀도로 알려져 있는 이 함수의 수학적 표현은 다음과 같다.

$$p(x) = \frac{1}{\sigma\sqrt{2\pi}} e^{-x^2/2\sigma^2} \tag{6.20}$$

여기서 σ는 '표준 편차(standard deviation)'라고 하며, 지금 우리의 경우에는 $\sigma = \sqrt{N}$, 또는 $\sigma = \sqrt{N}\, S_{rms}$(평균 제곱 보폭이 1이 아닌 경우)로 계산된다.

앞에서 언급했던 대로, 기체 분자나 입자의 운동은 마구 걷기와 매우 비슷하다. 예를 들어, 유기 화합물이 담겨 있는 병의 뚜껑을 열어서 소량의 증기를 공기 중으로 내보냈다고 가정해보자. 만일 공기가 흐르고 있다면, 유기물의 증기는 공기에 실려 퍼져나갈 것이다. 그러나 공기가 완전히 정지된 상태에서도 증기는 서서히 퍼져나가서, 충분한 시간이 흐른 뒤에는 방 전체에 골고루 분포하게 된다. 우리는 유기 화합물의 색깔이나 냄새로 이 사실을 확인할 수 있다. 유기물의 증기를 이루는 개개의 기체 분자들이 정지해 있는 공기 속에서도 퍼져나가는 이유는, 공기중의 다른 분자들이 이들과 충돌하면서 운동을 야기하기 때문이다. 이때, 기체 분자들의 평균 '보폭'과 이들이 내딛는 초당 걸음 수를 알고 있다면, 특정 시간이 지난 후에 출발점으로부터 임의의 거리에서 하나의(또는 여러 개의) 분자들이 발견될 확률을 구할 수 있다. 시간이 많이 흐를수록 기체 분자들은 걸음을 더 많이 걷게 되고, 그 결과 유기물의 기체는 그림 6-7의 곡선들처럼 퍼져나가게 된다. 기체의 온도와 압력은 분자의 보폭과 보행 횟수에 따라 달라지는데, 이 점은 뒤에서 상세하게 다룰

예정이다.

앞에서 지적했던 바와 같이, 기체의 압력은 기체 분자가 용기의 벽에 부딪히면서 나타나는 현상이다. 그런데 이 문제를 좀더 정확하게 서술하려면, 분자들이 벽에 부딪힐 때 얼마나 빨리 움직이고 있는지를 알아야 한다. 개개의 분자들이 용기의 내벽에 주는 충격의 크기가 분자의 속도에 따라 달라지기 때문이다. 그러나 기체 분자는 너무나 작고, 또 그 수가 너무 많기 때문에 정확한 속도를 일일이 알아낼 수가 없다. 그래서 이런 경우에는 확률적인 서술 방법을 동원해야 하는 것이다. 기체 분자의 속도에는 아무런 제한이 없지만, 어떤 특정 속력이 다른 속력보다 더 큰 확률로 나타날 수는 있다. 이제, 특정 분자의 속도가 v와 $v+\Delta v$사이의 값을 가질 확률을 $p(v)\Delta v$라 하자. 여기서 $p(v)$는 일종의 확률 밀도로서, 속력 v의 함수이다. 맥스웰(J. C. Maxwell)은 상식적인 생각과 확률의 개념을 잘 조합하여 $p(v)$의 수학적 표현을 유도하였는데, 이에 대해서는 나중에 자세히 설명하기로 한다. 함수 $p(v)$의 대략적인 형태는 그림 6-9와 같다(맥스웰이 유도한 관계식은 $p(v) = Cv^2e^{-av^2}$으로 표현된다. 여기서 a는 온도에 따라 변하는 상수이며, C의 값은 전체 확률이 1이라는 조건으로부터 정해진다). 속도 v는 어떤 값도 가질 수 있지만, 그림에서 보다시피 $\langle v \rangle$ 근처의 값을 가질 확률이 가장 높다.

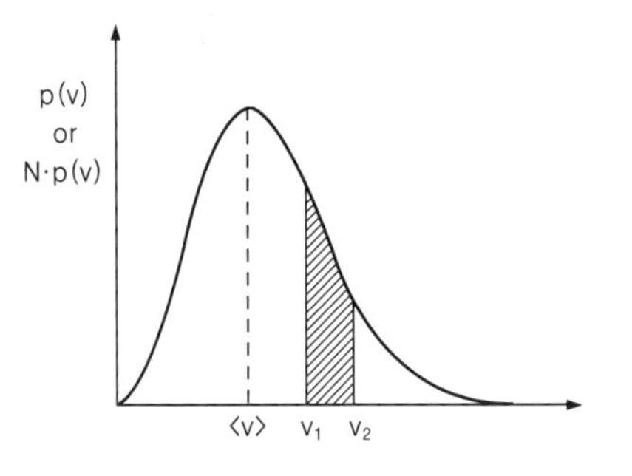

그림 6-9 기체 분자의 속도 분포

그런데 우리는 필요에 따라서 그림 6-9의 곡선을 조금 다른 방식으로 이해하기도 한다. 일상적인 크기의 용기 속에는 기체 분자가 엄청나게 많이 들어갈 수 있다. 예를 들어, 1리터 부피의 용기 속에 들어 있는 기체 분자의 수는 무려 10^{22}개나 된다. 이 개수를 N이라 하자. 그런데 $p(v)\Delta v$는 '하나의' 분자가 $v \sim v+\Delta v$ 이내의 속도를 가질 확률이므로, 이런 속도를 갖는 분자의 개수 $\langle \Delta N \rangle$은

$$\langle \Delta N \rangle = Np(v)\Delta v \tag{6.21}$$

로 쓸 수 있다. 여기서, $Np(v)$는 '속도 분포(distribution in velocity)'라 부른다. 두 개의 속도 v_1과 v_2사이에 해당되는 곡선 밑의 넓이는(그림 6-9의 빗금 친 부분) 곡선 $Np(v)$에 대하여 v_1과 v_2 사이의 속도를 갖는 분자 개수의 기대값을 의미한다. 보통 우리가 다루는 기체는 매우 많은 수의 분자들로 이루어져 있기 때문에, 기대값에서 벗어난 정도, 즉 편차도 매우 작다($1/\sqrt{N}$에 비례). 그래서 종종 '기대값'이라는 단어를 쓰지 않고, 그냥 "v_1과 v_2사이의 속도를 갖는 분자의 수는 그 곡선 아래의 넓이와 같다"고 표현한다. 그러나 이것은 어디까지나 확률적인 의미임을 명심해야 한다.

6-5 불확정성 원리(Uncertainty principle)

10^{22}개가 넘는 기체 분자들의 위치와 속도를 일일이 써내려가는 것은 두말할 것도 없이 비실용적인 발상이며, 이것을 간단하게 해결해주는 것이 바로 확률이라는 개념이다. 물리학자들이 기체 문제에 처음으로 확률을 적용했던

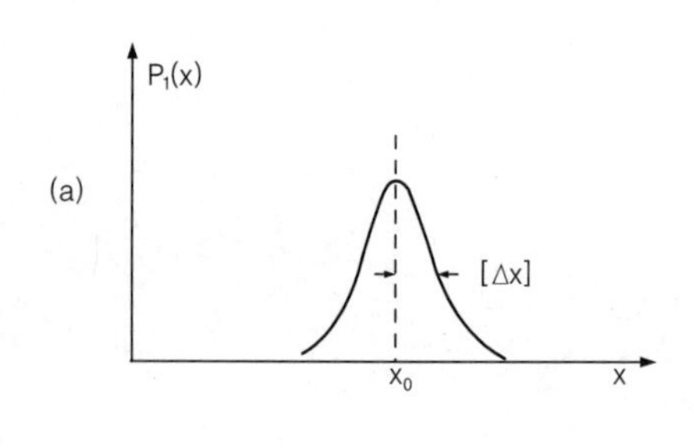

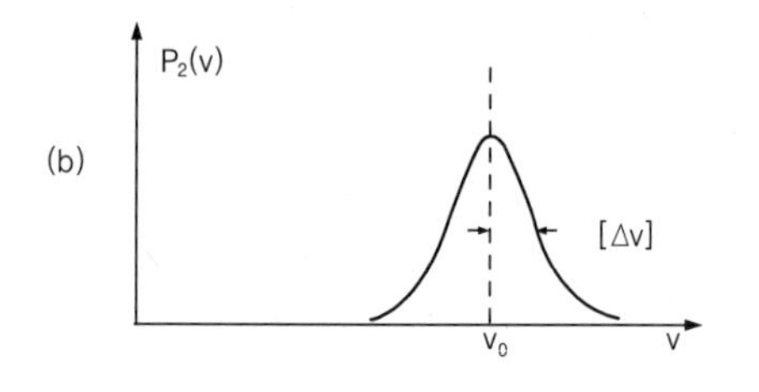

그림 6-10 입자의 위치와 속도를 관측할 때 얻어지는 확률 밀도

당시에는 복잡한 상황을 간단하게 만들어주는 '편리한 도구' 정도로 생각했지만, 지금의 확률은 원자적 스케일의 사건을 서술하는 '본질적인' 이론으로 간주되고 있다. 입자를 수학적으로 서술하는 양자 역학에 의하면, 입자의 위치와 속도를 결정할 때 항상 불확정성이 수반된다. 다시 말해서, 입자의 위치를 정확하게 결정하지 못하고 '어떤 위치 x에서 발견될 확률'만을 말할 수 있을 뿐이다.

하나의 입자가 위치 x에서 발견될 확률을 $p_1(x)$라 하면, $p_1(x)\Delta x$는 이 입자가 $x \sim x + \Delta x$ 사이에서 발견될 확률이 된다. 만일 하나의 입자가 x_0을 중심으로 그 근처에 밀집되어 있다면, 함수 $p_1(x)$는 그림 6-10(a)와 같은 형태로 표현될 수 있다. 이와 마찬가지로, 속도에 관한 확률 밀도 함수 $p_2(v)$를 정의할 수 있는데, $p_2(v)\Delta v$는 입자가 $v \sim v + \Delta v$ 사이의 속도를 가질 확률을 의미한다.

위에서 정의한 두 함수 $p_1(x)$와 $p_2(v)$는 독립적으로 선택될 수 없으며, 특히 두 함수를 '동시에' 폭이 아주 좁은 함수로 만들 수 없다는 것이 양자 역학의 기본 원리이다. $p_1(x)$ 그래프의 폭을 Δx, 그리고 $p_2(v)$의 폭을 Δv라 하면(그림 6-10 참조), 두 폭을 곱한 값은 최소한 h/m보다 커야하는데, 여기서 m은 입자의 질량이고 h는 '플랑크 상수(Planck's constant)'라 불리는 근본적 물리 상수이다. 이 관계는 다음과 같이 나타낼 수 있다.

$$[\Delta x] \cdot [\Delta v] \geq h/m \tag{6.22}$$

이것이 바로 앞에서 언급한 하이젠베르크(W. Heisenberg)의 불확정성 원리(uncertainty principle)이다.

식 (6.22)의 우변은 상수이므로, 만일 우리가 한 입자를 어떤 특정 위치에 가만히 있도록 강제로 '잡아두려 한다면', 결국 그 입자는 높은 속도를 갖게 된다는 것을 의미한다. 또는 그 입자가 아주 느리게 움직이거나 매우 정확한 속도로 움직이게 하면, 입자는 사방으로 '퍼져나가서' 정확한 위치를 알 수 없게 된다. 입자들은 이렇게 황당한 성질을 갖고 있다!

불확정성 원리는 자연을 서술하려는 모든 종류의 시도에, 모호성(fuzziness)이 필연적으로 수반된다는 것을 우리에게 알려주고 있다. 그러므로 자연을 서술하는 가장 정확한 방법이란, 다름 아닌 '확률'인 것이다. 학자들 중에는 이런 식의 서술법을 싫어하는 사람도 있다. 그들은 입자에서 일어나고 있는 일들을 정확하게 알 수만 있다면 아무런 불확정성 없이 위치와 속도를 '동시에' 정확하게 측정할 수 있다고 믿었다. 양자 역학의 초창기에, 아인슈타인(A. Einstein)도 이들 중 한 사람이었다. 그는 머리를 가로저으며 "신은 전자의 갈 길을 결정하기 위해 주사위를 던지지는 않는다!"고 주장하였다. 결정론적 세계관을 갖고 있었던 아인슈타인은 이 문제를 놓고 오랜 시간 동안 고민을 했지만, 그렇다고 이렇다 할 대안을 내놓지는 못했다. 그러면서도 자연을 서술하는 최선의 방법이 '확률'이라는 사실에는 끝까지 수긍하지 않았다. 지금도 한두 명의 물리학자들은 아인슈타인식 사고를 고집하면서 불확정성을 제거하기 위해 노력하고 있지만, 아직 눈에 띄는 성과는 없다.

원자의 구조를 설명할 때, 위치의 불확정성은 매우 중요한 역할을 한다. 수소 원자는 하나의 양성자와 그 주변에 묶여 있는 하나의 전자로 이루어져 있는데, 전자의 위치가 갖는 불확정성은 원자 자체의 크기와 맞먹는다! 그러므로 전자는 양성자 주위의 어떤 정해진 '궤도'를 따라 움직이는 대상으로 간주될 수가 없다. 우리가 할 수 있는 일이라고는 양성자로부터 거리 r만큼 떨어진 곳에 작은 부피(체적소) ΔV를 정의하여, 이 영역 안에서 전자가 발견될 확률이 $p(r)\Delta V$라고 서술하는 것뿐이다. 여기서 확률 밀도 $p(r)$은 양자 역학의 이론으로부터 구할 수 있다. 얌전한(교란되지 않은) 수소 원자의 경우, $p(r) = Ae^{-2r/a}$이며, 이는 그림 6-8처럼 종 모양으로 생긴 함수이다. a는 '전형적인' 반지름인데, r이 a와 비슷한 값을 갖는 곳에서 $p(r)$은 급격하게 감소한다. 양성자(핵)로부터 아주 멀리 떨어진 곳에서는($r \gg a$) 전자가 발견될 확률이 매우 작으므로, a는 '원자의 반지름'으로 간주할 수 있다(약 10^{-10}미터).

그림 6-11 수소 원자를 시각화하는 방법. 구름의 밀도(하얀 정도)는 그 지점에서 전자가 발견될 확률을 나타낸다.

수소 원자의 실제 모습을 머리 속에 그려보고 싶다면, 전자의 확률 밀도 함수에 비례하여 퍼져 있는 일종의 구름을 상상하면 된다. 즉, 확률 밀도 함수의 값이 큰 곳에는 구름이 조밀하게 뭉쳐져 있고, 이 값이 작은 곳에는 구름이 얇게 깔려 있는 상태를 상상하면 된다(그림 6-11 참조). 전자 구름에 둘러싸여 있는 양성자—이것이 바로 수소 원자를 가시화시키는 최선책이다(사실은 전자 구름이 아니라 '확률 구름'이라고 부르는 것이 더 정확한 표현이다). 전자는 분명히 말짱한 모습으로 어딘가에 존재하지만, 우리는 "어떤 특정한 지점에서 전자가 발견될 확률" 만을 알 수 있을 뿐이다.

우리는 자연의 속성에 대하여 가능한 한 많은 것을 알아내려고 노력해왔지만, 현대 물리학은 "정확하게 알 수 없는 것도 있다"는 사실을 알아냈다. 따라서 우리가 습득한 지식의 상당 부분은 불확실한 상태로 남아 있을 수밖에 없다. 우리가 알 수 있는 것들의 대부분은 확률로부터 얻어진 것이다.

CHAPTER 07
중력

7-1 행성의 운동

이 장에서는 하나의 사례를 통해 인간의 지적 능력이 얼마나 대단한지를 설명하고자 한다. 인간의 지성이 뛰어나다고 경탄만 할 게 아니라, 가끔씩은 우리 인간이 알아낸 법칙에 따라 아름답고 우아하게 돌아가는 자연을 관망하는 자세도 필요하다. 특히, 범우주적으로 일사불란하게 적용되는 중력의 법칙은 아름답다 못해 장엄하기까지 하다. 대체 어떤 법칙이길래 이렇게 서두가 요란할까? 이 우주 안에 존재하는 모든 물체들은 다른 물체를 무조건 끌어당기는 성질이 있는데, 그 힘의 크기는 두 물체의 질량의 곱에 비례하고 둘 사이의 거리의 제곱에 반비례한다. 이것이 전부이다. 이 얼마나 간단명료한가! 수학의 언어를 빌려 중력 법칙을 다시 표현하면 다음과 같이 더욱 간단해진다.

$$F = G\frac{mm'}{r^2}$$

여기에 또 한 가지의 사실, 즉 임의의 물체에 힘이 가해지면 그 물체는 힘의 방향을 따라 자신의 질량에 반비례하는 가속도를 냄으로써 외부의 힘에 반응을 보인다는 사실을 추가하면 필요한 정보는 다 주어진 거나 다름없다. 똑똑한 수학자라면 이 두 가지의 원리로부터 모든 결론을 유추해낼 수 있을 것이다. 그러나 잘나가는 수학자와 여러분을 비교하는 것은 아무래도 무리라고 생각되어, 좀더 자세한 설명을 추가하고자 한다. 달랑 두 개의 원리만 던져놓고 '알아서 이해하라'고 다그치지는 않겠다는 뜻이다. 앞으로 우리는 중력 법칙의 발견과 관계된 역사적 배경을 간략하게 훑어본 후에, 중력 법칙이 낳은 결과들과 그것이 인류의 역사에 미친 영향, 그리고 중력과 관련된 미스터리들을 순차적으로 논하게 될 것이다. 이 작업이 모두 완료된 후에는 아인슈타인에 의해 수정된 최신 버전의 중력 이론을 소개할 예정이며, 아울러 중력 법칙과 여타의 물리 법칙들 사이의 관계에 대해서도 약간의 설명이 추가될 것이다. 물론, 이 모든 내용을 단 하나의 장에 담을 수는 없다. 미진한 내용은 후에 이와 관련된 이야기가 나올 때마다 반복해서 다룰 것이다.

중력에 관한 이야기는 행성의 운동을 관측하던 고대인들로부터 시작된다. 그들은 행성이 태양의 주위를 돌고 있다고 생각하였으며, 이 사실은 훗날

코페르니쿠스에 의해 재확인되었다. 그러나 행성들이 태양을 중심으로 공전하는 이유와 그 정확한 궤적을 알아내기까지 과학자들은 더욱 많은 노력을 기울여야 했다. 15세기로 접어들면서 행성의 공전 여부는 또다시 도마 위에 올라 많은 논쟁을 야기했는데, 케플러의 스승이었던 티코 브라헤는 그동안 제시되었던 이론들과 전혀 다른 새로운 시각으로 이 문제에 접근을 시도하였다. 그는 행성의 위치를 정확하게 관측하여 충분한 양의 데이터가 얻어지기만 하면, 이와 관련된 모든 논쟁에 종지부를 찍을 수 있다고 생각했던 것이다. 관측 결과로부터 행성의 운동 궤적이 정확하게 알려지면, 전혀 새로운 이론이 탄생할 수도 있는 상황이었다. 이것은 당시로서는 정말 엄청난 아이디어였다. 무언가를 알아내기 위해 철학적 공론을 들먹이는 것보다는 정밀한 실험(관측)으로부터 결론을 유추하는 것이 훨씬 낫다는 게 브라헤의 지론이었던 것이다.

그는 코펜하겐 근처의 벤(Hven) 섬에 있는 한 관측소에서 오랜 세월 동안 기거하면서 행성의 운동에 관하여 방대한 양의 관측 데이터를 얻었으나, 안타깝게도 자료를 분석할 수 있을 만큼 오래 살지 못했다. 그래서 브라헤의 관측자료는 그의 제자인 수학자 케플러에게 고스란히 넘어갔고, 케플러는 그 방대한 자료로부터 매우 아름답고 간결한 '행성의 운동 법칙'을 알아낼 수 있었다.

7-2 케플러의 법칙

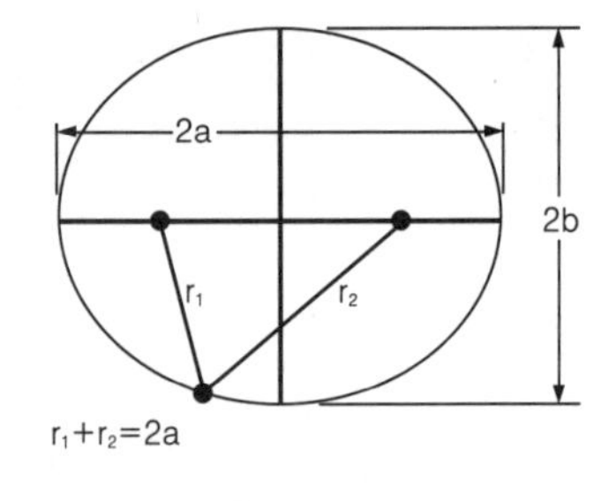

그림 7-1 타원

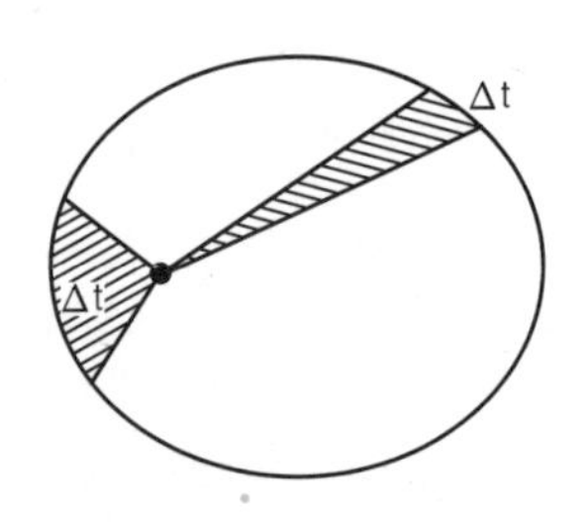

그림 7-2 케플러의 면적 법칙

케플러가 알아낸 첫 번째 사실은 행성들의 궤적이 타원형이며, 타원의 내부에 있는 두 개의 초점 중 한 곳에 태양이 위치하고 있다는 것이었다. 타원은 단순히 찌그러진 원이 아니라 수학적으로 엄밀하게 정의된 도형이다. 종이 위에 두 개의 핀을 적당한 간격으로 꽂고, 두 개의 핀 사이를 실로 연결한 후에(이때, 실의 길이는 핀의 간격보다 길어야 한다) 연필로 실을 팽팽하게 잡아당기면서 그려나간 도형이 바로 타원이다. 수학적으로는 '평면 위의 두 정점으로부터 거리의 합이 일정한 점들의 집합'으로 정의되어 있다. 비스듬한 각도에서 원을 바라보았을 때 눈앞에 나타나는 도형도 역시 타원이다(그림 7-1).

케플러가 두 번째로 알아낸 사실은 태양 주위를 공전하는 행성의 속도가 일정하지 않다는 것이었다. 즉, 태양과 거리가 가까울 때는 공전 속도가 빨라졌다가 태양과 거리가 멀어지면 공전 속도가 느려진다는 것인데, 좀더 정확하게 서술하자면 다음과 같다. 행성의 위치를 1주일 동안 관측하는 실험을 1년 중 서로 다른 계절에 두 차례에 걸쳐 실시했다고 가정해보자. 이제, 관측 결과를 토대로 태양과 행성을 잇는 반경 벡터(태양과 행성을 잇는 선분이라고 생각하면 된다)를 그리면, 그림 7-2와 같이 두 개의 부채꼴 도형이 얻어진다. 그런데, 케플러는 이 부채꼴의 면적이 '항상' 똑같다는 사실을 알아냈다. 다시 말해서, 행성의 공전 속도는 '일정 기간 동안 반경 벡터가 쓸고 지나간 면적이 항상 동일해지도록' 수시로 변한다는 뜻이다. 이렇게 되려면 행성은 태양과 가까울 때 빠르게 움직이고, 태양과 멀어졌을 때에는 느리게 움직여야 한다.

케플러의 세 번째 법칙은 앞의 두 개보다 훨씬 후에 발견되었는데, 이것은 하나의 행성을 다른 행성과 연관시켜주기 때문에 앞서 말한 두 개의 법칙과는 그 성질이 사뭇 다르다. 이 법칙에 의하면, 임의의 행성의 공전 주기와 공전 궤도의 크기는 서로 밀접하게 연관되어 있다. 구체적으로 말하자면 행성의 공전 주기는 궤도 크기의 3/2승에 비례한다. 여기서 주기(period)는 행성이 태양의 주변을 한바퀴 돌아서 다시 원위치로 돌아올 때까지 소요되는 시간이며, 궤도의 크기는 타원의 긴 쪽으로 잰 지름으로서 수학 용어로는 장축(major axis)이라고 한다. 좀더 간단하게 말하면, 행성의 궤도를 원으로 간주했을 때(사실 대부분의 경우 원에 가깝다.) 한바퀴 도는 데 걸리는 시간, 즉 주기는 궤도의 지름(또는 반지름)의 3/2승에 비례한다는 뜻이다. 이리하여 케플러의 법칙은 다음과 같이 요약된다.

Ⅰ. 모든 행성은 타원 궤도를 따라 움직이고 있으며, 타원의 초점 중 한 곳에 태양이 위치한다.
Ⅱ. 태양과 행성을 잇는 반경 벡터는 같은 시간 동안 같은 면적을 쓸고 지나간다.
Ⅲ. 행성의 공전 주기(T)는 궤도의 장축(a)의 3/2승에 비례한다 :
$T \sim a^{3/2}$

7-3 동력학의 발전

케플러가 행성의 운동에 관한 세 개의 법칙을 발견하는 동안, 갈릴레오는 일반적인 운동의 법칙을 연구하고 있었다. 당시에 제기되었던 가장 커다란 의문은 "무엇이 행성을 공전하게 만드는가?" 하는 것이었다.(그 무렵에 제시되었던 이론 중 하나는 '눈에 보이지 않는' 천사들이 날개를 펄럭이며 뒤에서 행성을 밀어 앞으로 진행하게 만든다는 황당무계한 가설이었다. 여러분은 이제 이 이론이 수정되었음을 명백히 보게 될 것이다! 행성이 곡선 운동을 하려면 보이지 않는 천사들은 계속해서 날아가는 방향을 바꿔야 한다. 그리고 행성 근처에서 날개를 가진 비행 물체가 발견된 사례는 지금까지 단 한번도 보고된 적이 없다. 그러나 이것만 눈감아 준다면 지금의 이론은 천사 이론과 아주 비슷하다!) 갈릴레오는 운동에 관하여 매우 놀라운 사실을 발견하였고, 그것은 케플러의 법칙을 이해하는 데 결정적인 단서가 되었다. 바로 '관성'의 법칙이었다. 만일 어떤 물체가 외부로부터 아무런 영향도 받지 않은 채로 움직이고 있다면, 그 물체는 지금의 빠르기와 진행 방향을 유지하면서 영원히 직선 운동을 하게 된다(왜 그럴까? 우리는 아직도 그 이유를 모르고 있다. 하지만 어쨌거나 모든 물체는 그런 식으로 움직인다).

뉴턴은 이 아이디어에 약간의 변형을 가하여 "물체의 운동 상태를 바꾸는 유일한 방법은 그 물체에 힘을 가하는 것이다"라고 표현하였다. 만일 물체의 속도가 증가했다면 그것은 물체가 운동하는 방향으로 힘이 가해졌다는 뜻이며, 물체의 운동 방향이 바뀌었다면 힘이 삐딱한 방향으로 가해졌음을 의미한다. 뉴턴은 이러한 논리를 이용하여 "힘은 물체의 이동 속도나 진행 방향을 변경시킨다"는 결론을 내렸다. 예를 들어, 실 끝에 돌멩이를 매달아 빙글빙글 돌릴 때 돌멩이가 계속 돌아가게 하려면 거기에 힘을 가해야 한다. 즉, 실을 쥐고 있는 손에 힘을 주어 끈을 '잡아당겨야' 하는 것이다. 뉴턴이 발견한 법칙에 의하면 물체에 힘을 가하여 발생한 가속도의 크기는 그 물체의 질량에 반비례하며, 이를 달리 표현하면 힘은 물체의 질량과 가속도의 곱에 비례한다고 말할 수 있다. 따라서 똑같은 가속도를 얻으려면 질량이 큰 물체에 더욱 큰 힘을 가해야 한다(방금 전과 동일한 실에 다른 돌멩이를 묶어놓고 똑같은 속도로 돌리는 데 필요한 힘을 측정하면, 새로 매달린 돌의 질량을 구할 수 있다. 무거운 물체일수록 돌리는 데 많은 힘이 소요된다). 이로부터 얻어지는 멋진 결론이 하나 있다. 행성이 원궤도(타원 궤도)를 유지하는 데 접선 방향의 힘은 전혀 필요하지 않다는 것이다. 행성에 가해지고 있는 힘이 어느 날 갑자기 사라진다면, 행성은 그 순간부터 접선 방향으로 진행할 것이다(그러므로 천사들은 굳이 접선 방향으로 행성을 밀 필요가 없다. 진정 접선 방향으로 몰고 가기를 원한다면 날갯짓을 중지하고 가만히 내버려두면 된다). 따라서 행성이 태양의 주변을 공전하기 위해서는 원궤도의 방향으로 작용하는 힘이 아니라, 바로 태양 쪽을 '향하여' 작용하는 힘이 필요하다. 이것은 뉴턴의 제1법칙, 즉 '관성의 법칙'으로 설명될 수 있다. (만일 태양 쪽으로 가해지는 힘이 존재한다면, 15세기의 천문학자들이 말했던 천사란 다름 아닌 태양이다!)

7-4 뉴턴의 중력(만유인력) 법칙

뉴턴은 운동의 법칙을 완벽하게 이해한 최초의 인간이었다. 그는 자신의 이해를 바탕으로 "모든 행성들의 운동을 관장하고 제어하는 것은 태양이다"라는 놀라운 결론에 이르게 되었다. 이 놀라운 천재 물리학자는 케플러의 두 번째 법칙, 즉 행성이 같은 시간 동안 동일한 면적을 쓸고 지나간다는 관측 결과를 수학적 논리로 증명하는 데 성공했다. 그것은 바로 "행성에 가해지는 모든 힘은 오로지 태양을 향하는 방향으로만 작용한다"는 가설로부터 자연스럽게 유도되는 결과였던 것이다(여러분은 곧 이 사실을 증명할 수 있게 될 것이다).

그 다음으로 케플러의 세 번째 법칙을 분석해보면, 행성의 거리가 멀어질수록 작용하는 힘은 약해진다는 것을 어렵지 않게 알 수 있다. 태양까지의 거리가 서로 다른 두 개의 행성을 비교한 결과, 행성에 작용하는 힘은 태양까지의 거리의 제곱에 반비례한다는 사실이 알려졌다. 뉴턴은 이 두 가지 법칙을 적절히 결합하여 "임의의 두 물체 사이에는 물체를 잇는 선분 방향을 따라 서로 잡아당기는 힘이 작용하며, 힘의 크기는 두 물체 사이 거리의 제곱에 반비례한다"는 또 하나의 결론을 유도해낼 수 있었다.

뉴턴은 주어진 하나의 사실을 일반화시키는 데에도 천재적인 능력을 갖고 있었다. 그는 이러한 성질이 행성과 태양뿐 아니라 더욱 광범위하게 적용된다는 것을 간파했던 것이다. 당시에도 목성의 위성은 망원경으로 관측되어 그 존재가 이미 알려져 있었으며, 마치 지구의 달처럼 목성의 주위를 공전하고 있다는 사실도 잘 알려져 있었다. 뉴턴은 태양-행성의 운행 법칙이 여기에도 적용된다는 사실을 간파했으며, 또한 지구가 우리를 잡아당기는 힘까지도 이와 동일한 맥락에서 이해될 수 있다고 생각하였다. 결국 뉴턴은 신중한 사고 끝에 "모든 물체는 다른 모든 물체를 끌어당기고 있다"는 범우주적 법칙을 발견하기에 이른다.

그 다음으로 해결해야 할 문제는 지구가 사람을 당기는 힘과 달을 당기는 힘이 동일한 법칙하에 작용되고 있는지를 확인하는 일이었다. 이 힘은 정말로 거리의 제곱에 반비례하여 작아지는가? 지구 표면 근처에 있는 어떤 물체가 자유 낙하를 시작한 1초 만에 16피트만큼 떨어졌다면, 달은 1초 동안 몇 피트나 떨어질 것인가? (MKS 단위계에 익숙한 독자들에게는 죄송하지만, 간단한 숫자로 떨어지는 경우에는 미국식 단위계를 원문 그대로 따르기로 하겠다. 참고로, 1피트는 약 0.3m, 1마일은 약 1.6km, 1인치는 2.54cm이다 : 옮긴이) 여러분은 달이 전혀 지구로 떨어지지 않는다고 생각할지도 모른다. 달에 작용하는 힘이 전혀 없다면 달은 지구 주위를 공전하지 않고 곧바로 직선 운동을 하게 될 것이다. 그러나 달은 실제로 원운동을 하고 있으므로, 원궤도와 직선 궤도와의 차이를 생각해보면 달은 매 순간 지구를 향하여 '떨어지고' 있는 셈이다. 지구로부터 달까지의 거리는 약 240,000마일이고 달의 공전 주기는 약 29일이니까, 이로부터 우리는 달이 1초 동안 떨어지는 거리를 계산할 수 있다(즉, 1초 전에 달이 있던 위치에서 궤도에 접하는 접선을 하나 긋고, 그로부터 1초 후 현재 달의 위치를 찍은 다음, 이 지점으로부터 접선까지의 거리를 재면 된다). 계산을 해보면 이 거리는 대략 1/20인치 정도인데, 이것은 중력이 거리의 제곱에 반비례한다는 가설과 매우 정확하게 들어맞는 결과이다. 왜냐하면 지구의 중심으로부터 4000마일 떨어져 있는 물체가 1초에 16피트 떨어졌다면(지구의 반경은 4000마일이다), 이보다 60배나 먼 240,000마일 바깥의 물체는 1초당 16피트 × 1/3600만큼 떨어져야 하는 데, 이 값이 거의 1/20인치이기 때문이다. 뉴턴은 중력 법칙을 처음 발견했을 때 이와 비슷한 계산을 수행하였으나 현실과 너무 동떨어진 결과가 나오는 바람에 계산 결과를 공개하지 않았다. 그로부터 6년 후, 지구의 크기를 새로 측정한 결과 그동안 천문학자들이 지구와 달 사이의 거리를 크게 잘못 알고 있었음이 밝혀졌고, 뉴턴은 새로운 데이터로 계산을 다시 수행하여 자신의 이론이 맞다는 것을 멋지게 증명할 수 있었다.

달은 지구 주변을 공전하면서 항상 같은 거리를 유지하고 있기 때문에, 달이 '떨어진다'는 말은 여러분에게 다소 혼란스럽게 들릴지도 모르겠다. 그러나 이 아이디어는 '중력'과 '운동'의 의미를 이해하는 데 매우 중요한 개념이므로, 다시 한번 설명하기로 한다. 만일 달과 지구 사이에 중력이 작용하지 않는다면, 달은 원운동을 하지 않고 그냥 직선 궤도를 따라 영원히 진행할 것이다. 그러나 실제로는 중력에 의한 원운동을 하고 있으며, 이 원궤도는 직선

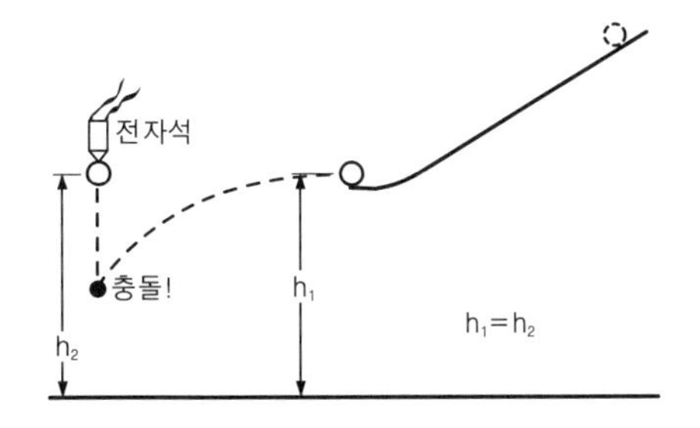

그림 7-3 수직 운동과 수평 운동이 서로 별개의 운동임을 보여주는 실험 장치

궤도와 비교할 때 분명히 지구를 향해 '떨어지는' 방향으로 진행되기 때문에 떨어진다는 표현을 사용했던 것이다. 지구의 표면에서 하나의 예를 들어보자. 지표면 근처에서 자유 낙하하는 물체는 처음 1초 동안 약 4.9m 정도 떨어진다. 그리고 수평으로 발사된 물체(총알이나 포탄 등) 역시 처음 1초 동안 수직 방향으로 4.9m 가량 떨어진다. 이 상황은 그림 7-3에 잘 표현되어 있다. 수평 레일을 달리는 구슬은 높은 곳에서 출발했기 때문에 레일을 이탈한 후에도 계속 앞으로 진행하면서 추락할 것이다. 그리고 수평 레일과 동일한 높이에 또 하나의 구슬이 전자석에 부착되어 있는데, 앞의 구슬이 수평 레일을 이탈하는 순간에 전원 공급이 차단되어 수직 방향으로 자유 낙하하도록 설계되어 있다. 자, 이런 상황에서 두 개의 구슬이 허공을 가르며 추락한다면 결과는 어떻게 될 것인가? 실험 장치에 하자가 없는 한, 이 두 개의 구슬은 어김없이 공중에서 충돌한다. 이들은 같은 시간 동안 동일한 거리만큼 '떨어지기' 때문이다. 총알과 같이 속도가 빠른 물체는 1초 동안 매우 먼 거리를 날아가지만(약 500m ~ 600m) 수평 방향으로 발사된 총알이라면 여전히 처음 1초 사이에 4.9m '떨어질' 것이다. 총알의 속도를 더욱 빠르게 하면 어찌될 것인가? 지구의 표면은 둥글다. 즉, 곡선의 형태로 휘어져 있다. 따라서 총알의 발사 속도가 충분히 빠르면 날아가는 동안 4.9m를 추락했다 하더라도 처음 발사되던 순간의 고도를 계속 유지할 수 있다. 이 경우에도 총알은 여전히 '떨어지고' 있지만, 떨어지는 총알의 궤적을 따라 지구의 표면이 '휘어져' 있기 때문에 고도가 유지되는 것이다. 그렇다면, 지표면과의 고도를 일정하게 유지하면서 영원히 앞으로 나아가려면, 초기에 어느 정도의 속도로 발사되어야 할까? 그림 7-4에는 반경 6400km의 지구와, 지구 상의 한 지점에서 발사된 총알의 직선 궤적(중력이 없는 경우)이 접선 방향으로 그려져 있다. 여기에 간단한 기하학 법칙을 적용하면, 그림에 나타난 접선(X)의 길이가 S와 2R − S의 기하 평균임을 알 수 있다. 즉, 물체가 진행한 거리의 접선 방향 길이 X는 4.9m × 1km/1000m × 12,800km의 양의 제곱근이 되며, 이 값은 약 8km 정도이다(S는 2R보다 훨씬 작기 때문에 2R − S ≅ 2R로 계산해도 크게 틀리지 않는다 : 옮긴이). 그러므로 초속 8km로 발사된 총알은 매 초당 4.9m씩 떨어지면서도 지면과의 거리를 일정하게 유지할 수 있다. 총알뿐 아니라 지구의 표면도 같이 '휘어지기' 때문이다. 그래서 인류 최초의 우주 비행사인 소련의 가가린도 초속 8km의 속도를 유지하면서 지구의 둘레를 따라 40,000km를 여행할 수 있었던 것이다. (우주선의 고도가 꽤 높았기 때문에 시간은 조금 더 걸렸을 것이다.)

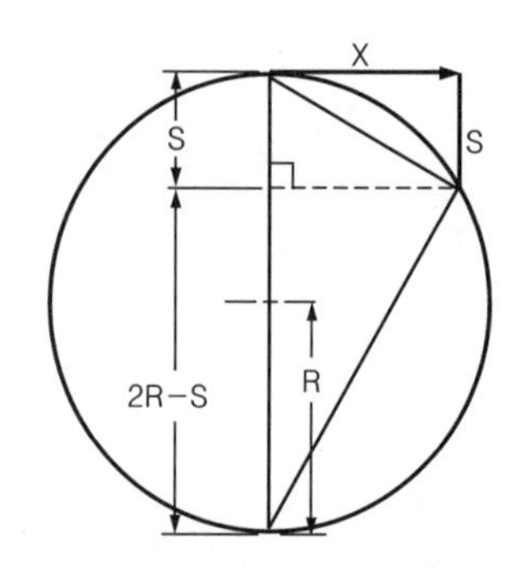

그림 7-4 원궤도의 중심 방향으로 작용하는 가속도. 간단한 기하학을 이용하면 $X/S = (2R - S)/X \cong 2R/X$임을 증명할 수 있다. 여기서 R은 지구의 반경(6400km)이고, X는 물체가 진행한 수평 방향의 거리이며 S는 1초 동안 떨어진 높이(4.9m)이다.

누군가가 제아무리 대단한 법칙을 새로 발견했다 해도, 우리가 투입한 노력보다 더 많은 것을 얻어낼 수 있어야만 '유용한 법칙'의 대접을 받을 수 있다. 뉴턴의 경우, 그는 케플러가 발견했던 두 번째와 세 번째의 법칙을 이용하여 중력의 법칙을 유도해냈다. 그렇다면 그가 얻어낸 결론은 무엇인가? 그는 중력 이론으로부터 얼마나 많은 현상들을 예측할 수 있었을까? 뉴턴은 지구의 표면 근처에서 물체가 떨어지는 현상으로부터 달의 운동을 예측할 수 있었다. 지구 상에서 일어나는 낙하 운동과 달의 주기 운동이 동일한 근원, 즉 중력에 의해 일어난다는 것은 실로 대단한 발견이며, 중력에 대한 이해가 그만큼 깊어졌음을 뜻한다. 그렇다면, 케플러의 첫 번째 법칙대로 달의 궤도 역시 타원일 것인가? 달의 운동 궤적을 정확하게 계산하는 방법은 나중에 따로 설명하기로 하고, 지금은 달의 궤도가 분명한 타원이라는 사실만 밝혀둔다. 따라서 케플러의 법칙은 뉴턴의 중력 이론만으로 100% 이해될 수 있으며, 이것으로 중력 이론의 위력은 충분히 검증된 셈이다.

중력 법칙은 그동안 미지로 남아 있었던 현상들 중 상당 부분을 설명해 주었다. 예를 들어, 바닷물의 조석(tide)은 지구에 작용하는 달의 인력 때문에 생기는 현상인데, 뉴턴 이전의 과학자들도 이와 비슷한 생각을 하긴 했지만 뉴턴만큼 분명한 논리를 갖고 있진 못했다. 그들은 달이 지표면의 물을 끌어당기고, 지구는 24시간 만에 한 바퀴의 자전을 끝내기 때문에 조석 현상이 하루에 한 번 일어난다고 생각했다. 그러나 실제로 밀물과 썰물은 같은 지점에서 하루에 두 번씩 일어난다. 또 다른 학파는 달이 '바닷물보다 지구를 더 강한 힘으로 끌어당기기 때문에' 조석 현상이 생긴다고 주장하였으나, 이 역시 잘못된 생각이었다. 실제의 상황은 다음과 같다. 바닷물에 작용하는 달의 인력과 지구에 작용하는 달의 인력은 중심부에서 서로 "균형을 이룬다." 그러나 달 쪽에 더 가까이 있는 바닷물은 평균치보다 더 강한 힘으로 끌어당겨지고, 그 반대편에 있는 바닷물에는 이보다 약한 인력이 작용하게 된다. 게다가 물은 액체이므로 자유롭게 흐를 수 있지만 딱딱한 지구는 그렇지 못하다. 이런 이유들이 복합적으로 작용하여 조석 현상이 발생하는 것이다.

"균형을 이룬다"는 말은 무슨 뜻인가? 무엇이 균형을 이룬다는 말인가? 달이 지구 전체를 잡아당기는 게 사실이라면, 지구는 왜 달 표면으로 추락하지 않는가? 이유는 간단하다. 지구도 달처럼 원궤도를 돌면서 힘의 균형을 유지하고 있기 때문이다. 단, 지구의 경우에는 이 원형 궤적의 중심이 지구의 내부에 있으며, 지구의 기하학적 중심과 일치하지는 않는다. 다시 말해서 달 혼자 지구 주위를 공전하는 것이 아니라, 지구와 달이 '하나의 공통된 지점'을 중심으로 동시에 공전하고 있다는 뜻이다. 그러므로 지구와 달은 분명히 중력의 영향으로 '떨어지고' 있으며, 그 결과로 지금과 같은 원운동이 유지되고 있는 것이다. 이 상황은 그림 7-5에 표현되어 있다. 그림에서 보는 바와 같이 지구와 달의 운동은 공통의 한 점을 중심으로 진행되며, 둘 다 원운동을 하고 있기 때문에 '떨어짐 효과'는 상쇄된다. 지구는 달을 일방적으로 거느리는 것이 아니라, 둘 다 공평하게 원운동을 함으로써 중력에 의한 추락을 견뎌내고 있다. 단, 지구는 달보다 질량이 매우 크기 때문에(약 80배) 원운동의 반경이 상대적으로 작아서 그 중심이 지구의 내부에 있는 것 뿐이다. 달에서 바라볼 때 지구의 뒤편에 있는 바닷물은 지구의 공전 중심보다 달의 인력을 적게 받으므로, 이곳에서는 방금 서술한 평형이 이루어지지 않고 원심력에 의해 바닷물의 수면이 높아진다. 그리고 달에서 보이는 쪽의 바닷물은 달의 인력이 커서 역시 평형을 이루지 못하고 달쪽으로 끌려가기 때문에 수면이 높아진다.

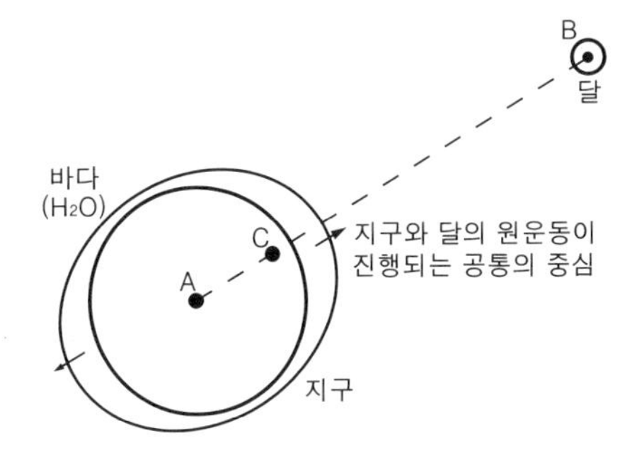

그림 7-5 지구-달, 두 행성체에 의해 발생하는 조석 현상

바로 이러한 이유 때문에 조석 현상은 하루에 두 번씩 일어나게 되는 것이다.

7-5 범우주적 중력 이론(만유인력)

중력에서 새롭게 알 수 있는 사실은 이밖에 또 무엇이 있을까? 지구가 둥글다는 것은 누구나 알고 있다. 그런데 왜 하필이면 구형인가? 다른 모양이면 안 되는 이유라도 있는가? 물론 있다. 이것도 바로 중력 때문이다. 중력은 모든 것들을 서로 끌어당기게 하고, 당기는 힘은 거리에 따라 변하기 때문에 같은 거리에 있는 동일한 물체들은 중력의 크기가 같다. 즉, 지구의 표면은 중심으로부터 거리가 모두 같기 때문에 동일한 중력이 작용하여 지금과 같은 평형 상태를 유지하고 있는 것이다. 조금 더 세밀하게 관찰해보면 지구의 정확한 모양은 완전한 구형이 아니라 약간 일그러진 타원형인데, 이것은 자전에 의한 원심력이 적도 근처에서 제일 강하게 나타나기 때문이다. 실제의 측정 결과도 지구가 타원체임을 보여주고 있으며, 찌그러진 정도, 즉 이심률까지도 정확하게 알려져 있다. 지구뿐만 아니라 태양과 달 등의 천체들도 중력 법칙에 의해 모두 구형임을 알 수 있다.

중력의 법칙으로부터 알 수 있는 또 다른 현상으로는 목성과 같이 큰 행성들과 그 주변을 공전하는 위성들을 들 수 있다. 과거의 천문학자들은 목성의 달에 관하여 하나의 미스터리를 안고 있었는데, 지금이 바로 그 문제를 언급하기에 적절한 시기인 것 같다. 목성의 위성을 주의 깊게 관측하던 뢰머(Olaus Roemer, 1644～1710)는 위성들의 이동 속도가 불규칙적으로 변한다는 사실을 알아냈다. 즉, 지구에서 볼 때 목성의 위성들은 예상 위치보다 앞서나갈 때도 있고, 또 어떤 시기에는 뒤쳐지기도 했던 것이다(충분한 시간을 두고 위성의 공전 주기를 측정하면, 임의의 시간에서 이들의 위치를 예측할 수 있다). 그리고 위성이 뒤쳐져 있는 시기에는 목성과 지구 사이의 거리가 상대적으로 멀었으며, 위성이 앞서갈 때에는 이 거리가 매우 가까워진다는 사실도 추가로 알아내었다. 이것은 중력의 법칙으로도 설명하기가 결코 쉽지 않았기에, 자칫하면 중력 이론은 이 고비를 넘기지 못하고 폐기처분될 뻔했다. 어떤 법칙이 매사에 잘 통하다가 단 한 가지 경우에라도 먹혀들지 않는다면, 그 법칙은 틀렸다고 말할 수밖에 없다. 그러나 다행히도 뢰머가 발견했던 미스터리는 중력의 범주 안에서 다음과 같이 매우 간단하고 우아하게 설명될 수 있었다. 목성(또는 그 근처의 위성)에서 반사된 빛이 지구에 도달하려면 어느 정도 시간이 걸리기 때문에, 지구에서 보이는 그들의 모습은 현재의 모습이 아닌, 약간 과거의 모습이다. 그런데, 목성과 지구 사이의 거리가 가까워지면 이 지연 시간이 짧아지고, 반대로 멀어지면 지연 시간이 길어지기 때문에 목성의 위성들이 앞서가거나 뒤쳐진 것처럼 보였던 것이다. 그리고 학자들은 이 현상으로부터 빛의 전달 속도가 유한하다는 사실도 덤으로 확인하였으며, 역사상 처음으로 빛의 속도를 산출해내는 쾌거를 이루기도 했다. 이 모든 것은 1676년에 있었던 일이다.

모든 행성들이 서로 중력을 행사하고 있다면, 목성에 중력을 행사하는 천체는 태양뿐만이 아닐 것이다. 토성을 비롯한 모든 천체들이 목성을 자기 쪽으로 끌어당기고 있다. 물론 태양의 질량은 다른 행성들을 압도할 정도로 크기 때문에 토성에 의한 영향은 그다지 크게 나타나지는 않지만, 그래도 목성에 약간의 영향력을 행사하여 목성의 궤도에 미세한 변화를 일으킨다. 실제로 목성을 관측하여 얻은 궤적은 타원에서 아주 조금 벗어나 있는데, 이 효과를 수학적으로 계산하려면 아주 복잡한 과정을 거쳐야 한다. 학자들은 목성과 토성, 천왕성에 대하여 다른 행성들에 의한 영향을 계산하였으며, 궤도의 조그만 변형까지도 중력 법칙으로 설명할 수 있는지를 확인하고자 했다. 그런데 목성과 토성의 경우에는 별 문제가 없었지만 천왕성의 궤도 이탈은 중력 법칙의 신뢰도를 위협하는 수준이었다. 천왕성의 궤도가 타원에서 벗어난 것은 목성과 토성의 인력으로 설명될 수 있었으나, 실제 천왕성이 타원 궤도에서 이탈된 정도는 계산 결과보다 훨씬 더 심각했다. 뉴턴의 중력 이론이 심각한 위기에 처한 것이다. 그후 영국의 애덤스(John Couch Adams, 1819～1892)와 프랑스의 르베리에(Urbain Jean Joseph Leverrier, 1811～1877)는 각기 독자적으로 연구를 거듭한 끝에 '아직 발견되지 않은 행성이 천왕성 근처에 더 있을 수도 있다'는 파격적인 가설을 내세웠다. 그들은 섭동 이론(perturbation theory)에 입각하여 새로운 행성의 위치를 예견하였고, 천문대의 연구원들에게 그 결과를 보냈다. "여러분, 이러이러한 방향으로 망원경의 초점을 맞추면 새로운 행성이 발견될 것입니다. 제 이론이 맞다면 틀림없습니다!" 누군가가 새로운 이론을 제시했을 때 학계의 주목을 받는 정도는 그 사람과 같이 연구한 학자의 명성에 따라 좌우되는 일이 종종 있다. 결국 천문대의 학자들은 르베리에의 말에 먼저 귀를 기울였고, 그들은 르베리에가 예견한 바로 그곳에서 새로운 행성을 발견하였다! 그리고 또 다른 천문대에서도 며칠 뒤에 문제의 행성을 찾아낼 수 있었다.

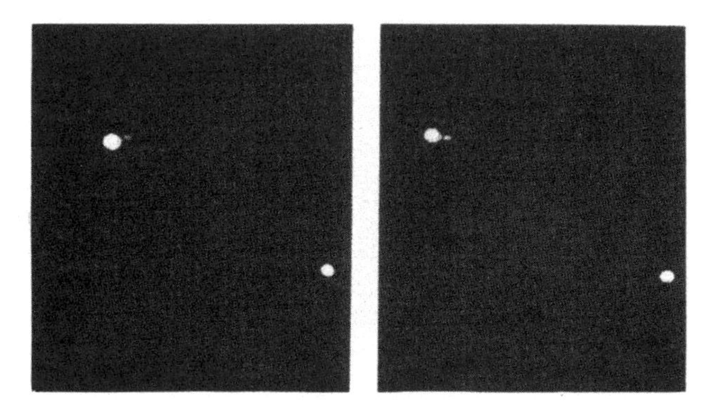

그림 7-6 연성계

이로써 뉴턴의 중력 법칙은 태양계 안에서 절대적으로 옳은 이론임이 명백하게 입증되었다. 그러나 이보다 큰 규모에서도 중력 법칙이 여전히 성립될 것인가? 이것을 검증하는 첫 번째 방법은 '별들도 행성처럼 서로 끌어당기는지'를 확인하는 것이다. 물론, 지금 우리는 그 답을 알고 있다. 별들은 분명히

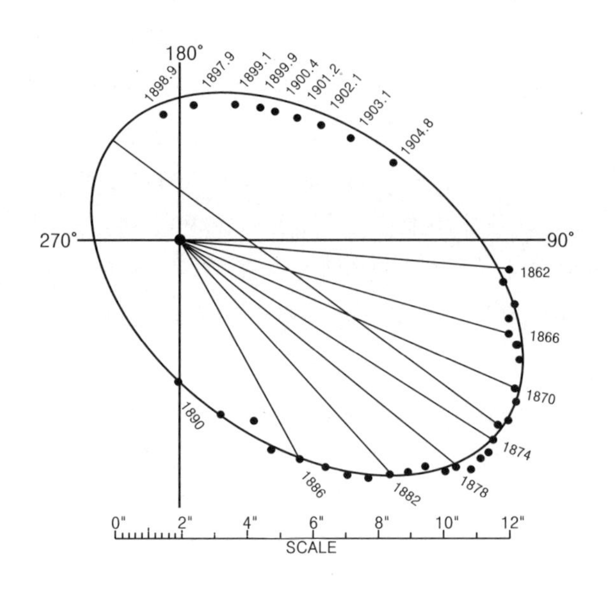

그림 7-7 시리우스 A에 대한 시리우스 B의 운동 궤적

서로 끌어당긴다. 그림 7-6에 제시된 연성계에서 그 증거를 찾을 수 있다. 왼쪽 사진에 나타난 두 개의 별은 매우 가까운 거리를 유지하고 있다. (사진을 회전시켜놓지 않았음을 보여주기 위해 좌측 상단의 큰 별 옆에 작은 또 하나의 별을 같이 제시하였다.) 그리고 그로부터 몇 년 후에 촬영한 오른쪽 사진을 보면, 좌측 상단의 '고정된' 별에 대하여 우측 하단의 별이 시계 방향으로 조금 돌아가 있음을 알 수 있다. 즉, 두 개의 별들이 서로에 대해 회전하고 있는 것이다. 그렇다면, 이들도 뉴턴의 중력 법칙을 따르고 있을까? 이 연성계의 시간에 따른 위치 변화를 그래프로 그려보면 그림 7-7과 같다.
1862년부터 1904년까지 관측된 결과를 보면, 별의 이동 궤적이 타원과 거의 일치하고 있음을 알 수 있다. (지금은 한 바퀴 이상 돌아갔을 것이다.) 여러분이 보는 바와 같이, 모든 것은 뉴턴의 중력 법칙과 아름답게 맞아떨어진다. 그런데 단 한 가지, 이상한 점이 있다. 좌측 상단에 있는 별(시리우스 A)의 위치가 타원의 초점에서 벗어나 있는 것이다. 왜 이렇게 되었을까? 이유는 간단하다. 우리의 눈에 보이는 '하늘'이라는 평면이, 궤도가 만드는 평면과 일치하지 않기 때문이다. 즉, 우리는 타원 궤적이 이루는 평면을 수직 방향에서 바라보고 있지 않기 때문에 궤적은 여전히 타원일지라도 초점의 위치가 일치하지 않는 것이다. 지금까지 얻어진 결과로부터 우리는 중력 법칙이 범우주적으로 적용된다는 사실을 알 수 있다. 중력 법칙에 위배되는 현상은 지금까지 단 한 번도 발견된 적이 없었다.

중력 법칙은 그림 7-8처럼 천문학적 규모에서도 여전히 성립한다. 이 사진 속에서 중력의 존재를 느끼지 못하는 사람은 영혼이 없는 사람이다. 이것은 우주에서 볼 수 있는 가장 아름다운 장관인 구형 성단(globular star cluster)이다. 여기 나타난 모든 점들은 각각 하나의 별(항성)에 해당된다. 사진에서 보면 성단의 중심부에 별들이 빽빽하게 뭉쳐져 있는 것처럼 보이지만, 이것은 촬영에 사용한 망원경의 성능이 시원찮아서 그렇게 보이는 것이고, 실제로는

그림 7-8 구형 성단

성단의 중심부에서도 별들 사이의 간격이 꽤 멀어서 별들끼리 충돌하는 일은 거의 없다. 단지 성단의 바깥으로 갈수록 별의 수가 줄어드는 광경이 그림 7-8처럼 잡힌 것이다. 이로부터 미루어 볼 때, 중력의 법칙은 태양계보다 10만 배나 큰 성단 규모에도 적용되고 있음을 알 수 있다. 여기서 한 걸음 더 나아가, 그림 7-9와 같은 은하 전체를 살펴보기로 하자. 사진을 주의 깊게 보면, 물체들이 서로 뭉치려는 경향이 있음을 알 수 있다. 물론, 이것만으로 그들 사이의 인력이 거리의 제곱에 반비례하는지를 확인할 수는 없지만, 이렇게 광활한 영역에도 서로 잡아당기는 힘이 존재한다는 사실에 이의를 달 사람은 없을 것이다. 혹자는 이런 질문을 던질 수도 있다. "글쎄요… 그럴듯한 설명이긴 하지만, 그림 7-9의 은하는 왜 구형이 아니죠?" 아주 좋은 질문이다. 은하는 회전하고 있기 때문에 고유의 각운동량을 갖고 있다. 그리고 이 각운동량은 은하 전체가 수축되는 과정에서도 항상 보존되어야 하기 때문에, 모든 별들이 하나의 평면 위에 놓이게 되는 것이다(은하의 구체적인 형태를 설명

그림 7-9 은하

그림 7-10 은하들이 모인 성단

그림 7-11 별들 사이에 퍼져 있는 먼지 구름

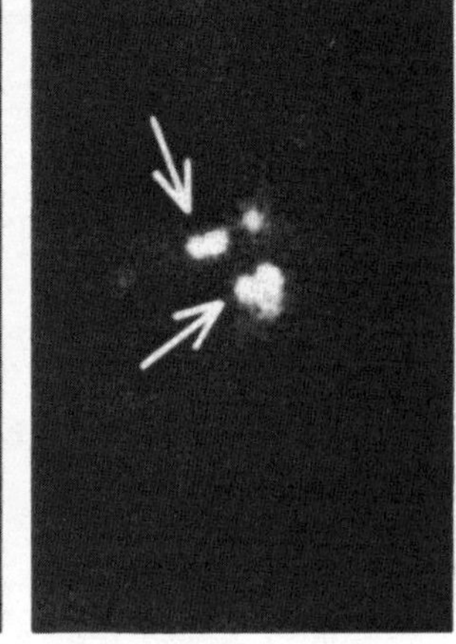

그림 7-12 새로운 별의 탄생?

해주는 이론은 아직 알려지지 않고 있다). 은하의 구조가 워낙 복잡하여 자세한 사항은 알 수 없지만, 중력 때문에 지금과 같은 모양을 갖는다는 것은 분명한 사실이다. 은하의 지름은 대략 5만~10만 광년이다. 빛이 태양과 지구 사이를 8분 20초 만에 주파하니까, 이것이 얼마나 방대한 규모인지 대충 짐작할 수 있을 것이다.

이보다 더 큰 규모에도 중력은 여전히 존재한다. 그림 7-10에는 여러 개의 '조그만' 천체들이 한데 뭉치려는 모습을 보여주고 있다. 이들은 성단과 비슷한 '은하의 성단(은하들의 집합)'으로서, 이들 역시 한데 뭉치려는 경향을 갖고 있다. 따라서 중력은 수천만 광년의 먼 거리까지 작용하는 '원거리 상호작용'임이 분명하다. 지금까지 알려진 바에 의하면, 중력은 거리의 제곱에 반비례하면서 무한히 먼 곳까지 작용하는 듯하다.

중력의 법칙을 이용하면 성운(nebulae)의 구조뿐만 아니라, 별의 기원에 관한 몇 가지 아이디어를 유추해낼 수도 있다. 그림 7-11처럼 거대한 먼지 구름과 가스가 산재되어 있을 때, 개개의 먼지 조각들은 자기들끼리 인력을 행사하여 조그만 덩어리를 이룰 것이다. 사진에는 잘 보이지 않지만, 아주 조그맣고 검은 점들이 도처에서 발견되는데, 이들은 먼지와 가스가 중력으로 응축된 형태로서 별의 태아기에 해당된다. 별이 형성되는 과정을 우리가 과연 본 적이 있는지, 이것은 아직도 논쟁거리로 남아 있다. 그림 7-12에는 별의 탄생 과정으로 추정되는 사진이 제시되어 있다. 왼쪽 사진은 1947년에 촬영된 것으로, 몇 개의 별과 그들을 둘러싸고 있는 기체의 모습으로 추정되며, 7년 후에 촬영된 오른쪽 사진에는 두 개의 밝은 점이 새롭게 형성되어 있다. 그동안 가스층이 중력으로 밀집된 후에 그 내부에서 핵융합 반응이 일어나 새로운 별이 탄생한 것일까? 그럴 수도 있고, 그렇지 않을 수도 있다. 단 7년 만에 별이 이토록 '몰라보게' 성장한다는 것은 별로 설득력이 없다. 물론 지독하게 운이 좋았다면 별이 급격하게 성장하는 7년의 '찰나'에 우리의 망원경에 잡혔다고 주장할 수도 있겠지만, 글쎄… 그렇게 엄청난 행운이 지구인에게 찾아왔을까?

7-6 캐번디시의 실험

중력은 방대한 영역에 걸쳐 작용하는 힘이다. 그러나 두 개의 물체 사이에 힘이 작용한다면, 우리는 그 힘의 크기를 측정할 수 있어야 한다. 그렇다면 멀리 있는 별때문에 고생할 것이 아니라, 납으로 만든 공과 대리석 공을 적당한 거리에 놓아두고 서로 상대방에서 끌려가는 현상을 관측하면 되지 않을까? 그러나 애석하게도 이런 장면을 실험실에서 관측하기란 보통 어려운 일이 아니다. 중력 자체는 너무나도 약한 힘이기 때문이다. 이 현상을 눈으로 확인하려면 완전 진공 상태를 유지해야 하고 전기 전하의 발생을 차단하는 등 매우 세심한 주의가 필요하다. 이런 방법을 이용하여 중력을 최초로 측정한 사람은 캐번디시(Henry Cavendish, 1731∼1810)였으며, 그가 사용했던 기구는 그림 7-13에 약식으로 소개되어 있다. 캐번디시는 비틀림 섬유(torsion fiber)라 불리는 아주 가느다란 막대의 한쪽 끝에 납으로 된 공을 매달아 놓고, 반대쪽 끝에는 이보다 작은 납으로 된 공 두 개를 매달아놓은 상태에서 섬유의 뒤틀림 정도를 측정하여, 중력의 크기뿐만 아니라 그 힘이 거리의 제곱에 반비례한다는 사실도 입증할 수 있었다. 이 결과를 이용하면, 다음의 식

$$F = G\frac{mm'}{r^2}$$

에 나타나는 상수 G의 값을 정확하게 결정할 수 있다. 여기서, 질량과 거리는 이미 알고 있는 값이다. 여러분은 이렇게 묻고 싶을 것이다. "지구에 의한 중력의 크기는 이미 알고 있지 않은가?" 물론 맞는 말이다. 그러나 당시에는 지구의 질량이 얼마나 되는지 알 길이 없었다. 캐번디시의 실험 덕분에 G의 값이 알려진 후, 지구에 의한 중력의 크기로부터 거꾸로 연역하여 지구의 질

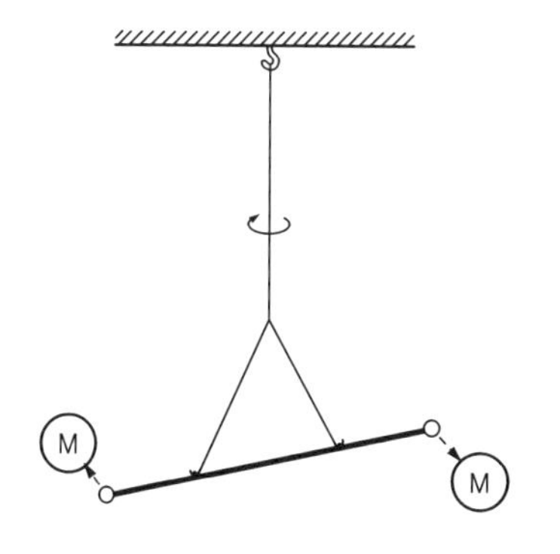

그림 7-13 캐번디시가 작은 물체의 중력을 측정하기 위해 사용했던 실험 장치의 개요도. 그는 이 장치를 이용하여 중력 상수 G의 값을 알아냈다.

량을 알아낸 것이다. 그래서 이 실험은 "지구의 몸무게 측정하기"라는 명칭으로 불려지기도 했다. 캐번디시는 자신이 지구의 질량을 측정했다고 주장했지만, 사실 그가 측정한 것은 지구의 질량이 아니라 중력 상수 G의 값이었다. 그리고 이것은 지구의 질량을 알아내는 유일한 방법이기도 했다. 현재 알려진 G의 값은

$$6.670 \times 10^{-11} \mathrm{newton} \cdot \mathrm{m}^2/\mathrm{kg}^2$$

이다.

중력 이론이 거둔 대단한 성공이 과학의 역사에 끼친 영향력의 중요성은 아무리 강조해도 지나치지 않을 것이다. 이 법칙의 단순 명료성을 지금껏 수많은 토론과 역설을 낳았던 이전 시대의 갖가지 혼란·불확실·무지와 비교해보라! 이제는 하늘의 달이며 행성이며 별이 이처럼 단순한 법칙을 따르고 있다는 것을 알기 때문에, 우리는 행성의 움직임조차 예측할 수 있게 된 것이다! 중력 법칙의 발견으로 인해 그 이후의 과학은 대단한 성공을 거둘 수 있었다. 왜냐하면, 중력 법칙과 마찬가지로 이 세상의 다른 현상들도 이렇게 단순하고 아름다운 법칙을 따를 것이라는 희망을 주었기 때문이다.

7-7 중력이란 무엇인가?

위에 적은 수식처럼, 중력이라는 것이 그렇게 단순한 법칙일까? 그 속으로 파고 들어가면 더욱 복잡한 구조가 숨어 있는 것은 아닐까? 나는 지금까지 지구가 중력에 의해 태양 주위를 공전한다는 사실만 이야기했을 뿐, 그 중력이 '왜' 생기는지에 대해서는 아직 아무런 언급도 하지 않았다. 뉴턴은 이 점에 대하여 아무런 가설도 내세우지 않았으며, 중력이라는 현상을 발견한 것으로 만족했다. 그리고 뉴턴 이후로 어느 누구도 중력이 생기는 원인을 시원하게 설명하지 못했다. 이렇게 추상적인 구석을 갖는 것이 바로 물리 법칙의 특성이기도 하다. 에너지 보존 법칙은 '왜 보존되어야 하는지'에 대하여 아무런 설명도 없이 '이러이러한 물리량들을 더한 값은 항상 일정해야 한다'고 일방적으로 주장만 할 뿐이다. 이 밖에도 역학의 위대한 법칙들 역시 정량적인 수학 중력 법칙의 범주를 넘지 못하며, 그 내부 구조에 관해서는 함구하고 있다. 그 이유를 아는 사람은 아무도 없다. 우리가 알고 있는 방법이 그것뿐이기 때문에, 계속해서 앞으로 나가는 수밖에 없는 것이다.

그동안 중력의 원인을 설명하는 수많은 이론들이 제시되어 왔는데, 이들 중 많은 사람들의 관심을 끌었던 이론 하나를 잠시 살펴보자. 이 이론을 처음 들었을 때에는 누구나 무릎을 치지만, 잠시 생각해보면 틀렸다는 것을 금방 알 수 있다. 1750년경에 발표되었던 문제의 가설은 다음과 같다. 우주 공간 전역에 걸쳐서, 모든 방향으로 매우 빨리 움직이는 입자들이 가득 차 있다고 상상해보자. 이 입자들은 투과력이 매우 강하여 물체를 관통할 때 극히 일부만 흡수된다. 이들이 지구에 흡수될 때에는 약간의 충격을 주겠지만, 운동하

는 방향이 완전 무작위이므로 지구에 전달되는 충격은 모두 상쇄되어 사라질 것이다. 그런데 근처에 태양과 같은 천체가 존재한다면, 태양이 일종의 스크린 역할을 하여 지구로 향하는 입자들 중 일부를 흡수해줄 것이고, 그 결과 지구를 때리는 입자들은 태양의 반대편 쪽(밤에 해당되는 지역)을 더욱 맹렬하게 때려서 지구를 태양 쪽으로 '밀어주는' 알짜 힘을 만들어낼 것이다. 그리고 이 힘은 거리의 제곱에 반비례한다. 왜냐하면 태양에 대응되는 입체각(solid angle)은 지구와 태양 사이의 거리에 따라 달라지기 때문이다(자세한 설명은 생략한다). 자, 이 정도면 중력의 원인을 설명하는 데 거의 손색이 없어 보인다. 그러나 이것은 틀린 이론이다. 대체 어디가 잘못되었을까? 만일 이것이 사실이라면, 지구는 공전하는 동안 뒷면보다 앞면에(진행 방향을 향한 면) 더욱 많은 충격을 받을 것이다(비를 맞으며 달려갈 때, 얼굴의 뒷면보다 앞면에 떨어지는 빗방울이 더 아프다). 따라서 지구는 이 여분의 충격 때문에 공전 속도가 점차 느려질 것이며, 결국에는 공전을 멈추고 태양을 향해 추락하게 될 것이다. 이런 대파국이 일어날 때까지 시간이 얼마나 걸리는지는 어렵지 않게 계산할 수 있는데, 그 결과는 현재 알려진 지구의 수명(45억 년)보다 형편없이 짧기 때문에 사실로 인정될 수가 없는 것이다. 지금까지 제시되었던 이론들도 모두 이와 유사한 모순점이 발견되어 학계에 수용되지 못했다.

이제, 중력과 다른 힘들과의 관계에 대하여 생각해보자. 지금까지 알려진 바에 의하면 다른 힘으로 중력을 설명하는 방법은 존재하지 않는다. 중력은 전기력 때문에 생기는 것도 아니며, 다른 어떤 힘을 동원한다 해도 중력의 존재를 설명할 수는 없다. 그러나 중력은 여타의 다른 힘들과 그 형태가 매우 비슷하기 때문에 이들 사이의 유사성을 관찰하는 것은 나름대로 의미가 있다. 예를 들어, 전하를 띤 두 물체 사이에 작용하는 힘은 중력의 법칙과 매우 비슷하다. 전기력의 크기는 어떤 상수 값에 두 전하량을 곱하고, 이 값을 두 전하 사이의 거리의 제곱으로 나눔으로써 얻어진다. 물론, 전기력은 인력과 척력이 모두 존재한다는 점에서 중력과는 본질적으로 다르다. 그러나 힘의 크기를 나타내는 공식이 중력과 이렇게 유사하다는 것은 실로 놀라운 일이다. 중력과 전기력은 우리의 짐작보다 훨씬 더 친밀한 현상일지도 모른다. 그래서 대다수의 물리학자들은 이들을 하나로 통일하는 통일장 이론(unified field theory)을 연구하고 있다. 그러나 중력과 전기력을 비교할 때 가장 흥미를 끄는 부분은 힘의 '상대적인 크기'이다. 이 두 가지 힘을 모두 포함하는 이론이라면, 그로부터 중력의 세기를 유추해낼 수 있어야 한다.

두 개의 전자가 서로 적당한 거리만큼 떨어져 있을 때, 전기력은 이들을 서로 밀쳐내고 중력은 이들을 서로 잡아당기는 방향으로 작용할 것이다. 이 두 가지 힘의 상대적 비율은 전자 사이의 거리와 무관하며, 자연계에 존재하는 근본적인 상수이다. 계산 결과는 그림 7-14에 나와 있는데, 보다시피 중력을 전기력으로 나눈 값은 $1/4.17 \times 10^{42}$밖에 되지 않는다! 다시 말해서, 전기력의 세기가 중력의 4.17×10^{42}배라는 뜻이다. 이렇게 큰 숫자는 대체 어디서 나온 것일까? 이것은 벼룩의 부피를 지구의 부피로 나눈 것처럼 우연히

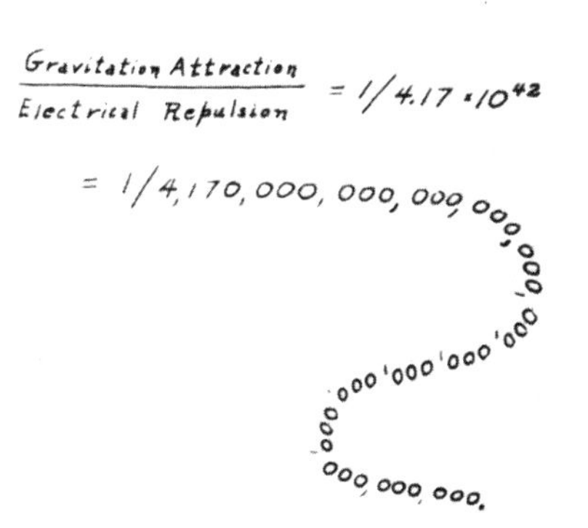

그림 7-14 두 개의 전자 사이에 작용하는 중력과 전기력의 크기 비교

나타난 숫자가 아니다. 우주의 근본을 이루는 전자의 두 가지 성질을 비교 하면서 얻어진, 필연적인 숫자인 것이다. 이 환상적인 숫자는 자연에 내재된 근본적 상수이므로, 무언가 깊은 의미를 지니고 있을 것이다. 일부 학자들은 "훗날 우리가 범우주적인 방정식을 찾아낸다면, 이 방정식의 근들 중 하나가 4.17×10^{42}일 것이다" 라며 낙관적인 견해를 보이고 있다. 그러나 이런 괴물 같은 숫자를 근으로 갖는 방정식을 찾기란 결코 쉬운 일이 아니다. 물론, 다른 가능성도 있다. 그중 하나는 이 숫자를 우주의 나이와 연관시키는 것이다. 그렇다면 우리는 다른 영역에서 엄청나게 큰 숫자를 또 찾을 수 있어야 한다. 그런데, 우주의 나이를 '년(year)' 단위로 헤아리는 것이 과연 옳은 발상일까? 절대로 그렇지 않다.

1년이라는 시간은 오직 지구라는 행성에서만 통용되는 단위일 뿐, 결코 범우주적인 시간 단위가 될 수 없다. 이보다 좀더 자연적인 시간의 척도로서, 빛이 양성자를 가로지르는 데 걸리는 시간을 생각해보자. 이것은 약 10^{-24}초이다. 현재 알려진 우주의 나이는 대략 2×10^{10}년인데, 이 값을 10^{-24}초로 나누면 그 결과 역시 10^{-42}이다. 0의 개수가 42개로 같다는 사실만으로도, 우주의 나이와 중력 상수는 무언가 깊은 관계에 있다는 심증을 가질 만하다. 만일 이것이 사실이라면, 중력 상수는 시간이 흐름에 따라 변해가야 한다. 왜냐하면 우주는 지금도 계속해서 나이를 먹고 있으므로, 우주의 나이를 10^{-24}초(빛이 양성자를 가로지르는 데 걸리는 시간)로 나눈 값도 점차 커져갈 것이기 때문이다. 중력 상수가 시간에 따라 변하는 것이 과연 가능할까? 물론, 이 변화는 엄청 느리게 진행되기 때문에 수십 년 사이에 확인하기는 어려울 것이다.

우리가 할 수 있는 최선의 실험은, 지난 10억 년 동안 중력 상수가 어떻게 변해왔는지를 추적하는 것이다. 10억 년은 지구상에 생명체가 존재해온 기간이며, 우주 나이의 1/10에 해당되는 시간이다. 앞에서 제시한 추론이 맞는다면, 10억 년 전의 중력은 지금보다 10%정도 컸을 것이다. 태양의 구조(자체 질량과 복사 에너지 사이의 비율)로부터 유추해본다면, 10억 년 전의 태양은 지금보다 10% 정도 더 밝았을 것이다. 지구와 태양 사이의 거리는 지금보다 훨씬 더 가까웠고, 지구의 온도는 지금보다 100°C 정도 더 뜨거웠을 것이며, 따라서 모든 물은 바다가 아니라 수증기의 형태로 존재했을 것이므로 생명은 바다에서 시작되지 않았을 것이다. 이렇게 뜯어고쳐야 할 내용이 너무 많기 때문에, 중력 상수가 우주의 나이와 함께 변한다는 주장은 별로 설득력이 없다. 그러나 누가 알겠는가? 지금 제시된 반론 역시 100% 확실한 논리가 아니기 때문에 여기서 결론을 내리기는 어렵다.

중력이 질량에 비례한다는 것은 분명한 사실이다. 그리고 질량이란 관성의 척도로서, 원운동하고 있는 물체를 계속 붙잡아두는 데 얼마나 큰 힘이 들어가는지를 나타내는 양이기도 하다. 그러므로 질량이 다른 두 개의 물체가 어떤 커다란 물체를 중심으로 공전하고 있을 때, 이들의 공전 반경이 똑같다면 공전 속도도 같아야 한다. 무거운 물체일수록 큰 힘으로 붙잡아두어야 하는데, 중력이라는 힘 자체가 질량에 비례해서 커지기 때문이다. 만일 하나의 물체가 다른 물체보다 안쪽 궤도를 돌고 있다면, 이 궤도 역시 영원히 유지될 것이다. 이것은 완전한 균형을 이룬 상태이다. 그러므로 가가린(Gagarin)과 티토프(Titov)는 그들이 타고 있었던 우주선 안에서 모든 물체들이 무중력 상태임을 목격했을 것이다. 그 안에서 분필토막 하나를 허공에 놔두었다면, 그것 역시 우주선과 정확하게 같은 속도로 지구 주위를 공전했을 것이며, 우주선 안에서는 완전하게 정지해 있는 것처럼 보였을 것이다. 중력의 크기를 좌우하는 질량과 관성의 크기를 결정하는 질량이 정확하게 같다는 것은 참으로 흥미로운 사실이다. 만일 이들이 서로 무관한 값이었다면, 가가린이 탔던 우주선의 내부는 질량이 다른 물체들이 제각각의 속도로 공전하여 난장판이 되었을 것이다. 1909년에 외트뵈시(Roland von Eötvös, 1848～1919)는 실험을 통하여 중력 질량과 관성 질량이 정확하게 같다는 것을 최초로 확인하였으며, 이 사실은 후에 디키(Robert Henry Dicke, 1916～1997)에 의해 재확인되었다. 실험에 나타난 중력 질량과 관성 질량의 차이는 1/1000000000 이내로서, 이 정도면 이론의 여지가 없다.

7-8 중력과 상대성 이론

300여 년 동안 물리학계를 평정해왔던 뉴턴의 중력 이론에 종지부를 찍은 것은 그 유명한 아인슈타인의 상대성 이론이었다. 뉴턴의 이론에서 하자가 발견된 것이다! 아인슈타인은 잘못된 부분을 수정하여 일반 상대성 이론을 완성시켰다. 뉴턴의 중력 이론에 의하면, 중력이 전달되는 데에는 시간이 전혀 소요되지 않는다. 그래서 임의의 질량 하나가 특정 위치에 놓여 있다가 갑자기 위치를 바꾸면, 주변의 물체들은 달라진 중력을 '즉시' 느낀다는 것이다. 다시 말해서, 중력 신호는 전달 속도가 무한대라는 뜻이다(사실은 뉴턴 자신도 이 문제를 놓고 심각하게 고민했지만, 별다른 해결책을 찾지 못해 '각자의 상상에 맡긴다'는 말로 얼버무렸다 : 옮긴이). 그러나 아인슈타인은 상대성 이론을 연구하는 과정에서 '어떤 물체건, 신호건 간에 빛보다 빨리 이동할 수는 없다'는 대원칙을 발견하였으며, 제아무리 맹위를 떨치던 중력 이론이라 해도 여기서 예외가 될 수는 없었다. "중력이 전달되는 데에도 분명히 시간이 소요된다"는 것이 아인슈타인식 중력 이론의 요지이다. 상대성 이론에 의하면, 에너지와 질량은 동일한 실체로서 에너지가 있는 곳에는 반드시 질량이 존재한다(여기서 질량이란, 중력에 의해 끌리는 질량을 의미한다). 심지어는 빛조차도 질량을 갖는다. 빛은 에너지를 실어나르기 때문이다. 그래서 빛이 태양 근처를 스쳐지나갈 때에는 태양의 중력에 '끌려서' 빛의 경로가 휘어지는데, 이 현상은 관측을 통해 사실임이 확인되었다.

마지막으로, 중력과 다른 이론들을 비교해보자. 최근 들어 우리는 모든 질량이 아주 작은 입자들로 이루어져 있고, 그 안에서는 핵력을 비롯한 몇 가지의 상호 작용이 진행되고 있음을 알게 되었다. 그러나 핵력이나 전자기력으로는 중력의 근원을 설명할 수 없다. 그리고 중력 이론에 양자 역학을 접목시키는 작업도 아직 미해결 상태로 남아 있다. 양자 역학적 효과가 두드러지게 나타나는 미시 영역에서는 중력에 의한 효과가 너무나 미미하기 때문에 양자 중력 이론의 필요성은 그다지 크게 부각되지 않고 있다. 그러나 물리학의 이론들이 서로 모순을 일으키지 않으려면, 아인슈타인의 중력 이론은 양자 역학의 불확정성 원리와 조화롭게 합쳐져야 할 것이다.

CHAPTER 08
운동

8-1 운동의 서술

시간의 흐름에 따라 물체에 일어나는 다양한 변화들을 일련의 법칙으로 정리하기 위해서는 먼저 그 변화를 서술하고 기록하는 방법이 있어야 한다. 일상적인 물체에서 흔히 볼 수 있는 가장 단순한 변화는 시간에 따른 위치의 변화인데, 이것을 운동(motion)이라고 한다. 지금부터, 운동중인 물체를 생각해보자. 이 물체의 한 부분에는 지워지지 않는 점이 찍혀 있어서, 우리는 이 점의 운동만 관측하기로 한다. 그것은 자동차의 방열기 뚜껑일 수도 있고, 떨어지는 공의 무게 중심일 수도 있다. 아무튼, 우리의 목적은 그 점의 움직임과 움직이는 원리를 서술하는 것이다.

'한 점의 운동'이라고 하면, 여러분에게는 하찮게 들릴 수도 있다. 그러나 이 단순한 과정에서도 여러 가지 미묘한 요소들이 개입된다. 물론, 대부분의 변화 과정은 점 하나의 운동보다 훨씬 다루기가 어렵다. 예를 들어, 굼벵이처럼 기어가면서도 매우 빠르게 형성되고 증발하는 구름의 이동이나, 수시로 변하는 여자의 마음은 정말로 서술하기 어렵다. 마음의 변화 과정을 물리학적으로 분석하는 것은 아직도 요원한 일이다. 그러나 구름의 경우에는 수많은 기체 분자의 집합체로 표현될 수 있기 때문에, 원리적으로는 구름을 이루고 있는 각 분자의 운동을 일일이 규명함으로써 구름의 전체적인 운동을 서술할 수도 있을 것이다. 이와 마찬가지로, 마음의 변화 역시 두뇌를 이루고 있는 원자들의 변화에서 기인할 것이다. 하지만 안타깝게도, 그 인과 관계를 설명해줄 만한 논리는 아직 발견되지 않았다.

우리가 한 점의 운동에서부터 시작해야 하는 이유가 바로 이것이다. 점의 정체는 원자일 수도 있고, 그보다 작은 소립자일 수도 있지만, 지금은 처음이니까 까다롭게 따지지 말고 그냥 작은 물체라 생각하고 넘어가자. 여기서, '작다'는 말은 "움직여간 거리에 비해 물체의 크기가 아주 작다"는 뜻이다. 예를 들어 수백 킬로미터를 달리는 차의 운동을 서술할 때, 그 차의 앞과 뒤를 구별할 필요는 없다. 거기에 약간의 차이가 있는 것은 분명하지만, 지금 당장은 그 정도의 정확성을 요구할 필요가 없기 때문에 대충 '자동차'라고 표현하면 그만이다. 우리가 문제 삼고 있는 점도 수학적으로 엄밀한 점일 필요가 없다. 그리고 앞으로 당분간은 이 세상이 3차원이라는 사실도 잊기로 하자. 처음에는 문제의 단순화를 위해, 외길 위를 달리는 자동차처럼 한쪽 방향으로 진행하는 운동만을 고려할 것이다. 이렇게 1차원에서의 운동을 살펴본 후에, 나중에 때가 되면 실제의 3차원으로 돌아올 것이다. 여러분은 이렇게 말하고 싶을 것이다—"1차원에서 점의 운동이라… 그건 너무 썰렁하지 않습니까?" 맞는 말이다. 엄청나게 썰렁하다. 그러나 명심하라. 이 세상의 모든 복잡함은 단순함의 집합에 지나지 않는다! 자, 그렇다면 자동차의 1차원 운동은 어떻게 서술될 수 있을까? 사실, 이보다 더 간단한 운동이란 있을 수 없다. 방법은 여러 가지가 있지만, 그중 한 가지는 다음과 같다. 시간에 따른 자동차의 위치 변화를 알기 위해, 매 시간 출발점으로부터 현 위치 사이의 거리를 측정하여 그 결과를 표 8-1처럼 기록하는 것이다. 여기서 s는 출발점으로부터 측정한 자동차의 현재 위치이며, t는 측정이 이루어진 시간을 나타낸다(차가 출발했을 때의 시간을 $t = 0$으로 세팅한 결과이다). 표의 첫 줄은 자동차가 출발하는 순간에 해당되므로 이동 거리도 없다. 그 다음, 출발해서 1분이 지난 후에는 1200피트를 이동했고, 2분이 지난 후에는 더 멀리 갔다. 그런데 데이터를 자세히 보면, 처음 1분 동안 이동한 거리보다 그 다음 1분 동안 이동한 거리가 더 길다. 바로 자동차가 가속 운동을 했다는 뜻이다. 그리고 3~4분 사이와 4~5분 사이에서는 또 다른 현상이 나타났다. 아마 정지 신호에 걸려서 멈춘 것 같다. 그후에 다시 속도를 내어 6분이 지나서는 14,000피트를 갔고 7분 후에는 18,000피트, 그리고 8분 후에는 24,500피트를 갔다. 9분 후에는 24,000피트 밖에 가지 못했는데, 그 이유는 여러분도 짐작할 것이다. 경찰관이 과속 딱지를 떼기 위해 차를 세웠기 때문이다(5500ft/min = 100km/h : 옮긴이).

표 8-1

t(분)	s(피트)
0	0
1	1200
2	4000
3	9000
4	9500
5	9600
6	13000
7	18000
8	23500
9	24000

이것이 바로 운동을 서술하는 한 가지 방법이다. 또 다른 방법으로, 그래프를 이용할 수도 있다. 가로축에 시간을 대응시키고 세로축에 거리를 대응시키면 그림 8-1과 같은 곡선을 얻게 된다. 자동차가 후진을 하지 않는 한, 시간이 지남에 따라 거리도 증가하는데, 처음에는 천천히 증가하다가 그후 증가하는 속도가 빨라지고, 4분이 경과한 시점에서는 잠시 동안 매우 느려진다. 그리고 몇 분 뒤에 다시 빠르게 증가하여 마침내 9분이 경과한 후에는 거리가 더 이상 증가하지 않게 된다. 이것은 표의 도움 없이 그래프만으로도 유추할 수 있는 결과이다. 자동차의 운동 상태를 더욱 정확하게 서술하려면 1분 단위가 아니라 30초(또는 그 이하) 단위로 끊어서 얻은 데이터가 필요하겠지만, 일단 이 그래프는 매 시간 자동차의 위치를 모조리 관측하여 얻은 완벽한 결과라고 가정하자.

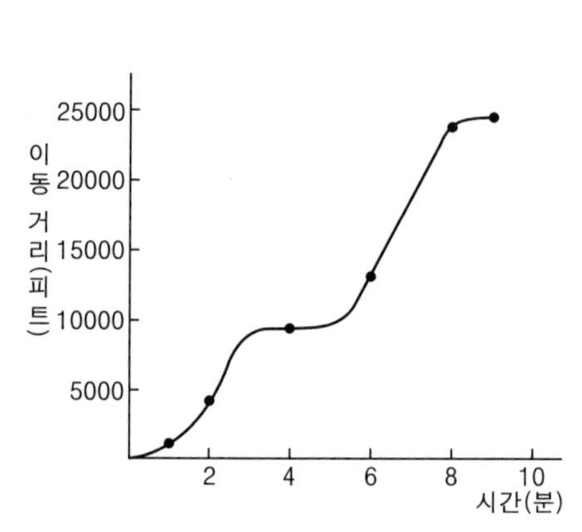

그림 8-1 자동차의 이동 거리와 시간에 대한 그래프

실제 자동차의 운동은 꽤 복잡하다. 이보다 좀더 단순한 운동으로는 떨어지는 공을 들 수 있다. 표 8-2는 떨어지는 물체에 대하여 측정 시간과 떨어진 거리를 나타낸 것이다. 공은 $t = 0$초일 때(떨어지기 시작한 시점) 0피트 떨어졌고, 1초가 지난 후에는 16피트 떨어졌다. 2초가 지났을 때 64피트 떨어지고, 3초 후에는 144피트… 등등이다. 이 표의 숫자들을 그래프의 점으로 옮겨보면 그림 8-2와 같이 말끔한 포물선을 얻게 된다. 이 곡선의 방정식은 다음과 같이 쓸 수 있다.

$$s = 16t^2 \tag{8.1}$$

이 식은 임의의 시간(t)에 대한 공의 낙하 거리(s)를 말해주고 있다. 그렇다면 여러분은 "자동차의 경우에도 이런 식이 있어야 하지 않겠느냐"고 따질 수도 있다. 물론 좋은 지적이다. 실제로 그러한 식은 다음과 같이 추상적인 형태로 쓸 수 있다.

$$s = f(t) \tag{8.2}$$

여기서 s는 시간 t에 따라 변하는 양(거리)이며, 수학적으로 표현하면 s는 t의 함수이다. 자동차 경우에는 이 함수가 어떻게 생겼는지 알 방법이 없었기 때문에, 식 (8.1)과 같이 구체적인 대수 방정식을 쓸 수 없었던 것뿐이다.

표 8-2

t(분)	s(피트)
0	0
1	16
2	64
3	144
4	256
5	400
6	576

지금까지 들었던 두 가지 사례는 운동 상태가 너무 단순하여 별로 건질 만한 내용이 없는 것 같다. 그러나 여기에는 몇 가지 매우 미묘한 개념이 들어 있다. 우선, '시간'과 '공간'의 개념부터 살펴보자. 이들의 진정한 의미는 과연 무엇인가? 시간과 공간은 다분히 철학적인 개념으로서, 물리적으로 다룰 때에는 각별한 주의를 기울여야 한다. 상대성 이론이 말해주듯이, 시간과 공간은 결코 쉽게 다룰 수 있는 대상이 아니다. 그러나 지금 우리의 수준에서 물리적 개념들을 엄밀하게 정의하는 데 집착할 필요는 없다. 여러분은 이렇게 반문할지도 모른다. "그거 이상하네요. 과학은 모든 것을 엄밀하게 정의해야 한다고 배웠는데… 제가 잘못 알고 있는 건가요?" 물론 잘못 알고 있는 건 아니다. 하지만 안타깝게도 이 세상에는 정확하게 정의할 수 있는 대상이 하나도 없다! 무언가를 정확하게 정의하려고 하면, 그 당장 철학자들의 전매특허인 미궁 속으로 빠져들게 된다. 두 명의 철학자들이 나누는 대화를 잠시 들어보자—"자네는 지금 자신이 하는 말이 무슨 의미인지 전혀 모르고 있어!" "그런가? 하지만 '안다'는 것의 진정한 의미는 뭐지? '말'의 의미는 또 무엇이며, '자신'의 진정한 의미는 뭘까?" 이런 식으로는 문제의 핵심에 이를 수가 없다. 생산적인 대화가 이루어지려면 서로 동일한 대상에 대해 이야기하고 있다는 전제가 필요하며, '동일함'의 조건을 놓고 지나치게 따지는 것은 시간 낭비이다. 여러분은 시간에 대해서 대충 필요한 만큼은 알고 있다. 물론 거기에는 복잡 미묘한 성질이 은밀하게 숨어 있지만, 우리는 그것 없이도 얼마든지 논리를 전개할 수 있다. 자세한 사항은 나중에 자세히 설명할 것이다.

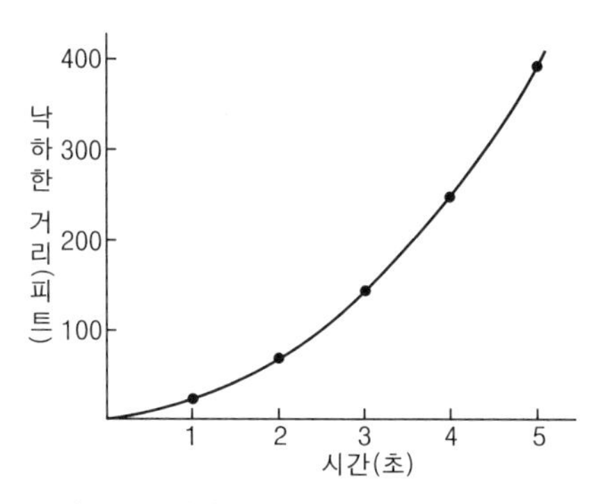

그림 8-2 떨어지는 공의 낙하 거리와 시간에 대한 그래프

또 하나의 미묘한 점은, 우리가 관찰하고 있는 점(point)이 항상 '어딘가에' 놓여 있어야 한다는 것이다. 설령 그 점이 느닷없이 사라진다 해도, 그 위치를 상상하는 것만은 항상 가능해야 한다(물론 우리가 그 점을 바라볼 때에는 분명히 존재하지만, 시선을 다른 곳으로 돌리면 그 점은 거기에 없을 수도 있다). 원자에는 표식이 될 만한 질점이 없기 때문에, 한 점을 추적하여 운동 상태를 알아내는 것이 불가능하다. 이 미묘한 성질은 앞으로 양자 역학을 다룰 때 자세히 언급될 것이다. 지금 당장은 복잡한 성질에 연연하지 않고, 문제를 정의하는 데 중점을 두기로 한다. 일단 문제가 정의되고 나면, 이 문제

에 관한 최근의 지식을 동원하여 어설픈 정의에 수정을 가할 예정이다. 처음부터 엄밀함을 추구하는 것보다, 이렇게 하는 편이 훨씬 쉽고 효율적이라는 것을 여러분은 차차 깨닫게 될 것이다. 그러므로 이 장에서는 시간과 공간에 관하여 가능한 한 단순한 관점으로 논리를 진행시켜보자. 비록 최신의 개념은 아니지만, 자동차를 운전해본 사람이라면 속력이 무엇을 뜻하는지 확실히 알고 있을 것이다.

8-2 속력

'속력'이라는 말의 뜻을 모르는 사람은 없다. 그러나 여기에도 미묘한 사실이 숨겨져 있다. 유식한 그리스인들도 속도(velocity)와 관련된 문제만큼은 명쾌하게 설명하지 못했다. 무엇이 그토록 미묘하다는 말인가? '속력'의 진정한 의미를 정확하게 이해하려고 덤빌 때, 바로 그 미묘한 문제가 고개를 쳐드는 것이다. 그리스인들은 이 문제 때문에 매우 혼란스러워 했고, 그리스와 아랍, 바빌로니아 등지의 수학자들은 당시 유행하던 대수와 기하학을 뛰어넘는 새로운 분야의 수학을 개발해야만 했다. 이제, 그들의 심정을 실감나게 이해하기 위해 한 가지 예를 들어보자. 초당 100cm^{3}씩 부피가 증가하는 풍선이 있다. 이 풍선의 부피가 1000cm^{3}일 때 반지름이 늘어나는 속력은 얼마인가? 그리스인들은 이 문제를 두고 몹시 혼란스러워했으며, 선천적으로 혼란스러운 그들의 기질은 이 문제를 더욱 어렵게 만들었다. 그 당시 제논(Zeno)이라는 철학자는 속력에 관한 문제가 얼마나 다루기 어려운지를 보여주기 위해 여러 가지 역설을 만들어냈는데, 그중 하나를 여기 소개하기로 한다. 제논의 연설에 잠시 귀를 기울여보자—"제 말 좀 들어보세요! 아킬레스는 거북이보다 10배나 빨리 달릴 수 있습니다. 하지만 그는 절대로 거북이를 따라 잡을 수가 없습니다! 자, 자… 흥분하지 마시고, 제 얘기를 마저 들으세요. 거북이와 아킬레스가 달리기 경주를 합니다. 당연히 거북이는 아킬레스보다 느리기 때문에, 아킬레스보다 100m 앞서서 출발하기로 합의를 보았습니다. 방금 두 선수가 출발했습니다! 아킬레스가 100m를 달려서 거북이의 출발점에 이르는 동안, 10배나 느린 거북이는 앞으로 10m 전진할 것입니다. 이제 아킬레스가 거북이를 따라잡으려면 또다시 10m를 뛰어야 합니다. 그러나 10m를 다 뛰었을 때, 거북이는 여전히 1m 앞에 있습니다. 그들의 경주는 이런 식으로 '끝없이' 반복됩니다. 그러므로 어떤 순간에도 거북이는 항상 아킬레스보다 앞에 있게 되어, 아킬레스는 영원히 거북이를 따라잡을 수 없습니다!" 무엇이 잘못되었을까? 제논의 논리는 유한한 양의 시간을 무한개의 조각으로 쪼갤 수 있다는 주장에 지나지 않는다. 마치 선분을 계속해서 절반씩 쪼개나가면 무한개의 조각으로 나누어지는 것과 같은 이치이다. 아킬레스가 먼저 출발한 거북이를 따라잡을 때까지 무한히 많은 단계를 거쳐야 하는 것은 사실이지만, 그 단계들을 모두 거치는 데 '무한한 시간'이 소요되는 것은 아니다. 어쨌거나 이 문제에서 알 수 있듯이, 속력에 관한 논의는 항상 미묘한 문제를 내포하고 있다.

이 미묘한 문제들을 좀더 분명하게 부각시키는 의미에서, 다소 썰렁한 농담 하나를 소개한다. 한 귀부인이 승용차를 운전하고 가는데 경찰이 차를 세우며 말했다. "부인, 당신은 시속 60마일로 가고 있습니다." 그녀가 항의했다. "그건 말도 안 돼요! 저는 집을 나선 지 겨우 7분밖에 안 됐단 말예요. 한 시간이 되려면 아직 멀었는데 어떻게 시간당 60마일을 갈 수 있겠어요?" 만일 여러분이 경찰이라면 세상물정 모르는 그 귀부인을 납득시킬 수 있겠는가? 물론, 진짜 경찰이라면 이런 일은 아주 간단하게 해결된다. "그런 건 재판관에게 따져보세요" 라고 말하면 그만이다. 그러나 재판관들이 때마침 파업중이었고 담당 경찰은 매우 지적인 사람이었다고 가정해보자. 그는 귀부인에게 이렇게 말할 것이다. "부인, 제 말은 그런 뜻이 아닙니다. 부인께서 지금 가고 있는 속도로 계속 가신다면 한 시간 후엔 60마일을 가게 된다는 뜻이었습니다." 하지만 그녀도 만만치는 않다. "그런데요, 저는 방금 가속 페달에서 발을 떼었기 때문에 차의 속도가 느려지는 중이었어요. 그러니까 이 상태로 계속 갔다고 해도 60마일을 가지는 못했을 거예요." 아무래도 이 부인에게 딱지를 떼기는 어려울 것 같다. 그러니 부인의 차는 잠시 내버려두고, 떨어지는 공으로 관심을 돌려보자. 우리는 공이 낙하를 시작한 지 3초 후의 속력을 알고 싶다. 그런데 공이 계속 떨어진다는 것은 무슨 의미인가? 계속해서 같은 빠르기로 떨어진다는 뜻인가? 아니면 속도가 점점 증가한다는 뜻인가? 공의 속도를 알아낸다면 이 질문에 답할 수 있을 것인가? 아니다. 우리가 알고 싶은 것은 '4초 후'라는 그 한순간에서의 속도뿐이다. 그리고 우리에게 주어진 정보가 이것뿐이라면(중력이 작용하고 있는지도 알 수 없다면), 문제의 공은 균일한 속도로 떨어진다고 보아야 한다. 이것이 바로 지금 우리가 정의하고자 하는 속도의 의미이다! 공에 작용하는 힘이 없다면, 공은 그 속도로 계속 움직여 갈 것이기 때문이다. 따라서, 혼동을 피하려면 속도를 정의할 때 좀더 신중을 기해야 한다. 변하지 않고 유지되는 양은 과연 무엇인가? 아까 그 부인은 이런 식으로 항의할 수도 있다—"여기서 계속 달린다면 제 차는 길 끝에 있는 벽에 부딪칠 거예요. 한 시간도 못 채우고 병원 신세를 지게 될 거라구요!" 자신이 뜻한 바를 정확하게 표현하는 것은 역시 쉬운 일이 아니다.

많은 물리학자들은 "무언가를 정의하려면 반드시 측정 단계를 거쳐야 한다"고 믿고 있다. 만일 그렇다면, 우리는 속도 측정 기구인 속도계(speedometer)를 사용해야 한다. 경찰관은 다시 말문을 열었다. "부인, 차의 속도계가 60을 가리키지 않던가요?" 그러나 그녀는 태연한 표정으로 말했다. "내 차의 속도계는 며칠 전부터 고장난 상태여서 전혀 읽을 수가 없어요." 속도계의 눈금이 0이라고 해서, 무조건 차가 정지해 있다는 뜻일까? 아니다. 우리는 속도계를 신뢰하기 전에 반드시 테스트를 거쳐야 한다고 알고 있다. 이것이 선행된 후에야 비로소 "속도계가 제대로 작동하지 않는다"거나 "속도계가 고장났다"는 말을 할 수 있다. 만일 자동차의 이동 속도와 계기판의 속도계가 따로 놀고 있다면, 속도계 운운하는 말은 아무런 의미가 없다. 우리의 마음속에는 속도계와 상관없는 어떤 아이디어가 분명히 존재하며, 속도계는 단지 아이디어를 측정하기 위한 도구일 뿐이다. 자, 그러면 지금부터 이 아이디어를 좀더 정확하게 정의해보자. 경찰관의 설명은 계속된다—"네, 부인의 말이 맞습니다. 한 시간도 못 가서 부인의 차는 벽에 부딪힐 겁니다. 저기 길 끝에 있는 벽까지 가는 데에는 한 시간이 채 걸리지 않을 것입니다. 그러나 부인의 차는 1초 동안 88피트를 가고 있었습니다. 제가 말리지 않았다면 그 다음 일 초 동안에도 88피트를 갔을 것입니다." 여인의 끈질긴 대꾸도 계속된다—"맞아요. 하지만 1초당 88피트로 가면 안 된다는 법은 없잖아요! 시간당 60마일로 달리지만 않으면 되는 거 아닌가요?" 경찰관도 끈질기다—"그 둘은 같은 것입니다. 똑같은 빠르기라구요!" 경찰관의 말이 맞다면, 속도를 말할 때 이런 혼동은 없어야 한다. 사실, 떨어지는 공은 1초 사이에도 동일한 속도로 떨어질 수 없다. 중력 때문에 매 순간 속도가 빨라지고 있기 때문이다. 그러나 우리는 어떻게든 속력을 정의해야만 한다.

이제 비로소 우리의 논지가 올바른 방향으로 접어들고 있는 것 같다. 만일 부인의 차가 한 시간의 1/1000동안 이동했다면 그녀는 60마일의 1/1000을 가게 될 것이다. 다시 말해서, 그녀는 속도 위반 딱지를 떼기 위해 꼬박 한 시간 동안 달릴 필요가 없다는 뜻이다. 중요한 것은 '어느 한순간에' 그녀가 제한 속도를 넘겼다는 사실이다. 경찰에게 제지당하지 않고 그 속도로 계속 달렸다면, 시속 60마일로 꾸준히 달리는 차와 똑같은 거리를 갔을 것이다. 어찌 보면 초당 88피트라는 표현이 더 적절할 수도 있다. 경찰이 차를 세우기 전, 마지막 1초 동안 차가 진행한 거리를 측정하여 그것을 88피트로 나눈 결과가 1이었다면, 차의 속력은 시간당 60마일이 된다. 다시 말해서, 속도라는 것은 아주 짧은 시간 동안 진행한 거리를 그 시간으로 나눠서 얻어지는 양이다. 여기서 시간은 짧게 잡을수록 좋다. 왜냐하면 그 시간 동안 속도에 변화가 생길 수도 있기 때문이다. 떨어지는 물체의 속도를 재기 위해 한 시간 동안 바라보는 것은 바보 같은 짓이다. 측정 간격을 1초로 잡는다면, 이 시간 동안 자동차의 속도는 그다지 크게 변하지 않기 때문에 그런 대로 정확한 결과를 얻을 수 있다. 그러나 낙하 중인 공의 경우라면 1초도 길다. 속도를 더욱 정확하게 측정하기를 원한다면 시간 간격을 더욱 짧게 잡아야 한다. 할 수만 있다면 100만분의 1초 동안 진행한 거리를 측정하여 그 거리를 100만분의 1초로 나누는 것이 훨씬 더 정확하다. 이것이 바로 우리가 말하는 속도의 의미이다(시간 간격이 더 짧을수록 더욱 정확한 결과가 얻어진다). 과속 딱지를 거부하는 귀부인도 이런 정의 앞에서는 설득될 수밖에 없을 것이다.

앞서 내린 정의는 새로운 아이디어를 담고 있다. 그러나 그리스인들은 이 아이디어를 일반화시키지 못했다. 그 구체적인 내용은 다음과 같다—'아주 짧은 거리'와 그에 대응하는 '아주 짧은 시간'을 잡아서 비율을 취하고(거리/시간), 분모에 있는 시간을 무한히 작게 가져갈 때 이 값이 어디로 수렴하는지를 관찰하는 것이다. 다시 말해서, 이동 거리를 소요 시간으로 나눈 값에 '시간을 0으로 보내는' 극한을 취하는 것이다. 이 아이디어는 뉴턴(Newton)과 라이프니츠(Leibnitz)에 의해 독립적으로 개발되었으며, 여기에는 미분이라는 겁나는 이름이 붙여졌다. 한마디로, 미분은 물체의 운동을 서술하려는 목적으로 탄생된 새로운 수학 분야였던 것이다. 미분에 주어진 첫 번째 과제는 '시속 60마일'의 의미를 정의하는 문제였다.

이제, 속도를 좀더 구체적인 형태로 정의해보자. 어떤 물체가 임의의 짧은 시간 ε 동안 x만큼 이동했을 때, 속도 v는

$$v = x/\varepsilon$$

이라는 근사식으로 정의되며, 이 값은 ε이 짧을수록 더욱 정확해진다. 좀더 엄밀한 수학적 표현이 필요하다면, 위의 식에 ε을 0으로 보내는 극한을 취하면 된다.

$$v = \lim_{\varepsilon \to 0} \frac{x}{\varepsilon} \tag{8.3}$$

귀부인이 운전하는 자동차의 경우에는 주어진 표의 데이터가 턱없이 모자라기 때문에(표 8-1 참조) 이런 계산을 적용할 수 없다. 우리는 단지 1분 간격으로 그녀의 위치만을 알고 있을 뿐이다. 이런 상황에서는 그녀의 속도가 6분~7분 사이에 5000피트/분이라고 획일적으로 말할 수 없다. 그 사이에 어떤 변화가 있었는지, 주어진 표만으로는 알 수 없기 때문이다. 매 순간 위치가 표시된 무한히 긴 표가 있어야 진정한 속도를 구할 수 있다. 그러나 식 (8.1)처럼 위치와 시간의 관계가 함수의 형태로 주어진 경우에는 매 순간 위치를 알 수 있기 때문에, 우리의 정의에 걸맞는 속도를 계산할 수 있다.

자유 낙하를 시작한 지 5초가 지난 공의 속도를 연습 문제 삼아 계산해보자. 한 가지 방법은 표 8-2에서 4~5초 동안 어떤 일이 있었는지를 확인하는 것이다. 공은 이 시간 동안 $400 - 256 = 144$피트를 떨어졌으므로 대충 144피트/초의 속도로 낙하 중이라고 말할 수 있다. 그러나 이것은 틀린 답이다. 공의 낙하 속도가 수시로 변하고 있기 때문이다. 144피트/초라는 것은 공이 낙하를 시작한 지 4초~5초 사이에 계산된 '평균적인 속도'에 불과하다. 공의 낙하 속도는 점점 빨라지고 있으므로, 5초 후의 공의 속도는 이 값보다 분명히 빠를 것이며, 우리는 바로 이 속도를 알고 싶은 것이다. 계산 방법은 다음과 같다—우리는 5초 후에 공의 낙하 거리를 알고 있다. 그리고 5.1초가 지났을 때 전체 낙하 거리는 식 (8.1)에 의해 $16(5.1)^2 = 416.16$피트이다. 5초 후에 공의 낙하 거리가 400피트였으므로, 0.1초 사이에 $416.16 - 400 = 16.16$피트만큼 더 떨어진 셈이다. 이로부터 공의 속도는 161.6피트/초라고 말할 수도 있지만, 이것도 정확한 답은 아니다. 5초 후의 속도인지, 5.1초 후의 속도인지, 아니면 그 중간인 5.05초 후의 속도인지, 구별이 모호하기 때문이다. 하지만 걱정할 필요는 없다. 우리의 목적은 정확하게 '5초 후'의 속도를 구하는 것이며, 아직은 목적지에 도착하지 못한 것뿐이다. 지금부터는 좀더 신중을 기해야 한다. 앞에서 지적했던 대로 시간은 짧을수록 좋으니까, 5.001초 후의 낙하 거리를 계산해보자.

$$s = 16(5.001)^2 = 16(25.010001) = 400.160016 \text{ 피트}$$

보는 바와 같이, 마지막 0.001초 동안 공이 낙하한 거리는 0.160016피트이며, 이 값을 0.001초로 나누면 160.016피트/초라는 속도가 얻어진다. 이것은 방금 전의 161.6피트/초보다 더욱 정확한 답이긴 하지만, 아직도 정확한 값은 아니다. 이제 여러분은 어느 정도 눈치를 챘을 것이다. 정확한 속도를 얻기 위해 어떤 작업을 해야 하는지 감을 잡았으리라 믿는다. 수학적 계산을 수행하기 위해, 이 문제를 약간 추상적인 형태로 표현해보자(기호를 써서 표현한다는 뜻이다 : 옮긴이)—"어떤 특정 시간 t_0에서 낙하 중인 물체의 속도를 구하라." 원래 문제에서 $t_0 = 5$초였다. 시간이 t_0일 때 공의 낙하 거리 s_0는 $16t_0^2$이며, 이 값은 앞에서 400피트였다. 공의 정확한 속도를 알기 위해 다음과 같은 질문을 던져보자. "시간이 $t_0 +$ (아주 조금), 즉 $t_0 + \varepsilon$만큼 지났을 때 공의 위치는 어디인가?" 답은 $16(t_0 + \varepsilon)^2 = 16t_0^2 + 32t_0 \cdot \varepsilon + 16\varepsilon^2$이다. 시간이 ε만큼 더 흘렀으므로 이 값은 당연히 $16t_0^2$보다 크다. 이 거리를 $s_0 +$ (아주 조금 더), 또는 $s_0 + x$(x는 추가로 진행한 거리)로 표기하자. 이제, 시간 $t_0 + \varepsilon$일 때의 낙하 거리에서 t_0일 때의 낙하 거리를 빼면 그 사이에 낙하한 거리가 $x = 32t_0 \cdot \varepsilon + 16\varepsilon^2$으로 구해진다. 따라서 속도에 대한 우리의 첫 번째 근사식은 다음과 같다.

$$v = \frac{x}{\varepsilon} = 32t_0 + 16\varepsilon \tag{8.4}$$

우리가 구하고자 하는 정확한 속도는 이 값에서 ε을 무한히 작게 가져갔을 때의 극한값이다. 즉, 식 (8.4)에서 $\varepsilon \to 0$의 극한을 취하면 시간 t_0에서의 속도가 구해진다는 뜻이다. 그 결과는 다음과 같다.

$$v(\text{시간} = t_0\text{일 때}) = 32t_0$$

우리의 경우, $t_0 = 5$초였으므로 $v = 32 \times 5 = 160$피트/초이다. 앞에서 ε을 0.1초, 0.01초, 0.001초… 등으로 줄여나감에 따라 점차 사실에 가까운 답을 얻을 수 있었지만, 결국 정확한 답은 160피트/초였다.

8-3 속도와 미분

방금 수행한 계산은 수학에서 시도 때도 없이 나타나기 때문에, ε과 x를 좀더 체계적인 기호로 바꾸는 것이 좋겠다. 그래서 앞으로 ε은 Δt로, x는 Δs로 표기하기로 한다. 여기서 Δt는 't의 작은 증가분'을 뜻하며, 우리가 원하는 대로 얼마든지 작게 잡을 수 있다. 앞에 붙은 Δ는 t에 곱해진 기호가 아니라 시간의 증가분을 의미하는 특수 기호이다($\sin\theta$를 두고 $s \times i \times n \times \theta$로 이해하는 사람은 없으리라 믿는다). 이와 마찬가지로 Δs는 '거리의 작은 증분'을 의미한다. Δ는 곱해진 인자가 아니기 때문에 $\Delta s/\Delta t$를 약분하여 s/t로 만들 수는 없다. 이것은 $\sin\theta/\sin 2\theta$를 약분하여 $1/2$로 만들 수 없는 것과 같은 이치이다. 이 표기법을 따르면 속도 v는 Δt가 0으로 가는 극한에서 $\Delta s/\Delta t$의 극한값에 해당된다.

$$v = \lim_{\Delta t \to 0} \frac{\Delta s}{\Delta t} \quad (8.5)$$

이것은 식 (8.3)과 다를 것이 없지만, 변하고 있는 양이 무엇인지를 한눈에 알 수 있기 때문에 ϵ과 x로 표기한 것보다 훨씬 효율적이다.

이왕 말이 나온 김에, 유용하게 써먹을 수 있는 또 하나의 근사식을 소개한다. 움직이는 점의 거리 변화는 속도 v와 시간 간격 Δt를 곱하여 얻을 수 있다. 즉, $\Delta s = v\Delta t$이다. 단, 이 관계식을 이용하려면 Δt의 시간이 흐르는 동안 속도가 변하지 않는다는 전제가 필요하며, 이 조건은 Δt가 0에 가까울 때에만 성립된다. 그냥 Δt라고 써놓으면 이 값이 얼마나 작은지 알 수가 없으므로, 물리학자들은 아주 작은 Δt를 표기할 때 dt라고 표기한다. 만일 Δt가 제법 큰 양이었다면 이 시간 동안 속도는 얼마든지 변할 수 있기 때문에 정확성이 그만큼 떨어질 것이다. 그래서 특정 시간에서의 속도를 정의할 때 ds와 dt를 사용하면 매우 편리하다. 이 표기법에 따르면 $ds = vdt$가 되고 식 (8.5)는 다음과 같이 간단한 형태로 표현될 수 있다.

$$v = \lim_{\Delta t \to 0} \frac{\Delta s}{\Delta t} = \frac{ds}{dt}$$

ds/dt는 "t에 관한 s의 미분(또는 도함수)"이라고 부른다. 이렇게 표현하면 지금 변하고 있는 변수가 무엇인지를 쉽게 파악할 수 있다. 그리고 이 계산을 수행하는 과정을 가리켜 '도함수(derivative) 구하기', 또는 '미분하기(differentiating)'라고 부르며, ds와 dt는 '미분(differential)'이라고 한다. $16t^2$이라는 함수를 t에 관하여 미분하면(또는 t에 관한 도함수를 구하면) $32t$가 된다. 앞으로 여러분은 반복 훈련을 통해 이런 표현에 익숙해져야 한다. 일단 익숙해지기만 하면, 여기에 함축된 여러 가지 아이디어들을 쉽게 이해할 수 있을 것이다. 그러면 연습 문제 삼아서 다소 복잡한 함수의 도함수를 구해보자. 임의의 시간 t에서 위치가 $s = At^3 + Bt + C$로 표현되는 점이 있다. 여기서 A, B, C는 여러분이 2차 방정식에서 흔히 보았던 상수이다. 우리의 목적은 주어진 식으로부터 임의의 순간에서의 속도를 구하는 것이다. 계산을 좀더 폼나게 하기 위해, t를 $t + \Delta t$로 바꾸자. 그러면 s는 $s + \Delta s$로 바뀌게 된다(Δt 동안 Δs만큼 진행했다는 의미다). 이제 Δs를 Δt로 나타내기 위해, 다음과 같은 계산을 수행한다.

$$\begin{aligned} s + \Delta s &= A(t + \Delta t)^3 + B(t + \Delta t) + C \\ &= At^3 + Bt + C + 3At^2\Delta t + B\Delta t + 3At(\Delta t)^2 + A(\Delta t)^3 \end{aligned}$$

그런데 $s = At^3 + Bt + C$였으므로,

$$\Delta s = 3At^2\Delta t + B\Delta t + 3At(\Delta t)^2 + A(\Delta t)^3$$

이 된다. 그러나 우리가 원하는 것은 Δs가 아니라, Δs를 Δt로 나눈 결과이

다. 그래서 위 식의 양변을 Δt로 나누면

$$\frac{\Delta s}{\Delta t} = 3At^2 + B + 3At(\Delta t) + A(\Delta t)^2$$

이 얻어진다. Δt가 0에 접근할 때 $\Delta s/\Delta t$는 ds/dt와 일치하며, 그 값은 다음과 같다.

$$\frac{ds}{dt} = 3At^2 + B$$

지금까지의 계산은 함수를 미분하는 전형적인 과정으로서, 앞으로 여러분은 이런 계산을 수없이 반복하게 될 것이다. 하지만 크게 걱정할 건 없다. 보다시피 계산은 아주 간단하다. $(\Delta t)^2$이나 $(\Delta t)^3$, 또는 더 높은 차수의 항들은 $\Delta t \to 0$의 극한이 취해질 때 0으로 갈 것이므로, 극한을 취하기 전에 미리 떨구어 버려도 상관없다. 이런 사실을 염두에 두고 연습을 조금 하면, 간단한 함수의 미분은 눈을 감고도 할 수 있게 된다. 함수의 종류에 따른 여러 가지 미분 공식은 이미 잘 알려져 있는데, 필요하다면 외워두는 것도 괜찮을 것이다. 공식은 표 8-3에 정리되어 있다.

표 8-3 간단한 미분 공식

s, u, v, w : t에 관한 임의의 함수,　　a, b, c, n : 임의의 상수

함수	미분
$s = t^n$	$\frac{ds}{dt} = nt^{n-1}$
$s = cu$	$\frac{ds}{dt} = c\frac{du}{dt}$
$s = u + v + w + \cdots$	$\frac{ds}{dt} = \frac{du}{dt} + \frac{dv}{dt} + \frac{dw}{dt} + \cdots$
$s = c$	$\frac{ds}{dt} = 0$
$s = u^a v^b w^c \cdots$	$\frac{ds}{dt} = s\left(\frac{a}{u}\frac{du}{dt} + \frac{b}{v}\frac{dv}{dt} + \frac{c}{w}\frac{dw}{dt} + \cdots\right)$

8-4 적분과 거리

표 8-4 떨어지는 공의 속도

t(초)	v(피트/초)
0	0
1	32
2	64
3	96
4	128

이제, 미분과 정반대되는 개념을 설명할 차례다. 자유 낙하하는 물체의 순간 속도를 1초 간격으로 측정하여 표를 만들었다고 가정해보자 그 결과는 표 8-4에 나와 있다. 달리는 자동차에 대해서도 이와 비슷한 표를 만들 수 있다. 매 순간 자동차의 속도를 일일이 알고 있다면, 이 데이터로부터 자동차의 진행 거리를 알아낼 수 있을까? 이 질문에 답하려면 방금 전에 소개했던 풀이 과정을 고스란히 역방향으로 진행시켜야 한다. 앞에서는 진행 거리로부터 속도를 구했지만, 지금은 그 반대로 주어진 속도로부터 진행 거리를 구해야 한다. 그 따지기 좋아하는 귀부인이 한동안 시속 60마일로 달리다가 브레이크를 잠시 밟은 후에 다시 가속을 하는 등 속도를 수시로 바꾸면서 달렸다면 특정 시간 동안 얼마나 갔는지 알 수 있을까? 물론 알 수 있다. 그것도

'아주 쉽게' 알 수 있다. 미분의 경우와 마찬가지로 아주 짧은 거리를 무한소(Δ)로 표기하고, 앞에서 도입했던 아이디어를 비슷하게 응용하면 된다. 그녀의 자동차가 이제 막 출발하여 Δt 라는 아주 짧은 시간 동안 속도 v 로 달렸다면, 이 시간 동안 진행한 거리 Δs 는 $\Delta s = v\Delta t$ 로부터 구할 수 있다. 그리고 그 다음의 짧은 시간 동안 약간 다른 속도로 달렸다면 그동안 진행한 거리 역시 새로운 속력에 시간을 곱해서 얻을 수 있다. 차가 멈출 때까지, 매초마다 이런 식으로 거리를 계산하여 모두 더하면 차의 전체 진행 거리가 얻어진다. 즉, $s = \sum v\Delta t$ 가 되는 것이다(여기서 그리스 문자인 $\sum$(시그마)는 합을 의미한다). 좀더 정확하게 표현하자면 i 번째 시간 간격에서의 속도를 $v(t_i)$ 라고 했을 때, 전체 진행 거리는 다음과 같다(모든 시간 간격은 Δt 로 균일하다고 가정한다).

$$s = \sum_i v(t_i)\Delta t \tag{8.6}$$

여기서 각 시간 간격은 $t_{i+1} = t_i + \Delta t$ 를 만족한다. 그러나 이렇게 구한 거리는 사실 정확한 값이 아니다. 시간 간격 Δt 가 '유한한' 값이어서(무한히 작지 않다는 뜻), 그 시간 동안 물체의 속도가 달라질 수도 있기 때문이다. 정확한 결과를 얻으려면 Δt 는 '한순간'에 해당될 정도로 작아져야 한다(그래야 그 사이에 속도가 변할 틈이 없다). 따라서 정확한 거리는 식 (8.6)에 $\Delta t \to 0$ 의 극한을 취함으로써 얻어진다.

$$s = \lim_{\Delta t \to 0} \sum_i v(t_i)\Delta t \tag{8.7}$$

다 써놓고 보니, 뿌듯하긴 한데 너무 복잡한 것 같다. 그래서 수학자들은 이 극한값을 간단하게 표기하는 방법을 만들어냈는데, 원리는 미분의 경우와 비슷하다. 즉, 무한히 작은 Δt 는 dt 로, 시간의 함수인 속도는 $v(t)$로 표기하며, 식의 맨 앞에 붙어 있는 lim 와 $\sum$ 는 한데 묶어서 $\int$ 로 표기하는 것이 그들의 규칙이다($\int$ 은 'summa'라는 라틴어의 첫 글자 s를 길게 잡아늘인 형태로서, 인테그랄(integral)이라고 읽는다). 이 표기법을 따르면 위의 식은 다음과 같이 간단한 형태로 표현된다.

$$s = \int v(t)dt \tag{8.8}$$

이 모든 항들을 더하는 과정을 가리켜 적분(integration)이라 하며, 수학적으로는 미분의 역과정에 해당된다. 이 적분의 도함수는 $v(t)$이기 때문에, 하나의 미분 기호(d)가 적분 기호 $\int$ 하나를 상쇄시키는 것으로 이해할 수 있다. 적분에 관한 공식은 미분 공식을 역으로 유추하여 쉽게 얻을 수 있기 때문에, 미분 가능한 모든 함수에 대하여 적분표(공식)를 만드는 것은 그다지 어려운 일이 아니다.

모든 함수는 해석적으로(analytically) 미분될 수 있다. 즉, 약간의 대수적인 과정을 거치면 어렵지 않게 도함수를 구할 수 있다. 그러나 적분은 미분처럼 만만하지가 않다. 방금 앞에서 논했던 거리의 합을 구할 때, 여러분은 적당한 간격으로 Δt를 정하여 계산을 수행해보고, 다시 Δt를 더욱 작게 잡아 계산을 반복함으로써 점차 정답에 접근할 수는 있다. 그러나 해석적인 방법으로 적분을 수행하는 일반적인 법칙 같은 것은 없다. 주어진 함수에 대하여 미분은 항상 쉽게 할 수 있지만, 적분의 경우에는 사정이 사뭇 다르다. 함수가 조금만 복잡해지면 적분이 몹시 어려워질 뿐만 아니라, 적분 결과를 이미 알려진 기존의 함수로 나타내는 것조차 불가능할 수도 있다.

8-5 가속도

우리의 최종 목표인 운동 방정식을 구하기 위하여, 그 다음으로 알아야 할 것은 속도의 '변화'이다. 간단한 질문을 던져보자—"속도는 왜, 그리고 어떻게 변하는가?" 앞에서 논했던 것처럼, 물체에 힘이 가해지면 속도가 변한다(힘 때문에 물체의 모양이 변하는 경우도 있다). 자동차를 좋아하는 사람이라면, "출발 후 10초만에 시속 100km에 도달한다"는 스포츠카 광고를 보면서 갖고 싶어한 적이 있을 것이다. 이 경우, 우리는 자동차의 속도가 평균적으로 얼마나 빠르게 변하는지를 관측할 수 있는데, 물리학 용어로는 이 값을 '가속도(acceleration)'라 부른다. 즉, 속도가 변하고 있을 때 1초당 속도의 변화량이 바로 가속도인 것이다. 이 장의 앞부분에서 우리는 떨어지는 공의 속도와 시간의 관계를 $v = 32t$로 구했다(구체적인 값은 표 8-4에 나와 있다). 이제 우리의 목표는 공의 가속도, 즉 공의 낙하 속도가 1초당 얼마나 변하는지를 알아내는 것이다.

가속도는 시간에 대한 속도의 변화율로 정의된다. 앞에서 거리를 시간에 대해 미분하여 속도를 구했던 것처럼, 가속도는 속도를 시간으로 미분하여 얻어진다. 기호로 쓰면 dv/dt이며, $v = 32t$인 경우에 가속도를 구해보면

$$a = \frac{dv}{dt} = 32 \tag{8.9}$$

가 된다(우리는 Bt의 도함수가 B(상수)임을 이미 알고 있다. 따라서 $32t$의 도함수가 32라는 것은 굳이 미분을 하지 않아도 알 수 있는 사실이다). 즉, 떨어지는 공은 1초당 '32피트/초' 만큼 속도가 빨라지고 있다는 뜻이다. 표 8-4를 봐도, 속도가 1초마다 32피트/초씩 증가한다는 것은 분명한 사실이다. 그러나 이것은 매우 간단한 경우이고, 일반적으로 가속도는 상수가 아니다. 우리의 예제에서 가속도가 일정하게 나온 이유는, 공에 가해지는 힘(중력)이 항상 일정하기 때문이다. 뉴턴의 법칙에 의하면 가속도는 물체에 가해진 힘에 비례한다.

조금 더 복잡한 예제로서, 앞에서 구한 거리로부터 가속도를 구해보자.

$$s = At^3 + Bt + C$$

$v = ds/dt$이므로,

$$v = 3At^2 + B$$

가 된다. 가속도는 시간에 대한 속도의 미분이므로, 위의 식을 t로 미분하면 가속도가 얻어진다. 그런데 표 8-3의 세 번째 공식에서 알 수 있듯이, 여러 개의 항을 미분한 결과는 각각의 항을 미분하여 더한 결과와 같다. 위의 식은 두 개의 항으로 되어 있으므로 미분을 두 번만 하면 된다. 자, 첫 번째 항을 미분할 때에는 앞에서 했던 지루한 계산을 반복할 필요가 없다. $16t^2$을 미분하면 계수는 두 배가 되고(32), t^2이 t로 변한다는 것을 우리는 이미 알고 있다. 수학적인 증명을 거치진 않았지만, 이것을 일반적인 법칙이라 가정하고 지금 이 경우에 적용해보자. 그러면 $3At^2$을 미분한 결과는 $6At$가 된다. 그 다음으로 B라는 상수항을 미분해야 하는데, 앞에서 보았듯이 상수를 미분하면 항상 0이 된다. 즉, 속도에 나타난 상수항은 가속도에 전혀 기여하지 않는다는 뜻이다. 따라서 우리가 얻은 최종 결과는 $a = dv/dt = 6At$가 된다.

참고로, 적분으로부터 얻어지는 두 가지의 유용한 공식을 소개한다. 어떤 물체가 정지 상태에서 출발하여 일정한 가속도 g로 움직였다면, 임의의 시간 t에서 그 물체의 속도 v는

$$v = gt$$

로 주어지며, 물체의 이동 거리는

$$s = \frac{1}{2}gt^2$$

이다.

도함수를 나타내는 수학 기호는 여러 가지가 있다. 속도는 ds/dt이고, 속도를 시간으로 미분한 것이 가속도이므로,

$$a = \frac{d}{dt}\left(\frac{ds}{dt}\right) = \frac{d^2s}{dt^2} \tag{8.10}$$

라고 쓸 수 있다. 이것은 2계 도함수를 나타내는 통상적인 표기법이다.

또 한 가지 알아둘 것이 있다. 바로 "속도는 가속도를 적분하여 얻어진다"는 사실이다. 이것은 새로운 법칙이 아니라, $a = dv/dt$를 역으로 표현한 것이다. 거리는 속도를 적분하여 얻어지고 속도는 가속도의 적분이므로, 결국 가속도를 두 번 적분하면 거리가 얻어진다.

지금까지 우리는 1차원에 국한된 운동을 살펴보았다. 사실, 실제의 운동은 3차원 공간에서 일어나고 있으므로 지금까지 언급된 모든 내용들은 3차원으로 확장되어야 한다. 그러나 시간이 많지 않기 때문에 3차원 운동은 간단히 언급만 하고 넘어가야 할 것 같다. 3차원 공간에서 운동하고 있는 입자 P를 상상해보자. 1차원 선로를 따라 진행하는 자동차의 운동으로부터 속도와 가속도를 계산했던 것처럼, 3차원 운동도 이와 비슷하게 다룰 수 있다. 그런데 3차원 운동은 그림으로 나타내기가 어렵기 때문에, 일단은 2차원 평면 운동에서 시작하여 이 아이디어를 3차원으로 확장하기로 하겠다. 서로 직교하는 두 개의 좌표축(x-y 평면)을 잡아서, 여기에 운동하는 물체의 위치(좌

표)를 매 순간 표시해보자. 그러면 임의의 한순간에 물체의 위치는 하나의 좌표값 (x, y)에 대응되며, x와 y는 시간 t의 함수가 된다[3차원으로 확장하려면 x축과 y축에 모두 수직한 또 하나의 축(z축)을 첨가하면 된다. 이렇게 하면 물체의 위치는 3개의 좌표 (x, y, z)로 표현되며, z는 물체의 위치를 x-y 평면에서 수직한 방향으로 측정한 값이다]. 물체의 위치 x와 y를 t의 함수로 구했다면, 이로부터 속도는 어떻게 구해야 할까? 각 방향마다 속도를 따로 구하면 된다. 수평 방향으로의 속도는 속도의 x-성분으로서, x축 방향으로 잰 거리를 시간으로 미분한 것이다.

$$v_x = dx/dt \tag{8.11}$$

이와 마찬가지로, 수직 방향의 속도, 즉 속도의 y-성분은

$$v_y = dy/dt \tag{8.12}$$

이며, 3차원에서는 다음과 같이 z 방향의 속도 성분이 추가된다.

$$v_z = dz/dt \tag{8.13}$$

각 방향으로 속도의 성분이 주어졌을 때, 물체의 경로를 따르는 실제 속도는 어떻게 구할 수 있을까? 2차원 평면에서 거리상으로는 Δs, 시간상으로는 $t_2 - t_1 = \Delta t$ 만큼 떨어져 있는 두 지점을 생각해보자(이 두 지점은 하나의 입자가 쓸고 지나간 궤적상에 있다). Δt의 시간 동안 입자는 x 방향으로 $\Delta x \sim v_x \Delta t$ 만큼 이동했고, y 방향으로는 $\Delta y \sim v_y \Delta t$ 만큼 이동했다(여기서 '~'는 '거의 같다'는 뜻이다). 따라서 입자가 실제로 이동한 거리는 근사적으로

$$\Delta s \sim \sqrt{(\Delta x)^2 + (\Delta y)^2} \tag{8.14}$$

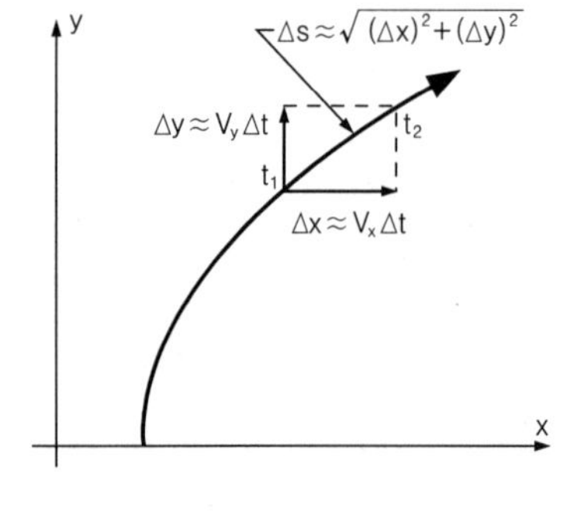

그림 8-3 2차원 평면에서 움직이는 점의 궤적과 속도

가 된다(그림 8-3 참조). Δt의 시간 동안 속도의 근사값은 위의 결과를 Δt로 나눔으로써 얻어지며, Δt를 0으로 보내는 극한을 취하면 다음과 같이 정확한 속도가 얻어진다.

$$v = \frac{ds}{dt} = \sqrt{(dx/dt)^2 + (dy/dt)^2} = \sqrt{v_x^2 + v_y^2} \tag{8.15}$$

3차원의 경우, 속도는

$$v = \sqrt{v_x^2 + v_y^2 + v_z^2} \tag{8.16}$$

으로 계산된다.

가속도는 속도와 비슷한 방식으로 정의될 수 있다. 가속도의 x성분인 z_x는 속도의 x성분인 v_x의 도함수이며(즉, a_x는 t에 대한 x의 2계 도함수이다 : $a_x = d^2x/dt^2$), y, z 성분도 마찬가지이다.

2차원 평면에서 일어나는 운동의 대표적인 사례를 들어보자. 높은 곳에서 공을 수평 방향으로 던지면 공이 아래쪽을 향하여 곡선 운동을 한다는 것은 누구나 아는 사실이다. 그러나 이 운동은 지금까지 말한 논리에 의해 두

가지 운동의 복합으로 생각할 수 있다. 즉, 처음 던질 때 속도가 u였다면, 이 공은 수평 방향으로 등속 운동을 하며, 수직 방향으로는 가속도가 $-g$인 가속 운동을 하게 된다('−' 부호가 붙은 이유는 연직 상승 방향을 '+'로 잡았기 때문이다 : 옮긴이). 이 두 가지 운동이 합쳐지면 무슨 운동이 될까? 일단 $dx/dt = v_x = u$이므로, 수평 방향의 운동 방정식은 다음과 같다.

$$x = ut \tag{8.17}$$

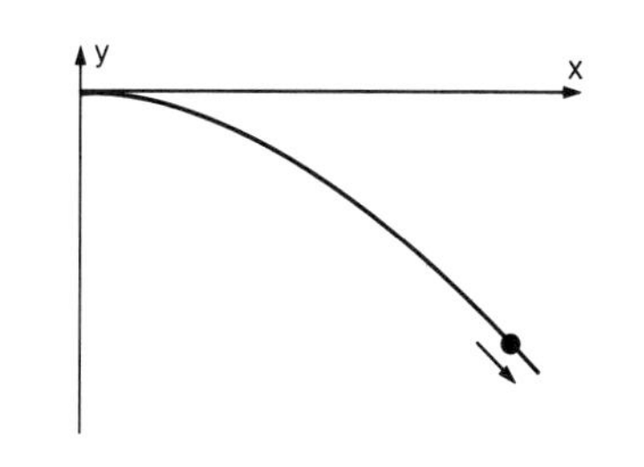

그림 8-4 중력장하에서 수평 방향으로 던져진 물체가 그리는 포물선 궤적

이와 동시에, 아래 방향으로는 $-g$의 가속도가 작용하므로 공이 낙하한 거리 y는

$$y = -\frac{1}{2}gt^2 \tag{8.18}$$

로 쓸 수 있다. 식 (8.17)과 (8.18)로부터 공의 구체적인 경로를 알아낼 수 있을까? $t = x/u$를 이용하여 두 식에서 t를 소거하면 아래와 같이 y와 x만으로 표현되는 식이 얻어지는데, 이것이 바로 공의 궤적을 나타내는 방정식이다.

$$y = -\frac{g}{2u^2}x^2 \tag{8.19}$$

이것은 여러분에게 아주 익숙한 포물선의 방정식이다. 중력장하에서 임의의 방향으로 던져진 물체는(수직 방향으로 던져진 경우는 제외) 그림 8-4처럼 포물선 궤적을 그리게 된다.

CHAPTER 09

뉴턴의 역학

9-1 운동량과 힘

동력학의 법칙(또는 운동의 법칙)이 발견된 것은 과학사에서 하나의 분수령을 이루는 일대 사건이었다. 뉴턴 이전의 시대에는 행성의 운동이 그저 신기한 현상일 뿐이었지만, 뉴턴이 운동 법칙을 발견한 이후에는 언제든지 예견될 수 있는 자연 현상 중 하나가 되었다. 뿐만 아니라 하나의 행성이 다른 여러 행성들의 영향을 받아 케플러의 법칙에서 아주 조금 벗어난 듯이 보이는 현상도 자연스럽게 설명할 수 있었으며, 진자(pendulum)의 운동과 용수철에 매달린 진동자의 운동까지도 뉴턴의 법칙으로 완벽하게 설명되었다. 대체 얼마나 대단한 법칙이길래 이 정도로 막강한 위력을 발휘한다는 말인가?—그 자세한 내용을 이번 장에서 알아보기로 하자. 지금까지 우리는 이 법칙을 모르고 있었기에, 스프링에 매달린 물체의 운동은 물론이고 목성과 토성이 천왕성에 미치는 영향도 계산할 수 없었다. 이제, 운동의 법칙을 배우고 나면 진동하는 물체의 운동뿐만 아니라 행성들끼리 주고받는 힘까지도 척척 계산할 수 있게 될 것이다!

갈릴레오는 관성의 원리(principle of inertia)를 발견함으로써 물체의 운동에 대하여 더욱 깊이 이해할 수 있었다. 어떤 물체가 외부의 영향을 전혀 받지 않는 상태에서 움직이고 있다면, 그 물체는 진행 방향과 빠르기를 그대로 유지하면서 외부의 영향을 받을 때까지 지금의 운동 상태를 계속 유지한다. 만일 이 물체가 정지 상태에 있었다면, 외부의 영향을 받을 때까지 정지 상태를 유지한다. 물론 이것은 우리의 일상적인 경험과 일치하지 않는다. 책상 위에 놓인 노트를 세게 밀었을 때, 어느 정도 미끄러져 가다가 결국에는 멈춘다는 것쯤은 어린아이도 아는 상식이다. 그러나 이것은 노트에 외부의 영향력이 작용했기 때문에 나타나는 현상이다. 노트가 책상의 윗면을 문지를 때, 운동을 방해하는 다른 힘이 개입되어 노트의 운동에 변화가 생긴 것이다. 물체의 운동 속에 숨어 있는 올바른 법칙을 찾으려면 어느 정도 상상력을 동원해야 한다—이것을 제공한 사람이 바로 갈릴레오였다.

그 다음으로, 물체가 외부의 영향을 받고 있을 때 속도가 어떻게 변하는지를 알아야 한다. 물론 여기에도 엄밀한 법칙이 적용되는데, 이것을 알아낸 사람은 물리학의 천재, 뉴턴(Isaac Newton)이었다. 뉴턴이 발견한 운동 법칙은 모두 세 가지이다. 이중 첫 번째 법칙은 방금 말한 관성의 법칙을 재서술한 것에 지나지 않고, 두 번째 법칙은 물체에 힘(force)이 작용할 때 속도가 어떻게 변하는지를 말해주고 있다. 세 번째 법칙은 힘과 관련된 또 다른 현상에 관한 것으로서, 이것은 다음에 따로 논하기로 하고 지금은 두 번째 법칙에 초점을 맞춰 논리를 진행시키기로 하겠다. 뉴턴의 두 번째 운동 법칙이 주장하는 바는 다음과 같다—"시간에 대한 운동량(momentum)의 변화율(미분)은 물체에 작용한 힘에 비례한다." 이 법칙을 수학적으로 표현하는 문제는 나중에 생각하고, 지금 당장은 그 속에 담긴 물리적 의미를 따져보기로 하자.

운동량은 분명히 속도와 다른 개념이다. 물리학에 사용되는 모든 용어들은 평소 우리가 자주 사용하는 단어들 중 일부를 차용한 것인데, 원래의 의미가 무엇이었건 간에 일단 물리학 용어가 된 다음에는 각기 나름대로 정확한 의미를 갖게 된다. 방금 언급된 운동량이라는 용어도 마찬가지다. 가벼운 물체는 손으로 조금만 밀어도 쉽게 움직인다. 반면에, 무거운 물체를 같은 세기로 밀면 느리게 움직인다. 그러나 올바른 표현이 되려면 방금 사용한 '가벼운'과 '무거운'이라는 단어는 '질량이 작은'과 '질량이 큰'으로 바뀌어야 한다. 왜냐하면 물체의 무게(weight)와 관성(inertia)은 동일한 개념이 아니기 때문이다. 이들 사이에는 분명한 차이가 있다. 즉, 무게와 관성은 서로 '비례하는' 관계인 것이다. 그런데 지표면 근처에서는 이 두 가지를 종종 동일한 값으로 표기하기 때문에 학생들이 혼동을 일으키기 쉽다. 지구가 아닌 화성에서 실험을 한다면 물체의 관성을 이겨내는 데 드는 힘의 크기는 같겠지만 물체의 무게는 분명히 달라질 것이다.

'질량(mass)'이란 관성을 나타내는 척도로서, 이 값은 예를 들어 원주 위를 회전하는 물체가 원운동을 계속 유지하기 위해 요구되는 힘을 측정하여 알아낼 수 있다. 딱히 이 방법이 아니더라도, 물체의 질량은 적절한 실험과 측정을 통해 손쉽게 구할 수 있는 양이다. 그렇다면 운동량은 무엇인가?—물체의 질량에 속도를 곱한 값이다! 이런 골치 아픈 용어를 대체 왜 도입했을까? 그 이유는 앞으로 강의를 들으면서 점차 분명해질 것이므로 큰 걱정은 하지 않아도 된다. 뉴턴의 제 2 법칙을 수학적으로 표현하면 다음과 같다.

$$F = \frac{d}{dt}(mv) \tag{9.1}$$

여기서 잠시 짚고 넘어갈 것이 있다. 강의 도중에는 직관적인 아이디어와 몇 가지 가정을 토대로 물리학 법칙을 칠판에 적어나가지만, 법칙에 담긴 물리적 의미를 정확하게 이해하려면 추후에 다양한 사례들을 들어가면서 각각의 용어들이 의미하는 바를 자세히 따져봐야 한다. 그런데 이 작업을 처음부터 시도한다면 개념들이 아직 명확하지 않기 때문에 곧바로 혼동에 빠지게 된다. 그래서 처음에는 까다롭게 따지지 말고 몇 가지 사실들을 그냥 받아들이는 편이 훨씬 더 효율적이다. 맨 먼저 받아들여야 할 사항은 물체의 질량이 변하지 않는 '상수(constant)'라는 것이다. 사실, 이것은 엄밀하게 볼 때 틀린 말이다(아인슈타인의 특수 상대성 이론에 의하면 운동하는 물체는 질량이 증가한다). 그러나 당분간은 "질량은 언제나 불변이고, 두 물체를 한데 붙였을 때 전체 질량은 각 질량의 합과 같다"는 뉴턴식 관점을 따르기로 한다. 뉴턴이 운동 방정식을 발견했을 때, 그는 이 같은 사실을 믿어 의심치 않았다. 만일 그렇지 않았다면 방정식 자체가 의미를 상실하기 때문이다. 예를 들어, 질량이 속도에 반비례한다고 가정해보자. 그렇다면 질량에 속도를 곱한 운동량은 어떤 상황에서도 결코 변하지 않을 것이며, 질량이 속도에 따라 어떻게 변하는지를 구체적으로 알지 못하는 한, 이런 법칙은 아무런 의미가 없다. 그러니 지금은 질량이 불변이라는 것을 사실로 받아들이기로 하자.

그 다음으로, 힘에 대해서도 분명하게 짚고 넘어갈 것이 있다. 힘이라고 하면, 우리는 흔히 근육을 사용하여 물건을 밀거나 당기는 장면을 상상하곤 한다. 그러나 뉴턴의 운동 법칙에 힘이라는 물리량이 도입된 이상, 그런 모호한 개념은 아무런 쓸모가 없다. 우리는 힘의 개념을 물리적으로 다시 정의해야 한다. 식 (9.1)의 운동 방정식에서 우리가 알아야 할 가장 중요한 사실은 운동량(또는 속도)의 변화라는 것이 '크기의 변화'만을 의미하는 것이 아니라, '방향의 변화'까지도 포함한다는 것이다. 질량 불변을 사실로 받아들인다면 식 (9.1)은 다음과 같이 쓸 수 있다.

$$F = m\frac{dv}{dt} = ma \qquad (9.2)$$

a는 가속도로서, 시간에 대한 속도의 변화율(미분)이다. 뉴턴의 제2법칙은 물체에 작용한 힘이 질량에 비례한다는 사실과 함께, 가속도의 방향과 힘의 방향이 항상 같다는 것을 말해주고 있다. 그러므로 속도의 변화, 즉 가속도는 보통 말하는 것보다 훨씬 더 넓은 의미를 갖는다. 물체의 속도가 빨라지거나 느려지면(이 경우, 가속도는 음의 값을 갖는다) 속도가 '변했다'고 표현하지만, 속도가 변하는 경우는 이것 말고도 또 있다. 빠르기의 변화 없이 물체의 진행 방향만 바뀌어도 속도는 분명히 '변한' 것이다. 7장에서 우리는 속도에 수직한 방향으로 가속도가 작용하는 원운동을 다룬 적이 있다. 임의의 물체가 반지름 R인 원주를 따라 v의 속력으로 돌고 있을 때, 그 물체는 t라는 짧은 시간 동안 접선 방향으로부터 $\frac{1}{2}(v^2/R)t^2$만큼 추락한다는 것을 우리는 이미 알고 있다. 그러므로 가속도의 방향이 운동 방향에 수직한 경우에는

$$a = v^2/R \qquad (9.3)$$

임을 알 수 있다. 일반적으로 속도에 수직한 방향으로 힘이 작용하면 물체는 곡선 궤적을 그리게 된다. 이 경우 힘을 질량으로 나누면 가속도가 얻어지고, 여기에 식 (9.3)을 이용하면 곡률 반경 R을 구할 수 있다.

9-2 속력(speed)과 속도(velocity)

용어상의 혼동을 피하기 위해, '속력'과 '속도'라는 단어를 좀더 분명하게 구별하고 넘어가고자 한다. 일상적인 언어에서 속력과 속도는 거의 같은 의미

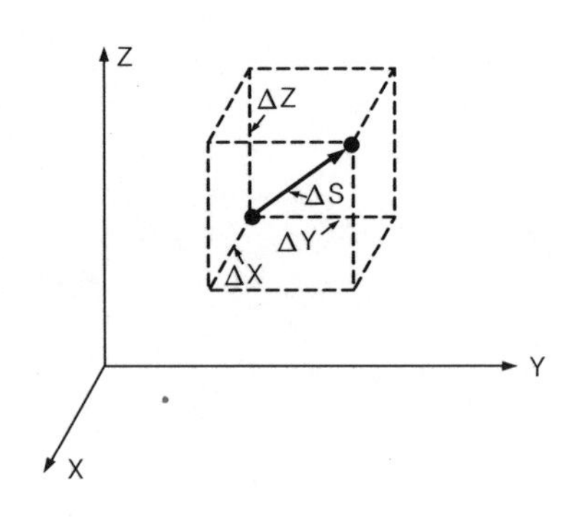

그림 9-1 움직이는 물체의 작은 변위

로 통용되고 있지만, 물리학에서 이 두 용어는 분명히 다르다. 즉, 속도는 빠르기와 방향이 모두 포함된 개념이고 속력은 방향과는 상관없이 빠르기만을 나타내는 양이다(예를 들어 두 물체가 각각 동쪽과 서쪽을 향해 시속 100km로 달리고 있는 경우, 두 물체의 속력은 같지만 속도는 다르다). 이들 사이의 차이점은 운동하는 물체는 x, y, z 좌표가 시간에 따라 어떻게 변하는지를 서술함으로써 더욱 분명하게 구별될 수 있다. 예를 들어, 임의의 한순간에 어떤 물체가 그림 9-1과 같이 움직인다고 가정해보자. 이 물체는 Δt라는 아주 짧은 시간 동안 x방향으로 Δx, y방향으로는 Δy, 그리고 z방향으로는 Δz만큼 이동한다. 따라서 Δt 동안 물체가 실제로 이동한 거리 Δs는 Δx, Δy, Δz를 각 변으로 하는 육면체의 대각선 길이와 같다. 각 방향으로 이동한 거리는 그 방향에 해당하는 속도 성분을 이용하여 다음과 같이 나타낼 수 있다.

$$\Delta x = v_x \Delta t, \quad \Delta y = v_y \Delta t, \quad \Delta z = v_z \Delta t \tag{9.4}$$

9-3 속도, 가속도, 힘의 성분

식 (9.4)처럼, 속도는 x방향과 y방향, 그리고 z방향의 성분으로 나누어 생각할 수 있다. 서로 수직인 세 방향에 대하여 속도의 성분이 주어지면, 속도의 방향과 크기가 정확하게 결정된다. 각 방향의 속도 성분은 다음과 같이 구할 수 있다.

$$v_x = dx/dt, \quad v_y = dy/dt, \quad v_z = dz/dt \tag{9.5}$$

한편, 물체의 속력은 각 성분을 이용하여 다음과 같이 표현된다.

$$ds/dt = |v| = \sqrt{v_x^2 + v_y^2 + v_z^2} \tag{9.6}$$

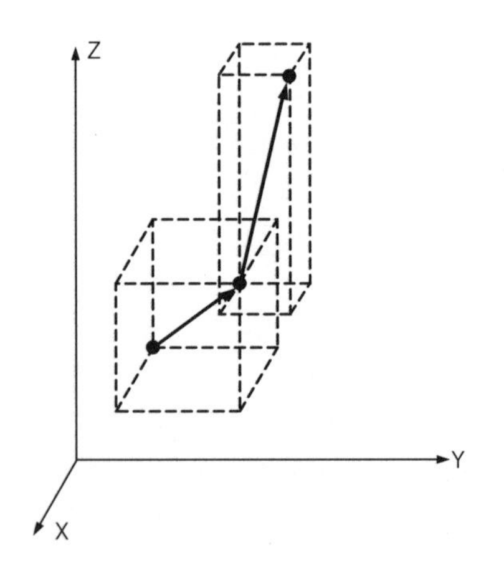

그림 9-2 속도의 크기와 방향이 모두 변하는 경우

이제, 운동중인 물체에 힘이 작용하여 그림 9-2처럼 속도의 크기와 방향이 바뀌었다고 가정해보자. 언뜻 보기에는 복잡한 것 같지만, 속도의 x, y, z 성분에 일어나는 변화를 각각 따로 고려하면 이 상황은 비교적 간단하게 이해할 수 있다. Δt의 시간 동안 x방향 속도 성분의 변화량은 $v_x = a_x \Delta t$이며, 여기서 a_x는 가속도의 x성분을 의미한다. 이와 마찬가지로 $v_y = a_y \Delta t$, $v_z = a_z \Delta t$이다. 이로부터 미루어 볼 때, "힘의 방향은 가속도의 방향과 같다"고 말하는 뉴턴의 제2법칙은 한 개가 아니라 세 개인 셈이다. 왜냐하면 이것은 "각 방향의 힘의 성분은 그 방향의 가속도 성분에 질량을 곱한 것과 같다"로 요약되기 때문이다.

$$\begin{aligned} F_x &= m(dv_x/dt) = m(d^2x/dt^2) = ma_x \\ F_y &= m(dv_y/dt) = m(d^2y/dt^2) = ma_y \\ F_z &= m(dv_z/dt) = m(d^2z/dt^2) = ma_z \end{aligned} \tag{9.7}$$

속도와 가속도가 세 개의 성분으로 나뉘는 것처럼, 힘도 x, y, z방향의 성분으로 분해될 수 있다.

$$F_x = F\cos(x,\ F)$$
$$F_y = F\cos(y,\ F) \qquad (9.8)$$
$$F_z = F\cos(z,\ F)$$

여기서 F는 힘의 크기이고 $(x,\ F)$는 x축과 F 사이의 각도이다.

식 (9.7)은 뉴턴의 제2법칙을 가장 완벽하게 표현한 것이다. 물체에 미치는 힘의 x, y, z성분을 모두 알고 있으면, 이로부터 물체의 향후 운동 상태를 모두 알아낼 수 있다. 예를 들어, y방향과 z방향으로는 힘이 작용하지 않고 오로지 x방향(수직 방향)으로만 힘이 작용한다면, 식 (9.7)에 의하여 수평 방향으로는 속도의 변화가 생기지 않고 수직 방향의 속도만 변화를 일으키게 된다. 이것은 7장에서 특별한 기구를 사용하여 이미 입증된 결과이다(그림 7-3 참조). 떨어지는 물체는 수평 방향으로 등속 운동을 하며, 수직 방향으로는 일정하게 가속된다. 다시 말해서, 힘의 각 성분들이 어떤 식으로든 서로 '연결'되어 있지 않은 한, x, y, z방향의 운동은 독립적으로 진행된다는 뜻이다.

9-4 힘(Force)이란 무엇인가?

뉴턴의 법칙을 응용하기 위해서는 물체에 작용하는 힘을 구체적으로 표현할 수 있어야 한다. 힘을 모르면 아무 것도 알아낼 수 없다. 물체가 가속 운동을 한다는 것은 곧 그 물체에 힘이 작용하고 있음을 의미한다. 우리는 그것을 찾아내야만 한다. 그래서 앞으로 우리가 공부하게 될 동력학의 내용은 '힘에 대한 법칙들을 찾아내는 것'이 전부이다. 뉴턴은 중력을 나타내는 공식을 찾아냄으로써, 지표면 근처에서 일어나는 모든 운동을 자신이 발견한 제2법칙으로 완벽하게 풀어낼 수 있었다. 중력을 제외한 다른 힘들 중 일부는 제3법칙(작용, 반작용의 법칙)을 이용하여 해결할 수 있는데, 구체적인 내용은 다음 장에서 다룰 예정이다.

앞서 들었던 예를 조금 확장하여, 지표면 근처에서 물체에 작용하는 힘을 계산해보자. 지표면 근처에서 수직 방향으로 작용하는 중력은 물체의 질량에 비례하고, 지면으로부터의 높이와는 거의 무관하다(물체의 높이가 지구의 반지름 R에 비해 아주 작은 경우에 한함). 이 경우, 물체에 작용하는 중력은 $F = GmM/R^2 = mg$이며, 여기서 $g = GM/R^2$은 중력 가속도이다. 그러므로 중력 법칙에 의하면 무게(물체에 작용하는 중력)는 질량에 비례한다—중력은 항상 수직 방향으로 작용하며, 그 크기는 물체의 질량에 g를 곱한 것과 같다. 또한, 중력은 수평 방향으로 아무런 힘도 발휘하지 않기 때문에, 상공에서 낙하하는 물체는 수평 방향으로 등속 운동을 하게 된다(낙하하는 물체가 수평 방향으로만 움직인다는 의미가 아니라, 낙하 속도의 수평 방향 성분이 변하지 않는다는 뜻이다 : 옮긴이). 우리의 관심을 끄는 것은 단연 수직 방향의 운동이다. 뉴턴의 제2법칙에 의하면

$$mg = m(d^2x/dt^2) \qquad (9.9)$$

인데, 여기서 m을 떼어내면 x방향의 가속도가 g로 일정하다는 사실을 알 수 있다. 이것은 자유 낙하하는 모든 물체에 적용되는 일반적인 법칙으로서, 임의의 시간 t에서 물체의 속도와 위치는 다음과 같이 계산된다.

$$v_x = v_0 + gt$$
$$x = x_0 + v_0 t + \frac{1}{2} gt^2 \qquad (9.10)$$

또 하나의 예를 들어보자. 용수철에 작용하는 힘(복원력)의 크기는 용수철의 늘어난(또는 줄어든) 거리에 비례하고, 힘의 방향은 항상 용수철을 원래의 길이로 되돌리려는 방향으로 작용한다(그림 9-3 참조). 중력을 고려하지 않는다면(물론, 중력을 고려해도 용수철은 위에서 말한 법칙을 따른다), 용수철에 매달린 물체를 아래로 당겼을 때 복원력은 위로 작용하고, 반대로 물체를 위로 밀어 올리면 복원력은 아래로 작용한다. 좀더 정확하게 말하자면, 용수철에 작용하는 복원력의 크기는 용수철의 길이가 평형 상태에서 벗어난 정도에 비례한다. 그렇다면 이 운동도 뉴턴의 법칙으로 묘사될 수 있을까? 일단 여기에 뉴턴의 제2법칙인 식 (9.7)을 적용해보자. 그 결과는 다음과 같다.

$$-kx = m(dv_x/dt) \qquad (9.11)$$

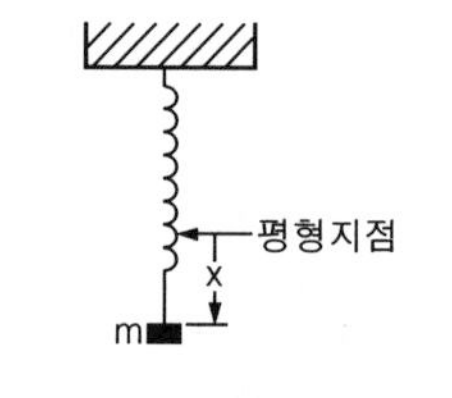

그림 9-3 용수철에 매달린 질량

이것은 x방향 속도 성분의 변화율이 용수철의 변위 x에 비례한다는 뜻이다. 식에 나타난 상수들은 별로 중요한 양이 아니기 때문에, 편의상 $k/m = 1$이라고 가정하기로 한다. 그러면 결국 우리가 풀어야 할 방정식은 다음과 같다.

$$dv_x/dt = -x \qquad (9.12)$$

여기서 진도를 더 나가려면 v_x의 정체를 알아야 한다—물론 우리는 이미 알고 있다. v_x는 바로 시간(t)에 대한 위치(x)의 변화율이다!

9-5 동력학적 방정식(dynamical equation)의 의미는?

식 (9.12)에 담긴 의미를 생각해보자. 임의의 시간 t에서 어떤 물체의 위치와 속도가 각각 x와 v_x로 주어졌다고 하자. 시간이 조금 흘러서 $t + \varepsilon$이 되었을 때, 이 물체의 위치와 속도는 어떻게 변할 것인가? 이 질문에 답할 수 있다면 운동 방정식 (9.12)는 풀린 것이나 다름없다. 왜냐하면 아주 짧은 시간 동안 일어난 변화를 여러 차례 누적시키면 임의의 시간이 지난 후에 물체의 위치와 속도를 알아낼 수 있기 때문이다. 구체적인 사례로서, $t = 0$일 때 $x = 1$, $v_x = 0$이라고 하자. 속도가 0인데 왜 움직이는 걸까? $x = 0$을 제외한 모든 지점에서 '힘'이 작용하기 때문이다. $x > 0$이면 힘은 위쪽으로 작용하고, 처음에 0이었던 속도는 운동의 법칙에 의해 변하기 시작한다. 일단 움직여서 속도가 붙으면 용수철에 매달린 물체는 상승 운동을 하게 되는 것이다. $t + \varepsilon$의 시간에 물체의 위치는 시간 t에서의 위치와 속도를 이용하여 다음과 같이 근사적으로 표현될 수 있다.

$$x(t+\varepsilon) = x(t) + \varepsilon v_x(t) \tag{9.13}$$

이 식은 ε이 작을수록 정확하게 성립한다. 그러나 ε이 충분히 작지 않아도 사용하는 데에는 별 지장이 없다(단, ε이 t와 견줄 정도로 커지면 사용할 수 없다 : 옮긴이). 자, 위치는 그렇다 치고, 속도는 어떻게 구할 수 있을까? 시간 $t+\varepsilon$에서의 속도를 구하려면 그 사이에 일어난 속도의 변화량, 즉 '가속도'를 알아야 하는데, 바로 이 시점에서 동력학의 법칙이 위력을 발휘한다. 뉴턴의 제2법칙을 용수철의 경우에 적용하여 얻은 식 (9.12)를 다시 보라. 뭐라고 적혀 있는가? 그렇다! 가속도는 바로 $-x$와 같다!

$$v_x(t+\varepsilon) = v_x(t) + \varepsilon a_x(t) \tag{9.14}$$

$$= v_x(t) - \varepsilon x(t) \tag{9.15}$$

식 (9.14)는 운동학(kinematics)적인 방정식이다. 다시 말해서, 이 식은 "가속도가 있으면 속도가 변한다"는 단순한 사실을 말해주고 있을 뿐이다. 그러나 식 (9.15)는 경우가 다르다. 이것은 가속도를 힘과 연결시켜주고 있다. 즉, 용수철의 경우에 한해서 가속도를 $-x(t)$로 대치시킬 수 있다는 결정적인 정보가 여기에 담겨 있는 것이다. 그러므로 식 (9.15)는 동력학(dynamics)적인 방정식으로 간주될 수 있다. 임의의 시간에 물체의 위치 x와 속도 v를 알고 있으면 이로부터 가속도를 알 수 있고, 가속도로부터 다음 순간의 속도와 위치를 알 수 있다. 그 다음 순간에 대해서는 동일한 작업을 반복하면 된다. 이것이 바로 동력학의 기본 원리이다.

9-6 방정식의 수치해(Numerical solution of the equations)

이제 본격적으로 용수철 문제를 풀어 보자. 일단은 $\varepsilon = 0.100$초로 잡고, 이 값으로 계산한 결과가 만족스럽지 않으면 $\varepsilon = 0.010$초로 줄여서 다시 계산하기로 한다. 앞에서 우리는 $t = 0$일 때 $x = 1$을 가정했다. 즉, $x(0) = 1.00$이다. 그렇다면 $x(0.1)$은 얼마인가? 식 (9.3)에서 이미 보았듯이, 이것은 $t = 0$에서의 위치 $x(0)$에 0.10초 × 속도(이 값은 0이다)를 더하여 얻어진다. 그러므로 $x(0.1)$은 여전히 1.00이다. 아직 출발하지 않은 것으로 간주되었기 때문이다. 그러나 $t = 0.10$초일 때의 속도 $v(0.1)$은 $v(0) + \varepsilon \times$ 가속도이다. 용수철의 경우, 가속도는 뉴턴의 법칙에 의해 $-x(0) = -1.00$으로 주어진다. 그러므로

$$v(0.1) = 0.00 - 0.10 \times 1.00 = -0.10$$

t = 0.20초일 때는

$$x(0.2) = x(0.1) + \varepsilon v(0.1) = 1.00 - 0.10 \times 0.10 = 0.99$$

그리고

$$v(0.2) = v(0.1) + \varepsilon a(0.1) = -0.10 - 0.10 \times 1.00 = -0.20$$

표 9-1
$dv_x/dt = -x$ 의 해
시간 간격 : $\varepsilon = 0.10$초

t	x	v_x	a_x
0.0	1.000	0.000	−1.000
		−0.050	
0.1	0.995		−0.995
		−0.150	
0.2	0.980		−0.980
		−0.248	
0.3	0.955		−0.955
		−0.343	
0.4	0.921		−0.921
		−0.435	
0.5	0.877		−0.877
		−0.523	
0.6	0.825		−0.825
		−0.605	
0.7	0.764		−0.764
		−0.682	
0.8	0.696		−0.696
		−0.751	
0.9	0.621		−0.621
		−0.814	
1.0	0.540		−0.540
		−0.868	
1.1	0.453		−0.453
		−0.913	
1.2	0.362		−0.362
		−0.949	
1.3	0.267		−0.267
		−0.976	
1.4	0.169		−0.169
		−0.993	
1.5	0.070		−0.070
		−1.000	
1.6	−0.030		+0.030

이 된다. 이런 과정을 반복하면 향후 물체의 모든 위치와 속도를 구할 수 있다. 그러나 이 계산은 $\varepsilon = 0.1$초 간격으로 수행되었기 때문에 정확한 결과라고 볼 수 없다. 좀더 정확한 결과를 원한다면 시간 간격을 더욱 짧게(예를 들어, $\varepsilon = 0.01$초 정도) 잡아야 하는데, 이렇게 하면 특정 시간에 도달할 때까지 수행해야 할 계산량이 그만큼 많아진다. 그래서 지금부터 $\varepsilon = 0.1$초를 유지하면서 정확도를 높이는 방법을 소개하기로 한다.

다들 알다시피, 새로운 위치는 이전의 위치에 $\varepsilon \times$속도를 더하여 얻어진다. 그런데 여기서 말하는 속도란 어느 시점에서의 속도인가? ε을 아무리 작게 잡는다 해도, 이 간격에서 처음 속도와 나중 속도는 얼마든지 달라질 수 있다. 정확도를 높이려면 이 두 속도의 중간값을 사용해야 한다. 왜냐하면 현재의 속도를 정확하게 알고 있다 해도 속도는 매 순간 변하고 있으므로, ε의 시간이 지난 후에도 지금과 같은 속도를 적용한다면 정확한 답을 얻을 수 없기 때문이다. 그러므로 지금부터는 ε이라는 시간 간격에서 처음 속도와 나중 속도 사이의 값을 사용하기로 한다. 물론 이 논리는 위치뿐만 아니라 속도를 구할 때에도 똑같이 적용된다. 속도의 변화를 계산할 때 필요한 가속도는 처음 가속도와 나중 가속도의 중간값을 취하기로 하겠다. 이렇게 하면 식 (9.14)와 (9.15)는 다음과 같이 변형된다.

$$\begin{aligned} x(t+\varepsilon) &= x(t) + \varepsilon v(t+\varepsilon/2) \\ v(t+\varepsilon/2) &= v(t-\varepsilon/2) + \varepsilon a(t) \\ a(t) &= -x(t) \end{aligned} \tag{9.16}$$

이제 한 가지 문제만 해결하면 된다. $v(\varepsilon/2)$는 어떻게 구해야 하는가? 처음에 우리에게 주어진 것은 $v(-\varepsilon/2)$가 아니라 $v(0)$였다. 복잡하게 생각할 것 없이, 일단은 $v(\varepsilon/2) = v(0) + (\varepsilon/2)a(0)$를 이용하기로 하자.

이제 계산을 수행할 준비가 대충 된 것 같다. 일일이 계산을 늘어놓자니 다소 지루할 것 같아서 표 9-1에 결과만 소개하기로 한다. 각 세로줄에는 위치, 속도, 가속도가 0.1초 단위로 계산되어 있다. 이 값들을 주의 깊게 살펴보면 운동의 구체적인 형태를 알 수 있다. $t = 0$일 때 정지 상태에 있던 용수철은 처음에 음의 속도로(위로) 압축되면서 길이가 짧아진다. 시간이 흐름에 따라 가속도는 점차 작아지지만, 속도는 꾸준히 (음으로)증가하는 추세이다. 그런데 속도가 빨라지는 정도는 시간이 흐를수록 점점 둔화되어, 마침내 $t =$(약)1.50초가 되면 $x = 0$(평형 지점)을 지나면서 가속도가 거의 0이 된다. 여기서 시간이 더 흐르면 용수철은 평형 지점을 지나 계속 압축되어 위치 x는 음의 값이 되고, 가속도는 +가 될 것이다. 즉, 속력이 감소한다는 뜻이다(속도와 가속도의 부호가 반대이므로 빠르기가 감소한다). 이 값들을 그림 9-4에 그려진 함수 $x = \cos t$와 비교해보면 거의 정확하게 일치한다! 사실, $x = \cos t$는 우리가 지금 다루고 있는 용수철 운동 방정식의 수학적 해이다. 그러나 이것은 나중에 자세히 배우기로 하고, 지금 당장은 방정식의 수치적 분석만으로도 이렇게 정확한 결과를 얻을 수 있다는 점을 강조하고자 한다.

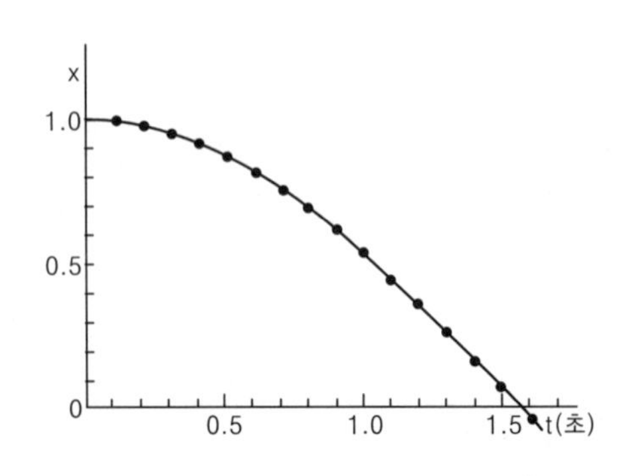

그림 9-4 용수철에 매달린 물체의 운동

9-7 행성의 운동

진동하는 용수철에 관한 한, 지금까지의 분석법은 매우 훌륭하게 맞아들었다고 할 수 있다. 그러나 태양 주위를 공전하고 있는 행성의 경우에도 이 논리를 그대로 적용할 수 있을까? 길게 얘기할 것 없다. 앞에서 사용했던 운동 법칙을 그대로 적용하여 타원 궤도를 얻을 수 있는지 확인하면 된다. 단, 문제가 너무 복잡해지는 것을 막기 위해 태양의 질량이 무한대라 가정하고 출발하자(그렇지 않으면 태양의 운동까지도 고려해야 한다. 그러나 질량이 무한대라고 해서 중력까지 무한대라는 의미는 아니다 : 옮긴이). 이제, 임의의 행성이 지금 막 운동을 시작하여 태양 근처를 지나고 있다. 태양은 이 행성에 중력을 행사할 것이므로 행성의 궤적은 곡선이 될 것이다. 지금부터 뉴턴의 운동 법칙과 중력 법칙만을 이용하여 행성이 그리는 궤적을 계산해보자. 겁먹을 필요는 없다. 결코 어려운 계산이 아니다. 임의의 한순간에 행성은 분명히 '어딘가에' 있다. 태양으로부터 행성까지의 거리를 r이라 하면, 태양과 행성 사이에 작용하는 중력(만유인력)의 크기는 어떤 상수에 태양의 질량과 행성의 질량을 곱하여 r^2으로 나눈 것과 같다. 운동의 형태를 좀더 구체적으로 알기 위해서는 이 힘에 의해 생기는 가속도를 알아야 한다. 두 개의 물체가 서로의 중심을 연결한 선상에서 힘을 주고받을 때에는 모든 운동이 2차원 평면에서만 일어나기 때문에, 우리에게 필요한 가속도 성분은 a_x와 a_y, 두 개뿐이다. 그러므로 어떤 주어진 순간에 행성의 위치를 좌표 (x, y)로 표기하면(z 방향으로는 작용하는 힘이 없으므로 z는 항상 0으로 간주한다. 초기 속도 v_z가 0이면 z값은 불변이며, 이것이 어떤 값을 갖건 우리의 답에는 영향을 주지 않는다), 둘 사이에 작용하는 힘은 그림 9-5에 보이는 것처럼 태양과 행성을 잇는 선을 따라 작용하게 된다.

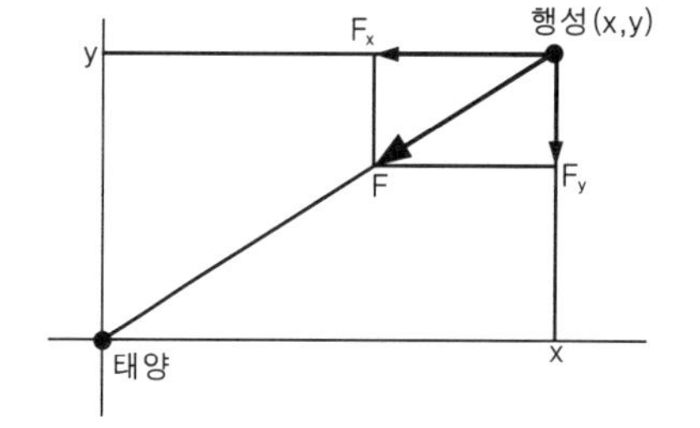

그림 9-5 행성에 작용하는 중력

그림 9-5에서 작은 삼각형과 큰 삼각형은 서로 닮은꼴이므로, 힘의 원래 크기와 힘의 x성분 사이의 비율은 태양-행성 사이의 원래 거리(r)와 수평 거리 사이의 비율과 같다. 또, 태양의 위치를 좌표의 원점으로 잡았을 때 $x > 0$이면 힘의 x성분 $F_x < 0$이다. 즉, $F_x/|F| = -x/r$, 또는 $F_x = -|F|x/r = -GMmx/r^3$이 된다. 여기에 앞에서 언급했던 동력학 법칙을 적용하면 F_x (F_y)는 행성의 질량에 속도의 $x(y)$성분의 변화율을 곱한 것과 같다.

$$
\begin{aligned}
m(dv_x/dt) &= -GMmx/r^3 \\
m(dv_y/dt) &= -GMmy/r^3 \qquad (9.17) \\
r &= \sqrt{x^2 + y^2}
\end{aligned}
$$

이것이 바로 우리가 풀어야 할 방정식이다. 계산상의 편의를 위해 $GM = 1$이라고 가정해보자. 그리고 행성의 초기 위치는 $x = 0.500$, $y = 0.000$이고, 초기 속도는 $v_x = 0$, $v_y = 1.6300$이라고 가정하자. 이제 무엇을 어떻게 계산해야 하는가? 앞의 경우처럼 적당한 시간 간격마다 위치 x와 속도 v_x, 그리고 가속도 a_x를 계산하고 y에 대해서도 동일한 계산을 수행하여 표 9-2를 만들면 된다. 가속도는 식 (9.17)로부터 구할 수 있다. 이 식에 의하면 가속도의 x 성분은 $-x/r^3$, y 성분은 $-y/r^3$이며, r은 x^2+y^2의 제곱근이다. 그러므로 x와 y가 주어지면 이로부터 r을 구할 수 있고, 두 개의 가속도 성분까지 계산이 가능하다. 이때, $1/r^3$을 미리 계산해두면 나중에 편리하다. 제곱표와 세제곱표, 그리고 역수표를 이용하면 계산 시간을 절약할 수 있다. x에 $1/r^3$을 곱할 때에는 계산자를 이용한다(지금은 계산기를 사용해도 무방하다 : 옮긴이).

$\varepsilon = 0.100$으로 잡았을 때, 우리의 계산은 다음과 같이 진행된다. $t=0$일 때의 초기값은

$$x(0) = 0.500 \qquad y(0) = 0.000$$
$$v_x(0) = 0.000 \qquad v_y(0) = +1.630$$

이며, 이로부터

$$r(0) = 0.500 \qquad 1/r^3(0) = 8.000$$
$$a_x = -4.000 \qquad a_y = 0.000$$

을 얻는다. 따라서 속도 $v_x(0.05)$와 $v_y(0.05)$는 다음과 같이 계산된다.

$$v_x(0.05) = 0.000 - 4.000 \times 0.050 = -0.200$$
$$v_y(0.05) = 1.630 + 0.000 \times 0.050 = 1.630$$

이제부터 본격적인 계산이 시작된다.

$$x(0.1) = 0.500 - 0.20 \times 0.1 = 0.480$$
$$y(0.1) = 0.0 + 1.63 \times 0.1 = 0.163$$
$$r = \sqrt{0.480^2 + 0.163^2} = 0.507$$
$$1/r^3 = 7.67$$
$$a_x(0.1) = -0.480 \times 7.67 = -3.68$$
$$a_y(0.1) = -0.163 \times 7.67 = -1.250$$
$$v_x(0.15) = -0.200 - 3.68 \times 0.1 = -0.568$$
$$v_y(0.15) = 1.630 - 1.25 \times 0.1 = 1.505$$
$$x(0.2) = 0.480 - 0.568 \times 0.1 = 0.423$$
$$y(0.2) = 0.163 + 1.50 \times 0.1 = 0.313$$

등등…

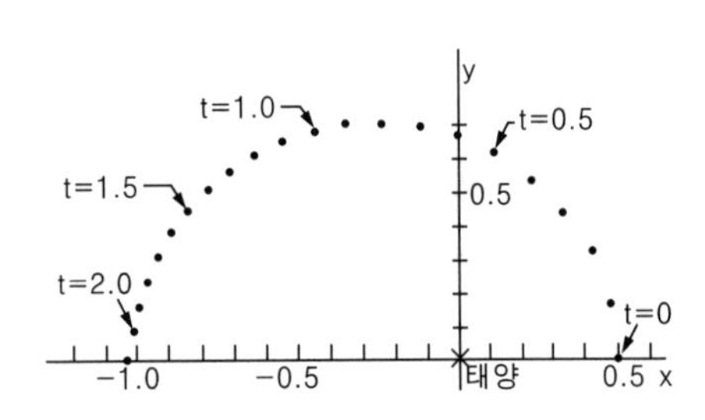

그림 9-6 태양 주변을 공전하는 행성의 궤적 (계산 결과)

구체적인 계산 결과는 표 9-2에 나와 있다. 20단계 정도 계산하여 (x, y) 좌표를 그래프로 찍어보면 그림 9-6과 같은 매끈한 타원 반쪽이 그려진다! 자세히 보면 각 점들 사이의 시간 간격은 0.1초로 균일한데, 좌표상에서의 간격은 시간이 갈수록 좁아지고 있음을 알 수 있다. 즉, 이 행성은 출발할 때 빠르게 움직이다가 태양과 멀어질수록 공전 속도가 느려진다는 뜻이다. 똑똑히 보라! 우리는 행성의 궤적을 구하는 데 멋지게 성공했다!

표 9-2

$dv_x/dt = -x/r^3$, $dv_y/dt = -y/r^3$, $r = \sqrt{x^2 + y^2}$ 의 해

시간 간격 $\varepsilon = 0.100$

궤도 $v_y = 1.63$ $v_x = 0$ $x = 0.5$ $y = 0$ ($t = 0$일 때)

t	x	v_x	a_x	y	v_y	a_y	r	$1/r^3$
0.0	0.500		−4.00	0.000		0.00	0.500	8.000
		−0.200			1.630			
0.1	0.480		−3.68	0.163		−1.25	0.507	7.675
		−0.568			1.505			
0.2	0.423		−2.91	0.313		−2.15	0.526	6.873
		−0.859			1.290			
0.3	0.337		−1.96	0.442		−2.57	0.556	5.824
		−1.055			1.033			
0.4	0.232		−1.11	0.545		−2.62	0.592	4.81
		−1.166			0.771			
0.5	0.115		−0.453	0.622		−2.45	0.633	3.942
		−1.211			0.526			
0.6	−0.006		+0.020	0.675		−2.20	0.675	3.252
		−1.209			0.306			
0.7	−0.127		+0.344	0.706		−1.91	0.717	2.712
		−1.175			0.115			
0.8	−0.245		+0.562	0.718		−1.64	0.758	2.296
		−1.119			−0.049			
0.9	−0.357		+0.705	0.713		−1.41	0.797	1.975
		−1.048			−0.190			
1.0	−0.462		+0.796	0.694		−1.20	0.834	1.723
		−0.968			−0.310			
1.1	−0.559		+0.858	0.663		−1.02	0.867	1.535
		−0.882			−0.412			
1.2	−0.647		+0.90	0.622		−0.86	0.897	1.385
		−0.792			−0.499			
1.3	−0.726		+0.92	0.572		−0.72	0.924	1.267
		−0.700			−0.570			
1.4	−0.796		+0.93	0.515		−0.60	0.948	1.173
		−0.607			−0.630			
1.5	−0.857		+0.94	0.452		−0.50	0.969	1.099
		−0.513			−0.680			
1.6	−0.908		+0.95	0.384		−0.40	0.986	1.043
		−0.418			−0.720			
1.7	−0.950		+0.95	0.312		−0.31	1.000	1.000
		−0.323			−0.751			
1.8	−0.982		+0.95	0.237		−0.23	1.010	0.970
		−0.228			−0.773			
1.9	−1.005		+0.95	0.160		−0.15	1.018	0.948
		−0.113			−0.778			
2.0	−1.018		+0.96	0.081		−0.08	1.021	0.939
		−0.037			−0.796			
2.1	−1.022		+0.95	0.001		0.00	1.022	0.936
		+0.058			−0.796			
2.2	−1.016		+0.96	−0.079		+0.07	1.019	0.945
					−0.789			
2.3								

x축과 다시 만날 때까지 걸린 시간 = 2.101초, ∴ 주기 = 4.20초

t = 2.086초일 때 $v_x = 0$

x축과 만난 위치(x 좌표) = 1.022, ∴ 장축의 길이 $= \dfrac{1.022 + 0.500}{2} = 0.761$

$v_y = 0.796$

반 바퀴 도는 데 걸린 시간 $= \pi(0.761)^{3/2} = \pi(0.663) = 2.082$

그렇다면 해왕성, 목성, 천왕성 등 실제 행성들의 자세한 궤적은 어떻게 알 수 있을까? 행성의 수가 엄청나게 많은 태양계에서 태양의 움직임까지 고

려해야 한다면 이와 동일한 계산으로 행성의 궤적을 알아낼 수 있을까? 물론 할 수 있다. 행성 번호가 i인 특정 행성의 위치를 x_i, y_i, z_i라 하자($i = 1$은 태양, $i = 2$는 수성, $i = 3$은 금성 등…). 우리에게 주어진 과제는 중력으로부터 모든 행성들의 위치를 알아내는 것이다. 이런 경우에는 i-행성을 제외한 모든 천체들(태양과 행성들)이 i-행성에게 중력을 행사하고 있으므로, 다른 천체들의 위치를 x_j, y_j, z_j라 하면 운동 방정식은

$$
\begin{aligned}
m_i \frac{dv_{ix}}{dt} &= \sum_{j=1}^{N} -\frac{Gm_i m_j (x_i - x_j)}{r_{ij}^3} \\
m_i \frac{dv_{iy}}{dt} &= \sum_{j=1}^{N} -\frac{Gm_i m_j (y_i - y_j)}{r_{ij}^3} \qquad (9.18) \\
m_i \frac{dv_{iz}}{dt} &= \sum_{j=1}^{N} -\frac{Gm_i m_j (z_i - z_j)}{r_{ij}^3}
\end{aligned}
$$

이 된다. 그리고 i-행성과 j-행성 사이의 거리를 r_{ij}라 하면,

$$r_{ij} = \sqrt{(x_i - x_j)^2 + (y_i - y_j)^2 + (z_i - z_j)^2} \qquad (9.19)$$

이 성립한다. 식 (9.18)에서 $\sum$는 $j = 1$부터 $j = N$(태양을 포함한 행성의 수)까지를 모두 더한다는 의미인데, $j = i$인 경우는 제외한다. 그러므로 행성이 여러 개 있는 경우에는 표의 세로줄이 많이 추가될 것이다. 목성에 대하여 9개의 항목이 추가되고, 토성에 대하여 9개가 더 필요하고… 이런 식이다. 모든 행성들의 초기 위치와 속도를 알고 있다면 식 (9.19)를 이용하여 거리를 계산하고 이 결과를 식 (9.18)에 대입하여 가속도를 계산할 수 있다. 여러분은 지금 엄청난 계산량에 약간 주눅이 들었을 것이다. 물론 이 계산을 집에서 손으로 한다면 며칠 밤을 새워도 모자랄 것이다. 그러나 요즘은 눈부신 계산 속도를 자랑하는 기계들이 많이 개발되어 있다. 성능 좋은 계산 기계는 덧셈 하나를 수행하는 데 1마이크로 초(10^{-6}초)밖에 걸리지 않는다. 곱하기는 이보다 좀더 복잡하여 10마이크로 초 정도가 소요된다. 위의 계산을 한 번 돌리는 데 평균적으로 30회 정도의 곱셈이 수행된다고 하면, 300마이크로 초가 소요되는 셈이다. 정말 빠르지 않은가? 이런 계산을 1초에 3000번 이상 돌릴 수 있으니 말이다! (이 강의는 60년대 초반에 이루어졌음을 다시 한번 상기하자 : 옮긴이) 십억분의 일 오차 이내의 정확한 결과를 얻으려면 행성의 공전주기를 4×105개로 쪼개서 계산해야 하는데, 그래봐야 약 130초, 또는 약 2분밖에 걸리지 않는다. 그러므로 이 방법을 쓰면 다른 행성들의 작은 영향까지 모두 고려한 목성의 공전 궤도를 십억분의 일의 오차 이내로 단 2분만에 계산할 수 있다(오차는 대략 ε의 제곱에 비례한다. 즉, ε을 1000배 작게 잡으면 정확도는 100만 배나 증가한다).

이 장을 처음 시작할 때, 우리는 용수철에 매달린 질량이 어떤 운동을 하는지 전혀 모르고 있었다. 그러나 뉴턴의 운동 법칙이라는 엄청난 정보를 확보한 지금, 성능 좋은 계산기만 추가로 제공된다면 행성들의 복잡한 운동까지도 얼마든지 정확하게 계산할 수 있게 되었다. 이 얼마나 놀라운 진보인가!

CHAPTER 10
운동량의 보존

10-1 뉴턴의 제3법칙

물체의 가속도와 작용하는 힘 사이의 관계를 말해주는 뉴턴의 제2법칙만 있으면, 역학의 모든 문제는 원리적으로 해결될 수 있다. 예를 들어, 몇 개 입자의 운동을 알고 싶다면 9장에서 언급했던 수치적 방법으로 해결할 수 있다. 그러나 이것이 전부는 아니다. 뉴턴의 운동 법칙은 더 연구해볼 가치가 충분하다. 번거로운 수치적 방법을 동원하지 않고 수학적 분석만으로 답이 나오는 경우도 있기 때문이다. 예를 들어 떨어지는 물체의 운동을 분석할 때, 중력 가속도가 32ft/sec^{2}이라는 사실을 이용하여 물체의 운동을 수치적으로 계산할 수도 있지만, 오로지 수학적인 분석을 통해 $s = s_0 + v_0t + 16t^2$이라는 일반해를 구하는 편이 훨씬 더 쉽고 정확하다. 조화 진동자의 운동 역시 수치적 방법으로 계산하는 것보다는 운동 방정식 자체를 수학적으로 풀어서 일반해가 $\cos t$임을 보이는 것이 훨씬 단순명료하다. 이와 마찬가지로, 태양 주변을 공전하는 행성의 궤도를 9장에서처럼 각 지점마다 수치적으로 계산하여 구할 수도 있지만, 뉴턴의 운동 방정식을 풀어서 타원 궤도임을 입증하는 것이 훨씬 효율적이다(그리고 더 우아하다!).

그러나 안타깝게도 수학적으로 정확한 해를 구할 수 있는 경우는 그리 많지 않다. 조화 진동자의 경우, 용수철의 복원력이 변위(늘어난 길이)에 비례하지 않고 좀더 복잡한 형태로 작용한다면 우리는 수치적 방법에 의존하는 수밖에 없다. 태양 주위를 두 개의 행성이 돌고 있는 3체 문제(three-body problem)도 분석적 방법으로는 풀 수 없다. 이 문제 역시 수치적으로 풀어야 한다. 학자들은 오랜 세월 동안 3체 문제를 풀기 위해 노력해왔는데, 수학적인 기술의 한계를 인정하고 수치적 방법으로 만족해야 한다는 사실을 깨달은 것은 아주 최근의 일이다. 요즘은 계산 도구가 발달하여 분석적으로 해결될 수 없는 수많은 문제들을 수치적 방법으로 해결하고 있으며, 어렵기로 소문난 3체 문제도 그저 복잡한 계산 문제 정도로 취급되고 있다. 그러나 이 두 가지 방법으로는 해결할 수 없는 난처한 상황도 있다. 간단한 문제들은 수학적 분석으로 풀 수 있고, 적당히 어려운 문제들은 수치적 방법으로 해결하면 되지만, 아주 복잡한 문제들은 그럴 수도 없다. 자동차 두 대가 충돌하는 경우나 기체 분자의 운동 등이 대표적인 사례인데, 1mm^{3}의 기체 내부에 우글거리고 있는 10^{17}개(일억 × 십억 개)의 입자들과 씨름을 한다는 것은 결코 현명한 생각이 아니다. 기체, 벽돌, 또는 철 속의 원자/분자들의 운동이나 구형 성단을 이루는 별들의 운동은 직접적인 방법으로 해결할 수 없으므로 어떻게든 다른 방법을 찾아야 한다.

세부적인 사항들을 일일이 쫓아갈 수 없는 상황이라면 뉴턴의 법칙에서 유도되는 일반적인 정리나 원리에 주의를 기울일 필요가 있다. 이들 중 하나가 4장에서 언급했던 에너지 보존 법칙이다. 그 외에도 '운동량 보존 법칙'이 있는데, 이것이 바로 이번 장의 주제이다. 우리가 역학을 더욱 심도 있게 공부해야 하는 또 한 가지 이유는, 여러 다양한 상황에서 동일하게 반복되는 '운동의 패턴'이라는 것이 존재하기 때문이다. 이들 중 하나의 특정한 상황을 선택하여 운동의 패턴을 살펴보는 것은 공부하는 학생들에게 커다란 도움이 된다. 충돌 문제를 예로 들어보자. 충돌에는 여러 가지 유형이 있지만, 이들 사이에는 분명한 공통점이 존재한다. 유체의 흐름도 유체의 종류에 따른 차이는 크게 나타나지 않으며, 적용되는 법칙들도 비슷하다. 이밖에 진동 문제를 비롯하여 역학적 파동의 독특한 현상(소리, 막대의 떨림) 등도 뉴턴의 법칙에서 유도되는 '원리'를 따르고 있다.

뉴턴이 발견한 운동 법칙의 핵심은 바로 '힘'이다. 우리는 여기에 모든 관심을 집중해야 한다. 뉴턴은 힘에 관하여 우리에게 두 가지 지식을 유산으로 남겨주었는데, 중력과 작용·반작용이 바로 그것이다. 중력의 법칙은 뉴턴에 의해 거의 완벽하게 규명되었고 작용·반작용은 뉴턴의 제3법칙에 설명되어 있다. 원자 규모에서 작용하는 힘들에 대해서는 뉴턴 자신도 아는 바가 없었기에 별다른 설명을 하지 못했다. 그가 알아낸 힘이라고는 이 두 가지가 전부이다. 그러나 여기에는 실로 엄청난 양의 정보가 담겨져 있다. 어떠한 상황에서도 한결같이 적용되는 뉴턴의 제3법칙은 다음과 같이 짤막한 문장으로 요약된다.

작용(action)과 반작용(reaction)은 크기가 같다.

이 법칙이 의미하는 바는 다음과 같다—두 개의 입자 *A*, *B* 중 *A*가 *B*에게 척력(미는 힘)을 행사하고 있을 때, *B*는 대책 없이 당하기만 하는 것이 아니라, 똑같은 힘을 *A*에게 되돌려준다는 것이다. 그리고 이 힘들은 동일한 선상에서 작용한다. 이것이 바로 뉴턴이 제안했던 가설(또는 법칙)인데, 언뜻 보기에 매우 정확한 것처럼 보이지만 사실은 대략적인 설명에 불과하다. 그러나 지금 우리의 주된 관심은 뉴턴의 '고전 역학'이므로, 사실에서 벗어나는 사항들은 나중에 논하기로 하고, 지금 당장은 작용과 반작용이 같다는 뉴턴의 법칙을 사실로 받아들이기로 하자. 만일 여기에 *A*, *B*와 동일 선상에 있지 않은 제3의 입자 *C*가 추가된다면, *C*는 *A*와 *B*에게 각각 힘을 행사할 것이기 때문에 *A*가 받는 총 힘과 *B*가 받는 총 힘은 크기와 방향이 모두 다르다. 그러나 이 힘들을 각 성분별로 분해해보면, 크기가 같고 방향이 정반대인 작용-반작용의 조합임을 알 수 있다.

10-2 운동량의 보존

뉴턴의 제3법칙은 과연 우리에게 어떤 새로운 사실을 알려줄 것인가? 간단한 예로, 질량이 서로 다른 두 개의 입자 1, 2를 생각해보자. 이들 사이에 작용하는 힘은 크기가 같고 방향이 서로 반대이다(즉, 서로 밀쳐내고 있거나 서로 잡아당기고 있다). 이런 경우에는 어떤 결과가 얻어질 것인가? 뉴턴의 제2법칙에 의하면, 힘이란 시간에 대한 운동량의 변화율이므로, 입자 1의 운동량 p_1의 변화율은 입자 2의 운동량 p_2의 변화율과 크기는 같고 부호만 반대이다.

$$dp_1/dt = -dp_2/dt \tag{10.1}$$

두 입자가 갖는 운동량이 항상 이와 같은 식으로 변한다면 이것은 곧 입자 1의 운동량의 총 변화량과 입자 2의 운동량의 총 변화량이 크기는 같고 부호가 반대임을 의미한다. 다시 말해서, 입자 1의 운동량과 입자 2의 운동량을 더했을 때 전체 변화율이 0이라는 뜻이다. 두 개의 입자를 하나의 고립된 계(isolated system)로 간주했을 때, 이들 사이에 주고받는 힘은 외부의 영향과 아무런 상관없이 발생하는 것이므로, 우리는 이런 힘을 내력(內力, internal force)이라고 부른다.

$$d(p_1 + p_2)/dt = 0 \tag{10.2}$$

지금의 상황에서 다른 힘은 전혀 없다고 가정한다. 두 입자의 운동량을 더한 전체 운동량의 변화율이 항상 0이면, 이것은 곧 $p_1 + p_2$가 시간이 흘러도 변하지 않는다는 것을 의미한다(이 양은 $m_1v_1 + m_2v_2$라고도 표기하며, 두 입자의 '총 운동량'이라고 한다). 지금까지 말한 바와 같이, 입자들 사이의 상호 작용만으로는 총 운동량을 변화시키지 못한다—이것이 바로 그 유명한 '운동량 보존 법칙'이다. 두 입자 사이의 상호 작용이 제아무리 복잡한 형태로 작용한다 하더라도, 외부로부터 힘이 작용하지 않는 한 $m_1v_1 + m_2v_2$는 시간에 따라 변하지 않는다. 즉, 총 운동량은 상수이다.

이 논리를 좀더 복잡한 상황에 적용해보자. 세 개, 또는 그 이상의 입자들이 상호 작용을 주고받는 경우에도 총 운동량은 여전히 보존될 것인가?—물론이다. 외부로부터 다른 힘이 작용하지 않는 한, 총 운동량은 입자의 개수에 상관없이 항상 보존된다. 한 입자의 운동량이 다른 입자와의 상호 작용에 의해 증가했다면, 그 '다른 입자'의 운동량은 정확하게 그만큼 감소할 것이기 때문이다. 이런 식으로 모든 내력이 상쇄되어 입자계에 작용하는 총 힘이 0이 되기 때문에, 총 운동량은 변하지 않는다.

입자들 사이의 상호 작용(내력) 이외에, 외부로부터 다른 힘이 작용한다면 무슨 일이 일어날 것인가? 상호 작용을 주고받는 입자들이 외부로부터 완전히 고립되어 있다면 서로 주고받는 내력만 작용할 것이므로 내력의 구체적인 형태에 상관없이 총 운동량은 보존된다. 그러나 외부에 있는 다른 입자들이 고립된 입자들에게 힘을 행사하는 경우도 있다. 이렇게 외부의 물체로부터 전달되는 힘을 '외력(外力, external force)'이라고 한다. 나중에 알게 되겠지만, 외력의 총합은 내부에 있는 모든 입자들의 총 운동량의 변화율과 같다. 이것은 뉴턴의 법칙이 확대 적용된 경우로서, 자세한 증명은 차후에 다루기로 한다.

외력이 없는 경우에 여러 입자들의 총 운동량 보존 법칙은 다음과 같이 쓸 수 있다.

$$m_1v_1 + m_2v_2 + m_3v_3 + \cdots = \text{상수} \tag{10.3}$$

여기서 각 입자의 질량과 속도는 1, 2, 3, 4, …로 구별하였다. 각 입자들에 대한 뉴턴의 제2법칙은

$$f = \frac{d}{dt}(mv) \tag{10.4}$$

인데, 이것은 x, y, z 방향마다 별도로 적용되기 때문에 엄밀하게는 다음과 같이 표기해야 한다.

$$f_x = \frac{d}{dt}(mv_x) \tag{10.5}$$

y와 z 방향에 대해서도 이와 동일하게 쓸 수 있다. 그러므로 식 (10.3)은 하나의 방정식이 아니라, 각 방향에 대하여 독립적으로 적용되는 세 개의 방정식인 셈이다.

운동량 보존 법칙 이외에, 뉴턴의 제2법칙으로부터 유도되는 또 하나의 흥미로운 사실이 있다. 이에 관한 자세한 증명은 뒤로 미루고, 지금은 간단하게 언급만 하고 넘어가기로 한다. 그 내용인즉, "물리학의 모든 법칙들은 정지해 있는 관찰자나 등속 운동을 하고 있는 관찰자에게 모두 동일하다"는 것이다. 예를 들어, 어떤 장난꾸러기 아이가 등속으로 날아가는 비행기 안에서 농구공을 바닥에 튀기고 있다고 하자. 이런 경우에 농구공은 땅 위에서 튀길 때와 똑같은 운동을 하게 된다. 비행기의 속도가 아무리 빠르다 해도 비행중에 속도를 바꾸지만 않는다면, 아이의 눈에 보이는 농구공의 운동 법칙은 비행기가 정지해 있을 때와 완전하게 동일하다. 이것이 바로 그 유명한 '상대성 원리(relativity principle)'인데, 아인슈타인의 상대성 원리와 구별하기 위해 당분간은 '갈릴레이의 상대성'이라 부르기로 하겠다. 아인슈타인의 상대성 원리에 대해서는 나중에 따로 강의할 예정이다.

방금 우리는 뉴턴의 운동 법칙들로부터 운동량 보존 법칙을 유도했다. 여기서 계속 진도를 나가면 충돌에 관한 여러 가지 법칙들을 알아낼 수도 있다. 그러나, 좀더 다양한 각도에서 문제를 바라보는 능력을 키우기 위해, 지금까지 말한 것과는 전혀 다른 방식으로 충돌 문제를 풀어보고자 한다. 충돌 문제를 해결하기 위해 뉴턴의 운동 법칙을 반드시 알아야만 하는 것은 아니다. 사전 지식이 전혀 없는 사람도 올바른 추리 과정을 거치면 얼마든지 해답을 구할 수 있다. 지금부터 나는 앞서 언급한 갈릴레이의 상대성 원리 하나만으로

운동량 보존 법칙을 유도할 생각이다.

본격적인 논리를 펴기에 앞서, 한 가지 사실을 가정하고 넘어가자. 즉, 우리가 어떤 속력으로 움직이건 간에, 우리의 눈에 보이는 자연의 법칙은 항상 동일하다는 것이다. 두 개의 물체가 충돌하여 한 몸이 되거나 흩어지는 전형적인 충돌 문제는 나중에 논하기로 하고, 지금 당장은 두 물체가 용수철이나 다른 무엇에 의해 함께 묶여 있다가 갑자기 풀려나는 경우(또는 두 물체 사이에서 작은 폭발이 일어나 두 물체가 떠밀려지는 경우)를 고려해보자. 그리고 문제의 단순화를 위해, 당분간 일차원 운동만을 고려하기로 하자. 지금 고려 중인 두 개의 물체는 대칭적인 외형을 갖고 있으며 물리적 성질도 완전히 동일하다. 이제, 두 물체 사이에 놓여 있던 폭약이 어느 순간에 폭발하여 한 물체가 속도 v로 움직이기 시작했다면, 다른 물체는 그와 정반대 방향을 향하여 속도 v로 움직이게 될 것이다. 두 개의 물체는 물리적으로 완전히 동일하다고 가정했으므로, 운동 방향이 어느 한쪽으로 치우칠 이유가 전혀 없기 때문이다. 즉, 두 물체의 진행 방향은 서로 대칭을 이룬다—이 결과는 충돌과 관련된 여러 가지 문제에서 아주 중요한 실마리를 제공한다. 만일 우리가 수식으로 이 문제에 접근했다면 이런 결과를 얻어내기가 결코 쉽지 않았을 것이다.

방금 상상 속에서 실시한 첫 번째 실험의 결과는 다음과 같다—"동일한 물체들은 같은 속력을 갖는다" 그렇다면 이번에는 질량은 같지만 재질이 다른(구리와 알루미늄) 두 물체를 이용하여 동일한 실험을 해보자. 이 경우에도 두 물체는 여전히 같은 속력으로 움직일 것인가? 나는 '그렇다'고 가정할 참이다. 여러분은 이렇게 반문할 수도 있다—"그런 가정을 굳이 내세울 필요가 있을까요? 아예 질량이라는 것 자체를 '동일한 속력으로 움직이는 물체는 질량이 같다'는 식으로 정의를 내릴 수도 있지 않습니까?" 맞는 말이다. 이 제안에 따라 조그만 구리조각과 아주 큰 알루미늄 덩어리 사이에 작은 폭발을 일으켜보자. 어떤 일이 일어날 것인가? 조그만 구리조각은 멀리 날아가버리고 큰 덩치의 알루미늄은 거의 움직이지도 않을 것이다. 애초에 알루미늄의 덩치가 너무 커서 이런 일이 발생했으므로, 알루미늄의 양을 대폭 줄여서 동일한 실험을 해보자. 저런…! 이번에는 알루미늄이 멀리 날아가버리고 구리조각은 꿈쩍도 하지 않는다. 알루미늄의 질량을 너무 줄인 모양이다. 그렇다면 이번에는 두 물체의 속도가 같아질 때까지 알루미늄의 질량을 키워나가 보자. 이렇게 하여 두 물체의 속도가 같아지는 시점이 오면 "두 물체의 질량이 같다"고 표현하기로 하자. 마치 질량에 대한 새로운 정의처럼 들리지 않는가? 물리법칙을 이렇게 간단한 정의로 옮길 수 있다는 것은 정말로 놀라운 일이다. 이제, 질량의 등가에 관한 새로운 정의를 받아들인다면 다음과 같은 법칙을 곧바로 얻을 수 있다.

질량이 같은 두 개의 물체 A, B(구리와 알루미늄)이외에 제3의 물체가 또 있다고 가정해보자. 이 새로운 물체는 금으로 되어 있으며, 구리를 짝으로 한 폭발 실험을 반복하여 구리와 동일한 질량이 되도록 잘 다듬어져 있다. 그렇다면 금의 질량은 알루미늄의 질량과도 같을 것인가? 논리적으로는 같아야 할 이유가 전혀 없다. 그러나 실제로 실험을 해보면 금과 알루미늄의 질량은 같다는 것을 알 수 있다. 즉, 실험을 통해 다음과 같은 새로운 법칙이 발견되는 것이다—"두 물체의 질량이 제3의 질량과 동일하다면(이 실험에서 '동일한 질량'이란, 동일한 속도를 의미한다) 이들은 모두 동일한 질량을 갖는다." (이것은 수학에서 말하는 '삼단논법'이 결코 아니다.) 여기서 자칫 잘못하면 중요한 실수를 저지를 수 있다. "폭발이 일어난 후에 두 물체의 속도가 같으면 질량이 같다"고 말하는 것은 단순한 정의가 아니다. 왜냐하면 질량이 같다는 것은 수학적 등가(epuality)를 의미하며, 이로부터 실험의 결과를 예측할 수도 있기 때문이다.

두 번째 예를 들어보자. 두 물체 ***A***와 ***B***가 어떤 폭발에 의해 서로 멀어져갈 때, 이들의 속도가 같다고 하자. 그러면 이보다 더 강력한 폭발이 일어났을 때에도 이들의 속도는 같을 것인가? 방금 전과 마찬가지로, 이 경우 역시 논리적으로 판단할 만한 근거는 없다. 그러나 실험을 해보면 이것이 사실임을 알 수 있다. 여기서 우리는 또 하나의 법칙을 얻는다—"폭발(또는 이와 비슷한 효과)로 인해 얻어진 두 물체의 속도를 측정한 결과, 질량이 같은 것으로 확인되었다면, 이들은 속도가 달라진 경우에도 같은 질량을 갖는다." 이로부터 우리는 중요한 사실을 알 수 있다. 즉, 단순한 정의처럼 보이는 것들이 실제로는 물리학의 법칙들을 내포할 수도 있다는 것이다.

앞으로 우리는 질량이 같은 물체들이 폭발로 인해 멀어질 때, 방향은 반대이고 크기는 같은 속도를 갖는 것이 사실이라고 가정할 것이다. 그리고 이와 정반대의 경우에는 또 하나의 가정이 필요하다. 두 개의 동일한 물체가 같은 속도로 접근하여 충돌한 후에 한 몸으로 들러붙었다면 어떤 운동을 할 것인가? 이 경우 역시 좌-우의 구별이 없는 대칭적 상황이므로, 움직이지 않고 그 자리에 정지한다고 가정하는 수밖에 없다. 두 물체의 재질이 다르다 해도 질량만 같으면 항상 이 가정을 사용할 것이다.

10-3 운동량은 보존된다!

지금까지 세운 가정은 실험을 통해 입증될 수 있다. 첫째, 질량이 같은 두 물체 사이에서 폭발이 일어나면 이들은 같은 속력으로 멀어져간다. 둘째, 질량이 같은 두 물체가 같은 속도로 접근하다가 서로 충돌하여 한 몸으로 들러붙으면 그 자리에서 정지한다. 우리의 실험은 '공기 홈통(air trough)'이라 불리는 멋진 기구를 이용하여 진행될 것이다. 이것은 옛날에 갈릴레이를 끊임없이 괴롭혔던 마찰 현상을 깨끗하게 제거해준다(그림 10-1). 갈릴레이는 바로 이 마찰력 때문에 물체를 미끄러뜨리는 실험을 할 수가 없었다. 그러나 이 마술 같은 공기 홈통을 사용하면 마찰력은 '거의' 제거된다. 이 기구 위에서 미끄러져가는 물체는 아무런 방해 없이 일정한 속도로 계속 진행해갈 것이다. 바로 갈릴레이가 예측했던 그대로이다! 어떻게 이런 일이 가능한 것일까? 물

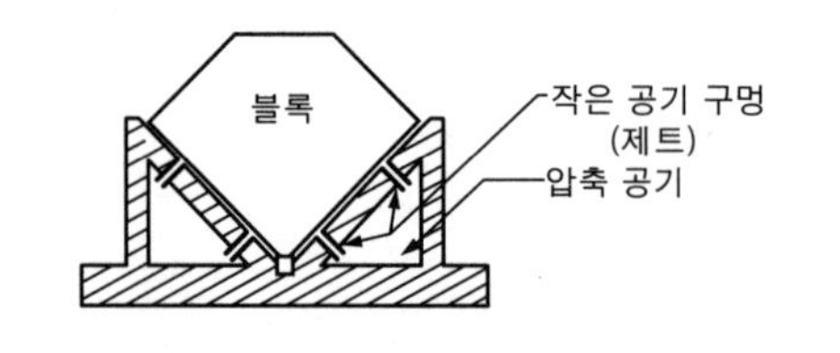

그림 10-1 공기 홈통의 단면도

체를 공기로 떠받쳐 주기 때문이다. 공기는 마찰이 아주 작기 때문에, 다른 힘이 작용하지 않는 한, 물체는 일정한 속도로 미끄러져가게 된다. 우리의 실험 방법은 다음과 같다. 우선, 질량이 같은 두 개의 블록을 공기 홈통에 올려놓고(우리가 실제로 측정하는 것은 질량이 아니라 무게이다. 그러나 무게와 질량은 서로 비례하는 관계에 있기 때문에 이 실험에서는 아무런 상관이 없다), 이들 사이에 조그만 폭파 장치를 만든다(그림 10-2). 두 개의 블록은 공기 홈통 위에 나 있는 트랙의 가운데 지점에 가만히 놓여져 있다가, 전기 스파크로 폭발이 일어나면서 서로 반대 방향으로 밀려나게 된다. 자, 이들의 속도는 과연 같을 것인가? 만일 그렇다면 이들은 홈통의 양끝에 '동시에' 도달할 것이다. 그리고 끝에 도달한 블록은 용수철의 반발력에 의해 처음과 같은 속도로 튕겨져서 가운데 지점으로 되돌아오고, 그곳에서 충돌하여 한 몸이 된 상태로 멈출 것이다. 이런 실험 기구라면 앞에서 세웠던 우리의 가설을 검증하기에 부족함이 없다. 그리고 실험 결과는 우리의 예상과 정확하게 일치한다(그림 10-3).

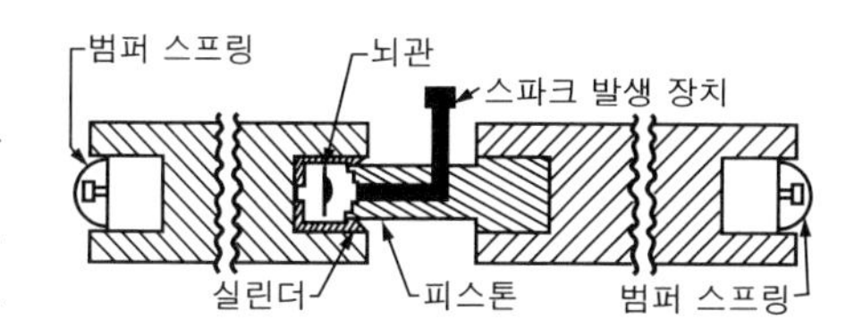

그림 10-2 연결부에 폭파 장치가 삽입된 두 블록의 단면도

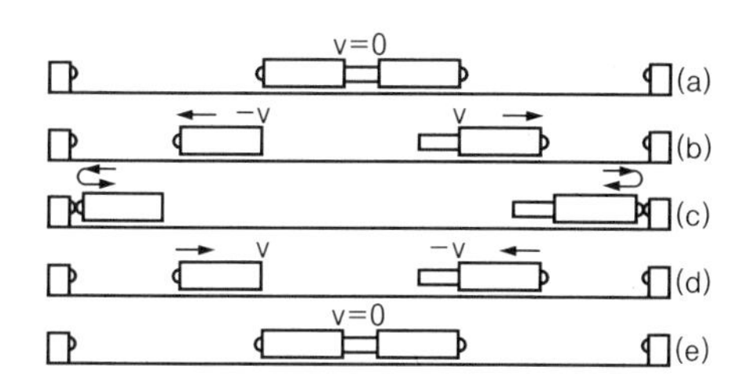

그림 10-3 질량이 같은 두 블록의 작용-반작용 실험 조감도

이번에는 좀더 복잡한 상황을 상상해보자. 질량(m)이 같은 두 개의 물체 A, B가 있다. A는 정지 상태에 있고 B는 A를 향해 속도 v로 움직이고 있다. 여기에 다른 힘이 작용하지 않는다면 A와 B는 잠시 후에 서로 충돌할 것이다. 그런데 이들은 찰흙과 같은 재질로 되어 있어서 일단 충돌하면 한 몸으로 달라붙는다. 따라서 충돌 후에는 $2m$의 질량을 갖는 하나의 덩어리가 특정 방향으로 이동해갈 것이다. 여기서 질문—충돌 후의 이동 속도는 과연 얼마인가? 해답을 찾기 위해 한 가지 사실을 가정하자. 즉, 자동차를 타고 갈 때나 가만히 서 있을 때나, 우리의 눈에 보이는 물리학의 법칙은 항상 똑같다는 것이다. 또한 우리는 질량이 같은 두 개의 물체가 동일한 속력 v로 다가오다가 충돌하면 어디론가 되튀지 않고 그 자리에 멈춘다는 것을 알고 있다. 자, 이제 A와 B의 충돌을 $-v$의 속도로 달리는 자동차 안에서 바라본다고 생각해보자. 과연 어떻게 보일 것인가? 자동차는 서로 다가오는 두 개의 물체들 중 하나와 나란히 달리고 있으므로, 둘 중 하나의 속도는 0으로 보일 것이다. 그리고 자동차와 반대 방향으로 달리는 물체의 속도는 $2v$가 될 것이다(그림 10-4). 또한, 충돌 후에 하나로 합쳐진 덩어리는 차에서 볼 때 v의 속력으로 이동하는 것처럼 보일 것이다. 그러므로 자동차를 타고 있는 우리는 질량 m인 물체가 $2v$의 속도로 내달리다가 정지해 있는 물체(같은 질량)와 충돌하여 한 덩어리로 합쳐져서 속도 v로 계속 움직이는 현상을 목격한 셈이다. 또한 이것은 "v의 속도로 달리는 물체가 정지해 있는 물체와 충돌하여 한 덩어리로 합쳐지면 속도는 $v/2$로 줄어든다"고 말하는 것과 수학적으로 동일하다(물론, 두 물체의 질량이 같은 경우에 한한다). 충돌 전 두 물체의 운동량을 더하면 $mv + 0 = mv$가 되는 데, 이것은 충돌 후의 전체 운동량인 $2m \times v/2 = mv$와 동일하다. 이로부터 우리는 v의 속도로 움직이는 물체가 정지해 있는 물체와 충돌했을 때 어떤 일이 일어나는지를 알 수 있다.

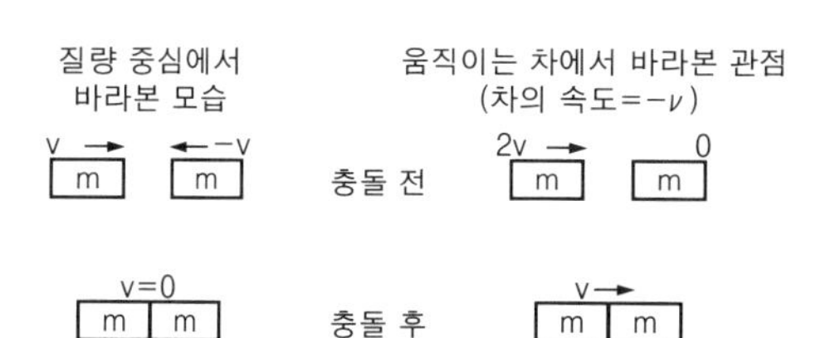

그림 10-4 질량이 같은 두 물체의 비탄성 충돌을 두 가지 관점에서 바라본 그림

질량이 같은 두 물체가 제각기 움직이면서 충돌하는 경우에도 이와 동일

한 방법으로 결과를 유추할 수 있다.

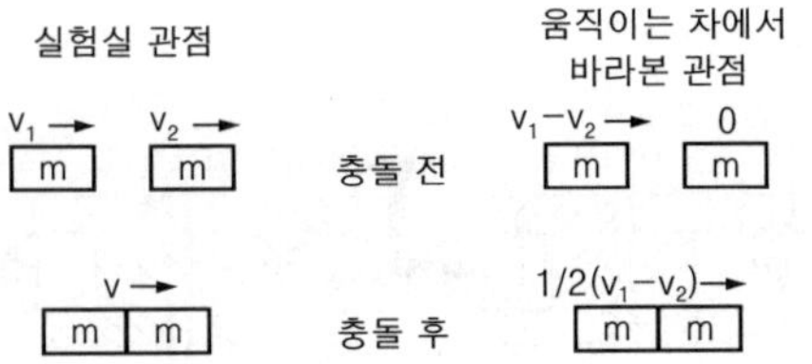

그림 10-5 질량이 같은 두 물체의 비탄성 충돌을 또 다른 두 가지 관점에서 바라본 그림

동일한 질량을 가진 두 물체가 각각 v_1, v_2의 속도로 움직이다가 서로 충돌하여 한 몸으로 합쳐졌다면, 충돌 후의 속도는 얼마나 될까? 이 경우에도 관찰자인 우리가 v_2의 속도로 달리는 자동차에 탄 채로 이 광경을 지켜본다면, 한 물체는 정지해 있는 것처럼 보이고 나머지 하나는 $v_1 - v_2$의 속도로 움직이는 것처럼 보이므로, 방금 전에 다루었던 상황과 똑같아진다. 그러므로 충돌 후에 한데 합쳐진 덩어리는 우리가 타고 있는 자동차에 대하여 $(v_1 - v_2)/2$의 속도로 이동하게 될 것이다. 그리고 이 물체의 움직임을 지상에서 관측했다면 속도는 $v = \frac{1}{2}(v_1 - v_2) + v_2$ 또는 $\frac{1}{2}(v_1 + v_2)$가 된다(그림 10-5). 물론, 이 경우에도 운동량은 보존되어

$$mv_1 + mv_2 = 2m(v_1 + v_2)/2 \tag{10.6}$$

의 관계가 성립한다.

이 원리를 이용하면 질량이 같은 두 물체가 서로 충돌한 후에 한 몸으로 달라붙어서 이동하는 모든 충돌 문제를 분석적으로 풀어낼 수 있다. 지금까지 우리는 1차원 문제만을 다루었지만, x축이 아닌 임의의 방향으로 진행 방향을 잡으면 더욱 복잡한 충돌 문제를 위와 비슷한 방법으로 알아낼 수 있다.

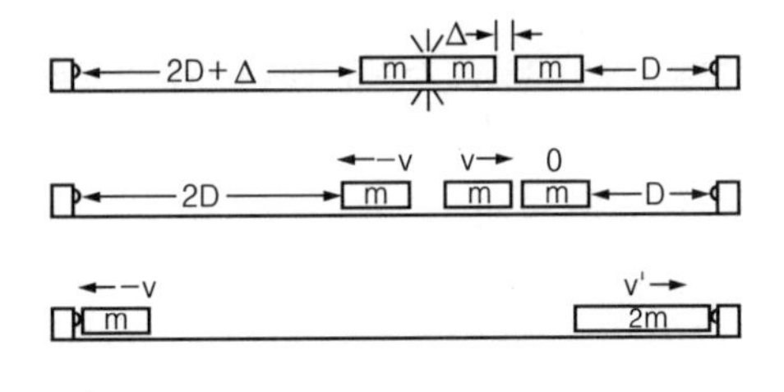

그림 10-6 질량이 같은 두 물체의 충돌 실험. 둘 중 하나가 정지해 있었고 충돌 후에 한 몸으로 달라붙어서 움직인다면 이동 속도는 반으로 줄어든다.

같은 질량을 가진 두 개의 물체 중 하나는 정지해 있고 또 하나는 v의 속도로 움직이다가 서로 충돌하여 하나의 덩어리로 합쳐졌을 때, 그 덩어리의 속도가 $v/2$가 된다는 것을 눈으로 직접 확인하기 위해, 공기 홈통을 이용한 실험을 다시 해보자. 홈통 위에 질량(m)이 같은 세 개의 블록을 놓는다. 이들 중 두 개는 하나로 붙어 있는데, 접합부에 폭약이 장치되어 있어서 폭약이 터지면 두 블록은 정확하게 같은 속도로 서로 멀어지게 된다. 그리고 제3의 블록은 이들로부터 약간 떨어진 거리에 놓여 있으며, 표면에 접착제가 발라져 있어서 무언가가 이 물체를 때리면 달라붙은 채로 운동을 하게 된다. 자, 이제 조심스럽게 폭약을 터뜨려보자. 그러면 두 개의 블록은 v의 속도로 서로 반대 방향으로 움직이게 된다. 그리고 이들 중 오른쪽으로 움직이는 블록은 (그림 10-6 참조) 제3의 블록과 충돌하여 달라붙으면서 질량 $2m$짜리 덩어리가 되어, 앞서 예견했던 대로 $v/2$의 속도로 움직이게 될 것이다. 그렇다면 이 속도를 어떻게 확인할 수 있을까? 애초에 블록의 위치를 잘 조정하면 된다. 즉, 홈통 위에 블록을 놓을 때 홈통의 양 끝에서 블록까지의 거리를 그림 10-6과 같이 2 : 1이 되도록 세팅하는 것이다. 이렇게 하면 폭발 후 v의 속도로 움직이는 블록(질량 $= m$)과 $v/2$로 움직이는 블록(질량 $= 2m$)은 홈통의 끝부분에 '동시에' 도달하게 될 것이다(거리를 측정할 때, 블록 자체의 크기와 블록 사이의 간격도 고려해야 한다). 속도가 두 배로 빠르면, 동일한 시간 동안 이동하는 거리도 두 배로 길어지기 때문이다.

이제, 질량이 서로 다른 두 물체의 충돌을 생각해볼 차례다. 질량이 각각 m과 $2m$인 두 개의 물체를 한 몸으로 붙여놓고 그 사이에 폭약을 설치해보자. 과연 어떤 결과가 얻어질 것인가? 폭발 후에 질량 m이 v의 속도로 움직

였다면, 질량 $2m$의 속도는 얼마나 될 것인가? 이것을 확인하려면 방금 전에 했던 실험에서 두 번째와 세 번째 블록 사이에 간격을 두지 말고 그냥 붙여 놓으면 된다. 이 상태에서 폭발시키면 질량 m은 속도 $-v$로, 그리고 질량 $2m$은 $v/2$의 속도로 움직인다. 이것은 방금 전에 얻은 실험 결과와 동일하다. 다시 말해서, 질량 m과 $2m$사이의 반작용에 의해 나타나는 결과는 질량 m과 m사이에 반작용이 발휘된 후, 둘 중 하나의 m이 제3의 질량 m에 충돌하여 함께 붙어서 이동하는 것과 동일하다는 뜻이다. 이 경우 두 개의 물체가 홈통의 끝부분에 부딪친 후, 그 반동으로 다시 되돌아와서(속도의 크기에 변함없이) 충돌하여 한 몸이 된다면, 그 자리에 정지하게 될 것이다.

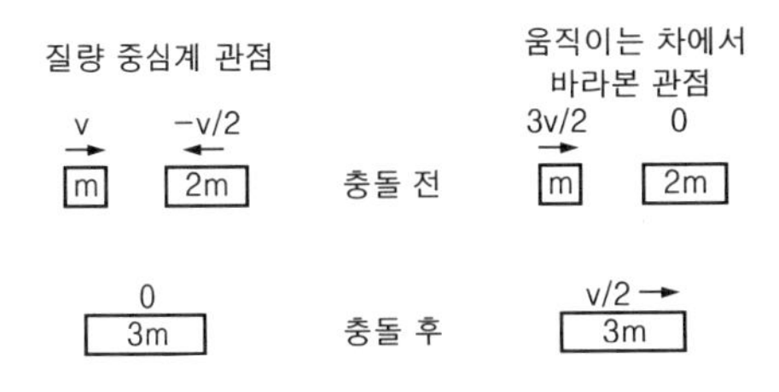

그림 10-7 질량이 m과 $2m$인 물체의 비탄성 충돌을 두 가지 관점에서 바라본 그림

그 다음 질문 — 질량 m인 물체가 v의 속도로 움직이다가 정지해 있는 질량 $2m$의 물체와 충돌하여 한 몸으로 달라붙었다면 어떻게 될까? 이 문제는 갈릴레이의 상대성 원리를 이용하면 실험을 하지 않고서도 쉽게 알아낼 수 있다. 방금 전의 충돌 상황을 $-v/2$의 속도로 움직이는 자동차를 타고 바라보면 바로 이 문제가 되기 때문이다(그림 10-7). 차에서 바라본 각각의 속도는

$$v'_1 = v - v(\text{자동차}) = v + v/2 = 3v/2$$
$$v'_2 = -v/2 - v(\text{자동차}) = -v/2 + v/2 = 0$$

이다. 그리고 충돌 후에 질량 $3m$짜리 블록은 차를 다고 있는 우리가 볼 때 $v/2$의 속도로 움직일 것이다. 이것으로 우리는 원하는 답을 얻었다 — 충돌 전과 충돌 후의 속도 비율은 3 : 1이다. 즉, 질량 m인 물체가 특정 방향으로 운동하다가 정지해 있는 질량 $2m$의 물체와 충돌하여 한 몸으로 달라붙었다면, 그 뭉쳐진 덩어리의 속도는 충돌 전 속도의 1/3로 줄어든다. 이 모든 상황을 설명해주는 일반적인 법칙은 무엇인가? 각 물체의 질량에 속도를 곱하여 모두 더한 값은 항상 불변이라는 것이다! $mv + 0$은 $3m \times v/3$와 같다. 앞서 언급했던 운동량 보존 법칙이 실험으로 입증되어가고 있음을 여러분도 느낄 수 있을 것이다.

지금까지는 질량의 비가 1 : 2인 경우를 고려하였는데, 이 논리는 임의의 질량비에 대해서도 똑같이 적용될 수 있다. 그림 10-8은 질량비가 2 : 3인 경우의 충돌을 보여주고 있다.

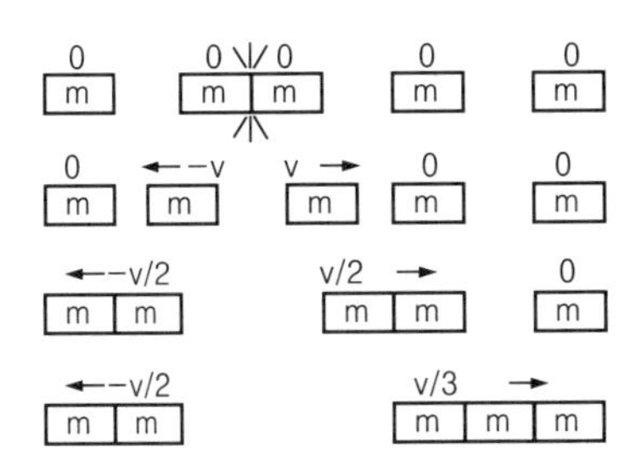

그림 10-8 질량이 $2m$과 $3m$인 물체의 작용-반작용

어떠한 경우이건 간에, 첫 번째 물체의 질량에 속도를 곱하고 두 번째 물체의 질량에 속도를 곱해서 이들을 더한 값은 충돌 후 나타나는 최종 물체의 총 질량에 속도를 곱한 값과 같다. 이것은 운동량 보존 법칙을 보여주는 하나의 사례이다. 지금까지 우리는 대칭적이고 단순한 충돌 문제로부터 시작하여 복잡한 경우에 이르기까지, 운동량 보존 법칙이 항상 사실임을 입증했다. 물론, 질량비가 복잡한 유리수로 표현되는 경우에도 이 법칙은 항상 성립한다.

10-4 운동량과 에너지

앞에서 다루었던 문제들은 두 개의 물체가 서로 충돌하여 하나의 덩어리로 합쳐지거나, 아니면 애초에 한 몸이었던 물체가 폭발로 인하여 두 조각으로 분리되는, 비교적 단순한 문제들이었다. 그러나 모든 충돌이 항상 이런 식으로 일어나는 것은 아니다. 예를 들어 질량이 같은 두 개의 당구공이 같은 속력으로 다가오다가 서로 충돌했다면, 이들은 달라붙지 않고 되튀어 나갈 것이다. 일단 충돌이 일어나면 이들은 아주 짧은 시간 동안 접촉 상태를 유지하면서 외형에 약간의 변형이 생긴다. 즉, 당구공이 '찌그러지는' 것이다. 찌그러진 정도가 최대가 되는 바로 그 순간에 두 물체는 완전 정지 상태가 되며, 이들의 에너지는 마치 압축된 용수철처럼 탄성 에너지의 형태로 저장된다. 물론 이 에너지는 충돌 전에 두 물체가 갖고 있던 운동 에너지로부터 온 것이다. 변형의 정도가 최고조에 달하여 완전 정지 상태가 되면 운동 에너지는 사라진다. 그러나 이러한 손실은 일시적인 현상일 뿐이다. 충돌 시에 물체의 일그러진 상태는 폭발 직전의 폭탄과 비슷하다. 충돌한 물체는 일종의 '폭발'로 인해 되튀어나가게 된다. 물론 우리는 이러한 현상을 많이 보아왔다. 충돌을 겪은 물체는 거의 같은 빠르기로 왔던 길을 되돌아간다. 그러나 일반적으로 폭발에 의한 에너지는 물체를 움직이는 데 100% 사용되지 않기 때문에, 되튀어나오는 속도는 원래의 속도보다 느리며, 느려지는 정도는 물체의 성질에 따라 다르게 나타난다. 만일 충돌한 물체가 찰흙 덩어리였다면 운동 에너지는 전혀 회복되지 않을 것이고, 딱딱한 물체였다면 운동 에너지가 어느 정도 회복될 것이다. 그렇다면 사라진 운동 에너지는 어디로 간 것일까?—충돌 시에 발생하는 열에너지와 진동 에너지로 변환된다! 실제로 충돌 직후의 물체들은 온도가 올라가면서 격렬한 진동을 겪게 된다. 그리고 진동 에너지는 곧 열에너지로 전환된다. 고성능 용수철을 이용하여 물체가 충돌할 때 열이나 진동이 거의 발생하지 않는 일종의 '반동 장치'를 만들어서 실험해보면, 입사될 때의 속도와 충돌 후 튀어나오는 속도가 같음을 알 수 있다. 이런 충돌을 '탄성 충돌(elastic collision)'이라고 한다.

충돌 전과 충돌 후의 속도가 같다는 것은 운동량 보존의 문제가 아니라 '운동 에너지 보존'과 관련된 문제이다. 그러나 질량과 속도가 같은 두 개의 물체가 서로 충돌한 후 동일한 속도로 되튀는 현상은 운동량 보존 법칙과 관련되어 있다.

질량과 속도, 그리고 탄성력이 제각각인 여러 가지 물체들의 충돌 문제를 분석하여 그들의 최종 속도와 손실된 에너지 등을 계산하는 것은 그다지 어려운 문제가 아니다. 앞서 언급했던 논리에 에너지 보존 법칙과 탄성의 개념을 도입하면 된다. 그러나 지금은 갈 길이 바쁜 관계로 자세한 내용은 생략하기로 하겠다.

충돌계의 내부에 기어나 바퀴 등의 역학적 구조가 없다면, 탄성 충돌은 특별한 관심의 대상이 된다. 이 경우, 충돌 후에 되튀어나온 물체의 상태는 충돌할 때와 다를 것이 없기 때문에, 운동 에너지가 달리 숨을 구석이 없다.

그래서 작은 입자들 사이에 일어나는 충돌은 대부분 탄성 충돌이며, 탄성 충돌이 아닌 경우에도 '거의' 탄성 충돌로 간주할 수 있다. 예를 들어, 기체 내부의 원자나 분자들 사이에서 일어나는 충돌은 흔히 탄성 충돌로 간주한다. 물론, 이것은 매우 훌륭한 근사적 방법일 뿐 정확한 서술은 아니다. 만일 기체 분자 간의 충돌이 완전한 탄성 충돌이라면, 기체로부터 나오는 빛이나 복사 에너지를 설명할 수 없게 된다. 기체 분자들이 충돌하면서 자외선이 방출되는 경우도 있기 때문이다. 그러나 이것은 아주 드문 경우이고 방출되는 양도 아주 작기 때문에, 분자들 간의 충돌을 탄성 충돌로 간주하는 것이 상례이다.

재미있는 예를 하나 들어보자. 지금, 질량이 같은 두 개의 물체가 탄성 충돌을 하고 있다. 만일 이들이 충돌 전에 같은 속도로 다가왔다면, 문제의 대칭성에 의하여 충돌 후에도 여전히 같은 속도로 멀어져갈 것이다. 그렇다면 상황을 조금 바꿔서 둘 중 하나의 물체가 충돌 전에 정지 상태였다고 가정해 보자. 과연 어떻게 될 것인가? 앞서 말한 바와 같이, 이 문제는 동일한 속도로 다가오는 두 물체의 충돌을 '둘 중 하나의 물체와 같이 달리는 자동차 안에서' 바라본 것과 동일하다. 이 경우, 움직이던 물체는 그 자리에서 정지하고 정지해 있던 물체는 움직이던 물체와 똑같은 속도로 진행하게 된다. 다시 말해서, 두 물체의 속도가 서로 뒤바뀌는 것이다. 적절한 실험 장치를 이용하면 이 사실을 쉽게 증명할 수 있다. 일반적으로, 질량이 같은 두 물체가 서로 다른 속도로 움직이다가 탄성 충돌을 하면, 속도는 서로 뒤바뀌게 된다. (두 물체가 서로 상대방을 향해 다가와야만 충돌이 일어나는 것은 아니다. 뒤처진 물체가 앞서가는 물체보다 빠른 속도로 좇아가는 경우에도 충돌은 일어날 수 있다. 그리고 이런 경우에도 속도는 뒤바뀌게 된다 : 옮긴이)

거의 탄성 충돌에 가까운 충돌 사례는 자기 현상에서도 찾아볼 수 있다. 공기 홈통 위를 미끄러져가는 블록에 U자형 자석을 부착하여 블록들 사이에 서로 밀쳐내는 힘이 작용하게 하고, 하나의 블록을 정지해 있는 다른 블록 쪽으로 살짝 밀어주면 움직이던 블록은 정지하고 정지해 있던 블록이 움직이게 된다.

운동량 보존 법칙을 이용하면 세부적인 정보가 없어도 다양한 형태의 문제를 풀 수 있다. 블록 사이에 폭발물을 장치한 실험에서, 우리는 폭발을 일으키는 기체 분자의 구체적인 운동을 전혀 고려하지 않고도 폭발 후의 속도를 예측할 수 있었다. 로켓 문제도 아주 재미있는 사례이다. 질량 M의 로켓은 매 순간 아주 작은 양의 연료 m을 엄청난 속도 V로 분사하면서 위로 상승한다. 처음에 로켓이 정지 상태에서 발사되었다면, 로켓의 속도 v는 운동량 보존 법칙에 의해 다음과 같이 계산된다.

$$v = \frac{m}{M} \cdot V$$

따라서 연료가 분사되는 한, 로켓의 속도는 계속 증가하게 된다. 로켓의 추진 원리는 총알을 발사할 때 총신이 뒤로 되튀는 현상을 그대로 이용한 것이다. 그러므로 로켓은 공기가 없는 진공 중에서도 발사될 수 있다.

10-5 상대론적 운동량

현대에 이르러 운동량 보존 법칙은 약간 수정되었다. 그러나 이것은 운동하는 물체의 질량이 변한다는 새로운 사실에 입각한 수정이었을 뿐, 운동량 보존 법칙 자체의 결함은 아니었다. 운동량 보존 법칙은 언제 어디서나 한결같이 성립한다. 상대성 이론에서도 운동량은 질량에 속도를 곱한 양으로 정의되며, 이것은 항상 보존된다. 단, 상대론적 질량은 물체의 속도 v에 따라

$$m = \frac{m_0}{\sqrt{1 - v^2/c^2}} \tag{10.7}$$

로 변한다. 여기서 m_0는 물체가 정지해 있을 때의 질량, 즉 정지 질량(rest mass)이며 c는 빛의 속도이다. 위의 식에서 보다시피, 물체의 속도 v가 빛 속도 c에 비하여 아주 느린 경우에는 m과 m_0가 거의 같아져서 고전적인 운동량으로 되돌아가게 된다.

하나의 입자가 갖는 운동량의 성분들은

$$p_x = \frac{m_0 v_x}{\sqrt{1 - v^2/c^2}}, \quad p_y = \frac{m_0 v_y}{\sqrt{1 - v^2/c^2}}, \quad p_z = \frac{m_0 v_z}{\sqrt{1 - v^2/c^2}} \tag{10.8}$$

로 표현된다. 여기서 $v^2 = v_x^2 + v_y^2 + v_z^2$이다. 서로 충돌하는 두 물체의 x 성분 운동량을 모두 더한 값은 충돌 전이나 충돌 후나 변함이 없다. 물론 이것은 x방향뿐만 아니라 임의의 방향에서 항상 성립한다.

4장에서 언급했던 바와 같이, 에너지 보존 법칙은 전기 에너지, 역학적 에너지, 복사 에너지, 열에너지 등 다양한 형태의 에너지를 모두 고려해야 성립한다. 그런데, 이들 중 열에너지는 눈에 보이지 않기 때문에 어딘가에 '숨어 있는' 에너지라고도 할 수 있다. 그렇다면, 운동량도 숨을 수 있을까? '열운동량' 같은 운동량이 존재하여 보존 법칙을 망가뜨리지는 않을까? 다행히도 그런 경우는 없다. 운동량은 눈에 보이지 않는 곳으로 숨기가 아주 어려운데, 그 이유는 다음과 같다.

물체를 이루는 원자들의 속도를 제곱하여 모두 더한 값은 그 물체의 열에너지를 나타내는 척도가 된다. 이 값은 당연히 양수이고, 벡터와 같은 방향성은 갖고 있지 않다. 물체가 움직이건, 정지해 있건 간에 열에너지는 항상 존재하며, 에너지가 열의 형태로 보존되는지는 분명치 않다. 그러나 속도라는 물리량은 방향성을 갖고 있기 때문에, 원자들의 속도를 모두 더한 값이 0이 아니었다면 그것은 원자 무리 전체가 어떤 특정 방향으로 이동하고 있음을 뜻한다. 그리고 이러한 움직임은 거시적 관점에서도 쉽게 관측될 수 있다. 모든 물체는 반드시 움직여야만 운동량을 가질 수 있으므로 '숨어 있는 역학적 운동량'이란 존재할 수 없는 것이다. 상대성 이론에서는 운동량이 전자기장의 내부에 숨을 수 있는데, 이것은 열에너지처럼 숨는 것이 아니라 상대성 이론의 특징으로부터 유도되는 결과이다.

뉴턴은 멀리 떨어진 물체들 사이에 상호 작용이 전달되는 데 시간이 전

혀 걸리지 않는다고 생각했다. 그러나 이것은 틀린 생각이었다. 전자기력의 경우, 전하를 띤 한 입자의 위치가 갑자기 변했을 때, 다른 곳에 있는 하전 입자는 그 영향을 곧바로 받지 않는다. 전자기력이 전달되는 데 시간이 소요되기 때문이다. 이렇게 전자기력이 전달되고 있는 동안에는 운동량 보존 법칙이 성립되지 않는다. 하나의 입자는 운동을 시작함으로써 운동량이 변했지만, 주변의 다른 입자에게는 아직 전자기력이 도달하지 않아서 이전의 운동량을 고수하고 있기 때문이다. 전자기력의 전달 속도는 초속 300,000km로서, 광속과 동일하다. 즉, 빛이 전달되는 데 소요되는 시간 동안, 두 개의 하전 입자로 형성된 입자계에서는 운동량 보존 법칙이 성립되지 않는 것이다. 물론, 전자기력이 도달한 후에는 기존의 보존 법칙이 잘 적용된다. 이런 상황을 두고 "운동량 mv 이외에 또 다른 형태의 운동량이 전자기장 속에 숨어 있다"고 표현하기도 한다. 그러므로 운동량 보존 법칙이 항상 성립하려면 장 속에 숨어 있는 운동량과 물체 고유의 운동량을 더하여 전체 운동량으로 간주해야 한다. 전자기장이 운동량과 에너지를 가질 수 있다는 것은 곧 전자기장이 추상적 개념이 아니라 '실재하는' 물리량임을 뜻한다. 따라서 상황을 좀더 실제적으로 이해하기 위해서는 두 입자 사이에 힘만이 존재한다는 기존의 아이디어는 수정되어야 한다. 즉, 입자는 자신의 주변에 장을 형성하고, 장은 입자에 물리적 영향을 주며, 장 자체는 입자들처럼 운동량이나 에너지를 가질 수 있다고 생각해야 하는 것이다. 또 다른 예를 들어보자. 전자기장은 파동적 성질을 갖고 있으며, 그 정체는 다름 아닌 '빛'으로 알려져 있다. 지금까지 알려진 바에 의하면 빛도 운동량을 실어나르기 때문에, 빛이 어떤 물체를 비춘다는 것은 곧 그 물체에 빛의 운동량이 전달된다는 뜻이다. 그런데, 운동량이 전달된다는 것은 운동량이 변한다는 뜻이고, 운동량의 변화는 곧 힘이기 때문에 결국 빛은 모든 피사체에 힘을 행사한다는 의미가 된다. 물론 이 양은 아주 미미하여 우리가 느낄 수는 없지만, 정밀한 장치로 측정하면 빛에 의한 압력을 감지해낼 수 있다.

양자 역학으로 넘어가면 사정은 또 달라진다. 그쪽 동네에서 운동량은 더 이상 mv가 아니다. 양자적 관점에서는 속도조차도 정확하게 정의하기가 어렵다. 그러나 이런 열악한 상황에서도 운동량이라는 개념은 여전히 존재한다. 질량이 공간상의 특정 지역에 밀집되어 있는 입자의 경우 운동량은 mv로 표현되지만, 입자를 파동으로 서술하는 양자 역학에서의 운동량은 1cm당 들어 있는 파동의 수로 표현된다. 물론 파동수가 커지면 운동량도 커진다. 그러나 이런 차이점에도 불구하고, 양자 역학에서 운동량 보존 법칙은 여전히 성립한다. $F = ma$를 비롯하여 뉴턴이 유도했던 운동량 보존 법칙은 양자 역학에 적용될 수 없지만, 거기에는 그 나름대로의 보존 법칙이 존재하는 것이다!

CHAPTER 11
벡터

11-1 물리적 의미의 대칭성

이 장에서는 물리학의 법칙 속에 내재되어 있는 '대칭성(symmetry)'에 대해 알아보기로 한다. 여기서 말하는 대칭이란, 일상적으로 통용되는 의미보다 훨씬 더 광범위하고 전문화된 용어이기 때문에, 우선 그 의미부터 분명하게 짚고 넘어가는 것이 좋겠다. 과연 어떤 대상에 대하여 대칭이라는 단어를 사용할 수 있는가? 대칭의 정의는 무엇인가? 어떤 그림을 놓고 대칭적이라고 하면, 여러분은 가운데를 중심으로 좌우가 똑같이 그려진 그림을 떠올릴 것이다. 물론 이것도 틀린 생각은 아니다. 그러나 물리학에서 말하는 대칭성은 이보다 훨씬 더 넓은 의미를 담고 있다. 헤르만 바일(Hermann Weyl) 교수는 대칭을 다음과 같이 정의했다—"임의의 대상에 어떤 조작이나 변형을 가했을 때 변형 후에도 변하지 않는 성질이 있다면, 이 성질을 그 변형 과정에 대해 대칭이라고 말한다." 예를 들어, 좌-우 대칭인 꽃병은 가운데 수직축을 중심으로 180° 돌려도 모양이 변하지 않는다. 앞으로 우리는 더욱 일반적인 바일의 정의를 기초로 하여 물리 법칙의 대칭성을 논하게 될 것이다.

아주 복잡한 기계를 상상해보자. 이 기계에는 수많은 공들이 들어 있는데, 이들은 서로 복잡한 상호 작용을 주고받으면서 이리저리 어지럽게 튕겨다니고 있다. 그리고 이 기계의 근처에 똑같이 생긴 기계를 하나 더 설치했다고 가정해보자. 추가로 설치한 기계는 크기와 구조뿐만 아니라 바라보고 있는 방향까지 똑같기 때문에, 원래의 기계를 고스란히 평행 이동시킨다면 두 번째 기계와 정확하게 일치할 것이다. 자, 이런 상황에서 두 기계를 동시에 작동시키면 이들은 과연 똑같이 움직일 것인가? 두 기계의 움직임이 한치의 오차도 없이 일사불란하게 맞아떨어질 것인가? 물론 그렇지 않은 경우가 더 많다. 기계의 위치가 부적절하여 벽 쪽에 바짝 붙여놓았다면, 벽 자체가 기계의 움직임을 방해할 수도 있기 때문이다.

물리학에서 제시된 아이디어를 응용할 때에는 상식이 어느 정도 수반되어야 한다(물론, 순수 수학이나 추상적 상식을 뜻하는 것은 아니다). 기계 장치를 다른 곳으로 옮겨도 똑같은 방식으로 작동한다는 것이 과연 무엇을 의미하는가? 우리는 그 숨겨진 의미를 제대로 이해해야 한다. 하나의 장치를 옮긴다는 것은 곧 그와 관련된 '모든 것'을 일제히 옮긴다는 의미이다. 옮겨진 기계가 다른 방식으로 작동한다면 기계와 관련된 무언가를 미처 옮기지 않은 것으로 이해하고, 무엇을 빠뜨렸는지 계속 찾아본다. 그러다가 결국 빠뜨린 요소를 찾을 수 없었다면 그때 비로소 "기계의 작동과 관련된 물리 법칙은 대칭성을 갖고 있지 않다"는 결론을 내리게 된다. 물론 빠뜨렸던 요소를 찾아낼 수도 있다(이것은 물리학자들의 변치 않는 희망사항이다). 물리 법칙에 정말로 대칭성이 존재한다면, 벽이 기계 장치의 작동을 방해하는 등의 예외적 현상을 발견할 수 있을 것이다. 여기서 가장 기본적인 질문은 다음과 같다—"모든 사물을 충분히 잘 정의했다면, 그리고 운동을 좌우하는 기본적인 힘들이 그 장치 속에 모두 포함되어 있다면, 이 모든 것들을 다른 장소로 옮겼을 때에도 동일한 법칙이 적용될 것인가? 우리의 기계 장치는 과연 똑같이 작동할 것인가?"

우리의 의도는 현재 관심을 두고 있는 실험 장비와 그에 영향을 주는 요인들을 옮기는 것이지, 지구와 별 등 모든 세상을 옮기자는 것이 아니다. 만일 어떤 초인이 나타나서 이 우주를 동쪽으로 10km 옮겨주고 사라졌다 해도, 달라질 것은 전혀 없다. 이것은 너무도 당연한 일이다. 모든 세상이 일제히 이동했다면, 그 안에 있는 우리들은 이동하지 않은 것과 다를 것이 없기 때문이다. 그러나 우리는 '모든 것'을 옮길 수 없을 뿐만 아니라, 그런 수고를 할 필요도 없다. 기계의 작동과 관련된 최소한의 요소와 요인들을 옮기기만 하면, 그 기계는 이전과 동일하게 작동할 것이다. 다시 말해서 벽 안쪽으로 뚫고 들어가거나 물 속에 빠뜨리는 등의 변화를 주지 않는다면, 그리고 외부로부터 기계에 작용하는 힘의 원천을 함께 옮겨놓았다면, 그 기계 장치는 다른 곳으로 옮겨진 후에도 똑같이 작동할 것이다.

11-2 평행 이동(Translations)

앞으로는 우리에게 친숙한 역학 분야에 한정시켜 논리를 진행시키기로 한다. 앞에서 지적했던 바와 같이, 입자에 적용되는 역학 법칙은 다음과 같이 세 개의 방정식으로 요약될 수 있다.

$$m(d^2x/dt^2) = F_x, \quad m(d^2y/dt^2) = F_y, \quad m(d^2z/dt^2) = F_z \tag{11.1}$$

이 방정식의 의미는 x, y, z로 대변되는 3차원 직교 좌표계에서 각 좌표를 측정하는 방법이 존재한다는 것과, 각 축의 방향을 따라 식 (11.1)을 만족하는 형태로 힘이 존재한다는 것이다. 이들은 물론 좌표의 원점으로부터 측정된 값이어야 한다. 그런데, 원점을 어디로 잡아야 할까? 뉴턴이 알아낸 것은 "이 법칙이 성립하도록 해주는 원점이 우주 어딘가에 반드시 존재한다"는 것뿐이었다. 아마도 그는 우주의 중심 같은 것을 생각했을 것이다. 그러나 원점을 제멋대로 바꿔도 식 (11.1)은 여전히 성립하기 때문에, 우리는 결코 우주의 중심을 찾을 수 없다. 한 가지 예를 들어보자. 조(Joe)와 모(Moe), 두 사람이 공간 속에서 움직이는 지점을 관측하고 있다. 조는 특정 지역에 좌표계를 세워

자신만의 원점을 갖고 있으며, 모는 조의 좌표를 x방향으로 a만큼 평행 이동시킨 지점에 역시 그만의 좌표계를 갖고 있다(그림 11-1 참조). 이제, 어느 순간에 조가 움직이는 점의 위치를 측정하여 x, y, z라는 값을 얻었다고 하자(그림에서는 번잡함을 피하기 위해 z를 생략시켰다). 동일한 대상을 모의 좌표계에서 같은 시간에 측정하면, 조가 얻은 값과는 다른 x가 얻어질 것이다. 이 값을 x'이라 하자. 그리고 이 경우에 모가 측정한 y, z의 값은 조의 값과 같다(좌표를 x방향이 아닌 임의의 방향으로 평행 이동시켰다면, y와 z도 달라진다). 즉,

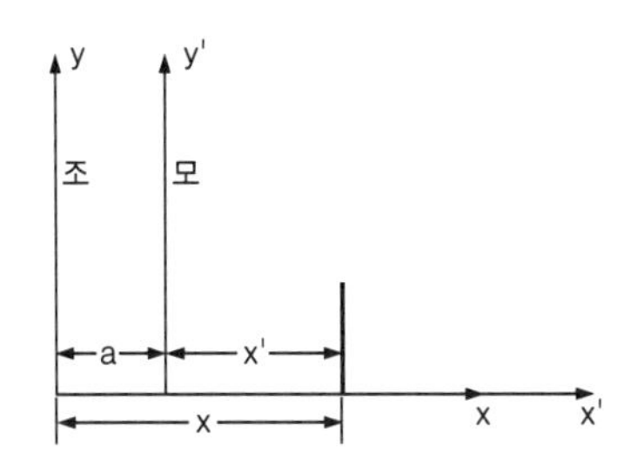

그림 11-1 두 개의 평행한 좌표계

$$x' = x - a, \qquad y' = y, \qquad z' = z \tag{11.2}$$

의 관계가 성립하는 것이다. 그렇다면, 이 경우에 모가 측정한 힘은 어떻게 달라질 것인가? 일단, 모든 힘은 직선 방향으로 작용한다고 가정하자. 그리고 'x방향으로 작용하는 힘'이란 전체 힘 중에서 x방향의 성분을 의미하며, 그 크기는 전체 힘의 크기에 방향코사인 $\cos\theta$를 곱한 것과 같다(여기서 θ는 원래 힘의 방향과 x축 사이의 각도이다). 그런데 조와 모는 동일한 정사영(projection)을 사용하고 있으므로, 다음과 같은 관계식이 얻어진다.

$$F_{x'} = F_x, \qquad F_{y'} = F_y, \qquad F_{z'} = F_z \tag{11.3}$$

이것이 바로 조와 모가 얻은 힘 사이의 관계이다.

여기서 질문 하나를 던져보자. 조의 좌표계에서 성립한 뉴턴의 운동 법칙이 과연 모의 좌표계에서도 성립할 것인가? 즉, 식 (11.1)이 맞는다고 가정했을 때, 식 (11.2)와 (11.3)으로부터 유추해낸 다음의 방정식이 과연 성립할 것인가?

$$\begin{aligned} &(a)\quad m(d^2x'/dt^2) = F_x \\ &(b)\quad m(d^2y'/dt^2) = F_y \\ &(c)\quad m(d^2z'/dt^2) = F_{z'}? \end{aligned} \tag{11.4}$$

사실을 확인하기 위해, x'를 시간 t로 두 번 미분해보자. 우선 한 번 미분하면

$$\frac{dx'}{dt} = \frac{d}{dt}(x - a) = \frac{dx}{dt} - \frac{da}{dt}$$

가 된다. 이제, 모의 좌표계가 조의 좌표계에 대하여 정지해 있다는 가정을 세우면 두 좌표계 사이의 거리에 해당되는 a는 상수이므로 $da/dt = 0$이 된다. 따라서

$$dx'/dt = dx/dt$$

가 되고, 이 식을 한 번 더 미분하면

$$d^2x'/dt^2 = d^2x/dt^2$$

를 얻는다. 그러므로 식 (11.4(a))는 다음과 같은 형태가 된다.

$$m(d^2x/dt^2) = F_{x'}$$

(여기서 조와 모가 측정한 질량도 같다고 가정한다) 보다시피, 가속도에 질량을 곱한 결과는 조의 입장에서 보나, 모의 입장에서 보나 서로 일치한다. 여기에 식 (11.1)을 이용하면 다음의 결과를 얻는다.

$$F_{x'} = F_x$$

즉, 모의 좌표계에서도 동일한 법칙이 성립한다. 비록 모가 세운 좌표계는 조의 것과 달랐지만, 그곳에서도 뉴턴의 법칙이 여전히 성립하는 것이다. 그리고 이것은 곧 우주의 원점을 정의하는 방법이 없음을 뜻한다. 어떤 곳에서 관측하더라도 물리 법칙이 모두 똑같아서, 서로 다른 지점들을 구별할 방법이 없기 때문이다.

따라서 우리는 이렇게 주장할 수 있다—"임의의 위치에서 임의의 기계 장치를 작동시키고, 이것과 똑같은 장치를 다른 한곳에서 작동시켰다면, 두 개의 장치는 동일하게 움직인다" 왜 그런가? 조와 모가 얻은 운동 방정식이 정확하게 일치하기 때문이다. 방정식 자체가 같기 때문에 나타나는 현상도 같을 수밖에 없다. 기계 장치를 새로운 지점으로 옮겼을 때, 이전 장소에서 작동하던 것과 동일하게 작동한다는 사실을 증명하는 것은, 서로 다른 두 지점에서 운동 방정식이 동일함을 증명하는 것으로 대치될 수 있다. 물리학자들은 이러한 사실을 다음과 같은 말로 표현한다— "물리학의 법칙들은 공간상의 이동에 대하여 대칭이다." 여기서 '대칭'이라는 용어는 좌표를 이동시켜도 물리 법칙들이 변하지 않는다는 의미를 담고 있다. 직관적으로 생각해봐도, 장소를 옮겼다고 해서 물리 법칙이 달라져야 할 이유는 없을 것 같다. 그러나 그 이면에 숨어 있는 수학을 공부하다 보면, 아무도 말릴 수 없는 지적인 즐거움 속에 누구나 빠져들게 될 것이다.

11-3 회전(Rotations)

지금까지 말한 내용은 물리 법칙이 갖고 있는 대칭성 중 일부에 불과하다. 그 다음으로 논할 대칭성은 좌표축의 방향과 깊은 관계가 있다. 임의의 지점에 기계 장치를 설치하여 제대로 작동되는 것을 확인하고, 그 근처에서 똑같은 장치를 일정 각도로 기울인 채 작동시켰다면, 이들은 과연 똑같이 작동할 것인가? 물론, 그 장치가 괘종시계였다면 어림도 없는 소리다. 시계의 추는 시계가 똑바로 서 있을 때에만 제대로 작동한다. 만일 시계의 몸체를 기울인다면 시계추는 시계의 몸체와 부딪치면서 얼마 가지 않아 멈추게 될 것이다. 따라서 이 경우에 회전 대칭에 관한 정리는 시계뿐만 아니라 추를 당기는 지구까지 한꺼번에 기울여야 오류를 피할 수 있다—그러므로 회전에 대해 물리 법칙이 대칭성을 갖는다는 것을 믿는다면, 우리는 괘종시계에 대한 어떤 사실을 예측할 수 있다. 괘종시계는 그 안에 들어 있는 복잡한 기계 장치 이외에 외부로부터 작용하는 어떤 요인에 영향을 받고 있다. 이 영향이 지구에 의한 것이라면, 괘종시계를 지구로부터 멀리 떨어진 곳에 갖다놓아도 제대로 작동하지 않을 것이다. 실제로 인공 위성에 탑재된 추시계는 전혀 작동하지 않는다. 인공 위성의 궤도상에서는 추의 운동에 영향을 미치는 힘이 작용하지 않기 때문이다. 그리고 화성에서는 이 힘이 작용하긴 하지만 크기가 다르기 때문에 추시계의 속도가 달라질 것이다. 추시계의 작동에는 내부의 기계 장치뿐만 아니라 외부의 요인들도 중요한 역할을 하고 있다. 따라서 회전에 대한 대칭성을 확인하기 위해서는 시계뿐만 아니라 지구까지도 함께 회전시켜야 하는 것이다. 그런데 지구를 어떻게 회전시킬 수 있을까? 걱정할 것 없다. 지구는 매 순간 스스로 회전하고 있기 때문에, 그저 약간의 인내심을 갖고 기다리기만 하면 된다. 잠시 후면 괘종시계는 일정 각도로 돌아간 지점에서 여전히 같은 방식으로 작동할 것이다. 지구가 회전 운동을 계속하는 한, 지구상에 존재하는 모든 만물들의 절대적인 각도는 항상 변하고 있다. 그러나 우리는 이 변화를 실감하지는 못한다. 지구의 회전으로 인해 달라지는 것이 거의 없기 때문이다. 그리고 이러한 사실은 종종 우리를 헷갈리게 만든다. 왜냐하면 물리학의 법칙은 돌아간 위치와 원래의 위치에서 똑같이 적용되지만, 회전 운동을 하는 물체와 정지해 있는 물체 사이에는 분명한 차이점이 존재하기 때문이다. 값비싼 측정 장비를 동원하여 정교한 실험을 수행해보면, 지구가 '지금 이 순간에' 자전하고 있음을 증명할 수는 있다. 그러나 이 결과로부터 "지구는 아까부터 자전하고 있었다"고 주장할 만한 근거는 없다. 다시 말해서, 우리는 각도가 변하고 있다는 사실만을 알 수 있을 뿐, 현재의 각도가 얼마인지를 절대적인 값으로 알아낼 수 없다는 뜻이다.

이제, 관측 지점이 회전하면 물리 법칙에 어떤 영향을 미치는지 알아보기로 하자. 아까 잠시 등장했던 조와 모를 다시 부르는 게 좋겠다. 문제가 쓸데없이 복잡해지는 것을 방지하기 위해, 두 사람의 좌표는 원점이 일치한다고 가정한다. 단, 지금은 모의 좌표계가 조의 좌표계에 대하여 반시계 방향으로 θ만큼 돌아가 있다. 이 상황은 그림 11-2에 표현되어 있는데, 번잡함을 피하기 위해 3차원이 아닌 2차원 좌표를 사용하였다. 이제, 조의 좌표계에서 P라는 점 하나를 설정하여 그 좌표값을 $(x,\ y)$라 하자. 그러면 모의 좌표계에서 바라본 P점의 좌표는 당연히 달라질 것이다. 이 값을 $(x',\ y')$이라 하자. 그러면 앞에서 했던 것처럼, x'과 y'은 x, y, θ를 이용하여 나타낼 수 있다. 우선, P점에서 출발하여 4개의 모든 축에 수선을 내리고, 선분 PQ와 수직을 이루게끔 선분 AB를 그린다. 이렇게 해놓고 그림을 자세히 들여다보면, x'은 두 부분의 합으로 표현될 수 있고 y'은 AB에서 일정 길이를 뺌으로써 얻어진다는 것을 알 수 있다. 여기에 약간의 기하학을 이용하면 x'과 y'은 식 (11.5)처럼 표현된다. 그림에는 생략된 세 번째 좌표축, 즉 z'축의 변환 공식도 아주 쉽게 얻어진다.

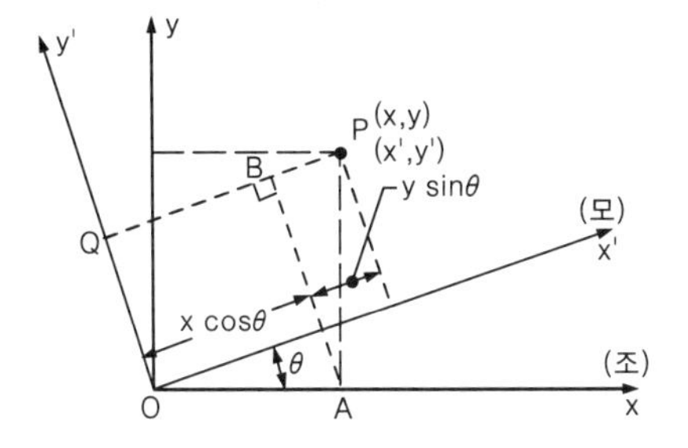

그림 11-2 각도가 다른 두 개의 좌표계

$$
\begin{aligned}
x' &= x\cos\theta + y\sin\theta \\
y' &= y\cos\theta - x\sin\theta \\
z' &= z
\end{aligned}
\tag{11.5}
$$

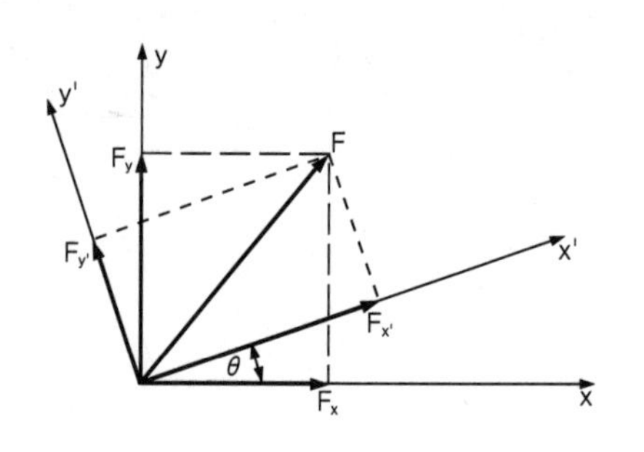

그림 11-3 두 개의 좌표계에서 바라본 힘의 성분

다음 단계는 이전과 똑같은 방법을 사용하여 두 관측자가 느끼는 힘 사이의 상호 관계를 유도하는 것이다. 그림 11-2의 P 지점에 질량 m인 물체가 놓여 있고, 거기에 힘이 작용하고 있다고 가정해보자. 이 힘은 조의 좌표에서 볼 때 크기가 F이며, x축과 y축 방향의 성분은 각각 F_x, F_y이다. 상황을 좀더 간단하게 만들기 위해, 조와 모의 좌표를 모두 평행 이동시켜서 그림 11-3처럼 원점을 P점과 일치시켜보자. 모가 측정한 힘 F는 x'축과 y'축 방향으로 각각 $F_{x'}$, $F_{y'}$의 성분을 갖는다. 그런데 조가 측정한 F_x는 모의 좌표에서 볼 때 x'축 성분과 y'축 성분을 모두 갖고 있으며, F_y도 마찬가지이다. 따라서 $F_{x'}$를 F_x와 F_y로 표현하려면 이들의 x'축 방향으로의 성분을 더하면 된다. $F_{y'}$의 경우에도 이와 동일한 방법을 적용할 수 있으며, 결과는 다음과 같다.

$$
\begin{aligned}
F_{x'} &= F_x\cos\theta + F_y\sin\theta \\
F_{y'} &= F_y\cos\theta - F_x\sin\theta \\
F_{z'} &= F_z
\end{aligned}
\tag{11.6}
$$

여기서 식 (11.5)와 (11.6)을 비교해보라. 신기할 정도로 닮지 않았는가? P점을 가리키는 좌표의 변환 공식과 힘 F의 성분에 대한 변환 공식은 이렇게 동일한 모양을 하고 있다.

이제, 조의 좌표계에서 뉴턴의 법칙이 성립한다고 가정해보자. 이 운동 방정식은 식 (11.1)로 표현된다. 그렇다면, θ만큼 돌아간 모의 좌표계에서도 같은 법칙이 성립할 것인가? 이 질문을 다르게 표현하면 다음과 같다—각 좌표계에서 측정된 양들 사이의 관계식이 식(11.5)와 (11.6)과 같은 형태로 주어졌다면, 다음의 운동 방정식이 과연 성립할 것인가?

$$
\begin{aligned}
m(d^2x'/dt^2) &= F_{x'} \\
m(d^2y'/dt^2) &= F_{y'} \\
m(d^2z'/dt^2) &= F_{z'}\,?
\end{aligned}
\tag{11.7}
$$

사실을 확인하기 위해 방정식의 좌변과 우변을 따로 계산해서 결과를 비교해보자. 좌변은 식 (11.5)의 양변에 m을 곱하고 시간 t로 두 번 미분한 것과 같다(여기서 θ는 상수로 가정한다). 따라서 식 (11.7)의 좌변은

$$
\begin{aligned}
m(d^2x'/dt^2) &= m(d^2x/dt^2)\cos\theta + m(d^2y/dt^2)\sin\theta \\
m(d^2y'/dt^2) &= m(d^2y/dt^2)\cos\theta - m(d^2x/dt^2)\sin\theta \\
m(d^2z'/dt^2) &= m(d^2z/dt^2)
\end{aligned}
\tag{11.8}
$$

이 된다. 식 (11.7)의 우변은 식 (11.1)을 식 (11.6)에 대입해서 계산할 수 있는데, 그 결과는 다음과 같다.

$$F_{x'} = m(d^2x/dt^2)\cos\theta + m(d^2y/dt^2)\sin\theta$$
$$F_{y'} = m(d^2y/dt^2)\cos\theta - m(d^2x/dt^2)\sin\theta \qquad (11.9)$$
$$F_{z'} = m(d^2z/dt^2)$$

자, 자세히 보라! 식(11.8)과 (11.9)의 우변이 정확하게 일치하지 않는가! 그러므로 하나의 좌표계에서 뉴턴의 운동 법칙이 성립했다면, 일정 각도만큼 돌아간 좌표계에서도 여전히 성립한다. 그런데 앞에서 우리는 평행 이동시킨 좌표계에서도 뉴턴의 법칙이 성립한다는 사실을 이미 확인한 바 있다. 따라서 이 결과는 '모든' 좌표계에 한결같이 적용된다. 좌표축의 이동과 회전에 상관없이 뉴턴의 법칙이 항상 성립한다는 사실로부터, 우리는 몇 개의 결론을 추가로 내릴 수 있다. 첫째로, 모든 좌표계는 물리적으로 완전히 동등하다는 것이다. 그 어떤 좌표계도 다른 것들보다 더 우월하거나 열등하지 않다. 따라서 우리에게는 주어진 문제를 가장 쉽게 풀 수 있도록 좌표계를 마음대로 설정할 수 있는 자유가 있다. 예를 들어, 중력 문제를 다룰 때에는 중력의 방향이 x축, y축, z축 방향과 일치하도록 좌표를 설정하는 것이 훨씬 편리하다. 물론, 물리적으로 꼭 그래야만 하는 이유는 없다. 둘째로, 힘을 행사하는 모든 요인들이 내부에 모두 들어 있는 기계 장치가 있다면, 그 기계는 어떤 각도로 돌려져도 항상 동일한 방식으로 작동한다는 것이다.

11-4 벡터(Vectors)

지금까지 알려진 바에 의하면, 뉴턴의 법칙을 비롯한 물리학의 모든 법칙들은 좌표축을 평행 이동시키거나 회전시켜도 변하지 않는 성질(대칭성)을 갖고 있다. 그리고 물리학자들은 이러한 성질을 수학적으로 표현하면서 물리 법칙에 대한 더욱 깊은 이해를 도모할 수 있었다.

여러분도 느꼈겠지만, 지금까지 전개한 논리에는 골치 아픈 수학이 개입되어 상당히 따분한 감이 있다. 처음부터 이 지경이니, 앞으로는 오죽하겠는가? 그러나 걱정할 것 없다. 벡터를 이용한 수학이 우리를 그 수렁에서 구해줄 것이다! 벡터를 이용하면 복잡한 계산을 아주 간단하게 해치울 수 있다. 이른바 벡터 해석(vector analysis)이라 불리는 수학이 바로 그것이다. 그러나 이 장의 주제는 어디까지나 '물리 법칙의 대칭성'임을 잊지 말기 바란다. 굳이 새로운 수학을 도입하지 않아도 대칭성에 관한 강의는 얼마든지 더 할 수 있지만, 좀더 효율적인 계산을 위해 벡터 계산법을 소개하는 것이다.

먼저, 물리학에서 중요하게 취급되는 두 가지 양에 대해서 생각해보자(중요한 게 두 가지뿐일 리는 없지만, 일단은 그렇다고 해두자). 그중 하나는 배낭 속에 들어 있는 감자의 개수와 같이 일상적인 양으로서 '스칼라(scalar)'라고 부르며, 여기에는 크기만 있을 뿐 방향성이라는 개념이 들어 있지 않다. 스칼라의 대표적인 예로는 온도를 들 수 있다. 또 하나의 중요한 양은 속도처럼 방향성이 포함된 물리량으로서, 이 안에는 크기와 방향이 모두 포함되어 있다. 예를 들어, 움직이는 물체를 추적할 때, 단순히 그 물체의 빠르기(속력)만을 흉내내서는 결코 따라갈 수 없다. 도망가는 물체의 방향까지 고려하여 그 방향으로 쫓아가야 한다. 위치를 비롯하여 운동량과 힘도 방향성을 갖고 있다. 어떤 사람이 한 지점에서 다른 지점으로 걸어갈 때, 우리가 그의 보행 속력만을 알고 있다면 그가 얼마나 멀리 갔는지를 예측할 수는 있지만, 그가 '어디로' 가고 있는지는 알 길이 없다. 이것을 알려면 보행의 빠르기뿐만 아니라 그가 가고 있는 방향까지 알아야 한다.

발걸음과 같이 공간상에서 방향성을 갖는 모든 양들은 '벡터'라는 이름으로 불린다.

3차원 공간에서 벡터는 세 개의 숫자로 이루어져 있다. 임의의 점 P의 위치를 좌표로 나타내려면 (x, y, z)처럼 세 개의 숫자가 필요한데, 이것을 벡터로 나타낼 때는 그냥 간단하게 $\mathbf{r}$로 표기한다. 여러분에게는 생소한 표기법일지도 모르지만, 반복해서 사용하다 보면 금방 익숙해질 것이다.* $\mathbf{r}$은 하나의 숫자가 아니라 x, y, z로 이루어진 '세 개의 숫자'를 의미한다. 그러나 단순한 숫자의 나열과는 분명한 차이가 있다. 다른 좌표계를 사용하는 경우에 이 세 개의 숫자는 x', y', z'으로 바뀌지만, 우리는 수학이 복잡해지는 것을 전혀 원치 않기 때문에 (x, y, z)와 (x', y', z')를 나타낼 때 똑같이 $\mathbf{r}$을 사용할 것이다. 이런 표기 방식을 취하면, 좌표계가 바뀌어도 방정식에 사용되는 문자들을 그대로 사용할 수 있다. 예를 들어, x, y, z로 어떤 방정식을 표기한 후에 다른 좌표계로 옮겨갔다고 하자. 그러면 기존의 변수들은 x', y', z'로 바꿔 써야하며, 방정식도 모두 다시 써야 한다. 그러나 방금 언급한 $\mathbf{r}$을 사용하면 이런 번거로움이 생략된다. 어떤 좌표계를 사용하건 간에, $\mathbf{r}$이라는 기호 속에는 그 좌표계에서 위치를 나타내는 변수들이 모두 포함되어 있기 때문이다. 위치를 나타내는 벡터뿐만 아니라, 모든 종류의 벡터는 3차원 공간에서 세 개의 숫자로 표현된다. 그리고 이 숫자들은 각각의 축 방향에 대응하는 '성분(component)'에 해당된다. 여러 개의 좌표계를 사용하는 경우에도 동일한 물체의 위치를 가리키는 벡터는 동일한 기호($\mathbf{r}$)로 표기한다. 좌표의 원점에서 물체까지의 거리는 $\mathbf{r}$이라는 벡터의 길이에 해당되는데, 이 값은 벡터 $\mathbf{r}$의 각 성분값과 직접적인 관계는 없다(예를 들어, 두 벡터의 길이를 비교할 때 x성분이 큰 벡터가 더 길다고 말할 수 없다는 뜻이다 : 옮긴이).

이제, 방향성을 갖고 있는 또 하나의 물리량, 예를 들어 힘(force)이 작용한다고 가정해보자. 힘도 분명히 벡터이므로 세 개의 성분을 갖고 있다. 우리가 좌표계를 바꾸면 힘의 각 성분들은 어떤 수학적 법칙에 따라 변하게 되는데, 이것은 위치 벡터의 성분 (x, y, z)를 (x', y', z')로 바꾸는 것과 동일한 규칙이어야 한다. 다시 말해서, 좌표를 변환시켰을 때 위치 벡터 $\mathbf{r}$과 동일한 규칙으로 변환하는 양들은 모두 벡터인 것이다. 그러므로

---

* 인쇄된 책에서는 벡터를 굵은 글자로 표기하고, 손으로 쓸 때는 문자 위에 화살표를 그린다.

$$\mathbf{F} = \mathbf{r}$$

과 같은 방정식이 한 좌표계에서 성립했다면, 이것은 다른 임의의 좌표계에서도 여전히 성립한다. 이 방정식은 언뜻 보기에 하나인 것 같지만, 사실 이 속에는 다음과 같이 세 개의 방정식이 내포되어 있다.

$$F_x = x, \qquad F_y = y, \qquad F_z = z$$

그리고 좌표를 변환하면 위의 방정식은 다음과 같이 변형된다.

$$F_{x'} = x', \qquad F_{y'} = y', \qquad F_{z'} = z'$$

물리적 상호 관계가 벡터 방정식으로 표현된다는 것은, 좌표계를 회전시켜도 그 관계가 여전히 성립한다는 것을 의미한다. 바로 이러한 이유 때문에 벡터는 물리학에서 아주 중요하게 취급되고 있다.

이제, 벡터와 관련된 몇 가지 성질을 알아보기로 하자. 벡터의 예로는 속도, 운동량, 힘 그리고 가속도 등을 들 수 있다. 앞으로 차차 알게 되겠지만, 벡터는 화살표로 표현하는 것이 가장 효율적이다. 왜 하필이면 화살표인가? 화살표는 '공간상의 걸음', 즉 위치를 나타내는 벡터와 동일한 방식으로 변환되기 때문이다. 그래서 우리는 힘을 나타낼 때 힘의 한 단위(1 뉴턴)가 어떤 특정 길이가 되도록 적당한 척도를 사용한다. 이렇게 하면 모든 힘(**F**)은 위치 벡터(**r**)를 이용하여 다음과 같이 표현될 수 있다.

$$\mathbf{F} = k\mathbf{r}$$

여기서 k는 힘과 위치 벡터 사이의 비례 관계를 말해주는 상수이다. 그러므로 힘은 항상 선분(화살표)으로 나타낼 수 있고, 일단 선분을 그리고 나면 좌표축은 더 이상 필요 없기 때문에 아주 편리하다. 그리고 좌표축이 원점을 중심으로 돌아갈 때 힘의 성분(3 개)도 변하게 되는데, 이 값은 간단한 기하학을 이용하여 쉽게 계산할 수 있다.

11-5 벡터 연산

지금부터 벡터의 연산과 벡터 연산의 기본법칙에 대해 알아보자. 가장 간단한 연산은 '더하기'이다. 어떤 특정한 좌표계에 **a**라는 벡터가 있고, 이 벡터의 성분을 $(a_x,\ a_y,\ a_z)$라 하자. 그리고 **b**라는 벡터의 성분을 $(b_x,\ b_y,\ b_z)$라 하자. 그렇다면, 이들로부터 만들어진 세 개의 성분 $(a_x + b_x,\ a_y + b_y,\ a_z + b_z)$도 역시 벡터일까? 여러분은 이렇게 말할 지도 모른다—"글쎄… 숫자 세 개로 이루어졌으니까, 이것도 벡터 아닌가?" 그렇지 않다. 숫자가 세 개 있다고 해서 모두 벡터가 되는 것은 아니다! 벡터가 되려면 세 개의 숫자도 필요하지만, 앞에서 언급했던 대로 좌표계를 돌렸을 때 특정한 법칙에 따라 이 숫자들이 서로 "뒤섞이면서" 한결같은 법칙으로 변환되어야 한다. 따라서, 제대로 된 질문은 다음과 같다—좌표를 회전시켰을 때 $(a_x,\ a_y,\ a_z)$가 $(a_{x'},\ a_{y'},$

$a_{z'}$)으로 변하고, (b_x, b_y, b_z)는 ($b_{x'}$, $b_{y'}$, $b_{z'}$)로 변했다면, ($a_x + b_x$, $a_y + b_y$, $a_z + b_z$)는 과연 ($a_{x'} + b_{x'}$, $a_{y'} + b_{y'}$, $a_{z'} + b_{z'}$)으로 변할 것인가? 물론이다. 그렇게 변할 수밖에 없다. 왜냐하면 전형적인 변환 공식인 식 (11.5)는 선형 변환(linear trans-formation)의 형태로 되어 있기 때문이다. 즉, a_x를 변환하여 $a_{x'}$을 얻고, b_x를 변환하여 $b_{x'}$을 얻었다면, $a_x + b_x$를 변환시킨 결과는 $a_{x'} + b_{x'}$가 된다는 뜻이다. 이런 식으로 벡터 **a**와 **b**를 더하면 또 하나의 벡터 **c**가 만들어지는데, 이것은 기존의 연산 기호를 이용하여 다음과 같이 쓸 수 있다.

$$\mathbf{c} = \mathbf{a} + \mathbf{b}$$

이렇게 만들어진 벡터 **c**는 다음과 같이 흥미로운 성질을 갖고 있으며, 이것은 각 성분을 더함으로써 쉽게 증명할 수 있다.

$$\mathbf{c} = \mathbf{b} + \mathbf{a}$$

그리고 세 개 이상의 벡터들을 더할 때에는 먼저 더하는 순서에 상관없이 항상 같은 결과가 얻어진다.

$$\mathbf{a} + (\mathbf{b} + \mathbf{c}) = (\mathbf{a} + \mathbf{b}) + \mathbf{c}$$

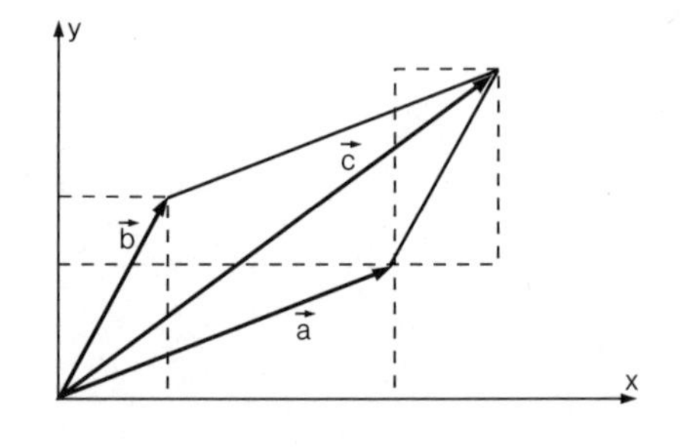

그림 11-4 벡터의 덧셈

a + **b**를 기하학적으로 이해하는 방법도 있다. 벡터 **a**와 **b**를 노트 위에 화살표로 그렸을 때, **a** + **b**는 어떻게 표현될 수 있을까? 그림 11-4에 그 답이 제시되어 있다. **a**의 성분에 **b**의 성분을 더하는 과정은 두 개의 직사각형을 더하는 것과 동일하다. 즉, 벡터 **a**를 대각선으로 하는 직사각형의 한 귀퉁이에, 벡터 **b**를 대각선으로 하는 또 하나의 직사각형을 그림과 같이 연결하여 원점과 두 번째 직사각형의 귀퉁이를 이으면 **a** + **b**(= **c**)라는 새로운 벡터가 얻어진다. 그런데 이 과정은 벡터 **a**의 머리에 벡터 **b**의 꼬리를 잇는 것과 동일하다. 따라서 벡터를 더할 때에는 매번 직사각형을 이동시키는 번거로운 작업을 반복할 필요 없이 그냥 두 벡터의 머리와 꼬리를 이어서 시작점과 끝점을 잇기만 하면 된다. 이와 반대로 **b**에 **a**를 더할 때에는 (**b** + **a**) 두 직사각형의 순서를 바꿔야 하는데, 평행사변형의 기하학적 성질상 **a** + **b**와 동일한 결과를 얻게 된다. 이와 같이, 벡터의 덧셈은 좌표축을 그리지 않고서도 얼마든지 수행될 수 있다.

벡터 **a**에 임의의 숫자 α가 곱해진 것은 무슨 의미일까? $\alpha\mathbf{a}$는 각 성분이 αa_x, αa_y, αa_z로 주어지는 벡터로 정의한다. 물론 $\alpha\mathbf{a}$가 벡터라고 주장하려면 엄밀한 증명을 거쳐야 하는데, 이것은 여러분을 위해 연습 문제로 남겨두겠다.

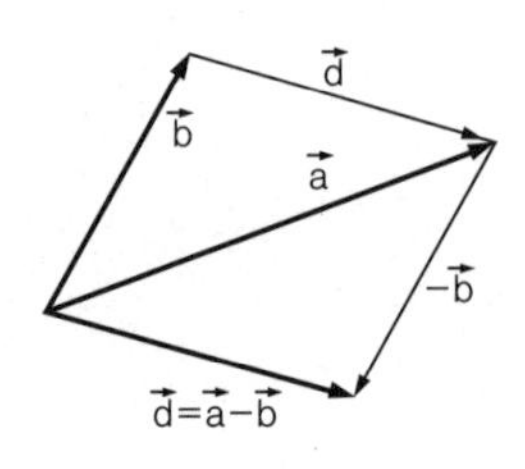

그림 11-5 벡터의 뺄셈

벡터의 뺄셈도 덧셈과 비슷하게 정의할 수 있다. 두 벡터에 대한 '뺄셈'은 각 성분들끼리 더하는 대신에 뺄셈을 해줌으로써 자연스럽게 정의된다. 그러나, 음(陰)의 벡터 $-\mathbf{b} = -1\mathbf{b}$를 정의하면 벡터의 뺄셈은 덧셈과 완전히 똑같은 연산으로 이해될 수 있다. 그림 11-5는 $\mathbf{d} = \mathbf{a} - \mathbf{b} = \mathbf{a} + (-\mathbf{b})$임을 일목요연하게 보여주고 있다. **a** + **b**와 마찬가지로, **a** − **b**역시 좌표를 그리지 않고 그림으로 쉽게 표현할 수 있는데, 그림에서처럼 벡터 **b**의 끝에서 **a**의 끝을 잇는 화살표를 그리면, 이것이 바로 $\mathbf{d} = \mathbf{a} - \mathbf{b}$이다!

그 다음으로, 물체의 속도에 대해 생각해보자. 속도는 왜 벡터인가? 운동하는 물체의 위치가 세 개의 좌표 (x, y, z)로 주어졌다면, 속도는 어떻게 구할 수 있을까? 이 경우 속도는 dx/dt, dy/dt, dz/dt로 주어진다. 이것이 과연 벡터일까? 앞서 언급했던 변환식 (11.5)의 양변을 미분하면 dx'/dt가 좌표변환에 대하여 어떻게 변하는지를 알 수 있다(시간 t는 좌표를 변환해도 변하지 않는 양으로 간주하기 때문에 dt'으로 표기하지 않는다. 물론, 이것은 상대론적 효과를 전혀 고려하지 않은 고전적인 관점이다 : 옮긴이). 간단한 계산을 해보면, dx/dt와 dy/dt는 x, y와 똑같은 형태로 변환된다는 것을 알 수 있다. 즉, 위치 벡터의 성분을 시간에 대하여 미분한 양도 여전히 벡터인 것이다! 그러므로 속도는 벡터임이 분명하다. 일반적으로, 속도는 다음과 같이 깔끔한 관계식으로 표현될 수 있다.

$$\mathbf{v} = d\mathbf{r}/dt$$

속도란 무엇인가? 속도는 왜 벡터인가? 이 질문에 대한 답도 간단한 그림을 이용하여 쉽게 이해될 수 있다. 잠시 그림 11-6에 집중해보자. 아주 짧은 시간 간격 Δt 동안 물체는 얼마나 멀리 이동할 수 있을까? 답은 간단하다. 물체는 $\Delta\mathbf{r}$만큼 움직인다. 한순간에 '여기' 있던 물체가 다른 순간에 '저기'로 이동했다면, 위치의 변화는 위치 벡터의 차이, 즉 $\Delta\mathbf{r} = \mathbf{r}_2 - \mathbf{r}_1$로 나타낼 수 있고, 이것을 시간의 변화량 $\Delta t = t_2 - t_1$으로 나눈 값은 '평균 속도'를 나타내는 벡터가 된다. 그리고 어느 특정한 순간에서의 속도 벡터는 평균 속도 벡터에 Δt가 0으로 가는 극한을 취한 값으로 정의한다.

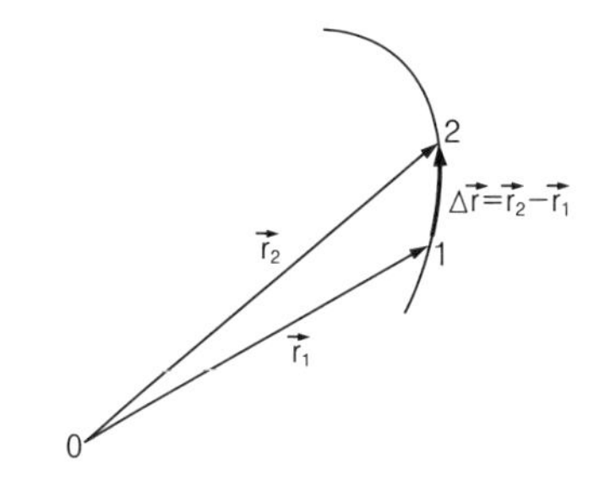

그림 11-6 아주 짧은 시간 $\Delta t = t_2 - t_1$동안 입자가 이동한 위치의 변화(변위)는 $\Delta\mathbf{r} = \mathbf{r}_2 - \mathbf{r}_1$

$$\mathbf{v} = \lim_{\Delta t \to 0} (\Delta\mathbf{r}/\Delta t) = d\mathbf{r}/dt \tag{11.10}$$

여기서 보더라도, 속도는 당연히 벡터이다. 왜냐하면 속도는 두 벡터의 뺄셈으로 만들어진 양이기 때문이다. 그리고 $\mathbf{v}$의 성분은 dx/dt, dy/dt, dz/dt이므로 식(11.10)은 속도에 대한 정의로 전혀 손색이 없다. 이로부터 우리는 '벡터를 미분하여 얻어진 결과' 역시 벡터라는 사실을 알 수 있다. 지금까지 우리는 주어진 벡터로부터 새로운 벡터를 만들어내는 세 가지 방법을 확인하였다—(1) 상수를 곱한다, (2) 시간으로 미분한다, (3) 두 개의 벡터를 더하거나 뺀다.

11-6 벡터로 표현한 뉴턴의 운동 법칙

뉴턴의 법칙을 벡터 형태로 표현하려면 속도뿐만 아니라 가속도까지도 벡터로 정의해야 한다. 가속도 벡터는 속도 벡터를 시간으로 미분하여 얻어지며, 그 성분은 위치 벡터 $\mathbf{r}$의 성분인 x, y, z를 시간 t로 두 번 미분한 것과 동일하다.

$$\mathbf{a} = \frac{d\mathbf{v}}{dt} = \left(\frac{d}{dt}\right)\left(\frac{d\mathbf{r}}{dt}\right) = \frac{d^2\mathbf{r}}{dt^2} \tag{11.11}$$

$$a_x = \frac{dv_x}{dt} = \frac{d^2x}{dt^2}, \quad a_y = \frac{dv_y}{dt} = \frac{d^2y}{dt^2}, \quad a_z = \frac{dv_z}{dt} = \frac{d^2z}{dt^2} \tag{11.12}$$

이 정의를 이용하면, 뉴턴의 법칙은 다음과 같이 간단한 형태로 표현된다.

$$m\mathbf{a} = \mathbf{F} \tag{11.13}$$

또는

$$m(d^2\mathbf{r}/dt^2) = \mathbf{F} \tag{11.14}$$

앞에서 강조했던 것처럼, 자연의 법칙은 관찰자가 바라보는 각도를 바꾸어도 항상 같아야 한다. 따라서 뉴턴의 법칙 역시 좌표축을 회전시켜도 그 형태는 변하지 않아야 한다. 이것을 어떻게 증명할 수 있을까? 일단, 가속도 $\mathbf{a}$가 벡터임을 증명한다—이것은 방금 전에 이미 했다. 그 다음에, 힘 $\mathbf{F}$도 벡터임을 증명한다—이 책에서 증명한 적은 없지만 일단은 그렇다고 가정하자. 이렇게 힘과 가속도가 모두 벡터라면 식(11.13)은 좌표축을 아무리 회전시켜도 형태가 변하지 않을 것이다. 그리고 이 식에는 x, y, z가 겉으로 드러나 있지 않기 때문에, 각 성분에 해당되는 세 개의 방정식을 일일이 나열할 필요가 없다. 식(11.13)은 하나인 것 같지만 사실은 세 개의 방정식을 하나로 축약시켜놓은 형태이다. 벡터로 이루어진 등식은 좌변의 성분과 우변의 성분이 각각 같다는 것을 의미하기 때문이다.

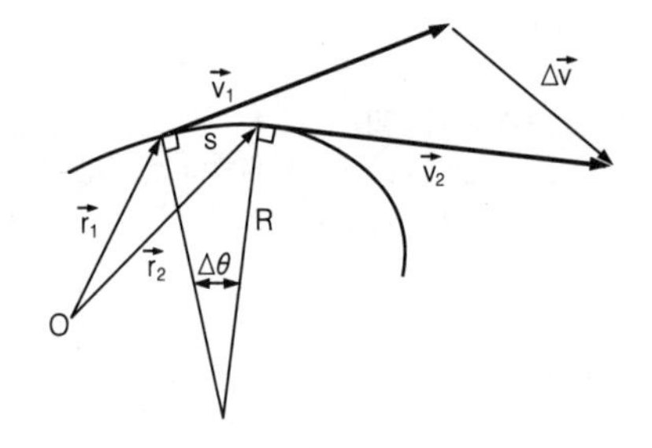

그림 11-7 곡선 궤적

가속도가 속도 벡터의 시간에 대한 변화율이라는 사실을 이용하면 다소 복잡한 상황에서도 가속도를 쉽게 계산할 수 있다. 예를 들어, 한 입자가 그림 11-7과 같이 복잡한 곡선을 그리며 움직이고 있다고 가정해보자. 어떤 특정 시간 t_1에서 이 입자의 속도는 $\mathbf{v}_1$이고, 잠시 시간이 흘러 t_2가 되면 입자의 속도는 $\mathbf{v}_2$로 변한다. 이 경우에 입자의 가속도는 얼마인가? 가속도란 속도의 변화량을 시간의 변화량으로 나눈 것이기 때문에, 가속도를 구하려면 먼저 속도의 차이($\mathbf{v}_2 - \mathbf{v}_1$)를 알아야 한다. 이것은 어떻게 구할 수 있을까? 하나의 벡터($\mathbf{v}_2$)에서 다른 하나의 벡터($\mathbf{v}_1$)를 뺄 때에는 $\mathbf{v}_2$와 $\mathbf{v}_1$의 끝을 잇는 새로운 벡터를 그리면 된다. 그러므로 그림 11-7에 그려져 있는 두 개의 속도 벡터의 끝을 이으면 $\mathbf{v}_2 - \mathbf{v}_1 = \Delta\mathbf{v}$가 얻어진다. 자, 지금 내가 한 말이 맞는다고 생각하는가? 아니다! 이것은 완전히 틀린 설명이다. 두 벡터의 차이를 구할 때 벡터의 끝점을 잇는다는 것은 두 벡터의 시작점이 같은 곳에 있을 때에만 성립하는 말이다! 시작점이 일치하지 않는 벡터들은 그 끝을 연결해봐야 아무런 의미도 없다! 따라서 이 경우에 벡터끼리 뺄셈을 하려면 그림을 다시 그려야 한다. 그림 11-8에는 $\mathbf{v}_1$과 $\mathbf{v}_2$의 시작점이 일치되어 있으므로, 이제 비로소 안심하고 벡터의 끝점을 이어서 $\mathbf{v}_2 - \mathbf{v}_1 = \Delta\mathbf{v}$를 그릴 수 있다. 그리고 가속도는 $\Delta\mathbf{v}/\Delta t$로 어렵지 않게 구할 수 있다. 그런데, 가속도라는 벡터를 두 부분으로 나누어 생각하면 아주 흥미로운 사실을 새롭게 알 수 있다. 그림

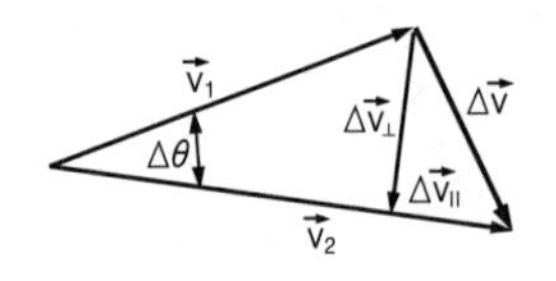

그림 11-8 가속도를 계산하는 도식

11-8에서처럼, 일반적으로 $\Delta\mathbf{v}$는 진행 방향에 평행한 $\mathbf{v}_{\parallel}$와 진행 방향에 수직인 $\mathbf{v}_{\perp}$의 합으로 분해될 수 있는데, 이들 중 $\mathbf{v}_{\parallel}$은 벡터 길이의 변화, 즉 속력 v의 변화를 나타낸다.

$$a_{\parallel} = dv/dt \tag{11.15}$$

진행 방향에 수직한 성분인 $\mathbf{v}_{\perp}$는 그림 11-7과 11-8을 이용하여 다음과 같이 얻을 수 있다. 짧은 시간 간격 Δt 동안 속도 벡터의 각도 변화를 $\Delta\theta$라 했을 때, 속도의 수직 성분의 크기 변화, 즉 $\Delta v_{\perp}$는

$$\Delta v_{\perp} = v\Delta\theta$$

로 표현되며, 가속도의 수직 성분인 $a_{\perp}$는 다음과 같다.

$$a_{\perp} = v(\Delta\theta/\Delta t)$$

그러므로, $a_{\perp}$를 구하기 위해서는 $\Delta\theta/\Delta t$를 알아야 하는데, 이것은 다음과 같이 구할 수 있다—아주 짧은 한순간만 생각한다면 입자의 경로는 '반지름 R인 원'으로 간주할 수 있으므로, Δt의 시간 동안 입자가 진행한 거리 s는 $v\,\Delta t$이고(v는 속력을 뜻함), 이로부터

$$\Delta\theta = v(\Delta t/R) \quad \text{또는} \quad \Delta\theta/\Delta t = v/R$$

로 쓸 수 있다. 따라서 우리가 구하고자 하는 가속도는

$$a = v^2/R \tag{11.16}$$

이며, 이것은 앞에서 유도했던 결과와 일치한다.

11-7 벡터의 스칼라 곱

이제, 벡터의 성질에 대하여 좀더 구체적으로 알아보자. 공간상에서 이동한 '거리'가 어떤 좌표계에서 보나 항상 동일하다는 것은 직관적으로도 분명한 사실이다. 즉, 공간상의 이동을 나타내는 벡터가 한 좌표계에서 x, y, z로 표현되고 또 다른 좌표계에서는 x', y', z'으로 표현되었다면, 이동 거리(벡터의 길이)를 나타내는 $r = |\mathbf{r}|$은 두 좌표계에서 당연히 같을 것이다.
이 값은 구체적으로

$$r = \sqrt{x^2 + y^2 + z^2}$$

이며, 다른 좌표계에서는

$$r' = \sqrt{x'^2 + y'^2 + z'^2}$$

으로 계산된다. 물론, 직관적으로 당연하다고 해서 그냥 믿고 넘어갈 수는 없다. 우리는 이 사실을 수학적으로 증명해야 한다. 그런데 제곱근 때문에 계산

이 좀 번거로워질 것 같다. 그래서 앞으로는 제곱근을 떼어낸 채로 크기를 비교하기로 한다. 다시 말해서, 우리가 증명하고자 하는 내용은 다음과 같다.

$$x^2 + y^2 + z^2 = x'^2 + y'^2 + z'^2 \tag{11.17}$$

증명 방법은 매우 간단하다. 식 (11.5)를 이용하여 식 (11.17)의 우변을 x, y, z으로 바꾼 후에 삼각 함수의 성질을 이용하여 잘 정리하면 좌변과 우변이 일치한다는 것을 보일 수 있다. 이것은 어떤 좌표계를 도입하건 간에 항상 성립하는 방정식이다.

사실, 엄밀히 따진다면 식 (11.17)은 '길이'가 아니라 '길이의 제곱'에 해당된다. 말하자면, 길이의 불변성을 증명하는 과정에서 새로운 양이 도입된 셈이다. 이 양은 x, y, z로 표현되는 스칼라 함수로서 방향성을 갖고 있지 않으며, 벡터가 아닌 스칼라이기 때문에 두 좌표계에서 동일한 값을 갖는다. 벡터의 연산을 잘 정의하면 벡터로부터 스칼라를 만들어낼 수 있다. 지금부터는 이에 대한 일반적인 규칙을 찾아보기로 하자. 방금 위에서 언급했던 경우에는 그 규칙이라는 것이 아주 간단하다. 그저 각 성분의 제곱을 더하면 된다. 그러면, 다른 방법으로도 스칼라를 만들어낼 수 있을까? 물론이다. $\mathbf{a} \cdot \mathbf{a}$라는 연산을 정의해보자. 이것은 벡터로 스칼라를 만들어내는 대표적인 연산으로서, 모든 좌표계에서 동일한 값이 되도록 만들기 위해 다음과 같이 정의되어 있다.

$$\mathbf{a} \cdot \mathbf{a} = a_x^2 + a_y^2 + a_z^2 \tag{11.18}$$

여러분은 이렇게 묻고 싶을지도 모른다—"어떤 좌표계에서 계산을 해야 합니까?" 아무 상관없다. 이 연산은 좌표계가 변해도 달라지지 않는다. 이제 우리는 벡터를 '제곱하여' 얻어진 새로운 불변량, 또는 스칼라를 하나 갖게 된 셈이다. 서로 다른 두 개의 벡터 $\mathbf{a}$, $\mathbf{b}$에 대한 스칼라 연산은 다음과 같이 정의한다.

$$\mathbf{a} \cdot \mathbf{b} = a_x b_x + a_y b_y + a_z b_z \tag{11.19}$$

$\mathbf{a} \cdot \mathbf{b}$ 역시 서로 다른 좌표계에서 동일한 값을 갖는다. 이 사실을 증명하려면 우선 $\mathbf{a} \cdot \mathbf{a}$와 $\mathbf{b} \cdot \mathbf{b}$가 두 개의 서로 다른 좌표계에서 같다는 것을 염두에 두고, $\mathbf{a} + \mathbf{b} = \mathbf{c}$라고 했을 때 $\mathbf{c} \cdot \mathbf{c}$도 불변임을 이용하면 된다. 즉, $(a_x + b_x)^2 + (a_y + b_y)^2 + (a_z + b_z)^2$가 불변량이라는 사실로부터

$$\begin{aligned}&(a_x + b_x)^2 + (a_y + b_y)^2 + (a_z + b_z)^2 \\ &\quad = (a_{x'} + b_{x'})^2 + (a_{y'} + b_{y'})^2 + (a_{z'} + b_{z'})^2\end{aligned} \tag{11.20}$$

이 성립하게 되는데, 괄호를 모두 전개하여 양변을 비교해보면 제곱된 항들은 $\mathbf{a} \cdot \mathbf{a}$와 $\mathbf{b} \cdot \mathbf{b}$가 불변이기 때문에 모두 상쇄되고 식 (11.19)와 같은 형태의 항들만이 남게 된다. 따라서 $\mathbf{a} \cdot \mathbf{b}$는 불변량임을 쉽게 알 수 있다.

$\mathbf{a} \cdot \mathbf{b}$는 두 벡터 $\mathbf{a}$와 $\mathbf{b}$의 '스칼라 곱'이라 불리며, 여러 가지 재미있고 유용한 성질을 갖고 있다. 예를 들어,

$$\mathbf{a} \cdot (\mathbf{b} + \mathbf{c}) = \mathbf{a} \cdot \mathbf{b} + \mathbf{a} \cdot \mathbf{c} \tag{11.21}$$

와 같은 분배 법칙이 성립한다. 그리고 각 성분들을 일일이 곱하거나 더하지 않고서도 $\mathbf{a} \cdot \mathbf{b}$를 간단하게 계산하는 기하학적 방법이 있다. $\mathbf{a} \cdot \mathbf{b}$는 $\mathbf{a}$의 길이와 $\mathbf{b}$의 길이를 곱한 결과에 두 벡터 사잇각의 코사인을 곱한 것과 같다. 왜 그럴까? 벡터 $\mathbf{a}$가 x축과 나란한 방향이 되도록 좌표축을 돌려놓고 생각해보자(이렇게 해도 결과는 변하지 않는다). 이런 상황에서 $\mathbf{a}$는 x축 방향의 성분인 a_x만을 갖게 되며, a_x는 곧 $\mathbf{a}$의 길이에 해당된다($a_y = a_z = 0$). 따라서 식 (11.19)는 $\mathbf{a} \cdot \mathbf{b} = a_x b_x$로 간소화된다. 그런데, 이 결과를 자세히 들여다보면 $a_x b_x$는 $\mathbf{a}$의 길이에 '$\mathbf{a}$ 방향으로 투영시킨 $\mathbf{b}$의 길이', 즉 $b\cos\theta$를 곱한 것과 같다.

$$\mathbf{a} \cdot \mathbf{b} = ab\cos\theta$$

물론 이것은 방금 잡았던 특별한 좌표계에서 얻어진 결론이다. 그러나 $\mathbf{a} \cdot \mathbf{b}$는 좌표계와 무관한 스칼라이기 때문에, 어떤 좌표계를 잡는다 해도 항상 동일한 값을 갖는다. 간단히 말해서, $\mathbf{a} \cdot \mathbf{b} = ab\cos\theta$는 언제 어디서나 써먹을 수 있다.

스칼라 곱이라는 연산은 어떤 장점을 갖고 있을까? 과연 물리학에서 이런 연산이 필요한 경우가 있을까? 물론이다. 필요한 경우가 너무나도 많다— 4장에서 이미 언급했던 바와 같이, v의 속도로 진행하는 질량 m인 물체의 운동 에너지는 $\frac{1}{2}mv^2$이다. 그런데 이 물체의 활동 무대가 3차원 공간이었다면 속도의 제곱은 각 성분을 제곱하여 더해야 하므로, 3차원 공간에서의 운동 에너지는

$$\text{K.E.} = \frac{1}{2}m(\mathbf{v} \cdot \mathbf{v}) = \frac{1}{2}m(v_x^2 + v_y^2 + v_z^2) \tag{11.22}$$

과 같은 형태로 표현될 수 있다. 에너지에는 방향성이 없다. 운동량에는 방향이 있다—운동량은 질량에 속도를 곱한 벡터이다.

스칼라 곱의 또 다른 예로는 임의의 물체에 힘을 가하여 위치를 이동시켰을 때 물체에 가해진 '일(work)'을 들 수 있다. 우리는 아직 힘을 물리적으로 정의하지 않았지만, 대략적으로 이야기하자면 일이란 '힘을 가하여 물체를 이동시켰을 때 일어나는 에너지의 변화'라고 할 수 있다. $\mathbf{F}$라는 힘으로 물체를 $\mathbf{s}$만큼 이동시켰을 때, 물체에 행해진 일은 다음과 같이 두 벡터의 스칼라 곱으로 계산된다.

$$\text{일(work)} = \mathbf{F} \cdot \mathbf{s} \tag{11.23}$$

경우에 따라서는 주어진 벡터의 어떤 특정 방향 성분을 따로 고려해야 하는 경우가 있다(예를 들어, 중력의 방향을 따라 벡터의 수직 방향 성분만을 따로 고려하면 중력에 의한 영향을 쉽게 알 수 있다). 이를 위해 특정 방향으로 단위 벡터를 정의해두면 여러모로 편리하다. 단위 벡터란 길이가 1인 벡

터로서, 자기 자신끼리 스칼라 곱을 하면 항상 1이 된다. 즉, 단위 벡터를 **i**라 하면 $\mathbf{i} \cdot \mathbf{i} = 1$이다. 그리고 임의의 벡터 **a**의 **i**방향 성분은 $\mathbf{a} \cdot \mathbf{i} = a\cos\theta$로 구할 수 있다. 이것은 벡터의 특정 방향 성분을 구할 때 자주 사용하는 방법이다. 사실, 이 방법을 이용하면 주어진 벡터의 모든 방향의 성분을 구할 수 있을 뿐만 아니라, 단위 벡터들 사이의 흥미로운 관계로 유도할 수 있다. x, y, z축으로 이루어진 하나의 직교 좌표계를 생각해보자. 그리고 여기에 세 개의 단위 벡터를 정의하여 x축 방향의 단위 벡터는 **i**, y축 방향의 단위 벡터는 **j** 그리고 z축 방향 단위 벡터는 **k**라고 하자. 우선, $\mathbf{i} \cdot \mathbf{i} = 1$은 이미 알고 있는 사실이다. 그렇다면 $\mathbf{i} \cdot \mathbf{j}$는 얼마인가? 두 벡터의 사잇각이 90°인 경우, 이들의 스칼라 곱은 0이다($\cos 90° = 0$). 그러므로

$$\begin{aligned} &\mathbf{i} \cdot \mathbf{i} = 1 \\ &\mathbf{i} \cdot \mathbf{j} = 0 \quad \mathbf{j} \cdot \mathbf{j} = 1 \\ &\mathbf{i} \cdot \mathbf{k} = 0 \quad \mathbf{j} \cdot \mathbf{k} = 0 \quad \mathbf{k} \cdot \mathbf{k} = 1 \end{aligned} \tag{11.24}$$

이다. 그리고 방금 정의한 **i**, **j**, **k**를 이용하면 임의의 벡터는 다음과 같이 표현될 수 있다.

$$\mathbf{a} = a_x \mathbf{i} + a_y \mathbf{j} + a_z \mathbf{k} \tag{11.25}$$

즉, 벡터의 각 성분을 나타내는 성분 벡터들로부터 원래의 벡터를 만들어낼 수 있다.

벡터에 관한 설명은 아직도 갈 길이 멀다. 그러나 우리는 한 가지 주제를 놓고 깊이 파고들 만한 여유가 없기 때문에 이쯤에서 줄이기로 한다. 지금부터는 앞서 언급된 몇 가지 아이디어를 물리적 상황에 적용하여 다양한 문제들을 풀어나갈 것이다. 이런 훈련을 통해 벡터에 관한 기본적 내용들을 충분히 습득한다면 더 깊은 내용들도 자연스럽게 이해가 될 것이다. 벡터의 곱셈에는 스칼라 곱 이외에 벡터 곱(vector product)이라는 연산도 있다. $\mathbf{a} \times \mathbf{b}$로 표기하는 벡터 곱은 스칼라 곱 못지 않게 유용한 성질을 갖고 있는데, 이에 관해서는 차후에 설명하기로 한다.

CHAPTER 12
힘

12-1 힘이란 무엇인가?

물리 법칙을 공부하는 것은 자연을 이해하고, 또 그것을 적재적소에 이용한다는 측면에서 분명히 가치 있는 일이지만, 가끔씩은 진도를 멈추고 그 속에 숨어 있는 진정한 의미를 깊이 생각해보는 시간도 필요하다. 어떤 서술의 참뜻을 이해하고자 고민한다는 것은 그 서술이 그만큼 흥미를 끈다는 뜻이기도 하다. 그리고 그것이 물리학의 법칙에 관한 것이라면 흥미는 훨씬 더 배가 된다. 물리학의 법칙에는 실제적인 지식이 담겨 있기 때문이다. 그렇다면 지식이란 과연 무엇일까? 이것은 철학적으로도 아주 근본적이고 중요한 질문이다. 진정한 지식을 얻으려면, "그게 무슨 뜻이야?"라는 대사를 거의 입에 달고 다녀야 한다.

한 가지 질문을 던져보자. "뉴턴의 법칙이라 불리는 $F = ma$의 의미는 무엇인가? 힘과 질량, 그리고 가속도의 의미는 또 무엇인가?" 질량의 의미는 경험을 통해 직관적으로 대충 짐작할 수 있다. 그리고 위치와 시간의 개념을 알고 있다면 가속도도 정의할 수 있다. 그렇다면 힘의 정체는 무엇인가? 이 장에서 철저하게 알아보기로 하자. 일단, 대답은 간단하다. "임의의 물체가 가속되고 있으면 그 물체에 힘이 작용하고 있다는 뜻이다" 이것이 바로 뉴턴의 운동 법칙이다. 따라서 "힘은 질량에 가속도를 곱한 양이다"라고 말하는 것이 가장 간결하고 정확한 정의이다. 한 가지 상황을 가정해보자. 지금 우리 앞에 "임의의 계에 작용하는 외부 힘(외력, external force)의 합이 0이면 그 계의 운동량은 보존된다"는 법칙이 주어졌다고 하자. 그렇다면 당장 질문이 떠오른다. 외력의 합이 0이라는 건 무슨 의미인가? 누군가가 "계의 총 운동량이 변하지 않으면, 그것이 바로 외력의 합이 0인 상태다"라고 대답했다. 여러분은 이 대답에 만족하는가? 아니다, 만족하면 안 된다. 이것은 잘못된 대답이다. 왜냐하면 이 대답 속에는 새로운 내용이 전혀 들어 있지 않기 때문이다. 이와 마찬가지로, 누군가가 질량 × 가속도 = 힘이라는 근본적인 법칙을 발견하여, 질량 × 가속도를 힘으로 정의했다면, 그는 새롭게 알아낸 사실이 아직 하나도 없는 셈이다. 우리는 힘을 다음과 같이 정의할 수도 있다 — "등속 직선 운동을 하는 물체에는 아무런 힘도 작용하고 있지 않다" 이 정의를 받아들인다면 등속 직선 운동을 하고 있지 않은 물체에는 무언가 힘이 작용하고 있다고 말할 수 있겠지만, 거기에는 "힘이란 무엇인가?"라는 질문이 또 다시 등장할 수밖에 없다. 이런 식으로 질문이 꼬리에 꼬리를 문 채 제자리를 도는 논리는 물리학의 범주에 들 수 없다. 위에서 언급한 뉴턴의 운동 법칙은 힘에 대하여 매우 정확한 정의를 내리고 있어서 수학자들에게는 유용할지도 모르지만, 물리학자에게는 아무짝에도 쓸모가 없다. 정의로부터는 어떠한 예측도 할 수 없기 때문이다. 용어를 정의하는 일은 안락의자에 편하게 앉아서도 얼마든지 할 수 있지만, 두 개의 공이 충돌했을 때나 용수철에 물체를 매달았을 때, 후속 상황을 예견하는 것은 전혀 다른 문제이다. 자연은 인간이 어떤 용어를 어떻게 정의하건, 그것과 무관하게 나름대로의 방식으로 운영되고 있다.

예를 들어, "우리가 물체를 건드리지 않는 한, 물체는 정지 상태를 유지한다"는 서술을 맞는 것으로 채택했다고 가정해보자. 그후에 어디선가 혼자서 움직이는 물체를 보았다면 그 물체에 '심'이 작용하고 있다고 말할 수도 있을 것이다(여기서, 심은 위치의 변화율을 뜻한다). 그렇다면 우리는 놀라운 법칙을 만들어낼 수 있다. 즉, "심이 작용하지 않는 물체는 항상 제자리에 정지해 있다"는 멋진 법칙이 탄생하는 것이다. 그러나 앞서 언급한 힘의 경우와 마찬가지로, 이 법칙은 아무런 정보도 담고 있지 않다. 뉴턴 법칙의 진정한 의미는, 힘이 $F = ma$로 표현될 뿐만 아니라 어떤 '독립적인' 성질을 갖고 있다는 것이다. 그러나 뉴턴을 비롯한 그 누구도 이 독립적 성질에 대하여 전혀 언급을 하지 않았기 때문에 $F = ma$는 완전한 법칙이라 할 수 없다. 이 법칙이 우리에게 말해주는 것은, 질량에 가속도를 곱한 양을 힘이라고 정의하면 그 힘은 어떤 단순하고 일관성 있는 성질을 갖는다는 사실뿐이다. 그것도 명쾌하게 말해주는 것이 아니라 넌지시 암시해주는 정도에 불과하다.

이런 식의 힘들 중에서 제일 먼저 발견된 것은 뉴턴의 중력이었다. 그리고 뉴턴은 중력을 설명하면서 "힘이란 무엇인가?"라는 질문에 하나의 답을 제시하였다. 만일 이 우주 안에 존재하는 힘이 중력뿐이었다면 중력 법칙은 뉴턴의 제2법칙($F = ma$)과 더불어 완전한 이론이 되었을 것이다. 그러나 세상에는 여러 종류의 힘들이 존재하며, 우리는 뉴턴의 법칙을 다양한 상황에 적용할 수 있어야 한다. 그러므로 진도를 더 나가기 전에, 힘의 성질에 대하여 좀더 이야기를 하는 것이 좋겠다.

물리적 대상이 될 만한 물체가 없으면 힘도 생각할 필요가 없다. 다시 말해서, 아무 것도 없는 곳에서는 힘이 0이라는 사실을 우리는 암암리에 가정하고 있는 것이다. 그리고 힘이 0이 아니면 어딘가에 힘의 근원이 반드시 존재한다는 것도 당연하게 생각하고 있다. 이러한 가정은 앞에서 언급한 '심'과 같은 가정과는 근본적으로 다르다. 힘은 단순한 정의가 아니라 물질적 근원을 갖고 있는 물리량이다.

뉴턴은 힘에 적용되는 하나의 법칙을 발견하였다. 두 물체 사이에 작용하는 힘은 크기가 같고 방향이 반대라는 법칙, 즉 작용과 반작용의 법칙이 바로 그것이었다. 그러나 이 법칙은 항상 성립하지 않는 것으로 알려졌다. 뿐만 아니라, $F = ma$도 정확하게 맞는 법칙이 아니다. 만일 이것이 일종의 정의였다면 당연히 '항상' 참이어야 할 것이다. 그러나 사실은 그렇지가 않았다.

여러분은 이렇게 따지고 싶을 것이다. "저는 대충 맞는 건 싫습니다. 모든 것을 정확하게 정의하고 싶다구요. 교과서를 보면 과학은 모든 것이 정확하게 정의된 정확한 학문이라고 적혀 있잖습니까!" 그러나 안타깝게도 현실은 그렇지가 않다. 정확한 정의는 절대로 내릴 수 없다! 첫째 이유는 뉴턴의 제2법칙이 정확하지 않기 때문이며, 두 번째 이유는 물리학의 법칙이라는 것이 모두 다 근사적 서술에 불과하기 때문이다.

제아무리 단순 명료한 명제라 해도, 완벽하게 맞는 것은 없다. 예를 들어, 하나의 물체를 떠올려보자. 물체란 과연 무엇인가? 철학자들은 말한다. "글쎄요… 예를 들자면 의자 같은 것이겠지요." 이렇게 말한다는 것은 곧 '물체'에 대하여 아는 것이 하나도 없다는 뜻이다. 의자는 또 무엇인가? "음… 저기 놓여 있는 것과 같은 그 무엇이겠지요." 정말 답답하다. 그 무엇이라니, 도대체 뭐가 그 무엇이라는 말인가? 지금 이 순간에도 소량의 원자들은 의자로부터 공기 중으로 증발되고 있으며, 공기 중의 먼지는 의자에 내려앉아 페인트에 녹고 있다. 그런데 의자를 정확하게 정의하려면 수많은 원자들 중에 어떤 원자들이 의자에 속하고 어떤 원자들이 대기에 속하는지, 그리고 어떤 원자들이 먼지를 이루고 어떤 원자들이 페인트에 속하는지를 분명하게 말할 수 있어야 한다. 여러분이라면 할 수 있겠는가? 물론 할 수 없다. 불가능하다! 그러므로 의자의 질량은 근사적으로 측정될 수밖에 없다. 의자뿐만이 아니다. 이 세상에는 완전히 독립적으로 존재하는 물체가 없기 때문에 물체의 질량은 대략적으로 서술될 수밖에 없는 것이다.

그러나 근사적인 서술이라고 해서 부정적인 면만 있는 것은 아니다. 우리는 대상을 이상화(idealization)시켜서 최대한의 편의를 도모할 수 있다. 의자의 경우, 10^{-10} 이내의 오차를 허용한다면 의자를 이루는 원자의 개수는 약 1분 동안 변하지 않는 것으로 간주할 수 있다. 즉, 완벽한 정확성을 추구하지 않는다면 의자는 주변과 완전히 분리된 물체로 이상화될 수 있는 것이다. 이와 비슷한 방법으로, 우리는 힘을 이상화시켜 나름대로의 체계를 세울 수 있다. 여러분 중에는 물리학의 근사적 방법보다 정확하고 명료한 수학을 더 선호하는 사람도 있을 것이다(물리학은 자연을 근사적으로 서술하는 학문이다. 물론, 오차를 줄여나가는 것이 물리학자들의 주된 업무이다). 그러나 수학적 정의는 실재하는 자연에 도저히 써먹을 수가 없다. 수학적 정의는 모든 논리가 완벽하게 정리되어 있는 수학 자체에 도움이 될 수도 있지만 물리학은 천만의 말씀이다. 물리적 세계는 앞에서 다루었던 바다의 물결이나 잔 속에 담긴 와인처럼 복잡하기 그지없기 때문에, 완벽한 정의나 완벽한 논리를 바라는 것은 애초부터 무리이다. 술잔을 이루는 원자들과 술을 이루는 원자들을 완벽하게 분리해낼 수 있겠는가? 술잔과 술이 만나는 곳에서 수시로 원자들이 교환되고 있으므로, 이것은 불가능하다. 그러므로 어떤 독립된 물체를 논할 때, 그 논리는 근사적 서술이 될 수밖에 없다.

이 체계는 수학과 사뭇 다르다. 물리학을 논하는 사람은 자신이 논하고 있는 대상에 대하여 정확하게 아는 것이 하나도 없지만, 수학을 논하는 사람은 대상의 본질에 대하여 아무 것도 말할 필요가 없다. 수학이 아름답고 우아하게 보이는 이유가 바로 이것이다. 수학의 법칙과 논리들은 대상의 본질과 아무런 상관이 없다. 만일 우리가 유클리드 기하학의 공리를 모두 만족하는 어떤 집합을 새로 발견했다면, 이름들을 새로 정의한 후에 유클리드 기하학을 그대로 적용하여 올바른 결론을 유추해낼 수 있을 것이다. 물론, 여기서 얻어진 결론들은 기존의 기하학과 다른 점이 없기에 새로운 지식을 얻을 수는 없다. 그렇다면 우리가 지형을 측량하면서 광선이나 기타 도구를 사용하여 직선을 그을 때, 유클리드 기하학에서 정의된 직선을 긋고 있는 것일까? 절대로 그렇지 않다. 우리가 긋는 직선은 근사적인 직선일 뿐이다. 측량 기구에 달린 조준용 십자선은 굵기를 갖고 있지만, 수학적으로 정의된 선은 굵기가 없다. 따라서 유클리드 기하학을 측량에 사용할 수 있는지의 여부를 판별하는 것은 수학적 문제가 아니라 물리학적 문제이다. 물리적 관점에서 본다면 기존의 유클리드 기하학이 실제의 측량에 올바르게 적용될 수 있는지를 확인해야 한다. 일단 확인이 끝나면 그때부터는 유클리드를 믿고 측량에 전념하면 된다. 물론 그 결과는 제법 정확하게 맞아 들어갈 것이다. 그러나 우리가 사용하는 측량선은 결코 수학적으로 정의된 선이 아니기에, 여기서 얻은 결과는 근사치에 불과하다. 유클리드 기하학의 추상적 선의 개념이 실제의 측량에 적용될 수 있는지의 여부는 논리적 추리로 알아낼 수 없다. 그것은 오로지 경험에 의해 좌우되어야 할 문제인 것이다.

이와 같은 이유로, $F = ma$는 정의라 할 수 없다. 역학이란 자연을 서술하는 학문이므로, 오로지 수학에 입각하여 모든 결과를 유추하는 것은 진정한 역학이 아니다. 적절한 가정을 내세우면 유클리드처럼 하나의 수학체계를 만들 수는 있겠지만, 이것으로 자연을 서술할 수는 없다. 체계 속에 들어 있는 공리들이 실재하는 물체들에 적용될 수 있는지, 반드시 확인을 거쳐야 하기 때문이다. 그러므로 우리는 복잡다단한 물체를 집요하게 파고들면서 근사적 서술을 찾아낼 수밖에 없다. 최선을 다해 근사적 결과의 정확도를 높여가야 하는 것은 물론이다.

12-2 마찰

지금까지 서술한 대로, 뉴턴의 법칙을 이해하려면 우선 힘의 정체를 알아야 한다. 우리는 앞에서 가속도를 비롯한 몇 가지 개념을 이미 배운 바 있다. 지금부터는 힘에 대하여 구체적으로 알아보자. 그런데 여기에는 약간의 어려움이 따른다. 속도와 가속도, 질량 등의 개념은 정의 자체가 매우 분명하여 별 어려움이 없었지만, 힘은 너무도 복잡하여 정확한 서술이 불가능하기 때문이다.

날아가는 비행기에 작용하는 저항력을 예로 들어보자. 이 힘은 어떤 법칙을 따르는가? (모든 힘에는 분명히 법칙이 있다. 법칙이 없으면 다룰 수 없다!) 구체적인 모양은 잘 모르겠지만, 아무튼 엄청나게 복잡한 것만은 분명하다. 비행기에 작용하는 모든 저항력을 일일이 상상해 보라. 날개 주변을 스쳐가는 공기와 꼬리날개 근처에서 몰아치는 소용돌이, 동체 부분에서 일어나는 유체흐름의 변화 등을 생각해보면, 단순한 법칙으로 해결될 가능성이 거의 없어 보인다. 그러나 근사적인 서술을 허용한다면, "비행기에 작용하는 저항력은 속도의 제곱에 비례한다($F \sim cv^2$)"는 한 마디로 모든 것을 축약할 수 있다. 이 얼마나 놀라운 진전인가!

그 다음 질문—이렇게 표현된 저항력은 $F = ma$와 얼마나 비슷한가? 이 법칙으로 저항력을 이해할 수 있을까? 전혀 그렇지 않다. 저항력이 속도의 제곱에 비례한다는 것은 풍동 실험을 거쳐 얻어진 경험적 결과이기 때문이다. 여러분은 이렇게 따질 지도 모른다.—"$F = ma$도 역시 경험으로 얻어진 것 아닌가요?" 맞는 말이다. 그러나 지금 제시한 두 개의 법칙이 서로 다른 모양을 하고 있는 것은 그 이유 때문이 아니다. $F \sim cv^2$는 어디서나 적용되는 근본적 법칙이 아니라, 엄청나게 복잡한 사건들이 종합되어 나타난 결과이다. 만일 우리가 그것을 더욱 세밀하게 추적한다면, 그 모양은 대책 없이 복잡해질 것이다. 다시 말해서, 비행기에 작용하는 저항력의 법칙을 깊이 파고 들어갈수록 그것은 점점 더 다루기가 어려워진다는 뜻이다. 만일 비행기의 속도가 아주 느린 경우라면(이륙을 하지 않은 상태), 저항력의 법칙은 $F \sim cv$로 그 형태가 변하게 된다. 또 다른 예로서, 꿀과 같이 점성이 아주 큰 액체 속에서 공이나 공기 방울이 움직일 때 작용하는 저항력은 속도에 비례한다. 그러나 속도가 빨라지면 저항력은 속도의 제곱에 비례하게 되고, 여기서 더 빨라지면 이것조차도 틀려진다. "계수(비례 상수, c)가 달라져서 그렇게 될 수도 있지." 라고 말하는 사람은 논지를 피해 가는 것에 불과하다. 여기에는 더욱 복잡한 속사정이 숨겨져 있다. 비행기에 작용하는 저항력을 날개, 몸통, 꼬리 등의 부분으로 나눠서 분석할 수 있을까? 물론 할 수 있다. 이곳저곳에 작용하는 토크(torque)들을 일일이 분해하면 된다. 그러나 이렇게 하면 비행기의 각 부위마다 적용되는 법칙이 달라져서 문제는 더욱 복잡해지기만 한다. 예를 들어, 비행기의 날개만 따로 떼어내서 풍동 실험을 해보면, 온전한 비행기의 경우와는 전혀 다른 법칙이 얻어진다. 동체가 없으면 공기가 전혀 다른 방향으로 흐르기 때문이다. 이렇게 따지고 보면, 비행기 전체에 작용하는 저항력을 $F \sim cv^2$이라는 단 하나의 근사식으로 표현할 수 있다는 것은 거의 기적에 가깝다. 그러나 이 식은 물리학의 기본 법칙이 아니며, 깊이 파고 들어갈수록 더욱 복잡한 형태를 띠게 된다. 비행기 앞부분의 생긴 모양에 따라 저항 계수 c는 어떻게 달라지는가? 아무리 희망적으로 말하려 해도 어쩔 수가 없다. 그건 도저히 알아낼 수 없다. 비행기의 생긴 모양과 상수 사이의 관계를 말해주는 법칙 같은 것은 없다. 우리는 그저 실험을 통해 짐작할 수 있을 뿐이다. 그런데 이와는 대조적으로 중력의 법칙은 아주 단순하며 더 깊이 파고 들어갈수록 더욱 단순해진다.

지금까지 우리는 두 가지 종류의 마찰(공기 중에서 고속으로 움직일 때와 꿀 속에서 저속으로 움직일 때)을 살펴보았다. 이것말고 또 다른 마찰도 있는데, 하나의 강체가 다른 강체와 접한 채로 미끄러질 때 나타나는 '미끄럼 마찰'이 그것이다. 이런 경우에 운동이 계속되려면 반드시 힘이 필요하다. 마찰에 의해 나타나는 힘은 '마찰력(frictional force)'이라 부르며, 이것 역시 구체적으로 파고 들어가면 엄청나게 복잡해진다. 서로 접해 있는 두 개의 면은 원자적 규모에서 볼 때 매우 불규칙한 구조를 갖고 있는데, 이들이 서로 미끄러지면 말단 부분에 매달려 있던 원자들은 본체에서 떨어져 나가거나 격렬한 진동을 겪게 된다. 과거에는 마찰을 단순한 논리로 이해했다. 즉, 불규칙한 표면에서 물체가 들어올려질 때 마찰이 발생한다는 논리였다. 그러나 이것은 틀린 설명이다. 왜냐하면 이 과정에서는 에너지 손실이 발생할 이유가 없는데도 실제로는 에너지가 소모되기 때문이다. 왜 그럴까? 사실인즉, 물체가 돌출 부위를 지나갈 때 원자의 배열 상태에 변형이 일어나고, 그 결과로 파동과 원자의 운동이 야기되어 접촉 부위의 온도가 올라가기 때문이다. 사정은 이렇게 복잡한데도, 이 경우 역시 마찰력을 근사적으로 표현하는 간단한 법칙이 존재한다. 이 법칙에 의하면, 한 물체 위에 놓여 있는 다른 물체를 끌고 가기 위해 요구되는 힘은 접촉면에 작용하는 수직력(수직 항력)의 크기에 의해 좌우된다. 좀더 간단하게 말하자면, 마찰력은 수직 항력에 비례한다.

$$F = \mu N \qquad (12.1)$$

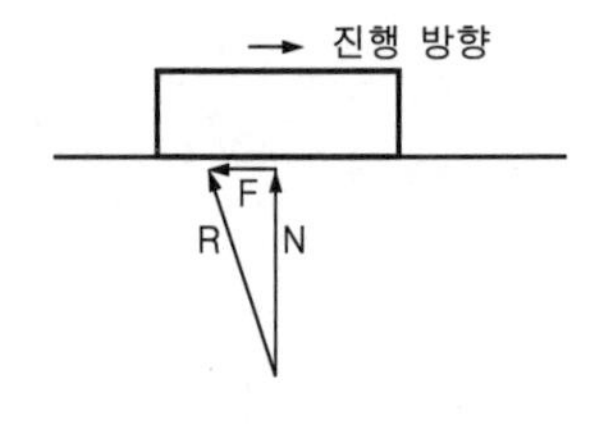

그림 12-1 미끄러지는 물체의 수직 항력과 마찰력 사이의 관계

여기서, μ는 마찰 계수이다(그림 12-1). 사실 이 계수는 한 물체에 대하여 완전 불변은 아니다. 그러나 위의 수식은 마찰력을 계산하는 데 아주 유용하고 또 정확성도 매우 뛰어난 근사식으로서, 실생활에 유용하게 적용될 수 있다. 단, 물체의 이동 속도가 아주 빠르거나 수직 항력이 지나치게 커지면 곤란하다. 이런 경우에는 과도한 열이 발생하여 식이 맞지 않기 때문이다. 실험과 경험으로 얻어진 법칙들을 적용하는 데에는 이처럼 한계가 있을 수밖에 없다.

$F = \mu N$의 신뢰도는 간단한 실험으로 입증될 수 있다. 지면과 θ의 각도를 이루는 경사면을 만들고(각도 조절이 가능하게 만들 것) 그 위에 무게 W인 물체를 올려놓은 다음, 물체가 미끄러져 내려갈 때까지 경사각을 키워나간다. 이때, 물체의 무게는 두 가지 방향 성분으로 나누어 생각할 수 있는데, 경사면의 방향으로는 $W \sin\theta$임을 쉽게 알 수 있다. 따라서 물체가 막 미끄러지기 시작한 각도에서는 마찰력과 $W \sin\theta$가 서로 상쇄되었다고 볼 수 있다. 그리고 경사면과 수직한 방향의 무게 성분은 $W \cos\theta$로서, 이 값은 수직 항력 N과 동일하다. 그러므로 식 (12.1)에 의하여 $W \sin\theta = \mu W \cos\theta$가 되어, $\mu = \sin\theta / \cos\theta = \tan\theta$가 얻어진다. 만일 μ가 상수라면 하나의 물체는 항상 동일한 각도에서 미끄러지기 시작할 것이다. 또, 이 물체 위에 다른 물체를 추가로 올려놓으면 무게 W는 변하겠지만 미끄러지기 시작하는 각도 θ는 변하지 않을 것이다. 따라서 일단 하나의 물체에 대하여 θ를 결정하고, 무게를 추가해도 θ가 변하지 않는다는 사실이 확인되면 식 (12.1)은 입증되

는 것이다.

그런데 이 실험을 실제로 해보면, 물체는 일정한 속도로 미끄러지지 않고 가다 서다를 반복하며 불규칙적으로 미끄러지게 된다. 어떤 지점에서는 잠시 멈췄다가, 어떤 지점을 통과할 때는 가속되는 것이다. 이것은 곧 마찰 계수가 일정한 값이 아님을 뜻한다. 마찰 계수는 대략적으로 상수(일정한 값)에 가까울 뿐, 실제로는 경사면의 위치에 따라 조금씩 변하는데, 이런 현상은 경사면의 매끄러운 정도와 먼지나 이물질의 양에 따라 다르게 나타난다. 그러므로 '철판 위의 철판'이나 '구리 위의 구리' 등과 같이 마찰 계수를 접촉 물체에 따라 분류해놓은 표들은 엄밀히 말해서 틀린 것이다. 마찰력은 '구리 위의 구리'처럼 물체의 종류에 의해 좌우되는 것이 아니라, 표면을 덮고 있는 불순물에 의해 좌우되는 양이기 때문이다(그러나 각 물질들은 특별한 상황이 아니면 표면에 불순물이 달라붙는 정도가 거의 일정하므로 마찰 계수를 나열한 표는 근사적으로 의미를 가질 수 있다 : 옮긴이).

위에 언급한 실험에서 마찰은 물체의 속력과 거의 무관하게 나타난다. 그런데 많은 사람들은 정지해 있는 물체를 움직이려 할 때 작용하는 마찰력(정지 마찰력)이 움직이는 물체를 계속 움직이게 할 때 작용하는 마찰력(운동 마찰력)보다 더 크다고 믿고 있다. 실제로 건조한 금속에 대하여 측정해보면, 이 차이는 거의 나타나지 않는다. 이런 믿음은 아마도 물체에 약간의 윤활유가 발라져 있거나, 탄력이 있는 지지대가 물체에 붙어 있는 것을 하나의 물체로 간주하면서 생겼을 것이다.

공학의 여러 분야에서 마찰은 매우 중요한 요소이다. 그런데도 마찰력의 정체는 아직 분명하게 알려져 있지 않다. 마찰의 성질을 정량적으로 분석하기가 너무 까다롭기 때문이다. 표면의 매끄러운 정도를 규격화시켜서 $F = \mu N$이 잘 들어맞게 만든다 해도, 마찰력이 왜 이런 형태로 표현되는지는 알 길이 없다. 아래쪽 접촉면이 아주 빠르게 진동하는 경우, 마찰력의 크기는 눈에 띄게 줄어든다. 그러므로 마찰 계수 μ가 물체의 속도에 무관하다는 것을 입증하려면 매우 정교한 실험을 해야 한다. 특히, 물체의 속도가 아주 빠른 경우에는 물체의 움직임 자체가 진동을 유발시켜서 마찰력을 감소시키기 때문에, 매우 세심한 주의가 필요하다. 어쨌거나, 마찰 법칙은 아직 완전히 이해되지 않은 준실험적 결과로서, 물리학의 근본적 법칙은 아니라는 점을 기억하기 바란다. 두 물체 사이의 마찰 계수를 이론적으로 구하는 방법은 아직도 알려지지 않았다.

구리판 위에 구리판을 얹어놓고 마찰 계수 μ를 구하는 실험을 해보면, 위에서 언급했던 대로 다소 엉뚱한 결과가 얻어진다. 이것은 구리판의 표면이 순수한 구리 원자만으로 이루어진 것이 아니라, 산소를 비롯한 다른 불순물이 첨가되어 있기 때문이다. 완전히 순수한 구리판으로 실험을 하기 위해 표면을 깨끗하게 닦아내고 진공 상태에서 먼지를 제거하는 등 가능한 모든 조치를 취했다 해도, 변치 않는 μ값을 얻기는 어렵다. 구리로 만든 경사면을 수직으로 세워도, 경사면 위에 놓여 있던 구리판은 떨어지지 않는다. 두 개의 구리판이 서로 달라붙는 것이다! 단단한 물체의 마찰 계수는 대개 1보다 작지만, 이 경우는 1보다 몇 배나 크다! 왜 그럴까? 불순물이 전혀 없는 완전한 평면 구리판이라면, 경계면에 있는 구리 원자의 입장에서는 자신이 어느 쪽 구리판 소속인지 알 수가 없기 때문이다. 사실은 구리판이 하나인지 두 개인지조차 모호해진다. 표면에 산소 원자나 기타 불순물 층이 형성되어 있어야 구리 원자들은 자신의 소속을 깨닫고 떨어져야 할 순간을 알 수 있는 것이다. 구리판은 원자들 사이에 작용하는 힘 덕분에 그 모양을 유지하고 있으므로, 순수한 물질들 사이의 마찰 계수를 실험적으로 알아내는 것은 불가능하다.

평평한 유리판 위에 유리컵을 올려놓고 실험을 해봐도 이와 비슷한 결과가 얻어진다. 컵에 줄을 묶어서 가만히 잡아당기면 별 저항 없이 잘 미끄러지며, 실에 걸리는 장력으로부터 우리는 마찰 계수를 '느낄 수' 있다. 느낌의 강도는 수시로 변하겠지만 어쨌거나 계수임은 틀림없다. 이제 유리판에 물을 뿌리고 같은 실험을 해보자. 이 경우에는 유리판과 컵이 달라붙어서 잘 끌리지 않는다. 왜 그럴까? 현미경으로 자세히 관찰해보면 물이 기름기를 비롯한 불순물들을 밖으로 밀어내고 있는 것을 볼 수 있다. 즉, 접촉 부위에는 순수한 유리끼리 맞닿아 있기 때문에 컵이 움직이지 않는 것이다. 이 접착력은 대단히 강하여 강제로 끌어당기면 유리에 흠집이 생길 정도이다.

12-3 분자력(Molecular forces)

다음으로, 분자력에 대해 생각해보자. 분자력이란 결국 원자들 사이에 작용하는 힘이며, 마찰력을 일으키는 궁극적 요인이기도 하다. 그러나 분자력은 고전 역학만으로 만족스럽게 설명할 수 없다. 제대로 이해하려면 양자 역학을 동원해야 한다. 원자들 사이에 작용하는 힘과 거리 사이의 관계는 실험을 통해 거의 알려져 있다. 그림 12-2에는 두 원자 사이에 작용하는 힘의 크기가 거리의 함수로 그려져 있다. 분자력은 그 패턴에 따라 몇 가지 종류로 구분된다. 예를 들어 물분자의 경우, 음전하가 산소 원자 쪽에 더 많이 몰려있기 때문에 양전하와 음전하의 평균적 위치가 일치하지 않는다. 그 결과, 근처에 있는 다른 분자는 상대적으로 큰 힘을 받게 되는데, 이것을 쌍극자-쌍극자 힘(dipole－dipole force)이라 한다. 그러나 대부분의 경우에는 양/음전하의 평균 위치가 거의 일치하여 전체적으로 균형을 이루고 있다. 특히 산소 기체의 경우는 이 분포가 완전히 대칭적이다. 즉, 분자 전체에 골고루 퍼져 있는 양전하와 음전하의 전하 중심이 정확하게 일치하는 것이다. 양/음전하의 중심이 일치하지 않는 분자를 극성 분자(polar molecule)라 하며, 이때 ＋전하량에 두 중심 사이의 거리를 곱한 양을 쌍극자 모멘트(dipole moment)라 한다. 그리고 비극성 분자란 ＋/－전하의 중심이 일치하는 분자를 말한다. 비극성 분자의 내부는 전기적 힘들이 모두 상쇄된 상태지만, 자신으로부터 멀리 떨어진 곳에는 거리의 7제곱에 반비례하는 인력을 행사하고 있다($F = k/r^7$, 여기서 k는 분자에 따라 달라지는 상수이다. 자세한 이유는 양자 역학을 알아야만 설명이 가능하기 때문에, 여기서는 그냥 넘어가기로 한다). 그리고 쌍극자가 있으면 힘은 더욱 커진다. 원자나 분자들이 아주 가까이 접근하면 매우 강한 척력이 작용하는데, 바로 이 힘 덕분에 우리는 교실 바닥을 뚫고 아래로 떨어지지 않는 것이다!

분자력이 실제로 존재한다는 것은 비교적 쉽게 입증될 수 있다. 앞에서 했던 실험처럼 평평한 유리판 위에 유리컵을 놓고 미끄러뜨리거나, 완전 평면으로 연마된 두 개의 금속판을 밀착시켜보면 분자력의 실재를 눈으로 확인할 수 있다. 공구상가에서 흔히 볼 수 있는 '요한슨 블록(Johanson Block)'이라는 미세 길이 측정용 도구는 이 원리를 이용한 것이다. 정밀하게 평면 가공된 하나의 블록을 다른 블록 위에 얹어놓고 위쪽 블록을 집어들면 아래쪽 블록도 딸려 올라온다. 두 평면 판의 접촉 부위에서 분자력이 작용하기 때문이다.

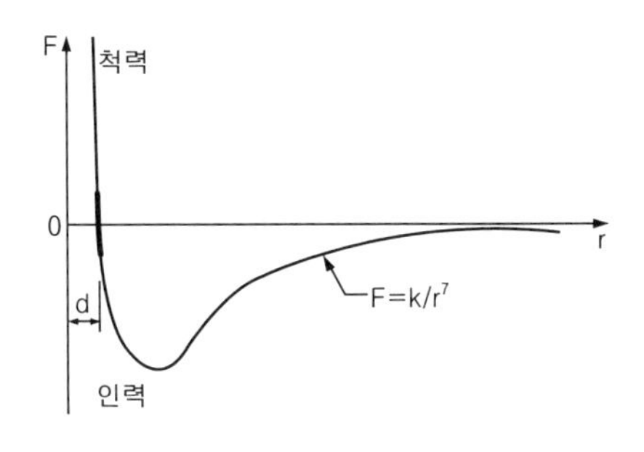

그림 12-2 두 원자 사이의 거리 r에 따른 힘 F의 변화

그러나 분자력은 중력과 같은 근본적인 힘이 아니다. 분자력은 분자 내부에 있는 전자와 핵자들이 다른 분자 내부의 전자 및 핵자들과 복잡한 상호 작용을 주고받으면서 발생하는데, 이 상호 작용의 복합적인 결과가 분자력으로 나타나는 것이다. 우리가 얻은 간단한 식들은 사실 엄청나게 복잡한 현상들이 종합되어 나타나는 결과이므로, $F = k/r^7$이라는 수식만으로는 문제의 근원에 도달했다고 볼 수 없다.

그림 12-2에서 보듯이 분자력은 원거리에서는 인력으로 작용하고 근거리에서는 척력으로 작용하기 때문에, 모든 고체들이 지금의 모양을 유지할 수 있는 것이다. 고체를 이루는 원자들은 멀리 있는 원자들을 잡아끌어 더 멀리 도망가는 것을 방지하고, 아주 가까이 있는 원자들을 밀쳐내면서 지나친 접근을 봉쇄하고 있다. 그림 12-2에 표시된 거리 d에서는 힘이 0이므로 이 거리에서 분자들은 균형을 이루게 된다. 즉, 분자들이 가장 선호하는 분자 간의 거리가 d라는 뜻이다. 만일 고체가 외부의 힘으로 압축되어 분자 간의 거리가 d보다 가까워지면 그림 12-2의 r축 윗부분에 그려진 것처럼 서로 밀쳐내는 힘이 작용하기 시작한다. 그런데 이 힘은 거리 r이 조금만 가까워져도 아주 크게 변하기 때문에(그래프의 기울기가 크기 때문에), 분자 간의 거리를 d보다 더 가깝게 좁히려면 엄청나게 큰 힘이 투입되어야 한다. 반면에, 분자 간의 거리가 d보다 조금 멀어지면 약간의 인력이 작용하게 되고, 이 힘의 크기는 거리가 멀어질수록 조금씩 증가한다. 그러나 아주 강한 힘으로 분자 간의 거리를 크게 벌려놓으면 분자는 원래의 위치로 돌아가지 못하고 격리된 상태를 유지하게 된다. 즉, 분자 간의 결합이 깨어지는 것이다.

분자들 사이의 거리가 d에서 아주 조금 가까워지거나 멀어지면, 이 짧은 구간에서 그림 12-2의 그래프 곡선은 거의 직선이 된다. 따라서 변형이 아주 작은 경우에는 분자력의 세기가 변형된 거리에 비례한다고 볼 수 있다. 이것은 "탄성체에 변형이 일어나면 원래의 상태로 복원되려는 힘은 변형된 거리에 비례하여 작용한다"는 탄성의 법칙, 혹은 훅의 법칙(Hooke's Law)의 전형적인 사례이다. 물론, 고체 분자의 경우 이 법칙은 변형이 아주 작을 때만 적용될 수 있다. 변형이 크게 일어나면 가해진 힘의 종류에 따라 물체가 쪼개지거나 부서질 것이다. 훅의 법칙이 적용되는 힘의 한계는 물체에 따라 다르다. 예를 들어, 밀가루 반죽이나 연마제(퍼티) 같은 물질은 가해진 힘이 조금만 커져도 복원력을 금방 잃어버리는 반면에, 강철은 비교적 큰 힘을 가해도 복원력을 잃지 않고 훅의 법칙을 따른다. 강철로 만든 용수철을 이용하면 훅의 법칙을 간단하게 확인할 수 있다. 용수철을 수직으로 매단 상태에서 아래쪽 끝부분에 적당한 무게를 걸어놓으면 감겨진 용수철이 조금 풀리면서 전체적으로 길이가 늘어난다. 이제 100g의 추를 매달았을 때 용수철의 늘어난 길이를 측정하고 거기에 100g을 더 추가하여 늘어난 길이를 측정한다. 후자의 값이 전자의 두배가 되면 복원력과 변형이 서로 비례한다는 훅의 법칙은 입증되는 것이다. 그런데 너무 무거운 추를 매달면 힘과 변형 사이의 비례 상수 값이 변하기 시작한다. 즉, 훅의 법칙이 더 이상 맞지 않는다는 뜻이다.

12-4 근본적인 힘 : 장(場, Fields)

지금부터는 자연계에 존재하는 근본적인 힘들에 관해 생각해보자. 이 힘들을 '근본적(fundamental)'이라고 부르는 이유는 힘을 서술하는 법칙이 근본적으로 단순하기 때문이다. 우선 첫째로 전기력에 대해 알아보자. 모든 물체들은 전기 전하를 갖고 있으며, 전하의 원천은 전자와 양성자이다. 전기력은 전하를 띤 두 물체 사이에 작용하는 힘으로서, 전하량이 각각 q_1, q_2였다면 전기력의 크기는 전하량의 곱에 비례하고 두 전하 사이의 거리의 제곱에 반비례한다. 즉, $F =$ (상수)q_1q_2/r^2이다. 질량 대신 전하가 등장하는 것만 빼면, 이 식은 중력을 나타내는 식과 거의 비슷하다. 그러나 중력은 인력만 존재하는 반면, 전기력은 전하의 부호에 따라 인력과 척력이 모두 존재한다. 즉, 두 전하의 부호가 같으면 척력으로 작용하고, 부호가 다르면 인력으로 작용한다. 전하 q_1, q_2는 (+)와 (−) 중 어떤 값도 가질 수 있으며, 인력/척력의 여부는 힘 F의 부호에 의해 좌우된다(+ : 척력, − : 인력). 그리고 힘은 항상 두 전하를 직선으로 연결한 선을 따라 작용한다. 앞에 곱해진 상수는 힘과 전하, 거리를 어떤 단위로 사용하느냐에 따라 달라질 수 있다. 전하의 단위로 쿨롱(coulomb), 길이의 단위는 미터(meter), 그리고 힘의 단위로 뉴턴(newton, N)을 사용하면 이 상수의 값은 $1/4\pi\varepsilon_0$ 이며, 여기서

$$\varepsilon_0 = 8.854 \times 10^{-12}\,\mathrm{coul}^2/\mathrm{newton}\cdot\mathrm{m}^2$$

이고,

$$1/4\pi\varepsilon_0 = 8.99 \times 10^9\,\mathrm{n}\cdot\mathrm{m}^2/\mathrm{coul}^2$$

이다($1/4\pi\varepsilon_0$처럼 이상한 형태로 쓰는 이유는 차차 알게 될 것이다). 그러므로 정지해 있는 전하들에 대한 전기력 법칙은

$$\mathbf{F} = q_1q_2\mathbf{r}/4\pi\varepsilon_0 r^3 \tag{12.2}$$

로 표현된다. 자연에 존재하는 전하량 중에서 가장 중요한 것은 하나의 전자

(electron)가 갖는 전하이며, 그 값은 -1.60×10^{-19}coul이다. 규모가 큰 전하보다 소립자의 전하에 의한 미시적 현상을 주로 연구할 때에는 $(q_{el})^2/4\pi\varepsilon_0$의 값을 하나의 상수로 간주하면 편리한데($q_{el}$은 전자의 전하량임), 이 값은 mks 단위계에서 $(1.52 \times 10^{-14})^2$이며 기호로는 e^2으로 표기한다. 이 상수를 이용하면 두 개의 전자 사이에 작용하는 전기력은 뉴턴(N) 단위를 사용했을 때 e^2/r^2이라는 단순한 형태로 표현되기 때문에 아주 편리하다. 그러나 이것은 두 개의 전자가 정지해 있는 경우이고, 전자가 움직이는 경우에는 그들 사이에 작용하는 힘이 훨씬 더 복잡해진다. 지금부터 이 문제를 잠시 생각해보자.

물리학자들은 근본적인 힘들(마찰력이 아니라 전기력이나 중력 등)을 연구하면서 매우 흥미롭고 중요한 개념을 탄생시켰다. 두 개의 입자가 정지해 있을 때 그들 사이의 힘은 거리의 제곱에 반비례하는 비교적 간단한 형태로 나타나지만, 운동하는 입자들 사이에 작용하는 힘은 매우 복잡했기 때문에, 이것을 수학적으로 서술하기 위해 장(場, Field)이라는 개념을 도입한 것이다. 이 개념을 이해하기 위해, 일단은 전기력을 예로 들어보자. 여기, 점 P와 R에 두 개의 전하 q_1, q_2가 각각 놓여 있다. 이들 사이에 작용하는 힘은

$$\mathbf{F} = q_1 q_2 \mathbf{r}/r^3 \tag{12.3}$$

이다. 이 힘을 장의 개념으로 설명하자면 다음과 같다—"점 P에 위치한 전하 q_1은 R에 전하 q_2가 위치했을 때 힘을 느낄 수 있도록 모종의 상황을 만든다" 여러분에게는 조금 이상하게 들리겠지만, 이것이 바로 장을 설명하는 한 방법이다. R에 위치한 전하 q_2에 작용하는 힘은 두 물리량의 곱 $q_2\mathbf{E}$로 나타낼 수 있다. 여기서 $\mathbf{E}$는 q_2가 있건 없건 상관없이 q_1에 의해 생성된 '모종의 상황'이며, 힘 $\mathbf{F}$는 q_2가 $\mathbf{E}$에 반응한 결과로 나타난 것이다. 여기서 $\mathbf{E}$는 '전기장(electric field)'이라 불린다. 전기장은 스칼라가 아니라 벡터이다. 점 P에 있는 전하 q_1이 점 R에 만드는 전기장 $\mathbf{E}$의 크기는 $(1/4\pi\varepsilon_0)q_1/r^2$이며($r$은 P와 R 사이의 거리임), 두 점을 연결한 방향으로 작용한다. 따라서 전기장 $\mathbf{E}$는

$$\mathbf{E} = q_1 \mathbf{r}/4\pi\varepsilon_0 r^3 \tag{12.4}$$

으로 표현되고, 힘 $\mathbf{F}$는

$$\mathbf{F} = q_2 \mathbf{E} \tag{12.5}$$

가 된다. 지금까지 한 이야기의 요점은 무엇인가? 전기력을 두 부분으로 나누어 생각할 수 있다는 것이 바로 이 새로운 개념의 핵심이다. 하나는 기존의 전하에 의해 생성된 전기장이고, 다른 하나는 그 전기장에 얼마나 '예민하게' 반응하는지를 나타내는 척도(전하 q_2)이다. 이렇게 힘을 두 개의 독립적 요인으로 나누어 생각하면 여러 가지 복잡한 상황에서 계산을 간단하게 할 수 있다. 전하가 여러 개 있는 경우, 위치 R에 있는 전하가 받는 총힘을 계산하려면 여러 입자들이 R에 만드는 전기장을 모두 더하여 총 전기장을 구한 후에, R에 위치한 입자의 전하량을 곱하면 된다.

중력의 경우도 이와 거의 비슷하다. $\mathbf{F} = -Gm_1m_2\mathbf{r}/r^3$으로 표현되는 중력은 중력장과 질량의 곱으로 이해할 수 있다. 즉, m_1에 의해 생성된 중력장을 $\mathbf{C}$라 하면, m_2에 작용하는 중력은 $\mathbf{F} = m_2\mathbf{C}$로 표현되는 것이다. 여기서 $\mathbf{C} = -Gm_1\mathbf{r}/r^3$이며, 방향은 전기장과 마찬가지로 두 지점을 연결하는 선의 방향을 따른다.

사실, 하나의 물리량을 두 개의 곱으로 나누어 생각한다는 것은 엄청난 진보이다. 만일 힘을 서술하는 법칙이 아주 단순하여 두 부분으로 나누어도 달라지는 것이 없었다면 굳이 이런 개념을 도입할 필요가 없다. 그러나 실제로 힘은 아주 복잡한 형태로 작용하기 때문에, 이 혼란스러운 상황을 '한 점에 생성되는 장'과 '그 점에 위치한 입자의 전하(질량)'로 분리 취급함으로써 계산상의 편의는 물론, 더욱 깊은 이해를 도모할 수 있게 된 것이다. 뿐만 아니라, 장의 개념은 계산상의 편의를 위해 도입된 인위적 물리량이 아니라 원래 자연계에 독립적으로 존재하는 실체임이 밝혀지고 있다. 예를 들어 하전입자 하나를 쥐고 이리저리 흔들면 그 변화가 사방으로 전달되는데, 장은 유한한 속도로 전달되기 때문에 어느 순간에 갑자기 움직임을 멈추어도 장은 멈추기 직전에 있었던 변화까지 주변에 고스란히 전달한다(끈의 한쪽 끝을 잡고 흔들어 파동을 일으키다가 갑자기 멈추어도, 마지막에 생성된 파동이 끈의 반대쪽 끝까지 전달되는 것과 같은 이치이다 : 옮긴이). 그러므로 과거의 변화를 기억하는 어떤 방법이 있다면 우리에게 아주 유용할 것이다. 만일 어떤 하전 입자에 작용하는 힘이 다른 하전 입자의 '어제의 위치'에 따라 변한다면(사실이 그렇다), 우리에게는 어제 있었던 일을 추적하여 알아내는 장치가 필요하다. 그리고 장(場)은 바로 이 역할을 위해 도입된 개념이다. 힘의 얼개가 점점 더 복잡해질수록 장은 더욱 실체적인 물리량이 되며, 이때 힘을 두 개의 요소로 분리하는 것은 인위적인 조작이 아니라 더욱 근본적인 단계에서 힘을 이해하는 하나의 원리가 된다.

장의 개념으로 힘의 실체를 이해하려면, 먼저 장과 관련된 두 가지 문제를 해결해야 한다. 첫째는 입자들이 장에 반응하는 패턴인데, 이로부터 우리는 운동 방정식을 유도할 수 있다. 예를 들어, 중력장 안에 들어온 물체는 자신의 질량에 중력장을 곱한 만큼의 힘을 유발시키는 식으로 장에 반응하며, 전기장 속에 들어온 하전 입자는 자신의 전하량에 전기장을 곱한 만큼의 전기력을 행사함으로써 장에 반응한다. 두 번째 문제는 생성되는 장의 세기 및 생성되는 원리를 공식화하는 것이다. 이 공식은 종종 장 방정식(field equation)이라 불리기도 하는데, 이에 관한 자세한 설명은 나중으로 미루고 지금 당장은 몇 가지 특징만 짚고 넘어가고자 한다.

우선 첫째로, 여러 개의 전하들에 의해 생성된 전기장은 개개의 전하가 만들어낸 전기장들을 벡터적으로 더하여 얻어진다. 즉, 첫 번째 전하가 만든 전기장을 $\mathbf{E}_1$, 두 번째 전하가 만든 전기장을 $\mathbf{E}_2 \cdots$ 등으로 표기하면 전체 전기장은 이 벡터들을 그냥 더함으로써 얻어진다는 뜻이다. 이것을 수식으로 표기하면 다음과 같다.

$$\mathbf{E} = \mathbf{E}_1 + \mathbf{E}_2 + \mathbf{E}_3 + \cdots \tag{12.6}$$

또는, 앞에서 정의한 기호를 사용하여

$$\mathbf{E} = \sum_i \frac{q_i \mathbf{r}_i}{4\pi\varepsilon_0 r_i^3} \tag{12.7}$$

로 쓸 수도 있다.

중력의 경우에도 이와 똑같은 논리를 전개할 수 있을까? 질량 m_1, m_2인 두 물체 사이에 작용하는 중력은 뉴턴의 법칙에 의거하여 $\mathbf{F} = -Gm_1m_2\mathbf{r}/r^3$으로 표현된다. 그러나 장의 원리에 의하면 질량 m_1은 자신의 주변에 $\mathbf{C}$라는 중력장을 형성하고, 이로부터 m_2가 받는 힘은

$$\mathbf{F} = m_2\mathbf{C} \tag{12.8}$$

가 된다. 전기력의 경우로부터 유추해보면 중력장은

$$\mathbf{C}_i = -Gm_i\mathbf{r}_i/r_i^3 \tag{12.9}$$

이 되며, 여러 개의 질량에 의해 생성된 중력장은

$$\mathbf{C} = \mathbf{C}_1 + \mathbf{C}_2 + \mathbf{C}_3 + \cdots \tag{12.10}$$

으로 구해질 수 있다. 앞의 9장에서 하나의 행성에 작용하는 전체 힘을 구할 때 여러 개의 힘들을 벡터적으로 더했으므로, 결국 우리는 그곳에서도 이 원리를 이용한 셈이다.

식 (12.6)과 (12.10)은 장의 '중첩 원리(principle of superposition)'라고 한다. 이 원리에 의하면 여러 개의 원천(전하나 질량 등)에 의해 생성된 전체 장은 개개의 원천들이 생성한 장들을 더하여 얻어진다. 언뜻 보기엔 당연한 듯이 보이지만, 이것은 정말로 다행한 일이 아닐 수 없다. 만일 중첩 원리가 성립하지 않는다면 전하가 조금만 복잡하게 배열되어 있어도 우리는 힘을 구할 수 없었을 것이다. 전자기학의 경우, 전하들이 복잡하게 움직여도 중첩 원리는 여전히 성립하는 것으로 알려져 있다. 겉보기에 성립하지 않는 것처럼 보이는 경우가 간혹 있는데, 이것도 전하의 움직임을 주의 깊게 고려해주면 아무런 문제가 없다. 그러나 중력의 경우는 애석하게도 중첩 원리가 항상 성립하지 않는다. 중력이 아주 커지면 뉴턴의 방정식 (12.10)은 아인슈타인의 중력 이론(일반 상대성 이론)에 의해 수정되어야 한다.

전기력과 밀접하게 관련되어 있는 자기력 역시 장의 개념으로 이해될 수 있다. 전기력과 자기력 사이의 대략적인 관계는 전자 빔(beam)을 이용한 실험으로 알아낼 수 있다. 그림 12-3처럼 장치를 세팅하면, 튜브의 한쪽 끝에서 고속으로 가속된 전자가 가느다란 빔의 형태로 방출되어 형광 물질이 발라져 있는 반대쪽 스크린을 향해 진행하게 된다. 전자가 스크린에 도달하면 그곳에 흔적을 남기므로, 우리는 전자의 여행 궤적을 역으로 추적할 수 있다. 이때, 전자가 지나가는 길에 두 장의 평행 금속판을 수평(또는 수직) 방향으로 설치하고 둘 중 하나의 금속판이 음으로 대전되도록 한다. 이렇게 하면 두 금속판

사이에는 전기장이 형성되어 전자의 궤적에 영향을 미치게 된다.

아래쪽 금속판이 음으로 대전되면 이것은 곧 아래쪽 금속판에 여분의 음전하(전자)들이 존재한다는 뜻이고, 이 여분의 전하들은 진행중인 전자에 전기적 척력을 행사하여 형광판의 무늬가 위쪽으로 이동하게 된다(또는 전자들이 전기장을 느껴서 그 반응으로 궤적이 상향 이동되었다고 말할 수도 있다). 그 다음에 금속판의 극을 바꾸면 운동중인 전자는 아래 방향으로 척력을 받아 형광판의 무늬가 아래쪽으로 이동한다(이 경우 역시 장에 대한 전자의 반응으로 이해할 수 있다).

이번에는 금속판에 걸린 전압을 해제시키고, 전자가 가는 길에 자기장을 걸었을 때 전자의 궤적에 일어나는 변화를 살펴보자. 두 극 사이의 거리가 충분히 떨어져 있는 말굽 자석을 그림 12-3처럼 전자가 지나가는 길의 아래쪽에 ∪자 모양으로 설치한다. 이제 자석을 서서히 위로 이동하여 전자 빔 쪽으로 접근시키면 형광판의 무늬는 아래쪽으로 이동하게 된다. 마치 자석이 전자를 끌어당기는 듯한 현상이 일어나는 것이다. 그러나 상황은 그리 간단하지 않다. 자석의 극(N, S)의 위치를 변화시키지 않은 채 자석을 ∩자 모양으로 뒤집어서 위에서부터 아래로 접근시키면 어떻게 될까? 이 경우에도 형광 무늬는 아래쪽으로 이동한다. 즉, 자석이 전자를 밀어내고 있는 것처럼 보인다. 그렇다면 이번에는 자석의 극성을 바꿔보자. 자석을 처음의 ∪자 모양으로 되돌리고 N, S극의 위치만 바꾸면 어떻게 될까? 이 경우에는 형광 무늬가 위쪽으로 이동한다. 극의 위치를 유지한 채 자석을 ∩자 모양으로 뒤집어도 무늬는 여전히 위쪽으로 이동한다. 아무래도 자석이 전자를 당기거나 밀친다는 단순한 논리로는 이 현상을 이해할 수 없을 것 같다.

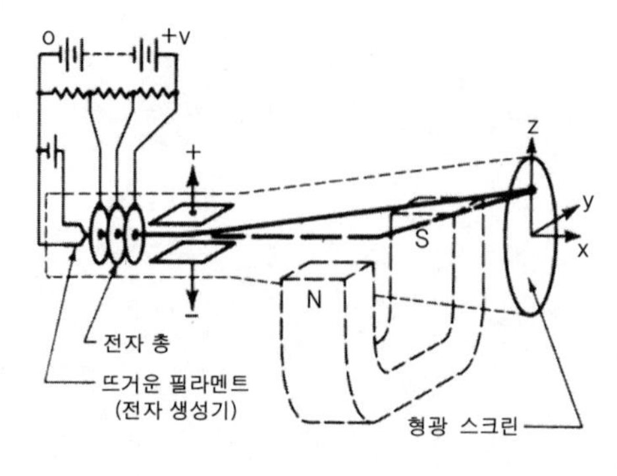

그림 12-3 전자 빔 튜브를 이용한 실험

이 특이한 현상을 이해하려면 새로운 힘을 도입해야 한다. 올바른 설명은 다음과 같다 — 말굽 자석의 두 극 사이에는 자기장(magnetic field)이라는 새로운 장이 형성되는데, 이 장의 방향은 항상 하나의 극에서 출발하여 다른 극으로 들어가는 식으로 결정된다. 따라서 자석을 뒤집기만 하면 자기장의 방향이 변하지 않지만, 자석을 180° 돌려서 극성을 바꾸면 자기장의 방향이 정반대로 변하게 된다. 예를 들어, 하전 입자의 진행 방향을 x축이라 했을 때 자기장의 방향이 y축 방향이었다면 입자에 가해지는 자기력은 $+z$축, 또는 $-z$축 방향으로 나타난다. 여기서 부호는 입자가 갖고 있는 전하의 부호에 의해 결정된다.

움직이는 전하에 작용하는 힘은 매우 복잡하게 나타나기 때문에, 그 구체적인 법칙은 차후에 논하기로 하겠다. 그러나 장의 크기와 방향이 모두 알려져 있는 경우에는 문제가 아주 단순해져서, 전하에 작용하는 힘은 전하의 운동 상태에 의해 결정된다. 만일 전하가 한 지점에 정지해 있다면 전기장에 전하량을 곱한 만큼의 힘(전기력)이 작용하며, 전하가 움직이는 경우에는 전하의 이동 속도에 비례하는 또 하나의 힘이 추가로 작용하게 된다. 그런데 이 추가된 힘은 전하의 속도 벡터 $\mathbf{v}$와 자기장 $\mathbf{B}$에 모두 수직한 방향으로 나타난다. 전기장 $\mathbf{E}$와 자기장 $\mathbf{B}$의 성분을 각각 (E_x, E_y, E_z), (B_x, B_y, B_z)라 하고

전하의 속도 벡터 **v**의 성분을 (v_x, v_y, v_z)라 하면, 전기장과 자기장이 움직이는 전하 q에 행사하는 힘은 다음과 같이 표현된다.

$$F_x = q(E_x + v_y B_z - v_z B_y)$$
$$F_y = q(E_y + v_z B_x - v_x B_z) \qquad (12.11)$$
$$F_z = q(E_z + v_x B_y - v_y B_x)$$

예를 들어, 자기장의 성분이 B_y뿐이고 속도 벡터의 성분이 v_x뿐이었다면, 자기력은 **B**와 **v**에 모두 수직한 z축 방향으로 작용한다[식 (12.11)에서 보듯이, 전하 q의 부호가 바뀌면 힘의 방향도 정반대로 바뀐다 : 옮긴이].

12-5 유사힘(Pseudo forces)

다음으로, 유사힘에 대하여 생각해보자. 11장에서 우리는 서로 다른 좌표계를 사용하고 있는 조(Joe)와 모(Moe) 사이의 관계를 살펴본 적이 있다. 이제 조가 어떤 입자의 위치를 측정하여 x라는 값을 얻었고, 모는 x'을 얻었다고 가정해보자. 그러면 이들 사이에는 다음과 같은 관계가 성립된다.

$$x = x' + s, \quad y = y', \quad z = z'$$

여기서 s는 조와 모가 사용중인 좌표계 사이의 거리를 나타낸다. 만일 조의 좌표계에서 기존의 운동 법칙들이 성립한다면 모에게는 어떻게 보일 것인가? 일단, 다음의 관계가 성립하는 것은 분명하다.

$$dx/dt = dx'/dt + ds/dt$$

11장에서의 경우와 마찬가지로 s가 상수이면 $ds/dt = 0$이 되어 두 계의 운동 방정식은 일치한다. 그리고 $s = ut$, 즉 모의 좌표계가 u의 속도로 등속 직선 운동을 하는 경우에는 $ds/dt = u$가 된다. 그러나 이 경우에도 $du/dt = 0$이기 때문에 $d^2x/dt^2 = d^2x'/dt^2$, 즉 두 계의 가속도는 동일하며, 10장에서의 결과에 의하여 두 계의 물리 법칙도 동일해진다. 다시 말해서, 등속 직선 운동을 하는 좌표계와 정지해 있는 좌표계에는 동일한 물리 법칙이 적용된다는 뜻이다. 이것이 바로 갈릴레이식 좌표변환이다. 여기서 한 걸음 더 나아가 $s = at^2/2$이면, $ds/dt = at$이고 $d^2s/dt^2 = a$, 즉 등가속도 운동이 된다. 물론 가속도 마저 시간에 따라 변하는 더욱 복잡한 경우도 있을 수 있다. 이때 조의 관점에서 바라본 힘의 법칙은

$$m\frac{d^2x}{dt^2} = F_x$$

가 되고, 모의 관점에서 바라본 힘의 법칙은

$$m\frac{d^2x'}{dt^2} = F_{x'} - ma$$

가 된다. 즉, 모의 좌표계가 조의 좌표계에 대하여 가속되고 있기 때문에 모

는 $-ma$ 라는 항을 추가시켜야만 뉴턴의 운동 법칙이 맞아 들어가는 것이다. 그런데 순전히 모의 입장에서 보면 이것은 마치 뉴턴의 운동 법칙이 달라진 것처럼 보인다. 물론 모가 가속 운동을 하고 있는 자신의 상태를 충분히 고려한다면 문제될 것이 없지만, 자신의 좌표를 기준으로 삼고 운동을 서술할 때 $-ma$ 라는 항은 별로 반갑지 않은 손님이다. 그래서 모는 뉴턴의 법칙에서 벗어난듯이 보이는 이 항을 '유사힘(pseudo force)'이라 부름으로써 자신의 좌표계에서도 뉴턴의 법칙이 적용되는 것으로 간주한다. 힘 F 이외에 이 유사힘을 추가로 고려해주면 기존의 뉴턴 법칙을 그대로 적용할 수 있기 때문이다. 유사힘을 도입해야 하는 또 다른 예로는 원운동을 들 수 있다.

자신의 좌표계가 원운동을 할 때 도입하는 유사힘은 바로 원심력(centrifugal force)이다. 회전 운동을 하고 있는 관측자는 뚜렷한 이유도 없이 바깥쪽으로 향하는 힘을 느끼게 된다(물론 우리는 그 이유를 잘 알고 있으므로 '뚜렷한 이유도 없이'라는 표현은 조금 어색하다. 이 말은 '등속 운동을 할 때에는 나타나지 않는 힘' 정도로 이해하면 될 것이다 : 옮긴이). 이 힘은 관측자가 뉴턴식 좌표계(관성 좌표계라고도 하며, 뉴턴의 운동 법칙이 성립하는 좌표계를 말함)에 있지 않기 때문에 생기는 것으로, 유사힘의 전형적인 사례이다.

물이 담겨 있는 컵을 테이블 위에 놓고 한쪽 방향으로 밀면 유사힘의 존재를 눈으로 확인할 수 있다. 이 경우 중력은 물론 아래 방향으로 작용하지만 유리컵은 수평 방향으로 가속되고 있기 때문에 가속도의 반대 방향으로 유사힘이 작용하게 된다. 이 유사힘과 중력을 벡터적으로 더하면 비스듬한 방향의 힘 벡터가 얻어지므로, 가속중인 물컵의 수면은 이 비스듬한 힘의 방향과 수직을 이루도록 기울어지는 것이다. 물컵이 바닥면과의 마찰에 의해 감속되면 유사힘의 방향이 이전과는 정반대가 되어 수면의 경사도 반대 방향으로 바뀐다(그림 12-4).

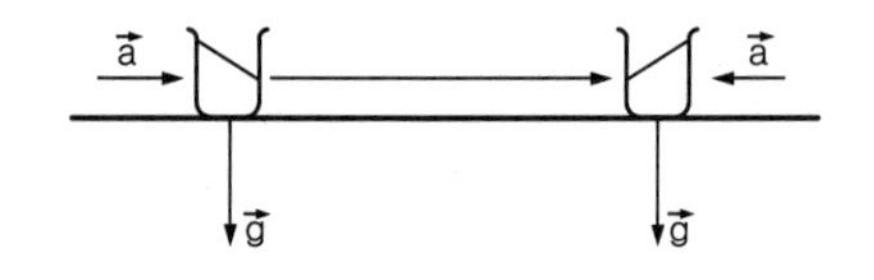

그림 12-4 유사힘의 예

유사힘의 중요한 특징 중 하나는 힘의 크기가 항상 질량에 비례한다는 것이다. 그런데 다들 알다시피 중력도 질량에 비례한다. 그렇다면 중력도 유사힘일 가능성이 있지 않을까? 중력은 우리가 올바른 좌표계를 갖고 있지 않기 때문에 나타나는 힘일 수도 있지 않을까? 어떤 경우에서건, 물체가 가속되면 우리는 질량에 비례하는 힘이 작용하는 것으로 간주할 수 있다. 예를 들어, 지면 위에 정지해 있는 상자 속에 갇힌 사람은 자신의 질량에 비례하는 힘이 아래로 작용하는 것을 느낄 수 있다. 그리고 이 상자가 무중력 상태의 우주 공간에 정지해 있다면 사람을 비롯한 모든 물체들은 상자 안에서 마음대로 떠다닐 것이다. 그러나 우주 공간에 떠 있는 상자가 중력 가속도와 똑같은 가속도 g(9.8m/sec^2)로 가속되고 있다면, 그 안에 있는 사람은 지구상에 정지해 있을 때 느끼는 중력과 완전히 똑같은 유사힘을 느끼게 될 것이다.

아인슈타인은 가속 운동에 의한 힘(유사힘)이 중력과 완전히 동일하다는 등가 원리(equivalence principle)를 주장하여 일반 상대성 이론의 기틀을 마련하였다. 즉, 주어진 힘 중 얼마큼이 중력이고 얼마큼이 유사힘인지를 가려낼 수가 없다는 것이다.

언뜻 생각하기에, 지구가 위쪽으로 가속되고 있기 때문에 중력이 작용한다고 말해도 크게 틀리지는 않을 것 같다. 그러나 지구 반대편에 있는 사람들이 지표면에 붙어 있는 것은 이런 논리로 설명될 수 없다. 아인슈타인의 일반상대성 이론에 의하면, 중력은 시공간상의 한 점에서 유사힘으로 간주할 수 있으며, 시공간의 기하학적 구조는 유클리드 기하학보다 훨씬 더 복잡한 성질을 갖고 있다. 이 점을 좀더 쉽게 이해하기 위해, 순전히 기하학적인 예를 하나 들어보자. 우리가 살고 있는 이 우주가 2차원 공간이고, 3차원에 대해서는 아는 것이 전혀 없다고 상상해보자. 그리고 우리가 속해 있는 2차원 면이 평면이 아니라 거대한 구면이라고 가정해보자. 이제 누군가가 지면과 평행한 방향으로 하나의 물체를 발사시켰다. 물론 이 물체에는 아무런 힘도 작용하지 않는다(중력도 없다고 가정한다). 이런 상황에서, 발사된 물체는 과연 어떤 운동을 할 것인가? 우리 눈에는 직선 운동을 하는 것처럼 보이겠지만, 사실 그 물체는 구면 위를 이탈할 수 없기 때문에 구면상의 최단거리, 즉 대원(great circle)을 따라 진행하게 된다. 그후 제2의 물체를 다른 방향으로 발사했다면 그 물체 역시 또 다른 대원을 따라 진행할 것이다. 이 세계가 평면이라고 믿고 있는 우리들은 발사된 두 물체 사이의 거리가 점점 멀어진다고 생각하겠지만, 자세히 관측해보면 두 물체 사이의 거리는 서서히 가까워진다는 것을 알 수 있다. 그렇다면 두 물체 사이에 인력이라도 작용한다는 말인가? 아니다. 그것은 인력 때문이 아니라 시공간 자체의 기하학적 특성 때문이다. 적절한 예는 아니지만 시공간의 기하학적 구조를 변형시키면 중력과 유사힘을 동일하게 취급할 수 있다는 아인슈타인의 중력 이론은 대략 이런 식으로 이해할 수 있다.

12-6 핵력

마지막으로, 핵력(nuclear force)에 대해 간단히 알아보자. 핵력은 원자 속에 있는 핵자(양성자와 중성자)들 사이에 작용하는 힘으로서, 그동안 여러 학자들에 의해 꾸준히 연구되어왔지만 정확한 법칙은 아직 알려지지 않고 있다. 핵력은 매우 짧은 거리 이내에서만 작용하는데, 그 한계는 대략 원자핵의 크기(10^{-13}cm)와 비슷하다. 핵력은 이처럼 아주 작은 소립자들이 아주 짧은 거리 이내에 있을 때에만 작용하는 힘이기에, 뉴턴 역학이 아닌 양자 역학을 적용해야 바르게 서술할 수 있다. 그런데 우리는 핵의 구조를 분석할 때 힘의 개념 대신 에너지의 개념을 이용하여 모든 것을 설명한다. 이에 관한 구체적인 내용은 나중에 따로 설명할 예정이다. 핵력을 표현하는 수식들은 모두 대략적인 근사식에 불과하다. 핵력의 크기는 전기력이나 중력처럼 두 핵자 사이의 거리 r의 제곱에 반비례하지 않고, 어떤 특정 거리에서부터 갑자기 작용하기 시작한다. 즉, 핵자들 사이의 거리가 어느 이상으로 멀어지면 핵력은 돌연 사라지는 것이다. 이러한 성질은 $F = (1/r^2)\exp(-r/r_0)$라는 수식으로 대충 표현할 수 있는데, 여기서 r_0는 대략 10^{-13}cm 정도의 값을 갖는다. 이 식을 그래프로 그려보면 알 수 있듯이, 10^{-13}cm 이내의 거리에서는 아주 강한 힘으로 끌어당기지만 이 거리를 조금만 벗어나면 거의 작용하지 않는다. 핵력의 얼개는 아주 복잡하여 단순한 법칙으로 표현될 수 없으며, 전체적 구조는 아직 분명치 않다. π-입자 등의 소립자들이 핵력에 관여한다는 사실이 알려져 있긴 하지만, 핵력의 근원은 여전히 미지로 남아 있다.

CHAPTER 13

일과 위치 에너지(A)

13-1 낙하하는 물체의 에너지

4장에서 에너지 보존 법칙을 논할 때, 우리는 뉴턴의 운동 법칙을 고려하지 않았다. 그러나 에너지가 보존되는 현상을 뉴턴의 법칙과 연계해서 이해하는 것도 무척 흥미로운 과제이다. 명확한 이해를 위해, 가장 단순한 사례부터 시작하여 점차 복잡한 문제로 옮겨가면서 둘 사이의 관계를 알아보기로 하자.

에너지 보존의 가장 간단한 예로는 수직 방향으로 낙하하는 물체를 들 수 있다. 중력장하에서 낙하하는 물체는 운동 에너지 T(또는 K.E)와 위치 에너지 U(또는 $\text{P.E} = mgh$)를 가지며, 이 둘을 더한 양은 항상 보존된다.

$$\underset{\text{K.E}}{\frac{1}{2}mv^2} + \underset{\text{P.E.}}{mgh} = \text{상수}$$

$$T + U = \text{상수} \tag{13.1}$$

지금부터 위의 식을 증명하고자 한다. 그런데 증명을 한다는 것은 정확하게 무슨 의미인가? 우리는 뉴턴의 제2법칙으로부터 물체의 운동을 쉽게 알아낼 수 있다. 자유 낙하하는 물체의 속도는 시간에 비례하여 빨라지며, 추락한 거리는 시간의 제곱에 비례한다. 그러므로 물체가 낙하하기 시작한 높이를 알고 있으면 추락한 거리가 시간의 제곱에 상수를 곱한 것과 같다는 사실은 쉽게 알 수 있다. 이것은 별로 놀라운 일이 아니다. 그러나 문제는 그리 간단치가 않다. 낙하하는 물체를 좀더 자세히 살펴보자.

뉴턴의 제2법칙으로부터 운동 에너지가 시간에 따라 어떻게 변하는지를 알아보자. 이것은 운동 에너지를 시간으로 미분하여 얻어진다. $\frac{1}{2}mv^2$을 시간으로 미분하면

$$\frac{dT}{dt} = \frac{d}{dt}\left(\frac{1}{2}mv^2\right) = \frac{1}{2}m2v\frac{dv}{dt} = mv\frac{dv}{dt} \tag{13.2}$$

가 된다. 여기서 질량 m은 상수이므로 미분이 걸리지 않는다. 그런데 뉴턴의 법칙에 의하면 $m(dv/dt) = F$이므로

$$dT/dt = Fv \tag{13.3}$$

가 얻어진다. 일반적으로는 $\mathbf{F} \cdot \mathbf{v}$가 되어야 하지만, 지금 우리는 1차원 운동을 고려하고 있으므로 그냥 곱하기로 표기해도 문제될 건 없다.

그런데 낙하중인 물체에 작용하는 중력은 $-mg$, 즉 상수이고(마이너스 부호는 '아래로' 떨어지고 있음을 의미한다), 속도는 물체의 고도 h의 시간에 대한 변화율이므로, 결국 운동 에너지의 변화율은 $-mg(dh/dt)$이다. 자, 똑똑히 보라. 기적과도 같은 일이 일어나지 않았는가! 우리는 분명히 운동 에너지의 변화율을 계산했는데, 그 결과가 위치 에너지 mgh의 변화율과 같아진 것이다!(부호만 빼고) 이렇게 시간에 따른 운동 에너지의 변화가 위치 에너지의 변화와 정확하게 반대로 일어나기 때문에 이 둘을 합한 전체 에너지는 보존되며, 이로써 우리의 증명은 완성된다. Q.E.D.(quod erat demonstrandum, 증명 끝)

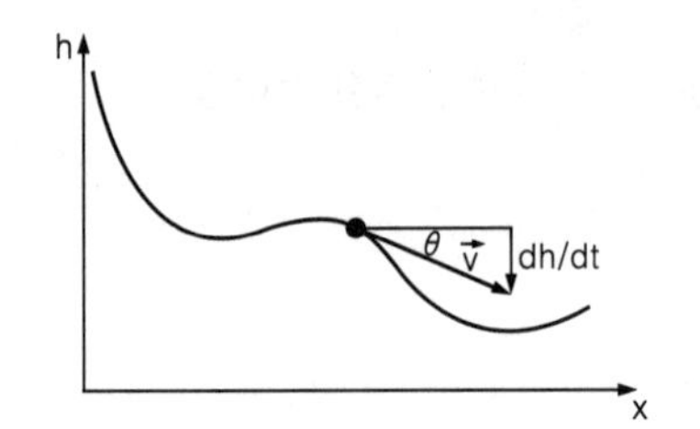

그림 13-1 중력장하에서 마찰 없는 곡면 위를 미끄러지는 물체

방금 우리는 뉴턴의 제2법칙을 이용하여 힘이 일정한 경우에 운동 에너지와 위치 에너지의 합이 보존된다는 것을 증명하였다. 이제 이 결과를 일반화해서 이해의 폭을 넓혀보자. 에너지 보존 법칙은 낙하하는 물체에만 적용되는 것인가? 아니면 모든 경우에 적용되는 일반적인 법칙인가? 일정한 중력장하에서 마찰 없이 임의의 곡면 위를 미끄러지는 물체의 경우를 생각해보자(그림 13-1). 만일 이 물체가 원래의 높이 H에서 이동을 시작하여 높이 h에 도달했다면, 이동 방향이 수직이 아니라 해도 이전과 동일한 식을 적용할 수 있다. 왜 그럴까? 지금부터 그 이유를 찬찬히 생각해보자. 앞에서와 마찬가지로 운동 에너지의 시간에 따른 변화율로부터 실마리를 풀어나가는 것이 좋겠다. 운동 에너지의 변화율은 $mv(dv/dt)$인데, 여기서 $m(dv/dt)$는 시간에 대한 운동량의 변화율, 즉 '운동 방향으로 작용하는 힘'에 해당된다. 이 힘을 F_t로 표기하자(접선 방향의 힘이라는 뜻이다). 그러면

$$\frac{dT}{dt} = mv\frac{dv}{dt} = F_t v$$

의 관계가 성립하게 된다. 여기서 물체의 속도 v는 곡선을 따라 움직인 거리의 변화율이므로 ds/dt이며, F_t는 물체에 작용하는 중력의 접선 성분이므로 mg보다 작아진다. 즉,

$$F_t = -mg\sin\theta = -mg\frac{dh}{ds}$$

가 되어

$$F_t\frac{ds}{dt} = -mg\left(\frac{dh}{ds}\right)\left(\frac{ds}{dt}\right) = -mg\frac{dh}{dt}$$

를 얻는다. 그런데 $-mg(dh/dt)$는 앞에서 이미 보았듯이 mgh의 변화율이므로, 이 경우에도 운동 에너지와 위치 에너지의 합은 보존되는 것이다.

에너지 보존 법칙이 얼마나 폭넓게 적용되는지를 이해하려면 우선 몇 가지 개념들을 알고 넘어갈 필요가 있다.

첫째로, 3차원에서 운동 에너지의 시간에 대한 변화율을 알아보자. 3차

원에서 운동 에너지는 다음과 같다.

$$T = \frac{1}{2} m(v_x^2 + v_y^2 + v_z^2)$$

이것을 시간으로 미분하면 다음과 같이 끔찍한 모양으로 변신한다.

$$\frac{dT}{dt} = m\left(v_x \frac{dv_x}{dt} + v_y \frac{dv_y}{dt} + v_z \frac{dv_z}{dt}\right) \tag{13.4}$$

그러나 정신을 가다듬고 자세히 보면 $m(dv_x/dt)$는 물체에 작용하는 힘의 x 성분, 즉 F_x에 해당된다는 것을 알 수 있다. 따라서 식 (13.4)의 우변은 $F_xv_x + F_yv_y + F_zv_z$이다. 여기서 벡터의 내적 계산법을 떠올려보면 이것은 $\mathbf{F} \cdot \mathbf{v}$와 일치한다. 그러므로

$$dT/dt = \mathbf{F} \cdot \mathbf{v} \tag{13.5}$$

가 된다. 다른 방법을 쓰면 이 결과를 좀더 쉽게 유도할 수 있다. 시간에 따라 변하는 두 벡터 $\mathbf{a}$, $\mathbf{b}$가 있을 때, $\mathbf{a} \cdot \mathbf{b}$의 내적을 시간으로 미분하면 다음과 같은 모양이 된다.

$$d(\mathbf{a} \cdot \mathbf{b})/dt = \mathbf{a} \cdot d\mathbf{b}/dt + (d\mathbf{a}/dt) \cdot \mathbf{b} \tag{13.6}$$

여기서, $\mathbf{a} = \mathbf{b} = \mathbf{v}$라 하면 아래처럼 원하는 결과를 얻을 수 있다.

$$\frac{d(\frac{1}{2} mv^2)}{dt} = \frac{d(\frac{1}{2} m\mathbf{v} \cdot \mathbf{v})}{dt} = m\frac{d\mathbf{v}}{dt} \cdot \mathbf{v} = \mathbf{F} \cdot \mathbf{v} = \mathbf{F} \cdot \frac{d\mathbf{s}}{dt} \tag{13.7}$$

운동 에너지뿐만 아니라 일반적인 에너지의 개념은 물리학에서 매우 중요하게 취급되기 때문에, 지금까지 나열한 방정식의 각 항에는 고유의 이름들이 매겨져 있다. 다들 알다시피 $\frac{1}{2}mv^2$은 운동 에너지이고 $\mathbf{F} \cdot \mathbf{v}$는 일률(power)이라고 한다. 물체에 가해진 힘에 물체의 이동 속도를 곱하면(벡터의 경우는 '내적을 취하면') 그 힘이 발휘하는 일률이 된다. 이로부터 우리는 놀라운 정리 하나를 얻었다—운동 에너지의 변화율은 주어진 힘이 물체에 발휘한 일률과 같다!

그러나 운동 에너지 보존을 제대로 이해하려면 더욱 면밀한 분석이 필요하다. 아주 짧은 시간 dt 동안 일어나는 운동 에너지의 변화를 계산해보자. 식 (13.7)의 양변에 dt를 곱하면, 운동 에너지의 미세 변화 dT는 힘과 미세 변위의 내적이 됨을 알 수 있다.

$$dT = \mathbf{F} \cdot d\mathbf{s} \tag{13.8}$$

이제 양변을 적분하면

$$\Delta T = \int_1^2 \mathbf{F} \cdot d\mathbf{s} \tag{13.9}$$

를 얻는다. 이 식은 무엇을 의미하는가? 어떤 물체가 외부로부터 힘을 받아

임의의 경로를 따라 움직일 때, 한 지점 1에서 다른 지점 2로 이동하는 동안 발생한 운동 에너지의 변화량은 이동 방향의 힘 성분에 미세 변위 ds를 곱하여 적분함으로써 얻어진다는 뜻이다(적분을 한다는 것은 적분 구간 내에서 모두 더한다는 의미이다). 이 적분은 '물체에 가해진 일(work done by force)'이라는 이름으로 불린다. 따라서 일률은 '단위 시간에 가해진 일'인 셈이다. 여기서 한 가지 명심할 것은 모든 힘이 일을 하는 것이 아니라, 힘 중에서도 경로에 나란한 성분만이 일에 기여한다는 점이다. 자유 낙하하는 물체의 경우에는 물체의 진행 방향과 중력의 방향이 일치했기 때문에 모든 힘이 물체를 이동하는 데 쓰였다고 할 수 있다. 다시 말해서, 이 경우에는 힘의 낭비가 전혀 없었던 셈이다. 그러나 힘이 가해지는 방향과 물체의 이동 방향은 얼마든지 다를 수 있으므로(중력장하에서 포물선을 그리며 날아가는 물체도 있다), 일반적으로는 $\mathbf{F} \cdot d\mathbf{s}$만이 일을 한다고 표현하는 것이 가장 정확하다. $\mathbf{F}$가 중력인 경우, $\mathbf{F} \cdot d\mathbf{s} = F_x dx + F_y dy + F_z dz$인데, 중력은 수직 방향($z$방향)으로만 작용하므로 $F_x = 0$, $F_y = 0$이 되어 결국 이 값은 $F_z dz = -mgdz$만 남게 된다. 따라서 물체에 작용하는 힘이 중력밖에 없는 경우에는

$$\int_1^2 \mathbf{F} \cdot d\mathbf{s} = \int_{z_1}^{z_2} -mg\, dz = -mg(z_2 - z_1) \tag{13.10}$$

이 되어, 운동 에너지의 변화는 두 지점 사이의 고도 차에만 관계함을 알 수 있다.

여기서 잠시 단위에 대하여 생각해보자. 힘의 단위는 뉴턴(n)이고 일은 여기에 거리 단위의 물리량을 곱하여 얻어지므로, 일의 단위는 뉴턴·미터(n·m)이다. 그런데 물리학자들은 이 단위를 한 단어로 줄여서 부르기를 좋아하며, 그 단위가 바로 줄(joule, j)이다. 즉, 1뉴턴·미터와 1줄은 완전히 같은 의미이다. 따라서 일률의 단위는 줄/초이며 와트(watt, w)라 부르기도 한다. 와트수에 시간을 곱하면 투입된 일이 된다. 가정집에 공급된 전기적 일은 와트수에 시간을 곱한 와트시(wh)의 단위로 나타내기도 한다. 예를 들어, 1kwh(킬로와트시)는 1000w × 3600초 = 3.6 × 10^6줄의 일에 해당된다.

에너지 보존 법칙에 관한 또 다른 사례를 들어보자. 0이 아닌 초기 속도로 시작하여 매우 빠르게 움직이는 물체가 있다. 이 물체는 마찰이 있는 표면 위를 미끄러지다가 결국은 한자리에 멈추었다. 초기의 운동 에너지는 0이 아니었는데, 나중 상태의 운동 에너지는 0으로 끝난 것이다. 마찰이 있다는 것은 물체가 진행하는 반대 방향으로 힘(마찰력)이 작용한다는 뜻이므로, 이 경우는 마찰력이 일을 한 것이다. 이번에는 수직면에서 마찰 없이 좌우로 진동하는 단진자를 생각해보자. 단진자의 높이가 위로 상승할 때 힘(중력)은 아래로 작용하고, 단진자가 아래로 내려갈 때도 힘은 아래로 작용한다. 즉, $\mathbf{F} \cdot d\mathbf{s}$의 부호가 수시로 바뀌는 것이다. 단진자는 한 주기에 한 지점을 두 번 지나게 되는데(양 끝점은 제외), 상승할 때와 하강할 때 $\mathbf{F} \cdot d\mathbf{s}$의 크기는 같고 부호만 반대이기 때문에 한 주기에 걸쳐 $\mathbf{F} \cdot d\mathbf{s}$를 적분한 값은 0이다. 따라서 한 주기 동안 진자의 운동 에너지를 측정해보면 처음 상태의 운동 에너지와

나중 상태의 운동 에너지는 같다. 즉, 에너지가 보존되는 것이다(마찰이 있으면 에너지 보존 법칙이 위배되는 것처럼 보이지만, 사실 이런 경우에는 에너지가 다른 형태로 전환된 것일 뿐, 보존 법칙은 여전히 성립한다. 소실된 에너지의 대부분은 열에너지로 전환된다).

13-2 중력에 의한 일

이번에는 좀더 어려운 문제에 도전해보자. 힘의 크기, 또는 힘의 방향이 수시로 변하는 경우에도 에너지가 보존될 것인가? 태양 주위를 공전하는 행성이나 지구 주위를 공전하는 인공 위성을 예로 들어보자.

우선, 질량 m인 물체가 태양이나 지구를 향해 곧바로 추락하는 경우를 생각해보자(그림 13-2). 이런 상황에서도 에너지는 보존될 것인가? 물체에 작용하는 힘, 즉 중력은 GMm/r^2이므로 추락하는 동안 힘의 크기는 수시로 변한다. 그리고 중력을 상수로 취급했던 앞의 경우와 마찬가지로, 추락하는 물체의 속력은 시간이 갈수록 빨라진다. 그렇다면 위치 에너지를 mgh로 간주해서는 에너지가 보존될 방법이 없다. 에너지 보존 법칙이 성립하려면 위치 에너지를 어떻게 표기해야 할까?

이것은 1차원 문제이므로 비교적 쉽게 해결할 수 있다. 어떠한 경우에도 주어진 구간에서 운동 에너지의 변화는 힘($-GMm/r^2$)에 미세 변위(dr)를 곱한 양을 그 구간에서 적분한 값과 같다.

그림 13-2 작은 질량 m이 커다란 질량 M에 끌려 추락하는 경우

$$T_2 - T_1 = -\int_1^2 GMm\frac{dr}{r^2} \tag{13.11}$$

힘의 방향과 이동 방향이 같기 때문에 코사인 같은 함수는 필요 없다. dr/r^2을 적분하면 $-1/r$이 되므로, 적분 결과는

$$T_2 - T_1 = +GMm\left(\frac{1}{r_2} - \frac{1}{r_1}\right) \tag{13.12}$$

가 된다. 힘을 상수로 취급하지 않았으므로 위치 에너지를 나타내는 식도 달라졌다. 식 (13.12)는 서로 다른 두 지점에서 $(\frac{1}{2}mv^2 - GMm/r)$을 계산한 값이 항상 일정하다는 사실을 말해주고 있다.

지금까지 우리는 중력장하에서 수직 운동을 하는 물체의 위치 에너지를 살펴보았다. 그런데 중력장하에서 영구 운동이 과연 가능할까? 중력장은 위치에 따라 변한다. 장소가 달라지면 중력의 크기와 방향도 모두 달라진다. 여기에 어떤 마찰 없는 닫힌 트랙을 만들어서 물체를 그 위에 놓으면 이리저리 복잡한 길을 따라 운동을 하다가 처음 출발점으로 되돌아올 것이다. 그런데 출발점으로 돌아온 물체의 운동 에너지가 처음 상태보다 증가하도록 트랙을 만들 수 있겠는가? 만일 이것이 가능하다면 물체는 트랙을 따라 영원히 움직일 것이고, 꿈과도 같은 영구 운동은 드디어 실현될 것이다. 그러나 어떠한 환경에서건 영구 운동은 원리적으로 불가능하기 때문에 이것 역시 불가능하다. 우리는 다음의 명제를 깊이 새겨둘 필요가 있다—마찰이 없기 때문에 출발점으로 돌아온 물체의 속도는 처음의 속도보다 빠를 수도, 느릴 수도 없다. 다시 말해서, 임의의 물체가 중력장하에서 닫힌 궤적을 따라 움직이다가 출발점으로 되돌아왔을 때, 중력이 한 일은 0이라는 것이다. 만일 0이 아니라면 되돌아온 물체의 에너지가 처음보다 증가하여 영구 운동이 가능해지는데, 이것은 절대로 불가능한 일이다.

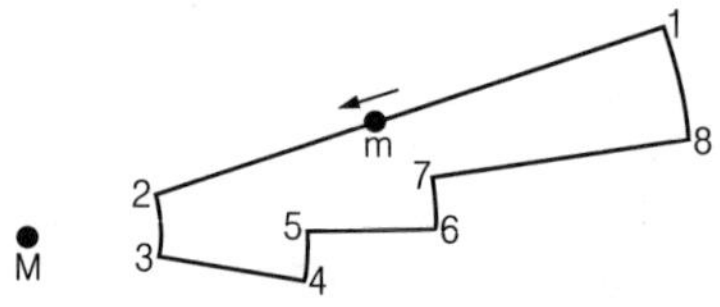

그림 13-3 중력장 안에서 닫힌 궤적의 예

닫힌 궤적에서 중력이 한 일은 왜 0이 되어야 하는가? 지금부터 증명해보자. 우선 0이 되어야만 하는 당위성을 물리적으로 유추한 후에, 수학적 증명으로 마무리를 짓자. 질량 m인 물체가 그림 13-3처럼 생긴 닫힌 궤적을 따라 움직인다고 가정해보자. 물체는 지점 1에서 출발하여 2에 도달한 후 방향을 바꿔 3, 4, 5, …, 8을 거쳐 다시 1로 되돌아온다. 문제의 단순화를 위해, 이 그림에 나타난 모든 궤적들은 지구의 중심을 향하거나 지표면과 나란한 방향이라고 가정하자(그림에서 M으로 표기된 질량이 지구라고 생각하면 된다). 이런 경우에, 물체가 경로를 한 바퀴 돌아 출발점으로 되돌아올 때까지 중력이 한 일은 얼마인가? 경로 $1 \to 2$에서 이 값은 두 지점에서 $1/r$의 차이에 GMm을 곱한 것과 같다.

$$W_{12} = \int_1^2 \mathbf{F} \cdot d\mathbf{s} = \int_1^2 -GMm\frac{dr}{r^2} = -GMm\left(\frac{1}{r_2} - \frac{1}{r_1}\right)$$

$2 \to 3$ 구간에서 중력의 방향은 경로의 방향과 수직이므로 $W_{23} \equiv 0$이고, $3 \to 4$ 구간에서는

$$W_{34} = \int_3^4 \mathbf{F} \cdot d\mathbf{s} = -GMm\left(\frac{1}{r_4} - \frac{1}{r_3}\right)$$

이 된다. 똑같은 논리를 적용하면 $W_{45} = 0$, $W_{56} = -GMm(1/r_6 - 1/r_5)$, $W_{67} = 0$, $W_{78} = -GMm(1/r_8 - 1/r_7)$, $W_{81} = 0$을 얻는다. 따라서 중력이 한 전체 일은

$$W = GMm\left(\frac{1}{r_1} - \frac{1}{r_2} + \frac{1}{r_3} - \frac{1}{r_4} + \frac{1}{r_5} - \frac{1}{r_6} + \frac{1}{r_7} - \frac{1}{r_8}\right)$$

이 된다. 그런데 우리의 가정에 의하면 $r_2 = r_3$, $r_4 = r_5$, $r_6 = r_7$, $r_8 = r_1$이므로 결국 $W = 0$이 되는 것이다.

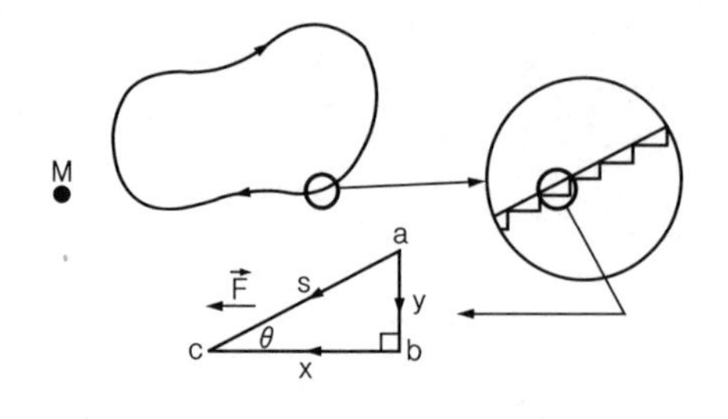

그림 13-4 매끄러운 궤적은 항상 미세한 계단형 궤적으로 간주할 수 있다.

물론 이것은 궤적의 특이한 생김새 때문에 나온 결론일 수도 있다. 마구잡이로 생긴 궤적에서도 똑같은 결과가 유도될 것인가? 그림 13-4처럼, 모든 매끈한 궤적을 미세한 톱니형(또는 계단형) 궤적의 연결로 간주할 수 있다면 이 경우도 증명 끝(Q.E.D.)이다! 그런데 언뜻 보면 작은 삼각형 궤적을 한 바퀴 돌았을 때 $W = 0$이라는 것이 분명치 않다. 그러니 그림 13-4에서처럼 작은 삼각형 궤적 하나를 돋보기로 확대해보자. $a \to b \to c$로 이동할 때 힘이 한 일과 b를 거치지 않고 $a \to c$로 갈 때 한 일이 과연 같을 것인가? 편의를 위해 힘의 방향과 선분 bc의 방향이 같다고 가정하자. 그리고 우리의 삼각형은 충분히 작아서, 둘레를 도는 동안 힘의 크기가 일정하다고 가정해보

자. 이 경우, $a \to c$ 사이에서 힘이 한 일은

$$W_{ac} = \int_a^c \mathbf{F} \cdot d\mathbf{s} = Fs\cos\theta$$

이다. 힘이 일정하기 때문에 적분도 아주 간단하다. 이제 다른 경로의 일을 계산해보자. $a \to b$ 에서는 힘과 경로의 방향이 서로 수직이므로 $W_{ab} = 0$ 이고, $b \to c$ 경로에서 한 일은

$$W_{bc} = \int_b^c \mathbf{F} \cdot d\mathbf{s} = Fx$$

이다. 그런데 $s\cos\theta = x$ 이므로, 두 경로에서 힘이 한 일은 똑같다. 방금 전에 우리는 계단형 궤적에서 $W = 0$ 임을 이미 증명한 바 있으므로(그림 13-3), 임의의 궤적을 미세한 계단형 궤적으로 간주할 수 있다면 "임의의 닫힌 궤적을 따라 한 바퀴 돌았을 때 중력이 한 일은 0이다"라는 결론을 내릴 수 있는 것이다. (물론 이 가정은 항상 사실이다. 미세한 계단을 멀리서 바라보면 매끈한 면으로 보인다는 직관적 이해도 필요하지만, 수학적 극한을 취했을 때 삼각형은 하나의 점으로 수렴하기 때문에 임의의 경로는 항상 미세한 계단으로 나누어 생각할 수 있다.)

이것은 매우 놀라운 결과이다. 이 결과를 이용하면 행성의 운동에 관하여 새로운 사실을 유추할 수 있다. 태양의 주변을 돌고 있는 행성은(다른 행성들의 영향을 무시했을 때) 다음의 성질을 만족한다. 즉, 속도의 제곱에서 '궤도 반지름의 역수에 어떤 상수를 곱한 양'만큼 뺀 값이 항상 일정하게 유지된다. 예를 들어, 행성과 태양 사이의 거리가 가까워지면 행성의 속도는 증가한다. 그런데 대체 얼마큼이나 증가하는 것일까? 이것은 다음과 같은 논리로 유추할 수 있다—공전하고 있는 행성의 방향을 바꿔서 행성과 태양을 연결하는 선을 따라 멀어지는 방향으로 움직이게 했다가(빠르기는 유지한 채), 어느 순간에 행성을 다시 '떨어뜨리면' 제 궤도를 찾은 행성의 속도는 이전과 동일하다. 왜냐하면 이 경로는 위에서 예로 들었던 닫힌 궤적의 한 예이기 때문이다. 행성이 중간에 어떤 경로를 거쳤건, 나중에 제자리로 돌아오기만 하면 원래의 속도를 되찾는다는 것이다.

그러므로 행성의 궤적을 산술적으로 분석할 때 계산에 오류가 없는지를 체크하려면 각 단계마다 에너지를 계산해보면 된다. 에너지는 절대로 변하지 않기 때문이다. 표 9-2에 제시된 값들을 보면 처음 상태와 나중 상태의 에너지 사이에 약 1.5% 정도의 차이가 있는데, 아마도 이것은 계산 도중 발생한 실수나 반올림 때문에 생긴 오차일 것이다[표 9-2의 단위에서 에너지는 $\frac{1}{2}(v_x^2 + v_y^2) - 1/r$ 이다].

중력 이외의 다른 힘이 작용하는 경우는 어떤가? 용수철에 물체가 매달려 있는 경우를 생각해보자. 늘어난 용수철을 원위치로 되돌리려는 복원력은 늘어난 길이에 비례한다. 이런 경우에도 에너지 보존 법칙이 성립할 것인가? 물론 성립한다. 용수철의 복원력이 한 일은

$$W = \int_0^x F dx = \int_0^x - kx dx = -\frac{1}{2} kx^2 \tag{13.13}$$

이므로, 매달린 물체의 운동 에너지에 $\frac{1}{2}kx^2$을 더한 값은 항상 일정하다. 이 얼개의 자세한 속사정은 다음과 같다. 용수철에 매달린 물체를 아래로 당긴 채로 손에 쥐고 있으면 물체의 운동 에너지는 0이지만 변위 x가 최대인 상태이므로 탄성에 의한 위치 에너지가 생긴다. 이제 쥐고 있던 손을 놓으면 물체는 왕복 운동을 하게 되는데, 어느 위치에서 보건 간에 운동 에너지와 위치 에너지의 합은 항상 일정하게 유지된다. 예를 들어, 물체가 평형 지점을 지날 때 변위 x는 순간적으로 0이 되고 그때의 운동 에너지는 최대값에 이른다. 즉, 물체의 속도는 평형 지점에서 가장 빠르다. 그리고 x^2이 커질수록 v^2은 작아져서 전체 에너지가 보존되는 것이다. 지금 우리는 또 하나의 법칙을 유도했다. 힘이 $-kx$로 작용할 때, 위치 에너지는 $\frac{1}{2}kx^2$이다.

13-3 에너지의 합

물체가 여러 개 있는 일반적인 경우를 생각해보자. 여기 $i = 1, 2, 3, \cdots$으로 번호가 매겨진 물체들이 서로에게 중력(만유인력)을 행사하고 있다(지구 위에 있는 것이 아니라, 우주 공간 속의 무중력 상태에 있다고 생각하라). 이런 경우, 각 물체의 운동 에너지를 모두 더하고, 거기에 모든 쌍들에 의해 나타나는 중력 위치 에너지($-GMm/r_{ij}$)의 합을 추가로 더한 양은 항상 일정하며, 이 값이 바로 전체 에너지에 해당된다.

$$\sum_i \frac{1}{2} m_i v_i^2 + \sum_{(ij\text{쌍})} - \frac{Gm_i m_j}{r_{ij}} = \text{상수} \tag{13.14}$$

왜 그럴까? 양변을 시간 t로 미분해보자. 우변은 상수였으므로 미분한 결과는 당연히 0이 되어야 한다. 그런데 $\frac{1}{2}m_i v_i^2$을 미분하면 식 (13.5)처럼 힘과 속도의 곱으로 나타난다. 이제 이 힘을 뉴턴의 법칙에 의거하여 중력으로 대치시키면 그 결과는 위치 에너지

$$\sum_{(ij\text{쌍})} - \frac{Gm_i m_j}{r_{ij}}$$

의 미분과 같아야 한다(부호는 반대여야 한다). 운동 에너지를 시간으로 미분하면

$$\begin{aligned} \frac{d}{dt} \sum_i \frac{1}{2} m_i v_i^2 &= \sum_i m_i \mathbf{v}_i \cdot \frac{d\mathbf{v}_i}{dt} \\ &= \sum_i \mathbf{F}_i \cdot \mathbf{v}_i \\ &= \sum_i \left(\sum_j - \frac{Gm_i m_j \mathbf{r}_{ij}}{r^3_{ij}} \right) \cdot \mathbf{v}_i \end{aligned} \tag{13.15}$$

가 되고, 위치 에너지를 시간으로 미분하면

$$\frac{d}{dt}\sum_{\text{pairs}} -\frac{Gm_im_j}{r_{ij}} = \sum_{\text{pairs}}\left(+\frac{Gm_im_j}{r_{ij}^2}\right)\left(\frac{dr_{ij}}{dt}\right)$$

이다. 그런데

$$r_{ij} = \sqrt{(x_i - x_j)^2 + (y_i - y_j)^2 + (z_i - z_j)^2}$$

이므로,

$$\begin{aligned}
\frac{dr_{ij}}{dt} &= \frac{1}{2r_{ij}}\left[2(x_i - x_j)\left(\frac{dx_i}{dt} - \frac{dx_j}{dt}\right)\right.\\
&\qquad + 2(y_i - y_j)\left(\frac{dy_i}{dt} - \frac{dy_j}{dt}\right)\\
&\qquad \left. + 2(z_i - z_j)\left(\frac{dz_i}{dt} - \frac{dz_j}{dt}\right)\right]\\
&= \mathbf{r}_{ij}\cdot\frac{\mathbf{v}_i - \mathbf{v}_j}{r_{ij}}\\
&= \mathbf{r}_{ij}\cdot\frac{\mathbf{v}_i}{r_{ij}} + \mathbf{r}_{ji}\cdot\frac{\mathbf{v}_j}{r_{ji}}
\end{aligned}$$

이다. 여기서, $r_{ij} = r_{ji}$이지만 벡터 $\mathbf{r}_{ij} = -\mathbf{r}_{ji}$임을 주의하라. 따라서 우리는 다음과 같은 관계를 얻는다.

$$\frac{d}{dt}\sum_{\text{pairs}} -\frac{Gm_im_j}{r_{ij}} = \sum_{\text{pairs}}\left[\frac{Gm_im_j\mathbf{r}_{ij}}{r_{ij}^3}\cdot\mathbf{v}_i + \frac{Gm_jm_i\mathbf{r}_{ji}}{r_{ji}^3}\cdot\mathbf{v}_j\right] \tag{13.16}$$

여기서 잠시 $\sum_i\{\sum_j\}$와 $\sum_{\text{pairs}}$의 의미를 생각해보자. 식 (13.15)에서 $\sum_i\{\sum_j\}$가 의미하는 바는 $i = 1, 2, 3, \cdots$의 모든 값에 대하여 더하되, 각각의 i값에 대하여 $j = 1, 2, 3, \cdots$도 더한다는 뜻이다(단, $i = j$인 경우는 제외한다). 예를 들어 $i = 3$인 경우, j의 합은 1, 2, 4,…의 순서로 수행된다.

반면에, 식 (13.16)에 있는 $\sum_{\text{pairs}}$는 각각의 쌍에 대하여 더한다는 뜻이므로 더하기의 범위가 훨씬 좁다. 예를 들어, 입자 (1, 3)쌍에 관한 항이 한 번 더해졌으면 입자 (3, 1)쌍에 관한 항은 더하지 않는다는 의미이다. 따라서 각각의 i에 대한 j의 합은 i보다 큰 값에 대해서만 고려해주면 된다. 일례로, $i = 3$이었다면 j가 가질 수 있는 값은 4, 5, 6,…이다. 그런데 식 (13.16)을 보면 각각의 i, j값에 대하여 $\mathbf{v}_i$가 곱해진 항과 $\mathbf{v}_j$가 곱해진 항이 서로 더해진 형태를 취하고 있는데, 이것은 모든 i, j에 대하여 더하게 되어 있는 식 (13.15)와 생긴 모양이 같다. 이제 모든 항들을 하나씩 비교해보면 식 (13.16)과 (13.15)는 부호만 빼고 정확하게 같음을 알 수 있다. 즉, 운동 에너지와 위치 에너지의 합을 시간으로 미분하면 0이 되는 것이다. 이로부터 우리는 "물체가 여러 개 있는 경우 총 운동 에너지는 각각의 운동 에너지를 더해서 얻어진다"는 사실을 알 수 있다. 뿐만 아니라 총 위치 에너지도 각 쌍들 사이의 위치 에너지를 더하여 얻어진다. 이것은 다음과 같은 논리로 이해할 수 있다—여러 개의 물체들을 어떤 특정한 상태로 배열시키려면 얼마큼의 일을 해주어야 하는가? 답을 구하기 위해, 실제로 물체들을 하나씩 원하는 위치에 옮겨놓는다고 상상해보자. 초기 상태에 모든 물체들은 무한히 먼 거리에 놓여 있었다(그래야 초기의 위치 에너지가 0이 되기 때문이다). 이제, 첫 번째 물체를 원하는 위치에 갖다놓는다. 물론 이 작업에는 일이 전혀 들지 않는다. 이 물체에 힘을 행사할 만한 다른 물체들이 아직 무대 위로 입장하지 않았기 때문이다. 그 다음으로 두 번째 물체를 원하는 위치로 가져오려면 $W_{12} = -Gm_1m_2/r_{12}$ 만큼의 일이 필요하다. 자, 세 번째 물체가 중요하다. 임의의 위치에서 세 번째 물체에 가해지는 힘은 첫 번째 물체에 의한 힘과 두 번째 물체에 의한 힘을 더하여 얻어지므로, 이때 가해지는 일도 두 부분으로 나누어 생각할 수 있다. 즉, $\mathbf{F}_3$가 다음과 같이 두 힘의 합으로 표현되기 때문에

$$\mathbf{F}_3 = \mathbf{F}_{13} + \mathbf{F}_{23}$$

세 번째 물체에 가해진 일은

$$\int \mathbf{F}_3 \cdot d\mathbf{s} = \int \mathbf{F}_{13} \cdot d\mathbf{s} + \int \mathbf{F}_{23} \cdot d\mathbf{s} = W_{13} + W_{23}$$

이 되는 것이다. 다시 말해서, 두 개의 입자가 세 번째 입자에 독립적으로 힘을 행사하는 것으로 간주해도 무방하다는 뜻이다. 이런 식으로 모든 입자들에 대하여 일일이 계산해보면 그 결과는 식 (13.14)의 위치 에너지와 정확하게 일치한다. 중력은 중첩 원리를 만족하는 힘이기 때문에, 총 위치 에너지는 각 쌍의 위치 에너지를 단순히 더함으로써 얻을 수 있다. 이 얼마나 다행스러운 일인가!

13-4 큰 물체에 의한 중력장

질량이 비교적 넓은 영역에 걸쳐 분포되어 있는 경우, 중력장이 어떤 모양으로 형성되는지를 알아보자. 이런 문제는 물리학에서 빈번히 나타난다. 지금까지 우리는 점입자에 의한 효과만을 고려해왔기 때문에, 유한한 질량 분포에 의한 힘을 계산하는 것은 제법 참신한 문제일 것이다. 제일 먼저, 무한히 넓은 평면에 질량이 분포되어 있을 때 그 주변에 발휘되는 중력을 계산해보자. 평면에서 일정 거리만큼 떨어져 있는 단위 질량(점 P)에 작용하는 중력은 당연히 평면과 수직한 방향으로 작용할 것이다. 이 거리를 a라 하고, 단위 면적에 들어 있는 질량을 μ라 하자(그림 13-5). 그리고 평면에는 질량이 균일하게 분포되어 있다고 가정하자. 그러면 μ는 상수가 된다. 자, 그렇다면 평면 위의 한 점 O를 기준으로 하여 $\rho \sim \rho + d\rho$ 사이에 있는 질량 dm에 의해 점 P에 형성되는 중력장(또는 단위 질량에 가해지는 중력) $d\mathbf{C}$는 얼마인가? 답은 $G(dm\mathbf{r}/r^3)$이다. 그러나 이것은 평면에 수직한 방향이 아니라 $\mathbf{r}$과 같은 방향이고, 모든 $d\mathbf{C}$들을 다 더하다 보면 평면과 나란한 방향의 성분들은 모두 상쇄되어 결국 이 벡터의 x성분만이 남게 된다. 따라서 우리는 $d\mathbf{C}$의 x 성분만 고려하면 된다.

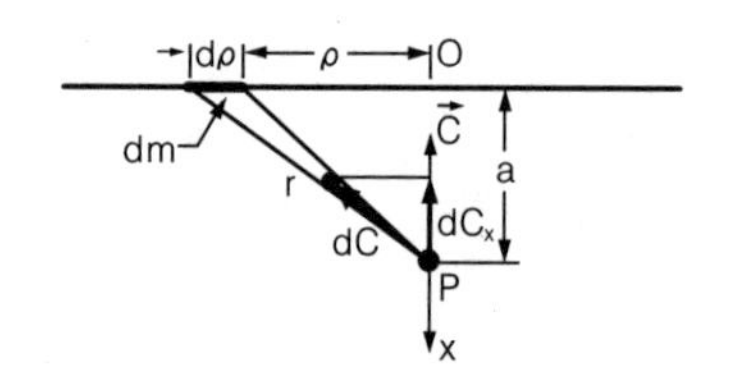

그림 13-5 무한히 넓은 평면 근처에 생기는 중력장의 계산

$$dC_x = G\frac{dmr_x}{r^3} = G\frac{dma}{r^3}$$

점 P와 r만큼 떨어진 평면 위의 모든 dm들은 똑같은 dC_x를 만들 것이므로, 기준점 O를 중심으로 반경이 $\rho \sim \rho + d\rho$ 사이에 있는 고리 모양의 영역을 잡아 이 고리 내부의 질량을 dm으로 잡으면 적분이 간단해진다. 간단한 계산을 거치면 $dm = \mu 2\pi\rho\, d\rho$가 되어($2\pi\rho d\rho$는 $d\rho \ll \rho$일 때 반경 ρ, 두께 $d\rho$인 고리의 면적이다),

$$dC_x = G\mu 2\pi\rho\frac{d\rho a}{r^3}$$

가 된다. 여기서 $r^2 = \rho^2 + a^2$이므로 $\rho\, d\rho = r\, dr$이다. 따라서

$$C_x = 2\pi G\mu a\int_a^\infty \frac{dr}{r^2} = 2\pi G\mu a\left(\frac{1}{a} - \frac{1}{\infty}\right) = 2\pi G\mu \tag{13.17}$$

를 얻는다. 자, 똑똑히 보라. 힘이 거리 a와 무관하게 나오지 않았는가! 대체 어떻게 된 일일까? 어디서 계산이 잘못된 것일까? 아니다. 우리의 계산은 정확하다. 직관적으로 생각하면 평면에서 멀어질수록 힘도 약해져야 할 것 같지만, 사실은 그렇지 않다! 물체(점 P)가 평면에 가깝게 접근하면 평면 위의 질량들은 서로 거의 상쇄되는 방향으로 물체를 끌어당기지만, 물체가 평면에서 멀어지면 평면 위의 많은 질량들이 적당한 각도로 물체에 중력을 행사한다. 다시 말해서, 중력이 거리의 제곱에 반비례해서 작아지는 것은 분명하지만, 무한히 넓은 평면의 경우에는 물체가 멀어질수록 중력을 효율적으로 행사하는 평면 위의 질량이 많아지기 때문에 이 두 가지 효과가 정확하게 상쇄되어 중력이 거리에 상관없이 균일하게 나타나는 것이다. 물론, 평면의 반대쪽으로 가면 중력의 방향은 정반대로 바뀐다.

이 계산 결과는 전기력의 경우에도 그대로 적용될 수 있다. 무한 평면 위에 전하가 균일하게 대전되어 단위 면적당 전하량이 상수 σ로 주어졌을 때, 평면 밖에 생기는 전기장은 거리에 상관없이 항상 $\sigma/2\varepsilon_0$이다(대전된 전하가 +이면 평면 밖으로 나가는 방향이고 −이면 평면 쪽으로 들어오는 방향으로 생긴다). 이 사실을 수학적으로 증명하려면 중력에서 사용했던 G라는 상수를 $1/4\pi\varepsilon_0$로 대치시키고 μ를 σ로 바꿔서 동일한 계산을 반복하면 된다.

반대 전하로 대전된 두 개의 무한 평면(전하밀도 $= \sigma, -\sigma$)이 거리 D만큼 떨어져 있을 때, 전기장은 어떻게 생길 것인가? 이 경우 바깥의 전기장은 0이다. 왜 그런가? 한쪽은 끌어당기고 다른 한쪽은 밀쳐내는데, 이 힘의 크기가 같기 때문이다! (무한 평면 주변의 전기장은 거리와 무관함을 상기하라.) 그리고 두 평면판 사이의 전기장은 하나만 있을 때보다 두 배로 커져서 σ/ε_0가 되며, 방향은 +에서 −로 향한다.

이제 우리는 엄청나게 중요한 사실 하나를 증명할 단계에 이르렀다. 그 내용인즉, 지구의 표면을 포함한 바깥쪽에 작용하는 지구의 중력은, 지구의 중심에 해당되는 위치에 지구와 질량이 같은 점입자가 놓여 있을 때와 정확

하게 같다는 것이다(물론, 지구는 정확하게 구형이라고 가정한다 : 옮긴이). 이것은 언뜻 이해가 가지 않는다. 물체가 지구의 표면으로 다가오면 어떤 질량은 가까워지지만 다른 질량들은 물체와 멀어지기 때문이다. 그런데 이 모든 효과들을 다 더해주면, 그 결과는 모든 질량이 지구 중심점에 놓여 있는 경우와 기적처럼 같아진다!

지금부터 이렇게 기적과도 같은 일치가 정말로 일어난다는 것을 증명해보자. 일단은 속이 꽉 찬 지구 대신 속이 빈 채 껍데기만 있는 '껍질형' 지구를 대상으로 계산해보자. 껍질형 지구의 질량을 m이라 하고, 지구의 중심으로부터 R만큼 떨어진 곳에 있는 질량 m'의 위치 에너지를 계산한 후, 이 값이 질량 m인 점입자가 중심에 있을 때의 위치 에너지와 같음을 증명할 것이다. (중력보다 위치 에너지를 계산하는 것이 훨씬 쉽다. 중력은 방향성을 가진 벡터이지만 에너지는 스칼라이기 때문에 그냥 더하기만 하면 된다.) 그림 13-6처럼 구의 중심과 점 P를 연결하는 방향을 x축으로 잡고, x축과 수직한 방향으로 구를 얇게 잘라서 그 두께를 dx라 하자. 그러면 두께 dx의 얇은 고리에 들어 있는 질량들과 점 P까지의 거리는 모두 r로 동일해진다. 이제 고리의 질량을 dm이라 하면, 이 고리에 의해 점 P에 생기는 위치 에너지는 $-Gm'dm/r$이며, dm의 값은

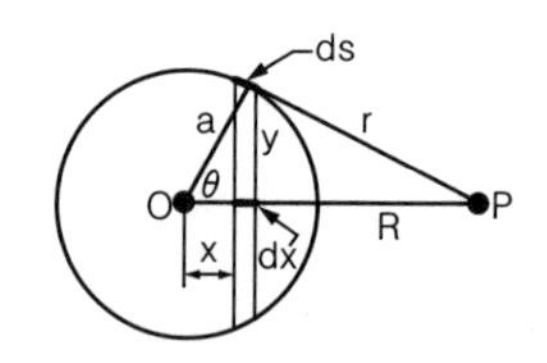

그림 13-6 껍질형 지구에 의한 위치 에너지의 계산

$$dm = 2\pi y\mu\, ds = \frac{2\pi y\mu\, dx}{\sin\theta} = \frac{2\pi y\mu\, dx a}{y} = 2\pi a\mu\, dx$$

로 계산된다. 여기서 $\mu = m/4\pi a^2$은 껍질형 지구의 단위 면적당 질량, 즉 면적 밀도이다(구면을 자른 작은 토막의 면적이 두께(dx)에 비례하는 것은 일반적인 법칙이다). 따라서 dm에 의한 위치 에너지는

$$dW = -\frac{Gm'dm}{r} = -\frac{Gm'2\pi a\mu\, dx}{r}$$

이다. 그런데 여기서

$$\begin{aligned} r^2 = y^2 + (R-x)^2 &= y^2 + x^2 + R^2 - 2Rx \\ &= a^2 + R^2 - 2Rx \end{aligned}$$

이므로

$$2r\, dr = -2R\, dx$$

또는

$$\frac{dx}{r} = -\frac{dr}{R}$$

이다. 그러므로

$$dW = \frac{Gm'2\pi a\mu\, dr}{R}$$

이며, 따라서

$$
\begin{aligned}
W &= \frac{Gm'2\pi a\mu}{R}\int_{R+a}^{R-a} dr \\
&= -\frac{Gm'2\pi a\mu}{R}2a = -\frac{Gm'(4\pi a^2\mu)}{R} \\
&= -\frac{Gm'm}{R}
\end{aligned} \tag{13.18}
$$

을 얻는다. 즉, 속이 빈 구의 경우, 구의 외부에 있는 질량 m'의 위치 에너지는 모든 질량이 중심에 한 점으로 모여 있는 경우와 정확하게 같다. 그렇다면 속이 꽉 찬 지구는 어떨까? 실제의 지구는 방금 예로 든 껍질형 지구가 여러 겹 붙어 있는 형태로 이해할 수 있는데, 각각의 껍질은 자신의 질량과 중심으로부터의 거리에만 관계되는 위치 에너지를 점 P에 추가시킬 것이다. 따라서 모든 에너지를 다 더해보면, 식 (13.18)의 m은 지구의 질량으로 대치되고 나머지는 변할 것이 없기 때문에 결국 실제의 지구에 대해서도 동일한 결론이 내려지는 것이다!

그러나 구의 내부에서는 사정이 좀 다르다. P점을 구의 내부로 가져온 후에 동일한 계산을 해보면, 두 r값의 차이가 나타나는 것은 똑같지만 이 경우에는 $a > R$이므로 $a + R - (a - R) = 2R$이 되고, 그 결과 $W = -Gm'm/a$가 되어 내부의 위치 에너지는 어디서나 동일하다는 결과가 얻어진다. 다시 말해서, 껍질형 지구의 내부에는 힘이 작용하지 않는다는 뜻이다. 이곳에서는 물체를 이동시킬 때 아무런 일도 소요되지 않는다. 결론적으로 말해서, 껍질형 지구의 내부는 무중력 상태이며 외부의 중력은 모든 질량이 중심에 뭉쳐 있는 점입자에 의한 중력과 동일하다.

CHAPTER 14
일과 위치 에너지(결론)

14-1 일

13장에서 우리는 물리학의 근간이 되는 여러 아이디어를 살펴보았다. 이 아이디어들은 아주 중요하기 때문에, 여기 하나의 장을 통째로 할애하여 좀더 자세한 속사정을 알아보기로 하겠다. 이 장에서는 수학적 증명을 피하고 개념 자체에 대한 설명에 중점을 두기로 한다.

자연 과학을 역학적으로 이해하려는 사람이라면 엄청나게 많은 사실과 개념들을 이해하고, 또 기억해야 하는 난관에 봉착하기 마련이다. 게다가 머릿속의 개념과 실재하는 사실이 공존하려면 거기에는 증명 과정이 반드시 개입되어야 한다. 그런데 우리는 흔히 '증명'과 '상호 관계의 성립'을 혼동하는 경향이 있다. 물론 물리학을 배우는 여러분에게는 증명 과정보다 상호 관계를 정립하는 것이 훨씬 중요하다. 우리는 다양한 상황에서 "그것은 이러이러하게 증명될 수 있다"고 말할 수 있고, 실제로 그것을 증명해 보일 수도 있다. 대부분의 경우, 우리가 사용하는 특별한 증명 과정은 칠판이나 노트 위에 빠르고 간략하게 적을 수 있기 때문에, 초심자들의 눈에는 매우 우아하고 정제된 논리처럼 보일 것이다. 그러나 그 증명을 처음으로 유도한 사람은 사실 처음부터 그토록 간단, 명료, 우아한 논리를 떠올린 것이 아니라, 오만가지 방법을 모두 동원하여 씨름을 벌이다가 그중 가장 빼어난 방법을 선택한 것뿐이다! 여기서 우리가 기억해야 할 것은 우리가 어떤 증명을 대할 때 증명 자체를 이해한다기보다, "이러이러한 사실이 참임을 입증할 수 있다"는 하나의 가능성을 이해한다는 점이다. 물론 증명 속에 생소한 수학적 아이디어나 트릭이 사용되었다면 세심한 주의를 기울여야 하겠지만, 이 경우에도 수학적 트릭 자체보다 저변에 깔려 있는 기본적 개념에 집중해야 길을 잃지 않을 수 있다.

대학 1년생을 위한 물리학 강좌에서 강의를 하는 교수는 모든 증명을 일일이 기억하지 못한다. 그럴 수 있는 사람은 어디에도 없다. 그들이 수십 년 전에 공부했던 내용들을 무슨 수로 머릿속에 다 넣고 다니겠는가? 그러나 교수는 "이러이러한 것이 사실이다"라는 흐름을 알고 있기 때문에, 그때 그때 필요한 증명을 스스로 유도할 수 있다. 강의를 듣는 학생들은 교수의 논리를 따라가겠지만, 그들 역시 증명 자체를 기억할 필요는 없다. 이런 이유로, 이 장에서는 가급적 증명을 피하고 중요한 결과들을 정리하고자 한다.

제일 먼저 우리가 알아야 할 것은 '힘이 한 일(work done by force)'의 정확한 의미이다. 물리책에 나오는 일(work)이라는 용어는 일상적인 개념의 일과 전혀 다른 단어이다. 물리적으로 정의된 일이란 $\int \mathbf{F} \cdot d\mathbf{s}$로서, "$\mathbf{F}$와 $d\mathbf{s}$의 내적을 취하여 선적분한 양"을 뜻한다. 다시 말해서, 어떤 물체에 특정 방향으로 힘을 가하여 물체가 또 다른 특정 방향으로 이동했다면, 가해진 힘 중에서 '물체의 이동 방향과 나란한 성분'만이 일을 한다는 뜻이다. 예를 들어, 일정한 크기의 힘을 가하여 물체가 $\Delta\mathbf{s}$만큼 이동했다면, 그동안에 한 일은 힘의 $\Delta\mathbf{s}$방향 성분에 이동 거리 Δs를 곱한 것과 같다. 원리적으로 일은 '힘 × 이동 거리'이지만, 힘의 방향과 이동 방향이 다른 경우에는 힘의 이동 방향 성분만이 일에 기여한다. 또는 이동 거리를 나타내는 벡터의 힘 방향 성분에 힘의 크기를 곱한 양이 일이라고 이해할 수도 있다. 힘이 가해지는 방향과 이동 방향이 수직이면 힘이 한 일은 0이다.

물체의 이동을 나타내는 벡터 $\Delta\mathbf{s}$를 성분별로 분리해서 생각해보면 3차원 공간에서의 일은 세 부분으로 나눌 수 있다. 즉, $W = F_x\Delta x + F_y\Delta y + F_z\Delta z$이다. 힘이 일정하지 않고 이동 경로가 곡선인 경우에는 이동 구간을 잘게 쪼갠 $\Delta\mathbf{s}$에 대하여 일을 계산한 후, 모든 구간에 대하여 더한 뒤에 $\Delta\mathbf{s} \to 0$의 극한을 취해야 한다. 이것이 바로 선적분(line integral)의 의미이다.

지금까지 말한 모든 것은 $W = \int \mathbf{F} \cdot d\mathbf{s}$라는 수식 안에 다 들어 있다. 그러나 이 수식의 의미와 이로부터 유도되는 결과를 이해하는 것은 또 다른 문제이다.

다시 한번 강조하지만, 물리학에서 말하는 '일'은 일상적인 의미의 일과 전혀 다른 의미를 갖고 있다. 그런데 대부분의 경우에는 물리적 일을 일상적인 일의 개념으로 이해해도 크게 틀리지 않기 때문에, 두리뭉실한 개념을 머릿속에 넣어둔 채 그대로 방치해두는 학생들도 있다. 이런 불상사를 방지하려면 물리적 일과 일상적 일의 개념이 전혀 다른 사례를 구체적으로 떠올려서 그 차이점을 부각시켜야 한다. 예를 들어, 어떤 사람이 50kg짜리 물건을 한 자리에서 1시간 동안 들고 서 있었다면 그가 한 물리적 일은 0이다. 정작 물건을 들고 있는 사람은 마치 계단을 뛰어오르는 사람처럼 온몸에 땀이 흐르고 팔다리가 후들거리며 숨도 가빠지겠지만, 어쨌거나 일의 정의에 의하면 그는 한 일이 전혀 없다. 그러나 계단을 오르는 사람은 물건을 들고 있지 않아도 일을 하고 있다(계단을 내려올 때는 중력이 그 사람에게 일을 하고 있는 것으로 이해한다). 이렇게 물리적 일은 생리학적 개념과 판이하게 다르다. 이 문제를 좀더 깊이 파고 들어가보자.

물건을 들고 있는 사람은 분명히 생리학적인 일을 하고 있다. 그는 왜 땀을 흘리는가? 그가 물건을 들고 서 있기 위해 음식을 섭취해야 하는 이유는 무엇인가? 물건을 들고 제자리에 가만히 서 있기만 하는데, 왜 숨이 가빠지는가? 사실, 물건이 일정 높이로 들어올려진 상태를 유지하려면 그냥 테이블 위에 올려놓으면 된다. 별도의 에너지를 투입하지 않아도, 물건이 올려진 테이블은 조용하게 그 상태를 유지한다! 사람이 물건을 들고 있는 생리학적 상황은 다음과 같이 설명할 수 있다. 인간을 비롯한 모든 동물들의 근육은 두 가지로 분류되는데, 그중 하나인 골격근(skeletal muscle)은 우리의 의지대로 조절이 가능하며, 팔이나 다리의 근육이 여기에 속한다. 또 하나는 소위 말하는 평활근(smooth muscle)으로서, 사람의 내장이나 조개류의 살은 모두 이런 근육으로 이루어져 있다. 평활근은 움직이는 속도가 매우 느리지만 현재의 상태를 유지하는 능력이 탁월하다. 예를 들어, 조개가 근육을 움직여서 몸을 닫으면 외부로부터 강한 힘이 작용해도 좀처럼 열리지 않는다. 그리고 조개는 피곤함을 느끼지 않은 채로 닫힌 상태를 몇 시간이고 유지할 수 있다. 마치 테이블 위에 물건이 놓여 있는 것과 비슷한 상황이다. 즉, 조개의 근육을 이루고 있는 분자들은 아무런 일도 하지 않으면서 현재의 상태를 유지할 수 있다. 우리가 물건을 들고 가만히 서 있을 때 땀을 흘리고 숨이 가빠지는 것은 골격근의 구조적 이유 때문이다. 신경 신호가 팔의 근육 섬유에 도달하면 근육은 한 가지 상태를 계속 유지하는 것이 아니라, 긴장과 이완을 반복하게 된다. 엄청나게 많은 신호들이 불규칙하게 전달되어, 이에 피로를 느낀 근육은 반응 속도가 느려지고 그 결과로 팔이 후들거리게 되는 것이다. 우리의 팔 근육은 왜 이렇게 비효율적인 구조로 되어 있을까? 정확한 이유는 알 수 없지만, 평활근은 반응 속도가 느려서 생존에 불리했기 때문일 것이다. 물건을 들고 가만히 서 있을 때에는 평활근이 훨씬 더 효율적이다. 아무런 일도 하지 않고 팔을 축 늘어뜨린 채로 가만히 있기만 하면 되기 때문이다. 그러나 평활근은 반응 속도가 느리기 때문에 팔이나 다리는 골격근을 채택한 것이다.

다시 우리의 본론인 물리학으로 돌아가자. 우리는 지금 '힘이 한 일'이 중요하게 취급되는 이유를 알아보는 중이다. 대답은 간단하다. 하나의 입자에 힘을 가하여 일을 해주었을 때, 투입된 일의 총량은 그 입자의 운동 에너지의 변화량과 같고, 우리는 이로부터 여러 가지 흥미로운 사실들을 추가로 알 수 있기 때문이다. 다시 말해서, 임의의 물체에 힘을 가하면 물체의 속도는 증가하며, 증가하는 양은 다음과 같다.

$$\Delta(v^2) = \frac{2}{m}\mathbf{F}\cdot\Delta\mathbf{s}$$

14-2 구속된 운동(Constrained motion)

힘과 일에 관하여 또 하나의 흥미로운 사실을 알아보자. 경사진 길(또는 굽은 길)을 따라 마찰 없이 미끄러지는 입자, 또는 줄에 매달린 채 왕복 운동을 하고 있는 단진자를 생각해보자. 줄이 늘어나지 않는다면 진자의 추는 매달린 곳을 중심으로 원주를 따라 움직일 수밖에 없는데, 운동에 가해지는 이런 제한 조건을 가리켜 '마찰 없이 고정된 구속 조건(fixed frictionless constraint)'이라고 한다.

이런 상황에서 구속 조건은 아무런 일도 하지 못한다. 왜냐하면 구속력(force of constraint), 즉 물체를 일정한 궤도 안에 속박하는 힘은 물체의 이동 방향과 항상 직각을 이루기 때문이다. 여기서 구속력이란 물체에 직접 가해지는 힘으로서 물체가 지나가는 트랙이나, 진자를 매달고 있는 줄이 물체에 발휘하는 힘을 말한다.

중력장하에서 경사진 길을 미끄러져 내려가는 물체에는 중력과 구속력 등 여러 가지 힘이 복합적으로 작용하기 때문에 사실 제대로 따지고 보면 무척이나 복잡한 운동이다. 그러나 이런 경우에도 에너지 보존 법칙과 중력만을 고려하여 운동을 계산하면 올바른 답을 얻을 수 있다. 이것은 언뜻 보기에 다소 이상한 결과이다. 왜냐하면 물체의 운동을 제대로 알려면 그 물체에 작용하는 '모든' 힘들을 고려해주어야 하기 때문이다. 그런데도 중력이 한 일은 항상 운동 에너지의 변화와 일치한다. 왜 그럴까? 앞서 말한 대로 구속력이 한 일은 항상 0이기 때문이다(그림 14-1).

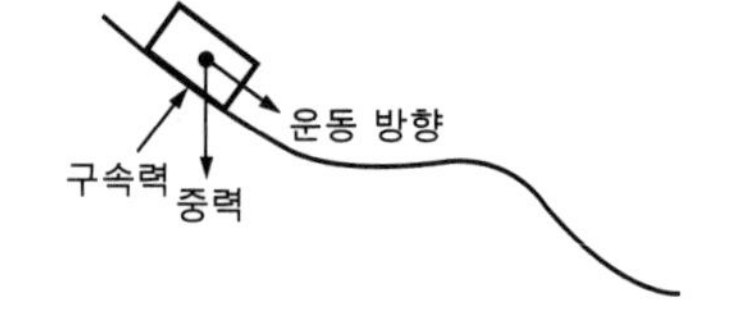

그림 14-1 마찰 없이 미끄러지는 물체에 작용하는 힘

여기서 우리가 주목해야 할 것은 물체에 여러 힘이 작용할 때 일의 총량은 개개의 힘들이 한 일을 더함으로써 얻어진다는 사실이다. 주어진 힘을 중력, 마찰력, 구속력 등으로 나눠서 생각하건, 또는 x, y, z 방향의 성분으로 나눠서 생각하건 간에, 일의 총량은 우리가 나눈 각 힘들이 한 일을 합한 것과 같다.

14-3 보존력(Conservative forces)

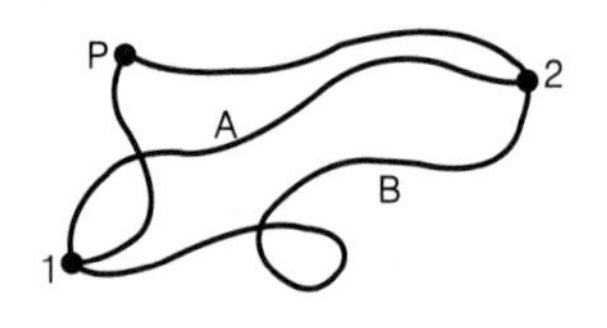

그림 14-2 주어진 역장하에서 물체를 옮길 때에는 다양한 경로들을 거쳐갈 수 있다.

중력은 매우 특이한 성질을 갖고 있다. 우리는 그 성질을 가리켜 '보존력'이라 부르는데, 이름 자체에 별다른 의미는 없으니 크게 신경쓸 것 없다(내가 보기에는 아주 잘못 붙여진 이름이다). 어떤 물체에 힘을 가하여 특정 경로를 따라 이동시켰다면, 이때 한 일은 일반적으로 경로의 생김새에 따라 달라진다. 그런데 어떤 특이한 상황에서는 일의 양이 경로와 무관할 수도 있다. 이렇게 일이 경로와 무관하게 나타날 때, 물체에 가해진 힘을 보존력이라 한다. 다시 말해서, 그림 14-2처럼 임의의 물체에 힘을 가하여 위치 1로부터 2까지 이동시킨다고 할 때, 힘에 거리를 곱하여 적분한 값(일)이 경로 A와 경로 B에 대해 동일하게 나온다면 그 힘은 보존력이라는 뜻이다. 물론 이것은 다른 위치를 예로 들었을 때도 항상 성립한다. 이런 경우, 우리는 위치 1에서 2까지의 적분을 아주 간단하게 수행하여 하나의 공식을 유도할 수 있다. 일반적으로는 일이라는 것이 경로에 따라 달라지기 때문에 하나의 공식으로 표현하기 어렵지만, 보존력하에서 행해진 일은 시작점과 끝점의 위치에만 관계되므로 간단한 계산이 가능해진다.

이 사실을 증명하기 위해 다음과 같은 사례를 들어보자. 그림 14-2에서 임의의 위치에 기준점 P를 정해놓으면, 위치 1에서 2로 이동하는 데 필요한 일$(1 \to 2)$는 일$(1 \to P)$ + 일$(P \to 2)$로 나누어 생각할 수 있다. 그런데 P점에서 다른 특정 위치로 가는 데 필요한 일은 그 위치의 함수로 표현된다. 물론 이 함수는 P점에 따라서 달라지기도 하지만 지금의 논리에서 P점은 고정된 것으로 간주한다. 따라서 일$(P \to 2)$는 지점 2의 위치에 따라 달라지는 함수이다. 만일 우리의 종착점이 2가 아닌 다른 위치였다면 그에 해당되는 일도 달라질 것이다.

위치에 따라 변하는 이 함수를 $-U(x, y, z)$라 하자. 종착점이 2인 경우, 이 함수는 $-U(x_2, y_2, z_2)$가 되는데, 편의상 $-U(2)$로 줄여서 표기하기로 한다. 그러면 위치 1에서 P로 가는 데 필요한 일은 P에서 1로 가는 데 필요한 일과 크기는 같고 부호는 반대가 된다—진행 방향이 정반대라는 것은 물체의 변위를 나타내는 벡터 $d\mathbf{s}$의 부호가 반대임을 의미하기 때문이다. 이 관계를 식으로 표현하면 다음과 같다.

$$\int_1^P \mathbf{F}\cdot d\mathbf{s} = \int_P^1 \mathbf{F}\cdot(-d\mathbf{s}) = -\int_P^1 \mathbf{F}\cdot d\mathbf{s}$$

그러므로 점 P에서 1로 이동하는 데 필요한 일은 $-U(1)$이며, P에서 2로 이동하는 데 필요한 일은 $-U(2)$이다. 따라서 $1\rightarrow 2$로 이동하는 데 필요한 일은 $-U(2)-[-U(1)] = U(1)-U(2)$가 된다.

$$U(1) = -\int_P^1 \mathbf{F}\cdot d\mathbf{s}, \quad U(2) = -\int_P^2 \mathbf{F}\cdot d\mathbf{s}$$

$$\int_1^2 \mathbf{F}\cdot d\mathbf{s} = U(1) - U(2) \tag{14.1}$$

여기서, $U(1)-U(2)$를 '위치 에너지의 변화'라 하고, U는 위치 에너지(potential energy)라고 한다. 또, 물체가 위치 2에 있을 때, 그 물체는 '위치 에너지 $U(2)$를 갖고 있다'고 말한다. 물론 물체가 위치 1에 있으면 위치 에너지는 $U(1)$이며, 기준점인 P지점에서의 위치 에너지는 0이다. 만일 기준점을 P가 아닌 다른 지점, 예컨대 Q로 정했다면 모든 지점의 위치 에너지는 일괄적으로 상수만큼 달라진다(증명은 여러분을 위해 연습 문제로 남겨두겠다). 위에서 보다시피 일의 양은 두 지점의 '위치 에너지의 차이'에만 관계되는데, 일괄적으로 더해진 상수는 이 차이에 아무런 영향을 주지 않으므로 기준점을 바꿔도 지금까지의 논리는 그대로 적용된다. 따라서 점 P는 아무 곳에나 잡아도 상관없다.

이제 우리는 두 개의 명제를 얻었다. (1)힘이 한 일은 물체의 운동 에너지의 차이와 같고, (2)보존력이 한 일은 위치 에너지 U의 차이에 마이너스 부호를 붙인 것과 같다. 이로부터 우리는 아주 중요한 결론을 내릴 수 있다. **"보존력이 작용하는 경우, 운동 에너지 T와 위치 에너지 U의 합은 항상 일정하다"**는 것이다.

$$T + U = \text{constant} \tag{14.2}$$

몇 가지 경우에 위치 에너지가 구체적으로 어떻게 표현되는지 알아보자. 일정한 크기의 중력이 작용하는 곳, 그러니까 지구의 표면 근처에서 중력이 한 일은 중력 × 수직 거리로 계산된다. 따라서

$$U(z) = mgz \tag{14.3}$$

이며, $U = 0$이 되는 기준점은 어디를 잡건 상관없다. 또, 기준점의 위치 에너지가 반드시 0일 필요도 없다. 기준점의 위치 에너지를 $-mg6$으로 잡았다면 우리의 좌표에서 고도가 z인 곳의 위치 에너지는 $mg(z-6)$이 되는데, 우리에게 중요한 것은 한 지점에서의 위치 에너지 값이 아니라 두 지점 사이의 '위치 에너지의 차이'이므로 전혀 문제될 것이 없다.

용수철을 평형 지점으로부터 x만큼 압축하거나 늘렸을 때 용수철에 내재되는 위치 에너지는

$$U(x) = \frac{1}{2}kx^2 \tag{14.4}$$

이고, $x = 0$인 평형 지점의 위치 에너지는 0이다. 물론 0이 아닌 다른 값(상수)을 가져도 상관없다.

질량이 각각 M, m인 두 물체가 거리 r만큼 떨어져 있을 때 이들이 갖는 위치 에너지는

$$U(r) = -GMm/r \tag{14.5}$$

이다. 이것은 둘 사이의 거리가 무한대일 때 위치 에너지 $= 0$이 되도록 상수값을 정한 결과이다. 전기력에도 똑같은 논리가 적용되어, 두 전하가 갖는 위치 에너지는 다음과 같이 표현된다.

$$U(r) = q_1q_2/4\pi\varepsilon_0 r \tag{14.6}$$

이제, 위에 나열된 수식의 의미를 이해하기 위해 실제 상황에 적용해보자. **질문**: 로켓이 지구의 중력권을 탈출하려면 지면에서 얼마나 빠른 속도로 쏘아 올려져야 하는가? **답**: 일단, 운동 에너지와 위치 에너지의 합이 항상 일정하다는 사실을 염두에 두고 문제를 풀어보자. 로켓이 지구의 중력권을 탈출하려면 수백만 킬로미터(사실은 무한대) 이상 멀어져야 한다. 만일 로켓이 지구의 중력권을 '간신히' 벗어났다면, 벗어나는 순간 로켓의 속도는 0이다(만일 속도가 0이 아니라면 '충분히' 벗어나게 된다). 지구의 반지름을 a, 질량을 M이라 하면, 발사 초기에 로켓의 운동 에너지와 위치 에너지의 합은 $\frac{1}{2}mv^2 - GMm/a$이다. 그리고 이 값은 로켓이 지구의 중력권을 벗어나는 순간에도 똑같이 유지되어야 한다. 그런데 로켓이 지구의 중력을 '간신히' 벗어난다고 했으므로 나중 상태의 운동 에너지는 0이며, 그때의 위치 에너지는 $r \to \infty$가 되어 역시 0이다. 즉, 총 에너지 $= 0$을 항상 유지해야 한다는 뜻이다. 그러므로 $v^2 = 2GM/a$가 되고 $GM/a^2 = g$, 즉 지표면에서의 중력 가속도(9.8m/sec^2)이므로 우리가 원하는 초기 속도(의 제곱)는

$$v^2 = 2ga$$

이 된다

그렇다면 인공위성이 지구의 주위를 공전하는 데 필요한 속도는 얼마인가? 우리는 오래 전에 이 문제를 이미 풀었는데, 그때 얻은 값은 $v^2 = GM/a$

였다. 그러므로 아무런 추진 장치 없이 지표면에서 발사된 물체가 지구의 중력권을 탈출하려면 인공위성 속도의 $\sqrt{2}$ 배 이상 빨라야 하고, 운동 에너지로 말하자면 두 배 이상이 되어야 한다. 참고로, 인공위성의 공전 속도는 약 8km/sec이고, 지표에서 중력권을 탈출하는 데 필요한 속도는 약 11.2km/sec이다[이 값은 흔히 탈출 속도(escape velocity)라 부른다. 그런데 실제의 로켓은 이 정도로 빠르게 발사되지 않는다. 실제의 로켓은 연료를 계속 분사하면서 별도의 추진력을 얻기 때문이다 : 옮긴이].

위치 에너지의 또 다른 적용사례로서, 서로 상호 작용을 주고받는 두 개의 산소 원자를 예로 들어보자. 이들이 아주 멀리 떨어져 있으면 둘 사이에 작용하는 인력은 거리의 7승에 반비례하여 작아지며, 거리가 아주 가까워지면 강하게 밀어내는 힘이 작용하기 시작한다. 이 경우에 일을 계산해보면(힘을 적분하면) 위치 에너지 U는 둘 사이의 거리의 6제곱에 반비례하는 형태로 구해진다.

위치 에너지를 거리의 함수로 표현한 $U(r)$의 그래프는 그림 14-3에 제시되어 있다. 그림에서 보다시피, 충분히 먼 거리에서 $U(r)$은 거리의 6제곱에 반비례하지만 거리가 d 근방으로 좁혀지면 위치 에너지 $U(r)$은 최소값을 갖는다. 즉 $r = d$ 근방에서는 두 원자 사이의 거리를 아주 조금 변형시키는데 거의 아무런 일도 들지 않는다는 뜻이다(최소값 근처에서는 그래프의 변화가 거의 없기 때문이다). $r = d$에서는 두 원자 사이에 아무런 힘도 작용하지 않기 때문에 이 지점을 평형점(equilibrium point)이라 부른다. 이런 지점에서는 어떤 방향으로 움직이건(두 원자 사이의 거리가 멀어지건, 혹은 가까워지건) 일이 투입되어야 하며, 이런 의미에서 평형점으로 간주한다고 생각해도 무방하다. 두 개의 산소 원자가 평형점에 위치하면(즉, 둘 사이의 거리가 d이면), 둘 사이에 더 이상 방출될 에너지가 없기 때문에 안정된 상태를 유지하게 된다. 차갑게 냉각된 산소 원자들은 바로 이러한 성질을 갖고 있다. 그러나 냉각된 산소에 열을 가하면 원자들이 진동하면서 서로 거리가 멀어지기 시작한다. 투입된 열에너지가 운동 에너지로 변하여 원자들의 운동을 재촉하기 때문이다. 원자들을 아주 멀리 떼어놓으려면 $U(d)$와 $U(\infty)$의 차이만큼 에너지를 공급해주어야 한다. 반면에, 원자들 사이의 간격을 d보다 좁히려면 엄청나게 많은 에너지가 투입되어야 한다. 이 구간에서는 아주 강한 반발력이 작용하기 때문이다.

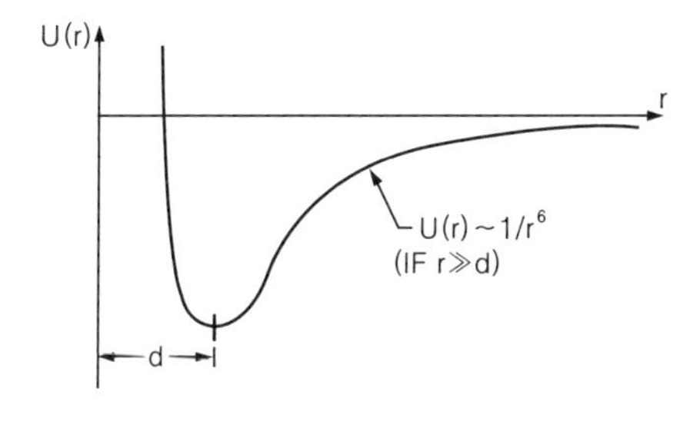

그림 14-3 두 개의 원자 사이의 위치 에너지를 거리의 함수로 나타낸 그래프

지금 나는 입자의 상태를 에너지의 개념만으로 설명하고 있다. 사실, 양자 역학으로 가면 물체의 운동을 힘의 개념으로 서술하는 것이 적절치 않기 때문에, 에너지를 이용한 입자계의 분석은 여러모로 유용한 점이 있다. 양자 역학을 다루다보면 핵자나 분자 사이에 작용하는 힘, 또는 속도가 아예 '사라지는' 상황을 종종 겪게 되는데, 이런 황당한 경우에도 에너지의 개념은 여전히 유효하다. 그래서 양자 역학 교재에는 힘을 나타내는 그래프보다 에너지를 나타내는 그래프가 훨씬 자주 등장한다. 힘보다는 에너지로 문제를 이해하는 것이 훨씬 더 편리하기 때문이다.

그 다음으로 우리가 주목해야 할 것은 하나의 물체에 여러 종류의 보존력이 작용할 때 그 물체의 위치 에너지는 각 보존력에 의한 위치 에너지를 더함으로써 얻어진다는 사실이다. 이것은 앞에서 논했던 중첩 원리, 즉 하나의 물체에 여러 힘이 작용할 때 그 물체에 한 일은 각각의 힘이 한 일을 더하여 얻어진다는 원리와 같은 맥락에서 이해할 수 있다.

지금까지의 논리는 물체가 여러 개 있는 복잡한 계에 그대로 적용될 수 있다. 목성, 토성, 천왕성 등의 행성들로 이루어져 있는 우리의 태양계나 산소, 질소, 탄소 등의 원자들은 입자들 사이에 보존력이 작용하는 전형적인 사례로서, 힘이 아닌 에너지를 분석하여 계 전체의 운동을 이해할 수 있다. 이런 경우에 계의 총 운동 에너지는 각 입자(행성)의 운동 에너지의 합이며, 총 위치 에너지는 각 쌍의 입자(행성)들 사이의 위치 에너지의 합과 같다. 예를 들어 태양계의 경우, 모든 쌍마다 중력이 작용하고 있기 때문에 그중 하나의 행성에 작용하는 힘은 사실 엄청나게 복잡하다. 하지만 이런 경우에도 총 위치 에너지는 다른 행성들을 무시하고 단둘만 있을 때의 위치 에너지를 계산하여 모든 쌍에 대하여 더하면 된다. 이 얼마나 다행한 일인가! (분자력은 그 형태가 다소 복잡하여 이 법칙이 정확하게 맞아들어가지 않는다. 중력에는 에너지의 중첩 원리가 적용되지만 분자력을 이런 식으로 서술하는 것은 대략적인 근사에 불과하다. 분자력도 그에 해당되는 위치 에너지를 갖고 있는데, 중력 위치 에너지보다 훨씬 더 복잡한 형태여서 단순한 중첩으로 총 에너지를 구할 수는 없다.) 그러므로 중력의 경우, 총 위치 에너지는 식 (13.14)에서처럼 $-Gm_im_j/r_{ij}$를 모든 $(i,\ j)$쌍에 대하여 더함으로써 구할 수 있었던 것이다. 이 식은 총 운동 에너지와 총 위치 에너지의 합이 항상 일정하다는 사실을 말해주고 있다. 많은 행성들이 제아무리 복잡하게 돌아다닌다 해도, 그들 사이에 작용하는 힘이 중력뿐이라면 전체 에너지는 무조건 보존된다.

14-4 비보존력(Nonconservative forces)

지금까지 우리는 꽤 오랜 시간에 걸쳐 보존력에 대해 공부해왔다. 그렇다면 보존력이 아닌, 비보존력도 생각해봐야 할 것이다. 그런데 비보존력이라는 힘이 과연 존재할 것인가? 앞으로 보게 되겠지만, 자연에 존재하는 근본적 힘 중에 그런 힘은 없다! 근본적인 힘들은 모두 보존력이다. 이것은 뉴턴의 운동법칙으로부터 유도되는 결과가 아니다. 사실, 뉴턴 시대에는 '근본적인 힘'이라는 개념이 없었기에 마찰력과 같은 비보존력이 존재한다고 생각했다. 그러나 현대적인 관점에서 마찰력을 미세 단위로 분석해보면, 거기에 관련된 모든 힘들은 한결같이 보존력뿐이다.

예를 들어, 수천 개의 별들로 이루어진 구상 성단을 생각해보자. 성단 내부의 모든 별들은 서로 상호 작용(중력)을 주고받고 있으므로 구상 성단의 총 위치 에너지는 각 쌍에 의한 위치 에너지를 일일이 더하여 얻어질 것이다. 또한 총 운동 에너지는 각 별의 운동 에너지의 합으로 표현된다. 그런데 구상 성단 자체는 우주공간을 표류하고 있고, 멀리 떨어진 지구에서 보면 성단 내부에서 일어나고 있는 복잡한 속사정을 알 길이 없으므로 우리는 그것을 하나의 천체로 간주하게 된다. 만일 여기에 외부로부터 힘을 가하면 구상 성단 전체의 표류 속도가 변할 것이다. 그러나 투입된 힘은 성단의 속도를 바꾸는 데 모두 사용되지 않고, 일부는 성단 내부에 있는 별들의 위치 에너지나 운동 에너지를 바꾸는 데 소모될 수도 있다. 예를 들어, 외부에서 가해진 힘이 성단의 전체적 크기와 각 별들의 운동 에너지를 증가시키는 데 모두 사용되었다고 가정해보자. 이런 상황에서도 전체 에너지는 보존되겠지만, 멀리 떨어져 있는 우리의 눈에는 내부에서 일어나는 변화가 보이지 않기 때문에 에너지가 보존되지 않는 것처럼 보일 것이다. 물론 이것은 대상 물체에 대한 정보가 부족하여 발생한 오류이다. 자세한 속사정을 모두 알고 있다면 대상이 무엇이건 간에 운동 에너지+위치 에너지는 항상 보존된다.

원자적 규모에는 운동 에너지와 위치 에너지가 쉽게 구별되지 않는 경우도 있다(그런데 다행히도 이런 구별이 항상 필요한 것은 아니다). 그러나 대부분의 경우는 구별이 가능하기 때문에, 일단은 운동/위치 에너지의 구별이 항상 가능하다고 가정해보자. 그렇다면 이 세계의 총 운동 에너지와 총 위치 에너지의 합은 항상 일정하게 유지될 것이고, 만일 이 '세계'라는 것이 외부와 고립된 그 무엇이라면 외부로부터 힘이 작용하지 않는 한 에너지 보존 법칙은 항상 성립될 것이다. 그러나 방금 전에 지적했던 것처럼, 운동 에너지와 위치 에너지의 일부는 외부에서 보이지 않을 수도 있다. 컵에 담긴 물은 겉에서 볼 때 더할 나위 없이 평온하지만 사실 그 안에서는 엄청나게 복잡한 운동이 진행되고 있다. 따라서 조용히 고여 있는 물도 분명히 운동 에너지를 갖고 있다. 그런데 이 에너지는 눈에 보이지 않기 때문에 우리는 운동 에너지라는 용어 대신 '열(heat)'이라는 용어를 사용한다. 즉, 열에너지의 근원은 다름 아닌 운동 에너지인 것이다. 내부의 위치 에너지는 예컨대 화학 에너지와 같은 형태로 나타날 수도 있다. 가솔린을 태우면 원자의 위치 에너지가 이전보다 작아지기 때문에 그 차이에 해당되는 에너지가 밖으로 분출되는 것이다. 그러나 열에너지를 모두 운동 에너지로 간주하거나 화학 에너지를 모두 위치 에너지로 간주할 수는 없기 때문에(일부는 섞여 있다), 총 에너지의 일부는 열로 나타나고 일부는 화학 에너지로 나타난다고 말하는 것이 안전하다. 어쨌거나 앞에서 논했던 에너지의 관점에서 볼 때, 다양한 형태로 숨어 있는 내부 에너지는 종종 '손실된' 에너지로 취급되기도 한다. 이 문제는 앞으로 열역학을 다루면서 분명해질 것이다.

또 다른 예로서 마찰이 있는 면을 미끄러져가는 물체를 생각해보자. 이 물체는 운동중에 속도를 잃으면서 결국은 한자리에 멈춰 서지만, 그렇다고 운동 에너지가 사라진 것은 아니다. 접촉면에 있는 원자들이 엄청난 진동을 겪으며 에너지를 방출했기 때문에 물체의 속도가 느려졌을 뿐이다. 이렇게 방출된 에너지는 그 주변의 온도를 재보면 알 수 있다. 물론, 열에너지를 무시한다면 이런 경우에 에너지 보존 법칙은 성립하지 않는다.

물리계의 전체가 아닌 일부만을 관찰할 때에도 에너지 보존 법칙은 성립하지 않는 것처럼 보인다. 일반적으로, 관찰중인 계가 외부와 상호 작용을 주고받을 때 그것을 계산에 넣지 않으면 에너지 보존 법칙은 성립하지 않는다.

고전 물리학에서 위치 에너지가 언급되는 분야는 중력과 전기력뿐이다. 그러나 현대 물리학은 핵에너지를 비롯하여 다양한 에너지들을 추가로 알아냈다. 심지어는 빛조차도 새로운 형태의 에너지를 갖는 것으로 알려져 있다. 그러나 우리가 굳이 원한다면 빛에너지를 광자의 운동 에너지로 간주할 수도 있다. 그렇게 해도 식 (14.2)는 여전히 성립할 것이다.

14-5 퍼텐셜(potential)과 장(field)

지금부터, 위치 에너지와 장에 관련된 몇 가지 개념에 대해 알아보기로 하자. 여기, 덩치가 제법 큰 물체 A와 B가 있고, 덩치가 작은 제3의 물체가 이들과 중력을 주고받고 있다. 제3의 물체가 받는 총힘을 $\mathbf{F}$라 하자. 12장에서 언급한 대로, 물체에 작용하는 중력은 물체의 질량 m에 어떤 벡터량 $\mathbf{C}$를 곱하여 얻어진다. 물론 $\mathbf{C}$는 물체의 위치에 따라 변하는 함수이다.

$$\mathbf{F} = m\mathbf{C}$$

여기서 벡터 $\mathbf{C}$는 어떤 질량(바로 위에서 언급한 제법 큰 질량)에 의해 생성된 중력장으로서, 그 안에 다른 질량이 들어왔을 때 어떤 일이 일어날 것인지를 알려주는 공간의 함수이며, 다른 질량이 그 안에 없을 때에도 여전히 존재하는 물리적 실체이다. $\mathbf{C}$는 벡터이기 때문에 3차원 공간에서 세 개의 성분을 갖고 있는데, 각각의 성분은 공간 좌표 (x, y, z)의 함수이다. 우리는 이러한 양을 가리켜 '장(field)'이라 부르며, 이 경우에는 'A와 B가 장을 만들어낸다'고 표현한다. 즉, A와 B가 중력장 $\mathbf{C}$를 만들어내는 것이다. 여기에 다른 물체가 들어오면 그 물체에 작용하는 힘은 물체의 질량 m에 '그 위치에서의 중력장 $\mathbf{C}$'를 곱하여 얻어진다.

위치 에너지의 경우도 이와 비슷하다. 위치 에너지는 (힘)·($d\mathbf{s}$)를 적분한 값인데, 이는 (질량) × (장)·($d\mathbf{s}$)의 적분으로 이해할 수 있다. 그러므로 (x, y, z)에 놓여 있는 물체의 위치 에너지 $U(x, y, z)$는 질량에 어떤 함수(퍼텐셜) ψ를 곱한 양으로 이해할 수 있다. 그러면 $\int \mathbf{C} \cdot d\mathbf{s} = -\psi$가 되는데, 이것은 $\int \mathbf{F} \cdot d\mathbf{s} = -U$의 양변을 질량 m으로 나눈 것과 같다. 즉,

$$U = -\int \mathbf{F} \cdot d\mathbf{s} = -m\int \mathbf{C} \cdot d\mathbf{s} = m\psi \tag{14.7}$$

의 관계가 성립한다. $\psi(x, y, z)$의 값을 모든 지점에서 알고 있다면 임의의 물체의 위치 에너지는 복잡한 과정을 거치지 않고 그냥 $U(x, y, z) = m\psi(x, y, z)$로 구할 수 있다. 중력장 $\mathbf{C}$는 벡터여서 성분이 세 개인 반면에, 퍼텐셜 ψ는 스칼라이므로 계산이 훨씬 쉽다. 뿐만 아니라 질량이 여러 개 있는 경우 중력장을 계산하려면 방향까지 일일이 고려해야 하지만 퍼텐셜은

그냥 더하면 되므로 ψ는 중력장의 성분 하나를 계산하는 것보다 쉽다. 또, 앞으로 보게 되겠지만 중력장 **C**는 ψ로부터 쉽게 구할 수 있다. 이제 질량이 m_1, m_2, ⋯인 점입자들이 위치 1, 2, ⋯에 놓여 있다고 하자. 우리의 목적은 위치 p에서 이 입자들에 의한 퍼텐셜 $\psi(p)$를 구하는 것이다. 다들 알다시피, 총 퍼텐셜은 각 입자에 의한 퍼텐셜의 합으로 주어진다.

$$\psi(p) = \sum_i -\frac{Gm_i}{r_{ip}}, \qquad i = 1, 2, \cdots \tag{14.8}$$

앞장에서 우리는 이 식을 이용하여 속이 빈 껍질 구 주변의 위치 에너지를 계산했는데, 그때 얻은 결과가 그림 14-4에 나와 있다(13장에서 우리의 관심은 위치 에너지였지만 지금 여기서는 퍼텐셜을 다루고 있으므로 단위가 다르다). 그림에서 보면 퍼텐셜은 항상 음수로 나타나고 $r \to \infty$의 극한에서 0으로 수렴한다. 그리고 $r = a$까지는 $1/r$에 비례하여 작아지다가, 껍질 구의 내부로 들어오면 일정한 상수 값을 갖는다. 구의 바깥에서 퍼텐셜은 $-Gm/r$인데(m은 껍질 구의 질량), 이 값은 구의 중심에 질량 m인 점입자가 놓여 있을 때의 퍼텐셜과 정확하게 일치한다. 그러나 구의 내부로 들어오면 사정이 달라져서 퍼텐셜은 $-Gm/a$라는 상수 값을 갖는다! 퍼텐셜이 상수이면 장(場)은 존재하지 않는다. 다시 말해서, 위치 에너지가 일정한 곳에서는 작용하는 힘이 전혀 없다. 그러므로 구의 내부에서 물체를 이동시킬 때에는 아무런 일도 소모되지 않는다. 왜 그럴까? 임의의 물체를 한 지점에서 다른 지점으로 옮길 때 필요한 일은 위치 에너지의 차이($U_f - U_i$)에 마이너스 부호를 붙인 것과 같다. 그런데 껍질 구의 내부에서는 위치 에너지가 어디서나 똑같기 때문에 물체를 어디서 어디로 옮기건 위치 에너지의 차이가 항상 0이 되어 일을 할 필요가 없는 것이다. 이와 같이, 물체를 임의의 방향으로 옮겨도 일이 필요하지 않는 것은 힘이 0인 경우뿐이다.

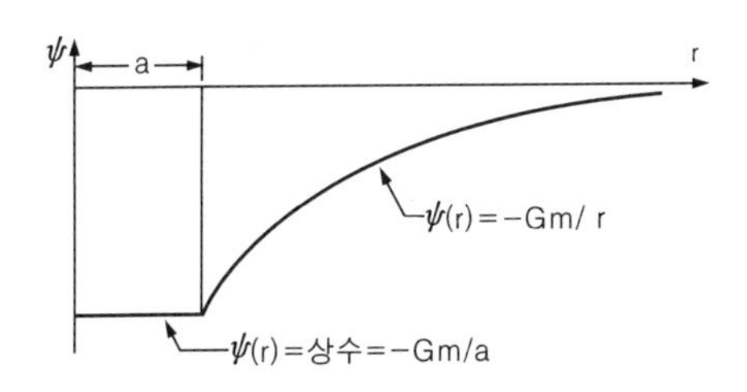

그림 14-4 반경 a의 껍질 구에 의한 퍼텐셜 $\psi(r)$의 그래프

우리는 이러한 성질로부터 위치 에너지와 힘 사이의 관계를 유도할 수 있다. 공간상의 한 지점 (x, y, z)에서 위치 에너지를 알고 있을 때, 그 점에 작용하는 힘을 계산할 수 있을까? 애석한 일이지만 단 한 지점의 위치 에너지만으로는 그 지점에 작용하는 힘을 알 수 없다. 힘을 계산하려면 특정 지점 및 그 근방의 위치 에너지를 모두 알아야 한다. 왜 그런가? 힘의 x성분은 어떻게 계산해야 하는가? (x성분만 알면 y성분과 z성분은 동일한 방법으로 계산할 수 있을 것이다.) 어떤 물체를 x방향으로 Δx만큼 옮겼을 때, Δx가 충분히 작다면 이때 한 일은 가해진 힘의 x성분에 Δx를 곱하여 얻어지며(옮긴 구간이 아주 짧으면 힘은 상수로 취급될 수 있다), 이 값은 처음과 나중, 두 지점의 위치 에너지의 차이와 같다. 즉,

$$\Delta W = -\Delta U = F_x \Delta x \tag{14.9}$$

이다. 이것은 아주 짧은 구간에서 $\int \mathbf{F} \cdot d\mathbf{s} = -\Delta U$의 관계를 사용한 결과이다. 이제 양변을 Δx로 나누면 힘의 x성분인 F_x는 다음과 같이 구해진다.

$$F_x = -\Delta U / \Delta x \tag{14.10}$$

물론 이것은 정확한 식이 아니다. 우리가 원하는 것은 식 (14.10)에 $\Delta x \to 0$의 극한을 취한 결과이다. 그래야만 정확한 관계를 얻을 수 있다. 그런데 식 (14.10)의 우변에 $\Delta x \to 0$의 극한을 취하면 그것은 바로 미분의 정의가 된다. 그래서 여러분은 당장 $F_x = -dU/dx$라고 쓰고 싶을 것이다. 그러나 U는 x뿐만 아니라 y와 z에도 의존하는 함수이므로 미분할 때 세심한 주의를 기울여야 한다. 다행히도 수학자들은 여러 개의 변수로 이루어진 함수를 단 하나의 변수만으로 미분하는 방법을 이미 개발하여 우리에게 제공하고 있다. 지금 우리는 x만을 변수로 취급하고 있으므로 y와 z를 상수로 간주한 상태에서 x만으로 미분을 해야 한다. 이것이 바로 '편미분(partial differentiation)'으로서, 기호로는 d 대신에 숫자 6을 뒤집은 듯한 ∂를 사용한다.(나는 미적분학을 처음 배우는 학생들도 이 기호를 사용하는 것이 좋다고 생각한다. 학생들은 d라는 기호가 나오면 별 생각 없이 약분을 하려고 덤비는데, d 대신 ∂를 사용하면 생김새가 생소하여 그런 생각을 쉽게 떠올리지 못할 것이다!) 이 기호를 이용하면 좌변은 $\partial U/\partial x$가 된다. 평소에 걱정이 많거나 남을 잘 믿지 못하는 성격이라면 조금 번거롭긴 하지만 $(\partial U/\partial x \mid_{yz})$라고 써도 무방하다. 이것은 "$U$를 x로 미분하되, y와 z는 상수로 취급하라"는 아주 친절한 기호이다. 그러나 대부분의 경우, 미분을 해야 할 변수와 상수로 남겨두어야 할 변수가 분명하게 구별되기 때문에 굳이 이렇게 표기하지는 않는다. 어쨌거나 일단 ∂라는 기호가 등장하면 무언가를 상수 취급한다는 뜻이니 눈을 부릅뜨고 잘 봐야 한다.

이리하여 힘의 x성분은 U를 x방향으로 편미분하여 음의 부호를 붙인 것과 같다는 사실을 알게 되었다.

$$F_x = -\partial U / \partial x \tag{14.11}$$

이와 비슷한 방법으로 힘의 y성분과 z성분도 U로 나타낼 수 있다. 물론 편미분 변수 이외의 다른 변수들은 모두 상수로 취급한다.

$$F_y = -\partial U / \partial y, \ F_z = -\partial U / \partial z \tag{14.12}$$

이제 우리는 위치 에너지로부터 힘을 구할 수 있게 되었다. 퍼텐셜과 장의 관계 역시 이와 동일한 방법으로 다음과 같이 유도할 수 있다.

$$C_x = -\partial \psi / \partial x, \ C_y = -\partial \psi / \partial y, \ C_z = -\partial \psi / \partial z \tag{14.13}$$

여기서 기호 하나를 새롭게 도입하면 표기가 간단해진다. $\mathbf{C}$는 x, y, z 성분을 갖는 벡터이고 편미분 기호 $\partial/\partial x$, $\partial/\partial y$, $\partial/\partial z$도 벡터와 비슷하게 성분별로 나열되어 있으므로 잘하면 이들을 하나의 기호로 엮을 수 있을 것 같다. 이 문제는 수학자들이 ∇(gradient)라는 연산자를 도입함으로써 멋지게 해결하였다. 임의의 스칼라 함수를 벡터 함수로 만들어주는 이 연산자의 x성분은 $\partial/\partial x$이고 y성분은 $\partial/\partial y$이며, z성분은 $\partial/\partial z$이다. 따라서 지금까지 우리가 유도한 관계식은 다음과 같이 우아한 형태로 나타낼 수 있다.

$$\mathbf{F} = -\nabla U,\ \mathbf{C} = -\nabla \psi \tag{14.14}$$

∇ 연산자를 사용하면 뭔가 좀 있어 보이긴 하지만, 사실 식 (14.14)는 식 (14.12)와 (14.13)을 하나로 축약해서 다시 쓴 것에 불과하다. 매번 세 개의 방정식을 일일이 나열하는 것보다 하나로 줄여 쓰는 것이 편리하다는 데 이의를 달 사람은 없을 줄로 믿는다.

전기력의 경우에도 장과 퍼텐셜의 개념은 아주 유용하다. 전하 q인 입자가 전기장 $\mathbf{E}$의 내부에 들어오면 그 입자는 $\mathbf{F} = q\mathbf{E}$의 힘을 받는다. (일반적으로, 움직이는 전하에 작용하는 힘의 x성분은 자기력하고도 관계가 있다. 그런데 식(12.11)을 잘 분석해보면 한 입자에 작용하는 자기력은 입자의 운동 방향과 항상 수직이기 때문에, 움직이는 하전 입자에 자기력이 한 일은 항상 0이다. 그러므로 전기장과 자기장이 모두 걸려 있는 공간에서 운동 에너지를 계산할 때 자기력에 의한 효과는 무시해도 된다.) 이때 입자에 가해진 일은 중력의 경우와 똑같이 계산할 수 있다. 임의의 고정된 지점에서 우리가 관심을 갖는 지점까지 $\mathbf{E}\cdot d\mathbf{s}$를 적분하여 이 값을 ϕ로 정의하면 전기적 위치 에너지 U는 전하 q에 ϕ를 곱하여 얻을 수 있다.

$$\phi(\mathbf{r}) = \int \mathbf{E}\cdot d\mathbf{s}$$

$$U = q\phi$$

마지막으로 연습 문제를 하나만 풀어보자. 단위 면적당 각각 $+\sigma$, $-\sigma$의 전하가 대전되어 있는 무한히 큰 두 개의 금속판이 서로 마주보고 있다. 13장에서 우리는 이 문제를 이미 풀었었는데, 그때 얻은 결과는 다음과 같았다 —금속판의 외부에는 전기장이 0이고, 내부에는 σ/ε_0의 균일한 전기장이 형성된다(그림 14-5). 그렇다면 하나의 금속판에서 다른 금속판으로 전하를 옮길 때 필요한 일은 얼마인가? 일은 (힘)$\cdot\, d\mathbf{s}$를 적분하여 얻어지며, 이 값은 두 금속판(1, 2)의 전기적 퍼텐셜의 차이에 옮기고자 하는 전하를 곱한 것과 같다.

$$W = \int_1^2 \mathbf{F}\cdot d\mathbf{s} = q(\phi_1 - \phi_2)$$

다행히도 이 경우는 힘이 상수로 일정하기 때문에 적분이 아주 쉽다. 두 금속판 사이의 거리를 d라 하면

$$\int_1^2 \mathbf{F}\cdot d\mathbf{s} = \frac{q\sigma}{\varepsilon_0}\int_1^2 dx = \frac{q\sigma d}{\varepsilon_0}$$

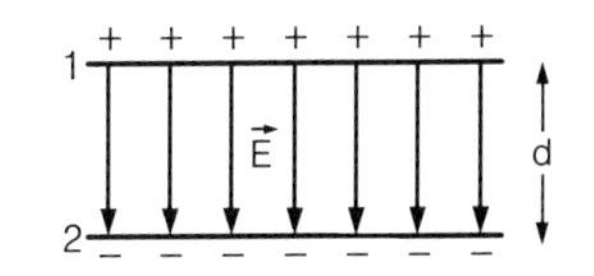

그림 14-5 두 평행판 사이의 전기장

를 얻는다. 전기적 퍼텐셜의 차이 $\Delta\phi = \sigma d/\varepsilon_0$는 흔히 '전위차(electric potential difference)'라 불리며, ϕ의 단위로는 볼트(volt)를 사용한다. 대전된 두 개의 금속판이 10볼트의 전위차를 갖고 서로 마주 보고 있다면, 그것은 두 금속판 사이의 전기적 퍼텐셜의 차이가 10볼트라는 뜻이다.

축전기는 $+\sigma$, $-\sigma$로 각각 대전된 두 개의 금속판을 평행하게 마주 보도록 만든 것으로서, 이들 사이의 전위차는 $\sigma d/\varepsilon_0$이다.

CHAPTER 15

특수 상대성 이론

15-1 상대성 원리

물리학자들은 200여 년 동안 뉴턴의 운동 방정식을 절대적 진리로 믿어 왔지만, 이 법칙에서 최초로 오류가 발견되었을 때, 그것을 수정하는 방법도 같이 발견되었다. 이 모든 업적은 1905년에 아인슈타인(Albert Einstein)이라는 단 한 사람에 의해 이루어졌다.

뉴턴의 제2법칙을 방정식으로 표현하면

$$F = d(mv)/dt$$

의 형태가 되는데, 여기에는 "질량 m은 변하지 않는 상수이다"라는 가정이 묵시적으로 포함되어 있었다. 그러나 이제 우리는 이것이 잘못된 가정임을 알고 있다. 운동하는 물체는 속도가 빨라질수록 질량이 증가한다! 아인슈타인이 수정한 공식에 의하면 질량 m은 다음과 같다.

$$m = \frac{m_0}{\sqrt{1 - v^2/c^2}} \tag{15.1}$$

여기서 m_0는 정지 질량(rest mass)으로서 물체가 정지해 있을 때의 질량을 뜻하며, c는 빛의 속도이다(약 300,000 km · sec^{-1} 또는 186,000 mi · sec^{-1}).

질량의 가변성을 고려하여 문제를 풀고 싶다면, 상대성 이론을 공부하면 된다. 모든 것은 그 속에 다 들어 있다. 상대성 이론은 위와 같이 질량이 변한다는 사실을 알아냄으로써 뉴턴의 법칙에 대대적인 수정을 가했다. 그런데 식 (15.1)에서 알 수 있듯이, 보통의 일상적인 속도에서는 질량의 증가 효과가 아주 미미하게 나타난다. 정지 궤도를 돌고 있는 인공위성은 초속 5마일이라는 엄청난 속도로 움직이고 있지만, 이 값을 식 (15.1)에 대입하여 계산해보면 질량의 증가량은 원래 질량의 20억 ~ 30억분의 1밖에 되지 않는다. 이 정도면 우리의 눈에는 거의 변화가 없는 거나 마찬가지다. 그러나 빛의 속도와 거의 비슷한 빠르기로 움직이는 소립자들을 관측한 결과, 질량이 증가하는 현상은 틀림없는 사실임이 확인되었다. 질량의 증가 효과가 일상적인 빠르기에서 이토록 미미하게 나타나는 현상임에도 불구하고, 실험으로 관측되기 이전에 이론이 먼저 개발되었다는 것은 매우 놀랄 만한 일이다. 물론, 물체의 이동 속도가 매우 빠를 때에는 이 효과가 크게 나타나지만, 애초부터 빠르게 움직이는 물체를 관측하면서 이론을 만든 것은 아니었다. 그러므로 이렇게 미묘하게 수정된 법칙이 탄생하게 된 계기와 그 파급 효과를 살펴보는 것은 물리학을 공부하는 여러분에게 대단히 큰 의미가 있다. 상대성 이론의 탄생에 공헌한 학자들은 많이 있지만, 그 이론에 결정적인 생명을 불어넣은 사람은 아인슈타인이었다.

아인슈타인의 상대성 이론은 두 가지로 구분되는데, 이 장에서는 1905년에 발표된 특수 상대성 이론에 중점을 두기로 하겠다. 아인슈타인은 1915년에 상대성 이론을 일반화시킨 일반 상대성 이론을 추가로 발표하였다. 이 이론은 뉴턴의 중력 이론을 수정하여 중력에 관한 기존의 개념을 완전히 새로운 형태로 재탄생시켰다. 그러나 그 내용이 다소 복잡하여 여기서는 언급하지 않기로 한다.

사실, 상대성 원리를 최초로 언급한 사람은 뉴턴이었다. 그는 자신이 발견한 운동 법칙의 부가적인 결과로서 "공간 속에서 이루어지는 물체의 운동은 그 공간이 정지해 있건, 또는 균일한 속도로 움직이건 간에 항상 동일하게 나타난다"고 주장하였다. 다시 말해서, 우주선이 우주 공간을 균일한 속도로 비행하고 있을 때 그 속에서 여러 가지 실험을 했다면, 그 실험 결과는 '우주 공간 속에 완전히 정지해 있는 우주선에서 실행한 실험'과 동일하다는 것이다(물론, 이 우주선에는 밖을 내다볼 수 있는 창문이 없다고 가정한다). 이것이 바로 상대성 원리의 핵심이다. 아이디어 자체는 매우 단순해 보이지만, 그 파급 효과는 실로 상상을 초월한다. 자, 그렇다면 지금부터 이 주장의 사실 여부를 직접 확인해보자. 등속으로 움직이는 계와 정지해 있는 계에서 뉴턴의 운동 법칙은 정말로 같을 것인가?

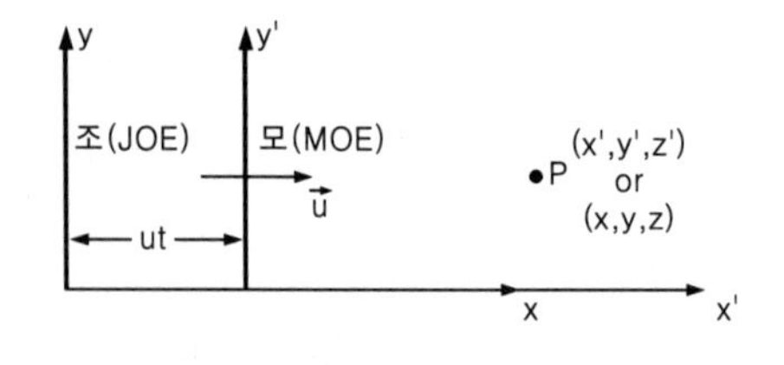

그림 15-1 x축 방향으로 상대적 등속 운동을 하는 두 개의 좌표계

지금, 우리의 친구 모(Moe)가 x방향으로 등속 운동(속도 $= u$)을 하면서 자신의 좌표축을 기준으로 P점의 좌표를 측정하여 x'이라는 값을 얻었다고 하자(그림 15-1). 그리고 조(Joe)는 정지해 있는 좌표계에서 P점의 위치를 측정하여 x라는 값을 얻었다고 하자. 여기서, 이들이 세운 두 좌표계 사이의 관계는 아주 간단하다. 시간 $t = 0$일 때 두 좌표계의 원점이 서로 일치했다고 가정하면, 시간이 t만큼 지난 후에 모의 원점은 ut만큼 이동했으므로 이들 사이의 관계는 다음과 같다.

$$\begin{aligned} x' &= x - ut \\ y' &= y \\ z' &= z, \\ t' &= t \end{aligned} \tag{15.2}$$

이 좌표변환식을 뉴턴의 법칙에 적용하면 운동 방정식이 조의 좌표계(x, y, z)와 모의 좌표계(x', y', z')에서 동일한 형태임을 알 수 있다. 즉, 뉴턴의 법칙은 정지된 계와 등속으로 움직이는 계에서 똑같이 적용된다. 그래서 모나 조가 어떤 실험을 한다 해도 자신의 좌표계가 등속 운동중인지, 아니면 정지해 있는지를 판별할 수 없다.

상대성의 개념은 역학 분야에서 오래 전부터 사용되어 왔다. 특히 호이겐스(Huygens)는 당구공의 충돌과 관련된 법칙을 찾기 위해 상대성의 개념을 도입하였다. 10장에서 운동량 보존을 언급할 때 우리가 사용했던 방법과 비슷하다). 19세기에는 전기와 자기, 그리고 빛의 성질에 관한 연구에 큰 진전을 보이면서 물리 법칙의 상대성에 많은 관심이 모아졌으며, 이 분야에서 이루어진 업적들은 맥스웰(J. C. Maxwell)이 전자기학을 완성하면서 멋지게 마무리되었다. 전자기장에 관한 맥스웰의 방정식은 전기와 자기, 그리고 빛의 성질을 하나의 체계 안에서 거의 완벽하게 설명해주었다. 그러나 맥스웰의 방정식은 상대성 원리를 따르지 않았다. 식 (15.2)를 이용하여 맥스웰 방정식을 변환시키면 그 형태가 달라졌던 것이다. 이것은 곧 "움직이는 우주선 안에서 관측된 전기적, 광학적 현상은 멈춰 있는 우주선 안에서 관측된 결과와 다르다"는 것을 의미했다. 그렇다면, 이러한 성질을 이용하여 우주선의 '진짜' 속도를 측정할 수 있게 된다. 즉, 어떤 기준계와 비교한 상대적 속도가 아니라, '절대적인' 속도를 측정할 수 있다는 뜻이다. 맥스웰의 방정식으로부터 얻어지는 결론 중 하나는 "전자기장에 '빛의 발생'과 같은 교란(disturbance)이 생기면 전자기파가 모든 방향으로 뻗어나가고, 그 속력은 항상 c(186,000마일/초, 또는 300,000km/초)로 일정하다"는 것이었다. 또한, "전자기장을 교란시키는 원인(광원)이 움직이고 있다 해도, 방출된 빛은 항상 동일한 속력 c로 진행한다"고 주장했다.

빛의 속도가 광원의 운동 상태에 상관없이 항상 일정하다는 것을 사실로 받아들이면, 매우 흥미진진한 문제들이 벌어진다.

당신이 속력 u로 달리는 자동차에 타고 있다고 가정해보자. 그런데 당신의 뒤쪽에서 다가오던 빛이 어느 순간에 당신의 차를 추월했다고 하자(자동차는 당연히 빛보다 느리다). 이때, 당신이 바라보는 빛의 속도는 얼마나 될 것인가? 식 (15.2)의 첫 번째 식을 미분하면

$$dx'/dt = dx/dt - u$$

가 되는데, 이것은 고전적인 갈릴레이 좌표변환 식으로서, 이 결과에 의하면 차를 추월하여 지나가는 빛을 차에 타고 있는 사람이 보았을 때 느껴지는 속도는 c가 아니라 $c - u$가 되어야 한다. 예를 들어, 당신의 차가 초속 100,000마일이라는 엄청난 속도로 달리고 있었다면 당신이 바라보는 빛의 속도는 초속 86,000마일밖에 되지 않는다는 뜻이다. 만일 이것이 사실이라면, 차를 추월하여 지나쳐가는 빛의 속도를 측정함으로써 내 차의 속도를 알 수 있을 것이다. 실제로, 19세기 말엽에 몇 명의 물리학자들은 이 아이디어에 기초하여 지구의 공전 속도를 측정하였다. 그러나 그들 중 어느 누구도 지구의 속도를 결정하지 못했다. 여러 차례에 걸친 실험들이 한결같이 헛수고로 끝난 것이다. 대체 무엇이 잘못되었을까? 지금부터, 당시 실험들 중 대표적인 사례를 자세히 조명하면서 그 이유를 찬찬히 따져보기로 하자. 분명히 어딘가에 문제가 있었을 것이다. 물리학의 방정식들이 어딘가 잘못되어 있었음에 틀림없다.

어디가 어떻게 잘못된 것일까?

15-2 로렌츠 좌표변환(Lorentz transformation)

"물리학의 방정식을 빛에 적용했더니 엉뚱한 결과가 나왔다!"—그렇다면 해결책은 무엇인가? 당장은 20년 전에 알려진 맥스웰의 전자기학이 틀렸다고 볼 수밖에 없었다. 고전 전자기학을 대표하는 맥스웰의 방정식은 갈릴레이식 좌표변환을 적용했을 때 방정식의 형태가 달라졌으므로, 좌표변환을 해도 형태가 변하지 않는 새로운 방정식을 찾아야 했다. 물론, 이것은 그다지 어려운 일이 아니었다. 그런데, 이렇게 찾아낸 방정식에는 이전에 없었던 새로운 항들이 첨가되어 있었고, 그 항으로부터 예견되는 자연 현상들은 실제로 전혀 존재하지 않았다. 즉, 맥스웰의 방정식은 애초부터 아무런 문제가 없었던 것이다. 그러므로 이 모든 사태의 원인은 다른 곳에 있다고 볼 수밖에 없었다.

그러던 와중에, 로렌츠(H. A. Lorentz)라는 물리학자가 매우 놀라운 사실을 발견하였다. 맥스웰 방정식에 다음과 같은 좌표변환 공식을 적용하였더니, 방정식의 형태가 전혀 변하지 않았던 것이다!

$$\begin{aligned} x' &= \frac{x - ut}{\sqrt{1 - u^2/c^2}} \\ y' &= y \\ z' &= z \\ t' &= \frac{t - ux/c^2}{\sqrt{1 - u^2/c^2}} \end{aligned} \tag{15.3}$$

식 (15.3)은 '로렌츠 변환(Lorentz transformation)'으로 알려져 있다. 이 변환식의 물리적 의미를 제일 처음 알아낸 사람은 푸앵카레였지만, 그것을 하나의 원리로 발전시킨 장본인은 아인슈타인이었다. 그는 "모든 물리 법칙들은 로렌츠 변환하에서 불변이어야 한다"고 주장했다. 다시 말해서, 기존의 문제를 해결하기 위해 맥스웰 방정식을 고쳐야 하는 것이 아니라, 뉴턴 역학을 고쳐야 한다는 뜻이다. 뉴턴의 운동 방정식이 로렌츠 변환하에서 형태가 유지되려면 어떤 식으로 수정을 가해야 할까? 일단은 목표가 확실하게 세워졌으므로, 다음 작업은 그리 어려운 일이 아니다. 앞에서 잠시 언급했던 대로, 뉴턴의 운동 방정식에 포함되어 있는 질량 m을 식 (15.1)과 같이 바꾸어놓으면 모든 문제가 해결된다. 이렇게 하면 뉴턴의 운동 법칙과 전자기학의 법칙은 매끄럽게 조화를 이루며, 모와 조의 측정 결과를 로렌츠의 좌표변환식을 통해 비교했을 때, 둘 중 어느 쪽이 움직이고 있는지를 결코 알아낼 수 없게 된다. 모든 방정식의 형태가 두 좌표계에서 똑같기 때문이다!

고전적인 갈릴레이 좌표변환식은 우리의 직관과 잘 맞아떨어지는 반면에, 로렌츠의 좌표변환식은 그 모습이 사뭇 특이하여 언뜻 수긍이 가지 않는다. 그래서 지금부터는 로렌츠의 좌표변환식을 사용해야 하는 이유를 논리적 · 실험적으로 설명하고자 한다. 앞으로 차차 알게 되겠지만, 새로운 좌표변환식을 도입하게 된 것은 고전 역학 체계에 문제가 있기 때문이 아니라, 물리학의 활동 무대인 시간과 공간이 우리의 상식과 전혀 다른 성질을 갖고 있기 때문이었다. 그리고 이 특이한 성질들은 그동안 여러 차례의 실험을 거치면서 틀림없는 사실임이 입증되었다.

15-3 마이컬슨과 몰리(Michelson-Morley)의 실험

1887년에 마이컬슨(A. A. Michelson)과 몰리(E. W. Morley)는 우주 공간에 가득 차 있으면서 빛의 진행을 매개한다는 가상의 물질 '에테르(ether)'의 존재를 확인하기 위해 일련의 실험을 실행하였다. 그러나 훌륭한 아이디어에도 불구하고 이들의 실험은 결국 실패로 끝나고 말았다. 그리고 그로부터 18년이 지난 후에 아인슈타인은 마이컬슨과 몰리의 실험이 실패할 수밖에 없었던 필연적인 이유를 설명하면서 그 유명한 상대성 이론을 탄생시켰다.

마이컬슨과 몰리가 사용했던 실험 장치는 그림 15-2에 개략적으로 그려져 있다. 이 장치는 광원(A)과 은도금을 한 유리판(B), 그리고 두 개의 거울(C와 E)로 구성되어 있으며, 이들은 모두 견고한 바닥에 놓여 있다. 그리고 두 개의 거울은 B로부터 같은 거리(L)만큼 떨어진 곳에 수직으로 세워져 있다. 광원을 출발한 빛은 B를 통과하면서 두 줄기로 분리되어 서로 수직 방향으로 진행하다가 거울에 반사되어 다시 B로 다시 돌아오게 되는데, 이 빛은 B를 통과하면서 두 개의 중첩된 빛 D와 F로 재결합된다. 이제, 빛이 $A \to B \to E \to B$의 경로를 거치는 데 소요되는 시간과 $A \to B \to C \to B$를 거치는 데 소요되는 시간이 정확하게 똑같다면 D와 F의 위상이 일치하여 보강 간섭을 일으키게 되고, 그렇지 않다면 D와 F는 소멸 간섭을 일으킬 것이다. 만일 지구의 표면에 설치된 이 실험 장치가 우주 공간을 가득 메우고 있는 에테르 안에서 완전하게 정지해 있다면 보강 간섭이 일어날 것이며, 지구가 에테르 속을 헤치면서 속도 u로 움직이고 있다면(그림 15-2에서 볼 때 오른쪽 방향), 두 빛이 도달할 때 시간의 차이가 발생하여 소멸 간섭을 일으키게 될 것이다.

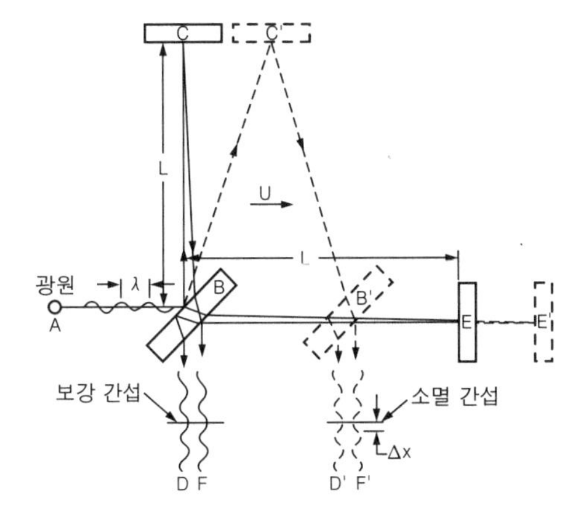

그림 15-2 마이컬슨과 몰리가 했던 실험의 개념도

먼저, 빛이 $A \to B \to E \to B$의 경로를 거치는 데 소요되는 시간을 계산해보자. 빛이 유리판 B로부터 거울 E까지 가는 데 걸리는 시간을 t_1, 되돌아오는데 시간을 t_2라 하자. 이제, 빛이 거울 E까지 가는 동안 실험 장치를 포함한 지구 전체는 ut_1만큼 도망을 가기 때문에, 실제로 빛이 거울 E에 도달하기 위해 진행해야 하는 거리는 L이 아니라 $L + ut_1$이다. 그리고 빛의 속도는 c이므로 시간 t_1은 다음과 같이 구할 수 있다.

$$ct_1 = L + ut_1 \quad \text{또는} \quad t_1 = L/(c - u)$$

(실험 장치에 대한 빛의 상대적인 속도는 $c - u$이므로, 이 속도로 거리 L을 주파하는 데 걸리는 시간을 계산해도 결과는 같다.) 되돌아오는 데 걸리는 시

간 t_2도 같은 방법으로 구할 수 있다. 이 시간 동안 유리판 B는 거리 ut_2만큼 마중을 나오므로, 실제로 빛이 여행하는 거리는 $L - ut_2$이다.
따라서

$$ct_2 = L - ut_2 \quad \text{또는} \quad t_2 = L/(c + u)$$

이 되며, 전체 소요 시간은

$$t_1 + t_2 = 2Lc/(c^2 - u^2)$$

이다. 나중에 시간을 비교할 때 계산상의 편의를 위해 이 값을

$$t_1 + t_2 = \frac{2L/c}{1 - u^2/c^2} \tag{15.4}$$

로 표기해두자.

다음으로, 빛이 B에서 거울 C까지 가는 데 걸리는 시간 t_3를 구해보자. 이 경우에도 빛이 여행을 하는 동안 거울의 위치가 변하게 된다. t_3라는 시간 동안 C의 위치에 있던 거울이 C'으로 이동했다고 하자. 그러면 빛은 이 시간 동안 비스듬한 경로 BC'을 따라서 거리 ct_3만큼 진행한 셈이 된다. 피타고라스의 정리를 이용하면

$$(ct_3)^2 = L^2 + (ut_3)^2$$

또는

$$L^2 = c^2t_3^2 - u^2t_3^2 = (c^2 - u^2)t_3^2$$

이 되고, 이로부터

$$t_3 = L/\sqrt{c^2 - u^2}$$

을 구할 수 있다. 빛이 거울 C'에서 B로 되돌아오는 데 걸리는 시간은 B에서 C'으로 가는데 걸리는 시간과 동일하므로, 왕복하는 데 걸리는 시간은 t_3의 두 배, 즉 $2t_3$이다. 여기서 분자와 분모를 c로 나누면 다음과 같은 결과를 얻을 수 있다.

$$2t_3 = \frac{2L}{\sqrt{c^2 - u^2}} = \frac{2L/c}{\sqrt{1 - u^2/c^2}} \tag{15.5}$$

이제 우리는 두 가닥의 빛이 왕복하는 데 소요되는 시간을 비교할 수 있게 되었다. 식 (15.4)와 (15.5)를 비교해보면 분자가 $2L/c$로 똑같음을 알 수 있는데, 이 값은 실험 장치가 전혀 운동을 하지 않을 때 빛이 왕복하는 데 걸리는 시간에 해당된다. 분모에 있는 u^2/c^2은 u가 광속 c와 견줄 만한 속도가 아니라면 아주 작은 값을 갖는다. 그리고 분모 자체는 실험 장치가 이동함으로써 발생하는 소요 시간의 변화를 나타낸다. 자, 여기가 중요한 시점이다. 두 개의 결과는 결코 같지 않다. $2t_3$는 $t_1 + t_2$보다 분명히 작다! 즉, 두 개의

거울이 B로부터 같은 거리에 있음에도 불구하고, 거울 C에서 반사된 빛은 E에서 반사된 빛보다 B에 먼저 도달한다는 뜻이다. 그러므로 이 시간차를 실험적으로 확인하기만 하면, 마이컬슨-몰리의 실험은 성공을 거두는 셈이다.

그런데, 이 실험에는 약간의 기술적 문제가 있다. 지금까지의 논리는 $B \to C$와 $B \to E$의 거리가 정확하게 같다는 것을 가정하고 있지만, 실제로 실험 장치를 세팅하다보면 아무래도 오차가 발생하기 마련이다. 이 문제를 어떻게 해결해야 할까? 물론 방법이 있다. 한 번 측정을 한 다음에 실험 장치 전체를 90°회전시켜서 같은 측정을 반복하면 된다. 이렇게 하면 길이의 오차에 상관없이 간섭 무늬가 이동한 정도를 관측하여 어느 빛이 먼저 돌아오는지를 알아낼 수 있다.

마이컬슨과 몰리는 이 실험을 실행할 때 BE의 방향을 지구의 공전 방향으로 잡았었다. 지구의 공전 속도는 초당 약 18마일인데, 그들의 실험 장치는 이 효과를 감지하고도 남을 정도로 정밀하게 만들어졌다. 그러나 실망스럽게도 빛의 시간차는 단 한 번도 관측되지 않았다. 실험 장소와 계절을 바꿔가면서 여러 차례에 걸쳐 똑같은 실험을 반복해보았지만, 두 가닥의 빛은 언제나 '동시에' 들어올 뿐이었다. 결국 그들은 에테르 속을 헤쳐나가는 지구의 속도를 측정하는 데 실패하였으며, 수년간의 노력은 물거품이 되고 말았다. 마이컬슨-몰리의 실험 결과는 그 당시 물리학자들을 매우 곤혹스럽게 만들었다. 이론적으로 틀림없이 존재하는 빛의 시간차가 관측되지 않은 이유를 설명할 방법이 없었던 것이다. 그러던 중 로렌츠가 처음으로 새로운 가설을 제기하여 난국을 잠시 평정시켰다. 그 내용인 즉, 물체가 운동을 하면 이동하는 방향으로 길이가 줄어든다는 것이었다. 그의 계산에 따르면, 정지 상태에서 길이 L_0인 물체가 등속으로 움직일 때 이동 방향의 길이 $L_{\parallel}$(이동 방향과 평행한 방향으로 측정한 길이)는 다음과 같이 주어진다.

$$L_{\parallel} = L_0 \sqrt{1 - u^2/c^2} \tag{15.6}$$

마이컬슨-몰리의 실험에 이 사실을 적용하면 $B \to C$ 사이의 거리는 변하지 않고(지구의 진행 방향과 수직이므로) $B \to E$ 사이의 거리는 L에서 $L\sqrt{1 - u^2/c^2}$으로 줄어들게 된다. 따라서 식 (15.5)는 변하지 않지만 식 (15.4)의 L은 식 (15.6)에 의해 약간의 수축이 일어나게 되고, 그 결과 B와 E사이를 왕복하는 데 걸리는 시간은

$$t_1 + t_2 = \frac{(2L/c)\sqrt{1 - u^2/c^2}}{1 - u^2/c^2} = \frac{2L/c}{\sqrt{1 - u^2/c^2}} \tag{15.7}$$

가 되어, $t_1 + t_2 = 2t_3$, 즉 시간차가 전혀 생기지 않는 것이다. 그러므로 물체의 길이가 운동 방향으로 줄어든다는 가설을 받아들인다면, 마이컬슨과 몰리의 실험이 실패한 것을 두고 고민할 필요가 없어진다. 로렌츠의 단축설은 이렇게 당시의 난국을 해결하긴 했지만, '실험 결과를 해명하기 위해 억지로 끼워 맞춘 가설'이라는 부정적 반응을 감수해야 했다. 그러나, '에테르의 바람'

을 측정하려는 목적으로 실행된 모든 실험들이 한결같이 동일한 문제에 봉착하자, "자연은 인간이 에테르에 대한 속도 u를 알아내지 못하도록 항상 훼방을 놓고 있다"는 다소 추상적인 의견이 제시되기 시작했다.

얼마 후, 푸앵카레는 이러한 훼방이 자연에 내재하는 법칙임을 깨닫고, 에테르의 바람을 측정하는 것은 애초부터 불가능하다고 주장하기에 이르렀다. 다시 말해서, '절대 속도'는 절대로 측정되지 않는다는 것이다.

15-4 시간 변환(Transformation of time)

길이가 단축된다는 가설이 실험 결과와 일치하려면 식 (15.3)의 네 번째 식을 따라 시간도 변형되어야 한다. 왜냐하면, 빛이 B와 C사이를 왕복하는 데 걸리는 시간 t_3는 관찰자의 운동 상태에 따라 달라지기 때문이다. 예를 들어, 모든 실험 장치를 달리는 우주선 안에 설치하고 그 안에 동승한 관찰자가 측정했을 때 얻어지는 t_3와 우주선의 바깥에 있는 정지 상태의 관찰자가 얻은 t_3는 서로 다른 값을 갖는다. 우주선에 타고 있는 관찰자는 $2L/c$라는 값을 얻겠지만, 바깥에 있는 관찰자가 얻는 값은 $(2L/c)/\sqrt{1-u^2/c^2}$(식 (15.5))가 된다. 다시 말해서, 우주선에 타고 있는 관찰자가 담배에 불을 붙이고 있을 때 바깥의 관찰자가 그 모습을 보았다면(우주선은 투명한 재질로 만들어졌다고 가정하자), 모든 행동이 실제보다 '느리게' 진행되는 것처럼 보인다는 뜻이다. 물론, 우주선에 타고 있는 관찰자에게는 이런 현상이 전혀 느껴지지 않는다. 그러므로 우리는 운동하는 물체의 길이가 수축된다는 사실 이외에 "운동하는 시계는 정지 상태에 있을 때보다 느리게 간다"는 것도 사실로 받아들여야 한다. 속도 u로 움직이는 우주선 안에서 관찰자가 자신의 시계를 정확하게 1초 동안 바라보았다면, 바깥에 있는 관찰자에게 그 시간은 1초가 아니라 $1/\sqrt{1-u^2/c^2}$초가 되는 것이다.

움직이는 좌표계에서 시간이 느리게 가는 현상은 기존의 상식과 지나치게 다르기 때문에 조금 더 설명할 필요가 있다. 이 현상을 이해하기 위해, 시계가 움직일 때 어떤 현상이 일어나는지를 찬찬히 따져보기로 하자. 그런데 시계의 구조가 복잡하면 우리의 논리도 그만큼 복잡해질 것이므로, 가능한 한 단순한 시계를 떠올리는 것이 유리할 것 같다. 그래서 지금부터 간단한 시계 하나를 소개하려고 한다. 이 시계는 구조가 지나치게 단순하여 여러분에게는 시계같이 보이지도 않겠지만, 다음과 같은 원리로 작동되는 어엿한 시계이다—가느다란 막대의 양끝에 두 개의 거울이 서로 마주보고 있고, 그 사이에서 빛이 왕복 운동을 하고 있다. 빛이 아래쪽 거울을 때릴 때마다 '째깍'거리면서 시계가 작동된다. 이제, 똑같은 크기의 시계를 두 개 만들어서 시간을 정확하게 맞춰놓았다면, 이후로 두 시계는 항상 같은 시간을 가리킬 것이다. 거울 사이를 왕복하는 빛의 속도가 항상 c로 일정하기 때문이다. 이제, 두 개의 시계 중 하나를 우주선에 타고 있는 관찰자에게 선물로 기증했다고 하자. 그 사람은 시계를 지탱하는 막대가 우주선의 진행 방향에 수직이 되도록 해놓았다.

따라서 우주선이 움직인다 해도 막대의 길이(빛이 왕복 운동을 하는 거리)는 변하지 않는다.

등속으로 움직이는 우주선에 탑재된 시계는, 그 안에 같이 타고 있는 관찰자가 볼 때, 지상에 있을 때처럼 아무런 이상 없이 잘 작동할 것이다. 만일 그렇지 않다면 그는 자신이 타고 있는 우주선이 등속 운동을 하고 있음을 시계를 통해 알 수 있게 되는데, 이것은 상대성의 원리에 정면으로 위배된다. 따라서 우주선 안의 시계는 여전히 정상적으로 작동되어야만 한다. 그런데, 이 모든 상황을 외부에 있는 관찰자가 보았다면(우주선의 벽은 투명한 재질로 되어 있다), 거울 사이를 왕복하는 빛의 경로는 수직 방향이 아니라 톱날처럼 지그재그형으로 보일 것이다. 우주선과 함께 시계도 등속 운동을 하고 있기 때문이다. 우리는 앞에서 마이컬슨-몰리의 실험으로부터 빛의 지그재그형 경로를 이미 다룬 바 있다. 그림 15-3에서 보는 바와 같이, 어떤 주어진 시간 동안 시계 막대의 이동 거리는 우주선의 속도 u에 비례하고 그 시간 동안 빛이 진행한 거리는 c에 비례하며, 두 거울 사이의 수직 거리는 $\sqrt{c^2 - u^2}$에 비례한다.

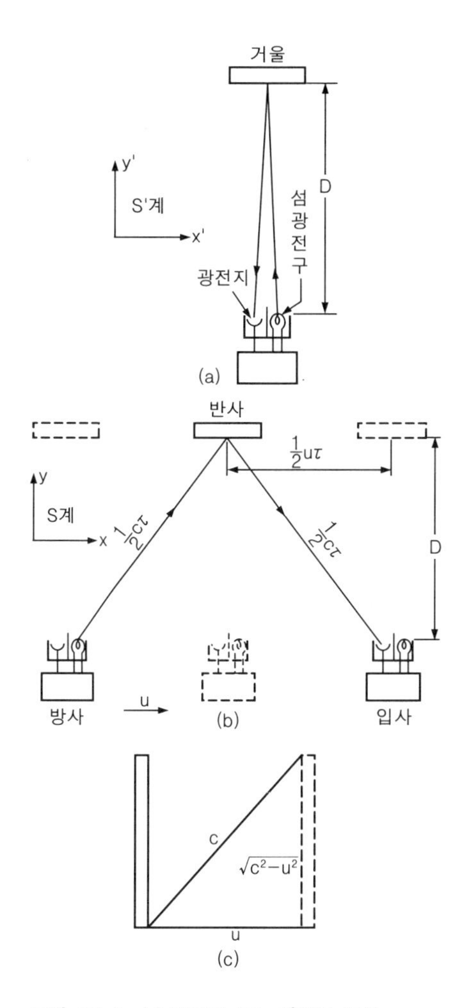

그림 15-3 (a) 정지해 있는 S′계의 시계
(b) S계와 함께 움직이고 있는 시계
(c) 움직이는 시계에서 빛이 진행하는 사선 경로의 예

이는 곧 '움직이는 시계'에서 빛이 거울 사이를 한 번 왕복하는 데 걸리는 시간이 '정지해 있는 시계'에서보다 오래 걸린다는 뜻이다. 따라서 우주선 안에 있는 시계는 외부의 관찰자가 볼 때 정상적인 시계보다 느리게 간다(느려지는 정도는 c와 $\sqrt{c^2 - u^2}$의 비율에 따라 결정된다. 이 값은 직삼각형에 관한 피타고라스의 정리로부터 유도될 수 있다). 그림에서 보는 바와 같이, 우주선의 속도 u가 커질수록 그 안에 있는 시계는 더욱 느리게 간다. 이런 현상은 두 개의 거울로 만들어진 특별한 시계에만 적용되는 것이 아니다. 어떠한 원리로 만들어진 어떤 시계이건 간에, 그것이 움직이는 우주선 안에 있기만 하면 한결같이 동일한 정도로 느려진다. 다른 시계에 대하여 구체적인 논리를 펴지 않고서도 우리는 이것을 마음껏 주장할 수 있다. 왜 그럴까?

이 질문에 답하기 위해 또 한 쌍의 시계를 새로 도입하자. 이들은 바퀴와 기어로 작동되는 시계일 수도 있고, 방사능 붕괴 현상을 이용한 시계일 수도 있다. 어떤 원리로 작동하건 상관없다. 이 한 쌍의 시계를 앞서 도입했던 거울시계와 정확하게 맞추어 놓았다고 가정하자. 거울시계가 한 번 '째깍'거릴 때마다 새로 도입한 시계 역시 모종의 신호를 보내도록 설계되어 있다(빛이나 소리, 혹은 다른 종류의 신호일 수도 있다). 이제, 이 시계까지 우주선에 추가로 싣고 날아간다면 어떻게 될 것인가? 지금 우주선 안에는 두 종류의 시계가 있다. 하나는 거울시계이고 또 하나는 방금 도입한 역학적 시계이다. 그런데 역학적 시계는 아무리 살펴봐도 늦게 갈 이유가 전혀 없을 것 같다. 그러므로 움직이는 우주선 안에서 두 시계는 각기 다른 시간을 가리키게 될 것이다. 과연 그럴까?—아니다! 절대로 그렇지 않다! 만일 두 시계가 서로 맞지 않는다면 우주선에 타고 있는 관측자는 이 차이로부터 자신(우주선)의 속도를 알아낼 수 있다는 뜻인데, 이것은 앞에서 누누이 강조했던 것처럼 절대 불가능한 일이다. 따라서 우주선에 어떤 종류의 시계를 탑재했건 간에, 그 시계는 무조건 느리게 가야만 하며, 느려지는 정도는 먼저 탑재했던 거울시계와 정확하게 같아야 하는 것이다.

우주선 안에 있는 모든 시계가 한결같이 느려지면 그 안에 타고 있는 사람은 시계가 느리게 간다는 사실을 확인할 방법이 없다. 이것을 확인하려면 어차피 다른 종류의 시계가 또 필요하기 때문이다. 따라서 등속으로 움직이는 우주선 내부에서는 시계만 느리게 가는 것이 아니라 '시간 자체'가 느리게 간다고 보아야 한다. 즉, 우주선 안에서는 사람의 맥박과 사고 작용, 담배에 불을 붙이는 데 걸리는 시간, 심지어는 나이를 먹는 속도까지도 모두 느리게 진행된다. 그러나 이 모든 현상들은 느려지는 정도가 모두 똑같기 때문에 우주선의 내부에서는 시간의 지연 현상을 전혀 느끼지 못한다. 생물학자나 의사들은 우주선 안에서 암세포의 번식 속도가 느려진다는 사실에 회의를 느낄지도 모른다. 그러나 현대 물리학의 관점에서 볼 때 이것은 분명한 사실이다. 만일 그렇지 않다면 암세포의 번식 속도를 측정하여 우주선의 운동 속도를 결정할 수 있게 되고, 그 여파로 상대성 원리는 당장 와해되고 말 것이다!

운동에 의한 시간의 팽창 현상은 뮤-중간자(μ-meson)라는 소립자 덕분에 사실임이 확인되었다. 이 입자는 우주 공간에서 우주선(cosmic ray)을 따라 지구로 쏟아져 내리는데, 수명이 아주 짧아서 한 번 생성된 후에 2.2×10^{-6}초가 지나면 스스로 분해되어 사라진다. 따라서 μ-중간자가 거의 광속으로 내달린다고 해도 살아 있는 동안 기껏해야 600m 정도를 갈 수 있을 뿐이다. 그런데 거의 10km 상공에서 생성된 μ-중간자가 지표면까지 내려와서 입자감지기에 도달하는 경우가 종종 있다. 이런 일이 어떻게 가능한 것일까? 해답은 바로 시간 팽창에 있다. μ-중간자는 자신이 느낄 때 2.2×10^{-6}초 밖에 살지 못하지만, 지표면으로 접근하는 속도가 거의 광속에 가깝기 때문에 우리가 '느끼는' μ-중간자의 수명은 훨씬 더 길어진다. 그 길어지는 정도는 μ-중간자의 속도를 u라고 했을 때 $1/\sqrt{1 - u^2/c^2}$에 비례하며, 이렇게 얻은 값은 관측 결과와 아주 정확하게 일치한다.

우리는 μ-중간자가 붕괴되는 이유도 모르고, 내부 구조에 대해서도 아는 것이 없다. 그러나 μ-중간자 역시 상대성 원리를 따른다는 사실만은 분명하다. 우리가 알고 있는 우주의 피조물 중에서 이 원리로부터 자유로운 존재는 아직까지 단 한 번도 발견되지 않았다. 그리고 상대성 원리를 적용함으로써 많은 사실들을 새롭게 알게 되었다. 예를 들어, μ-중간자의 특성을 전혀 모르는 상태에서도 이 입자의 '늘어난' 수명을 계산할 수 있다. μ-중간자의 이동 속도가 광속의 0.9배라면 늘어난 수명은 $(2.2 \times 10^{-6})/\sqrt{1 - 9^2/10^2}$초이며, 이 값은 관측 결과와 훌륭하게 일치한다(지표면까지 도달하는 μ-중간자의 이동 속도는 광속의 0.998 배이다 : 옮긴이).

15-5 로렌츠 수축(Lorentz contraction)

이제, 로렌츠 변환(식 15.3)으로 관심을 돌려서 정지된 좌표계 (x, y, z, t)

와 움직이는 좌표계 (x', y', z', t') 사이의 관계를 좀더 구체적으로 알아보자. 앞으로는 편의를 위하여 정지 좌표계를 S 계, 또는 조의 좌표계라 부르고, 이동 좌표계는 S' 계, 또는 모의 좌표계라 부르기로 한다. 식 (15.3)의 첫 번째 식은 운동 방향으로 물체의 길이가 줄어든다는 로렌츠의 가설에 기초를 두고 있다. 그러나 우리는 이것을 물리적으로 증명해야 한다. 어떻게 증명할 수 있을까? 우리는 마이컬슨-몰리의 실험에서 $B - C$ 방향의 거리가 변하지 않는다는 것을 이미 알고 있다. 그리고 두 줄기의 빛은 항상 '동시에' 들어왔다. 따라서 실험 결과를 설명하려면 $B - E$ 방향의 거리가 $\sqrt{1 - u^2/c^2}$ 배 만큼 줄어들었다고 생각할 수밖에 없다. 이 수축 현상은 무엇을 의미하는가? x 방향을 따라 움직이고 있는 S' 계에서, 모가 특정 지점(P)까지의 거리를 1m 짜리 자로 측정한다고 가정해보자(여기서 모가 얻는 값은 x 가 아니라 x' 이다 —그림 15-1 참조). 모는 자신의 자를 x' 번 옮기면 자의 끝이 정확하게 P 점에 도달한다는 사실을 확인하고, P 점까지의 거리가 x'm라는 결론을 내렸다. 그러나, S 계에 있는 조의 관점에서 보면 모가 사용하는 자는 길이가 이미 줄어들어 있기 때문에, 이것을 고려한 진짜 거리는 x'm 가 아니라 $x'\sqrt{1 - u^2/c^2}$ m로 보일 것이다. 그러므로 S' 계가 S 계로부터 ut 만큼 이동했다면 S 계에 있는 조는 P 점까지의 거리가 $x = x'\sqrt{1 - u^2/c^2} + ut$ 라고 주장할 것이다. 즉,

$$x' = \frac{x - ut}{\sqrt{1 - u^2/c^2}}$$

의 관계가 성립하며, 이것이 바로 로렌츠 변환의 첫 번째 식에 해당된다.

15-6 시간의 동시성(Simultaneity)

이와 비슷한 방법으로, 로렌츠 변환의 네 번째 식, 즉 시간의 변환에 대해 생각해보자. 이 식에서 가장 눈에 띄는 부분은 분자에 있는 ux/c^2 이다. 대체 이런 항이 왜 들어 있으며, 그 의미는 무엇인가? 모든 상황을 주도면밀하게 따져보면, 서로 다른 장소에서 발생한 두 개의 사건이 S 계에서 볼 때 동시였다 해도 S' 계에서는 그렇지 않음을 알 수 있다. 시간 t_0일 때 위치 x_1에서 하나의 사건이 발생하고, 같은 시간에(동시에) x_2 에서 또 하나의 사건이 발생했다고 가정해보자. 그런데, 두 사건이 일어난 시간을 S' 계에서 측정하여 t_1' 과 t_2' 을 얻었다면, $t_2' - t_1'$은 일반적으로 0이 아니라 다음과 같은 값을 갖는다.

$$t_2' - t_1' = \frac{u(x_1 - x_2)/c^2}{\sqrt{1 - u^2/c^2}}$$

이것이 소위 말하는 '동시성의 붕괴' 현상인데, 좀더 깊은 이해를 도모하기 위해 다음과 같은 실험을 생각해보자.

등속으로 움직이고 있는 우주선(S' 계) 안에 사람이 타고 있다. 이 사람은 우주선의 양 끝(선단과 후미)에 걸어놓은 두 개의 시계를 정확하게 일치시키

라는 특명을 받았다. 자, 어떻게 해야 할까? 방법은 여러 가지가 있다. 한 가지 방법은 두 시계의 중간 지점에 광원을 설치해놓고 어느 순간에 스위치를 올리는 것이다. 그러면 광원을 출발한 빛이 두 시계에 '동시에' 도달하게 되고, 시계에 달려 있는 광 센서가 작동하면서 두 시계는 정확히 '동시에' 0시 00분으로 세팅될 수 있을 것이다. 우주선의 승무원은 이런 식으로 두 시계를 맞춰놓고 임무가 완료되었음을 본부에 타전하였다. 자, 과연 임무가 완수되었을까? 두 개의 시계는 누가 봐도 같은 시간을 가리킬 것인가? 이 모든 상황을 우주선의 바깥에 있는 S 계에서 다시 한번 바라보자. 광원의 스위치를 올려서 빛이 시계를 향하여 나아가는 것은 이전과 동일하다. 그러나 우주선의 선단에 걸려 있는 시계는 지금 우주선과 함께 등속 운동을 하고 있다. 다시 말해서, 이 시계는 빛으로부터 '도망가고'있는 것이다. 물론, 우주선의 속도는 빛의 속도보다 느릴 것이므로 언젠가는 빛이 시계에 도달하겠지만, 그때까지 소요되는 시간은 우주선이 정지해 있을 때보다 분명히 길어진다. 그리고 반대편(후미)에 걸려 있는 시계는 빛을 '마중을 나오고' 있으므로 빛이 도달할 때까지 걸리는 시간이 짧아진다. 그러므로 S' 계에서 동시에 일어난 사건이라 해도, S 계에서는 전혀 동시가 아닌 것이다!

15-7 4차원 벡터(Four Vectors)

로렌츠 변환을 좀더 주의 깊게 살펴보자. 로렌츠 변환식을 11장에서 논했던 좌표변환과 비교해보면 흥미로운 사실을 알게 된다. 11장에서는 x-y 좌표계와 이를 θ만큼 회전시켜서 얻어진 x'-y' 좌표계 사이의 관계를 다루었는데, 그 결과는 다음과 같았다.

$$x' = x\cos\theta + y\sin\theta \tag{15.8}$$
$$y' = y\cos\theta - x\sin\theta$$

여기서 보면, 새롭게 얻어진 x' 좌표 값은 기존의 x와 y로 표현되며, y'도 마찬가지이다. 이와 마찬가지로, 로렌츠 변환을 가하여 새롭게 얻어진 x' 좌표는 기존의 x와 t로 표현되고, t'도 역시 x와 t로 표현된다. 그러므로 로렌츠 변환은 일종의 '회전 변환'으로 생각할 수 있다. 단, 여기서 말하는 회전은 단순한 공간의 회전이 아니라 '시간과 공간'이 함께 회전되는 다소 기이한 회전을 의미한다. 이러한 유사성을 조금 더 확장하면, 회전을 시켜도 변하지 않는 불변량을 다음과 같이 만들어낼 수 있다.

$$x'^2 + y'^2 + z'^2 - c^2t'^2 = x^2 + y^2 + z^2 - c^2t^2 \tag{15.9}$$

이 식에서 좌, 우변에 있는 처음 세 개의 항은 3차원 공간에서 관측한 원점으로부터의 거리를 의미한다. 일반적인 3차원 공간의 회전 변환이라면 이 세 항의 합이 보존되겠지만, 식 (15.9)에서 보다시피 로렌츠 변환에서는 이 값이 보존되는 게 아니라 여기에 무언가가 추가된 양이 보존된다. 그러므로, 로렌츠 변환하에서 보존되는 양을 쉽게 표현하려면 4개의 성분을 가지는 새로운 벡터를 정의하는 것이 편리하다. 이것이 바로 4차원 벡터(four vector)이며, 각 성분은 로렌츠 변환하에서 로렌츠 변환식을 따른다.

4차원 벡터라고 해서 크게 유별난 존재는 아니다. 그동안 우리가 다루어 왔던 공간 차원의 3차원 벡터에 시간과 관련된 성분이 하나 더 추가된 것뿐이다. 그러나 그 물리적 의미는 매우 의미심장하다. 등속 운동을 하는 좌표계는 정지해 있는 좌표계에 로렌츠 변환을 가하여 얻어지는데, 이 과정에서 시간과 공간이 하나의 좌표 체계로 묶여서 '섞인다'는 뜻이다.

다음 장에서는 이 개념을 더욱 확장하여 운동량까지 4차원 벡터로 정의할 것이다. 이렇게 정의하면 처음 세 개의 성분은 기존의 운동량에 해당되고 네 번째 성분은 자연스럽게 에너지와 관련된다.

15-8 상대론적 역학

지금부터, 로렌츠 변환을 고려했을 때 고전 역학의 법칙이 어떻게 변하는지를 생각해보자(길이와 시간의 변화에 대해서는 충분히 언급했지만, 질량이 증가하는 이유는 아직 설명하지 않았다. 이 문제는 다음 장에서 자세하게 다룰 예정이다). 뉴턴의 운동 방정식에 상대론적 질량(식 (15.1))을 대입시키면 어떤 파급 효과가 나타날 것인가? 일단은 뉴턴의 방정식에서 시작해보자. 다들 아는 바와 같이, 힘은 시간에 대한 운동량의 변화율로 정의되어 있다.

$$\mathbf{F} = d(m\mathbf{v})/dt$$

상대성 이론에서도 운동량은 여전히 mv이다. 그러나 질량 m은 더 이상 보존되지 않고 물체의 속도 v에 따라 변한다. 그러므로 상대론적 운동량은 다음과 같이 표현된다.

$$\mathbf{p} = m\mathbf{v} = \frac{m_0\mathbf{v}}{\sqrt{1 - v^2/c^2}} \tag{15.10}$$

이것이 바로 뉴턴 법칙의 '아인슈타인 버전'이다. 이렇게 수정을 가하면 뉴턴의 운동량 보존 법칙은 여전히 성립한다. 즉, 질량을 불변량으로 취급한 상태에서 운동량 보존을 주장했던 뉴턴의 역학은 엄밀한 의미에서 볼 때 잘못된 역학이었다. 운동량을 식 (15.10)의 형태로 정의해야 운동량 보존 법칙이 제대로 맞아 들어가는 것이다.

물체의 속도에 따라 운동량이 어떻게 변하는지 알아보자. 뉴턴 역학에서 운동량은 물체의 속도에 정비례하는 양이었다. 그런데 식 (15.10)에 주어진 상대론적 운동량은 전혀 그렇지가 않다. 물체의 속도 v가 광속에 비해 아주 느릴 때에는 분모가 거의 1에 가까워서 뉴턴의 역학이 맞는 것처럼 보이지만, v가 c에 근접하면 분모가 0에 가까워져서 운동량 자체는 거의 무한대가 된다.

한 물체에 아주 긴 시간 동안 꾸준하게 힘을 가하면 어떤 일이 일어날 것인가? 뉴턴의 역학에 의하면 속도가 꾸준히 증가하여 결국에는 빛의 속도를 추월하게 된다. 그러나 상대론적 역학에서 이런 일은 절대로 발생하지 않는다. 물체에 힘을 가하면 속도가 증가하고, 속도가 증가하면 질량도 따라서 증가하기 때문에 시간이 흐를수록 물체의 가속도는 작아지게 된다. 그러다가 물체의 속도가 거의 광속 c에 가까워지면 질량은 거의 무한대가 되어 더 이상 물체를 가속시키는 것이 불가능해진다. 이런 현상은 물리학 실험실에서 매일같이 일어나고 있다. 칼텍(Caltech, 캘리포니아 공과 대학)의 실험실에서 초고속으로 가속된 전자의 경로를 인위적으로 바꿀 때, 뉴턴의 역학으로 계산한 결과보다 무려 2000배나 큰 힘을 가해야 한다. 다시 말하자면, 입자 가속기 안에서 가속되고 있는 전자의 질량이 정지 상태의 질량보다 2000배나 크다는 뜻이다. 이 정도면 양성자보다도 무겁다! 질량 m이 정지 질량 m_0 보다 2000배까지 커지려면 $1-v^2/c^2$이 1/4000000쯤 되어야 하는데, 이렇게 되려면 전자의 속도는 빛 속도의 0.9999999배가 되어야 한다. 이 정도로 가속된 전자와 빛을 달리기 선수 삼아 1km 구간에서 경주를 시킨다면 빛이 얼마나 빨리 도착하게 될까?—빛은 전자보다 불과 0.1mm 앞서서 결승점을 통과하게 된다! (대기 중에서는 빛의 속도가 조금 느려지기 때문에 가시광선으로 경주를 시키면 전자가 이길 수도 있다. 만일 빛 쪽에 돈을 걸었다면 가시광선 대신 감마선을 출전시키는 게 좋을 것이다) 전자를 계속해서 가속시키면 질량은 한없이 늘어나지만 전자의 속도는 결코 광속을 초과하지 못한다.

상대론적 질량의 변화에 대하여 좀더 생각해보자. 여기 기체가 들어 있는 조그만 탱크가 있다. 기체의 온도를 높이면 기체 분자의 운동 속도가 증가하게 되고, 그에 따라 분자의 질량도 증가하여 기체 전체의 무게도 증가한다. 분자의 속도가 c보다 많이 느린 경우, 질량 증가에 관한 공식은 이항 정리를 이용한 근사식 $m_0/\sqrt{1-v^2/c^2}=m_0(1-v^2/c^2)^{-1/2}$으로 대치시켜서 다음과 같이 쓸 수 있다.

$$m_0(1-v^2/c^2)^{-1/2}=m_0\left(1+\frac{1}{2}v^2/c^2+\frac{3}{8}v^4/c^4+\cdots\right)$$

v가 작으면 위 식의 우변은 매우 빠른 속도로 수렴하여 처음 2 ~ 3개의 항만 취해도 거의 정확한 결과를 얻을 수 있다. 따라서

$$m\cong m_0+\frac{1}{2}m_0v^2\left(\frac{1}{c^2}\right) \tag{15.11}$$

이 된다. 여기서, 우변의 두 번째 항은 분자의 속도가 빨라지면서 늘어난 질량을 나타낸다. 분자의 운동 속도는 온도의 제곱근에 비례하므로, 질량은 온도에 직접 비례하는 셈이다. 그런데, $\frac{1}{2}m_0v^2$은 뉴턴 역학에서 말하는 운동 에너지에 해당되므로, 결국 질량의 증가량은 운동 에너지의 증가량을 c^2으로 나눈 것과 같다고 볼 수 있다. 즉, $\Delta m=\Delta(\text{K.E.})/c^2$이다.

15-9 질량-에너지 등가 원리

아인슈타인은 지금까지의 논리를 바탕으로, 질량을 표현하는 아주 단순하면서도 심오한 관계식을 발견하였다. 상대론적 질량은 식 (15.1)로 표현할 수도 있지만, 전체 에너지를 c^2으로 나눈 값을 질량으로 놓으면 모든 것이 퍼즐조각처럼 맞아 떨어졌던 것이다. 식 (15.11)의 양변에 c^2을 곱하면

$$mc^2 = m_0c^2 + \frac{1}{2}m_0v^2 + \cdots \tag{15.12}$$

이 되는데, 여기서 좌변은 물체가 갖고 있는 전체 에너지이며 우변의 두 번째 항은 운동 에너지이다. 아인슈타인은 좌변의 첫 번째 항 m_0c^2을 물체 고유의 '정지 에너지(rest energy)'라고 해석하였다.

"물체의 에너지는 항상 mc^2이다!"라는 아인슈타인의 주장으로부터, 속도에 따른 질량의 변화식 (15.1)를 증명해보자. 먼저, 정지해 있는 질량 m_0의 물체(정지 에너지 $= m_0c^2$)에서 시작하자. 이 물체에 힘을 가하면 움직이기 시작하면서 운동 에너지가 생긴다. 다시 말해서, 에너지가 증가했기 때문에 질량이 증가하는 것이다. 힘을 계속 가해주면 에너지와 질량도 계속해서 증가할 것이다. 13장에서 언급했던 대로, 시간에 대한 에너지의 변화율은 힘에 속도를 곱한 것과 같다. 이 관계를 벡터로 표현하면 다음과 같다.

$$\frac{dE}{dt} = \mathbf{F}\cdot\mathbf{v} \tag{15.13}$$

또, 내 강의록의 1권 9장의 식 (9.1)에 의해 $F = d(mv)/dt$이다. 이 관계를 식 (15.13)에 대입하면

$$\frac{d(mc^2)}{dt} = \mathbf{v}\cdot\frac{d(m\mathbf{v})}{dt} \tag{15.14}$$

를 얻는다. 이제, 이 방정식을 풀어서 m을 구하고자 한다. 양변에 $2m$을 곱하면

$$c^2(2m)\frac{dm}{dt} = 2mv\frac{d(mv)}{dt} \tag{15.15}$$

가 되고, 이 식의 양변을 적분하면 미분 기호가 사라지면서 m을 구할 수 있게 된다. 적분을 간단히 하기 위해 위의 식을 조금 고쳐서 써보자. $(2m)dm/dt$는 시간에 대한 m^2의 미분과 같고, $(2m\mathbf{v})\cdot d(m\mathbf{v})/dt$는 시간에 대한 $(mv)^2$의 미분과 같다. 따라서 식 (15.15)는 다음과 같이 쓸 수 있다.

$$c^2\frac{d(m^2)}{dt} = \frac{d(m^2v^2)}{dt} \tag{15.16}$$

두 양을 미분한 것이 서로 같다는 것은 이 두 개의 양이 아무리 달라봐야 상수만큼의 차이밖에 나지 않는다는 뜻이다. 이 상수를 C라고 하면

$$m^2c^2 = m^2v^2 + C \tag{15.17}$$

를 얻는다. 이제 상수 C의 값을 결정하면 된다. 식 (15.17)은 v값에 상관없이 항상 성립해야 하므로, $v = 0$인 경우를 대입하면(이 경우, $m = m_0$이다),

$$m_0^2c^2 = 0 + C$$

가 되어, $C = m_0^2c^2$으로 결정된다. 따라서 식 (15.17)은

$$m^2c^2 = m^2v^2 + m_0^2c^2 \tag{15.18}$$

이 된다. 이제 양변을 c^2으로 나누고 약간의 이동을 거치면

$$m^2(1 - v^2/c^2) = m_0^2$$

이 되며, 이로부터

$$m = m_0/\sqrt{1 - v^2/c^2} \tag{15.19}$$

을 얻는다. 이 결과는 식 (15.1)과 정확하게 일치하며, 식 (15.12)가 성립하기 위한 필요조건이기도 하다.

일상적인 경우에, 에너지의 변화로 야기되는 질량의 변화는 극히 미미하여 우리의 눈에는 거의 감지되지 않는다. 그러나, TNT 20000톤급의 원자폭탄이 폭발한 후에 찌꺼기로 남은 반응 물질의 질량은 폭발 전의 질량과 비교할 때 불과 1그램이 모자랄 뿐이다. 즉, 1그램의 질량이 $\Delta E = \Delta(mc^2)$를 통해 에너지로 변환되면, 그것이 곧 원자폭탄의 위력을 발휘한다는 뜻이다. 질량-에너지의 등가 원리는 입자들이 수시로 소멸되는 실험실에서도 완벽하게 입증되었다. 정지 질량이 m_0인 전자와 양전자를 서로 가까이 접근시키면 어느 순간에 갑자기 붕괴되면서 두 줄기의 감마선이 방출되는데, 각각에 담긴 에너지는 m_0c^2로서, 아인슈타인의 예견과 정확하게 일치한다. 이로부터 우리는 정지해 있는 물체들도 에너지를 갖고 있음을 알 수 있다.

CHAPTER 16
상대론적 에너지와 운동량

16-1 상대성 이론과 철학자들

이 장에서는 아인슈타인과 푸앵카레의 상대성 이론을 계속 다루면서, 이 이론이 물리학을 비롯한 인간의 사고방식에 어떤 영향을 미쳤는지 살펴보기로 한다.

푸앵카레는 상대성 원리에 관하여 다음과 같은 말을 남겼다—"상대성 원리에 의하면 물리학의 법칙들은 서로에 대하여 등속 운동을 하고 있는 모든 관찰자에게 동일한 형태로 나타난다. 그러므로 이 관찰자들은 어떤 수단을 동원한다 해도 자신의 운동 상태를 알아낼 방법이 없다."

상대성 이론이 학계에 처음 발표되었을 때, 가장 민감하게 반응한 사람은 당시의 철학자들이었다. "오, 그거 아주 간단하군 그래. 아인슈타인의 상대성 이론에 의하면 모든 것이 상대적이란 말이지! 상대적이 아닌 것이 언제는 있었나? 이 대단한 아이디어는 현대인의 사고방식에 깊은 영향을 줄 게 틀림없다구. 물리학은 자연 현상이 관측자의 기준계에 따라 달라진다는 것을 증명했지. 정말 대단해! 이렇게 당연한 사실을 그토록 어렵게 알아내다니 말이야!" 사실, '상대적'이라는 단어는 일상생활 속에서 수시로 사용되고 있기 때문에, 상대성 이론 속에 담겨진 정확한 의미를 파악하기란 결코 쉽지 않다. 언뜻 생각해보면, 모든 것이 상대적이라는 상대성 이론의 주장은 별로 참신해 보이지 않는다. 관측자의 관점에 따라 모든 현상이 다르게 보인다는 것은 어느 모로 보나 지극히 당연한 사실이기 때문이다. 그런데 왜 아인슈타인은 이런 당연한 사실을 새삼 강조하면서 상대성 이론이라는 거창한 이론까지 만들어야 했을까? 산책로를 걸어가다 보면 맞은편에서 오는 사람들의 앞모습이 먼저 보이지만, 그들이 지나친 다음에 뒤를 돌아보면 뒷모습이 보인다. 이런 것이 어떻게 새로운 이론이 될 수 있다는 말인가? 철학적 관점에서 볼 때, 상대성 이론은 "사람의 앞모습과 뒷모습은 다르게 생겼다"고 주장하는 것과 별로 다를 것이 없다. 철학자들은 상대적 관점이라는 것을 '장님 코끼리 만지기' 우화의 수준에서 이해하고 있을지도 모른다. 관점이 다르면 모든 사물은 다르게 보일 수밖에 없다.

그러나 상대성 이론은 이런 하찮은 사실들을 주장하고 있는 것이 아니다. 거기에는 훨씬 더 깊은 의미가 담겨 있다. 왜 그런가? 우리는 상대성 이론을 이용하여 미지의 자연 현상을 설명할 수 있기 때문이다! 모든 것이 상대적이라는 단순한 사실로부터 자연의 행동 양식을 예측할 수 있다면, 거기에는 무언가 엄청난 진리가 숨어 있는 것이다.

또 다른 학파의 철학자들은 "절대로 움직이지 않는 무언가를 기준으로 삼지 않고서는 자신의 절대적인 속도(어떤 의미에서는 '진정한' 속도)를 알 수 없다"는 주장에 이의를 제기하였다. 그들은 아마 이렇게 말하고 싶을 것이다 — "자신의 속도를 알기 위해 바깥을 보아야만 한다는 것은 너무도 당연한 이야기다. 물리학자들은 멍청한 구석이 있어서 지금까지 다른 식으로 생각하고 있다가 이제서야 그 사실을 깨달은 것 같다. 만일 우리 철학자들이 그 문제를 연구했다면 '바깥을 보지 않고는 내가 얼마나 빠르게 움직이고 있는지 알 수 없다'는 사실을 눈 깜짝할 새에 알아내어, 물리학에 커다란 공헌을 할 수 있었을 것이다." 우리 주변에서 이런 철학자들은 쉽게 찾을 수 있다. 그들은 사물의 겉모습만 보고 우리에게 무언가를 설명하려고 애쓰지만, 정작 문제의 핵심에 관해서는 아는 것이 거의 없다.

우리가 절대 운동을 관측할 수 없다는 것은 사고를 통해 알아낸 담론이 아니라 엄밀한 실험을 거치면서 알게 된 사실이다. 예를 들라면 얼마든지 들 수 있다. 과거에 뉴턴은 "등속으로 직선 운동을 하고 있는 관측자는 자신의 속도를 알 수 없다"고 천명하였다. 사실, 뉴턴이 제일 먼저 알아낸 것은 운동의 법칙이 아니라 바로 상대성 원리였다. 그런데 왜 뉴턴 시대의 철학자들은 "모든 것은 상대적이다"라고 주장했던 뉴턴의 상대성 원리에 대해 아무런 비난도 하지 않았을까? 맥스웰의 전자기학이 완성된 후에야 비로소 바깥을 보지 않고도 자신의 속도를 알 수 있음을 암시하는 물리 법칙이 나타났기 때문이다. 물론, 얼마 가지 않아 그런 것은 불가능하다는 사실이 실험으로 확인되었다.

바깥을 보지 않고는 자신의 속도를 알 수 없다는 것이 과연 절대적으로, 확실하게, 철학적으로, 반드시 규명해야만 하는 이슈일까? 상대성 이론은 분명히 철학의 발전에도 커다란 기여를 했다. 철학자들은 말한다. "당신은 당신이 관측한 대상만을 정의할 수 있다! 비교할 대상이 없는 상태에서 속도를 측정할 수 없다는 것은 자명한 사실이다. 따라서 절대 속도라는 개념은 아무런 의미가 없다. 물리학자들은 자신이 관측한 대상에 대해서만 말할 수 있음을 명심해야 한다." 그러나 이것이 바로 문제다. 절대 속도를 정의할 수 있는지의 여부는 바깥을 보지 않고도 자신의 속도를 '실험적으로' 알아낼 수 있는지의 여부에 전적으로 달려 있다. 다시 말해서, 측정 가능성의 여부는 머리의 사고 과정을 통해 결정되는 것이 아니라, 오로지 실험을 통해 결정되어야 하는 사안인 것이다. 초속 100,000km로 달리는 자동차를 탄 채로 바깥으로 지나가는 빛의 속도를 측정하여 300,000km라는 결과를 얻었을 때, 그 빛의 속도가 도로에 서 있는 관측자에게도 300,000km로 보일 것이라고 조용하게 말할 수 있는 철학자는 아마도 거의 없을 것이다. 그들에게 이것은 매우 충격적인 사실이다. 실험적으로 입증된 사실을 제시해도 그들은 받아들이지 않을 것이다.

바깥을 보지 않고서는 어떤 운동도 감지할 수 없다고 주장하는 철학사조도 있다. 그러나 이것은 물리적 관점에서 볼 때 어불성설이다. 만일 여러분이 앉아 있는 이 강의실이 통째로 회전하고 있다면, 여러분의 몸은 한결같이 벽쪽으로 밀려갈 것이다. 회전 운동에 의한 원심력이 작용하기 때문이다. 지구가 하나의 축을 중심으로 자전하고 있다는 것도, 바깥의 별을 봐야만 알 수 있는 사실이 아니다. 푸코(Foucault)의 진자가 움직이는 모습만 봐도 지구의 자전은 금방 알아낼 수 있다. 따라서, "모든 것은 상대적이다"라는 말은 엄밀한 의미에서 볼 때 사실이 아니다. '바깥을 보지 않고는 감지될 수 없는 것'은 오로지 등속 운동뿐이다. 하나의 축을 중심으로 돌아가는 '등속 원운동'은 분명히 감지될 수 있다(등속 원운동은 가속 운동이다 : 옮긴이). 이런 이야기를 철학자에게 해주면, 그는 결코 이해하지 못할 것이다. 바깥을 보지 않고 원운동을 감지하는 것이 그에게는 불가능해 보이기 때문이다. 만일 그 철학자가 제법 신중한 사람이었다면 잠시 생각에 잠긴 후에 이렇게 말할 것이다. "이제 알겠습니다. 절대 운동이란 원래 없는 거니까, 모든 원운동은 '저 별들에 대하여 상대적인' 원운동으로 이해할 수 있겠지요. 그리고 저기 있는 별들이 어떤 식으로든 원운동 하는 물체에 영향을 미쳤기 때문에 원심력이 생기는 거구요."

여러분 모두가 알고 있다시피, 이 말은 사실일 수도 있다. 지금의 지식으로는 별과 은하, 성운 등이 하나도 없을 때에도 원심력이 여전히 작용하는지를 확인할 방법이 없기 때문이다. 실험을 위해 모든 천체들을 몽땅 제거할 수는 없지 않은가? 그래서 철학자의 주장을 수용하는 듯한 자세를 보이면 그는 또 이렇게 말할 것이다. "결국 절대적인 원운동이란 의미가 없습니다. 외부의 천체들에 대한 상대적인 원운동만이 의미를 가질 수 있습니다." 우리는 그에게 묻는다. "그럼 내가 탄 자동차가 외부의 별들에 대하여 상대적으로 등속 직선 운동을 하는 경우에도 별들로부터 어떤 영향을 받는다는 말입니까?" 절대 운동은 없고 오로지 천체들에 대한 상대 운동만이 의미를 갖는다는 것은 말로 아무리 주장해봐야 소용없다. 그것은 오로지 실험을 통해 확인되어야 한다.

그렇다면 상대성 이론의 철학적 의미는 무엇인가? 물리학자들이 상대성 이론을 통해 제시했던 아이디어와 추론만을 고려한다면 다음과 같이 요약할 수 있다 — 첫째로는, 오랜 세월 동안 진리로 군림하면서 제아무리 정확한 결과를 주었던 법칙이라 해도, 새로운 실험 결과 앞에서는 얼마든지 틀린 법칙으로 판명될 수 있다는 것이다. 뉴턴의 법칙이 틀렸다는 것은 충격적인 사건임에 틀림없지만, 그렇다고 해서 뉴턴 시대의 물리학자들이 부주의했음을 의미하는 것은 아니다. 과거에는 물리적 대상이 되었던 물체의 속도라는 것이 빛의 속도와 비교할 때 너무나 느렸기 때문에 상대론적 효과가 거의 나타나지 않았던 것뿐이다. 그러나 이 하나의 사건을 계기로 과학자들은 엄청나게 겸손해져야만 했다. "모든 것은 언제든지 틀린 것으로 판명될 수 있다!"는 뼈아픈 교훈을 얻었기 때문이다.

둘째로, 움직이는 계에서 시간이 느리게 간다는 등의 아이디어가 우리에게 아무리 생소하다 해도, 그것이 마음에 들지 않는다는 이유로 부정할 수는 없다는 것이다. 이론의 수용 여부를 결정하는 것은 개인적인 선호도가 아니라 오로지 실험 결과뿐이다. 황당무계한 아이디어를 두고 우리가 이렇게 긴 이야기를 늘어놓고 있는 이유는 그것이 실험 결과와 잘 일치하기 때문이다.

마지막으로, 물리학자들은 상대성 이론을 연구하면서 '물리 법칙의 대칭성'이 얼마나 유용한 개념인지를 깨닫게 되었다. 조금 다르게 표현하자면, 모종의 변환을 가해도 물리 법칙이 변하지 않는, 그런 변환을 찾아냄으로써 자연에 대한 이해의 깊이를 더해갈 수 있다는 것이다. 예전에 배웠던 바와 같이, 운동의 기본 법칙들은 좌표를 회전시켜도 그 형태가 변하지 않는다. 그리고 앞장에서 설명했던 것처럼, 물리학의 법칙들은 로렌츠 변환이라는 시공간의 특수한 변환에 대하여 형태가 변하지 않는다. 일반적으로 기본적인 법칙의 형태를 바꾸지 않는 변환들은 우리에게 유용한 정보를 제공해준다.

16-2 쌍둥이 역설(Twin paradox)

로렌츠 변환에 관한 후속 이야기는 나중에 하기로 하고, 그 유명한 '쌍둥이 역설'에 관하여 잠시 생각해보자. 피터와 폴은 같은 날, 같은 시간에 태어난 쌍둥이 형제이다. 이들은 훌륭하게 자라서 우주비행사가 되었는데, 불행히도 피터는 건강상의 이유로 우주선에 탑승하지 못하고 지상 근무를 하게 되었다. 어느 날, 폴을 태운 우주선이 발사되어 엄청난 속도로 우주 여행을 시작하였다. 지상에 있는 피터가 우주선의 내부를 볼 수 있다면, 폴이 차고 있는 시계와 폴의 맥박, 생각의 진행 속도 등 우주선 내부에서 일어나는 모든 사건들이 지상에서보다 느리게 진행되는 광경을 보게 될 것이다. 물론, 폴의 입장에서 보면 모든 것이 정상적으로 진행되고 있다. 이런 식으로 오랜 시간 동안 우주 여행을 한 후에 지구로 귀환했다면, 승무원 폴은 지상에 남은 피터보다 젊어 있을 것이다! 우리의 상식에서 벗어난 결과이긴 하지만, 상대성 이론에 의하면 이것은 분명한 사실이다. 빠른 속도로 움직이는 뮤-중간자(μ-meson)가 지상에 있을 때보다 더 오래 사는 것처럼, 폴은 빠른 속도로 우주를 여행하면서 피터보다 천천히 늙은 것이다. 그런데 이 상황은 상대성 이론의 핵심을 "모든 운동은 상대적이다"라고 어설프게 이해하면서, 이론 자체에 회의를 품고 있는 사람들에게 결정적인 반박의 기회를 제공한다. 그들은 이렇게 반문할 것이다. "음핫핫…! 그래요? 폴이 귀환하면 피터보다 젊은 상태란 말이죠? 그럼 이건 어떻게 설명할 겁니까? 방금 말한 그 운동은 상대성 이론에 의하면 우주선이 제자리에 그대로 있고 지구가 반대편으로 여행을 한 후 우주선이 있는 곳으로 되돌아온 것과 똑같아야 하지 않겠어요? 그런데 이 경우에는 지구가 운동을 했으니, 피터가 더 젊은 상태가 되지 않겠습니까! 동일한 현상에서 두 개의 다른 결과가 나온다는 것은 분명한 모순이니까, 결국 시간이 늦게 간다는 주장은 틀린 것이 되겠군요. 문제의 대칭성에 의해 어느 경우에나 두 사람의 나이는 같아야 합니다. 제 말이 틀렸습니까?" 그렇다. 틀렸다. 폴이 먼 거리를 여행한 후 원래의 위치로 돌아오려면 어디선가 U-턴을 해야 한다. 즉, 우주선이 가속(감속) 운동을 해야만 하는 것이다. 그런데 우주선이 가속 운동을 하면 폴은 대번에 그것을 '느낄' 수 있다. 모든 물체는 관성(inertia)이라는 성질을 갖고 있으므로, 운동 상태가 변하면 우주선 안의 물건들과 폴의 몸이 특정 방향으로 쏠리게 된다. 반면에, 피터는 제자리에 가만히 있었으므로 아무런 힘도 느끼지 않을 것이다.

그러므로 폴과 피터의 사례는 전혀 역설이 아니다. "두 사람 중 가속도를 느낀 쪽이 더 젊다"는 것이 이 문제의 정답이다. 앞에서 뮤-중간자의 수명이 길어지는 현상을 예로 들었을 때, 우리는 이 입자가 대기 중에서 등속 직선 운동을 한다는 가정을 세웠었다. 그러나 실험실에서 자기장을 적당히 걸어주어 뮤-중간자가 원운동을 하게 만들어도 수명은 여전히 길어진다. 우주 공간에서 쌍둥이 역설을 실험으로 확인하기는 어렵지만, 두 개의 뮤-중간자를 대상으로 실험을 해보면 결과는 언제나 똑같다. 즉, 하나의 뮤-중간자를 제자리에 고정시키고 다른 하나를 고속으로 원운동시키면 원운동을 한 중간자가 항상 수명이 길어지는 것이다. 뮤-중간자가 완전하게 한 바퀴 돌아서 원위치로 돌아오는 실험은 아직 실행하지 못했지만, 부분적인 원운동만으로도 우리의 주장은 입증될 수 있다. 폴이 우주선을 타고 먼 우주를 여행한 후에 어디선가 U-턴을 하여 지구로 귀환했다면, 그는 분명히 피터보다 젊은 모습을 하고 있을 것이다.

16-3 속도의 변환

아인슈타인의 상대성 이론과 뉴턴의 고전 역학 사이의 가장 중요한 차이점은 서로에 대하여 등속 운동을 하고 있는 두 좌표계가 있을 때, 이들 사이를 연결해주는 변환식이 다르다는 것이다. 올바른 변환식은 로렌츠의 변환식이며, 구체적인 관계는 다음과 같다.

$$\begin{aligned} x' &= \frac{x - ut}{\sqrt{1 - u^2/c^2}} \\ y' &= y \\ z' &= z \\ t' &= \frac{t - ux/c^2}{\sqrt{1 - u^2/c^2}} \end{aligned} \tag{16.1}$$

이것은 상대 운동의 방향이 x축과 일치하는 비교적 간단한 경우의 변환식이다. 임의의 방향으로 상대 운동이 일어나는 경우에는 x, y, z, t가 모두 섞이면서 로렌츠의 변환식이 훨씬 더 복잡한 형태를 띠게 된다. 그러나 식 (16.1)에는 상대성 이론의 기본적인 특성이 모두 함축되어 있기 때문에, 더 복잡한 상황은 따로 고려할 필요가 없다.

이 변환식의 의미를 좀더 자세하게 음미해보자. 먼저, 이 식을 거꾸로 풀어보면(즉, x, y, z, t를 x', y', z', t'으로 표현한다는 뜻이다) 매우 재미있는 결과가 얻어진다. 이렇게 만들어진 변환식은 '움직이는 좌표계에서 봤을 때 정지해 있는 좌표계가 어떤 모습으로 보이는지'를 말해주기 때문이다. 두 개의 좌표들은 등속-상대 운동을 하고 있으므로, 각 좌표계에 있는 관찰자들은 서로 "나는 정지해 있고 상대방이 움직인다"고 주장할 수 있다. 두 사람의 주장은 모두 옳다. 단, 관점에 따라서 상대방의 속도는 u도 될 수 있고 $-u$도 될 수 있으므로, 관점을 바꾼 좌표변환식을 얻으려면 원래의 식에 있는 u의 부호를 바꿔주면 된다. 물론, 이 결과는 식 (16.1)을 단순히 이항하여 얻을 수도 있다. 만일 두 개의 결과가 서로 일치하지 않는다면 상대성 이론은 그야말로 커다란 난관에 봉착하는 셈이다. 여러분 각자 확인해보기 바란다.

$$
\begin{aligned}
x &= \frac{x' + ut'}{\sqrt{1 - u^2/c^2}} \\
y &= y' \\
z &= z' \\
t &= \frac{t' + ux'/c^2}{\sqrt{1 - u^2/c^2}}
\end{aligned}
\tag{16.2}
$$

다음으로는 상대성 이론의 유별난 결과 중 하나인 '속도의 합산' 문제를 생각해보자. 앞에서 잠시 언급했던 것처럼, 초속 300,000km로 전달되는 빛의 속도는 관찰자가 어떤 운동 상태에서 관측한다 해도 항상 동일한 값을 갖는다. 이 문제는 고전적 관점에서 볼 때 지독한 미스터리로서, 구체적인 사례를 들자면 다음과 같다—우주선 안에서 어떤 물체가 초속 200,000km로 움직이고 있다. 그리고 우주선 자체도 물체가 움직이는 방향으로 초속 200,000km로 비행하고 있다. 그렇다면 우주선 바깥에 있는 관찰자가 볼 때 이 물체의 속도는 얼마인가? 여러분은 초속 400,000km라고 대답하고 싶을 것이다. 그러나 이는 분명히 빛의 속도보다 빠르다. 상대성 이론은 빛보다 빠른 속도를 금지하고 있으므로 초속 400,000km는 정답이 될 수 없다! 무엇이 잘못되었는가? 이 문제의 일반적인 해법은 다음과 같다.

우주선 내부에서 움직이고 있는 물체의 속도를 v라 하고(이 속도는 우주선의 몸체에 대한 상대 속도이다), 지구에 대한 우주선의 상대 속도를 u라 하자. 우리가 알고 싶은 것은 지구상에서 관측한 물체의 x축 방향 속도 v_x이다. 물론, 지금 우주선 안에서 움직이고 있는 물체는 임의의 방향으로 진행할 수 있지만, 문제의 단순화를 위해 x축 방향으로 움직인다고 가정하자(따라서 우주선도 x축 방향으로 움직이고 있다). 물체의 속도에 y방향이나 z방향의 성분이 있는 경우에는 계산만 조금 더 복잡해질 뿐, 근본적으로 달라지는 것은 없다. 자, 이제 우주선 내부에서 관측한 물체의 속도를 $v_{x'}$이라 하면, 이동 거리 x'은 여기에 시간 t'을 곱하여 얻어진다.

$$
x' = v_{x'} t' \tag{16.3}
$$

이제, 우주선 바깥에서(지구에서) 바라본 물체의 위치와 시간은 식 (16.3)을 식 (16.2)에 대입하여 얻을 수 있다. 먼저, 위치를 구해보면 다음과 같다.

$$x = \frac{v_{x'}t' + ut'}{\sqrt{1 - u^2/c^2}} \tag{16.4}$$

여기서 x는 t가 아닌 t'으로 표현되어 있는데, 이 x를 t'으로 나눈 결과를 속도라고 우기면 곤란하다. x는 분명히 우주선의 바깥에서 바라본 물체의 위치이기 때문에, 이 관점에서 속도를 계산하려면 바깥에서 느끼는 시간, 즉 t를 시간으로 채택해야 한다. 내가 관측한 위치(x)와 다른 사람이 느끼는 시간(t')으로 계산된 속도는 아무런 의미가 없다! 따라서 우리는 t도 구해야 한다. 식 (16.2)와 (16.3)을 이용하여 얻은 결과는 다음과 같다.

$$t = \frac{t' + u(v_{x'}t')/c^2}{\sqrt{1 - u^2/c^2}} \tag{16.5}$$

이제, x를 t로 나눠서 속도를 구해보면

$$v_x = \frac{x}{t} = \frac{u + v_{x'}}{1 + uv_{x'}/c^2} \tag{16.6}$$

을 얻는다. 이것이 바로 우리가 구하려고 했던 법칙이다. 바깥에서 바라본 물체의 속도는 두 속도(우주선 안에서 관측한 물체의 속도와 우주선 자체의 속도)를 단순히 더하는 것이 아니라, 더한 결과를 $1 + uv/c^2$으로 나눠주어야 하는 것이다.

이 결과의 여파는 가히 상상을 초월한다. 만일 당신이 우주선 안에서 $c/2$(광속의 반)의 속도로 달리고 있고 우주선도 $c/2$로 달리고 있다면, 바깥에서 바라본 당신의 속도는

$$v = \frac{\frac{1}{2}c + \frac{1}{2}c}{1 + \frac{1}{4}} = \frac{4c}{5}$$

가 된다. $1/2 + 1/2 = 1$이 되지 않고 $4/5$가 된 셈이다. 물론, 물체와 우주선의 속도가 빛의 속도와 비교할 때 아주 느렸다면 분모에 있는 $1 + uv/c^2$는 무시할 수 있을 정도로 작아지기 때문에, 두 속도를 그냥 더해도 거의 정확한 속도를 얻을 수 있다. 그러나 물체의 속도가 빨라지면 단순한 덧셈값과 커다란 차이를 보인다.

그렇다면 극단적인 경우에는 어떻게 될까? 속도 u로 달리고 있는 우주선 안에서 빛이 우주선의 진행 방향으로 전달되고 있을 때, 바깥에서 바라본 빛의 속도는 얼마나 될 것인가? 답은 다음과 같다.

$$v = \frac{u + c}{1 + uc/c^2} = c\frac{u + c}{u + c} = c$$

즉, 달리는 우주선의 내부에서 바라본 빛의 속도와 우주선의 바깥에서 바라본 빛의 속도가 c로 똑같다! 그리고 아인슈타인의 상대성 이론은 이 결과로 인해 신뢰도를 한층 더 높인 셈이다. 앞에서 제시했던 모든 가설들이 기가 막히

게 맞아들어가지 않는가!

물론, 두 개의 속도가 서로 다른 방향일 수도 있다. 예를 들어, 우주선 내부의 물체는 위쪽을 향해 $v_{y'}$의 속도로 움직이고 우주선은 수평 방향으로 진행하고 있다면, 동일한 계산을 y에 대해 반복하여 바깥에서 바라본 물체의 속도를 구할 수 있다.

$$y = y' = v_{y'}t'$$

$v_{x'} = 0$이라면 v_y는 다음과 같다.

$$v_y = \frac{y}{t} = v_{y'}\sqrt{1 - u^2/c^2} \tag{16.7}$$

즉, y 방향의 속도 역시 $v_{y'}$이 아니라 $v_{y'}\sqrt{1 - u^2/c^2}$이 되는 것이다. 이 결과는 좌표변환 공식의 결과이긴 하지만, 다음과 같이 상대성 이론의 기본 원리로부터 직접 구할 수도 있다(동일한 답을 다른 방법으로 다시 구해보는 것은 언제나 바람직한 학습 방법이다). 우리는 그림 15-3에서 움직이는 광자시계의 작동 원리를 이미 살펴보았다. 여기서 빛은 정지된 좌표계에서 볼 때 비스듬한 방향으로 속도 c로 진행하지만, 시계와 함께 움직이는 좌표계에서는 수직 방향을 향해 속도 c로 진행하고 있다. 정지된 좌표계에서 볼 때, 빛 속도의 수직 방향 성분은 $\sqrt{1 - u^2/c^2}$이다(식 15.3 참조). 이제, 광자시계의 내부에서 작은 금속 알갱이가 빛과 함께 왕복하고 있다고 가정해보자. 알갱이의 속도는 빛 속도의 $1/n$이다(n은 정수, 그림 16-1 참조). 그러면 알갱이가 유리판 사이를 한 번 왕복하는 동안 빛은 n번 왕복하게 된다. 즉, 입자시계가 한 번 '째깍' 소리를 낼 때마다 광자시계는 n번 '째깍'거리게 되는 것이다. 그런데 이 모든 상황은 시계 전체가 등속으로 운동을 하는 경우에도 똑같이 나타나야 한다. 왜냐하면 한 번 일치한 물리적 현상은 어떤 좌표계에서도 일치해야 하기 때문이다. 따라서 c_y는 빛의 속도보다 느렸으므로, v_y 역시 이와 동일한 비율로 느려져야 한다! 속도의 수직 성분에 $\sqrt{1 - u^2/c^2}$이 곱해진 것은 바로 이러한 이유 때문이다.

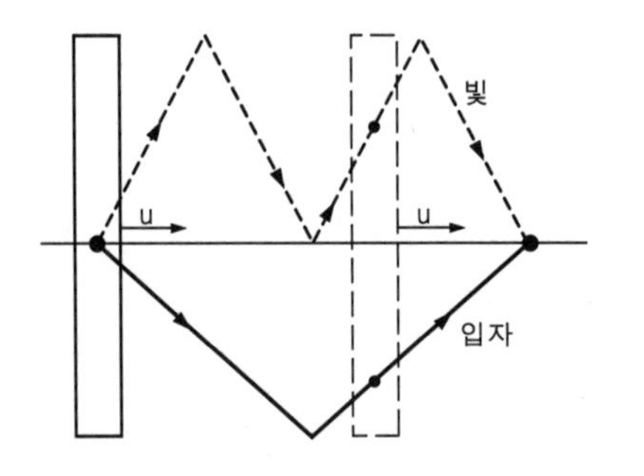

그림 16-1 등속 운동중인 광자시계의 내부—빛과 입자의 경로

16-4 상대론적 질량

앞장에서, 운동하는 물체의 질량이 정지 질량보다 커진다는 사실을 지적한 바 있다. 그러나 광자시계와 같이 구체적인 사례를 들어가면서 증명을 하진 않았다. 지금부터 이 법칙을 증명하고자 한다. 상대성 이론의 결과와 함께 몇 가지 가정을 내세우면 큰 어려움 없이 증명할 수 있다. 힘의 변환 법칙까지 고려해야 하는 복잡한 상황을 피하기 위해, 이 문제는 '충돌(collision)'이라는 개념으로 접근할 것이다. 충돌 문제를 풀 때에는 힘을 고려할 필요가 없다. 운동량과 에너지의 보존 법칙만 고려하면 모든 문제가 해결된다. 그리고 입자의 운동량은 움직이는 벡터로서, 항상 속도 벡터와 같은 방향이라는 가정도 추가하겠다. 그러나 운동량이 어떤 상수에 속도를 곱한 양이라는 뉴턴식의

정의는 포기하기로 한다. 그 대신에, 운동량을 '속도의 함수'로 가정하겠다. 따라서 입자의 운동량 벡터는 속도 벡터에 어떤 계수가 곱해진 형태로 표현될 수 있다.

$$\mathbf{p} = m_v \mathbf{v} \tag{16.8}$$

계수 m에 v라는 첨자를 붙인 이유는 이 값이 v에 따라 달라진다는 것을 강조하기 위함이다. 여러분은 조금 찜찜하겠지만, 지금부터 m_v를 '질량'이라 부르기로 하겠다. 나중에 이 값이 질량과 전혀 상관없는 양으로 판명된다면, 그때 가서 이름을 바꿔 불러도 늦지 않을 것이다. 물론, 속도가 느리면 이 값은 우리가 알고 있는 질량과 일치한다. 지금부터 우리가 할 일은 물리학의 법칙들이 모든 좌표계에서 동일한 형태를 갖는다는 상대성 원리를 이용하여 $m_v = m_0/\sqrt{1 - v^2/c^2}$ 임을 증명하는 것이다.

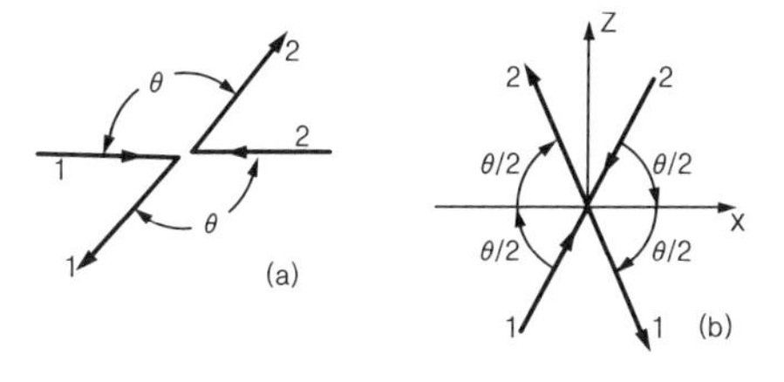

그림 16-2 반대 방향에서 같은 속력으로 다가오다가 충돌하는 두 동일 입자의 탄성 충돌을 두 가지의 다른 관점에서 바라본 모습

두 개의 입자, 예를 들어 두 개의 양성자가 똑같은 속력으로 상대방 쪽을 향해 다가간다고 상상해보자. 충돌 전의 전체 운동량은 당연히 0이다. 이들이 충돌하면 무슨 일이 일어날 것인가? 충돌 후에 이들의 경로는 어떻게든 바뀌겠지만, 방향이 정반대라는 것만은 변치 않을 것이다. 만일 그렇지 않다면 전체 운동량 $\neq 0$이 되어 운동량 보존 법칙에 위배되기 때문이다. 그리고 이들은 완전히 동일한 입자이기 때문에 충돌 후의 속력도 서로 같아야 한다. 사실, 여기에 에너지 보존 법칙까지 고려하면 충돌 후의 속력은 충돌 전의 속력과 같다. 따라서, 그림 16-2(a)에 예시된 탄성 충돌 과정은 필름을 거꾸로 돌려도 전혀 하자가 없다(운동 에너지가 보존되는 충돌을 탄성 충돌이라 한다 : 옮긴이). 그림 속의 모든 화살표는 길이가 같은데, 이는 입자의 빠르기(속력)가 동일하다는 뜻이다. 그림에 표시된 θ와 화살표의 길이는 어떤 값도 가질 수 있다고 가정한다. 또한, 이 충돌 사건은 보는 각도를 돌려서 관측해도 달라지는 것이 없으므로 편의를 위해 그림 16-2(b)와 같이 좌표축을 돌려서 바라보기로 하자. 이것은 그림 16-2(a)의 충돌을 다시 재현한 것에 불과하다. 바라보는 각도를 돌려도 물리 법칙은 변하지 않기 때문이다.

이제, 여기서 한 가지 재주를 부려보자. '같은 속력으로 서로 다가오다가 부딪히는 동일 입자 두 개의 충돌 사건'을 다른 관점에서 서술하는 것이다. 예를 들어, 입자 1의 속도의 수평 방향 성분(x-성분)과 동일한 속도로 달리는 자동차를 타고 가면서 그림 16-2(a)의 충돌 사건을 관측한다고 생각해보자. 이런 경우, 관측자의 눈에는 입자 1이 수직 방향으로만 움직이는 것처럼 보일 것이므로, 위쪽으로 진행하다가 입자 2와 충돌한 후 다시 아래로 되튀는 것처럼 보일 것이다. 이 상황을 도식으로 표현하면 그림 16-3(a)와 같다. 그리고 입자 2는 속도의 수평 성분이 더 커져서 그림 16-2(a)의 경우보다 빠르게 보일 것이며, 충돌 후에 형성되는 각도는 더 작아질 것이다. 그러나 입자의 경로와 x축 사이의 각도는 충돌 전이나 충돌 후나 똑같을 것이다. 이제, 입자 2의 수평 방향 속력을 u라 하고, 입자 1의 수직 방향 속력을 w라 하자.

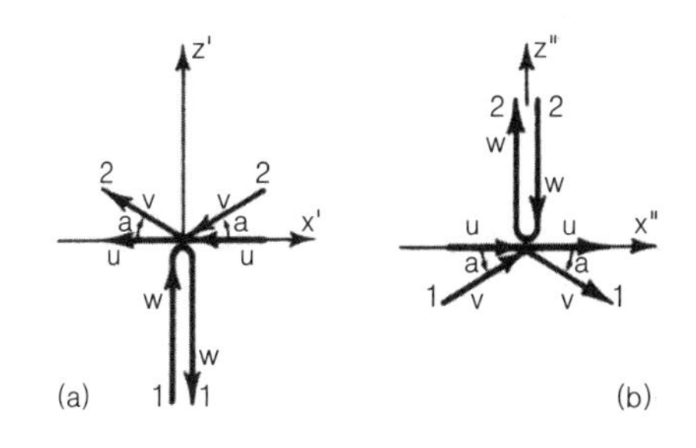

그림 16-3 움직이는 자동차에서 바라본 충돌 사건

그렇다면 입자 2의 수직 방향 속도인 $u\tan\alpha$는 얼마인가? 이 값을 알면

우리는 수직 방향에 운동량 보존 법칙을 적용하여 운동량의 구체적인 형태를 알 수 있게 된다. 수평 방향의 운동량이 보존되는 것은 분명하다—입자 1은 수평 방향의 운동량이 항상 0이고, 입자 2는 충돌 전/후의 속력이 z축을 중심으로 대칭을 이루기 때문이다. 따라서 수직 방향 속도인 $u\tan\alpha$에 대하여 운동량 보존 법칙을 적용하기만 하면 된다.

그런데 이 충돌을 또 다른 관점에서 보면 수직 방향의 속력을 쉽게 구할 수 있다! 그림 16-3(a)의 충돌을 오른쪽 → 왼쪽으로 진행하는 속도 u의 자동차에서 본다면 그림 16-3(b)처럼 된다. 이 경우, 입자 2는 w의 속력으로 상하 운동만 하게 되고, 입자 1의 속력의 수평 방향 성분은 u로 나타날 것이다. 그러므로 식 (16.7)에 의해서 입자 1의 수직 방향 속도는 $w\sqrt{1-u^2/c^2}$이 된다. 또한 수직 방향으로 움직이는 입자의 운동량 변화는 다음과 같다.

$$\Delta p = 2m_w w$$

(앞에 2가 곱해진 이유는 빠르기의 변화 없이 방향만 정반대로 바뀌었기 때문이다.) 사선 방향으로 진행하는 입자는 질량이 m_v이며, 속도는 u와 w라는 성분을 갖는다. 따라서 이 입자의 수직 방향 운동량의 변화는 우리의 가정 식 (16.8)에 의해 $\Delta p' = 2m_v w\sqrt{1-u^2/c^2}$으로 쓸 수 있다(특정 방향의 운동량 성분은 그 속도에 대응하는 질량에 그 방향의 속도 성분을 곱한 것으로 가정했었다). 그러므로 전체 운동량이 0이 되려면 수직 방향의 운동량들은 서로 상쇄되어야 하며, 바로 이 조건으로 인해 m_w와 m_v의 비율은 다음과 같아야 한다.

$$\frac{m_w}{m_v} = \sqrt{1-u^2/c^2} \tag{16.9}$$

이 결과에, $w \to 0$의 극한을 취해보자. w가 아주 느린 경우, v와 u는 거의 같은 값이 되어 $m_w \to m_0$, $m_v \to m_u$가 되고, 최종적으로 다음의 결과를 얻는다.

$$m_u = \frac{m_0}{\sqrt{1-u^2/c^2}} \tag{16.10}$$

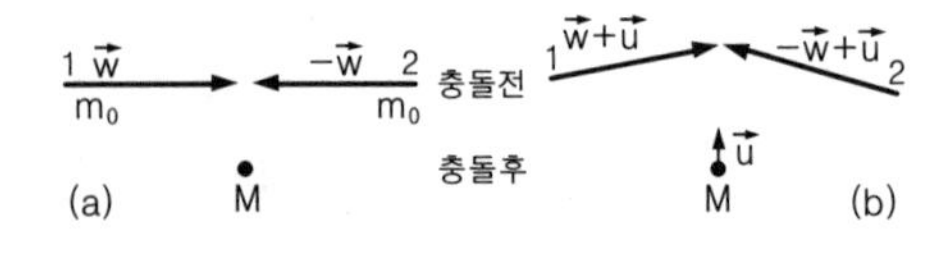

그림 16-4 질량이 같은 두 물체의 비탄성 충돌을 두 가지 다른 관점에서 본 그림

식 (16.10)을 질량으로 간주했을 때, 식 (16.9)가 임의의 w에 대해 항상 성립하는지를 확인해보자. 속도 v는 직각 삼각형의 정리를 통해 다음과 같이 구할 수 있다.

$$v^2 = u^2 + w^2(1-u^2/c^2)$$

이 관계식에 $w \to 0$의 극한을 취하면 $v = u$가 되어, 여전히 우리의 예상과 일치한다.

이제, 운동량이 보존된다는 것과 물체의 질량이 식 (16.10)과 같이 속도에 따라 변한다는 것을 사실로 받아들였을 때, 추가로 어떤 결론을 더 내릴 수 있는지 알아보자. 이를 위해서는 비탄성 충돌(inelastic collision) 문제를 고려해야 한다. 같은 종류의 두 물체가 동일한 속력 w로 다가와서 충돌한 뒤한 몸이 되어 그 자리에 정지한 경우를 생각해보자. 이 상황은 그림 16-4(a)에 예시되어 있다. 정지 질량 m_0인 물체가 w의 속력으로 움직일 때, 그 물체의 질량은 앞에서 언급했던 바와 같이 $m_0/\sqrt{1-w^2/c^2}$으로 증가한다. 여기에 운동량 보존 법칙과 상대성 원리를 적용하면 두 물체가 하나로 합쳐진 후의 질량을 구할 수 있다. 계산상의 편의를 위해, u가 아주 작은 경우를 생각해보자(일반적인 u에 대해서도 똑같은 논리를 적용할 수 있지만, u가 아주 작다고 가정하면 계산이 훨씬 쉬워진다). 그리고 이 충돌 과정을 $-u$의 속력으로 움직이는 엘리베이터를 탄 채로 관측한다고 가정해보자. 이 상황은 그림 16-4(b)에 그려져 있다. 충돌 후에 생성된 물체(두 물체가 하나로 합쳐진 것)의 질량은 아직 알 수 없다. 이 값은 M이라고 하자. 물체 1의 수직 방향 속력 성분은 u이고, 수평 성분은 w와 거의 같다. 이것은 물체 2도 마찬가지이다. 충돌 후에 생성된 질량 M의 물체는 u의 속력으로 수직 상승 방향을 향해 움직이는데, 이 속력은 w와 비교해도 아주 작다. 어떠한 경우에도 운동량은 항상 보존된다고 가정했으므로, 충돌 전과 충돌 후의 운동량이 같다는 조건을 부가해보자. 과연 어떤 결과가 얻어질 것인가? 충돌 전의 운동량은 $p \sim 2m_w u$이고, 충돌 후의 운동량은 $p' = M_u u$이다. 그런데 u는 아주 작은 값이기 때문에 M_u는 M_0와 거의 같다. 이 두 개의 값이 같다는 조건으로부터 다음의 결과를 얻을 수 있다.

$$M_0 = 2m_w \tag{16.11}$$

보다시피, 두 개의 동일한 물체가 서로 충돌하여 한데 합쳐지면서 생성된 물체의 질량은 원래 물체의 두 배이다. 여러분은 지금 이렇게 말하고 싶을 것이다. "맞습니다. 그런데 그건 원래 당연한 결과 아닙니까? 어쨌거나 질량은 보존되어야 하니까요." 그러나 이것은 결코 '당연한' 결과가 아니다. 왜냐하면 m_w는 정지 질량이 아니라 운동을 하면서 '증가한' 질량이기 때문이다. 자세히 보라. M_0는 m_0의 두 배가 아니라 m_w의 두 배이다. 두 물체가 충돌한 후에 한 몸이 되어 정지한 경우에도 총 질량 M_0는 $2m_0$보다 크다. 그래야만 운동량 보존 법칙이 성립한다!

16-5 상대론적 에너지

앞에서 우리는 질량-속도의 함수 관계와 뉴턴의 법칙을 이용하여 중요한 결과를 유도하였다. 즉, 물체에 일을 가하여 생긴 운동 에너지의 변화는 항상 다음과 같은 형태로 나타난다는 것이다.

$$\Delta T = (m_u - m_0)c^2 = \frac{m_0 c^2}{\sqrt{1-u^2/c^2}} - m_0 c^2 \tag{16.12}$$

여기서 한 걸음 더 나아가, 물체가 갖는 총 에너지는 총 질량에 c^2을 곱한 것과 같다는 가설도 언급한 바 있다. 이 점에 대해 좀더 생각해보자.

질량이 같은 두 입자의 충돌 과정이 M의 내부에서도 계속 진행된다고 상상해보자. 예를 들어, 양성자와 중성자는 서로 충돌하여 한 몸으로 합쳐진 후에도 질량 M의 내부에서 여전히 움직일 수 있다. 이런 경우에 총 질량은 $2m_0$가 아니라 $2m_w$라는 것을 우리는 이미 증명하였다. 여기서, $2m_0$는 움직이고 있는 두 입자의 정지 질량에 해당되고, 합쳐진 물체가 갖는 초과분의 질량은 운동 에너지에 해당된다. 즉, 에너지도 일종의 '관성'을 갖고 있다는 뜻이다. 앞장에서 기체의 온도를 논할 때 말했던 것처럼 기체 분자는 항상 움직이고 있고, 움직이면 무거워지기 때문에, 기체에 에너지를 투입하면 분자의 속도가 빨라지면서 기체의 전체적인 무게가 증가한다. 그런데 이 논리는 기체 분자뿐만 아니라 모든 경우에 적용될 수 있는 일반적인 논리이다. 그러므로 두 개의 입자가 한데 합쳐지면서 어떤 형태로든 에너지를 생성했다면, 총 에너지는 합쳐진 물체의 질량 속에 모두 함축되어 있다고 말할 수 있다. 또한, 위에서 말한 질량 보존의 법칙은 에너지 보존의 법칙과 완전히 동등하다. 뉴턴의 고전 역학에 의하면, 질량 m_0인 두 개의 물체가 충돌하여 한데 합쳐지면서 $2m_0$짜리 물체가 만들어지는 것은 지극히 당연한 일이었다. 두 개의 물체가 맹렬한 속도로 움직이지 않고 아주 천천히 합쳐지는 경우에도 질량은 여전히 $2m_0$였다. 물론, 에너지 보존 법칙에 의하면 충돌로 생성된 물체의 내부에 운동 에너지가 존재하긴 하지만, 이것 때문에 물체의 질량이 변하지는 않았다. 그러나 상대성 이론은 그것이 불가능함을 말해주고 있다—충돌에 관여된 운동 에너지 때문에 물체는 더욱 무거워지고, 이전과는 다른 새로운 '생성물'이 만들어진다. 두 물체를 아주 부드럽게 하나로 합친다면 질량은 $2m_0$가 되겠지만, 힘을 가하여 강제로 합친 경우에는 어떤 형태로든 에너지가 투입되었기 때문에 두 물체의 무게를 합한 것보다 더 무거운 생성물이 만들어지는 것이다. 질량이 다른 물체는 결코 '동일한 물질'이라고 할 수 없다. 그러므로 상대성 이론에서는 운동량 보존 법칙과 에너지 보존 법칙이 동시에 고려되어야 한다.

이로부터 재미있는 결과를 유도할 수 있다. 예를 들어, 질량이 M이었던 물체가 두 개의 동일한 조각으로 분리되어 w의 속력으로 날아간다고 가정해 보자. 각 조각의 질량은 m_w이다. 그후, 날아가던 조각이 커다란 물체에 부딪히면서 정지했다면 그때의 질량은 m_0가 될 것이다. 그렇다면 커다란 물체에는 얼마나 많은 에너지가 전달되었을까? 앞에서 증명한 정리에 의하면 답은 $(m_w - m_0)c^2$이다. 이 에너지는 커다란 물체에 열에너지나 위치 에너지 등의 형태로 남게 될 것이다. 그리고 $2m_w = M$이므로, 방출된 에너지는 $E = (M - 2m_0)c^2$이다. 이것은 핵분열을 이용한 폭탄의 파괴력을 계산할 때 유용하게 사용되는 방정식이다. 우라늄 원자의 질량은 이미 알고 있으며, 우라늄이 분열되면서 생성되는 요오드와 제논 등의 질량도 이미 알고 있다(물론, 이 질량들은 운동 상태의 질량이 아니라 실험실에서 측정한 '정지 질량'이다). 즉, M과 m_0를 이미 알고 있는 셈이다. 따라서 이 값의 차이를 계산하면 질량 M이 반으로 갈라지면서 방출되는 에너지의 양을 구할 수 있다. 바로 이러한 이유 때문에 우리의 가엾은 아인슈타인 박사는 '원자 폭탄의 아버지'라는 무시무시한 악명을 얻게 되었다. 물론, 그는 다른 사람들보다 그 사실을 조금 먼저 알아낸 잘못밖에 없다. 우라늄 원자핵이 분열하면서 방출되는 에너지는 원자 폭탄 실험이 처음으로 실행되기 6개월 전에 계산되었으며, 원자 폭탄이 폭발한 현장에서 누군가가 폭발 에너지를 측정하였는데, 대략적인 값을 알고 난 후에는 아인슈타인의 공식에 더 이상 연연할 필요가 없음을 깨닫게 되었다. 그 일대의 모든 생명을 앗아갈 정도로 가공할 위력을 발휘했기 때문이었다. 그렇다고 해서 과연 아인슈타인이 우리에게 파괴를 가져다준 것일까? 물론 그렇지 않다. 내가 보기에 비난받아야 할 대상은 아인슈타인이 아니라, 물리학의 기술이 인류 역사에 미친 영향을 따지고 드는 매스컴과 호사가들이다. '어떠한 반응을 더욱 빠르고 효율적으로 일으키는 것'은 역사적인 영향과 전혀 다른 문제이다.

상대론적 에너지의 개념은 화학 분야에도 매우 커다란 영향을 미쳤다. 예를 들어, 이산화탄소 분자의 질량을 측정한 후에 이 값을 탄소 및 산소의 개별 질량과 비교하면 탄소와 산소가 결합하여 이산화탄소를 이루면서 밖으로 방출하는 에너지의 양을 알 수 있다. 문제는 질량의 차이가 너무 작아서 실험적으로 관측하기가 매우 어렵다는 것뿐이다.

이제, 다음의 질문을 생각해보자—운동 에너지에 m_0c^2을 더하면 과연 물체의 총 에너지인 mc^2이 될 것인가? 만일 우리가 질량 M 속에서 m_0를 구별하여 '볼 수' 있다면, "M의 일부는 정지 질량이고 일부는 운동 에너지이며, 나머지 일부는 위치 에너지다"라고 말할 수도 있을 것이다. 그러나 자연계에 존재하는 입자들이 이런 식으로 내부 구조를 갖는 사례는 지금까지 단 한 번도 발견된 적이 없다. 우리는 입자의 내부를 들여다볼 수 없다! 예를 들어, K-중간자가 두 개의 파이온(pion, π)으로 분해될 때에는 식 (16.11)을 따르지만, 그렇다고 K-중간자가 두 개의 파이온으로 이루어져 있다고 말하는 것은 의미가 없다. K-중간자가 세 개의 파이온으로 분해되는 경우도 있기 때문이다!

이제 우리는 새로운 개념을 받아들여야 한다—우리는 입자의 내부 구조를 굳이 알 필요도 없고, 알 수도 없다. 물체의 총 질량 mc^2을 정지 질량 에너지와 운동 에너지, 위치 에너지 등으로 세분하는 것은 종종 불가능할 뿐만 아니라 불편하기도 하다. 그저 물체의 총 에너지만 알고 있으면 된다. 우리는 모든 사물에 m_0c^2이라는 상수를 더해줌으로써, "물체의 총 에너지는 현재 운동 상태에 해당되는 질량에 c^2을 곱한 것과 같다"고 이해할 수 있다. 물론, 물체가 서 있을 때는 정지 질량에 c^2을 곱한 것이 총 에너지이다.

마지막으로, 속도 v와 운동량 P, 그리고 총 에너지 E는 비교적 단순한 관계식을 통해 서로 연관되어 있다. 정지 질량 m_0인 물체가 v의 속도로 움직일 때, 이 물체의 질량이 $m_0/\sqrt{1-v^2/c^2}$라는 표현은 사실 그다지 자주 쓰이지 않는다. 이것 대신에 다음의 관계식을 사용하는 것이 편리한 경우가 많다. 증명은 별로 어렵지 않으니 각자 해보기 바란다.

$$E^2 - P^2c^2 = m_0^2c^4 \tag{16.13}$$

그리고

$$Pc = Ev/c \tag{16.14}$$

CHAPTER 17
시공간

17-1 시공간의 기하학

상대성 이론은 서로 다른 좌표계에서 관측한 위치와 시간의 상호 관계가 우리의 직관과 다르다는 사실을 분명하게 확인시켜주었다. 로렌츠 변환식에 함축되어 있는 시간과 공간 사이의 관계는 상대성의 세계로 들어가는 가장 중요한 열쇠이기 때문에, 이 장에서는 이 문제에 대하여 더욱 자세히 살펴보기로 하겠다.

정지해 있는 관측사의 좌표계 (x, y, z, t)와 속도 u로 움직이고 있는 관측자의 좌표계 (x', y', z', t') 사이의 관계를 말해주는 로렌츠 좌표변환식은 다음과 같다.

$$
\begin{aligned}
x' &= \frac{x - ut}{\sqrt{1 - u^2/c^2}} \\
y' &= y \\
z' &= z \\
t' &= \frac{t - ux/c^2}{\sqrt{1 - u^2/c^2}}
\end{aligned}
\tag{17.1}
$$

이 식을 식 (11.5)와 비교해보자. 식 (11.5)는 원점을 중심으로 회전시킨 좌표계와 원래 좌표계 사이의 관계를 다음과 같이 서술하고 있다.

$$
\begin{aligned}
x' &= x\cos\theta + y\sin\theta \\
y' &= y\cos\theta - x\sin\theta \\
z' &= z
\end{aligned}
\tag{17.2}
$$

여기서, θ는 x축과 x'축(회전된 좌표계) 사이의 각도이다. 위의 식을 자세히 보면, 프라임($'$)이 붙어 있는 양과 프라임이 붙어 있지 않은 양들이 '혼합된' 형태로 되어 있다. 즉, 회전을 통해 새롭게 만들어진 x'은 x하고만 관계되는 것이 아니라 x, y 모두와 관련되어 있는 것이다. 이런 성질은 y'도 마찬가지이다.

회전 변환과 로렌츠 변환 사이의 유사점을 살펴보면 무언가 유용한 정보를 얻을 수 있을 것 같다. 우리는 사물을 바라보면서 '폭(width)'과 '깊이(depth)'라는 개념으로 대략적인 크기를 가늠한다[3차원 공간에서는 여기에 '높이(height)'

가 추가된다]. 그러나 동일한 물체를 다른 각도에서 바라보면 폭과 깊이는 얼마든지 달라질 수 있기 때문에, 이들이 사물의 본질이라고 할 수는 없다. 이럴 때 우리는 달라진 폭과 깊이를 원래의 폭과 깊이, 그리고 돌아간 각도로부터 계산하는 공식을 찾는 것이 상책이며, 식 (17.2)는 바로 그런 역할을 하고 있다. 만일 사물을 바라보는 각도를 바꿀 수가 없다면 우리는 항상 고정된 방향에서 한 가지 모습밖에 볼 수 없을 것이고, 좌표의 변환은 고려할 필요조차 없게 된다 — 우리는 언제나 '진짜' 폭과 '진짜' 깊이만을 볼 것이며, 이 값은 지금 우리가 알고 있는 폭이나 깊이와는 전혀 다른 의미를 갖게 될 것이다. 이 세계에서 사물의 폭과 깊이가 수시로 변해도 그것이 여전히 동일한 사물임을 알 수 있는 이유는, 우리가 그 주변을 이리저리 돌아다닐 수 있기 때문이다.

그렇다면 로렌츠 변환식도 이런 맥락으로 이해할 수 있을까? 여기에도 좌표가 혼합되는 현상이 존재한다. 로렌츠 변환을 가하면 시간과 공간이 섞이면서 나타나는 것이다. 다시 말해서, 한 사람이 측정한 공간상의 거리에는 다른 사람이 측정한 공간과 시간이 섞여 있다. 여러 좌표가 섞여서 나타나는 유사성으로부터, 시공간의 본질을 다음과 같이 이해할 수 있다 — 임의의 물체가 갖고 있는 진정한 '폭'과 '깊이'는 우리의 눈에 보이는 것보다 크다(직관적으로 대충 표현한 것이다. 사실, 엄밀히 따지면 '크다'는 표현은 적절치 않다). 물체의 폭과 깊이는 바라보는 각도에 따라 달라지기 때문이다. 관측 지점을 옮기면 우리의 두뇌는 눈에 보이는 폭과 깊이로부터 실제의 크기를 재빠르게 계산한다. 그러나 우리는 빛의 속도에 견줄 만한 빠르기로 운동하는 일이 거의 없기 때문에, 움직이면서 느껴지는 거리와 시간으로부터 '실제의' 거리와 시간을 다시 계산하지는 않는다. 이것은 마치 보는 각도를 고정한 채로 물체를 바라보는 상황과 비슷하다. 시공간을 '다른' 각도에서 바라보려면 엄청난 빠르기로 움직여야 하는데, 일상적인 생활에서는 그럴 만한 기회가 없기 때문이다. 만일 우리가 빛과 거의 비슷한 빠르기로 움직일 수 있다면, 다른 사람의 시간을 '뒤쪽에서' 바라볼 수 있을 것이다('뒤'라는 표현도 적절치는 않다. 그러나 어쩔 수가 없다. 시간의 이면을 칭하는 어휘가 없기 때문이다).

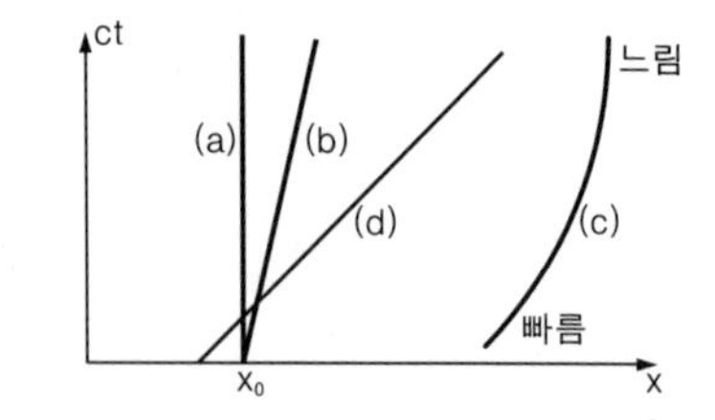

그림 17-1 시공간에 표현된 입자의 경로들 : (a) $\mathbf{x} = \mathbf{x}_0$에 정지해 있는 입자 (b) $\mathbf{x} = \mathbf{x}_0$에서 출발하여 등속으로 움직이는 입자 (c) 빠른 속도로 출발하여 점점 느려지는 입자

그러므로 우리는 보통 사물을 이런저런 각도에서 둘러보듯이, 시간과 공간을 여러 각도에서 바라볼 수 있는 새로운 세상을 머릿속에 떠올려야 한다. 예를 들어, 어떤 물체가 특정 시간 동안 공간상의 한 지점을 차지하고 있다면, 이 상황은 새로운 세상에서 하나의 '덩어리'로 표현될 수 있다. 그리고 관측자의 운동 속도가 변하면 그는 이 덩어리를 '다른' 각도에서 바라보게 된다. 공간상의 특정 위치와 특정 시간 간격을 하나의 기하학적 덩어리로 나타내는 이 새로운 세계의 이름이 바로 '시공간(space-time)'이다(따라서 시공간이란 단순히 시간과 공간을 줄여서 부르는 말이 아니라, 로렌츠 변환을 만족하는 최소한의 좌표들로 구성된 전혀 새로운 공간을 의미한다 : 옮긴이). 그리고 시공간상의 한 좌표 (x, y, z, t)는 '사건(event)'이라고 부른다. 종이 위에 수평 방향으로 x축을 그리고, 이를 기준으로 y, z축도 서로 수직하게 그린 후에 (종이 면과도 수직하게! — 사실 이건 불가능하다. 그래서 공간을 표현할 때 편의

상 y축과 z축은 생략한다 : 옮긴이) 수직 방향으로 z축을 그려보자. 그러면, 움직이는 입자는 이 좌표축 상에서 어떻게 표현될 것인가? 만일 입자가 완전히 정지해 있다면 입자의 x 좌표는 시간 t가 아무리 흘러도 변하지 않을 것이므로 그림 17-1(a)와 같이 t축에 평행한 직선으로 표현될 것이다. 반면에, 이 입자가 등속으로 움직이고 있다면 시간이 흐를수록 x값도 증가할 것이므로 그림 17-1(b)처럼 사선으로 나타날 것이다. 만일 입자가 처음에는 빠르게 움직이다가 시간이 흐르면서 감속되었다면 이 경우는 그림 17-1(c)에 해당된다. 다시 말해서, 두 개 혹은 그 이상으로 분해되지 않고 원래의 모습을 유지하는 입자는 그림 17-1의 시공간 도식상에서 하나의 선으로 나타낼 수 있다. 그리고 입자가 두 개 이상으로 분해되면, 분해되는 순간부터 각자 다른 위치를 점유한 채로 운동할 것이므로 두 개 이상의 갈라진 선으로 표현된다.

그렇다면 빛의 경로는 어떻게 될 것인가? 빛은 언제나 c라는 속도로 전달되기 때문에, 시공간에서는 고정된 기울기를 갖는 직선으로 표현된다(그림 17-1(d)).

지금까지 서술한 시공간 좌표계를 배경으로, 한 가지 사건을 서술해보자. 특정 방향으로 움직이던 입자가 위치 x, 시간 t에 갑자기 두 개의 조각으로 분리되어 각기 다른 방향, 다른 속도로 진행하고 있다. 이 사건을 다른 관점(이 사건을 바라보는 관측자에 대하여 등속 운동을 하고 있는 다른 관측자의 관점)에서 바라본다면, 그림 17-2(a)와 같이 원래의 좌표를 회전시켜서 얻은 새로운 좌표에서 서술해야 할 것이다. 그런데, 사실 이 그림은 옳지 않다. 식 (17.1)과 식 (17.2)는 수학적으로 동일한 변환식이 아니기 때문이다. 두 개의 변환식은 우변의 부호가 다를 뿐만 아니라, 하나는 $\cos\theta$와 $\sin\theta$로 표현되는 반면에, 다른 하나는 순수한 대수적 방정식으로 되어 있다(물론, 이 대수적 방정식을 코사인과 사인의 결합으로 표현하는 것이 불가능하지는 않다. 그러나 좌표변환의 특성을 이해하는 데 별로 도움이 되지는 않는다). 그러나, 두 개의 변환식이 닮았다는 것만은 분명한 사실이다. 앞으로 알게 되겠지만, 로렌츠 변환식의 우변의 부호가 다르기 때문에[갈릴레이 변환에서는 (+)인 반면, 로렌츠 변환에서는 (−)이다 : 옮긴이], 시공간을 보통의 기하학으로 가시화시키는 것이 불가능하다. 이 강의에서는 자세히 설명하지 않겠지만, 움직이는 관측자는 그림 17-2(b)처럼 빛의 진행을 나타내는 선을 중심으로 '각도가 좁혀진' 새로운 x', t'축을 사용해야 한다. 앞으로는 기하학보다는 주로 방정식을 이용하여 시공간의 특성을 설명할 것이다.

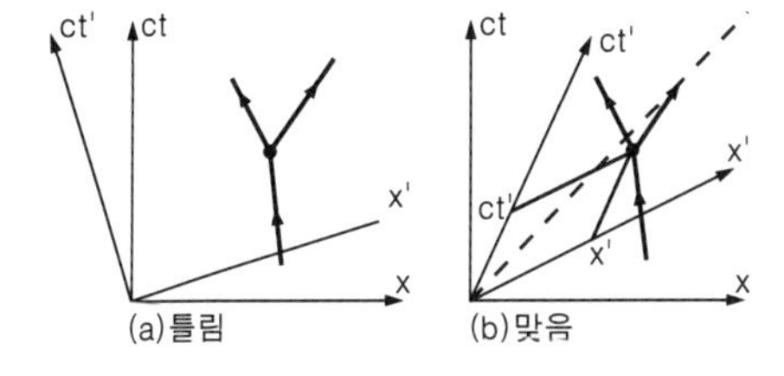

그림 17-2 시공간에서 두 개로 분해되는 입자의 표현 방법

17-2 시공간에서의 '간격(Intervals)'

시공간은 기존의 유클리드 기하학으로 표현될 수 없지만, 약간의 이질감을 감수한다면 기하학적인 이해를 도모할 수는 있다. 시공간을 표현하는 기하학적 좌표계가 정말로 존재한다면, 그것은 곧 좌표계와 무관하게 항상 같은 값을 갖는 함수(시간과 공간의 함수)가 존재한다는 뜻이다. 예를 들어, 통상적

인 공간 좌표에서 임의의 점 하나를 정해놓고 원점을 중심으로 좌표축을 회전시키면, 그 점의 좌표값은 변하겠지만 원점에서 그 점까지의 거리는 변하지 않는다. 즉, '두 점 사이의 거리'는 좌표의 회전에 대하여 불변량이라는 뜻이다. 원점과 임의의 점 (x, y, z) 사이의 거리는 $x^2 + y^2 + z^2$이다. 그렇다면, 시공간의 좌표에서도 이런 불변량이 존재할 것인가? ― 물론 존재한다. 약간의 계산을 해보면 $c^2t^2 - x^2 - y^2 - z^2$이 불변량임을 쉽게 알 수 있는데, 이 값은 로렌츠 변환을 가해도 변하지 않는다.

$$c^2t'^2 - x'^2 - y'^2 - z'^2 = c^2t^2 - x^2 - y^2 - z^2 \tag{17.3}$$

이 값은 3차원 공간 좌표에서 말하는 '거리'에 해당되며, 시공간에서는 '간격(interval)'이라고 부른다. 여기서 간격이라 함은 시공간에 있는 두 점(사건) 사이의 간격을 의미하는데, 식 (17.3)은 두 점 중 하나가 원점에 있는 경우의 간격을 표현한 것이다(사실, 엄밀히 말하자면 이 값은 간격이 아니라 '간격의 제곱'에 해당된다. $x^2 + y^2 + z^2$도 거리가 아니라 거리의 제곱임을 여러분은 잘 알고 있을 것이다). 굳이 '거리'가 아닌 '간격'이라는 새로운 용어를 도입한 이유는 거기에 적용되는 기하학 자체가 다르기 때문이다. 3차원의 거리와 비교할 때 부호 몇 개가 달라졌고 c라는 상수가 개입되어 있는 것이 눈에 띈다.

이제, 여기서 상수 c를 제거해보자. x, y, z로 이루어진 공간 좌표계에서는 두 개의 축을 맞바꿀 수도 있기 때문에 좌표축의 단위를 바꾸는 번거로운 작업을 할 필요가 없었다. 만일, 어떤 초심자가 물체의 폭과 깊이를 다른 단위(예를 들어, 미터와 마일 등)로 측정했다면 식 (17.2)와 같은 변환을 적용할 때 엄청나게 복잡하고 번거로운 과정을 거쳐야 한다. 이것은 어느 모로 보나 비효율적인 발상이므로, 좌표축의 눈금은 가능한 한 같은 단위로 통일시키는 것이 좋다. 식 (17.1)과 (17.3)을 보면, 시간과 공간은 x와 y처럼 '동등한' 자격을 갖고 있다. 좌표를 회전시켰을 때 x의 일부가 새로운 $y(y')$로 섞여 들어가듯이, 로렌츠 변환하에서 시간은 공간으로, 공간은 시간으로 섞여 들어간다. 그러므로 시간과 공간은 '같은' 단위로 서술되는 것이 편리하다. 그렇다면 1초는 몇 미터인가? 식 (17.3)을 주의 깊게 들여다보면 답을 알 수 있다. 1초의 시간에 해당하는 거리란, 빛이 1초 동안 진행하는 거리, 즉 3×10^8m이다. 다시 말해서, 시간과 거리를 모두 초단위로 측정한다고 했을 때, 길이의 한 단위는 3×10^8m가 된다는 뜻이다. 이렇게 하면 방정식은 좀더 간단한 형태가 될 것이다. 시간과 공간의 단위를 일치시키는 방법은 이것 말고도 또 있다. 1m를 시간의 단위로 환산하는 것이다. 빛이 1m를 진행하는 데 걸리는 시간은 $\frac{1}{3} \times 10^{-8}$초, 또는 10억분의 3.3초이다! 이들 중 어떤 단위를 쓰건, 시간과 공간의 단위를 하나로 통일시키면 $c = 1$이 되어 로렌츠 변환식이 조금 간단해진다. 그 결과는 다음과 같다.

$$x' = \frac{x - ut}{\sqrt{1 - u^2}}$$

$$y' = y$$

$$z' = z \tag{17.4}$$

$$t' = \frac{t - ux}{\sqrt{1 - u^2}}$$

$$t'^2 - x'^2 - y'^2 - z'^2 = t^2 - x^2 - y^2 - z^2 \tag{17.5}$$

엄청나게 큰 상수인 c를 1로 놓고서도 올바른 결과를 얻을 수 있을지, 의아해하는 사람들도 있을 것이다. 그러나 걱정할 것 없다. 방정식에서 c를 제거하면 외우기도 쉽고, 또 필요한 경우에는 언제라도 c를 되돌려놓을 수 있다. 예를 들어, $\sqrt{1-u^2}$을 보라. 1이라는 상수에서 속도의 제곱을 뺄 수는 없다. 단위가 맞지 않기 때문이다. 따라서 원래의 방정식을 회복시키려면 u^2을 c^2으로 나눠서 단위가 없는 양으로 만들어주면 된다. 다른 경우도 이와 비슷한 방법으로 c를 복구할 수 있다(1에 c^2을 곱해도 단위가 맞긴 하지만, 이렇게 하면 식 (17.4)의 x'이 길이의 단위를 갖지 못한다 : 옮긴이).

시공간과 보통 공간 사이의 다른 점을 잘 살펴보면 아주 흥미로운 사실을 알 수 있다. 또한, 간격과 거리 사이의 관계 속에도 재미있는 성질이 숨겨져 있다. 식 (17.5)에서 시간 $t = 0$로 놓으면 간격의 제곱이 음수가 되어 '허수 간격'이라는 다소 황당한 결과가 얻어진다. 그러나 상대성 이론에서 간격은 얼마든지 허수가 될 수 있다. 그리고 거리의 제곱은 항상 양수지만, 간격의 제곱은 양수도, 음수도 될 수 있다. 시공간에서 두 점 사이의 간격이 허수인 경우, 두 점 사이의 간격은 '공간적(space-like)'이라고 말한다. 이런 간격은 시간보다 공간적인 성질이 더 강하기 때문이다. 반면에, 두 물체가 공간상 같은 지점에 있고 시간 좌표만 다르다면, 시간 간격의 제곱은 양수이고 거리상의 간격은 0이 되어 시공간에서의 간격은 양수가 된다. 이런 경우에 두 물체는 '시간적(time-like)' 간격을 갖고 있다고 말한다. 그러므로, 그림 17-1과 17-2에 제시된 시공간의 좌표는 다음과 같은 성질을 갖는다 — 45° 방향으로 기울어져 있는 두 개의 선을 기준으로 하여[이 선은 4차원에서 원뿔(cone)모양으로 이해될 수 있기 때문에, 라이트 콘(light cone)이라 불린다], 이 선상에 있는 모든 점들은 원점과의 간격이 0이다. 그리고 식 (17.5)에서 알 수 있는 바와 같이, 임의의 점에서 빛이 출발하여 진행하고 있다면 빛의 최첨단과 출발점 사이의 간격도 항상 0이다. 이쯤에서 눈치를 챈 사람도 있겠지만, 우리는 지금 얼떨결에 "빛의 속도는 모든 좌표계에서 항상 일정하다"는 사실을 증명한 셈이다. 왜냐하면, 한 좌표계에서 간격이 0이라면 다른 좌표계에서도 여전히 0일 것이고, 간격이 항상 0이라는 것은 곧 빛의 속도가 모든 좌표계에서 불변임을 의미하기 때문이다.

17-3 과거, 현재, 미래

시공간은 한 점(원점)을 중심으로 하여 그림 17-3과 같이 세 개의 구역으로 나누어질 수 있다. 이중 한 구역은 원점과의 간격이 모두 공간적이며, 나머지 두 구역은 원점과의 간격이 시간적이다. 각각의 구역은 나름대로의 물

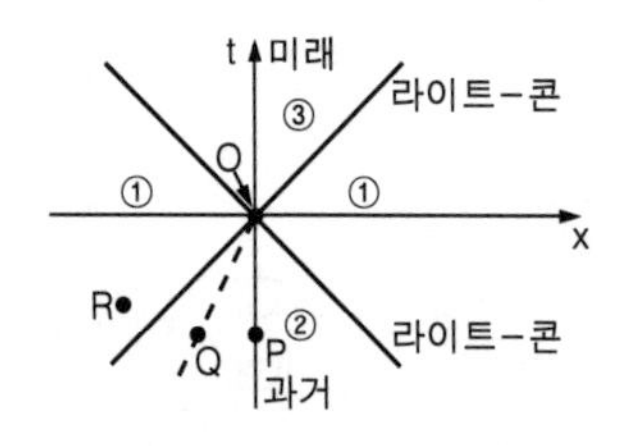

그림 17-3 원점을 둘러싸고 있는 시공간의 구역들

리적 의미를 갖고 있는데, 하나씩 따져보면 다음과 같다: 구역 2에 있는 물체, 또는 구역 2에서 출발한 신호(signal)는 빛보다 느린 속도로 진행해도 사건 O에 다다를 수 있다. 따라서 이 구역에 있는 사건들은 어떻게든 점 O에 영향을 미칠 수 있다. 음의 시간축에 놓여 있는 점 P는 점 O의 과거이며, 점 P에서 위치의 변동 없이 시간만 흐르면 점 O에 이르게 된다. 그러므로 점 P에서 무슨 사건이 일어나면 그것은 지금의 점 O에 영향을 주게 되는 것이다(불행히도, 우리의 삶은 이런 신세를 면치 못하고 있다). Q에 있는 물체는 빛보다 느린 어떤 속도로 이동을 해야 O점에 다다를 수 있는데, 이것이 만일 우주선 안에서 움직이는 물체였다면 동일한 위치의 과거에 해당될 수도 있다. 즉, 다른 좌표계에서 보면 Q와 O가 하나의 시간축상에 놓여 있을 수도 있다는 뜻이다. 그러므로 구역 2에 있는 모든 점들은 O의 과거에 해당되며, 이 구역에서 일어나는 모든 사건들은 O에 영향을 미친다. 이런 이유에서, 구역 2는 때때로 '실제적 과거(affective past)'라고 불리기도 한다. 거기에는 점 O에 영향을 줄 수 있는 '모든' 사건들이 운집해 있다.

반면에, 구역 3은 점 O로부터 영향을 '받을 수 있는' 곳으로 O에서 출발한 물체나 신호는 빛보다 느리게 달려도 이 구역에 도달할 수 있다. 그러므로 이 구역은 지금의 우리로부터 영향을 받을 가능성이 있는 '실제적 미래'에 해당된다. 우리들이 겪는 과거와 미래는 구역 2와 구역 3에 존재하기 때문에, 지금까지는 별로 놀라울 것이 없다. 그러나 구역 1로 가면 사정이 전혀 달라진다. 이 구역에 있는 모든 점들은 O에 영향을 미칠 수 없을 뿐만 아니라, O로부터 영향을 받을 수도 없다. 왜냐하면 어떤 물체건, 신호건 간에 빛보다 빠르게 달릴 수는 없기 때문이다. 물론, R에서 일어난 사건이 '나중에' 우리에게 영향을 미칠 수는 있다. 예를 들어 태양이 '지금' 막 폭발했다면, 그 광경은 약 8분이 지난 후에 우리의 눈에 들어오면서 지구의 생태계에 치명적인 영향을 줄 것이다. 그러나 바로 이 '8분'이 지나기 전에는 태양의 폭발이라는 사건이 우리에게 영향을 미칠 수가 없다. '태양의 폭발'이라는 사건과 '그로부터 8분이 지나기 전의 지구'는 시공간에서 완전히 분리되어 있는 것이다.

사실, '지금(right now)'이라는 시점은 엄밀하게 정의하기가 어렵다. 어떤 사건이 지금 막 일어났다 해도, 우리가 그로부터 영향을 받기까지는 분명 시간이 걸리기 때문이다. 역으로, 우리가 과거에 어떤 사건을 벌였다 해도 다른 대상이 그 영향을 받으려면 역시 시간이 소요된다. 우리가 지금 바라보는 켄타우루스좌의 알파별은 지금의 모습이 아니라 4년 전의 모습이다. 그렇다면 '지금'이란 대체 어떤 의미를 갖는 것일까? 그것은 우리가 정한 시공간의 좌표계에서 동일한 시간대에 있는 점들을 뜻한다. 우리는 켄타우루스좌 알파별의 4년 전 모습만 볼 수 있을 뿐이며, 그 별이 '지금' 두 개로 분해되었는지, 아니면 아예 사라져버렸는지 알 길이 없다. 만일 어느 시점에서 그 별이 사라져버렸다 해도, 우리는 4년이 지난 후에야 그 사실을 확인할 수 있다. 그러므로 '켄타우루스좌 알파별의 지금의 모습'이란, 우리의 마음속에 존재하는 일종의 관념일 뿐이다. 어떤 사건을 관측하려면 그 사건이 우리의 눈에 들어올 때까지 기다려야 하기 때문에, 지금이라는 시점은 물리적으로 정의할 수가 없다. 게다가, '지금'이라는 순간은 어떤 좌표계를 잡느냐에 따라 달라지기까지 한다. 예를 들어, 켄타우루스좌의 알파별이 움직이고 있다면, 그 별에 있는 관측자는 우리와 다른 좌표축을 사용할 것이므로, 그가 말하는 '지금'은 우리의 그것과 일치하지 않을 것이다. 앞에서 말했던 바와 같이, 동시성이란 보는 관점에 따라 얼마든지 동시가 아닐 수도 있는 것이다.

우리 주변에는 점을 치는 사람도 있고, 자신이 미래를 예측할 수 있다고 주장하는 사람도 있다. 뿐만 아니라, 과거에 살았던 유명한 예언자들의 예언서가 아직도 사람들에게 읽히고 있다. 만일 우리가 미래를 알 수 있다면 인과관계를 잘 따져서 불행한 미래를 피해갈 수 있을 것이다. 과연 이것이 가능한 일일까? 그들의 말을 믿거나 부정하는 것은 여러분의 자유지만, 여기서 한 가지 분명하게 밝혀둘 것은 제아무리 용한 점쟁이라 해도 '지금'조차 알 수가 없다는 것이다! 어느 정도 거리를 두고 떨어져 있는 곳에서 지금 무슨 일이 일어나고 있는지를 우리에게 말해줄 수 있는 사람은 어디에도 없다. 이것은 어느 누구도 극복할 수 없는 우주의 법칙이다. 여러분 스스로에게 다음과 같은 질문을 던진 후에, 나름대로의 해답을 찾아보기 바란다. "구역 1에서 우리와 공간적(space-like) 간격을 두고 있는 모든 사건들을 어느 날 갑자기 알게 되었다면 어떤 모순이 발생할 것인가?"

17-4 4차원 벡터(four-vector)에 대하여

다시, 시공간 좌표의 로렌츠 변환과 공간 좌표의 회전 변환 사이의 유사점에 대하여 생각해보자. 좌표를 변환시킬 때, 동일한 방식으로 변환하는 양들은 한데 묶어서 생각하는 것이 여러모로 유용하다. 이 점은 앞에서 벡터를 다룰 때 이미 언급한 바 있다. 일반적인 회전 변환에서는 x, y, z와 같은 방식으로 변환되는 양이 여러 개 있다. 예를 들어, 움직이는 물체의 속도는 x, y, z 방향으로 세 개의 성분을 갖고 있으며, 좌표를 회전시키면 이 성분들은 이전과 다른 값으로 변환된다. 그러나 속도 자체는 좌표를 회전시켜도 변하지 않는 특성을 갖고 있기 때문에, 좌표상에서 하나의 화살표로 표현하는 것이 가능하다.

그렇다면, 시공간에서도 x, y, z, t와 같은 방식으로 변환하는 양들이 존재할 것인가? 그동안 벡터에 대한 우리의 경험에 의하면, 이들중 공간과 관련된 세 개의 성분은 3차원 공간의 벡터 성분과 동일한 성질을 갖고 있다. 그러나 시간과 관련된 네 번째 성분은 좌표계가 움직이지 않는 한 변하지 않는 양이기 때문에, 공간의 회전에 대하여 불변인 스칼라처럼 보인다. 그렇다면, 기존의 3차원 벡터에 네 번째 성분을 추가하여 4차원의 양으로 확장시켰을 때, 이들은 과연 로렌츠 변환하에서 하나의 벡터처럼 변환할 것인가? 물론, 네 번째 성분을 아무렇게나 집어넣는다고 해서 무조건 벡터가 되지는 않을 것이다. 그러나 세 개의 성분을 운동량으로 잡고, 나머지 하나의 성분(시간 성분)을 에너지로 잡으면 이것은 완벽한 4차원 벡터를 이룬다(이것 말고도 가능한 경우가 몇 가지 더 있다). 왜 그럴까? 지금부터 증명해보자. 우선, 계산상의 편의를 위해 단위부터 단순화시키는 것이 좋겠다. 식 (17.4)에서 $c = 1$이라는 단위계를 사용하여 변환식이 단순해졌던 것처럼, 이와 비슷한 방법으로 질량과 에너지, 그리고 운동량의 단위를 단순화시켜 보자. 예를 들어, 질량과 에너지는 c^2이라는 비례 상수를 통해 서로 연결되어 있는데, 여기에 $c = 1$이라는 단위계를 사용하면 이들은 완전히 같은 양이 된다. 그래서 지금부터는 c^2을 떼어내고 $E = m$이라는 등식을 채용하기로 한다. 물론, 계산 도중에 문제가 생기면 언제라도 c를 원상복귀시킬 수 있으므로 크게 걱정할 것은 없다.

에너지와 운동량에 관한 식은 다음과 같다.

$$\begin{aligned} E &= m = m_0/\sqrt{1-v^2} \\ \mathbf{p} &= m\mathbf{v} = m_0\mathbf{v}/\sqrt{1-v^2} \end{aligned} \tag{17.6}$$

그러므로, 이 단위계에서 에너지와 운동량 사이에는 다음과 같은 관계가 성립한다.

$$E^2 - p^2 = m_0^2 \tag{17.7}$$

한 가지 예를 들어보자. 에너지를 전자볼트(ev)의 단위로 측정했을 때, 1ev에 해당되는 질량은 얼마인가? 이것은 곧 정지 질량 에너지 m_0c^2이 1ev인 물체의 질량을 묻는 것과 같다. 답은 독자들이 직접 구해보기 바란다. 참고로, 전자의 정지 질량은 0.511×10^6ev이다.

운동량과 에너지에 로렌츠 변환을 적용하면 어떻게 달라지는가? 이 질문에 답하려면 식 (17.6)이 어떤 식으로 변환되는지를 알아야 한다. 속도 u로 달리는 우주선 속의 관측자가 v의 속도로 움직이는 물체를 관측한다고 가정해보자(물론, 여기서 말하는 속도 u, v는 절대 속도가 아니라 또 다른 관측자의 눈에 보이는 속도이다. 그러나 우리에게는 상대 속도만이 중요하기 때문에, 굳이 제3의 관측자를 따로 명시할 필요는 없다 : 옮긴이). 우주선 안에서 관측한 양들은 프라임(′)을 붙여서 구별하기로 한다. 일단은 문제를 단순화하기 위해, u와 v가 같은 방향이라고 가정하자. 좀더 일반적인 경우는 나중에 따로 고려할 것이다. 자, 이런 경우에 우주선 안에서 관측한 물체의 속도 v'은 얼마인가? 이것은 두 개의 속도를 합성하는 문제로서, 앞에서 유도한 법칙에 의하면 다음과 같다.

$$v' = \frac{v-u}{1-uv} \tag{17.8}$$

우주선 안에서 관측한 에너지 E'은 어떻게 될까? 우주선 안의 관측자가 바라보는 물체의 속도는 v가 아니라 v'이므로 우선 다음의 계산을 수행해야 한다.

$$v'^2 = \frac{v^2 - 2uv + u^2}{1 - 2uv + u^2v^2}$$

$$1 - v'^2 = \frac{1 - 2uv + u^2v^2 - v^2 + 2uv - u^2}{1 - 2uv + u^2v^2}$$

$$= \frac{1 - v^2 - u^2 + u^2v^2}{1 - 2uv + u^2v^2}$$

$$= \frac{(1 - v^2)(1 - u^2)}{(1 - uv)^2}$$

따라서

$$\frac{1}{\sqrt{1 - v'^2}} = \frac{1 - uv}{\sqrt{1 - v^2}\sqrt{1 - u^2}} \tag{17.9}$$

이다.

에너지 E'은 m_0에 위의 값을 곱하여 얻어진다. 그런데 우리의 목적은 E'을 E로 표현하는 것이므로, 계산 과정에서 약간의 트릭을 사용하면

$$E' = \frac{m_0 - m_0uv}{\sqrt{1 - v^2}\sqrt{1 - u^2}} = \frac{(m_0/\sqrt{1 - v^2}) - (m_0v/\sqrt{1 - v^2})u}{\sqrt{1 - u^2}}$$

또는

$$E' = \frac{E - up_x}{\sqrt{1 - u^2}} \tag{17.10}$$

의 결과가 얻어진다. 이것은 식 (17.4)에서 시간에 대한 변환식

$$t' = \frac{t - ux}{\sqrt{1 - u^2}}$$

과 동일한 형태이다. 다음으로, 운동량 p'_x를 계산해보자. 운동량은 에너지 E'에 속도 v'을 곱한 양이며, 우리는 이것을 E와 p로 표현하고자 한다.

$$p'_x = E'v' = \frac{m_0(1 - uv)}{\sqrt{1 - v^2}\sqrt{1 - u^2}} \cdot \frac{v - u}{(1 - uv)} = \frac{m_0v - m_0u}{\sqrt{1 - v^2}\sqrt{1 - u^2}}$$

따라서

$$p'_x = \frac{p_x - uE}{\sqrt{1 - u^2}} \tag{17.11}$$

이다. 이 결과는 또한 식 (17.4)에서 x의 변환식

$$x' = \frac{x - ut}{\sqrt{1 - u^2}}$$

과 동일한 형태이다.

보는 바와 같이, 에너지와 운동량은 x, t와 똑같은 형태로 변환된다. 식 (17.4)에 t 대신 E를 대입하고 x 대신 p_x를 대입하면 식 (17.4)는 곧바로 식 (17.10)과 (17.11)이 되는 것이다. 여기에 $p'_y = p_y$와 $p'_z = p_z$까지 증명하면

모든 것이 완벽하게 맞아떨어진다. 그런데, 앞장에서 수직 방향 운동을 논할 때 운동량의 성분 중 운동 방향에 수직인 성분은 운동중인 좌표계에서 바라봐도 변하지 않는다고 했으므로 $p'_y = p_y$와 $p'_z = p_z$는 이미 증명된 거나 다름없다. 따라서 완성된 변환 공식은 다음과 같다.

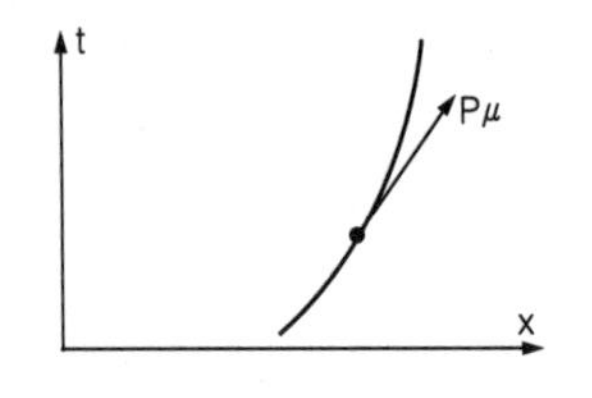

그림 17-4 운동하는 입자의 4차원 벡터 운동량

$$
\begin{aligned}
p'_x &= \frac{p_x - uE}{\sqrt{1-u^2}} \\
p'_y &= p_y \\
p'_z &= p_z \\
E' &= \frac{E - up_x}{\sqrt{1-u^2}}
\end{aligned}
\qquad (17.12)
$$

지금 우리는 x, y, z, t와 똑같은 형태로 변환하는 네 개의 성분을 구했다. 이 양들은 로렌츠 변환하에서 하나의 세트처럼 변환되므로 시공간에서 4차원 벡터를 이룬다고 할 수 있다. 앞으로는 이 벡터를 '4차원 벡터 운동량'이라 부르기로 한다. 운동량은 4차원 벡터이므로, 그림 5-4에서처럼 시공간에 그려진 입자의 경로에 접하는 화살표로 나타낼 수 있다. 이 화살표의 시간 성분은 에너지이며, 공간 성분은 3차원 운동량에 해당된다. 또한 이 화살표는 에너지나 운동량보다 더욱 '실제적인' 양이다. 에너지와 운동량은 그것을 바라보는 관측자의 운동 상태에 따라 달라지기 때문이다.

17-5 4차원 벡터의 연산

4차원 벡터의 표기법은 3차원 벡터와 다르다. 3차원의 운동량 벡터는 $\mathbf{p}$로 표기하며, 각각의 성분은 p_x, p_y, p_z로 표기하거나 간단하게 p_i로 표기하기도 한다. 여기서 i는 x, y, z 중 하나를 의미한다. 4차원 벡터도 이와 비슷하게 첨자 μ를 사용하여 p_μ로 표기하며, 여기서 μ는 t, x, y, z 중 하나를 뜻한다.

물론, 이 표기법을 반드시 따라야 하는 것은 아니다. 굳이 원한다면 다른 표기법을 써도 무방하다. 표기법이 촌스럽다고 웃을 필요는 없다. 제대로 된 표기법을 개발한다면 나름대로 막강한 위력을 발휘할 것이다. 사실, 수학은 '좀더 간략하고 효율적인 표기법을 개발하는 학문'이라고 불러도 커다란 무리가 없을 정도이다. 실제로 4차원 벡터라는 개념도 변환 규칙을 쉽게 기억하는 방법의 일환으로 개발된 것이다. A_μ라고 쓰면 일반적인 4차원 벡터를 의미하지만, 운동량의 경우에 p_t는 에너지를 뜻하며 p_x는 운동량의 x성분을, p_y는 운동량의 y성분을 뜻한다. 마찬가지로 p_z는 운동량의 z성분이라는 뜻이다. 그리고 4차원 벡터끼리 더할 때에는 3차원 벡터의 경우와 마찬가지로 같은 성분끼리 더해야 한다.

4차원 벡터로 이루어진 방정식은 좌변과 우변이 각 성분끼리 같다는 의미다. 예를 들어 여러 개의 입자가 충돌할 때 3차원 운동량이 보존된다는 것은, 충돌 전 총 운동량의 x, y, z성분이 충돌 후 총 운동량의 x, y, z성분과

'각각' 같다는 의미이다. 그러나 이것으로 4차원 벡터 운동량의 보존 법칙을 설명한다면, 그것은 마치 3차원 운동량 보존 법칙을 두 개의 성분만으로 설명한 것과 마찬가지다. 좌표를 회전시키면 3개의 성분들이 마구 섞이기 때문에, 온전한 보존 법칙이 되려면 3개의 성분들을 모두 고려해야 한다. 이와 마찬가지로, 상대성 이론에서 운동량 보존 법칙을 바르게 서술하려면 공간과 관련된 3개의 성분과 함께 시간 성분까지 고려해야 하는 것이다. 시간 성분을 고려하지 않으면 상대성 이론에서 보존되는 양이란 있을 수 없다. 시공간의 특이한 기하학적 구조하에서 운동량 보존 법칙을 요구하면 4개의 성분에 대하여 4개의 보존 법칙이 얻어지는데, 이들 중 네 번째 법칙이 바로 에너지 보존 법칙에 해당된다. 따라서 4차원 표기법으로 서술한 에너지-운동량 보존 법칙은 다음과 같다.

$$\sum_{\substack{\text{충돌 전}\\\text{입자}}} p_\mu = \sum_{\substack{\text{충돌 후}\\\text{입자}}} p_\mu \tag{17.13}$$

표기법을 조금 바꾸면 다음과 같이 쓸 수도 있다.

$$\sum_i p_{i\mu} = \sum_j p_{j\mu} \tag{17.14}$$

여기서, $i = 1,\ 2,$ 는 충돌하기 전의 입자들을 구별하는 첨자이며, $j = 1,\ 2, \cdots$ 는 충돌이 일어난 후에 산란되는 입자들을 위한 첨자이다. 그리고 $\mu = x,\ y,\ z,\ t$ 이다. 그렇다면, 위의 식은 어떤 좌표계에서 서술한 것인가? —이 질문은 전혀 신경 쓸 필요가 없다. 운동량 보존 법칙은 모든 좌표계와 모든 성분에 대하여 항상 성립한다.

앞에서 3차원 벡터를 다룰 때, 벡터의 스칼라 곱을 정의했다. 이제, 시공간에서 4차원 벡터의 스칼라 곱을 정의해보자. 3차원 좌표를 회전시켰을 때, $x^2 + y^2 + z^2$ 이 보존되는 것처럼, 4차원 로렌츠 변환에서 보존되는 양은 $t^2 - x^2 - y^2 - z^2$ 이었다.(식 (17.3) 참조). 이것을 좀더 간단하게 표현할 수는 없을까? 한 가지 방법은 $A_\mu \diamond B_\mu$ 와 같은 새로운 연산을 4차원 벡터에 대하여 정의하는 것이다. 실제로 사용되는 표기법 중 하나는 다음과 같다.

$$\sum_\mu{}' A_\mu A_\mu = A_t^2 - A_x^2 - A_y^2 - A_z^2 \tag{17.15}$$

여기서, $\sum$에 프라임(′)을 붙인 이유는 단순한 덧셈을 뜻하는 일상적인 $\sum$와 그 의미가 다르기 때문이다. 즉, $\sum'$ 은 네 개의 항을 $+,\ -,\ -,\ -$ 의 순서로 더한다는 뜻이다(물론, 이것은 모든 $\sum$에 대해 일반적으로 통용되는 약속은 아니다 : 옮긴이). 이렇게 만들어진 양은 모든 시공간 좌표계에서 동일한 값을 가지며, '4차원 벡터 길이의 제곱'이라 부른다. 그렇다면, 4차원 운동량 벡터 길이의 제곱은 얼마일까? 간단한 계산을 해보면 $p_t^2 - p_x^2 - p_y^2 - p_z^2 = E^2 - p^2$ 임을 알 수 있다($p_t^2 = E^2$ 임을 상기할 것). $E^2 - p^2$ 의 의미는 무엇인가? 이 값에 대한 물리적 해석은 없다. 그저 '모든 좌표계에서 동일한 값을 갖는 불변량'으로 이해하면 된다. 물체와 동일한 속도로 움직이고 있는 좌표계에서는 물체가 전혀 움직이지 않는 것처럼 보이지만, 그래도 $E^2 - p^2$ 은 다른 좌표계에서 계산한 값과 일치한다. 그런데 물체가 정지해 있으면 운동량은 0이 되고, 이 경우 4차원 운동량 벡터 길이의 제곱은 정지 질량의 제곱이 된다. 그러므로 언제 어디서나 $E^2 - p^2 = m_0^2$이다.

벡터를 제곱하는 연산으로부터 4차원 벡터의 스칼라 곱을 정의할 수 있다. a_μ와 b_μ를 두 개의 4차원 벡터라 하면, 이들의 스칼라 곱은 다음과 같다.

$$\sum{}' a_\mu b_\mu = a_t b_t - a_x b_x - a_y b_y - a_z b_z \tag{17.16}$$

이 값은 모든 좌표계에서 항상 동일하다.

마지막으로, 정지 질량 m_0가 0인 입자에 대하여 잠시 생각해보자. 빛의 입자인 광자(photon)가 대표적인 사례다. 광자는 운동량과 에너지를 모두 갖고 있기 때문에 입자임이 분명하다. 하나의 광자는 플랑크(Planck) 상수에 광자의 진동수를 곱한 양만큼 에너지를 실어나르고 있다. 즉, $E = h\nu$이다. 그리고 광자의 운동량은 $p = h/\lambda$, 즉 플랑크 상수를 파장으로 나눈 값이다(이 관계식은 광자뿐만 아니라 모든 입자에 적용된다). 그런데 광자의 경우, 진동수와 파장 사이에는 $\nu = c/\lambda$의 명확한 관계가 성립한다(1초당 진동 횟수(ν)에, 한 번 진동할 때마다 진행하는 거리(λ)를 곱하면 1초 동안 진행하는 거리, 즉 속도가 얻어지는데, 다들 알다시피 빛의 속도는 c이다). 따라서 광자의 에너지는 운동량에 c를 곱한 것과 같고, $c = 1$의 단위계를 사용하면 에너지와 운동량은 등가가 된다. 다시 말해서, 정지 질량이 0이라는 뜻이다! 질량이 없다니, 이게 대체 무슨 영문인가? 그러나 크게 놀랄 것은 없다. 우리는 거기에 맞는 물리적 해석만 내리면 된다. 정지 질량이 0인 물체가 정지하면 무슨 일이 일어날 것인가? 무슨 일은 절대로 일어나지 않는다! 광자는 항상 c의 속도로 달리고 있다. 움직이는 광자의 에너지는 $m_0/\sqrt{1 - v^2}$이니까, 여기에 $m_0 = 0$, $v = 1$을 대입하면 에너지가 0이 되지 않을까? 물론 아니다. 분자와 분모가 모두 0인 분수는 결코 0이 될 수 없다. 결국, 광자는 정지 질량이 0임에도 불구하고 c의 속도로 끊임없이 움직이기 때문에 에너지와 운동량을 가질 수 있는 것이다!

임의의 입자가 갖는 운동량은 총 에너지에 속도를 곱한 것과 같다는 사실을 우리는 이미 알고 있다. $c = 1$인 단위를 사용하면 $p = vE$이며, 실제의 단위계에서는 $p = vE/c^2$이다. 그러므로 빛의 속도로 움직이는 모든 입자는 $p = E$를 만족한다($c = 1$). 움직이는 좌표계에서 바라본 광자의 에너지는 식 (17.12)와 같이 표현되지만, 운동량을 계산할 때에는 에너지에 c를 곱해야 한다($c = 1$인 단위에서는 그냥 1을 곱하면 된다). 좌표를 변환시켰을 때 에너지가 달라진다는 것은 곧 진동수가 달라졌다는 뜻이다. 이러한 현상은 '도플러 효과(Doppler effect)'로 알려져 있으며, 식 (17.12)와 $E = p$, $E = h\nu$의 관계를 이용하여 쉽게 계산할 수 있다.

민코프스키는(Minkowski) 이렇게 말했다. "시간과 공간 자체는 그림자 속으로 사라질 것이며, 그들이 통합된 형태만이 살아남을 것이다."

CHAPTER 18

2차원에서의 회전 운동

18-1 질량 중심

그동안 우리는 점입자, 혹은 내부 구조를 갖고 있지 않은 작은 입자들의 역학에 대해 살펴보았다. 앞으로는 몇 개의 장에 걸쳐서, 좀더 복잡한 대상에 뉴턴의 법칙을 적용해보기로 한다. 여러분은 믿지 않을지도 모르지만, 세상이 복잡해질수록 역학은 한층 더 재미있어진다. 단순한 점입자가 아닌, 훨씬 더 복잡한 물체의 역학을 공부하다 보면, 내 말을 실감할 수 있을 것이다. 제아무리 복잡한 물체라 해도, 뉴턴의 운동 법칙을 벗어날 수는 없다. 그러나 그렇게도 복잡한 물체들에 $F = ma$가 여전히 적용된다는 것은 정말로 믿기 어려운 기적이다.

우리가 다루게 될 복잡한 물체는 흐르는 물과 회전하는 은하 등 여러 종류가 있다. 그러나 처음부터 이런 끔찍한 물체를 다룰 수는 없고, 일단은 복잡하다고 할 수 있는 대상들 중에서 가장 '간단한' 물체인 강체(rigid body)부터 시작해보자. 강체란, 구성 입자들이 서로 단단하게 결합되어 있어서 힘을 가해도 형태가 변하지 않는 물체를 말한다. 물론, 물체의 형태가 간단하다고 해서 그 운동까지 간단하리라는 법은 없다. 강체도 얼마든지 복잡한 운동을 할 수 있다. 그러나 지금 우리는 점입자가 아닌 물체의 운동을 처음 다루는 단계이므로 강체가 할 수 있는 가장 간단한 운동, 즉 주어진 축을 중심으로 돌아가는 회전 운동부터 살펴보는 것이 좋을 것 같다. 이런 경우, 물체를 이루는 임의의 점입자는 회전축에 수직한 평면 위에서 원운동을 하게 된다. 이렇게 고정된 축을 중심으로 물체가 회전하는 운동을 가리켜 평면 회전 운동, 또는 2차원 회전 운동이라고 한다. 실제의 물체들은 3차원 공간에서 회전하므로 사실은 3차원 회전 운동을 논하는 것이 현실적이겠지만, 점입자를 서술하는 역학과는 달리 회전 운동은 미묘한 점이 많기 때문에 먼저 2차원에서 기초를 탄탄하게 세워놓지 않으면 나중에 머리가 몹시 복잡해진다. 그러므로 일단은 우리의 무대를 2차원에 한정시켜 회전 운동을 공부해보기로 하자.

복잡한 물체의 운동에 관한 첫 번째 정리는 여러 개의 블록을 스프링으로 연결한 채 공중으로 던졌을 때 나타나는 운동에서 찾아볼 수 있다. 물론 이 복잡한 물체는 포물선을 그리며 날아갈 것이다(점입자가 포물선을 그리는 것과 같은 이치이다). 그러나 지금 날아가는 물체는 점입자가 아니다! 그것은 날아가는 와중에도 덜렁거리며 계속 흔들린다. 그런데도 그 궤적은 포물선이 분명하다. 눈이 있는 사람이라면 누구나 이 사실을 알고 있을 것이다. 그렇다면 우리는 과연 무엇을 보고 그 물체가 포물선 운동을 한다고 말하는 것일까? 날아가는 스프링에 매달린 채 덜렁거리는 블록의 궤적은 아무리 봐도 포물선이 아닌 것 같다. 그러나 우리의 눈이 거짓말을 하고 있는 것이 아니라면, 분명히 무언가가 포물선 운동을 하긴 하는 것 같다. 그 '무언가'는 과연 무엇일까? 바로 물체의 어떤 '중심'이 포물선 운동을 하고 있는 것이다. 복잡한 물체에 관한 우리의 첫 번째 정리는, '수학적으로 정의될 수 있는 하나의 점이 포물선을 그리며 날아간다'는 것이다. 이 점은 물체 내부의 한 점일 수도 있고, 물체 바깥에 위치할 수도 있다. 이 점이 바로 그 복잡한 물체의 '질량 중심(center of mass)'이며, 정리의 증명은 다음과 같다.

모든 물체는 아주 작은 원자들로 이루어져 있으며, 원자들 사이에는 여러 가지 힘이 작용하고 있다. 이제, 각 원자에 일일이 번호를 매겨서 그 번호를 i로 표기하자(아주 조그만 블록이라 해도 i는 1부터 거의 10^{23}까지 매겨진다). 그러면 i번째 입자에 작용하는 힘은 입자의 질량에 가속도를 곱한 값과 같다(i번째 입자는 아주 작은 원자이므로 점입자로 간주할 수 있다. 따라서 우리는 점입자에 적용했던 뉴턴의 법칙을 마음놓고 적용할 수 있다 : 옮긴이).

$$\mathbf{F}_i = m_i(d^2\mathbf{r}_i/dt^2) \tag{18.1}$$

앞으로 몇 개의 장에 걸쳐서 다루게 될 물체의 운동은 이동 속도가 빛의 속도보다 훨씬 느린 경우로 한정되어 있기 때문에, 상대론적 효과는 무시하기로 한다. 즉, 입자의 질량은 변하지 않는 상수이다. 따라서

$$\mathbf{F}_i = d^2(m_i\mathbf{r}_i)/dt^2 \tag{18.2}$$

이다. 이제, 각각의 입자에 미치는 힘 $\mathbf{F}_i$를 모두 더하면, 물체에 미치는 총힘 $\mathbf{F}$를 얻는다. 우변도 모든 i에 대해 더해야 하는데, 미분의 특성상 미분을 먼저 하고 더한 것과 먼저 더한 후에 미분한 것은 결과가 같으므로 다음과 같이 쓸 수 있다.

$$\sum_i \mathbf{F}_i = \mathbf{F} = \frac{d^2(\sum_i m_i\mathbf{r}_i)}{dt^2} \tag{18.3}$$

그러므로 물체에 작용하는 전체 힘은 각 입자의 질량과 위치를 곱해서 모두 더한 양을 시간에 대해 두 번 미분한 것과 같다.

물체를 이루는 모든 입자에 미치는 총힘은 곧 그 물체에 작용하는 외력(外力, external force)이 된다. 왜 그런가? 바로 뉴턴의 제3법칙 때문이다. 스프링이 정신없이 흔들리고, 원자들 사이에도 힘이 작용하고, 상황에 따라선 그 외의 어떤 힘이 또 작용하고 있을지 알 수 없지만, 뉴턴의 제3법칙은 이 모든 복잡한 상황에서 우리를 기적같이 구제해준다! 두 개의 입자들이 주고받는 작용과 반작용은 크기가 같고 방향은 반대이므로, 물체에 작용하는 모든 힘(물론 이 힘에는 물체를 이루는 입자들 사이에 작용하는 힘도 포함된다)을

더하면 작용과 반작용은 모두 상쇄되어 없어지고, 물체에 속하지 않은 입자들에 의한 힘만 남게 된다. 그런데 물체에 속하지 않은 입자들이란 외부의 다른 물체를 뜻하므로, 결국 모든 힘을 더하면 내력(內力, internal force)은 모두 상쇄되고 외력만 남게 되는 것이다.

이제 식 (18.3)을 '전체 질량 × 어떤 가속도'로 쓸 수 있다면 기존의 뉴턴 법칙과 모양이 같아져서 보기가 좋아질 것 같다. 그렇게 할 수 있을까? 그렇다. 할 수 있다! M을 전체 질량, 즉 물체의 질량이라 하고 벡터 $\mathbf{R}$을

$$\mathbf{R} = \sum_i m_i \mathbf{r}_i / M \tag{18.4}$$

으로 정의하면 식 (18.3)은

$$\mathbf{F} = d^2(M\mathbf{R})/dt^2 = M(d^2\mathbf{R}/dt^2) \tag{18.5}$$

이 된다(M은 상수임을 잊지 말자). 이 식이 의미하는 바는 다음과 같다 — 임의의 물체에 가해지는 외력은 그 물체의 질량에 '$\mathbf{R}$로 표현되는 위치'의 가속도를 곱한 것과 같다. 이때, 벡터 $\mathbf{R}$이 가리키는 지점을 그 물체의 질량 중심(center of mass)이라 한다. 이것은 물체의 물리적 중심으로서, 각각의 $\mathbf{r}_i$들이 질량에 비례하는 어떤 가중치를 갖는다고 했을 때 그 평균에 해당하는 지점으로 이해할 수 있다.

이 정리에 관한 세부 사항은 다음 장에서 다루기로 하고, 여기서는 다음의 두 가지 사실만 강조하고자 한다. 첫째, 물체에 작용하는 외력이 0이면(즉, 그 물체가 텅 빈 공간 속에 떠다니고 있으면), 그 물체가 제아무리 복잡하게 움직인다고 해도 질량 중심은 등속 운동을 한다는 것이다. 물론 질량 중심이 처음부터 정지 상태에 있었다면 외력이 작용하지 않는 한 계속해서 그 자리에 정지해 있을 것이다. 예를 들어 우주선에 사람이 타고 있을 때 우리가 계산한 질량 중심이 한 자리에 정지해 있다면, 다른 외력의 도움을 받지 않는 한 그 우주선의 질량 중심은 계속해서 그 자리에 머물러 있게 된다. 만일 이런 상황에서 우주선이 조금씩 움직인다면 그것은 안에 타고 있는 승무원이 이리저리 걷고 있다는 뜻이다. 승무원이 앞으로 걸어가면, 질량 중심이 이동하지 않기 위해 우주선은 뒤로 움직일 것이다.

외력 없이 질량 중심을 움직일 수 없다면, 로켓 추진도 불가능할 것인가? 아니다. 가능하다. 하지만 로켓의 몸체를 특정 방향으로 나아가게 하려면 무언가를 반대 방향으로 던져버려야 한다. 즉, 로켓의 일부분이었던 연료를 뒤로 뿜어내야 로켓이 앞으로 나아갈 수 있는 것이다. 로켓이 아무리 멀리 날아가도 질량 중심은 여전히 처음의 위치를 고수한다. 그러니까 우주 여행용 로켓이란, 관심 없는 부분(연료)을 뒤로 버리면서 관심 있는 부분(로켓의 몸체)을 목적지로 날려보내는 장치라고 할 수 있다. 이 과정에서 질량 중심의 위치는 변하지 않는다.

질량 중심에 관하여 두 번째로 강조할 내용은 "물체의 내부에서 일어나는 운동과 질량 중심의 운동은 완전히 별개의 운동으로 취급할 수 있다"는

것이다. 그런데 강체는 내부의 운동이 전혀 없는 물체이므로 강체의 운동을 논할 때에는 질량 중심의 운동만 고려하면 된다. 이 얼마나 다행한 일인가!

18-2 강체의 회전

이제 회전 운동으로 관심을 돌려보자. 물론, 회전하는 물체는 오로지 회전 운동만 하는 것이 아니라 일반적으로 흔들거리거나 휘어지는 등 다른 운동도 같이 하고 있기 때문에 그다지 간단히 다룰 수 있는 문제는 아니다. 그래서 문제를 단순화시키기 위해 우리의 관심을 강체에 한정시키기로 한다. 앞에서도 말했듯이 강체란 원자들 사이의 결합력이 매우(사실은 무한히) 강하여 물체를 움직이게 하는 힘 정도로는 물체의 외형이 변형되지 않는 단단한 물체를 말한다. 따라서 강체가 움직이는 동안 그 외형은 처음 상태 그대로 유지된다. 이런 물체의 운동을 연구할 때 질량 중심의 운동을 무시하기로 했다면, 남는 것은 오로지 회전 운동뿐이다. 그렇다면 회전 운동은 수학적으로 어떻게 표현될 수 있을까? 물체의 내부를 관통하는 가상의 선을 상상해보자(이 선은 질량 중심을 지날 수도 있고 그렇지 않을 수도 있다). 그리고 물체는 이 선을 축으로 하여 회전하고 있다고 가정해보자. 회전은 어떻게 정의되는가? 별로 어렵지 않다. 물체에 속하는 임의의 지점(회전축 위는 제외)에 표시를 해두고 그 점이 어떻게 움직여갔는지를 알기만 하면, 물체의 전체적인 운동 상태는 정확하게 결정된다. 그런데 표시된 점의 위치는 '각도' 하나로 표현될 수 있으므로, 회전 운동은 시간에 따른 각도의 변화로 대변될 수 있는 것이다.

회전 운동을 연구할 때, 우리는 물체의 돌아간 각도를 관찰한다. 물론 여기서 말하는 각도란 물체의 내부에 형성된 어떤 각도를 뜻하는 것이 아니다. 임의의 시간 간격 동안 물체 전체가 '돌아간' 각도를 의미한다.

먼저, 회전 운동의 정력학(kinematics)을 살펴보자. 물체가 회전하면 위에서 말한 각도는 시간에 따라 달라지므로, 각도상의 위치와 각속도(angular velocity)의 개념을 도입할 수 있다. 이는 1차원 운동에서 사용했던 위치 및 속도와 비슷한 개념이다. 2차원 회전 운동과 1차원 선형 운동은 매우 비슷한 구조를 갖고 있다. 두 경우에 거의 대부분의 물리량들은 1 : 1로 대응된다. 우선, 물체가 돌아간 각도 θ는 물체가 진행한 거리인 y에 대응된다. 그리고 회전 속도(시간에 대한 각도의 변화율) $\omega = d\theta/dt$는 1차원 운동에서의 속도 $v = ds/dt$에 대응된다. 각도의 단위로 라디안(radian)을 사용하면 각속도의 단위는 '라디안/초'가 된다. 각속도가 클수록 물체가 빠르게 회전한다는 뜻이며, 이는 곧 각도가 빠르게 변한다는 뜻이기도 하다. 1 : 1의 대응 관계는 이것 말고도 많이 있다. 각속도를 시간으로 한 번 더 미분하면 $\alpha = d\omega/dt = d^2\theta/dt^2$이 되는데, 이는 각속도의 변화율을 나타내는 각가속도(angular acceleration)로서, 1차원 운동의 가속도와 비슷한 개념이다.

이제 우리는 회전의 역학을 '하나의 입자에 적용되는 역학'으로 풀어서 이해해야 한다. 왜냐하면 우리가 알고 있는 역학은 오로지 그것뿐이기 때문이다. 그러므로 우리는 물체를 이루고 있는 임의의 입자가 회전 운동하에서 어떤 운동을 하는지 알아야 한다. 이를 위해, 회전축으로부터 거리 r만큼 떨어진 곳에 있는 입자 하나를 택하여 그 위치를 $P(x, y)$라 하자(그림 18-1 참조). 이제 Δt의 시간 동안 물체가 전체적으로 $\Delta\theta$만큼 회전한다면 $P(x, y)$에 있는 입자도 그만큼 회전할 것이다(지금 우리는 강체를 다루고 있다!). 따라서 시간이 Δt만큼 지나면 우리의 입자는 Q로 이동하게 된다(물론, OP와 OQ의 길이는 같다). 그렇다면 그동안 x와 y는 얼마나 변했을까? OP의 길이를 r이라 하면 PQ의 길이는 $r\Delta\theta$이다(물론 각도의 단위가 라디안일 때만 그렇다). 따라서 x의 변화량, 즉 Δx는 $r\Delta\theta$를 x방향으로 투영시켜서 다음과 같이 얻을 수 있다.

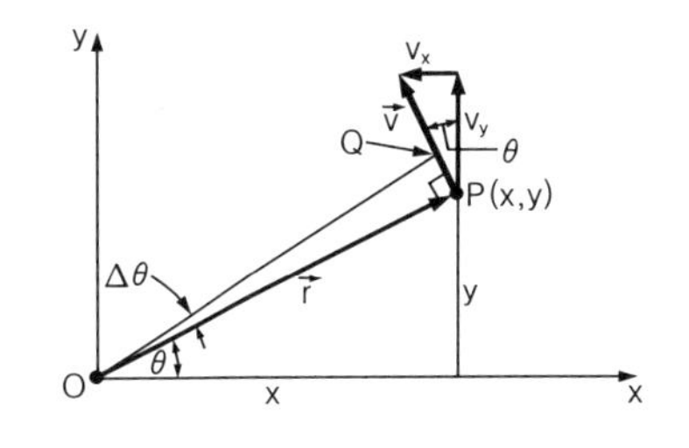

그림 18-1 2차원 회전 운동

$$\Delta x = -PQ\sin\theta = -r\Delta\theta\cdot(y/r) = -y\Delta\theta \tag{18.6}$$

이와 비슷한 방법으로 Δy도 구할 수 있다.

$$\Delta y = +x\Delta\theta \tag{18.7}$$

이 물체의 각속도를 ω라 하면, 식 (18.6)과 (18.7)의 양변을 Δt로 나눔으로써 입자의 속도를 구할 수 있다.

$$v_x = -\omega y, \qquad v_y = +\omega x \tag{18.8}$$

속도의 크기는 각각의 성분을 제곱하고 더하여 얻어진다. 이것은 누구나 알고 있는 사실이다.

$$v = \sqrt{v_x^2 + v_y^2} = \sqrt{\omega^2 y^2 + \omega^2 x^2} = \omega\sqrt{x^2 + y^2} = \omega r \tag{18.9}$$

결과가 ωr로 똑부러지게 나온 것은 그다지 놀라운 일도 아니다. Δt 동안 움직인 거리가 $r\Delta\theta$이므로, 초당 움직인 거리는 $r\Delta\theta/\Delta t = r\omega$가 될 수밖에 없다.

이제 회전의 동력학(dynamics)으로 관심을 돌려보자. 여기서는 힘이라는 새로운 개념이 도입되어야 한다. 선형 운동(linear motion)에서 물체의 운동 상태를 바꾸는 원인은 힘이었다. 그렇다면 회전 운동에서 회전 상태를 바꾸는 원인은 무엇인가? 일단은 거기에 '회전력' 또는 '비트는 힘'에 해당하는 토크(torque, '비튼다'는 뜻의 라틴어 torquere에서 유래함)라는 이름을 붙여두자. 자, 그렇다면 토크는 어떻게 정의되어야 할까? 어떤 물체에 힘을 주어 위치를 변화시켰을 때 그 물체에 가해진 일(work)로부터 힘을 정의했던 것처럼, 회전하는 물체에 가해진 일로부터 토크를 정의해보자. 우선, 선형 운동(1차원 운동)에 관계된 물리량과 회전 운동에 관계된 물리량들이 거의 1 : 1로 대응된다고 했으므로, 이 사실을 '일'에도 적용해보자. 즉, 선형 운동에서 일은 물체에 가해진 힘에 이동 거리를 곱한 것이므로, 회전 운동에서의 일은 토크에 회전각을 곱한 양이라고 짐작할 수 있다. 그리고 우리는 이로부터 토크의 물리적 의미를 유추할 수 있다. 여기, 하나의 강체가 외부로부터 힘을 받아 어떤 축을 중심으로 회전하고 있다. 그리고 힘은 강체의 한 지점 (x, y)에 작용하고 있다. 이 강체를 아주 작은 각도만큼 회전시키려면 얼마큼의 일을 해줘야 할까? 아주 간단한 질문이다. 강체에 가해진 일은

$$\Delta W = F_x\Delta x + F_y\Delta y \tag{18.10}$$

로 계산된다. 여기서 식 (18.6)과 (18.7)을 Δx와 Δy에 대입하면

$$\Delta W = (xF_y - yF_x)\Delta\theta \tag{18.11}$$

로 쓸 수 있다. 즉, 강체에 가해진 일은 다소 이상하게 생긴 힘과 거리의 조합(괄호 내부)에 돌아간 각도 $\Delta\theta$를 곱한 것과 같다. 이 '이상한 조합'이 바로 토크이다. 이렇게 일의 변화량을 토크 × 회전각으로 정의함으로써, 토크를 힘으로 표현할 수 있게 되었다(물론, 토크는 뉴턴 역학과 동떨어진 새로운 개념이 아니다. 토크는 힘으로부터 정의되는 뉴턴 역학의 중요한 요소 중 하나이다).

작용하는 힘이 여러 개인 경우, 물체에 가해진 총일은 각각의 힘에 의해 행해진 일들을 모두 더하여 얻어지므로, ΔW는 여러 개의 항에 $\Delta\theta$가 곱해진 형태를 취하게 된다. 여기서 말하는 여러 개의 항이란, 각각의 힘에 의한 토크의 합을 뜻한다. 따라서 전체 일의 변화량은 각 토크의 합에 $\Delta\theta$를 곱하여 얻어지게 되는데, 여기서 각 토크의 합은 총 토크에 해당되며 기호로는 τ로 표기한다. 즉, 토크의 총량은 각각의 토크를 산술적으로 더한 것과 같다는 뜻이다. 그러나 나중에 보게 되겠지만, 이것은 2차원 회전 운동(평면 회전)의 경우에만 적용되는 성질이다. 선형 운동의 경우, 1차원에서는 힘의 방향이 모두 같기 때문에 (같은 방향, 또는 반대 방향) 총힘을 구할 때 각각의 힘을 산술적으로 더했었다. 지금도 이와 비슷한 상황이다. 3차원 회전으로 가면 상황은 아주 복잡해진다. 지금 우리가 다루고 있는 평면 회전의 경우에는

$$\tau_i = x_iF_{yi} - y_iF_{xi} \tag{18.12}$$

그리고

$$\tau = \sum \tau_i \tag{18.13}$$

의 관계가 성립한다. 여기서 한 가지 명심할 것은 같은 물체라 하더라도 회전축의 위치와 방향에 따라 토크의 값이 달라진다는 점이다. 만일 다른 축을 중심으로 강체가 회전한다면 x_i와 y_i가 달라지기 때문에 토크의 값도 당연히 달라질 수밖에 없다.

방금 우리는 회전체에 가해진 일로부터 토크의 개념을 도입했다. 이 사실을 잘 이용하면 물체의 평형 조건에 관한 중요한 사실을 유추할 수 있다. 하나의 물체가 병진 운동과 회전 운동 없이 평형 상태에 있으려면 물체에 작용하는 알짜힘(net force)이 0이 되어야 할 뿐만 아니라 물체에 작용하는 토크의 합도 0이 되어야 한다. 만일 토크의 합이 0이 아니라면 물체는 회전을 하게 되고, 그것은 곧 어떤 '일'이 물체에 가해진다는 뜻이 되어 평형 조건을 만족하지 못하기 때문이다. 일반적으로, 물체가 평형을 이루려면 두 가지 조건이 만족되어야 한다. 힘의 합이 0이라는 것과, 토크의 합이 0이라는 조건이

그것이다. 토크는 회전축의 위치에 따라 값이 달라지지만, 평형 조건을 확인할 때는 회전축 하나를 아무렇게나 잡아서 그 축에 대하여 토크의 합이 0임을 증명하기만 하면 된다. 이것은 여러분 각자 확인해보기 바란다.

물체에 작용하는 힘이 하나뿐일 때, $xF_y - yF_x$의 기하학적 의미는 무엇인가? 그림 18-2에는 위치 $\mathbf{r}$에 작용하는 힘 $\mathbf{F}$가 표시되어 있다(점 O는 회전축의 위치를 나타낸다 : 옮긴이). 물체가 작은 각도 $\Delta\theta$만큼 회전했다면, 이 때 물체에 해준 일은 변위가 일어난 방향으로 투영시킨 힘의 성분에 변위를 곱하여 얻어진다. 즉, 힘의 접선 방향 성분에 이동 거리 $r\Delta\theta$를 곱한다는 뜻이다. 따라서 토크는 힘의 접선 방향 성분(반경 r에 수직한 방향의 성분)에 반경 r을 곱한 양에 해당된다. 이것은 토크에 대한 우리의 직관과 잘 일치한다. 왜냐하면 반경 벡터 r과 같은 방향으로 작용하는 힘은 물체를 전혀 '비틀지' 못할 것이기 때문이다. 물체를 비트는 효과가 나타나려면 물체에 작용하는 힘이 '회전 중심에서 바깥쪽으로 당기는 성분' 이외에 다른 성분을 추가로 갖고 있어야 한다—이것이 바로 힘의 '접선 방향 성분'이다. 또, 물체를 회전시킬 때 회전축으로부터 가까운 곳에 힘을 주는 것보다는 먼 곳에 힘을 가하는 것이 훨씬 더 효과적이다(그래서 여닫이문의 손잡이는 항상 회전축에서 가장 먼 곳에 달려 있다). 만일 반경 벡터 r과 나란한 방향으로 힘을 준다면 물체는 전혀 돌아가지 않을 것이다. 따라서 토크는 중심으로부터의 거리 r에 비례하고, 힘의 접선 방향 성분에도 비례한다는 결론을 내릴 수 있다.

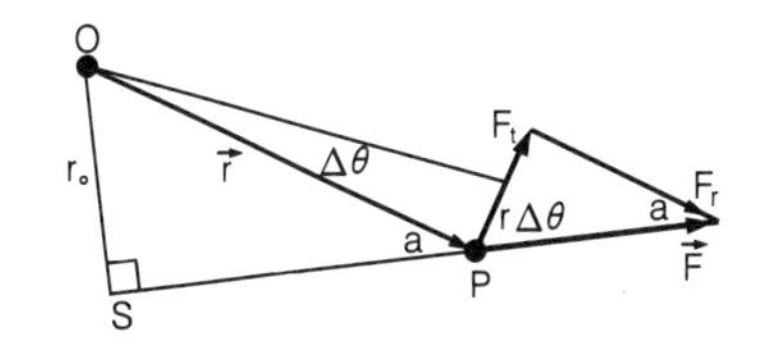

그림 18-2 힘으로부터 생성된 토크

방금 우리는 토크가 힘 $\times$ 반경 $\times\ \sin\alpha$로 표현된다는 것을 그림 18-2에서 확인하였다. 그런데 토크를 표현하는 방법은 이것 말고도 또 있다. 힘의 작용선을 반대쪽으로 연장해서 원점(회전축)과 직교하는 선분 OS(지레 팔의 길이)를 그리면 r과 OS의 비율은 원래의 힘과 힘의 접선 성분 사이의 비율과 같다. 그러므로 토크는 힘 $\times$ OS로도 쓸 수 있다.

토크는 다른 말로 '힘의 모멘트(moment)'라고도 한다. 이 용어의 기원은 다소 모호한데, 모멘트라는 말은 'movimentum'이라는 라틴어에서 유래되었고, 지레를 이용하여 물체를 움직이는 힘은 지레 팔의 길이에 비례한다는 사실로부터 그 의미를 유추할 수 있을 것이다. 수학에서 사용되는 모멘트라는 용어는 대개 '축으로부터 떨어진 거리'를 의미한다.

18-3 각운동량

지금까지 우리는 회전하는 물체를 강체에 한정시켰다. 그러나 토크의 성질과 그들간의 수학적 관계는 강체가 아닌 경우에도 여전히 흥미롭다. 지금부터 우리는 매우 놀라운 정리 하나를 증명할 것이다. 뉴턴의 운동 방정식에서 외력(external force)이 입자들의 총 운동량 p를 시간으로 미분한 것과 같았던 것처럼, 외부의 토크는 입자들의 각운동량(angular momentum, L)을 시간으로 미분한 것과 같다.

이를 증명하기 위해 힘이 미치고 있는 하나의 입자계를 상상해보자. 힘이 작용하면 토크가 생기고(위에서 언급했던 경우, 즉 힘이 반지름 방향으로 작용하는 경우는 제외함), 토크는 물체를 회전시킨다. 일단은 입자 하나만 생각해보자. 질량 m인 입자와 회전축 O가 그림 18-3에 그려져 있다. 이 입자는 O를 중심으로 돌고 있는데, 그 궤적이 반드시 원일 필요는 없다. 태양 주위를 공전하는 행성들처럼 타원 운동을 할 수도 있고, 또는 다른 곡선을 따라 움직일 수도 있다. 어쨌거나 이 입자는 움직이고 있으며, 힘이 작용하고 있기 때문에 입자는 가속되고 있다. 물론 그 규칙은 뉴턴의 법칙에 따라 힘의 x성분은 가속도의 x성분에 질량을 곱한 것과 같고, 힘의 y성분은… 등등이다. 그렇다면 토크는 어떻게 될까? 앞서 말했던 대로 토크는 $xF_y - yF_x$인데, 여기서 $F_x = ma_x$이고 $F_y = ma_y$이다. 따라서

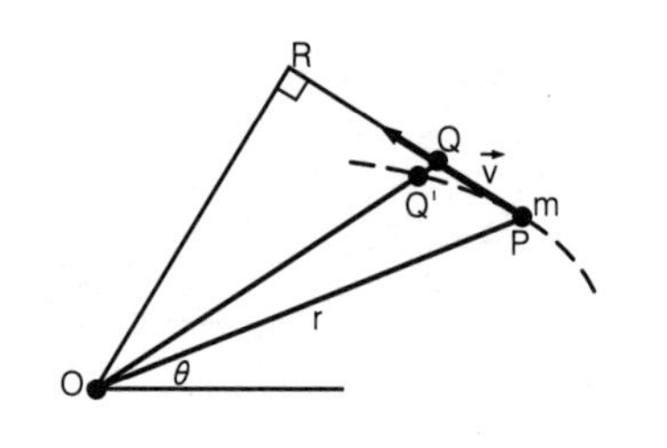

그림 18-3 회전축 O를 중심으로 그 주변을 움직이는 입자

$$\begin{aligned}\tau &= xF_y - yF_x \\ &= xm(d^2y/dt^2) - ym(d^2x/dt^2)\end{aligned} \tag{18.14}$$

이다. 언뜻 보기에는 꽤 복잡해 보이지만, 사실 이것은 $xm(dy/dt) - ym(dx/dt)$를 시간으로 미분한 것과 같다. 즉,

$$\begin{aligned}\frac{d}{dt}\left[xm\left(\frac{dy}{dt}\right) - ym\left(\frac{dx}{dt}\right)\right] &= xm\left(\frac{d^2y}{dt^2}\right) + \left(\frac{dx}{dt}\right)m\left(\frac{dy}{dt}\right) \\ &- ym\left(\frac{d^2x}{dt^2}\right) - \left(\frac{dy}{dt}\right)m\left(\frac{dx}{dt}\right) = xm\left(\frac{d^2y}{dt^2}\right) - ym\left(\frac{d^2x}{dt^2}\right)\end{aligned} \tag{18.15}$$

그러므로 토크는 '어떤 양의 시간에 대한 변화율'이라고 할 수 있다! 이제 그 '어떤 양'에 이름을 붙여주기만 하면 된다. 이 시점에서 뭐라고 부르는 것이 좋을까하고 고민할 필요는 없다. 이미 '각운동량'이라는 좋은 이름이 붙여져 있다. 각운동량은 기호 L로 표기한다.

$$\begin{aligned}L &= xm(dy/dt) - ym(dx/dt) \\ &= xp_y - yp_x\end{aligned} \tag{18.16}$$

지금 우리는 상대론적 효과를 전혀 고려하지 않고 있지만, 식 (18.16)의 두 번째 표현은 상대성 이론에서도 통용될 수 있다. 자, 자세히 보라. 우리는 선운동량과 힘 사이의 관계가 회전 운동에서도 유사한 형태로 유지된다는 것을 방금 증명했다. 토크가 힘의 성분으로 표현되었던 것처럼, 각운동량은 선운동량의 성분으로 표현될 수 있다! 그러므로 주어진 축에 대한 각운동량을 구할 때에는 선운동량의 접선 성분을 취하여 거기에 반경을 곱하면 된다. 다시 말해서, 각운동량은 원점으로부터 멀어지거나 가까워지는 운동을 나타내는 양이 아니라, 원점을 중심으로 **'돌아간 정도'**를 나타내는 양이다. 그래서 각운동량에는 운동량 전체가 아니라 운동량의 접선 성분만 관계되는 것이다. 운동량 벡터와 회전축 사이의 거리가 멀어질수록 각운동량은 증가한다. 우리가 표기를 p라고 하건, 혹은 F로 하건 간에, 기하학적 사실들은 표기법과 상관없으므로, 운동량 벡터를 연장하여 중심축과 수직 거리를 구하면 이 거리 역시 하나의 지레 팔에 해당된다. 그러므로 우리는 토크의 경우처럼 각운동량

에 대해서도 세 가지의 표현법을 사용할 수 있다.

$$\begin{aligned} L &= xp_y - yp_x \\ &= rp_{\text{접선}} \\ &= p \cdot \text{지레 팔} \end{aligned} \tag{18.17}$$

토크와 마찬가지로 각운동량도 회전축의 위치에 따라 달라진다.

지금까지의 논리를 여러 개의 입자에 적용하기 전에, 태양의 주위를 돌고 있는 행성에 적용해보자. 힘은 어느 방향으로 작용하는가? 당연히 태양 쪽으로 작용한다. 그렇다면 행성에 작용하는 토크는 어떻게 될까? 물론 회전축의 위치에 따라 달라진다. 그러나 태양을 축으로 잡으면 결과는 아주 간단해진다. 왜냐하면 토크는 '힘 × 지레 팔의 길이', 또는 'r에 수직한 힘의 성분 × r'이기 때문이다. 그런데 이 경우에 힘의 접선 방향 성분은 전혀 없으므로 태양을 축으로 하는 토크는 0이며, 따라서 태양의 주위를 도는 행성의 각운동량은 변하지 않는 상수이다! 이것은 무엇을 의미하는가? 각운동량은 '속도의 접선 방향 성분 × 질량 × 반경(r)'인데, 이 값이 상수라는 뜻이다. 그런데 질량도 상수이므로 결국 '속도의 접선 방향 성분 × 반경(r)'이 상수임을 의미한다. 이것은 이미 우리도 알고 있는 결과이다. 아주 짧은 시간 Δt를 생각해보자. 이 시간 동안 행성이 P에서 Q'까지 움직였나면(그림 18-3) 이동 거리는 얼마인가? 그리고 이 시간 동안 행성이 쓸고 지나간 면적(OPQ')은 얼마인가? Δt는 아주 짧은 시간이므로 $QQ'P$의 면적을 무시하면, 행성이 쓸고 지나간 면적은 삼각형 OPQ의 넓이($1/2 \times PQ \times OR$)에 해당된다. 다시 말해서, 단위 시간 동안 행성이 쓸고 지나간 면적은 1/2 × 속도 × 속도의 지레 팔과 같다는 뜻이다. 그런데 면적의 변화율은 각운동량에 비례하므로, 결국 일정 시간 동안 행성이 쓸고 지나가는 면적은 항상 똑같다는 결론이 내려진다. 여러분도 짐작했겠지만, 이것은 바로 케플러의 제2법칙이다. 이 법칙은 "토크가 없을 때 각운동량은 보존된다"는 사실을 행성의 운동에 적용한 결과이다.

18-4 각운동량의 보존

지금부터 여러 개의 입자들로 이루어져 있는 물체에 외력이 작용할 때 어떤 일이 일어나는지를 알아보자. i번째 입자에 작용하는 토크(물론 이 토크는 i번째 입자에 작용하는 힘 때문에 생긴 것이다)는 그 입자의 각운동량의 변화율과 같다는 것과, i번째 입자의 각운동량은 그 입자의 운동량에 운동량 지레 팔을 곱한 것과 같다는 사실을 우리는 이미 알고 있다. 이제, i번째 입자의 토크를 τ_i라 하고, 모든 입자의 토크를 더한 전체 토크를 τ라 하자. 그러면 τ는 각 입자의 각운동량 L_i를 모두 더한 값의 변화율로 표현되는데, 이 L_i의 합을 총 각운동량(total angular momentum) L로 정의한다. 입자계의 총 운동량이 각 입자의 운동량을 더한 것과 같았던 것처럼, 총 각운동량도 각 입자의 각운동량을 더하여 얻어지는 셈이다. 이렇게 정의하면 L의 변화율은 전체 토크 τ와 같아진다.

$$\tau = \sum \tau_i = \sum \frac{dL_i}{dt} = \frac{dL}{dt} \tag{18.18}$$

전체 토크는 내력과 외력을 모두 고려해야 하기 때문에 언뜻 보면 매우 복잡할 것 같다. 그러나 뉴턴의 '작용-반작용' 법칙은 단순히 "작용과 반작용은 서로 같다"는 뜻이 아니라, "작용과 반작용은 같은 선상에서 정확히 반대 방향으로 작용한다"는 뜻이다(뉴턴은 이 점을 분명하게 지적하지 않았지만, 묵시적으로 가정하고 논리를 진행시켰다). 그러므로 상호 작용을 하고 있는 두 입자의 토크는 크기가 같고 방향은 반대이다. 왜냐하면 회전축의 위치에 상관없이 지레 팔의 길이가 같기 때문이다. 따라서 여러 개의 입자로 이루어진 물체의 내부 토크들은 항상 짝으로 상쇄되어, "**임의의 축에 대한 총 각운동량의 변화율은 그 축에 대한 외부 토크와 같다**"는 놀라운 정리가 얻어지는 것이다!

$$\tau = \sum \tau_i = \tau_{\text{ext}} = dL/dt \tag{18.19}$$

이 정리를 이용하면 물체의 내부 구조를 들여다보지 않고서도 전체적인 운동을 분석할 수 있다. 식 (18.19)는 강체뿐만 아니라 모든 경우에 적용되는 아주 유용한 정리이다.

이로써 우리는 매우 중요한 물리 법칙을 얻었다 — 입자계에 외부 토크가 작용하지 않으면 각운동량은 보존된다. 이것이 바로 **각운동량 보존 법칙**이다.

우리가 일상적으로 접하는 '회전하는 입자계'란, 대부분 강체를 말한다. 강체는 회전하는 동안 형태가 변하지 않는 단단한 물체이다. 이제, 주어진 축을 중심으로 회전 운동을 하고 있는 하나의 강체를 생각해보자. 강체의 각 부분들은 모두 동일한 물리적 조건에 있다고 가정한다. 우선, 각운동량부터 계산해보자. 강체를 이루는 수많은 입자들에 일일이 번호를 붙여서 i번째 입자의 질량을 m_i라 하고, 그 위치를 (x_i, y_i)라 하자. 일단은 i번째 입자의 각운동량 L_i를 먼저 구해야 한다. L_i를 모든 i에 대해 더하면 총 각운동량은 자연스럽게 얻어지기 때문이다. 원운동을 하고 있는 입자의 각운동량은 '질량 × 속도 × 회전축까지의 거리'이고, 속도는 '각속도 × 회전축까지의 거리'이므로

$$L_i = m_i v_i r_i = m_i r_i^2 \omega \tag{18.20}$$

이다. 이 결과를 모든 입자들에 대해 더하면

$$L = I\omega \tag{18.21}$$

를 얻는다. 여기서 I는

$$I = \sum_i m_i r_i^2 \tag{18.22}$$

으로 정의된 양이다.

병진 운동에서 (선)운동량 = 질량 × 속도로 정의되었던 것처럼, 회전 운동에서 각운동량은 I × 각속도라는 형태로 표현된다. 즉, 속도는 각속도로 대치되고 질량은 I라는 새로운 양으로 대치되는데, 질량과 유사한 성질을 갖는 이 물리량을 '관성 모멘트(moment of inertia)'라 한다. 식 (18.21)과 (18.22)로부터, 우리는 회전에 관한 중요한 사실을 알 수 있다. 회전을 계속하려는 성질, 즉 회전 관성은 물체의 전체 질량에 따라 달라질 뿐만 아니라, 질량의 분포 상태에 따라 달라지기도 한다는 것이다. 예를 들어, 질량이 같은 두 물체가 각기 어떤 축을 중심으로 회전하는 경우, 회전 반경(축으로부터의 거리)이 클수록 회전 관성은 커진다. 이것은 그림 18-4에 있는 실험 장치를 이용하여 쉽게 확인할 수 있다. 그림에서 질량 M의 추는 큰 무게가 실린 막대를 돌려야 하기 때문에 빨리 떨어지지 못한다. 질량 m짜리 추(두 개)가 축에 가까이 있으면 M은 아래로 가속 운동을 하면서 속도가 빨라진다. 그러나 두 개의 질량 m을 막대의 끝으로 옮기면 M은 전보다 천천히 가속된다. 왜냐하면 회전체의 관성 모멘트가 증가하여 회전하기가 더 어려워졌기 때문이다. 관성 모멘트는 물체가 외부의 토크에 얼마나 민감하게 반응하는지를 나타내는 양으로서, (각 입자의 질량) × (축까지의 거리)^{2}을 모두 더한 값으로 정의된다.

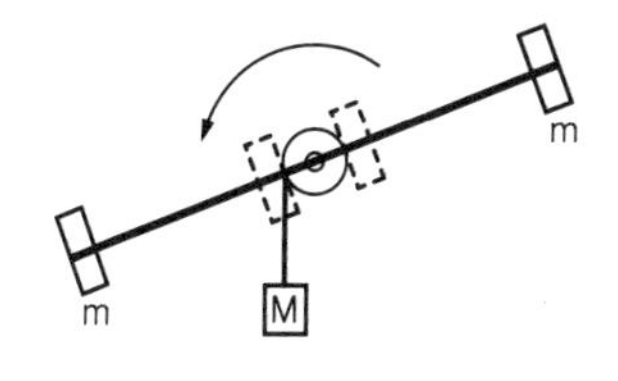

그림 18-4 회전 관성은 지레 팔의 길이에 따라 달라진다.

질량과 관성 모멘트는 개념적으로 비슷하지만, 결정적으로 다른 점이 하나 있다. 한 물체의 질량은 (고전적으로) 절대 변하지 않지만, 관성 모멘트는 회전축의 위치에 따라 달라진다는 것이다. 양팔을 쭉 펴고 손끝에 물건을 든 채로 마찰이 없는 회전대 위에 서서 회전하는 경우를 생각해보자. 한동안 이 자세를 유지하다가 어느 순간에 팔을 안으로 오그리면 질량은 변하지 않지만 관성 모멘트는 달라진다. 회전하는 와중에 이렇게 자세를 변화시키면 여러 가지 놀라운 일들이 벌어지는데, 이 모든 것은 각운동량 보존 법칙 때문이다. 외부의 토크가 0이면 각운동량, 즉 관성 모멘트(I) × 각속도(ω)는 보존된다. 처음에는 양팔을 편 자세로 있었으므로 관성 모멘트 I_1은 비교적 큰 값이고, 그때의 각속도를 ω_1이라 하면 초기의 각운동량은 $I_1\omega_1$이다. 그런데 회전 도중에 양팔을 오그렸다면 이때의 관성 모멘트 I_2는 I_1보다 작아진다. 여기에 각운동량 보존 법칙을 적용하면 $I_1\omega_1 = I_2\omega_2$가 되어, 양팔을 오그렸을 때의 각속도 ω_2는 ω_1보다 커진다. 즉, 회전 속도가 빨라지는 것이다. 피겨 스케이팅 선수들은 경험을 통해 이 사실을 잘 알고 있을 것이다.

CHAPTER 19
질량 중심 : 관성 모멘트

19-1 질량 중심

18장에서 질량 중심에 관하여 잠시 언급한 적이 있었다. 물체에 작용하는 외력의 합은(내력은 모두 상쇄되므로 고려할 필요가 없다) 어떤 지점의 가속 운동을 유발시키는데, 이것은 그 지점에 물체의 총 질량 M이 집중되어 있다고 했을 때 그 지점에 힘이 작용한 것과 동일한 결과를 가져온다. 즉, 물체의 내부(혹은 외부일 수도 있음)에는 그 물체를 **대표하는** 한 점이 있어서, 원래의 물체를 이 점에 모든 질량이 집중되어 있는 점입자로 간주하면 외력과 질량 M의 점입자 사이에 뉴턴의 제2법칙이 성립한다는 뜻이다. 이것은 물체가 강체이건 아니건, 혹은 천문학적 스케일의 은하계이건 간에 항상 성립하는 법칙이다. 물체를 대표하는 이 지점을 가리켜 질량 중심(center of mass)이라 한다. 지금부터 질량 중심에 관하여 좀더 자세히 알아보기로 하자.

질량 중심(줄여서 CM으로 표기함)의 위치는 다음의 식으로 계산된다.

$$\mathbf{R}_{\text{CM}} = \frac{\sum m_i \mathbf{r}_i}{\sum m_i} \tag{19.1}$$

물론 이것은 벡터 방정식으로서, 식이 하나인 것처럼 보이지만 사실은 3개(3차원의 경우)이다. 그러나 모든 벡터 방정식들이 다 그렇듯이, 이들 중 하나만 제대로 이해하면 나머지 둘은 공짜나 다름없다. 그래서 당분간은 방정식의 x성분만 고려하기로 한다. 자, $X_{\text{CM}} = \sum m_i x_i / \sum m_i$의 의미는 무엇인가? 일단은 우리가 다루는 물체가 질량 m의 작은 조각들로 이루어져 있다고 가정해보자. 조각의 개수를 N이라 하면, 물체의 총 질량은 mN이며, 질량 중심은 모든 x_i를 더한 다음 개수로 나눈 것과 같아진다($X_{\text{CM}} = m\sum x_i / mN = \sum x_i / N$). 다시 말해서, 모든 질량이 똑같은 경우에 X_{CM}은 x_i의 평균값에 해당된다. 이번에는 x라는 위치에 있는 한 조각의 질량이 다른 조각의 두 배라고 가정해보자. 이것은 x_i의 평균을 구할 때 x가 두 번 나오는 것과 같은 효과를 준다. 왜냐하면 이 조각은 다른 조각이 두 개 있는 것으로 생각할 수 있기 때문이다. 그러므로 질량 중심 X는 작은 조각들이 늘어서 있는 x축상에서 좌표의 최대값과 최소값 사이의 어딘가에 위치하게 된다. 그러나 질량 중심이 반드시 물체의 내부에 있을 필요는 없다. 후프(hoop)와 같은 원형 고리의 경우, 질량 중심은 후프의 몸체가 아니라 후프의 중심(원의 중심)에 위치한다.

물론, 삼각형처럼 대칭성을 가진 도형의 질량 중심은 대칭선상의 어딘가에 위치한다. 직사각형의 경우에는 대칭선이 두 개 있으므로 질량 중심은 간단하게 (대칭선의 교점으로) 결정될 수 있다. 일반적으로 좌우대칭형 물체의 질량 중심(또는 무게 중심)은 대칭축 위의 어딘가에 놓이게 된다. 이런 도형 위의 모든 질점은 대칭축 너머에 자신의 파트너에 해당되는 질점을 갖고 있기 때문이다.

질량 중심과 관련된 명제 중에, 아주 흥미로운 것이 하나있다. 어떤 물체가 A, B 두 조각으로 이루어져 있다고 가정해보자(그림 19-1). 이런 경우, 전체적인 질량 중심은 다음과 같은 단계를 거쳐 계산할 수 있다. 먼저, A와 B의 질량을 측정한 후 각각의 질량 중심을 구한다. 그리고는 두 개의 조각이 자신의 질량을 그대로 유지한 채 하나의 점(질량 중심)으로 오그라들었다고 가정한다. 그러면 두 조각의 질량 중심을 구하려던 원래의 문제는 점입자 두 개의 질량 중심을 구하는 문제로 바뀌게 된다. 이제, 두 입자의 질량 중심을 구하면 그 지점이 바로 원래 우리가 구하고자 했던 A, B 두 조각의 질량 중심과 일치한다! 즉, 한 물체를 여러 부분으로 나눠서 각 부분의 질량 중심을 구했다면(혹은 이미 알고 있다면), 물체의 전체적인 질량 중심을 구하기 위해 모든 계산을 다시 반복할 필요가 없다는 것이다. 각 부분의 질량 중심에 그 부분의 질량이 모두 집중되어 있다고 가정한 후에, 이들의 질량 중심을 구하기만 하면 된다. 매우 편리하긴 하지만 참으로 신기한 결과가 아닐 수 없다. 이런 계산이 어떻게 가능한 것일까? 지금부터 증명해보자. 여기, A와 B의 두 구획으로 나눠어진 강체가 하나 있다(두 개의 조각으로 분리되어 있을 필요는 없다). 각 구획의 질량은 M_A, M_B라 하자. 이 강체를 이루고 있는 입자들 중 일부는 A에 속하고 나머지는 B에 속해 있다. 그러므로 $\sum m_i x_i$는 A구획의 합인 $\sum_A m_i x_i$와 B구획의 합인 $\sum_B m_i x_i$으로 나누어 쓸 수 있다. 이제 구획 A의 질량 중심 X_A를 계산한다면 $\sum m_i x_i$ 중 $\sum_A m_i x_i$만 고려하면 되는데, 이 값은 질량 중심의 정의에 의해 $M_A X_A$와 일치한다. 그리고 이와 동일한 논리에 의해 $\sum_B m_i x_i$는 $M_B X_B$와 같아진다.

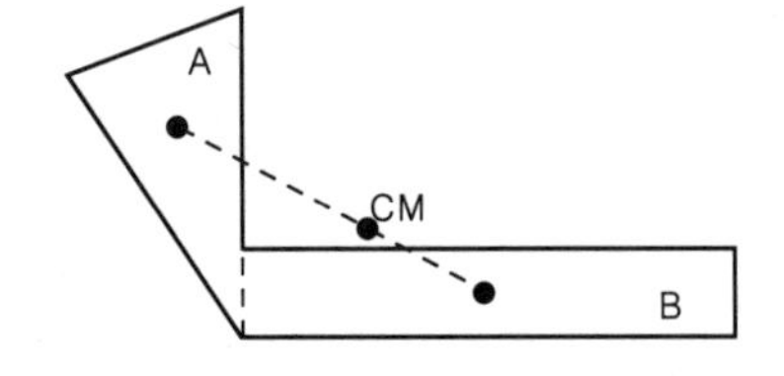

그림 19-1 두 조각으로 이루어진 물체의 질량 중심은 각 조각의 질량 중심을 연결한 선 위에 위치한다.

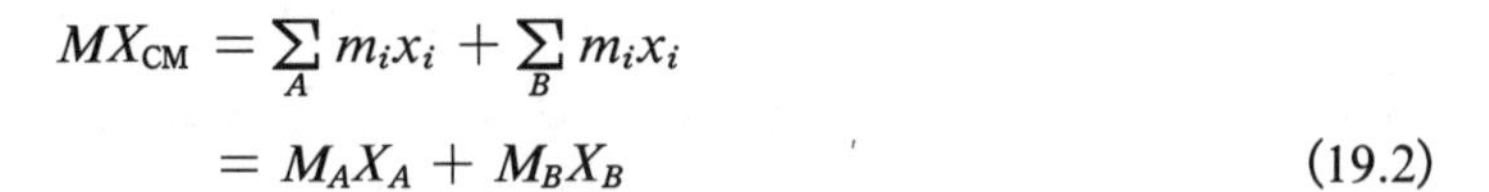

$$\begin{aligned} MX_{\text{CM}} &= \sum_A m_i x_i + \sum_B m_i x_i \\ &= M_A X_A + M_B X_B \end{aligned} \tag{19.2}$$

여기서, 물체의 총 질량 M은 말할 것도 없이 $M_A + M_B$이므로, 결국 전체적인 질량 중심은 X_A에 놓인 질량 M_A의 입자와 X_B에 놓인 질량 M_B짜리 입자의 질량 중심으로 해석될 수 있는 것이다.

질량 중심의 운동에 관한 정리는 매우 흥미로울 뿐만 아니라, 거시적인 물체의 운동을 물리적으로 이해하는 데 커다란 공헌을 하였다. 방금 위에서 증명한 정리는 “커다란 물체의 미세 구조에 뉴턴의 법칙이 잘 들어맞을 때, 물체에 작용하는 힘과 질량만 알고 있으면 그 외의 세부 사항을 고려하지 않고서도 물체 전체에 뉴턴의 법칙을 적용할 수 있다”는 것을 보여주는 대표적인 사례이다. 즉, 뉴턴의 법칙이 작은 스케일에서 성립하면 더 큰 스케일에서도 역시 성립한다는 것이다. 야구공은 엄청나게 많은 입자들이 상호 작용을 하고 있는 끔찍하게 복잡한 물체지만, 단순히 질량 중심의 운동과 공에 미치는 외력만을 고려한다면 $\mathbf{F} = m\mathbf{a}$는 여전히 성립한다. 여기서 $\mathbf{F}$는 야구공에 미치는 외력의 합이며 m은 공의 질량, 그리고 $\mathbf{a}$는 질량 중심의 가속도이다. 이런 식으로, $\mathbf{F} = m\mathbf{a}$는 큰 스케일에서도 똑같이 되풀이되는 법칙인 것이다. (내 생각에는 '큰 스케일에서 같은 법칙이 되풀이되는 현상'을 함축적으로 의미하는 용어가 있어야 할 것 같다. 듣기에 그럴듯한 그리스어라면 더욱 좋을 것이다.)

물론, 인간에 의해 발견된 첫 번째 물리 법칙이 더 큰 스케일에서도 줄줄이 성립한다는 주장을 회의적으로 바라보는 사람도 있을 것이다. 우주의 근본적인 구조는 원자적 스케일에 집약되어 있고, 이것은 우리의 일상적인 관측으로는 도저히 접근할 수 없을 정도로 작은 세계이기 때문이다. 그러므로 인류가 발견한 첫 번째 물리 법칙은 끽해야 원자적 스케일보다 조금 큰 영역에 적용되는 법칙일 것이다. 그런데 작은 입자의 운동을 관장하는 법칙들이 더 큰 스케일에서 적용되지 않는다면, 그 법칙들은 쉽게 모습을 드러내지 않을 것이다. 그렇다면 그 반대의 경우는 어떨까? 작은 스케일에서 적용되는 법칙이 큰 스케일에서도 여전히 성립할 것인가? 반드시 그래야 할 이유는 없다. 원자의 운동을 서술하는 법칙이 거시적 스케일에서는 더 이상 적용되지 않는다고 가정해보자. 또한, 이 법칙을 거시적 스케일에서 **근사적으로** 서술하면, 그 근사식은 더 큰 스케일로 확장해도 여전히 성립한다고 가정해보자. 실제로, 지금 우리가 갖고 있는 법칙들은 이런 성질을 갖고 있다. 뉴턴의 법칙은 원자적 규모의 끄트머리(가장 큰 원자)에서 발견되어, 천문학적 규모까지 확장/응용된 것이다. 원자 규모 이하의 미세한 영역에서 소립자들에 적용되는 법칙은 아주 희한하게 생겼지만, 소립자들이 많이 모여서 큰 물체를 형성하면 뉴턴의 법칙을 이용하여 이 시스템을 **근사적으로** 서술할 수 있다. 뉴턴의 법칙은 스케일을 계속 키워도 여전히 성립하는데, 지금까지 알려진 바에 의하면 위로는 한계가 없는 듯하다. 오히려 스케일이 크면 클수록 더욱 정확하게 들어맞는다. 그러므로 뉴턴의 운동 법칙이 스케일의 확장에 따라 되풀이된다는 사실을 자연의 근본적 특징으로 볼 수는 없지만, 역사적으로는 아주 중요한 의미를 갖는다. 최초의 관측은 너무나 투박하기 때문에 처음부터 원자적 스케일의 법칙을 발견할 수는 없다. 원자 세계에 적용되는 양자 역학은 뉴턴의 역학과 전혀 딴판이며, 이해하기도 쉽지 않다. 우리의 경험은 거시적인 세계에서 형성되는데, 양자적 스케일에서 일어나는 현상들은 이것과 전혀 닮지 않았기 때문이다. 그래서 우리는 원자의 구조가 태양계의 구조와 비슷하다거나, 혹은 이와 비슷한 주장을 펼칠 근거가 전혀 없다. 원자의 구조는 거시적 세계의 그 어떤 것과도 닮지 않았기 때문이다. 양자 역학을 점점 더 큰 스케일에 적용해 나가다보면, 수많은 원자들로 이루어진 물체에는 더 이상 양자 역학의 법칙이 적용되지 않고 '뉴턴의 운동 법칙'이라는 새로운 법칙이 적용되기 시작한다. 그리고 이 법칙은 스케일을 더욱 키워도 여전히 성립한다. 뉴턴의 법칙은 수십억 × 수십억 개의 원자들이 모여 있는 물체부터 (그래봐야 백만 × 백만분의 1g밖에 되지 않는다) 천문학적 스케일까지 적용되는, '거의' 범우주적인 법칙이라 할 수 있다.

다시 질량 중심으로 관심을 돌려보자. 지구의 표면 근처에서는 중력을 상수 취급해도 크게 틀리지 않기 때문에, 질량 중심은 종종 무게 중심(center of gravity)이라고 불리기도 한다. 중력이 질량에 비례하면서 중력의 크기와 방향이 균일한 작은 공간을 상상해보자. 그 안에 질량 M인 강체가 놓여 있다면, 작은 부분 m_i에 작용하는 중력은 $m_i g$이다. 이제 질문을 하나 던져보자. 물체에 힘을 가하여 중력과 균형을 이루려면(병진 및 회전 운동이 모두 일어나지 않으려면) 어느 지점에 힘을 가해야 하는가? 질량 중심을 뚫고 지나가는 방향으로 가하면 된다. 그 이유는 다음과 같다. 물체가 돌지 않으려면 모든 힘에 의해서 생기는 토크의 합은 0이 되어야 한다. 만일 토크가 있다면 각운동량에 변화가 생겨서 물체는 회전을 할 수밖에 없다. 그러므로 물체가 평형을 이루고 있다면 모든 입자들에 미치는 토크의 총합은 0이다. 여기에 x축을 수평 방향, y축을 수직 방향으로 하는 좌표를 설정하면 토크는 y축 방향으로 작용하는 힘에 지레 팔의 길이 x를 곱한 값이 된다. 그러므로 전체 토크는

$$\tau = \sum m_i g x_i = g \sum m_i x_i \tag{19.3}$$

이다. 보다시피 총 토크가 0이 되려면 우변의 $\sum m_i x_i$도 0이 되어야 한다. 그런데 $\sum m_i x_i = MX$, 즉 (전체 질량) × (축으로부터 질량 중심까지의 거리)이므로, 결국 축으로부터 질량 중심까지의 거리 X는 0이 되어야 하는 것이다.

지금 우리는 x축 방향으로만 결과를 확인했지만, 두께가 있는 물체의 진짜 질량 중심을 고려하면 물체는 어떤 자세에서도 균형을 잡게 될 것이다. 물체를 90° 돌리면 x 대신 y에 대한 결과가 얻어지기 때문이다. 다시 말해서, 임의의 물체의 질량 중심을 정확하게 떠받치고 있으면 평행하게 작용하는 중력 때문에 토크가 전혀 생기지 않는다. 물체가 아주 커서 중력을 균일하게 취급할 수 없는 경우에는 평형을 이루기 위한 힘의 작용점을 계산하기가 매우 까다로워진다. 자세히 계산해보면, 그 위치는 질량 중심으로부터 약간 벗어나 있다. 바로 이러한 이유 때문에 우리는 질량 중심과 무게 중심을 구별해야 하는 것이다. 질량 중심을 떠받치고 있을 때 물체가 모든 자세에서 균형을 잡는다는 사실은 또 하나의 재미있는 결과를 낳는다. 중력 대신 가속도에 의한 유사힘(pseudoforce, 이 경우에는 관성력)이 작용하는 경우, 관성력에 의해 토크가 생기지 않도록 하려면 어느 지점을 떠받쳐야 할까? 이 문제는 앞에서 거쳤던 수학적 과정을 그대로 되풀이하여 해결할 수 있다. 상자 속에 어떤 물체를 가두어놓고 상자를 통째로 가속시킨다고 생각해보자. 상자에 대해 상대적으로 정지해 있는 관찰자의 입장에서 보면 가속되는 상자에는 분명 어떤 '힘'이 작용하고 있다. 이 경우, 안에 들어 있는 물체도 상자와 같이 움직이게

하려면 그것도 밀어서 가속시켜야 하는데, 이 힘은 상자의 가속도에 물체의 질량을 곱한 유사힘(관성력)과 정확하게 같다. 상자 안에 사람이 들어가 있었다면, 그는 중력 가속도가 a(상자의 가속도)인 균일한 중력장 속에 있는 듯한 느낌을 받을 것이다. 따라서 물체가 가속 운동을 할 때 생기는 관성력은 질량 중심에 대해 전혀 토크를 발생시키지 않는다.

이로부터 매우 재미있는 결과를 유추할 수 있다. 가속 운동을 하지 않는 관성계(inertial frame)에서, 토크는 항상 각운동량의 변화율과 같다. 물체가 가속 운동을 하는 경우에도 질량 중심을 지나는 축을 기준으로 삼는다면, **토크 = 각운동량의 변화율**의 관계는 여전히 성립한다. 그러므로 토크가 각운동량의 변화율과 같다는 정리는 (1)관성계에서 고정된 임의의 축과, (2)비관성계(non-inertial frame)에서 질량 중심을 지나는 축에 대해서 항상 성립한다.

19-2 질량 중심의 계산

질량 중심을 계산하는 것은 물리학이 아닌 수학 문제에 가깝다. 특히, 대학 학부생의 적분 연습용으로 이것만큼 좋은 문제도 드물다. 그러나 이미 적분을 다 배운 학생이 질량 중심을 계산하는 중이라면 몇 가지 트릭으로 계산을 엄청나게 줄일 수 있다. 가장 유명한 트릭으로는 파푸스(Pappus)의 정리를 들 수 있는데, 그 내용은 다음과 같다. 평면 위에 임의의 닫힌 도형을 그린 다음 그 도형을 평면에 수직한 방향으로 평행 이동시켰을 때 얻어지는 입체 도형(원기둥, 사각 기둥 등등…)의 부피는 항상 (단면적) × (질량 중심의 이동 거리)이다! 원래의 2차원 도형을 평행 이동시켰다면 이것은 직관적으로도 쉽게 이해가 갈 것이다. 그런데 직선이 아닌 곡선 경로를 따라 이동시켜서 얻어진 입체(기다란 통조림을 구부린 듯한 모양)의 부피를 구해보라고 하면 잠시 난감해질 것이다. 그러나 걱정할 것 없다. 파푸스의 정리에 의하면 이런 경우에도 부피를 구하는 공식은 변하지 않는다. 휘어진 경로를 따라갈 때, 바깥쪽의 점들은 안쪽에 있는 점들보다 더 많은 거리를 이동하게 되어 증감 효과가 서로 상쇄되기 때문이다. 2차원 평면 도형의 질량 중심을 구할 때 이 사실을 기억하고 있으면 계산량을 많이 줄일 수 있다.

밑변이 D이고 높이가 H인 직각 삼각형의 질량 중심을 구해보자(그림 19-2). H의 연장선을 회전축으로 삼아 360° 회전시키면 삼각형이 쓸고 지나간 궤적은 원뿔이 된다. 이때, 삼각형의 질량 중심이 이동한 거리는 $2\pi x$이며(반지름이 x인 원주의 길이와 같다), 단면적은 삼각형의 면적과 같은 $HD/2$이다. 따라서 질량 중심의 이동 거리에 삼각형의 면적을 곱한 결과는 원뿔의 부피, 즉 $\pi D^2 H/3$과 같아야 한다. 그러므로 $(2\pi x)(HD/2) = \pi D^2 H/3$이며, 이로부터 $x = D/3$임을 알 수 있다. D의 연장선을 축으로 삼아 똑같은 계산을 반복하면 질량 중심의 y좌표는 $y = H/3$으로 얻어진다. 이미 다들 알고 있는 사실이겠지만, 밀도가 균일한 삼각형의 질량 중심은 세 개의 중선(한 변의 중점과 마주 보는 꼭지점을 잇는 선)이 만나는 지점에 위치하며, 이 교점

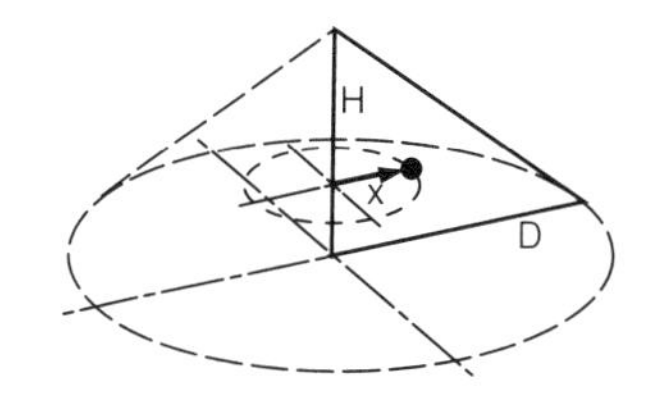

그림 19-2 직각 삼각형을 360° 회전시켜서 얻어진 원뿔

은 모든 중선을 2 : 1로 내분한다(삼각형을 밑변에 평행한 방향으로 잘게 썰었을 때, 중선은 모든 조각의 면적을 이등분한다. 따라서 질량 중심은 반드시 중선 위에 있어야 한다).

이제 좀더 복잡한 도형의 질량 중심을 구해보자. 균일한 밀도의 원판을 반으로 잘라서 반원 모양의 원판을 만들었다. 이 물건의 질량 중심은 어디인가? 온전한 원판이라면 물론 원의 중심이 질량 중심이겠지만, 반쪽 원판의 경우는 그리 간단한 문제가 아니다. 자, 반쪽 난 원판의 반지름을 r이라 하고 직선으로 된 가장자리로부터 질량 중심까지의 거리를 x라 하자. 이 가장자리를 축으로 삼아 360° 회전시키면 도형이 쓸고 지나간 궤적은 구(sphere)가 된다. 이때, 질량 중심의 이동 거리는 $2\pi x$이고 단면적은 $\pi r^2/2$이며(반쪽 원판), 구의 부피는 $4\pi r^3/3$이다. 따라서

$$(2\pi x)(\frac{1}{2}\pi r^2) = 4\pi r^3/3$$

으로부터

$$x = 4r/3\pi$$

임을 알 수 있다.

파푸스의 정리의 특별한 경우에 해당하는 또 하나의 정리가 있다. 균일한 철사를 구부려서 반달 모양을 만들었다면 질량 중심은 어디에 있을까? 이 물체는 테두리만 있고 내부는 비어 있으므로 질량은 오로지 철사에 집중되어 있다. 그러나 이런 경우에도 파푸스의 정리는 여전히 성립한다. 즉, 철사로 만든 도형을 움직였을 때 철사가 쓸고 지나간 **면적**은 질량 중심의 이동 거리에 철사의 **길이**를 곱한 것과 같다(이것은 철사의 굵기를 무시했을 때 적용되는 법칙이다. 만일 철사의 두께를 인정하여 철사가 쓸고 지나간 부피를 구하고자 한다면, 위에서 언급했던 정리를 사용하면 된다).

19-3 관성 모멘트의 계산

이제 여러 가지 다양한 물체들의 관성 모멘트를 구해보자. z축에 대한 관성 모멘트는

$$I = \sum m_i(x_i^2 + y_i^2)$$

또는

$$I = \int(x^2 + y^2)dm = \int(x^2 + y^2)\rho\, dv \tag{19.4}$$

로 주어진다. 즉, 각각의 질량 m_i에 축으로부터의 거리를 제곱한 $(x_i^2 + y_i^2)$을 곱한 뒤에 이들을 모든 질량에 대해서 더해야 한다. 한 가지 주의할 것은, 우리가 다루는 물체가 부피를 가진 3차원의 물체라 해도 관성 모멘트의 계산에 필요한 것은 3차원적인 거리가 아니라 2차원적 거리라는 점이다. 지금 우

리는 2차원적인 평면 도형을 주로 취급하고 있지만, z축에 대한 관성 모멘트 (식 19.4)는 3차원 도형에도 그대로 적용될 수 있다.

간단한 예로서, 한쪽 끝을 중심으로 회전하는 막대(길이 $= L$, 질량 $= M$)의 관성 모멘트를 구해보자(그림 19-3). 일단은 (질량) × (거리)^{2}을 모든 질량소(mass element)에 대하여 더해야 한다(막대의 두께는 무시한다. 따라서 y 성분은 고려할 필요가 없다). 막대의 질량은 오직 x축을 따라 배열되어 있으므로, 여기서 말하는 거리란 x를 의미한다. 막대를 수없이 많은 조각으로 잘라서 한 조각의 길이를 dx라 하면 질량은 dx에 비례하게 된다. 그러므로

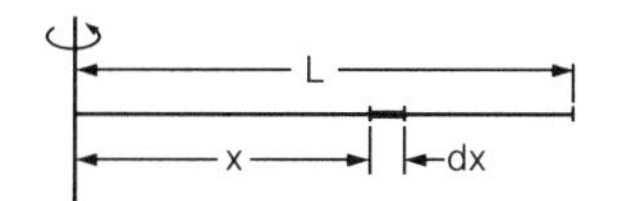

그림 19-3 한쪽 끝을 중심으로 회전하는 길이 L의 막대

$$dm = M\,dx/L$$

이고, 관성 모멘트는

$$I = \int_0^L x^2 \frac{M\,dx}{L} = \frac{M}{L}\int_0^L x^2\,dx = \frac{ML^2}{3} \tag{19.5}$$

으로 구해진다. 관성 모멘트의 차원(단위)은 (질량) × (거리)^{2}이기 때문에, ML^2은 항상 따라다니는 인자이다. 그러므로 이 문제는 사실 $1/3$이라는 계수만 구하면 모든 계산은 끝나는 셈이다.

회전축을 막대의 중간 지점으로 평행 이동 시키면 관성 모멘트는 어떻게 달라질까? 좌표의 원점을 막대의 중앙으로 잡으면 적분구간을 $-L/2 \le x \le L/2$로 잡아서 앞의 계산을 반복하면 된다. 그러나 관성 모멘트의 성질을 잘 이용하면 이 경우에도 계산량을 많이 줄일 수 있다. 길이가 L이고 질량이 M인 막대는 길이가 $L/2$이고 질량이 $M/2$인 막대 두 개로 간주할 수 있고, 원래의 막대가 중간 지점을 지나는 축으로 회전하는 상황은 반쪽짜리 막대 두 개가 한쪽 끝을 지나는 축을 중심으로 회전하는 상황과 동일하다. 그런데 후자의 경우는 이미 결과를 알고 있으므로 그 값에 두 배를 해주면 우리가 구하고자 하는 관성 모멘트가 된다. 즉,

$$I = \frac{2(M/2)(L/2)^2}{3} = \frac{ML^2}{12} \tag{19.6}$$

이다. 그러므로 막대의 끝을 중심으로 돌리는 것보다 가운데를 중심으로 돌리는 것이 훨씬 쉽다는 것을 알 수 있다.

이런 식으로 다양한 도형에 대하여 관성 모멘트를 계산해나갈 수 있다. 이 계산은 대부분 적분 과정을 거쳐야 하기 때문에 아주 좋은 연습 문제이기도 하다. 그러나 계산 자체는 우리의 주된 관심사가 아니므로 일단 여기서 마무리하고, 그 대신 관성 모멘트에 관한 아주 유용하고 재미있는 정리를 소개하기로 한다. 주어진 축에 대하여 어떤 물체의 관성 모멘트를 구한다는 것은 그 축을 중심으로 물체를 회전시킬 때 필요한 회전 관성을 구한다는 뜻이다. 이제, 어떤 축을 중심으로 회전하는 물체의 질량 중심을 떠받쳐서 지금 진행중인 회전 이외에 또 다른 회전이 일어나지 않도록 해보자(관성력은 토크를 유발시키지 않는다). 이때 물체를 회전시키는 데 필요한 힘은 질량 중심에 모

든 질량이 집중되어 있는 경우에 필요한 힘과 똑같다. 따라서 이 물체의 관성 모멘트는 R_{CM}을 회전축과 질량 중심 사이의 거리라고 했을 때 $I_1 = MR_{CM}^2$이다. 그러나 물체가 회전하면서 스스로 돌아가기도 하는 경우에는(공전하면서 자전까지 하는 경우를 말함 : 옮긴이) 이 결과를 적용할 수 없다. 왜냐하면 주어진 축에 대한 관성 모멘트 I_1 이외에 질량 중심에 대한 관성 모멘트가 추가로 고려되어야 하기 때문이다. 그러므로 질량 중심을 지나는 축에 대한 관성 모멘트를 I_c라 했을 때 임의의 축에 대한 관성 모멘트는

$$I = I_c + MR_{CM}^2 \tag{19.7}$$

이라고 추측할 수 있다.

흔히 '평행축 정리(parallel-axis theorem)'라 불리는 이 정리는 수학적으로도 간단하게 증명될 수 있다. 임의의 축을 중심으로 회전하는 물체의 관성 모멘트는 각각의 질량에 회전축으로부터의 거리의 제곱을 곱하여 모두 더한 값임을 우리는 이미 알고 있다. 즉, $I = \sum(x_i^2 + y_i^2)m_i$이다. 지금 당장은 x만 고려하겠지만, y에 관한 증명도 똑같은 방법으로 하면 된다. x는 원점으로부터 질량소(mass element)까지의 거리를 x축 방향으로 투영한 값이다. 이제, 질량 중심을 원점으로 하는 새로운 좌표를 x'이라 하면

$$x_i = x_i' + X_{CM}$$

이 된다. 양변을 제곱하면

$$x_i^2 = x_i'^2 + 2X_{CM}x_i' + X_{CM}^2$$

이다. 여기에 m_i를 곱하여 모든 i에 대해 더해주면 어떻게 될까? 상수를 $\sum$ 밖으로 빼내면 다음과 같이 된다.

$$I_x = \sum m_i x_i'^2 + 2X_{CM} \sum m_i x_i' + X_{CM}^2 \sum m_i$$

이들 중 세 번째 항은 간단하게 MX_{CM}^2으로 쓸 수 있다. 두 번째 항에 있는 $\sum m_i x_i'$은 질량 중심의 정의에 의해 (총 질량)×(x' 좌표계에서 본 질량 중심의 좌표)인데, x' 좌표계의 원점이 바로 질량 중심이므로 이 값은 당연히 0이다. 그리고 첫 번째 항은 질량 중심에 대한 관성 모멘트, 즉 I_c의 x성분에 해당된다. 이것으로 식 (19.7)의 증명은 끝난 셈이다.

식 (19.7)이 정말로 맞는지 확인하기 위해, 회전하는 막대를 예로 들어보자. 막대의 한쪽 끝을 통과하는 축에 대한 관성 모멘트는 이미 계산했던 대로 $ML^2/3$이다. 그런데 막대의 질량 중심은 $L/2$의 위치에 있고 그 지점을 중심으로 한 관성 모멘트는 $ML^2/12$였으므로 $ML^2/3 = ML^2/12 + M(L/2)^2$이 되어 식 (19.7)이 정확하게 성립함을 알 수 있다.

이왕 말이 나온 김에 한마디 더 하자면, 식 (19.5)를 구할 때 굳이 적분 과정을 거칠 필요는 없다. 막대의 관성 모멘트는 ML^2에 어떤 상수 γ를 곱한 형태임이 분명하므로 이 사실을 가정한 후에 어떤 식으로든 γ를 결정하면 된다. 자, 반쪽 막대의 관성 모멘트는 원래 막대의 1/4이었으므로 이 경우

의 상수는 $\gamma/4$이다. 그리고 여기에 평행축 정리를 응용하면 $\gamma = \gamma/4 + 1/4$이 되어야하므로 $\gamma = 1/3$이라는 결과가 그냥 얻어진다. 이런 식의 지름길은 항상 있는 법이다!

평행축 정리를 적용할 때, I_c를 계산한 축과 원래의 축은 평행해야 한다. 그래야 $x_i = x_i' + X_{CM}$이 성립하기 때문이다. 그래서 정리의 이름도 '평행축 정리'인 것이다.

관성 모멘트를 계산할 때 유용하게 써먹을 법칙이 또 하나 있다. 임의의 형태로 납작하게 생긴 물체의 경우, 좌표의 원점을 x-y 평면에 두고 물체와 수직한 방향으로 z축을 잡으면 z축에 대한 관성 모멘트는 x축에 대한 관성 모멘트와 y축에 대한 관성 모멘트의 합과 같다. 이것은 다음과 같이 증명될 수 있다.

$$I_x = \sum m_i(y_i^2 + z_i^2) = \sum m_i y_i^2$$

(z축 방향으로는 질량이 없으므로 $z_i = 0$이다.) 이와 비슷한 방법으로,

$$I_y = \sum m_i(x_i^2 + z_i^2) = \sum m_i x_i^2$$

을 얻는다. 그런데

$$\begin{aligned} I_z = \sum m_i(x_i^2 + y_i^2) &= \sum m_i x_i^2 + \sum m_i y_i^2 \\ &= I_x + I_y \end{aligned}$$

이므로 증명은 여기서 완결된다.

예를 들어, 질량이 M이고 가로, 세로가 각각 w, L인 균일한 재질의 직사각형판을 생각해보자. 사각형판의 중심을 지나면서 판에 수직한 축에 대한 관성 모멘트는

$$I = M(w^2 + L^2)/12$$

이다. 왜냐하면 L에 평행한 방향으로 평면 위에 누워 있는 축에 대한 관성 모멘트는 길이가 w인 막대의 경우와 마찬가지로 $Mw^2/12$이고, 나머지 w에 대한 관성 모멘트는 $ML^2/12$이기 때문이다.

지금까지의 결과들을 요약해보자. 주어진 축(z축이라 하자)에 대한 임의의 물체의 관성 모멘트는 다음과 같은 성질을 갖는다.

(1) 관성 모멘트는 다음과 같다.

$$I_z = \sum_i m_i(x_i^2 + y_i^2) = \int (x^2 + y^2)dm$$

(2) 물체가 여러 부분으로 이루어져 있고, 각 부분의 관성 모멘트가 이미 알려져 있다면, 총 관성 모멘트는 각 부분의 관성 모멘트를 더한 것과 같다.

(3) 임의의 축에 대한 관성 모멘트는 (질량 중심을 통과하면서 그 축에 평행한 축에 대한 관성 모멘트) + (총 질량 $\times$ 그 축으로부터 질량 중심까지의 거리)^{2}과 같다.

(4) 평평한 물체의 경우(2차원 평면 도형), 그 평면에 수직한 임의의 축에 대한 관성 모멘트는 물체가 속한 평면 위에서 그 축과 직교하는 다른 두 개의 축(이들도 서로 직교해야 한다)에 대한 관성 모멘트의 합과 같다.

밀도가 균일한 몇 가지 기본 도형의 관성 모멘트가 표 19-1에 나와 있다. 그리고 위에 열거한 성질을 이용하여 표 19-1로부터 유도될 수 있는 다른 도형의 관성 모멘트는 표 19-2에 열거되어 있다.

표 19-1

물체	z축의 위치와 방향	I_z
길이 L의 가느다란 막대	중심에서 막대에 수직	$ML^2/12$
안쪽 반지름 $= r_1$, 바깥쪽 반지름 $= r_2$인 속이 빈 원통	원의 중심에서 수직	$M(r_1^2 + r_2^2)/2$
반경 r의 구(sphere)	구의 중심을 통과	$2Mr^2/5$

표 19-2

물체	z축의 위치와 방향	I_z
가로, 세로가 a, b인 평면 사각형	중심을 지나고 b에 평행	$Ma^2/12$
가로, 세로가 a, b인 평면 사각형	중심을 지나고 면에 수직	$M(a^2 + b^2)/12$
안쪽 반지름 $= r_1$, 바깥쪽 반지름 $= r_2$인 가느다란 고리	임의의 지름 방향	$M(r_1^2 + r_2^2)/4$
가로, 세로, 높이가 a, b, c인 육면체	중심을 지나고 c에 평행	$M(a^2 + b^2)/12$
반경 r, 길이 L인 속이 찬 원통	원의 중심을 지나고 L에 평행	$Mr^2/2$
반경 r, 길이 L인 속이 찬 원통	원의 중심을 지나고 L에 수직	$M(r^2/4 + L^2/12)$

19-4 회전에 의한 운동 에너지

회전체의 동력학에 관하여 좀더 이야기해보자. 18장에서 병진 운동과 회전 운동의 대응 관계를 논할 때, 일(work)의 개념을 이용하면서 운동 에너지에 대해서는 전혀 언급하지 않았었다. 그러나 회전 운동도 분명한 운동이므로 거기에는 분명히 운동 에너지가 개입되어 있을 것이다. 어떤 축 주변을 각속도 ω로 회전하고 있는 강체의 운동 에너지는 어떻게 될까? 전술한 대응 관계를 잘 이용하면 간단한 추론이 가능하다. 즉, 질량은 관성 모멘트에 대응되고 속도는 각속도에 대응되니까, 회전체의 운동 에너지는 왠지 $\frac{1}{2}I\omega^2$일 것 같다. 좋다. 아주 그럴듯한 제안이다. 그런데 정말 놀라운 것은 거의 통밥이나 다름없는 이 추론이 사실이라는 점이다! 지금부터 이 재미있는 정리를 증명해보자. 여기, 어떤 물체가 고정된 축을 중심으로 회전하고 있다. 물체를 이루는 각 점과 회전축 사이의 거리를 r_i라 하고 회전 각속도를 ω라 하면 각 점의 이동 속도는 ωr_i이다. 따라서 회전하는 물체의 총 운동 에너지는

$$T = \frac{1}{2}\sum m_i v_i^2 = \frac{1}{2}\sum m_i (r_i\omega)^2$$

이다. 그런데 ω는 모든 점에 대해서 똑같은 양이므로 회전에 의한 운동 에너

지는 다음과 같다.

$$T = \frac{1}{2}\omega^2 \sum m_i r_i^2 = \frac{1}{2}I\omega^2 \qquad (19.8)$$

18장의 끝머리에서 잠시 언급했던 내용을 다시 상기해보자. 어떤 관성 모멘트를 갖고 회전하는 물체가 회전하는 도중에 모양이 바뀌면 관성 모멘트도 바뀐다. 예를 들어, 마찰 없이 회전하는 선반(turntable) 위에 서서 팔을 활짝 벌리고 있을 때의 관성 모멘트를 I_1 이라 하고, 그때의 각속도를 ω_1 이라 하자. 이제, 회전하는 도중에 양팔을 오그리면 관성 모멘트가 I_2로 변하고 각속도도 ω_2로 변하지만 우리의 몸은 여전히 '거의 강체'로 취급할 수 있다. 그리고 선반의 회전축에 대한 토크가 전혀 없기 때문에 각운동량은 일정하게 유지된다. 따라서 $I_1 = I_2$이다. 그렇다면 운동 에너지는 얼마인가? 이것은 매우 흥미로운 질문이다. 팔을 안으로 모으면 회전 속도는 빨라지지만 관성 모멘트가 줄어들기 때문에 잘하면 에너지가 보존될 것 같다. 하지만 이것은 잘못된 생각이다. 팔을 오그리기 전과 후에 변하지 않는 것은 $I\omega$이지, $I\omega^2$이 아니다. 따라서 양팔을 모으기 전의 운동 에너지는 $\frac{1}{2}I_1\omega_1^2 = \frac{1}{2}L\omega_1$(여기서 $L = I_1\omega_1 = I_2\omega_2$는 각운동량이다)이며, 팔을 모은 후에는 똑같은 논리에 의해 $\frac{1}{2}L\omega_2$이다. 그런데 $\omega_2 > \omega_1$이므로 회전 운동 에너지는 후자의 경우가 더 크다. 즉, 팔을 펼치고 있을 때보다 팔을 안으로 모았을 때 더 큰 운동 에너지를 갖는다는 뜻이다. 그렇다면 에너지 보존 법칙은 어떻게 되는 것인가? 이 과정에서 무언가가 일을 한 것이 분명하다. 대체 누가 일을 했을까? 바로 팔을 오그린 사람이 그 장본인이다! 언제, 어느새 일을 했다는 말인가? 중력장 안에서 물체를 수평 방향으로 이동시킬 때는 가해지는 일이 전혀 없다. 그러므로 팔을 편 자세로 무언가를 들고 있다가 안으로 오그리는 과정에서도 가해지는 일은 없다. 그러나 이것은 회전을 하고 있지 않은 상황에서의 이야기다! 양팔을 편 자세에서 무언가를 든 채로 회전을 하고 있다면, 들고 있는 물체에는 바깥쪽으로 달아나려는 원심력이 작용한다. 따라서 팔을 오그리려면 원심력을 이길만한 힘으로 물체를 '당겨야' 한다(손에 아무 것도 들고 있지 않다 해도, 팔 자체의 무게 때문에 역시 힘을 줘서 당겨야 한다 : 옮긴이). 이때 원심력을 이겨내기 위해 가해진 일은 회전 운동 에너지의 증가로 나타나서, 팔을 오그린 후의 운동 에너지가 더 커지는 것이다.

관성 모멘트는 참으로 흥미진진한 물리량이다. 수학적으로 이해하는 것도 물론 재미있지만, 우리 주변에는 관성 모멘트의 개념과 약간의 사고를 통해 이해할 수 있는 현상들이 사방에 널려 있다.

다시 회전하는 원반으로 돌아가서, 그 위에 서 있는 사람의 몸통과 팔의 움직임을 자세히 살펴보자. 양팔을 오그려서 물체를 안쪽으로 끌어당기면 원반 위의 모든 것들은 이전보다 더 빠르게 돌아가지만 중심부(몸통)의 형태와 질량은 변하지 않는다. 즉, 몸통 주위에 가상의 원을 그려서 원의 내부에 있는 부분만 고려한다면 각운동량이 변한 셈이다. 질량과 위치는 그대로인데 각속도가 빨라졌기 때문이다. 이는 곧 팔을 안으로 모으는 동안 몸통에 토크가 작용했다는 뜻이다. 그러나 이 토크는 원심력 때문에 생긴 것이 아니다. 원심력은 회전 중심에서 멀어져 가는 방향(반지름 방향)으로 작용하기 때문이다. 그렇다면 회전계에 작용하는 힘은 원심력이 전부가 아니라는 이야기가 된다. 거기에는 또 다른 힘이 작용하고 있다. 이 힘이 바로 '코리올리 힘(Coriolis force, 전향력)'으로서, 회전계 안에서 무언가가 움직일 때 그것을 옆으로 밀어내는 이상한 성질을 갖고 있다. 물론 원심력과 마찬가지로 전향력도 유사힘의 일종이다. 그러나 회전계의 내부에 있는 우리가 어떤 물체를 반지름 방향으로 이동시키고자 한다면, 반지름 방향뿐만 아니라 접선 방향으로도 힘을 가해야 한다. 몸통의 회전 각속도가 증가하는 것은 바로 이 힘이 작용했기 때문이다.

이제 코리올리 힘을 수식으로 표현해보자. 지금 모(Moe)는 회전 목마를 타고 있다. 그의 관점에서 볼 때 목마는 그 자리에 정지해 있는 것처럼 보일 것이다. 그러나 바깥에 서 있는 조(Joe)의 관점에서 보면 회전 목마는 분명히 돌아가고 있다. 모에게 주어진 임무는 회전 목마의 원판에 반지름 방향으로 그려져 있는 선을 따라 물체를 이동시키는 것이다. 그리고 우리에게 주어진 임무는 '모가 임무를 제대로 완수하려면 물체를 바깥쪽으로만 밀지 말고 옆쪽으로도 밀어야 한다'는 것을 증명하는 것이다. 물체의 질량에 주의를 기울이면 둘 다 임무를 완수할 수 있다. 자, 일단 회전 목마의 원판 위에 있는 물체들은 모두 똑같은 각속도 ω로 회전하고 있으므로 질량 m인 물체의 각운동량은 다음과 같다.

$$L = mv_{\text{접선}}r = m\omega r \cdot r = m\omega r^2$$

즉, 물체가 중심에 가까이 있을 때는 각운동량이 상대적으로 작지만, 바깥쪽으로 갈수록 r이 증가하기 때문에 각운동량은 커진다. 그러므로 물체가 경로를 벗어나지 않게 하려면 토크가 가해져야 한다(회전 목마에서 반지름 방향을 따라 걸어가려면 몸을 기울여서 옆으로 힘을 써야 한다. 기회가 있을 때 한번 확인해보라). 이때 필요한 토크는 각운동량 L의 시간에 대한 변화율과 같다. 질량 m인 물체가 반지름 방향을 벗어나지 않고 똑바로 진행했다면 그 동안 각속도 ω가 변하지 않았다는 뜻이므로, 이때 작용한 토크는

$$\tau = F_c r = \frac{dL}{dt} = \frac{d(m\omega r^2)}{dt} = 2m\omega r\frac{dr}{dt}$$

이다. 여기서 F_c는 코리올리 힘을 나타낸다. 지금 우리가 알고 싶은 것은 회전 목마에서 $v_r = dr/dt$의 속력으로 물체를 이동시킬 때 옆방향으로 가해줘야 할 힘의 크기이다. 이 힘은 물체의 직진을 방해하는 코리올리 힘과 똑같아야 하므로, 답은 $F_c = \tau/r = 2m\omega v_r$이다.

이제 코리올리 힘의 구체적인 형태를 알았으므로 이 힘의 원천을 좀더 근본적인 단계에서 이해해보자. 보다시피 코리올리 힘은 축으로부터의 거리 r에 무관하므로 원판의 어느 곳에서나 크기가 같고, 심지어는 원점(회전축이

있는 곳)에서도 0이 아니다! 그러나 땅에 서 있는 조가 원점을 바라보면 무슨 일이 벌어지고 있는지 쉽게 알 수 있다. 그림 19-4에는 $t = 0$일 때 회전계의 원점을 지나는 물체의 이동 궤적이 세 단계에 걸쳐 그려져 있다. 회전목마는 지금 회전하고 있기 때문에, 물체는 직선 경로(조가 볼 때)를 따르지 않고 $r = 0$인 지점에서 원판의 지름에 접하는 '곡선'을 따라 움직이게 된다. 그런데 물체가 곡선 경로를 그리려면 반드시 힘이 작용해야 한다. 이 힘이 바로 코리올리 힘을 극복하기 위해 모가 물체에 가했던 힘이다.

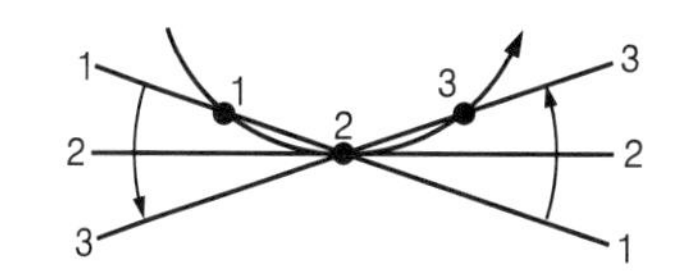

그림 19-4 회전하는 원판 위에서 지름 방향을 따라 움직이는 물체의 궤적 (세 단계에 걸쳐 그린 그림)

코리올리 힘이 작용하는 경우는 이것 말고도 또 있다. 어떤 물체가 원주를 따라 일정한 속력으로 움직이는 경우에도 코리올리 힘이 작용한다. 왜 그럴까? 회전하는 원판 위에 있는 모가 바라볼 때, 그 물체는 원 둘레를 따라 v_M의 속도로 이동하고 있다. 그러나 바깥에 서 있는 조가 관측한 속도는 $v_J = v_M + \omega r$이다. 그리고 이 물체에 작용하고 있는 실제 힘은 구심력으로서, 그 크기는 mv_J^2/r이다. 그런데 모의 관점에서 보면 이 구심력은 다음과 같이 세 부분으로 나뉘어질 수 있다.

$$F_r = -\frac{mv_J^2}{r} = -\frac{mv_M^2}{r} - 2mv_M\omega - m\omega^2 r$$

여기서 F_r은 모가 관측한 힘이다. 그렇다면 모에게 질문을 던져보자. "이봐, 자넨 위 식의 첫 번째 항이 이해가 되나?" 모가 대답한다. "그럼! 원판이 돌고 있지 않더라도 저 물체가 원 둘레를 속도 v_M으로 달리려면 당연히 구심력이 있어야 하니까." 이것은 원판 자체의 회전과는 아무런 상관도 없는 그저 구심력일 뿐이다. 그리고 모는 물체가 회전 목마 위에 가만히 정지해 있으려면 또 다른 구심력이 필요하다는 것도 알고 있다(회전 목마는 돌아가고 있다). 이것이 세 번째 항이다. 그런데 이런 것 말고도 $2m\omega v$로 표현되는 두 번째 항이 존재한다. 속도가 반지름 방향일 때 코리올리 힘 F_c는 접선 방향이었지만, 속도가 접선 방향일 때에는 반지름 방향으로 작용한다. 그리고 이 두 가지 코리올리 힘은 서로 부호가 반대이다. 결론적으로 말해서, 코리올리 힘은 물체가 어느 방향으로 이동하건 간에 항상 속도에 수직한 방향으로 작용하며, 크기는 $2m\omega v$이다.

CHAPTER 20
3차원 공간에서의 회전

20-1 3차원에서의 토크

지금부터 가장 놀랍고도 재미있는 역학 문제의 하나인 '회전하는 바퀴'의 운동에 대해 알아보자. 이 문제를 다루려면 우선 각운동량과 토크 등 회전 운동에 관련된 모든 물리량들을 3차원 공간으로 확장시켜야 한다. 하지만 갈 길이 바쁜 우리는 여기서 질펀하게 앉아 가장 일반적인 형태의 방정식을 느긋하게 유도하고 있을 시간이 없다. 그래서 몇 가지 기본적인 법칙들과 특별한 적용 사례만 소개하고 다음 테마로 넘어가기로 한다.

다행히도 회전하고 있는 물체가 강체이건 아니건 간에, 2차원 회전에서 유도했던 결과들은 3차원에서도 그대로 적용될 수 있다. 즉, 3차원 회전의 경우에도 z축에 대한 토크는 여전히 $xF_y - yF_x$라는 것이다. 또한 토크가 $xp_y - yp_x$의 변화율이라는 것도 여전히 성립한다. 왜냐하면 뉴턴의 법칙으로부터 식 (18.15)를 유도할 때, 운동이 2차원 평면에서 일어난다는 전제 조건을 달지 않았기 때문이다. $xp_y - yp_x$를 미분하면 $xF_y - yF_x$가 얻어지므로, 더 이상 의심의 여지가 없다. 따라서 3차원 회전 운동의 경우에도 $xp_y - yp_x$를 'xy 평면에서의 각운동량', 또는 'x축에 대한 각운동량'이라고 부를 수 있으며, 다른 축에 대해서도 이와 유사한 방정식을 사용할 수 있다. 예를 들어 yz 평면, 또는 z축에 대한 토크는 $yF_z - zF_y$이며 각운동량은 $yp_z - zp_y$이다. 물론 zx 평면에서도 $zF_x - xF_z = d/dt(zp_x - xp_z)$의 관계가 성립한다.

3차원 공간에서 한 입자의 회전 운동은 이 세 가지 식으로 서술될 수 있다. 여기서 한 걸음 더 나아가, 여러 개의 입자들에 대해서 $xp_y - yp_x$(또는 이와 비슷하게 생긴 다른 성분)를 모두 더하여 총 각운동량이라 부른다면, 이것은 xy 평면과 yz 평면, 그리고 zx 평면에 각각 대응하는 세 개의 성분으로 나누어 생각할 수 있다. 이와 마찬가지로, 토크 역시 세 개의 성분으로 나뉘어진다. 그러므로 임의의 평면에 대한 외부 토크의 합은 그 평면에 대한 각운동량의 변화율과 같다. 이상은 2차원에서 적용되는 법칙을 3차원으로 일반화시킨 결과이다.

여러분은 이렇게 말할지도 모른다—"아하, 그렇군요. 하지만 3차원에서 우리가 잡을 수 있는 평면은 그것 말고도 얼마든지 많이 있잖습니까? 삐딱한 각도로 평면을 잡는다면 그 평면에 대한 토크나 각운동량을 또다시 계산해야 하는 거 아닌가요? 그렇다면 결국 무한히 많은 방정식이 필요하다는 뜻인데, 그 많은 식들을 무슨 수로 다루지요?" 물론 걱정이 될 만도 하다. 그러나 다행히도, 임의의 평면에서 계산한 $x'F_{y'} - y'F_{x'}$은 xy, yz, zx 평면에서 계산된 토크의 조합으로 표현될 수 있다. 제아무리 삐딱한 평면이라 해도 여기서 예외는 없다. 다시 말해서, xy, yz, zx 평면에서의 토크를 모두 알고 있으면 다른 평면에 대한 토크는 이들의 조합으로 표현된다는 것이다. 물론 각운동량도 마찬가지다. 지금부터 이 성질을 자세히 분석해보자.

조(Joe)는 xyz로 표현되는 공간 좌표계에서 세 개의 평면에 대한 각운동량과 토크를 모두 계산했다. 그런데 모(Moe)는 조의 좌표와 다른 $x'y'z'$ 좌표계를 갖고 있다. 상황을 좀더 단순하게 만들기 위해, 모의 좌표계는 조의 좌표계를 z축을 중심으로 회전시켜서 얻은 것이라고 가정해보자(사실은 어떤 방향으로 돌려도 상관없다). 그렇다면 모의 x'과 y'은 조의 x, y와 다르지만 z'과 z는 정확하게 일치한다. 즉, 조와 모는 xy 평면(또는 $x'y'$ 평면)을 공유하고 있으면서 서로 다른 yz, zx 평면을 갖고 있는 셈이다. 이런 상황에서 모는 자신의 좌표계에 맞는 토크와 각운동량을 따로 계산해야 한다. 예를 들어, $x'y'$ 면에 대한 토크는 $x'F_{y'} - y'F_{x'}$과 같은 형태로 구해질 것이다. 이제 우리가 할 일은 모가 계산한 토크와 조가 계산한 토크 사이의 관계를 찾아내어 하나의 좌표계에서 다른 좌표계로 자유롭게 이동할 수 있는 법칙을 세우는 것이다. 이쯤에서 여러분은 이런 질문을 던질 수도 있다—"그건 지난번에 배웠던 벡터의 변환과 아주 비슷해 보이는군요. 그런데 토크도 벡터 아닌가요? 그렇다면 굳이 똑같은 이야기를 반복할 이유가 있을까요?" 맞는 말이다. 결론부터 말하자면 토크도 분명히 벡터이다. 그러나 증명도 거치지 않고 무작정 벡터라고 믿을 수는 없는 노릇이다. 그러므로 지금부터 토크가 벡터임을 증명해보자. 대충 윤곽만 알면 충분하기 때문에, 증명의 세세한 부분까지 논하지는 않겠다. 조가 계산한 토크는 다음과 같다.

$$\begin{aligned} \tau_{xy} &= xF_y - yF_x \\ \tau_{yz} &= yF_z - zF_y \\ \tau_{zx} &= zF_x - xF_z \end{aligned} \tag{20.1}$$

여기서 잠시 옆길로 빠져서, 좌표의 돌아가는 순서에 시선을 돌려보자. 위와 같은 경우에 x, y, z의 순서를 헷갈리면 대형사고가 터질 수도 있기 때문이다. $\tau_{yz} = zF_y - yF_z$로 쓰면 왜 안 되는가? 이것은 우리의 좌표가 오른손 좌표(right-handed)인지, 또는 왼손 좌표(left-handed)인지에 따라 달라진다. 일단 τ_{xy}의 부호를 임의로 정했다면(다른 성분부터 정해도 상관없다), 나머지 두 성분은 아래 제시된 두 개의 규칙 중 하나를 따라 변수 xyz를 바꿔주어야 한다.

$x \to y \to z \to x$ 또는 $x \to z \to y \to x$

모가 계산한 토크는 다음과 같다.

$$\begin{aligned} \tau_{x'y'} &= x'F_{y'} - y'F_{x'} \\ \tau_{y'z'} &= y'F_{z'} - z'F_{y'} \\ \tau_{z'x'} &= z'F_{x'} - x'F_{z'} \end{aligned} \tag{20.2}$$

조와 모가 갖고 있는 두 개의 좌표계는 z축(또는 z'축)을 중심으로 돌아간 것 말고는 다른 점이 없다. 이제 그 돌아간 각도를 θ라고 하자(θ는 물체의 회전과 아무런 상관이 없다. 이것은 단지 두 좌표계 사이의 관계를 말해주는 상수일 뿐이다). 그러므로 두 좌표계 사이의 관계는 다음과 같다.

$$\begin{aligned} x' &= x\cos\theta + y\sin\theta \\ y' &= y\cos\theta - x\sin\theta \\ z' &= z \end{aligned} \tag{20.3}$$

다들 알다시피, 힘도 벡터이므로 좌표변환에 대하여 x, y, z와 똑같은 방식으로 변환되어야 한다. 이것이 바로 벡터의 정의이기 때문이다. 그러므로 힘 F의 각 성분들은 다음과 같이 변환된다.

$$\begin{aligned} F_{x'} &= F_x\cos\theta + F_y\sin\theta \\ F_{y'} &= F_y\cos\theta - \mathrm{F}_x\sin\theta \\ F_{z'} &= F_z \end{aligned} \tag{20.4}$$

이제, 식 (20.3)과 (20.4)의 결과를 식 (20.2)에 대입하면 주어진 좌표변환에 대하여 토크가 어떻게 변하는지 알아낼 수 있다. 계산은 좀 귀찮지만 손을 조금만 놀리면 정말로 놀라운 결과가 얻어진다. 모의 좌표계에서 계산한 토크 $\tau_{x'y'}$이 조의 좌표계에서 계산한 결과와 거짓말처럼 일치하는 것이다!

$$\begin{aligned} \tau_{x'y'} &= (x\cos\theta + y\sin\theta)(F_y\cos\theta - F_x\sin\theta) \\ &\quad - (y\cos\theta - x\sin\theta)(F_x\cos\theta + F_y\sin\theta) \\ &= xF_y(\cos^2\theta + \sin^2\theta) - yF_x(\sin^2\theta + \cos^2\theta) \\ &\quad + xF_x(-\sin\theta\cos\theta + \sin\theta\cos\theta) \\ &\quad + yF_y(\sin\theta\cos\theta - \sin\theta\cos\theta) \\ &= xF_y - yF_x = \tau_{xy} \end{aligned} \tag{20.5}$$

김빠는 소리 같지만, 사실 이것은 너무도 당연한 결과이다. 조와 모의 좌표계는 xy 평면을 공유하고 있으므로 여기서 계산된 토크는 같을 수밖에 없는 것이다. $\tau_{y'z'}$의 계산 결과는 더욱 흥미롭다. 두 사람은 yz 평면을 공유하고 있지 않으므로 다른 결과가 나오는 것은 당연하지만, 그 형태가 우리의 눈에 아주 친숙해 보인다.

$$\begin{aligned} \tau_{y'z'} &= (y\cos\theta - x\sin\theta)F_z \\ &\quad - z(F_y\cos\theta - F_x\sin\theta) \\ &= (yF_z - zF_y)\cos\theta + (zF_x - xF_z)\sin\theta \\ &= \tau_{yz}\cos\theta + \tau_{zx}\sin\theta \end{aligned} \tag{20.6}$$

마지막으로, $z'x'$ 성분은 다음과 같다.

$$\begin{aligned}\tau_{z'x'} &= z(F_x\cos\theta + F_y\sin\theta)\\ &\quad -(x\cos\theta + y\sin\theta)F_z\\ &= (zF_x - xF_z)\cos\theta - (yF_z - zF_y)\sin\theta\\ &= \tau_{zx}\cos\theta - \tau_{yz}\sin\theta \end{aligned}\tag{20.7}$$

우리의 목적은 $x'y'z'$ 좌표계의 토크를 xyz 좌표계의 토크로 표현하는 것이었다. 그리고 방금 우리는 그 목적을 이루었다. 그런데 이 복잡한 식을 어떻게 외울 수 있을까? 자세히 살펴보면 식 (20.5)와 (20.6), 그리고 (20.7)은 x, y, z의 변환식 (20.3)과 몹시 비슷하게 생겼음을 알 수 있다. 따라서 τ_{xy}를 어떤 벡터 τ의 z성분으로 간주한다면 모든 것은 순조롭게 해결된다—z축을 중심으로 xy평면을 회전시키는 좌표변환에서, 벡터의 z성분은 변하지 않으므로 식 (20.5)는 일종의 벡터 변환으로 이해할 수 있고, 이와 비슷하게 τ_{yz}를 τ의 x성분으로, τ_{zx}를 τ의 y성분으로 간주하면 토크의 변환식은

$$\begin{aligned}\tau_{z'} &= \tau_z\\ \tau_{x'} &= \tau_x\cos\theta + \tau_y\sin\theta\\ \tau_{y'} &= \tau_y\cos\theta - \tau_x\sin\theta\end{aligned}\tag{20.8}$$

로 표현된다. 자세히 보라. 이것은 바로 벡터의 일반적인 변환 공식이다!

그러므로 $xF_y - yF_x$를 어떤 벡터의 z성분으로 간주하는 것은 논리적으로 아무런 결함이 없다. 원래 토크는 주어진 축을 중심으로 어떤 물체를 회전시키는 능력을 나타내는 양이므로 반드시 벡터일 필요는 없다. 그러나 좌표변환을 시킬 때 토크는 벡터처럼 변환된다. 그리고 벡터 τ의 방향은 회전하는 평면에 직각이며 크기는 회전의 세기에 비례한다. τ의 세 성분들은 벡터의 변환 법칙을 만족하므로, 우리는 τ를 토크 벡터라고 부를 수 있는 것이다.

방금 토크를 벡터로 표현하는 데 성공했으므로, 토크가 작용하는 각 평면과 직각을 이루는 선을 정의할 수 있다. 그러나 '직각을 이룬다'는 조건은 방향만 정해줄 뿐, 부호까지 정해주지는 않는다. 부호를 알맞게 결정하려면 xy평면에 토크가 작용할 때 그 평면에 대응되는 축이 $+z$축 방향이 되도록 규칙을 정해야 한다. 즉, 누군가가 나서서 '오른쪽'과 '왼쪽'을 정의해주어야 하는 것이다. (x, y, z)로 표현되는 오른손 좌표계를 사용한다면 그 규칙은 다음과 같다. 오른 나사를 돌리는 방향으로 물체를 돌렸을 때 나사가 진행하는 방향이 벡터의 방향이다.

토크는 왜 벡터일까? 임의의 평면에 하나의 축을 1 : 1로 대응시킬 수 있다는 것은 실로 기적과도 같은 행운이다. 그 덕분에 우리는 토크를 벡터로 취급할 수 있게 된 것이다. 이것은 3차원 공간의 특성이기도 하다. 2차원에서 토크는 스칼라이기 때문에 따로 방향을 결정할 필요가 없다. 3차원 토크는 보다시피 벡터량이다. 그런데 이 개념을 4차원으로 확장한다면 머리카락을 쥐어뜯고 싶어질 것이다. 예를 들어, 네 번째 차원을 시간 t로 채택한다면

xy, yz, zx 평면 이외에 tx, ty, tz 평면도 고려해야 하는데, 4차원 공간에서 6개의 양을 하나의 벡터로 나타낼 방법이 없기 때문이다.

우리는 앞으로 상당 기간 동안 3차원 공간에서 살아갈 것이 확실하므로, 'x는 위치이고 F는 힘이다'라는 등의 정의에 연연할 필요가 없다. 앞서 유도했던 수학적 결과들은 오로지 벡터의 변환 법칙에 의해 좌우될 뿐이다. 그러므로 x 대신 다른 벡터의 x성분을 사용한다 해도 달라질 것이 없다. 다시 말해서, 벡터 $\mathbf{a}$와 $\mathbf{b}$로부터 $a_xb_y - a_yb_x$를 계산하고 이것을 어떤 새로운 양 c의 z성분이라 하면, 이로부터 곧바로 새로운 벡터 $\mathbf{c}$가 탄생하는 것이다. 이제 남은 일은 새로운 벡터와 기존의 벡터 사이를 연결시켜주는 수학 연산을 정의하는 것이다. 여러 가지 방법이 가능하겠지만, 가장 간단하고 함축적인 연산은 $\mathbf{c} = \mathbf{a} \times \mathbf{b}$이다. 이로써 우리는 벡터의 연산에서 스칼라 곱 이외에 **벡터 곱**(vector product/cross product)이라는 새로운 연산을 도입하게 되었다. 벡터 곱 $\mathbf{c} = \mathbf{a} \times \mathbf{b}$의 의미는 다음과 같다.

$$
\begin{aligned}
c_x &= a_yb_z - a_zb_y \\
c_y &= a_zb_x - a_xb_z \\
c_z &= a_xb_y - a_yb_x
\end{aligned}
\tag{20.9}
$$

여기서, 곱하는 순서를 바꾸면 $\mathbf{c}$의 부호가 뒤바뀐다는 것을 명심해야 한다. $\mathbf{a}$와 $\mathbf{b}$의 곱하는 순서를 바꾸면 식 (20.9)에 열거한 모든 성분들의 부호가 뒤바뀌기 때문이다. 즉, $\mathbf{c} = \mathbf{b} \times \mathbf{a}$로 정의했다면 $c_z = b_xa_y - b_ya_x$가 되어, 식 (20.9)에 있는 c_z와 정확하게 반대 부호가 된다. 일상적인 곱셈에서는 $ab = ba$와 같이 교환 법칙이 성립하지만, 벡터 곱의 경우에는 $\mathbf{a} \times \mathbf{b} = -\mathbf{b} \times \mathbf{a}$이다. 그러므로 만일 $\mathbf{a} = \mathbf{b}$였다면 이들의 벡터 곱은 0이다. 즉, 자기자신끼리 벡터 곱을 취한 결과는 항상 0이 되는 것이다($\mathbf{a} \times \mathbf{a} = 0$).

벡터 곱은 회전의 특징을 보여주는 아주 중요한 연산이므로, 세 개의 벡터 $\mathbf{a}$, $\mathbf{b}$, $\mathbf{c}$ 사이의 기하학적 관계를 잘 이해하고 있어야 한다. 이것은 식 (20.9)에 주어져 있는 각 성분들 사이의 관계로부터 유도될 수 있다. 첫째, 벡터 $\mathbf{c}$는 $\mathbf{a}$와 $\mathbf{b}$가 만드는 평면에 수직한 벡터이다. 즉, $\mathbf{c}$는 $\mathbf{a}$와 $\mathbf{b}$에 모두 수직이라는 뜻이다($\mathbf{c} \cdot \mathbf{a}$와 $\mathbf{c} \cdot \mathbf{b}$를 직접 계산하여 0이 되는지 확인해 보라). 둘째, 벡터 $\mathbf{c}$의 길이는 ($\mathbf{a}$의 길이) $\times$ ($\mathbf{b}$의 길이) $\times$ ($\mathbf{a}$, $\mathbf{b}$ 사잇각에 사인(sine)을 취한 값)이다. 그런데 임의의 평면에 수직한 방향은 위쪽과 아래쪽, 두 가지가 있다. 이중 $\mathbf{c}$의 방향은 어느 쪽일까? $\mathbf{a}$에서 출발하여 $\mathbf{b}$쪽으로 오른 나사를 돌린다고 했을 때, 돌아간 각도가 180°보다 작다면 $\mathbf{c}$의 방향은 나사가 진행하는 방향과 같다. 그러나 이것은 편의상 결정된 방향일 뿐, 무슨 물리 법칙에 의해 필연적으로 결정된 방향은 아니다. 왼쪽 나사가 아닌 오른쪽 나사의 방향을 따르는 이유는 많은 사람들이 오른손에 익숙하기 때문이다. $\mathbf{a}$와 $\mathbf{b}$는 우리의 편의가 전혀 고려되지 않은 '순수한' 벡터지만, $\mathbf{a} \times \mathbf{b}$는 인위적으로 정의된 특별한 연산으로 만들어진 벡터이기 때문에, 기존의 $\mathbf{a}$, $\mathbf{b}$와는 성질이 약간 다르다. $\mathbf{a}$와 $\mathbf{b}$에 굳이 이름을 붙여서 부르자면 '극성 벡터(polar vector)'

라고 부를 수 있을 것이다. 일반적인 극성 벡터로는 좌표 **r**과 힘 **F**, 운동량 **p**, 속도 **v**, 전기장 **E** 등이 있다. 그리고 단 한번의 벡터 곱으로 정의되는 벡터는 '축성 벡터(axial vector)' 또는 '유사 벡터(pseudovector)'라고 부른다. 우리가 알고 있는 유사 벡터로는 토크 $\boldsymbol{\tau}$와 각운동량 **L**이 있으며, 앞으로 알게 되겠지만 각속도 $\boldsymbol{\omega}$와 자기장 **B**도 유사 벡터이다.

벡터의 수학적 성질들을 완전히 이해하려면, 스칼라 곱과 벡터 곱을 이용한 벡터의 여러 가지 항등식을 알고 있어야 한다. 지금 당장 필요한 것은 아니지만 강의의 완성도를 높이기 위해 벡터의 항등식 풀세트를 여기 소개한다.

$$
\begin{aligned}
&(a)\quad \mathbf{a}\times(\mathbf{b}+\mathbf{c}) = \mathbf{a}\times\mathbf{b}+\mathbf{a}\times\mathbf{c}\\
&(b)\quad (\alpha\mathbf{a})\times\mathbf{b} = \alpha(\mathbf{a}\times\mathbf{b})\\
&(c)\quad \mathbf{a}\cdot(\mathbf{b}\times\mathbf{c}) = (\mathbf{a}\times\mathbf{b})\cdot\mathbf{c}\\
&(d)\quad \mathbf{a}\times(\mathbf{b}\times\mathbf{c}) = \mathbf{b}(\mathbf{a}\cdot\mathbf{c})-\mathbf{c}(\mathbf{a}\cdot\mathbf{b})\\
&(e)\quad \mathbf{a}\times\mathbf{a} = 0\\
&(f)\quad \mathbf{a}\cdot(\mathbf{a}\times\mathbf{b}) = 0
\end{aligned}
\tag{20.10}
$$

20-2 벡터 곱으로 표현된 회전 운동 방정식

물리학에서 벡터 곱으로 표현되는 방정식이 있을까? 물론 있다. 그냥 있는 정도가 아니라 엄청나게 많이 있다. 지금까지 다루어온 토크만 해도, 힘과 위치 벡터를 이용하여 다음과 같이 적을 수 있다.

$$\boldsymbol{\tau} = \mathbf{r}\times\mathbf{F} \tag{20.11}$$

이것은 $\tau_x = yF_z - zF_y$를 비롯한 세 개의 방정식을 하나의 벡터 방정식으로 축약한 것이다. 이와 비슷하게, 단일 입자의 각운동량은 원점으로부터의 거리에 선운동량을 곱하여 얻어진다.

$$\mathbf{L} = \mathbf{r}\times\mathbf{p} \tag{20.12}$$

3차원 회전에서, 뉴턴의 운동 법칙 $\mathbf{F} = d\mathbf{p}/dt$에 대응되는 법칙은 다음과 같다.

$$\boldsymbol{\tau} = d\mathbf{L}/dt \tag{20.13}$$

입자가 여러 개인 경우, 식 (20.13)을 모든 입자에 대해 더해주면 외부 토크의 합은 총 각운동량의 변화율과 같아진다.

$$\boldsymbol{\tau}_{\text{ext}} = d\mathbf{L}_{\text{tot}}/dt \tag{20.14}$$

여기 또 하나의 정리가 있다—외부 토크의 합이 0이면 총 각운동량 벡터는 상수이다. 이것이 바로 **각운동량 보존 법칙**이다. 주어진 계에 작용하는 토크가 전혀 없으면 각운동량은 현재의 값을 유지한다.

그렇다면 각속도는 어떻게 되는가? 각속도도 벡터인가? 지금까지 우리는 어떤 물체가 하나의 고정된 축을 중심으로 회전하는 경우를 살펴보았다. 이제 문제를 조금 복잡하게 만들어보자. 지금 어떤 물체가 두 개의 축을 중심으로 회전하고 있다. 머릿속이 다소 복잡하겠지만, 이 상황은 다음과 같이 이해할 수 있다. 즉, 상자 속에 담겨 있는 물체가 하나의 축을 중심으로 회전하면서, 그 물체를 담고 있는 상자까지도 다른 축을 중심으로 회전하고 있는 경우이다. 만일 상자가 투명한 재질로 되어 있다면 그 안에서 돌아가는 물체는 제법 복잡한 운동을 할 것 같다. 그러나 놀랍게도, 이 물체의 운동은 제3의 새로운 축을 중심으로 삼은 하나의 회전 운동으로 간주할 수 있다! 어떻게 그럴 수 있을까? 그 이유는 다음과 같다. xy 평면의 회전 속도를 z 방향의 벡터로 나타내고(이 벡터의 크기는 xy 평면의 회전 속력과 같게 그린다), zx 평면의 회전 속도를 y 방향의 벡터로 나타낸 후(yz 평면도 이하동문이다) 이들을 벡터의 덧셈 규칙에 따라 더해준다. 이때 최종적으로 얻어진 벡터의 크기는 그 물체의 각속도와 일치하고, 방향은 물체의 단일 회전축과 나란한 방향이 된다. 다시 말해서, 회전하는 물체의 각속도는 벡터이며, 이 벡터의 성분은 각 평면의 회전 속도에 대응된다.*

강체에 토크가 작용할 때 소비되는 일률(power, P)은 각속도로 표현된다. 다들 알다시피 일률은 시간에 따른 일의 변화율인데, 직선 운동의 경우 $P = \mathbf{F} \cdot \mathbf{v}$였지만 3차원 회전 운동에서의 일률은 $P = \boldsymbol{\tau} \cdot \boldsymbol{\omega}$이다.

이것으로 우리는 2차원 평면 회전에서 유도했던 모든 결과들을 3차원 회전으로 일반화시키는 데 성공하였다. 하나의 강체가 고정된 축을 중심으로 $\boldsymbol{\omega}$의 각속도로 회전하고 있다면 이런 질문이 가능하다—"회전 중심으로부터 $\mathbf{r}$만큼 떨어져 있는 입자의 속도 $\mathbf{v}$는 얼마인가?" 답은 $\mathbf{v} = \boldsymbol{\omega} \times \mathbf{r}$이다. 자세한 유도 과정은 학생들을 위해 연습 문제로 남겨두겠다. 또한 앞에서 언급했던 코리올리 힘도 벡터 곱 $\mathbf{F}_c = 2m\mathbf{v} \times \boldsymbol{\omega}$로 표현된다. 즉, 각속도 $\boldsymbol{\omega}$로 회전하고 있는 좌표계에서 속도 $\mathbf{v}$로 움직이는 입자(질량 m)의 운동을 회전 좌표계 안에서 서술한다면 $\mathbf{F}_c$를 따로 고려해주어야 한다(물론, 회전 좌표계의 바깥에서 이 물체의 운동을 서술한다면 코리올리 힘을 따로 고려할 필요가 없다. 그래서 $\mathbf{F}_c$를 '유사힘'이라고 부르는 것이다).

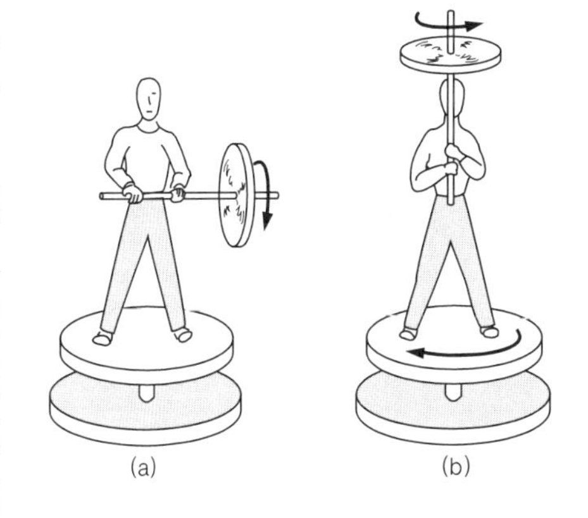

그림 20-1 (a)바퀴의 회전축은 수평 방향이고 수직 방향에 대한 각운동량은 0이다. (b)바퀴의 회전축을 수직 방향으로 세워도, 전체 시스템의 수직 방향에 대한 각운동량은 0으로 유지되어야 한다. 그러므로 원판과 사람은 바퀴와 반대 방향으로 돌기 시작한다.

20-3 자이로스코프(Gyroscope)

이제 각운동량 보존 법칙으로 관심을 돌려보자. 빠르게 회전하는 바퀴, 즉 자이로스코프의 운동을 관찰해보면 이 법칙을 실감나게 느낄 수 있다. 그림 20-1(a)처럼 원판 위에 서서(원판은 정지해 있음) 수평축을 중심으로 회전하는 바퀴를 들고 있는 경우, 이 바퀴는 수평축에 대한 각운동량만을 갖는다. 그리고 수직축에 대한 회전판의 각운동량은 0이며, 이 값은 변하지 않는다. 이제, 그림 20-1(b)처럼 회전하는 바퀴의 축을 수직 방향으로 들어올린다면 바퀴의 각운동량은 수직축 성분만을 갖게 된다. 그런데 전체 시스템(바퀴, 의

---

* 이 사실은 물체를 이루고 있는 입자들이 미소 시간 Δt 동안 이동한 변위의 성분들을 조합하여 증명할 수 있다. 별로 어려울 것은 없지만 그렇다고 만만한 문제도 아니다. 자세한 증명은 관심 있는 학생들을 위해 연습 문제로 남겨두겠다.

자, 사람을 모두 포함한 시스템)은 수직 방향에 대한 각운동량을 가질 수 없으므로 원판과 사람은 바퀴와 반대 방향으로 회전하게 된다. 그래야 수직축 방향의 각운동량이 서로 상쇄되어 0을 유지할 수 있기 때문이다.

이 상황을 좀더 자세히 분석해보자. 각운동량 보존 법칙을 그저 장님처럼 따라간다면 그러려니 할 수도 있는 문제지만, 바퀴를 수직으로 세웠다고 해서 정지해 있던 사람과 원판이 반대 방향으로 돌아간다는 것은 언뜻 납득이 가지 않는다. 사람과 원판을 돌리는 힘은 대체 어디서 나온 것일까? 그림 20-2는 y축을 중심으로 빠르게 회전하고 있는 바퀴(자이로스코프) 및 그와 관련된 여러 가지 물리량들을 일목요연하게 보여주고 있다. 이 경우에 각속도 벡터와 각운동량 벡터는 모두 y축 방향을 향하게 된다. 이제, 회전하는 바퀴를 x축 주변으로도 회전하게 하려면(아주 느린 각속도 Ω로) 어떤 힘을 추가로 가해주어야 할까? 아주 짧은 시간 Δt가 지난 후에, y-회전축이 $\Delta\theta$만큼 돌아갔다고 해보자. 이 시스템이 갖고 있는 각운동량의 대부분은 y축을 중심으로 하는 회전에서 생기고 있으므로(x축을 중심으로 하는 회전은 각속도 Ω가 작아서 조금밖에 기여하지 못한다), y축이 이동하면 각운동량도 변한다. 얼마나 변했을까? 이런 경우, 각운동량의 크기는 변하지 않고 방향만 $\Delta\theta$만큼 돌아갔으므로 각운동량의 변화량 ΔL은 $\Delta L = L_0\Delta\theta$이며, 각운동량의 변화율에 해당되는 토크는 $\tau = \Delta L/\Delta t = L_0\Delta\theta/\Delta t = L_0\Omega$가 된다. 이들의 방향까지 모두 고려하여 벡터 방정식으로 표현하면 다음과 같다.

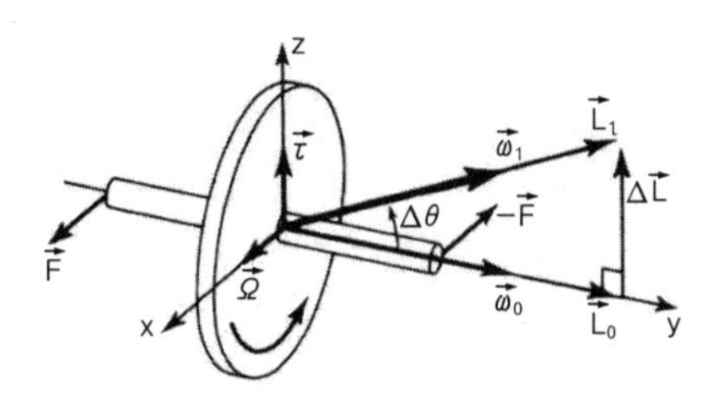

그림 20-2 자이로스코프

$$\boldsymbol{\tau} = \mathbf{\Omega} \times \mathbf{L}_0 \tag{20.15}$$

그러므로 $\mathbf{\Omega}$와 $\mathbf{L}_0$가 그림처럼 수평면에 놓여 있으면 $\boldsymbol{\tau}$는 수직 방향을 향하게 된다. 그리고 이런 토크가 생기려면 축의 양끝에 수평 방향으로 힘 $\mathbf{F}$와 $-\mathbf{F}$가 가해져야 한다. 이 힘은 어디서 생긴 것일까? 그림 20-1에서 바퀴를 수직 방향으로 들어올린 사람이 이 힘을 가한 것이다. 그런데 뉴턴의 제3법칙에 의하면 우리가 무언가에 힘을 가했을 때, 그 힘과 크기가 같고 방향이 반대인 힘(따라서 크기가 같고 방향이 반대인 토크)이 '우리에게도' 작용한다. 바로 이 토크 때문에 원판과 사람이 수직축(z축)을 중심으로 회전하게 되는 것이다.

이 결과는 빠르게 돌아가는 팽이에도 적용될 수 있다. 이때, 팽이의 질량중심에 작용하는 중력은 팽이가 바닥과 접촉하고 있는 점을 중심으로 토크를 만들어낸다(그림 20-3 참조). 이 토크는 수평 방향으로 작용하며, 팽이는 토크의 영향을 받아 수직축을 중심으로 세차(precess) 운동을 하게 된다. 즉, 팽이의 회전축이 수직 방향의 축을 중심으로 원뿔 모양의 궤적을 그리게 되는 것이다. 세차 운동의 각속도를 $\mathbf{\Omega}$라 하면 이전과 마찬가지로

$$\boldsymbol{\tau} = d\mathbf{L}/dt = \mathbf{\Omega} \times \mathbf{L}_0$$

가 된다. 즉, 고속으로 회전하는 팽이에 토크가 작용하여 나타나는 세차 운동은 토크의 방향(토크를 일으키는 힘과 직각 방향)으로 일어난다.

이제 여러분은 자이로스코프의 세차 운동을 이해했다고 생각할지도 모른다. 사실 수학적으로는 이것이 전부이므로 적어도 '수학적으로는' 이해를 한 셈이다. 그러나 세차 운동은 그야말로 기적과도 같은 현상이다. 고급 물리학으로 갈수록 단순한 현상들은 수학적으로 간단하게 유도되지만, 그렇다고 해서 그 현상에 대한 이해가 더 깊어진다는 뜻은 아니다. 이것은 물리학의 이상한 특징이다. 고난도의 내용을 다룰수록 수학은 매끄럽고 우아해 보이지만 거기서 유도된 결과들을 수학의 도움 없이 직접 이해하는 것은 점점 더 어려워진다. 전자(electron)의 행동 방식을 말해주는 디랙 방정식(Dirac equation)이 그 대표적인 사례이다. 이 방정식은 아주 단순하고 아름다운 외형을 갖고 있지만, 그로부터 얻어진 결과들을 이해하기란 결코 쉽지 않다. 방금 언급했던 팽이의 세차 운동 역시 직각과 원, 토크, 오른 나사 등이 한데 뭉쳐 만들어낸 하나의 기적이라고 할 수 있다. 여러분에게 주어진 과제는 이런 현상들을 좀 더 물리적인 방법으로 이해하는 것이다.

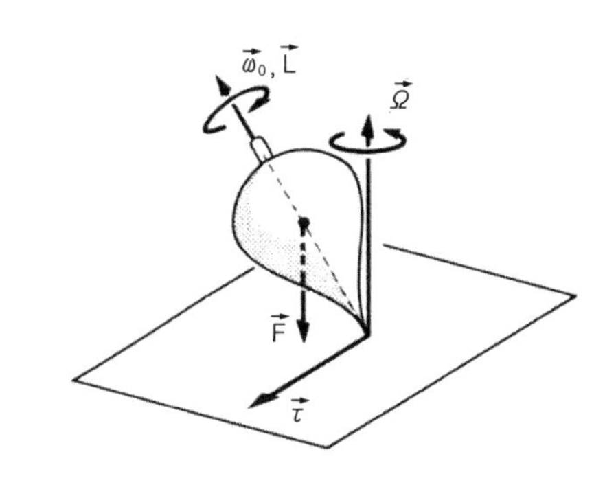

그림 20-3 빠르게 자전하는 팽이의 세차 운동. 이때 팽이에 작용하는 토크의 방향은 세차 운동의 방향과 일치한다.

우리에게 이미 친숙한 '힘'과 '가속도'만으로 토크를 설명할 수는 없을까? 바퀴가 세차 운동을 하고 있을 때, 바퀴를 이루는 개개의 입자들은 한 평면 위에서 얌전하게 원운동을 하고 있는 것이 아니다(그림 20-4 참조). 앞에서 언급했던 것처럼(그림 19-4), 세차 운동의 축을 통과하는 입자들은 휘어진 경로를 따라 움직이며, 이것은 곧 측면으로 힘이 작용되고 있음을 뜻한다. 이 힘은 바퀴의 회전축을 들어올리는 사람의 힘이 바퀴살을 통해 바퀴의 가장자리까지 전달된 것이다. "잠깐만요! 바퀴의 반대쪽 면에서 회전하고 있는 입자들은 어떻게 설명해야 합니까?" 그렇다. 바퀴의 반대쪽 면에는 반대 방향으로 힘이 작용해야 한다. 그리고 이 힘들은 정확하게 상쇄되어 우리가 가하는 알짜힘은 결국 0이다. 그러나 이들 중 하나는 바퀴의 한쪽 면에 가해지고 다른 힘은 바퀴의 다른 쪽 면에 가해진다. 이 힘들을 직접 가할 수도 있겠지만 바퀴는 강체이기 때문에 바퀴의 몸체를 통해 힘이 전달될 수 있으므로 우리는 그저 바퀴의 축을 들어올리기만 하면 되는 것이다.

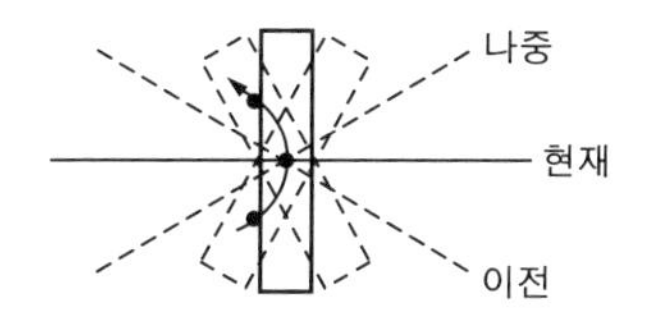

그림 20-4 그림 20-2의 회전하는 바퀴를 위에서 내려다본 모습. 바퀴의 축도 회전하고 있으므로 바퀴를 이루는 입자는 곡선 궤적을 그린다.

지금까지 우리는 바퀴가 세차 운동을 할 때 중력에 의한 토크(또는 다른 힘에 의한 토크)와 균형을 이룬다는 것을 증명하였다. 그러나 이것은 방정식이 갖는 여러 개의 해(solution)들 중 하나에 불과하다. 즉, 주어진 토크하에서 바퀴가 '적당하게' 회전한다면 부드럽고 균일한 세차 운동을 할 수도 있다는 것이다. 그러나 회전하는 물체에 토크가 가해지고 있을 때 세차 운동을 하는 것이 가장 일반적인 해라는 것은 아직 증명하지 않았다(사실, 가장 일반적인 해는 아니다). 일반적으로는 세차 운동 이외에 흔들리는 운동도 같이 나타나게 되는데, 이 현상을 '장동(章動, nutation)'이라고 한다.

'자이로스코프에 토크를 가하면 세차 운동을 한다'거나, '토크가 세차 운동을 일으킨다'고 쉽게 말하는 사람들도 있다. 그러나 자이로스코프를 손으로 잡고 있다가 갑자기 놓았을 때 그것이 중력에 의해 쓰러지지 않고 옆으로 서서히 돌아간다는 것은 정말로 이상한 현상이다! 중력이 모든 물체를 아래로 당긴다는 것은 삼척동자도 다 아는 사실인데, 왜 회전하는 팽이는 아래로 쓰러지지 않고 '옆으로' 돌아가는 것일까? 식 (20.15)를 아무리 들여다봐도, 도대체 그 이유를 알 수가 없다. 그 식은 이미 매끈한 세차 운동을 하고 있는 자이로스코프에만 적용되는 방정식이기 때문이다. 현실 세계에서 실제로 일어나는 현상은 다음과 같다. 회전하는 팽이의 축을 손으로 가볍게 잡아서 세차 운동이 일어나지 않게 하면 토크는 작용하지 않는다. 중력에 의한 토크가 있다 해도 손이 가하는 토크와 상쇄되어 팽이는 그 자세로 회전(자전)을 계속할 것이다. 이때 갑자기 쥐고 있던 손을 놓으면 중력에 의한 토크가 갑자기 작용하기 시작한다. 정상적인 사고력을 가진 사람이라면 이때 팽이가 기울어진다는 것을 잘 알고 있을 것이다.

우리의 예상대로 자이로스코프(팽이)는 기울어진다. 그러나 기울기만 하는 것이 아니라 옆으로 서서히 돌아가기 시작한다. 그리고 이 회전이 계속되려면 어떤 토크가 작용해야 한다. 이 방향으로 토크가 작용하지 않으면 자이로스코프는 쓰러지기 시작하고, 이것은 자이로스코프가 균일한 세차 운동을 할 때처럼 수직축 주변으로 운동 성분을 갖게 한다. 그러나 실제의 운동은 균일한 세차 운동을 하기 위해 요구되는 속도와 정확하게 일치하지 않기 때문에, 회전축은 원래 출발했던 높이까지 다시 올라가게 된다. 이리하여 회전축의 끝은 사이클로이드(cycloid, 자동차 타이어의 틈에 박힌 돌멩이가 그리는 궤적) 경로를 그리게 되는 것이다. 대부분의 경우 이 진동(장동)은 너무 빨라서 눈에 잘 보이지 않으며, 마찰 때문에 빠르게 감쇠되어 결국 자이로스코프는 균일한 세차 운동을 하게 된다(그림 20-5). 팽이의 자전 속도가 느릴수록 장동 현상은 더욱 분명하게 나타난다.

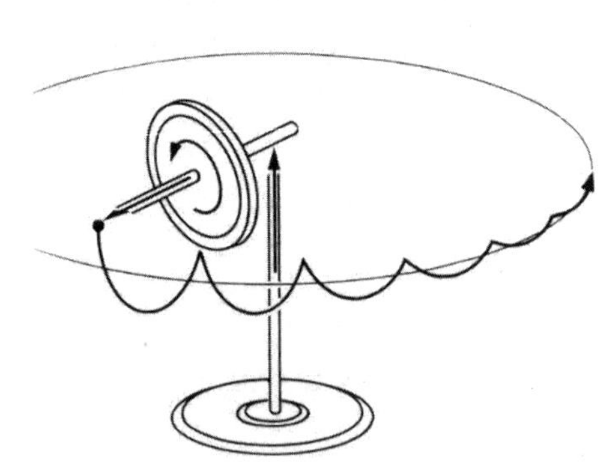

그림 20-5 중력장하에서 자이로스코프의 자전축을 손으로 잡고 있다가 갑자기 놓으면 축의 끝은 점차 감쇠하는 사이클로이드 궤적을 그린다.

운동이 안정된 상태를 찾으면 자이로스코프의 자전축은 원래 출발했던 위치보다 조금 아래로 내려가 있다. 왜 그럴까? (이 내용은 다소 복잡하지만 자이로스코프를 기적으로 간주하고 넘어가는 학생들이 있을 것 같아서 여기 소개하기로 한다. 자이로스코프의 운동은 놀라운 현상임이 분명하지만, 솔직히 말해서 기적은 아니다!) 자전축이 수평 방향을 향하도록 붙들고 있다가 갑자기 놓았다고 해보자. 세차 운동 방정식에 의하면 이런 경우에도 자이로스코프는 수평면을 따라 세차 운동을 해야 한다. 그러나 이것은 절대로 불가능하다! 앞에서는 무시하고 넘어갔지만 사실 바퀴는 세차 운동의 축에 대하여 약간의 관성 모멘트를 갖고 있으며, 따라서 그 축에 대한 약간의 각운동량도 갖고 있다. 그런데 이 각운동량은 어디서 제공된 것일까? 바닥과 닿은 점(pivot)이 완전히 고정되어 있다면 수직축에 대한 토크는 0이다. 토크가 0이면 각운동량에 변화가 없다는 뜻인데, 자이로스코프는 무슨 수로 세차 운동을 하는 것일까? 그 답은 다음과 같다—사이클로이드 궤적을 그리며 장동하는 자전축은 점차 안정된 위치를 찾아가면서 진동의 가운데 지점으로 수렴한다. 그런데 가운데 지점은 원래 출발했던 지점보다 아래쪽이기 때문에 조금 더 기울어진 상태에서 안정된 세차 운동을 하게 되는 것이다. 자전축이 더 기울어졌으므로 각운동량은 약간의 수직 성분을 갖게 되고 이 값은 세차 운동에 필요한 양과 정확하게 일치한다. 다시 말해서, 세차 운동이 계속되려면 조금 아래로 숙여야 하는 것이다. 이것은 안정된 운동을 위해 중력에게 조금 양보한 결과라고 이해할 수도 있다. 이것이 바로 자이로스코프가 작동하는 원리이다.

20-4 고체의 각운동량

3차원 회전 운동을 마무리하기 전에, 언뜻 이해되지 않는 몇 가지 현상들을 간략하게나마 짚고 넘어가기로 한다. 일반적으로, 강체의 각운동량은 각속도와 같은 방향일 필요가 없다. 질량 중심을 통과하는 회전축에 삐딱한 방향으로 꿰어진 바퀴를 생각해보자(그림 20-6). 이런 상태에서 축을 돌리면 바퀴의 몸체는 회전하면서 흔들리게 된다(축이 헐거워서 흔들린다는 뜻이 아니라, 바퀴의 면과 회전축이 수직으로 만나지 않기 때문에 바퀴를 이루는 각 입자들이 회전하면서 앞뒤로도 오락가락한다는 뜻이다 : 옮긴이). 여러분도 잘 알고 있듯이, 회전하는 물체에는 원심력이 작용하여 모든 질량들을 가능한 한 축으로부터 멀리 떨어뜨려 놓으려는 경향이 있다. 그리고 이 힘은 바퀴의 면이 회전축에 바로 세우려는 쪽으로 작용한다. 이와 동시에 바퀴의 몸체는 그 힘에 저항하기 위해 토크를 행사할 것이다. 그런데 바퀴가 토크를 만들어낸다면 거기에는 반드시 그에 상응하는 각운동량의 변화가 있어야 한다. 무언가 이상하지 않은가? 우리는 단지 축을 중심으로 바퀴를 돌렸을 뿐인데, 어떻게 각운동량이 변한다는 말인가? 바퀴의 각속도 $\boldsymbol{\omega}$를 바퀴면에 수직한 $\boldsymbol{\omega}_1$과 바퀴면에 평행한 $\boldsymbol{\omega}_2$로 분해시켜보자. 그렇다면 각운동량은 어떻게 될까? 이 두 개의 축에 대한 관성 모멘트는 분명히 다르다. 따라서 (관성 모멘트) × (각속도의 성분)으로 표현되는 각운동량의 성분들끼리의 비는 각속도의 성분들끼리의 비와 다른 값을 갖게 된다. 즉, 각운동량 벡터의 방향이 축의 방향과 일치하지 않는 것이다. 이런 물체가 돌아갈 때에는 공간상에서 각운동량 벡터도 돌아가야 하므로 결국 우리는 회전축에 토크를 가해야 하는 것이다.

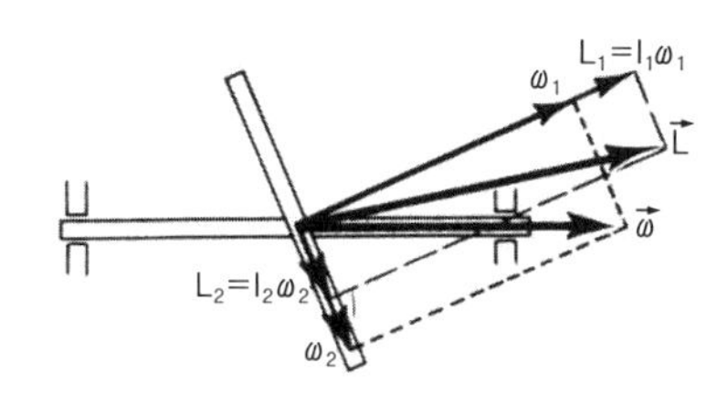

그림 20-6 회전하는 물체의 각운동량은 각속도의 방향과 일치하지 않을 수도 있다.

관성 모멘트의 특성 중에서 아직 언급하지 않은 것이 하나 있다. 내용이 너무 복잡하여 자세한 증명은 생략하겠지만, 이것은 지금까지 언급된 내용의 기본을 이루는 아주 중요한 성질이다. 그 내용은 다음과 같다. 임의의 물체는 (감자처럼 제멋대로 생긴 물체라 해도) 질량 중심을 지나는 주축(principal axes)을 갖는다. 여기서 말하는 주축이란 하나의 축이 아니라 서로 수직한 세 개의 축을 말하는 것으로서, 이들 중 한 축에 대한 관성 모멘트는 그 물체가 가질 수 있는 관성 모멘트 중 최대값을 가지며 다른 하나는 최소값을 갖는다. 그리고 나머지 하나의 축에 대한 관성 모멘트는 최대와 최소의 중간값을 갖게 된다(물체의 생김새에 따라 최대, 또는 최소값과 같을 수도 있다). 만일 물체가 이들 중 한 축을 중심으로 회전한다면, 그때의 각운동량과 각속도는 같은 방향을 향한다. 좌우대칭형 물체의 주축은 대칭축과 나란한 방향이다.

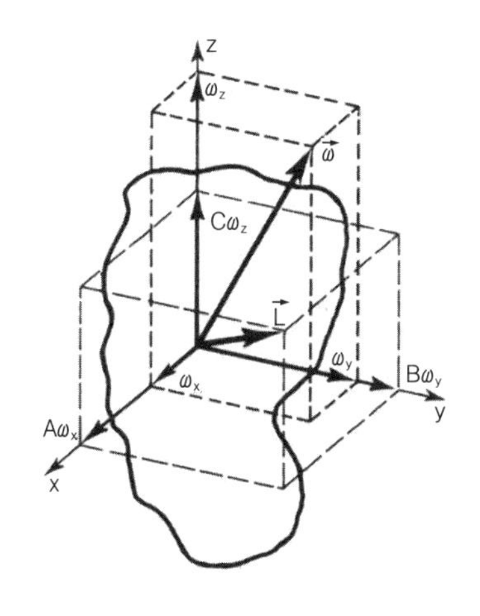

그림 20-7 고체의 각속도와 각운동량 (A > B > C)

x-y-z축을 주축과 일치시키고 각 축에 해당하는 관성 모멘트를 A, B, C라 하면(이 값을 주 관성 모멘트라 한다), 임의의 각속도 $\boldsymbol{\omega}$에 대한 물체의 각운동량과 회전 운동 에너지를 간단하게 계산할 수 있다. $\boldsymbol{\omega}$의 각 성분을

ω_x, ω_y, ω_z라 하고 각 방향의 단위벡터를 **i**, **j**, **k**라 하면 각운동량은

$$\mathbf{L} = A\omega_x\mathbf{i} + B\omega_y\mathbf{j} + C\omega_z\mathbf{k} \tag{20.16}$$

로 표현되며, 회전 운동 에너지는 다음과 같다.

$$\begin{aligned} \text{K.E.} &= \frac{1}{2}(A\omega_x^2 + B\omega_y^2 + C\omega_z^2) \\ &= \frac{1}{2}\mathbf{L}\cdot\boldsymbol{\omega} \end{aligned} \tag{20.17}$$

CHAPTER 21
조화 진동자

21-1 선형 미분 방정식

물리학의 교과 과정은 대개 역학, 전기, 광학 등의 과목으로 나누어져서 순차적으로 강의가 이루어진다. 지금 강의중인 이 과목도 지금까지는 주로 역학에 관한 문제들을 다루어왔다. 그런데 정말 신기한 것은 물리학의 다른 과목이나 심지어는 다른 전공 분야에서 나오는 방정식들이 역학에서 배운 방정식과 완전히 똑같은 경우가 종종 있다는 것이다. 예를 들어, 소리의 전달은 빛의 전달 과정과 아주 비슷하며, 음파/빛의 움직임을 나타내는 파동 방정식은 거의 똑같이 생겼다. 음향학을 깊이 공부하다보면, 지금 내가 음향을 공부하고 있는지, 아니면 광학을 공부하고 있는지 헷갈릴 정도이다. 한 분야에서 얻은 지식이 다른 분야에도 적용되는 경우는 얼마든지 있다. 그리고 이렇게 여러 분야들이 유기적으로 연결되어 있다는 사실은 일찍 깨달을수록 좋다. 이 사실을 깨닫지 못하면 역학이라는 작은 분야를 놓고 이렇게 많은 시간을 할애하고 있는 이유도 깨닫지 못할 것이기 때문이다.

지금부터 설명할 조화 진동자(harmonic oscillator)도 적용되는 분야가 무궁무진하다. 강의의 도입부는 용수철이나 실에 매달려서 진동하는 추로부터 시작되겠지만, 사실 조화 진동자의 핵심 개념은 미분 방정식 안에 모두 담겨 있다. 조화 진동자의 운동 방정식은 물리학을 비롯한 여러 분야에 수시로 등장하면서 자신의 중요성을 유감없이 과시하고 있다. 용수철에 매달린 물체의 운동, 전류가 진동하는 전기 회로, 음파의 진동, 원자의 내부에 구속되어 있는 전자의 운동, 자동 온도 조절기의 원리, 화학 반응에서 나타나는 복잡한 상호 작용 등이 모두 조화 진동자의 운동 방정식으로 표현된다. 뿐만 아니라, 박테리아의 성장과 풀을 먹은 토끼를 잡아먹는 늑대까지도 조화 진동자의 운동과 밀접하게 관련되어 있다. 그러므로 역학적 조화 진동자의 중요성은 아무리 강조해도 지나침이 없다. 조화 진동자의 운동 방정식은 '상계수 선형 미분 방정식(linear differential equations with constant coefficients)'의 한 종류이다. 즉, 선형 미분 방정식의 각 항의 계수가 상수라는 뜻이다. 일반적으로 상계수 n차 미분 방정식의 형태는 다음과 같다(모든 a_i는 상수이다).

$$a_n\, d^nx/dt^n + a_{n-1}\, d^{n-1}x/dt^{n-1} + \cdots + a_1 dx/dt + a_0 x = f(t) \qquad (21.1)$$

21-2 조화 진동자

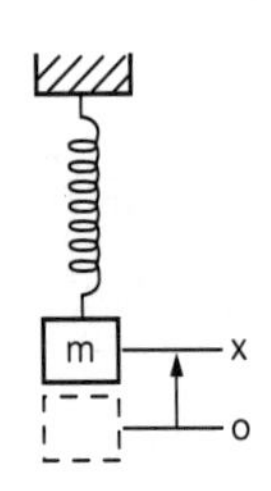

그림 21-1 조화 진동자의 가장 간단한 예는 용수철에 매달린 물체이다.

상계수 선형 미분 방정식이 적용되는 가장 간단한 역학 시스템은 아마도 물체를 매달고 있는 용수철일 것이다. 질량이 매달린 용수철은 중력과 평형을 이루기 위해 일단 아래쪽으로 늘어난다. 그후 용수철이 적당한 위치에서 평형을 이루면 우리는 그 위치를 기준으로 삼아 물체의 수직 방향 변위를 집중적으로 논하게 된다(그림 21-1). 지금부터 용수철이 평형 지점으로부터 벗어난 정도, 즉 용수철의 변위를 x라 하자. 그리고 우리의 용수철은 완전히 선형적이어서 용수철의 늘어난 길이는 매달린 물체의 무게에 정확하게 비례한다고 가정하자. 간단하게 말하자면 $F = -kx$라는 뜻이다. 여기서 k는 용수철의 탄성을 나타내는 고유한 상수이며, 음의 부호는 변위가 일어나는 방향과 용수철의 복원력이 항상 반대 방향으로 작용한다는 것을 의미한다. 그러므로 뉴턴의 제 2 법칙에 의해 질량 × 가속도는 $-kx$와 같아야 한다.

$$md^2x/dt^2 = -kx \tag{21.2}$$

이제, 문제를 좀 단순하게 만들기 위해 $k/m = 1$이라 하자(이렇게 되도록 단위를 바꿨다고 생각해도 무방하다). 그러면 위의 방정식은 다음과 같이 말끔해진다.

$$d^2x/dt^2 = -x \tag{21.3}$$

나중에 우리는 k와 m을 다시 복원시켜서 문제를 해결할 것이다.

방정식 (21.3)은 9장에서 역학 법칙을 공부할 때 자세하게 다룬 적이 있다(식 9.12 참조). 그때 미분 방정식을 직접 풀지는 않았지만, 수치적인 방법을 동원하여 $t = 0$일 때 $x = 1$의 위치에 있던 조화 진동자를 가만히 놓으면(초기 속도 = 0) 그림 9-4처럼 움직인다는 것을 확인했었다. 9장의 분석은 여기서 끝났지만, 진동자의 운동을 계속 추적해보면 위아래로 진동한다는 사실을 쉽게 짐작할 수 있다. 수치적인 계산에 의하면 진동자는 $t = 1.570$초일 때 평형 지점을 지나게 된다. 그러므로 조화 진동자의 한 주기는 이 시간의 네 배인 $t_0 = 6.28$초이다. 여기까지는 미분 방정식을 풀지 않고서도 얻을 수 있는 결과이다. 지금부터는 미분 방정식 (21.3)에 집중해보자. 이 방정식을 말로 풀어서 쓰면 다음과 같다—"여기 t의 함수인 $x(t)$가 있다. 그런데 이 함수를 t로 두 번 미분하면 원래의 형태와 부호만 달라진다. 이 조건을 만족하는 $x(t)$를 찾아라!" 자, 두 번 미분하면 원래대로 돌아오면서 부호만 바뀌는 함수는 무엇일까? 방금 수학과에서 $x = \cos t$라는 답이 날아왔다. (다른 방법으로 알아볼 수도 있지만 이야기가 길어지기 때문에 생략한다.) 수학과의 답을 무조건 믿을 수는 없으니 한번 확인해보자. $dx/dt = -\sin t$이고 $d^2x/dt^2 = -\cos t = -x$이므로 답이 맞는 것 같다. 게다가 $t = 0$일 때 $x = 1$이고 초기 속도는 0이므로 9장에서 분석했던 운동과 훌륭하게 일치한다. 이제 $x = \cos t$라는 답을 얻었으니 $x = 0$(평형 지점)을 지나는 정확한 시간도 알 수 있게 되었다. 답은 $t = \pi/2$, 또는 1.57108초이다. 앞에서는 손으로 직접 계산했기 때문에 약간의 오차가 발생했지만 이 정도면 제법 정확한 결과라 할 수 있다!

이제 원래의 문제를 좀더 깊이 파고들기 위해 시간의 단위를 원래의 초(sec)로 되돌려 놓고 생각해보자. 과연 x는 어떻게 달라질 것인가? $\cos t$에 무언가를 곱하면 상수 k와 m을 되살릴 수 있을지도 모르니까, 일단 $x = A\cos t$에서 시작해보자. 그러면 $dx/dt = -A\sin t$, $d^2x/dt^2 = -A\cos t = -x$가 얻어진다. 여기서 무언가 새롭게 알아낸 것이 있는가? 아니다. 아무 것도 얻은 게 없다. 방정식 (21.2)를 푼 것이 아니라 방정식 (21.3)이 다시 얻어진 것뿐이다! 이로부터 우리는 선형 미분 방정식의 중요한 성질을 알아냈다. 방정식의 해(solution)에 임의의 상수를 곱해도 여전히 그 방정식의 해라는 것이다. 수학적으로 생각해보면 그 이유는 자명하다. 방정식의 해를 x라 하고 양변에 A를 곱해놓고 보면, Ax도 원래 방정식의 해라는 사실을 쉽게 알 수 있을 것이다. 그러나 우리는 이것을 물리적으로 이해해야 한다. 물체가 매달려 있는 용수철을 전보다 두 배 길게 잡아당기면 용수철의 복원력은 두 배로 커지고 물체의 가속도 역시 두 배로 커져서, 주어진 시간 동안 이동하는 거리도 전보다 두 배로 길어진다. 그런데 우리는 애초부터 용수철을 두 배로 늘렸기 때문에 결국 원점으로 돌아오는 데 걸리는 시간은 이전과 동일하다. 즉, 시간에 따른 변위의 변화 과정이 이전과 똑같은 양상으로 일어나는 것이다.

그러므로 기존의 해에 상수를 곱하는 것만으로는 우리가 원하는 해를 구할 수 없다. 이곳저곳에 상수를 곱해보면서 약간의 시행착오를 거치다보면, 시간의 척도를 바꿔야 한다는 것을 알 수 있다. 다시 말해서, 식 (21.2)의 해는 다음과 같은 형태를 갖는다.

$$x = \cos \omega_0 t \tag{21.4}$$

(여기서 ω_0를 보고 회전하는 물체의 각속도를 떠올리면 곤란하다. ω_0는 그것과 아무런 상관이 없다. 그저 우연하게 같은 문자를 사용하게 된 것뿐이다. 겹치는 문자를 피해 다른 문자를 계속 찾다보면 얼마 가지 않아 더 이상 써먹을 문자가 하나도 남지 않을 것이다.) ω에 '0'이라는 첨자를 붙인 것은 이제 잠시 후에 도입될 다른 ω와 구별을 하기 위한 조치이다. 어쨌거나, ω_0는 이 진동자가 가장 자연스러운 진동을 할 때 나타나는 상수라는 것만 기억해두기 바란다. 이제 식 (21.4)를 식 (21.2)에 대입해보면 $dx/dt = -\omega_0\sin\omega_0 t$, $d^2x/dt^2 = -\omega_0^2\cos\omega_0 t = -\omega_0^2 x$가 되어, 우리가 찾던 해가 드디어 그 모습을 드러내게 된다. $\omega_0^2 = k/m$이라 하면 $d^2x/dt^2 = -\omega_0^2 x$는 방정식 (21.2)와 똑같아지기 때문이다.

ω_0의 물리적 의미는 무엇인가? 코사인(cosine) 함수는 각도 2π를 주기로 똑같은 값이 반복된다는 것을 우리는 알고 있다. 그러므로 $x = \cos\omega_0 t$는 $\omega_0 t$가 2π만큼 변하는 동안 한 차례의 주기를 끝낼 것이다. $\omega_0 t$는 그 운동의 '위상(phase)'이라고 불리기도 한다. $\omega_0 t$가 2π만큼 변하는 데 걸리는 시간 t_0는 해당 진동자의 '주기(period)'라고 하며, 당연히 $\omega_0 t_0 = 2\pi$이다. 즉, $\omega_0 t_0$는

한 주기가 완전히 끝나는 데 필요한 각도를 의미한다. 하나의 주기가 끝나면 그 다음부터는 완전히 똑같은 운동이 같은 주기로 반복될 것이다. 그러므로

$$t_0 = 2\pi/\omega_0 = 2\pi\sqrt{m/k} \tag{21.5}$$

임을 알 수 있다. 보다시피, 용수철에 매달린 질량이 클수록 주기가 길어진다. 관성이 큰 물체를 움직이게 하려면 그만큼 긴 시간이 소요되기 때문이다. 또, 용수철이 강할수록(k가 클수록) 진동자는 더 빠르게 움직인다. 식 (21.5)를 보나, 혹은 직관적으로 생각해봐도 이것은 당연한 결과이다.

또 한 가지 주목할 점은 용수철에 매달린 질량의 진동 주기가 당겨진 길이에 무관하다는 것이다. 운동 방정식 (21.2)로부터 주기는 결정할 수 있지만 진동의 폭, 즉 진폭은 유일한 값으로 정해지지 않는다. 진폭은 용수철이 처음 운동을 시작할 때 어떤 조건에서 시작되었는지를 말해주는 초기 조건(initial condition, 또는 starting condition)에 의해 결정된다.

아직 우리는 방정식 (21.2)의 가장 일반적인 해를 구하지 않았다. $x = \cos\omega_0 t$는 이 방정식이 가질 수 있는 가능한 해들 중 하나일 뿐이며, 다른 해도 얼마든지 가능하다. $x = a\cos\omega_0 t$라는 해는(여기서 a는 진폭을 의미한다) 초기 상태의 변위가 0이 아닌 상태에서 초기 속도 $= 0$으로 출발한 진동자에 걸맞는 해이다. 그러나 $x = 0$에서 진동자에 어떤 힘을 가하여 진동을 유발시켰다면 초기 변위 $= 0$이고 초기 속도 $\neq 0$이 되어, 코사인 함수로는 이 운동을 나타낼 방법이 없다. 여기에 맞는 함수는 사인(sine)뿐이다. 진동자가 $x = 0$에서 운동을 시작한 경우가 아니라 하더라도, 열심히 움직이고 있는 진동자를 $t = 0$일 때 우연히 바라보기 시작했는데 그때의 위치가 $x = 0$이었다면 이때의 해도 코사인으로 나타낼 수 없다. 그러므로 $x = \cos\omega_0 t$는 가장 일반적인 해가 될 수 없다. 우리는 방정식의 해에서 시간의 시작점을 자유롭게 이동시킬 수 있어야 한다. 예를 들어, 해를 $a\cos\omega_0(t - t_1)$과 같은 식으로 쓰면($t_1 =$ 상수) 코사인 함수의 시작점이 달라져서 약간의 다양성을 확보할 수 있다. 또는 코사인 함수의 특성을 이용하여

$$\cos(\omega_0 t + \Delta) = \cos\omega_0 t\cos\Delta - \sin\omega_0 t\sin\Delta$$

로 전개한 후

$$x = A\cos\omega_0 t + B\sin\omega_0 t$$

로 쓸 수도 있다. 여기서 $A = a\cos\Delta$이고 $B = -a\sin\Delta$이다. 이 모든 것들이 방정식 (21.2)의 일반적인 해이다. 즉, 미분 방정식 $d^2x/dt^2 = -\omega_0^2 x$의 모든 가능한 해는 다음 세 가지 형태 중 하나로 쓸 수 있다.

$$\text{(a)}\ x = a\cos\omega_0(t - t_1)$$

또는

$$\text{(b)}\ x = a\cos(\omega_0 t + \Delta) \tag{21.6}$$

또는

$$\text{(c)}\ x = A\cos\omega_0 t + B\sin\omega_0 t$$

식 (21.6)에 들어 있는 상수들은 각기 나름대로 이름을 갖고 있다. ω_0는 각진동수(angular frequency)로서, 1초당 진행되는 위상을 나타내며 (단위는 °가 아니라 라디안이다!) 주어진 미분 방정식으로부터 결정되는 양이다. 나머지 상수들은 방정식이 아니라 초기 조건에 의해 결정되는데, a는 물체가 도달하는 최대 변위, 즉 진폭(amplitude)이며 Δ는 간혹 위상(phase)이라 불리기도 하지만 어떤 사람들은 $\omega_0 t + \Delta$를 위상이라고 부르기 때문에 혼란이 야기될 우려가 있다. 그래서 우리는 Δ를 '위상 이동(phase shift)'이라 부르기로 한다. Δ의 값이 다르다는 것은 곧 진동의 위상이 다르다는 것을 의미한다. 그러나 이것 자체를 놓고 '위상'이라고 부르느냐, 마느냐 하는 것은 전혀 다른 문제이다.

21-3 조화 운동과 원운동

방정식 (21.2)의 해가 사인이나 코사인으로 표현된다는 것은, 진동자의 운동이 원과 밀접하게 관계되어 있음을 암시하는 부분이다. 물론 용수철은 위-아래로 움직일 뿐, 원운동 같은 것은 전혀 일어나지 않으므로 방정식의 해를 원과 결부시키는 것은 다소 인위적인 발상이다. 과거에 원운동의 역학을 공부할 때, 우리는 이와 비슷하게 생긴 미분 방정식을 이미 풀어본 경험이 있다. 한 입자가 일정한 속력 v로 원운동을 하고 있을 때, 원의 중심과 입자를 잇는 반경 벡터가 쓸고 지나간 각도는 시간에 비례한다. 이 각도를 $\theta = vt/R$이라 하면(그림 21-2 참조) $d\theta/dt = \omega_0 = v/R$이다. 또, 중심을 향하는 가속도가 $a = v^2/R = \omega_0^2 R$이라는 것도 우리는 이미 알고 있다. 이제, 임의의 순간에 입자의 위치 (x, y)는 다음과 같이 표현된다.

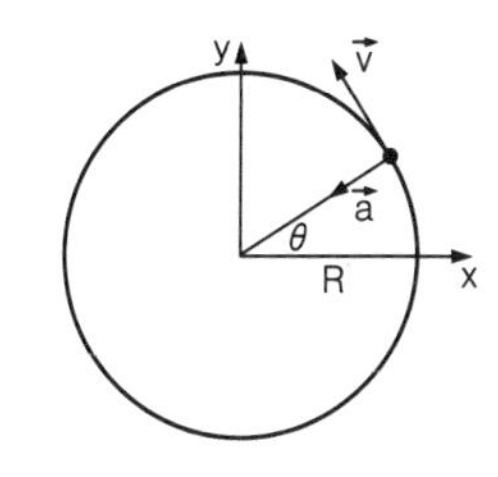

그림 21-2 균일한 속력으로 원둘레를 돌고 있는 입자

$$x = R\cos\theta, \qquad y = R\sin\theta$$

그렇다면 가속도는 어떻게 되는가? 가속도 d^2x/dt^2의 x성분은 무엇인가? 우리는 기하학적인 방법으로 답을 알아낸 적이 있다. 가속도의 x성분은 가속도의 크기에 투영각(projection angle)의 코사인을 곱하고, 거기에 중심을 향한다는 의미의 마이너스 부호를 붙인 것이다. 즉,

$$a_x = -a\cos\theta = -\omega^2 R\cos\theta = -\omega^2 x \tag{21.7}$$

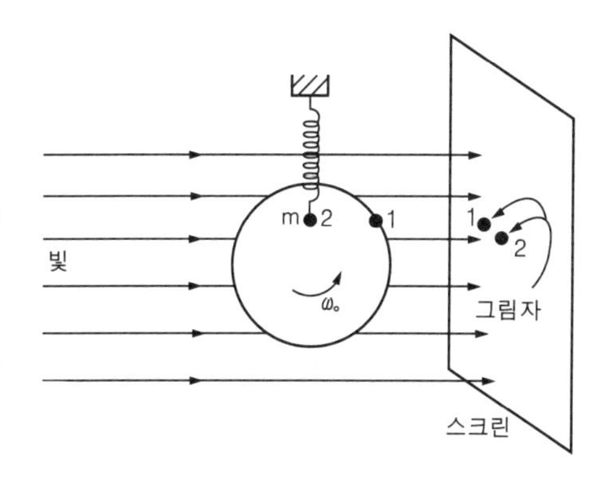

그림 21-3 단조화 진동과 원운동이 동일하다는 것을 보여주는 실험 장치

이다. 다시 말해서, 한 입자가 원운동을 하고 있을 때 가속도의 수평 방향 성분은 수평 방향의 변위에 비례한다는 뜻이다. 물론 우리는 $x = R\cos\omega_0 t$라는 원운동의 해도 알고 있다. 방정식 (21.7)은 원의 반경과 무관하기 때문에, ω_0만 같으면 원의 크기에 상관없이 똑같은 결과가 얻어진다. 몇 가지 정황을 종합해보면 용수철에 달린 진동자의 변위는 $\cos\omega_0 t$에 비례할 것으로 짐작되는데, 사실인 즉 각속도 ω_0로 원운동을 하고 있는 입자의 x좌표는 용수철에 매달린 조화 진동자의 변위 x와 정확하게 일치한다. 이 사실을 눈으로 확인하기 위해, 한 가지 실험을 해보자. 용수철에 매달린 채 수직 방향으로 진동하는 물체와 원형 고리의 테두리를 따라 회전하는 물체를 나란히 배열시킨

다음, 한 쪽에서 빛을 비추어 반대편에 있는 스크린에 그림자를 드리운다(그림 21-2 참조. 이때, 빛의 방향은 원형 고리의 면과 평행하도록 조절한다). 이 상황에서 용수철의 강도와 시작 지점을 적절하게 조절하면 두 개의 그림자가 정확하게 같이 움직이는 것을 눈으로 확인할 수 있다. 또는 두 경우의 코사인 해를 수치적으로 계산하여 서로 일치하는 것을 확인할 수도 있다.

균일한 원운동과 위-아래로 오르내리는 진동 운동은 수학적 구조가 아주 비슷하기 때문에, 진동 운동을 원운동의 투영으로 생각하면 문제를 한결 쉽게 해결할 수 있다. 용수철의 진동에서 y는 아무런 의미도 없지만, 방정식 (21.2) 이외에 y에 대한 또 하나의 방정식을 인위적으로 만들어서 한데 합치면 1차원 진동자의 운동은 원운동과 똑같은 방식으로 이해될 수 있으며, 이 방법은 미분 방정식을 직접 푸는 것보다 훨씬 더 쉽다. 단, 복소수의 계산법을 알아야 하는데, 자세한 내용은 다음 장에서 다룰 예정이다.

21-4 초기 조건

이제 상수 A, B와 a, Δ를 결정하는 방법에 대해 알아보자. 이 값들은 운동이 처음 시작되는 순간의 환경에 따라 달라진다. 처음에 용수철을 평형 상태에서 조금 잡아당기거나 압축시킨 상태에서 가만히 놓았다면 거기에 맞는 상수가 할당되면서 진동이 시작될 것이고, 조금 잡아당긴 상태에서 용수철을 놓을 때 위(또는 아래)쪽으로 힘을 가했다면 아까와는 다른 상수가 할당된 채로 진동이 시작될 것이다. A, B, a, Δ는 운동이 어떻게 시작되었는지에 따라 결정되는 상수일 뿐, 그 외의 다른 상황을 변화시키지는 못한다. 이런 상수들을 가리켜 '초기 조건(initial condition)'이라고 한다. 지금부터 초기 조건과 상수를 하나씩 연결시켜보자. 식 (21.6)의 (a), (b), (c) 중 어떤 것을 써도 상관없지만, 그중 (c)를 사용하는 것이 가장 쉽다. 우리의 진동자가 $t = 0$에서 초기 변위 x_0와 초기 속도 v_0로 진동을 시작했다고 가정해보자(초기의 가속도는 결정할 수 없다. 가속도는 일단 x_0가 정해지고 나면 용수철에 의해 결정되는 양이기 때문이다). 우선 A와 B부터 계산해보자. 모든 과정은 다음의 방정식에서 시작된다.

$$x = A \cos \omega_0 t + B \sin \omega_0 t$$

나중에는 속도도 알아야 하므로, 지금 미리 계산해두는 게 좋겠다. 위 식을 t로 미분하면

$$v = -\omega_0 A \sin \omega_0 t + \omega_0 B \cos \omega_0 t$$

가 된다. 이 식들은 모든 t에 대해서 성립하지만, 우리는 $t = 0$일 때 x와 v의 값을 알고 있으므로 이 값을 방정식에 대입하면 추가적인 정보를 얻을 수 있다. 즉,

$$x_0 = A \cdot 1 + B \cdot 0 = A$$

그리고

$$v_0 = -\omega_0 A \cdot 0 + \omega_0 B \cdot 1 = \omega_0 B$$

가 얻어진다. 그러므로

$$A = x_0,\ B = v_0/\omega_0$$

임을 알 수 있다. a와 Δ는 방금 구한 A와 B로부터 결정될 수 있다.

우리가 찾는 해는 이것이 전부이다. 그러나 여기서 끝내자니 조금 허전한 느낌이 든다. 그래서 이와 관련된 흥미로운 사실—에너지 보존 법칙을 확인하고 넘어가기로 하자. 지금 우리는 마찰을 고려하지 않고 있으므로 에너지는 보존되어야 한다. 미분 방정식의 해는

$$x = a\cos(\omega_0 t + \Delta);$$

이고, 이를 시간 t로 미분하면

$$v = -\omega_0 a \sin(\omega_0 t + \Delta)$$

를 얻는다. 이로부터 운동 에너지 T와 위치 에너지 U를 구해보자. 용수철의 위치 에너지는 항상 $\frac{1}{2}kx^2$으로 표현된다(여기서 x는 용수철의 변위이고 k는 용수철 상수이다). x에 대한 위의 표현을 여기 대입하면

$$U = \frac{1}{2}kx^2 = \frac{1}{2}ka^2\cos^2(\omega_0 t + \Delta)$$

가 얻어진다. 물론 위치 에너지는 상수가 아니며, 음수가 되는 일도 없다. 용수철이 늘어나건, 혹은 줄어들건 간에, 에너지는 항상 내장되어 있기 때문이다. 위치 에너지는 오직 변위 x에만 관계되는 함수이다. 운동 에너지는 다들 알다시피 $\frac{1}{2}mv^2$이며, v의 구체적인 형태를 여기 대입하면

$$T = \frac{1}{2}mv^2 = \frac{1}{2}m\omega_0^2 a^2 \sin^2(\omega_0 t + \Delta)$$

를 얻는다. x가 최대값에 이르면 $v = 0$이므로 운동 에너지 $T = 0$이다. 반대로, x가 평형 지점을 지날 때($x = 0$) 속도가 가장 빠르므로 T는 최대값을 갖는다. 여기서 총 에너지가 보존되려면 운동 에너지의 변화와 위치 에너지의 변화가 정반대의 패턴으로 일어나야 한다. 그래야 $T + U$가 항상 같은 값을 유지할 수 있기 때문이다. $k = m\omega_0^2$을 이용하여 총 에너지를 계산해보면

$$T + U = \frac{1}{2}m\omega_0^2 a^2[\cos^2(\omega_0 t + \Delta) + \sin^2(\omega_0 t + \Delta)] = \frac{1}{2}m\omega_0^2 a^2$$

이 되어, 우리의 짐작이 맞았음을 알 수 있다. 보다시피 총 에너지는 진폭의 제곱에 비례한다. 즉, 진폭을 두 배로 늘리면 에너지는 네 배로 커진다. 위치 에너지의 평균값은 최대값의 1/2이며 위치 에너지의 최대값은 총 에너지와 같으므로, (평균 위치 에너지) = (총 에너지)/2이다. 따라서 (평균 운동 에너

지) = (총 에너지)/2 임을 알 수 있다.

21-5 강제 진동(Forced oscillation)

그 다음으로 생각해볼 문제는 '강제 조화 진동(forced harmonic oscillation, 용수철의 복원력 이외에 외부의 다른 힘이 작용할 때 나타나는 진동)'이다. 이 운동을 나타내는 미분 방정식은 다음과 같다.

$$md^2x/dt^2 = -kx + F(t) \tag{21.8}$$

외부에서 작용하는 힘 $F(t)$는 일반적으로 시간에 따라 달라지는 함수이다. 일단은 $F(t)$가 다음과 같이 나름대로의 주기를 갖고 변한다고 가정해보자.

$$F(t) = F_0 \cos \omega t \tag{21.9}$$

여기서, ω는 ω_0와 같을 필요가 전혀 없다. ω는 외부에서 가해지고 있는 힘의 진동수로서, 우리가 마음만 먹으면 얼마든지 바꿀 수 있다. 지금 우리에게 주어진 과제는 식 (21.9)의 힘에 대하여 미분 방정식 (21.8)의 해를 구하는 것이다. 여러 개의 가능한 해들 중 하나는 다음과 같다(일반해를 구하는 방법은 나중에 설명하기로 한다).

$$x = C \cos \omega t \tag{21.10}$$

여기 나타난 상수 C는 주어진 조건으로부터 결정해야 한다. 식 (21.9)와 (21.10)을 식 (21.8)에 대입하면

$$-m\omega^2 C \cos \omega t = -m\omega_0^2 C \cos \omega t + F_0 \cos \omega t \tag{21.11}$$

이 된다. 여기서는 상수들을 통일된 방식으로 표기하기 위해 $k = m\omega_0^2$의 관계를 이용하였다. 이제 양변에 공통적으로 나와 있는 코사인 함수를 떼어내면 상수 C는 다음과 같이 구해진다.

$$C = F_0/m(\omega_0^2 - \omega^2) \tag{21.12}$$

즉, 용수철에 매달린 질량 m은 외부에서 가해진 힘과 같은 진동수(ω)로 진동하지만, 진폭은 외부 힘의 진동수와 원래 용수철의 고유 진동수에 따라 달라진다. 이 결과를 잠시 분석해보자. 우선 ω가 ω_0에 비해 아주 작은 경우, 용수철의 변위 x와 힘 F는 항상 같은 방향으로 작용한다. 그리고 ω가 ω_0보다 크면(즉, 외부의 힘이 빠르게 진동하면) C는 음수가 된다. (앞으로 ω_0는 고유 진동수, ω는 구동 진동수라 부르기로 한다.) ω_0가 아주 커지면 C의 분모도 커져서 용수철의 진폭은 작아진다.

지금까지 우리가 구한 해는 정상적인 상태에서 운동이 시작되었을 때에만 적용될 수 있다. 다른 요인이 개입되면 운동이 시작된 후 얼마 가지 않아 사라져 버리는 부분이 생긴다. 이렇게 사라지는 부분을 $F(t)$에 대한 '단기 반응(transient response)'이라 하고, 식 (21.10)과 (21.12)를 '정상 반응(steady-state response)'이라 한다.

식 (21.12)를 자세히 보면 조금 걱정되는 부분이 있다. 만일 ω와 ω_0가 거의 비슷한 값을 갖는다면 C는 거의 무한대가 된다. 즉, 구동 진동수를 잘 조절하여 고유 진동수와 '박자를 맞추면' 용수철의 변위가 엄청나게 커지는 것이다! 아이가 타고 있는 그네를 밀어본 사람이라면 이 사실을 잘 알고 있을 것이다. 흔들리는 그네와 박자를 맞추지 않고 제멋대로 그네를 밀면 그네의 진폭이 쉽게 커지지 않지만, 박자를 맞춰서 순방향으로 그네를 밀어주면 얼마 가지 않아 아이의 비명소리를 들을 수 있다(여기서 그네의 진동수는 용수철의 고유 진동수에 해당되며, 그네를 미는 힘의 진동수가 구동 진동수에 해당된다 : 옮긴이).

ω와 ω_0가 완전히 똑같다면 진폭이 무한대가 되어야 하는데, 사실 이것은 불가능하다. 용수철의 길이 자체에 명백한 한계가 있기 때문이다. 실제로 무한대가 되지 않는다는 것은 방정식에 무언가가 빠져 있음을 뜻한다. 식 (21.8)에는 누락되어 있지만, 이 방정식을 현실 세계에 적용하려면 마찰력을 비롯한 여러 가지 부수적인 힘들을 추가해야 한다. 이런 요인들이 고려되면 진폭은 무한대로 커지지 않는다. 단, 진폭이 심하게 커지면 용수철이 끊어질 수도 있다!

CHAPTER 22
대수학(Algebra)

22-1 덧셈과 곱셈

진동 시스템을 공부하다보면, 눈이 튀어나올 정도로 놀라운 수학을 접하게 된다. 갈 길이 바쁜 유능한 물리학자라면 단 몇 분 안에 필요한 공식을 유도하여 재빨리 써먹고 넘어갈 수도 있겠지만, 그런 식으로 넘어가기에는 그 내용이 너무도 값지고 아름답다. 사실 과학은 실용적인 면이 강조되는 학문이지만, 그와 동시에 새로운 지식을 쌓아가면서 그 무엇과도 비교할 수 없는 희열을 느끼는 일종의 유희이기도 하다. 그러므로 이 값진 보석을 단 몇 분 동안 써먹고 서랍 속에 넣어두는 것보다, 보석의 참모습과 세팅된 상태를 찬찬히 뜯어보면서 그 진가를 음미해보는 것도 좋은 공부라고 생각한다. 이 찬란한 보석을 찾아서 아름답고 우아한 모습으로 디자인한 주인공은 바로 '기본 대수학(elementary algebra)'이다.

여러분은 속으로 이렇게 따지고 싶을 것이다. "아니, 물리학 강의 중에 난데없이 웬 수학입니까?" 여기에는 몇 가지 이유가 있다. 첫째, 수학은 물리학을 다루는 중요한 도구이기 때문이다. 그러나 이런 이유만으로는 2분 내에 공식을 끌어내고 후다닥 가버리는 똑똑한 학생들을 붙잡을 수 없다. 이론 물리학에서는 모든 법칙들이 수학적인 형태로 간명하고 아름답게 표현된다. 그러므로 자연을 심도 있게 이해하기 위해서는 수학 속으로 더욱 깊이 들어가야 한다. 그러나 지금 여기서 수학을 언급하는 진짜 이유는 그것이 진정으로 재미있는 과목이기 때문이다. 대학에는 수많은 학과가 있고 각 학과마다 여러 개의 과목들이 세분되어 있지만, 이런 식의 분할은 다분히 인위적인 것이며 자연의 속성과는 아무런 상관도 없다. 우리는 기회가 닿을 때마다 지적인 즐거움을 누릴 권리가 있다. 전공 과목이 아니라는 이유만으로 그 기막힌 재미를 놓친다면 여러분은 등록금을 낭비하고 있는 것이다.

여러분은 이미 고등학교에서 대수학을 배웠다. 그럼에도 불구하고 지금 대수학을 다시 언급하는 또 하나의 이유는 고등학교 때 그것을 '처음으로' 접했기 때문이다. 그 시절에 배웠던 방정식들은 하나같이 생소했을 뿐만 아니라, 지금 배우는 물리학처럼 어렵기까지 했다. 그러나 이제 와서 그 내용을 다시 음미해보면, 우리가 배웠던 것이 수학의 어떤 영역이었으며 수학의 지도는 어떻게 생겼는지, 전체적으로 조망해볼 수 있을 것이다. 장담하건대, 이 작업은 처음 배울 때보다 분명히 재미있다. 지금도 어느 대학교의 수학과에서는 난데없이 물리학을 강의하면서 재탕의 즐거움을 강조하고 있을지도 모를 일이다!

대체로 수학자들은 증명 과정과 거기에 필요한 가정을 세우는 데 모든 관심이 쏠려 있으며, 그들이 증명한 결과에 대해서는 별 관심을 갖지 않는다. 그래서 나는 수학자의 관점에서 대수학을 강의하지는 않을 것이다. 예를 들어, 직각 삼각형의 가로, 세로변을 제곱하여 더한 값이 빗변의 제곱과 같다는 피타고라스 정리는 간단명료하면서도 매우 흥미롭다. 증명에 필요한 공리(axiom)나 구체적인 증명 과정을 모른다고 해도, 정리 자체는 얼마든지 이해할 수 있다. 지금부터 전개될 기본 대수학도 이런 마음가짐으로 대해주기를 바란다. 굳이 '기본'이라는 수식어를 붙이는 이유는 이것이 '현대 대수학'의 한 지류이기 때문이다. 현대 대수학은 $ab = ba$와 같은 기본적인 교환 법칙이 성립되지 않는 유별난 대수학인데, 여기서는 논하지 않기로 하겠다.

처음부터 다시 시작하면 따분할 우려가 있으니, 대수학의 중간 지점에서 시작해보자. 여러분은 정수가 무엇이며 0이 무엇인지, 그리고 수를 한 단위 증가시킨다는 것이 무엇을 의미하는지 알고 있다. "아니, 그게 중간입니까? 그건 생기초잖아요!"라고 항의하고 싶겠지만, 사실 이것은 수학적 관점에서 볼 때 중간 지점이 맞다. 정수의 성질을 유도하려면 훨씬 뒤로 거슬러가서 집합론부터 시작해야 한다. 그러나 수리 철학과 수리 논리학은 우리의 관심이 아니기 때문에, 정수를 이미 알고 있고 정수를 세는 법도 알고 있는 중간 지점에서 시작하려는 것이다.

어떤 정수 a에서 시작하여 1씩 더해나가는 과정을 b회 계속했을 때 얻어지는 수를 $a + b$로 표기하자. 이것은 정수의 '덧셈'에 대한 정의이다.

일단 덧셈을 정의하고 나면 이런 것도 생각해 볼 수 있다—아무 것도 없는 맨땅에서 시작하여 a를 b회 더한 결과를 b 곱하기 a라고 하자. 이것은 정수의 '곱셈'에 대한 정의이다.

그렇다면 '거듭제곱'도 정의할 수 있다. 1에서 시작하여 a를 b회 곱해나간 결과는 a^b로 표기한다. 이것은 지수에 대한 정의이다.

지금까지 정의된 연산들로부터 다음의 관계들이 성립함을 쉽게 알 수 있다.

(a) $a + b = b + a$	(b) $a + (b + c) = (a + b) + c$	
(c) $ab = ba$	(d) $a(b + c) = ab + ac$	
(e) $(ab)c = a(bc)$	(f) $(ab)^c = a^c b^c$	(22.1)
(g) $a^b a^c = a^{(b+c)}$	(h) $(a^b)^c = a^{(bc)}$	
(i) $a + 0 = a$	(j) $a \cdot 1 = a$	
(k) $a^1 = a$		

이상은 익히 잘 알려져 있는 결과들이므로 그냥 나열만 하고 넘어가기로 한다. 물론 1과 0은 특별한 성질을 갖고 있다. 예를 들어, $a + 0$은 a이고, $a \times 1$도 a, 그리고 a의 1승도 a이다.

식 (22.1)에는 수의 연속성과 대소 관계 등 몇 가지 성질들이 가정으로 깔려 있다. 그런데 이 가정들은 정의하는 것조차도 아주 까다로워서 다루기가 쉽지 않다. 그러니 수학자들을 믿고 계속 진도를 나가보자. (사실, 위에 나열한 식들은 너무 많다. 이들 중 몇 개는 다른 식으로부터 유도될 수 있다. 하지만 지금은 바쁘니까 사소한 문제는 신경 쓰지 말자!)

22-2 역연산(Inverse operation)

덧셈, 곱셈, 지수의 연산 이외에 '역연산'이라는 것이 있는데, 정의는 다음과 같다. 주어진 a와 c에 대하여 $a + b = c$이면 b는 $c - a$로 정의되며, 이 연산을 '뺄셈(subtraction)'이라고 한다. 나눗셈 연산도 이와 비슷하다. $ab = c$이면, $b = c/a$이고, 이것이 바로 나눗셈의 정의이다. 즉, 방정식 $ab = c$라는 방정식을 b에 대하여 푸는 것이다. 또, $b^a = c$일 때 b는 c의 'a제곱근'으로서 기호로는 $b = \sqrt[a]{c}$로 표기한다. 예를 들어 '자기 자신을 세 번 곱하여 8이 되는 수는 무엇인가?'라고 물었을 때, 그 답은 8의 세제곱근, 즉 2이다. 그런데 b^a와 a^b는 같지 않으므로 지수와 관계된 역연산 문제는 두 가지가 있을 수 있다. 이중 하나는 이미 언급했고, 나머지 하나는 '2를 몇 번 곱해야 8이 되는가?'이다. 이것은 '로그(log)'라는 연산으로 표기할 수 있다. 즉, $a^b = c$이면, $b = \log_a c$로 표기한다. 로그의 표기법이 다른 연산보다 번거롭다고 해서, 그것이 더 고차원적인 연산이라고 생각하면 큰 오산이다. 특히, 정수에 관한 한 로그와 지수(또는 덧셈과 곱셈, 나눗셈 등)는 똑같이 기초적인 연산일 뿐이다. 대수학 교과에서 로그는 후반부에 등장하지만, 실제로는 제곱근만큼이나 간단하다. 그것은 대수 방정식의 풀이들 중 하나에 불과하다. 여러 가지 연산과 역연산들을 정리해보면 다음과 같다.

(a) 덧셈 $a + b = c$	(a′) 뺄셈 $b = c - a$	
(b) 곱셈 $ab = c$	(b′) 나눗셈 $b = c/a$	(22.2)
(c) 지수 $b^a = c$	(c′) 제곱근 $b = \sqrt[a]{c}$	
(d) 지수 $a^b = c$	(d′) 로그 $b = \log_a c$	

식 (22.2)는 정수의 덧셈, 곱셈, 지수 등의 정의로부터 얻어진 결과이므로, 정수에 한해서는 틀림없이 성립한다. 그렇다면 a, b, c를 정수보다 넓은 영역으로 확장시켜도 위의 법칙들이 여전히 성립할 것인가? 물론, 정수가 아닌 수로 넘어가면 $a + b$나 ab를 정의했던 기존의 방법은 더 이상 통용되지 않을지도 모르지만, 활동 무대는 분명히 넓어질 것이다.

22-3 추상화와 일반화

지금까지 내려진 정의를 사용하여 간단한 대수 방정식을 풀다보면, 곧 난처한 상황에 빠지게 된다. 예를 들어, 방정식 $b = 3 - 5$를 풀어보자. 뺄셈의 정의에 의하면 이것은 5에 어떤 수를 더하여 3이 되는, 그런 수를 구하라는 뜻이다. 양의 정수만 염두에 두고 있다면 백날을 고민해도 답을 찾을 수 없다. 한마디로, 이것은 풀 수 없는 문제이다. 그러나 '추상화와 일반화'라는 멋진 아이디어를 동원하면 이 난제를 해결할 수 있다. 즉, 대수학의 전체 구조에 걸쳐 덧셈과 곱셈의 원래 정의를 추상화시키는 것이다. 식 (22.1)과 (22.2)는 정수에 한하여 정의된 규칙이지만, 일단 이 규칙들이 더 광범위한 수에 대해서 일반적으로 성립한다고 가정해보자. 그러면 정수 기호를 사용하여 연산 규칙을 정의하는 것이 아니라, 연산 규칙을 사용하여 수의 범위를 확장시킬 수 있게 된다. 예를 들어, 기존의 규칙을 이용하면 $3 - 5 = 0 - 2$임을 증명할 수 있다. 이런 식으로 $0 - 1$, $0 - 2$, $0 - 3$, $0 - 4$ 등을 '음의 정수'로 정의하면 모든 뺄셈을 무리 없이 수행할 수 있다. 그런 다음에 $a(b + c) = ab + ac$를 비롯한 모든 규칙들을 뒤지다보면, 음의 정수를 곱하는 규칙도 찾을 수 있다. 실제로, 모든 연산 규칙은 음의 정수에 대해서도 똑같이 성립한다.

이리하여 우리는 기존의 규칙들을 그대로 유지하면서, 규칙이 적용되는 대상의 범위를 넓히는 데 성공하였다. 그러나 수를 나타내는 기호의 의미는 이전과 조금 달라졌다.

이제는 -2 곱하기 5를 해석할 때 '5를 -2번 더한다'고 말할 수 없게 되었다. 이런 해석은 아무런 의미도 없다. 그러나 그 외의 모든 것은 기존의 규칙을 따라 정상적으로 돌아간다.

그런데 지수를 취할 때는 재미있는 현상이 나타난다. 예를 들어, $a^{(3-5)}$의 의미를 해석한다고 해보자. 우리가 알고 있는 사실은 $3 - 5$가 $(3 - 5) + 5 = 3$의 해라는 것뿐이다. 이것을 지수에 응용하면 $a^{(3-5)}a^5 = a^3$이라는 것도 알고 있는 셈이다. 그렇다면 나눗셈의 정의에 의해 $a^{(3-5)} = a^3/a^5$이 되고, 약간의 과정을 더 거치면 이것은 $1/a^2$로 변형된다. 그러므로 음의 지수는 양의 지수의 역수라는 것을 알 수 있다. 그러나 $1/a^2$은 아직 의미 없는 기호에 불과하다. a가 양 또는 음의 정수라면 a^2은 1보다 큰 수인데, 1을 1보다 큰 수로 나눈다는 것이 무슨 의미인지, 아직은 알 수 없기 때문이다!

자, 계속해서 진도를 나가보자. 지금 우리는 수를 일반화시키고 있다. 즉, 풀 수 없는 문제가 발견될 때마다 수의 영역을 확장시켜 나가는 것이다. 이번에는 나눗셈을 생각해보자. 3을 5로 나눈 결과는 양의 정수와 음의 정수를 모두 뒤져봐도 찾을 수 없다. 그러나 모든 분수들이 기존의 규칙을 만족한다고 가정하면 우리는 분수의 덧셈과 곱셈에 대해 이야기할 수 있고, 모든 것은 이전처럼 잘 맞아 들어간다.

지수의 또 다른 예를 들어보자. $a^{3/5}$은 무슨 뜻일까? 우리가 알고 있는 것은 $(3/5)5 = 3$이라는 것뿐이다. 이것은 $3/5$의 정의였다. 여기에 기존의 규칙을 적용하면 $(a^{3/5})^5 = a^{(3/5)5} = a^3$이 된다. 따라서 제곱근의 정의에 의해 $a^{3/5} =$

$\sqrt[5]{a^3}$ 임을 알 수 있다.

이런 식으로 연산 규칙을 이용하여 분수의 의미를 정의할 수 있다. 언뜻 보면 우리 멋대로 수를 정의해가고 있는 듯이 보이지만, 사실은 전혀 그렇지 않다. '기존의 수로 답을 낼 수 없는 경우'라는 확실한 지침을 지켜나가고 있는 중이다. 그런데도 모든 연산 규칙들이 양의 정수와 음의 정수, 그리고 분수에도 그대로 적용된다는 것은 정말 놀라운 일이 아닐 수 없다!

일반화 과정은 계속된다. 정수와 분수로 답을 낼 수 없는 경우가 있을까? 물론 있다. $b = 2^{1/2} = \sqrt{2}$ 는 현재 우리가 알고 있는 수로 표현할 수 없다. 자기자신을 제곱해서 2가 되는 유리수(분수)는 존재하지 않는다. 그러나 현대에 사는 우리들은 이 문제의 답을 쉽게 찾을 수 있다. 우리는 십진법을 알고 있으므로, 소수점 이하로 끝없이 이어지는 $\sqrt{2}$ 의 의미를 이해하는 데 별 어려움이 없다. 그러나 고대 그리스의 수학자들에게 $\sqrt{2}$ 는 끔찍한 악몽이었다. 무리수의 의미를 '엄밀하게' 정의하려면 수의 연속성(continuity)과 순서성(ordering)을 증명해야 하는데, 사실 이것은 우리의 일반화 과정 중 가장 어려운 부분이다. 이 내용을 형식에 따라 엄밀하게 증명한 사람은 독일의 수학자 데데킨트(Dedekind, 1831～1916)였다. 그러나 수학적 엄밀함에 연연하지 않는다면, $\sqrt{2}$ 의 완전한 값이 아니라 어디선가 끝나는 근사적인 표현만으로도 우리는 목적을 충분히 이룰 수 있다. 즉, 근사값만 아는 상태에서도 무리수를 수의 체계에 끼워 넣을 수 있다는 뜻이다. 만일 더 정확한 값이 필요하다면 간단한 계산으로 얼마든지 숫자를 추가해나갈 수 있다.

22-4 무리수의 근사법

무리수가 지수로 올라가면 어떤 문제가 생길까? 예를 들어, $10^{\sqrt{2}}$의 의미를 정의해보자. 원리적으로 생각해보면 답은 아주 간단하다. $\sqrt{2}$를 소수점 아래의 적당한 위치에서 과감하게 잘라버리면 지수는 유리수가 되어 $10^{\sqrt{2}}$의 근사값을 구할 수 있다. 물론, 잘라버린 몇 자리를 더 추가하면 (그래봐야 역시 유리수이다) 더욱 정확한 근사값을 얻게 된다. 그런데 $\sqrt{2}$를 더욱 정확하게 표현할수록 분수의 분모, 분자가 대책 없이 커져서 계산이 거의 불가능해진다. 이 난국을 어떻게 타개할 것인가?

제곱근과 세제곱근 등 비교적 낮은 차수의 근들을 계산하는 방법은 이미 알려져 있다. 물론 이 방법으로 완전한 값을 얻을 수는 없지만, 끈기만 있다면 웬만한 자리까지는 별 어려움 없이 계산할 수 있다. 그러나 무리수로 된 지수와 그 역연산에 해당하는 로그를 계산하는 것은 엄청난 막노동으로서, 시간을 절약할 만한 별다른 테크닉이 없다. 그래서 우리의 선배들은 계산 시간을 절약하기 위해 지수표와 로그표를 만들어 놓았다. 이 표들은 그저 시간을 절약하기 위한 수단일 뿐, 그 안에 어떤 수학적 원리가 들어 있는 것은 아니다. 무리수로 된 지수를 계산할 일이 생겼을 때 표를 조금만 뒤지면 간단한 후속 계산으로 목적을 이룰 수 있다. 물론 이 과정은 기술적인 문제일 뿐이지만, 역사적으로 높은 가치를 갖고 있다. 지수표와 로그표를 이용하면 $10^{\sqrt{2}}$를 계산할 수 있을 뿐만 아니라, $10^x = 2$, 또는 $x = \log_{10}2$와 같은 문제도 풀 수 있게 된다. 이것은 새로운 수를 도입하는 문제가 아니라, 그저 계산 문제일 뿐이다. 그리고 계산의 결과로 얻어지는 수들 역시 새로운 종류의 수가 아니라 우리가 이미 알고 있는 무리수, 즉 무한 소수이다.

지금부터 위에서 언급한 방정식의 해를 직접 계산해보자. 아이디어는 아주 간단하다. 10^1, $10^{4/10}$, $10^{1/100}$, $10^{4/1000}\cdots$등이 이미 계산되어 있는 경우, 이들을 모두 곱하면 $10^{1.414\cdots}$, 즉 $10^{\sqrt{2}}$가 된다. 이것이 바로 우리의 계산 작전이다. 단, $10^{1/10}$, $10^{1/100}\cdots$을 계산하는 대신, $10^{1/2}$, $10^{1/4}\cdots$을 계산하기로 한다. 그런데 문득 한 가지 의문이 든다. 다른 숫자도 많은데, 왜 유독 10이라는 숫자만 공략하고 있는가? 그 이유를 잠시 알아보고 넘어가자. 로그표는 여러 가지 제곱근을 취하는 문제를 떠나서도 실제적으로 아주 유용한 자료이다. 로그는 밑이 어떤 수이건 간에

$$\log_b(ac) = \log_b a + \log_b c \tag{22.3}$$

를 만족한다. 그러므로 로그표는 수를 곱할 때에도 요긴하게 사용될 수 있다. 단, 한 가지 문제는 밑수 b를 선택하는 기준이다. 사실, 어떤 밑수를 써도 상관없다. 식 (22.3)은 임의의 b에 대하여 항상 성립하며, 필요하다면 양변에 똑같은 수를 곱하여 밑수를 바꿀 수 있다. 이제, 밑수 b를 기준으로 작성된 로그표가 우리에게 주어졌다고 하자. 이는 곧 c가 어떤 값이건 간에 방정식 $b^a = c$를 만족하는 a를 알아낼 수 있다는 뜻이다(그냥 표에서 찾으면 된다). 그렇다면 이 표를 이용하여 다른 밑수를 갖는 로그도 계산할 수 있을까? 예를 들어, 기존의 로그표만 사용하여 $x^{a'} = c$를 만족하는 a'을 구한다고 해보자. 물론 x는 b가 아닌 새로운 밑수이다. 다행히도 이 문제는 쉽게 해결된다. $x = b^t$를 만족하는 t를 정의한 후에($t = \log_b x$), 이 x를 위의 식에 다시 대입하면 $(b^t)^{a'} = b^{ta'} = c$가 된다. 그러면 $ta' = \log_b c$가 되어 $a' = a/t$라는 답이 얻어진다. 즉, $\log_x c = (\log_b c)/t$의 관계가 성립하는 것이다. 그러므로 임의의 수(b)를 밑으로 하는 로그표에 적절한 상수(지금의 경우는 $1/\log_b x$)를 전체적으로 곱해주면, 우리가 원하는 밑수(x)의 로그표를 얻을 수 있다. 다시 말해서, 밑수가 다른 로그표를 또다시 작성할 필요가 전혀 없다는 뜻이다. 가장 대표적인 밑수에 대한 로그표 하나만 있으면 충분하다. 그래서 가장 만만해 보이는 10을 대표 선수로 택한 것이다(밑수를 10으로 잡으면 과연 모든 계산이 가장 간단해지는가? 이 문제는 나중에 따로 언급할 예정이다. 당분간은 10을 대표 선수로 인정해주자).

이제, 로그의 계산법에 대하여 알아보자. 우리의 계산은 10의 거듭제곱근을 구하는 것으로 시작된다. 그 결과는 표 22-1에 나와 있다. 첫 번째 세로줄에는 지수(s)들이 나열되어 있고, 이 지수를 적용한 10^s는 세 번째 줄에 계산되어 있다. 보다시피 $10^1 = 10$이다. $10^{1/2}$은 10의 제곱근, 즉 $\sqrt{10}$이며 제

표 22-1 10과 관련된 여러 가지 제곱근의 계산

지수 s	$1024\ s$	10^s	$(10^s - 1)/s$
1	1024	10.00000	9.00
1/2	512	3.16228	4.32
1/4	256	1.77828	3.113
1/8	128	1.33352	2.668
1/16	64	1.15478	2.476
1/32	32	1.074607	2.3874
1/64	16	1.036633	2.3445
1/128	8	1.018152	2.3234[211]
1/256	4	1.0090350	2.3130[104]
1/512	2	1.0045073	2.3077[53]
1/1024	1	1.0022511	2.3051[26]
			↓ [26]
$\Delta/1024$	Δ	$1+.0022486\Delta$ ⟵	2.3025
$(\Delta \to 0)$			

곱근을 구하는 기존의 방법을 이용하여 쉽게 계산할 수 있다.* 이 방법으로 계산된 $10^{1/2}$은 약 3.16228이다. 왜 이런 계산을 하고 있는가? $10^{0.5}$의 값을 어떻게든 알고 있으면, $\log_{10}3.16228$이 거의 0.50000라는 것도 알 수 있기 때문이다. 즉, 로그표의 한 줄이 완성된 셈이다. 한 줄만 달랑 적어놓고 로그표라고 우길 수는 없으므로 좀더 계산을 진행시켜보자. $10^{1/2}$에 다시 제곱근을 취한 $10^{1/4}$은 1.77828이므로, 우리의 로그표에는 $\log_{10}17.78 =$ 약 1.250이라는 내용이 한 줄 더 추가된다. 이때 만일 누군가가 $10^{0.75}$의 값을 물어온다면, 단 두 줄 짜리 로그표만으로도 답을 말해줄 수 있다. $10^{0.75}$는 $10^{(0.5+0.25)}$이므로, 답은 3.16228×1.77828이다. 이런 식으로 목록이 충분히 길어지면 10에 어떤 지수가 붙어 있더라도 표를 이용하여 쉽게 계산할 수 있다. 이것이 바로 우리의 계산 작전이다. 표 22-1에는 10의 제곱근을 10차례에 걸쳐서 계산해 놓았는데, 이것만으로도 상당한 양의 지수 계산을 커버할 수 있다.

표 22-1이 $s = 1/1024$에서 끝난 이유는 무엇일까? 종이가 모자라서 멈춘 것이 아니다. 10차례의 계산을 거치면서 무언가를 깨달았기 때문이다. 표를 자세히 보면 10의 지수가 0에 접근할수록 그 값이 1 + (아주 작은 양)의 형태를 띠게 된다는 것을 알 수 있다. 사실, 그 이유는 자명하다. $10^{1/1000}$을 1000번 곱하면 10이 되어야 하는데, 큰 숫자에서 시작하면 금방 10을 넘어버릴 것이므로 1에 가까운 수에서 시작되어야 하는 것은 당연하다. 그리고 1을 초과한 작은 양은 s가 작아질수록 한 단계마다 거의 반씩 줄어든다. $10^{1/128} = 1.01815 \to 10^{1/256} = 1.00903 \to 10^{1/512} = 1.00450 \to 10^{1/1024} = 1.00225$의 변

* 이미 알려진 방법이 있긴 하지만, 임의의 수 N의 제곱근을 계산하는 가장 쉬운 방법은 제곱근과 가까운 후보 a를 대충 선택하여 N/a을 구하고, 이 값과 a의 평균인 $a' = \frac{1}{2}[a + (N/a)]$를 계산하여 이것을 새로운 후보로 삼아 앞의 과정을 반복하는 것이다. 이 값은 아주 빠른 속도로 특정값에 수렴하며, 한 번 계산할 때마다 유효 숫자의 개수는 두 배씩 늘어난다.

화 과정을 보면 이 사실을 확인할 수 있다. 계산을 해보지는 않았지만 $10^{1/2048}$은 1.00112쯤 될 것이다. 그러므로 이런 식으로 소수점 아래 부분을 반씩 줄여나가면 구체적인 계산 없이 매우 긴 표를 작성할 수 있다. 그렇다면 $10^{\Delta/1024}$에 $\Delta \to 0$의 극한을 취하면 극한값은 얼마일까? 아마도 0.0022511Δ에 가까운 어떤 수일 것이다. 정확한 극한값은 다음과 같은 방법으로 알아낼 수 있다. 10^s에서 1을 뺀 다음 그 결과를 지수 s로 나누어보자. s가 충분히 작으면 이 값은 거의 변하지 않는다. 표 22-1을 보면 처음에는($s = 1$) 전혀 비슷한 기색이 보이지 않았지만, 아래로 내려올수록 점차 특정값에 수렴한다는 것을 알 수 있다. 그 극한값은 얼마인가? 표에서 $(10^s - 1)/s$가 변해 가는 양상을 살펴보자. 각 단계를 거치면서 변하는 양은 211, 104, 53, 26으로 줄어든다(표 22-1의 작은 숫자 참조). 보다시피 차이가 거의 반으로 줄어들고 있는데, 이런 현상은 아래로 갈수록 정확하게 나타난다. 표를 계속 만들어 간다면 이 변화는 대충 13, 7, 3, 2, 1⋯과 같은 식으로 진행될 것이며, 이들을 모두 더한 값은 점차 26에 수렴할 것이다. 그러므로 최종적으로 도달하게 될 극한값은 $2.3051 - 0.0026 = 2.3025$임을 알 수 있다(나중에 알게 되겠지만 정확한 값은 2.3026이다. 그러나 계산의 현장감을 살리기 위해, 지금의 결과는 그대로 유지하기로 한다). 이제 우리는 표 22-1을 이용하여 10의 어떤 지수도 계산할 수 있게 되었다.

지금부터 로그 계산에 도전해보자. 우리는 로그표가 처음으로 만들어졌을 때 사용되었던 계산법을 그대로 따를 것이다. 계산 과정은 표 22-2에 나와 있고 구체적인 수치들은 표 22-1(두 번째와 세 번째 세로줄)에 나와 있다.

표 22-2 $\log_{10}2$의 계산

$$2 \div 1.77828 = 1.124682$$

$$1.124682 \div 1.074607 = 1.046598, \text{ etc.}$$

$$\therefore\ 2 = (1.77828)(1.074607)(1.036633)(1.0090350)(1.000573)$$

$$= 10\left[\frac{1}{1024}(256 + 32 + 16 + 4 + 0.254\right] = 10\left[\frac{308.254}{1024}\right]$$

$$= 10^{0.30103} \qquad \left(\frac{573}{2249} = 0.254\right)$$

$$\therefore\ \log_{10}2 = 0.30103$$

{큰 괄호는 곱하기가 아니라 10의 지수를 뜻함. $10[2] = 10^2$: 옮긴이}

예를 들어, $\log_{10}2$를 계산한다고 해보자. 즉, 10에 '몇 승'을 해야 2가 되는지를 체계적인 계산으로 알아낸다는 뜻이다. 10에 1/2승을 하면 어떨까? 그건 4를 넘어가는 수이므로 너무 크다. 또, 10의 1/4승은 2보다 작다. 따라서 우리가 구하는 지수는 1/2과 1/4 사이에 있다. 이제, $10^{1/4}$이라는 인자를 밖으로 빼보자. 2를 $10^{1/4}(= 1.77828)$로 나누면 1.124682가 되므로 $2 = 10^{1/4} \times 1.124682$이다. 여기서 1.124682도 10의 지수 형태로 쓰되, 표 22-1에서 이미 계산된 지수만 사용한다면(지금 우리는 그럴 수밖에 없다) 가장 가까운 값은 $10^{1/32} = 1.074607$이다. 그리고 1.124682를 1.074607로 나누면

1.046598이므로, $2 = 10^{1/4} \times 10^{1/32} \times 1.046598$이 된다. 이런 식으로 계속 진행하다보면 숫자 2는 표 22-1에 있는 값들을 사용하여 다음과 같이 표현될 수 있다.

$$2 = (1.77828)(1.074607)(1.036633)(1.0090350)(1.000573)$$

마지막에 있는 1.000573이라는 인수는 표 22-1의 범위를 벗어나 있다. 이 인수의 로그를 구하기 위해, 앞에서 유도했던 $10^{\Delta/1024} \approx 1 + 2.3025 \times \Delta/1024$를 이용해보자. $1.000573 = 1.0022486\Delta$이므로 $\Delta = 0.254$이고, 따라서 $2 = 10^{(256+32+16+4+0.254)/1024}$이다. 지수를 모두 더하면 308.254/1024인데, 이 값은 약 0.30103이므로 결국 $\log_{10}2 = 0.30103$이라는 결론이 얻어지는 것이다!

1620년에 영국의 핼리팩스(Halifax)에서 브리그스(Briggs)가 처음으로 로그를 계산할 때에도 바로 이 방법을 사용했다. 그는 10의 거듭제곱근을 54회까지 계산했다고 전해진다($10[1/2^{54}]$). 이 말이 사실이라고 해도, 실제로 브리그스가 계산한 것은 27회까지였을 것이다. 나머지는 Δ를 이용하여 쉽게 계산할 수 있기 때문이다. 우리의 방법대로라면 브리그스의 계산은 그다지 많은 양이라 할 수 없다. 그러나 그는 소수점 이하 18번째 자리까지 계산했으므로 결코 만만한 작업은 아니었을 것이다. 후에 자신의 계산 결과를 출판할 때에는 종이가 모자랐는지 자릿수를 열네 개로 줄였다. 그러므로 여기에 반올림에 의한 오차는 없다. 혼자서 로그표를 14자리까지 계산한다는 것은 결코 아무나 할 수 있는 일이 아니다. 브리그스는 정말로 대단한 인내력의 소유자였음이 분명하다. 그후로 300여 년 동안 사람들이 사용해온 로그표는 모두가 브리그스의 표에서 자릿수만 잘라낸 것이었다. 오늘날에는 어떤 함수의 전개 공식을 이용하여 로그를 계산한다. 성능 좋은 컴퓨터만 있다면 이 방법이 훨씬 더 효율적이다.

그동안 지수와 로그를 계산하면서, 우리는 매우 흥미로운 사실을 알게 되었다. 즉, 아주 작은 수 ε에 대해서는 10^{ε}의 계산이 아주 간단하다는 것이다. 앞에서 우리는 직접적인 계산을 통해 $10^{\varepsilon} = 1 + 2.3025\varepsilon$임을 알아낸 바 있다. 이것은 n이 아주 작을 때 $10^{n/2.3025} = 1 + n$임을 뜻한다. 그런데 지금까지 로그의 밑수로 10을 사용해온 이유는 우리가 10진법에 익숙하기 때문이며, 10진법에 익숙한 이유는 인간의 손가락이 열 개이기 때문이다. 그러나 자연스러운 수학과 인간의 손가락 사이에는 아무런 관계도 없다. 그러므로 수학적으로 10보다 자연스러운 밑수가 있다면 당연히 그것을 써야 한다. 그래서 사람들은 밑이 10인 모든 로그(상용 로그)에 2.0325⋯를 곱한 새로운 척도의 로그(자연 로그)를 사용하고 있다. 이 새로운 로그의 밑수를 자연 밑수라 하며, 기호로는 e로 표기한다. $n \to 0$일 때, $\log_e(1 + n) \approx n$, 또는 $e^n \approx 1 + n$이다.

e의 값은 쉽게 알아낼 수 있다. $e = 10^{1/2.3025\cdots}$, 또는 $10^{0.434294\cdots}$이다(여기서 10의 지수는 무리수이다). 표 22-1을 사용하면 로그뿐만 아니라 10의 임의의 거듭제곱도 계산할 수 있으므로, 이를 이용하여 e의 값을 계산해보자.

0.434294…를 444.73/1024으로 표기해놓고 보면 444.73은 256 + 128 + 32 + 16 + 2 + 0.73이다. 그러므로 e는 다음과 같은 곱의 형태로 쓸 수 있다.

$$(1.77828)(1.33352)(1.074607)(1.036633)(1.018152)(1.009035)(1.001643) \\ = 2.7184$$

(0.73에 해당되는 값은 표에 나와 있지 않지만 Δ가 충분히 작을 때 $10^{\Delta} = 1 + 2.3025\Delta$임을 이용하면 쉽게 계산할 수 있다.) 이들을 모두 곱하면 2.7184를 얻는다(사실은 2.7183이어야 하지만, 이 정도면 꽤 정확하다). 이렇게 지수가 무리수인 경우에도 우리의 계산법은 잘 맞아 들어간다. 이 얼마나 대단한 아이디어인가!

22-5 복소수

지금까지 확장한 수의 범위에서도 여전히 풀 수 없는 방정식이 있다! -1의 제곱근은 무엇인가? $x^2 = -1$이라는 방정식을 푼다고 생각해보자. 유리수와 무리수를 몽땅 뒤져봐도, 제곱해서 -1이 되는 수는 없다. 그러므로 우리는 다시 한번 수의 범위를 확장시켜야 한다. 지금부터, $x^2 = -1$의 해를 i로 표기하자. 그렇다면 i의 제곱은 -1이다. 물론, 이 방정식에는 근이 하나 더 있다. 어떤 사람은 해를 i라고 쓸 수 있지만, 또 다른 사람은 이렇게 주장할 수도 있다. "저는 i가 싫은데요? 그것 보단 $-i$가 더 좋아요. 저는 원래 부정적인 사람이거든요." 얼마든지 OK다! $-i$도 엄연한 해이므로 안될 이유가 없다. i가 갖고 있는 성질이란 $i^2 = -1$이 전부이므로, i가 들어갈 자리에 모조리 $-i$를 대입해도 방정식은 여전히 성립할 것이다. 이것을 가리켜 '복소 켤레(complex conjugate)를 취한다'고 말한다. 지금부터 우리는 기존의 연산 규칙을 따라 i를 여러 개 더하거나 i에 다른 수를 더하고 곱하여 새로운 수를 만들어나갈 것이다. 이런 식으로 확장된 모든 수들은 $p + iq$의 형태로 쓸 수 있다. 여기서 p, q는 조금 전까지 우리가 확장해놓은 수, 즉 실수(real numbers)이다. 방금 위에서 도입한 i는 '단위 허수(unit imaginary number)'라 하며, i에 실수배를 취한 수를 '순허수(pure imaginary)'라 한다. 가장 일반적인 수 a는 $p + iq$의 형태로서, '복소수(complex number)'라고 한다. 두 개의 복소수를 곱하면 $(r + is)(p + iq)$가 되는데, 그런다고 복소수의 형태가 더 복잡해지지는 않는다. $i^2 = -1$이므로, 이것은

$$\begin{aligned}(r + is)(p + iq) &= rp + r(iq) + (is)p + (is)(iq) \\ &= rp + i(rq) + i(sp) + (ii)(sq) \\ &= (rp - sq) + i(rq + sp) \qquad (22.4)\end{aligned}$$

가 되어, 기존의 $p + iq$ 형태를 그대로 유지한다. 그러므로 연산 규칙 (22.1)을 따르는 가장 일반적인 수는 복소수이다.

이쯤 되면 여러분은 슬슬 걱정되기 시작할 것이다. "잠깐만요, 이런 식의 일반화는 영원히 계속될 수 있는 거 아닌가요? 이제 우리는 허수를 지수로

갖는 황당한 수를 정의한 셈인데, 누군가가 나서서 $x^6 + 3x^2 = -2$같은 방정식을 풀어보라고 하면 수의 범위를 또 늘려야 하잖아요!" 걱정이 될 만도 하다. 과거의 수학자들도 같은 걱정을 했을 것이다. 그러나 역시 수학의 신은 우리편이었다. -1의 제곱근 i를 추가하기만 하면, 이 세상의 모든 대수 방정식은 복소수의 범위 안에서 해결되는 것이다! 이것은 정말로 환상적인 결과이다. 풀리지 않는 방정식이 하나만 있었어도 또 어떤 괴물 같은 수를 상대해야할지, 아무도 모르는 일 아닌가! 자세한 증명은 매우 아름답고 흥미진진하지만, 직관적으로 자명하지는 않다. 사실, 지금까지의 사례들로 미루어볼 때 가장 그럴듯한 시나리오는 수의 범위를 계속 확장시켜 나가는 것이다. 그러나 그런 수고를 더 이상 할 필요가 없다는 것은 정말 기적이 아닐 수 없다. 복소수의 범위를 넘어가는 수는 더 이상 만들어낼 필요가 없다. 기존의 모든 연산들은 복소수의 범위 안에서 훌륭하게 적용된다. 또한 우리는 복소수에 복소수 지수가 얹혀져 있는 경우나, 이런 것들이 복잡하게 얽혀 있는 방정식도 모두 해결할 수 있다. 복소수만으로 풀 수 없는 문제는 더 이상 나타나지 않는 것이다. 예를 들어, i의 제곱근도 복소수로 표현된다. 그것은 전혀 새로운 수가 아니다. 그런데 i^i는 조금 특이한 성질을 갖고 있다. 그 내용을 지금부터 자세히 알아보자.

복소수의 곱셈은 방금 전에 이미 언급했고, 덧셈도 곱셈만큼이나 간단하다. 두 개의 복소수를 더하면 $(p + iq) + (r + is)$이며, 답은$(p + r) + i(q + s)$이다. 이것으로 덧셈과 곱셈은 끝났다. 문제는 '복소수의 복소수 지수'를 계산하는 것이다. 그런데 이 문제는 실수의 복소수 지수를 계산하는 것과 크게 다르지 않기 때문에, 당분간은 $10^{(r+is)}$의 계산에 집중하기로 한다. 물론, 우리가 써먹을 수 있는 규칙은 식 (22.1)과 (22.2)뿐이다. 그러므로 일단은

$$10^{(r+is)} = 10^r 10^{is} \tag{22.5}$$

로 쓸 수 있다. 그런데 10^r의 계산법은 이미 알고 있고, 곱하는 방법도 알고 있으므로 10^{is}를 계산하는 방법만 알면 된다. 구체적인 계산 결과는 아직 모르지만, 어쨌거나 이것도 복소수임이 분명하니까 $x + iy$라고 표기하자. 그러면 우리의 문제는

$$10^{is} = x + iy$$

를 만족하는 x와 y를 찾는 문제로 바뀐다. 앞서 지적한 대로, 이 방정식은 i 대신 $-i$를 대입해도 여전히 성립해야하므로

$$10^{-is} = x - iy$$

도 성립한다(보다시피, 기존의 연산 규칙을 잘 사용하면 계산을 하지 않고서도 많은 사실들을 유추해낼 수 있다). 이 둘을 서로 곱하면 또 하나의 사실을 알 수 있다.

$$10^{is}10^{-is} = 10^0 = 1 = (x + iy)(x - iy) = x^2 + y^2 \tag{22.6}$$

표 22-3
$10^{i/1024} = 1 + 0.0022486i$ 의 거듭제곱

is	$1024s$	10^{is}
$i/1024$	1	$1.00000 + 0.00225i$*
$i/512$	2	$1.00000 + 0.00450i$
$i/256$	4	$0.99996 + 0.00900i$
$i/128$	8	$0.99984 + 0.01800i$
$i/64$	16	$0.99936 + 0.03599i$
$i/32$	32	$0.99742 + 0.07193i$
$i/16$	64	$0.98967 + 0.14349i$
$i/8$	128	$0.95885 + 0.28402i$
$i/4$	256	$0.83872 + 0.54467i$
$i/2$	512	$0.40679 + 0.91365i$
$i/1$	1024	$-0.66928 + 0.74332i$
	*정확한 값은 $0.0022486i$이다.	

그러므로 일단 x가 구해지면 y는 구한 것이나 다름없다.

이제 남은 문제는 10의 허수 지수를 계산하는 것이다. 어디부터 시작해야 할까? 기존의 규칙들을 모두 동원하여 일일이 적용해볼 수도 있겠지만 그건 너무 비효율적인 것 같다. 논리적으로 생각해보면 다음과 같은 방법이 가능하다. 어떤 특정한 s 값에 대해 10^{is}를 계산했다면, 10^{2is}는 10^{is}를 제곱하여 구할 수 있다. 이런 식으로 진행하면 거의 모든 s를 커버할 수 있을 것 같다. 자, 그렇다면 먼저 고양이의 목에 방울을 달아야 한다. 특정한 s에 대하여 10^{is}를 어떻게 계산할 것인가? 이를 위해, 먼저 한 가지 가정을 세우고자 한다. 이 가정은 기존의 연산 규칙과 아무런 상관도 없지만, 앞으로 나아갈 수 있는 실마리를 안겨줄 것이다. 그 내용은 다음과 같다—앞에서 우리는 ε이 아주 작을 때 $10^{\varepsilon} = 1 + 2.3025\varepsilon$의 관계가 성립한다는 것을 보았다. 지금부터 이 관계식은 실수 ε뿐만 아니라 모든 복소수에 대해서도 성립한다고 가정하자. 즉, $s \to 0$일 때 $10^{is} = 1 + 2.3025 \cdot is$이다. s가 $1/1024$ 정도로 작다면 이것은 10^{is}를 표현하는 좋은 근사식으로 사용될 수 있다(물론, 이것은 모두 가정이다!).

10의 모든 허수 승을 계산할 수 있는 표를 만들어보자. $i/1024$라는 지수에서 시작하면

$$10^{i/1024} = 1.00000 + 0.0022486i \tag{22.7}$$

를 얻는다. 이제 이 결과를 계속 제곱해나가면 지수가 큰 경우의 값도 알아낼 수 있다(사실 허수들 사이에는 대소라는 개념이 없다. 지금 여기서는 허수 앞에 붙은 계수가 크면 대충 '큰 수'로 부르고 있다 : 옮긴이). 로그를 계산할 때 사용했던 방법을 역순으로 적용하면 식 (22.7)의 2승, 4승, 8승…을 어렵지 않게 계산할 수 있으며, 이 단계를 10차례 거치면 표 22-3이 얻어진다. 한 가지 재미있는 사실은, x의 값이 처음에는 양수였다가 나중에 음수로 돌변한다는 점이다. 이 현상은 나중에 따로 살펴보기로 하고, 지금 당장은 10^{is}의 실수 부분을 0으로 만드는 s 값을 찾아보자. 식 (22.6)에 의하면 이때의 y 값은 1이므로 $10^{is} = i$, 또는 $is = \log_{10} i$이다. 앞에서 $\log_{10} 2$를 계산할 때 표 22-1을 사용했던 것처럼, 표 22-3을 사용하여 $\log_{10} i$를 구해보자.

표 22-3에 있는 숫자들 중, 어떤 것들을 함께 곱해야 순허수를 얻을 수 있을까? 약간의 시행 착오를 거치다보면 '512'와 '128'을 곱했을 때 x(실수부)가 가장 작아진다는 것을 알 수 있다(실수부를 0으로 만드는 짝은 이 표에 없다). 이들을 곱한 결과는 $0.13056 + 0.99144i$이다. 이제 남아 있는 실수부를 없애기 위해 또 다른 복소수를 곱해보자. 어떤 수를 곱해야 우리의 목적을 이룰 수 있을까? 허수부의 크기가 방금 얻은 수의 실수부와 비슷할수록 좋다. 표 22-3에서 찾아보면 가장 그럴듯한 후보는 '64'이다. 이 수의 y 값은 0.14349인데, 이것이 0.13056에 가장 가깝기 때문이다. 그래서 이들을 곱하면 $-0.01350 + 0.99993i$가 얻어진다. 저런! 너무 줄이다보니 실수부가 음수로 바뀌었다. 그렇다면 이번에는 $0.99996 + 0.00900i$로 나눠보자. 그런

데 나눗셈은 어떻게 해야 하는가? 그건 간단하다. i의 부호를 바꾼 값, 즉 $0.99996 - 0.00900i$를 곱하면 나눈 것과 결과가 같다(이것은 $x^2 + y^2 = 1$일 때만 적용된다). 이런 식으로 계속 진행하다보면, 우리는 $10^{is} = i$를 만족하는 is는 $i(512 + 128 + 64 - 4 - 2 + 0.20)/1024$임을 알 수 있다. 그러므로 $\log_{10} i = 0.68226i$이다.

22-6 허수 지수(Imaginary exponent)

허수로 된 지수의 계산을 좀더 자세히 알아보기 위해, 이번에는 표 22-3처럼 매 단계마다 지수를 두 배씩 늘려가지 말고 매번 똑같은 간격으로 늘려가면서 변하는 추이를 살펴보자. 이 결과는 표 22-4에 나와 있다(한 단계 넘어갈 때마다 $10^{i/8}$를 곱한 것이다). 계산 결과를 보면, 실수부 x가 점차 감소하여 0을 거친 후에 거의 -1까지 다다랐다가 다시 되돌아오는 것을 볼 수 있다($p=10$과 $p = 11$ 사이의 값을 촘촘히 계산해보면 -1에서 U-턴하는 현상을 분명하게 볼 수 있을 것이다). y값도 타이밍은 다르지만 역시 1과 -1 사이를 오락가락하고 있다.

표 22-4 $10^{i/8}$의 거듭제곱

P	$10^{ip/8}$
0	$1.00000 + 0.00000i$
1	$0.95882 + 0.28402i$
2	$0.83867 + 0.54465i$
3	$0.64944 + 0.76042i$
4	$0.40672 + 0.91356i$
5	$0.13050 + 0.99146i$
6	$-0.15647 + 0.98770i$
7	$-0.43055 + 0.90260i$
8	$-0.66917 + 0.74315i$
9	$-0.85268 + 0.52249i$
10	$-0.96596 + 0.25880i$
11	$-0.99969 - 0.02620i$
12	$-0.95104 - 0.30905i$
14	$-0.62928 - 0.77717i$
16	$-0.10447 - 0.99453i$
18	$+0.45454 - 0.89098i$
20	$+0.86648 - 0.49967i$
22	$+0.99884 + 0.05287i$
24	$+0.80890 + 0.58836i$

표 22-4에 나열된 숫자들을 그래프상에 점으로 찍어보면 그림 22-1을 얻는다. 점들을 이은 선은 여러분의 시각적 이해를 돕기 위해 그려 넣은 것이다. 보다시피, x와 y는 $+1$과 -1 사이에서 진동하고 있다. 즉, 10^{is}는 s가 증가함에 따라 마냥 증가하거나 감소하는 것이 아니라, 어떤 특정 영역 안에서 같은 값을 되풀이하고 있는 것이다. 여기에는 분명한 '주기'가 있다. 왜 그럴까? 그 이유는 간단하다. i의 4제곱은 $i^4 = (i^2)^2 = (-1)^2 = +1$이므로, $10^{0.68i}(= i)$를 4제곱한 $10^{2.72i}$도 $+1$이 되어, 같은 값이 되풀이되기 때문이다. $10^{3.00i}$도 $10^{2.72i} \times 10^{0.28i}$로 써놓고 보면 주기성이 확실히 드러난다. $10^{2.72i} = +1$이므로, $10^{3.00i}$는 $10^{0.28i}$와 같다. 그런데 그림 22-1을 가만히 들여다보면 뭔가 떠오르는 것이 있다. 그렇다, 이 그래프는 바로 사인/코사인 함수이다! 당분간 이것을 '대수적 사인', 또는 '대수적 코사인'이라 부르기로 하자. 이제, 지수의 밑수에 해당하는 10을 e로 바꿔보자. 이렇게 하면 그래프의 가로축 스케일이 바뀔 뿐, 그 외에는 달라지는 것이 없다. $2.3025s = t$로 치환하면 $10^{is} = e^{it}$가 된다(t는 실수이다). 그리고 $e^{it} = x + iy$에서 x를 대수적 코사인으로, y를 대수적 사인으로 표현하면 다음과 같은 결과를 얻는다.

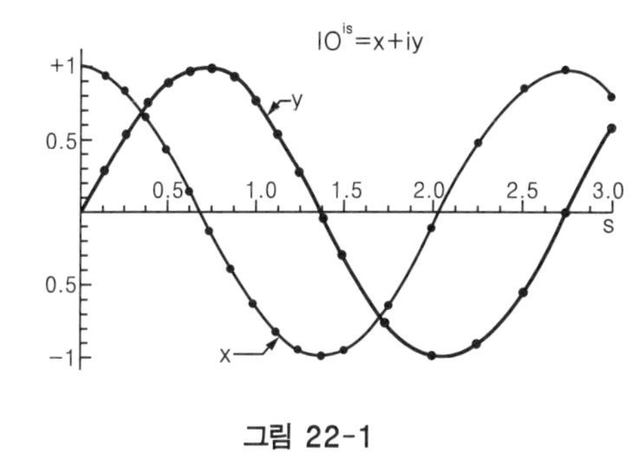

그림 22-1

$$e^{it} = \underline{\cos}\, t + i\, \underline{\sin}\, t \tag{22.8}$$

$\underline{\cos}\, t$와 $\underline{\sin}\, t$의 특성은 무엇인가? 먼저, $x^2 + y^2 = 1$이므로 $\underline{\cos}^2 t + \underline{\sin}^2 t = 1$이다. 또, t가 아주 작을 때 $e^{it} = 1 + it$이므로 $\underline{\cos}\, t$는 거의 1이고 $\underline{\sin}\, t$는 거의 t와 같다. 보다시피, 허수의 지수를 갖는 수를 실수 부분과 허수 부분으로 나누면 각각은 우리가 익히 알고 있는 삼각함수와 똑같은 성질을 갖는다. 이 얼마나 놀랍고도 아름다운 결과인가!

위에서 정의한 대수적 사인과 코사인은 기존의 삼각함수와 주기도 같을 것인가? 내친김에 이것도 알아보자. $\log_e i$ 는 얼마일까? 앞에서 계산한 바에 의하면 $\log_{10} i = 0.68226i$ 였는데, 여기서 밑수 10을 e로 바꾸면 전체적으로 2.3025가 곱해져야 한다. 그러므로 $\log_e i = 1.5709$ 이다. 이 값을 '대수적 $\pi/2$' 라 하자. 그런데 이 값을 진짜 $\pi/2$와 비교해보면 마지막 자릿수만 빼고 거의 정확하게 일치한다. 물론 이것은 계산상의 오차일 뿐이다! 순전히 대수적인 방법만 사용하여 사인과 코사인이라는 새로운 함수를 만들어냈는데, 이들이 기하학에서 등장하는 사인, 코사인 함수와 거짓말처럼 일치하지 않는가! 이런 점에서 볼 때, 대수학과 기하학은 아무래도 남이 아닌 것 같다. 이들은 궁극적인 단계에서 서로 연결되는, 수학의 한 가족임이 분명하다.

지금까지 얻은 모든 결과들을 한 줄로 정리하면 다음과 같다.

$$e^{i\theta} = \cos\theta + i\sin\theta \tag{22.9}$$

이 식은 무엇과도 바꿀 수 없는 수학의 보물이다. 바라볼수록 정제된 아름다움이 느껴지지 않는가?

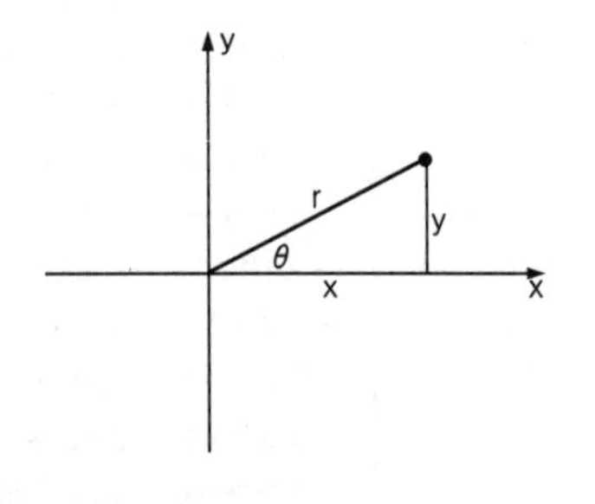

그림 22-2 $x + iy = re^{i\theta}$

대수학과 기하학의 밀접한 관계는 복소수 평면에서도 나타난다. 수평 좌표가 x이고 수직 좌표가 y인 한 점에 복소수 $x+iy$를 대응시켜보자(그림 22-2). 그리고 이 점과 원점 사이의 거리를 r이라 하고, 수평축과 이루는 각을 θ라 하자. 그러면 우리는 순전히 대수적인 법칙만을 사용하여 $x + iy = re^{i\theta}$임을 증명할 수 있다. 그런데 이 관계는 그림 22-2의 기하학적 구조를 이용하여 증명할 수도 있다. 대수학과 기하학은 이렇게 가까운 사이이다.

이 장을 처음 시작할 때, 우리가 아는 것이라고는 정수의 개념과 간단한 연산들뿐이었으므로 추상화와 일반화의 위력을 별로 실감하지 못했다. 그런데 몇 가지 대수 법칙(식 22.1)과 역연산(식 22.2)을 이용하여 모든 수들을 유추해냈을 뿐만 아니라 로그, 지수, 삼각함수의 값을 나열한 표까지 구할 수 있었다(이들은 허수로 된 지수를 계산하면서 얻어졌다). 그리고 이 모든 결과들은 10의 거듭제곱근을 열 번 구함으로써 유도되었다!

CHAPTER 23

공명

23-1 복소수와 조화 운동

앞에서 나왔던 조화 진동자에 관한 이야기를 계속해보자. 이 장에서는 새로운 테크닉을 이용하여 강제 조화 진동자(forced harmonic oscillator)의 운동을 집중적으로 다룰 예정이다. 앞장에서 도입한 복소수는 실수부와 허수부를 갖고 있으며, 이들 각각은 2차원 평면의 가로, 세로축에 대응시킬 수 있다. 임의의 복소수 a는 $a = a_r + ia_i$의 형태로 쓸 수 있는데, 여기서 a_r은 a의 실수부를, a_i는 a의 허수부를 뜻한다. 또, 복소수 $a = x + iy$는 $x + iy = re^{i\theta}$로 쓸 수 있으며(그림 23-1 참조), 여기서 $r^2 = x^2 + y^2 = (x + iy)(x - iy) = aa^*$이다($a^*$는 a의 켤레 복소수로서, a에 들어 있는 모든 i를 $-i$로 바꾼 것이다). 그러므로 복소수를 표현하는 방법에는 두 가지가 있다. 실수부와 허수부를 분리하여 나타내는 방법과, 복소수의 크기 r과 위상각 θ로 표현하는 방법이 그것이다. r과 θ가 주어졌을 때, $x = r\cos\theta$, $y = r\sin\theta$의 관계가 있다. 이 관계를 거꾸로 뒤집으면 $r = \sqrt{x^2 + y^2}$, $\tan\theta = y/x$이다.

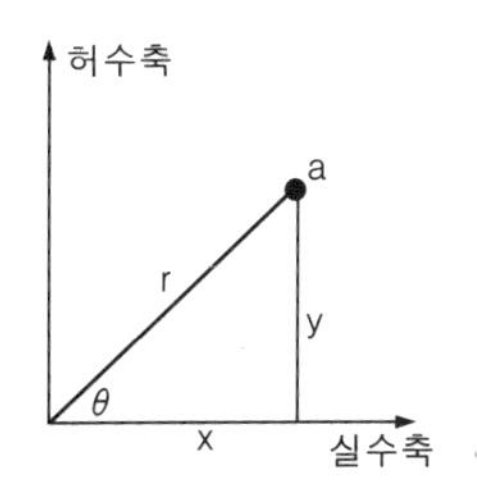

그림 23-1 임의의 복소수는 복소 평면 위의 한 점으로 표현될 수 있다.

앞으로 우리는 복소수를 이용하여 물리적 현상을 분석할 것이다. 특히, 진동 현상은 복소수와 밀접한 관계가 있다. 진동 운동은 용수철만으로도 일어날 수 있지만, 외부로부터 어떤 주기적인 구동력이 작용하여 일어날 수도 있다. 이때 외부의 구동력은 $F = F_0\cos\omega t$로 나타낼 수 있는데, $e^{i\omega t} = \cos\omega t + i\sin\omega t$이므로 F는 $F_0e^{i\omega t}$의 실수부로 정의할 수도 있다. 굳이 이런 식의 표현을 도입하는 이유는 삼각함수보다 지수 함수를 다루는 쪽이 훨씬 편하기 때문이다. 우리의 기본 작전은 물체의 진동을 나타내는 함수를 어떤 복소 함수의 실수부로 나타내는 것이다. 물론, 실제의 물리적 힘은 복소수로 표현된 F가 아니라 그것의 실수부이다. 현실적인 물리량이 복소수로 표현된다는 것은 어떠한 경우에도 있을 수 없는 일이다. 물리적인 힘은 허수부 없이 실수부만으로 표현되어야 한다. 앞으로 간혹 $F_0e^{i\omega t}$를 '힘'이라고 부르는 경우가 있다 해도, 여러분은 이 사실을 기억해주기 바란다. 진짜 힘은 $F_0e^{i\omega t}$의 실수부분이다!

또 다른 예를 들어보자. 위상이 Δ만큼 뒤처진 코사인 파형의 힘은 $F_0e^{i(\omega t-\Delta)}$로 표현되는데, 지수의 성질에 의해 $e^{i(\omega t-\Delta)} = e^{i\omega t}e^{-i\Delta}$와 같이 두

부분으로 쉽게 분리된다. 즉, 지수 함수는 삼각함수보다 확실히 다루기가 쉽다. 이것이 바로 진동 운동에 복소수를 도입한 이유이다. 방금 예로 든 힘은 다음과 같이 쓰기도 한다.

$$F = F_0 e^{-i\Delta} e^{i\omega t} = \hat{F} e^{i\omega t}. \tag{23.1}$$

F 위에 붙어있는 캐럿(caret, ˆ)은 이 양이 복소수임을 강조하는 기호이다. 지금의 경우에는

$$\hat{F} = F_0 e^{-i\Delta}$$

이다.

이제 복소수를 이용하여 진짜 방정식을 풀어보자. 여러분은 이 예제로부터 허구의 복소수가 현실 세계의 물리학에 얼마나 유용한 존재인지를 실감할 수 있을 것이다.

$$\frac{d^2x}{dt^2} + \frac{kx}{m} = \frac{F}{m} = \frac{F_0}{m}\cos\omega t \tag{23.2}$$

여기서 F는 진동자를 흔들어 주는 외부의 힘(구동력)이고, x는 진동자의 변위를 나타낸다. 힘이나 변위는 당연히 실재하는 물리량이지만, 수학적인 편의를 위해 지금부터 이들을 복소수로 취급하기로 한다(마음에 들지 않더라도 조금만 참아주기 바란다. 잠시 후면 모든 것이 명백해질 것이다). 즉, x와 F는 (실수부) + i(허수부)로 되어 있다고 가정하고, 실제의 양은 이들의 실수부에 들어 있는 것으로 간주하자는 것이다. 이제, 식 (23.2)에 복소수 해를 대입하면

$$\frac{d^2(x_r + ix_i)}{dt^2} + \frac{k(x_r + ix_i)}{m} = \frac{F_r + iF_i}{m}$$

또는

$$\frac{d^2x_r}{dt^2} + \frac{kx_r}{m} + i\left(\frac{d^2x_i}{dt^2} + \frac{kx_i}{m}\right) = \frac{F_r}{m} + \frac{iF_i}{m}$$

를 얻는다. 그런데 임의의 두 복소수가 같아지려면 실수부와 허수부가 각각 같아야 하므로 좌변(x가 만족하는 방정식)의 실수부는 우변(힘 F)의 실수부와 같다는 것을 알 수 있다. 그러나 이렇게 실수부와 허수부를 곧이곧대로 분리하는 것은 방정식이 선형(linear, x의 지수가 1 또는 0으로만 되어 있는 형태)인 경우에만 가능하다. 만일 방정식에 λx^2항이 들어 있었다면, 이 항에 $x = x_r + ix_i$를 대입했을 때 실수부는 $\lambda(x_r^2 - x_i^2)$이 되고 허수부는 $2\lambda x_r x_i$가 되어, 원래의 실수부와 허수부가 정신 없이 섞이게 된다. 이렇게 되면 x_r만을 물리적 해로 간주하려고 했던 우리의 원래 의도가 무색해지기 때문에, 방정식은 반드시 선형이어야 하는 것이다.

이제, 앞에서 이미 풀었던 강제 진동 문제를 복소수로 다시 풀어보자. 그러면 식 (23.2)는 허수부까지 포함하여

$$\frac{d^2x}{dt^2}+\frac{kx}{m}=\frac{\hat{F}e^{i\omega t}}{m} \tag{23.3}$$

로 변형된다. 여기서 $\hat{F}e^{i\omega t}$는 복소수이다. 물론 x도 복소수이다. 그러나 다음의 규칙을 명심하기 바란다—실제로 진행되는 물리적 현상들은 오직 '실수부' 안에만 들어 있다. 허수부는 계산의 편의를 위해 도입되었을 뿐이다! 지금 당장은 강제 진동에 관한 해를 구하고, 다른 해는 나중에 구하기로 한다. 강제 진동의 해는 외부에서 작용하는 힘(구동력)과 같은 진동수를 가지며, 특정한 크기의 진폭과 위상을 갖고 있다. 이것을 복소수 $\hat{x}$로 표현하면 그 크기는 진동자의 변위 x를 나타내고, 위상은 운동의 주기가 힘의 주기에 대하여 얼마나 뒤처져서 (또는 앞서서) 진행되는지를 나타내게 된다. 이제, 지수 함수의 놀라운 성질에 주목해보자. 다들 알다시피 $d(\hat{x}e^{i\omega t})/dt=i\omega\hat{x}e^{i\omega t}$이다. 즉, e를 밑으로 하는 지수 함수를 미분하면, 지수에서 미분 변수 t를 제외한 부분이 함수 앞에 전체적으로 곱해진다. 이 결과를 한 번 더 미분하면 ω라는 상수가 한 번 더 곱해져서 x에 대한 미분 방정식을 금방 유도할 수 있다. 미분이 한 번 추가될 때마다 ω가 한 번씩 곱해진다(그러므로 이제 미분은 단순한 곱셈으로 변했다! 선형 미분 방정식에 지수 함수를 도입한 것은 로그를 도입하여 곱셈을 단순 덧셈으로 바꾼 것과 마찬가지로 획기적인 아이디어이다). 따라서 우리의 방정식은 다음과 같이 변형된다.

$$(i\omega)^2\hat{x}+(k\hat{x}/m)=\hat{F}/m \tag{23.4}$$

(양변에 공통으로 들어 있는 $e^{i\omega t}$는 소거되었다.) 보라, 이 얼마나 간단명료한가! 미분 방정식이 한 순간에 대수 방정식으로 바뀌었다. 여기서 $\hat{x}$를 구하는 것은 너무나 쉽다. $(i\omega)^2=-\omega^2$을 이용하면

$$\hat{x}=\frac{\hat{F}/m}{(k/m)-\omega^2}$$

로 얻어진다. 이 결과는 $k/m=\omega_0^2$을 이용하여 다음과 같이 간단하게 쓸 수 있다.

$$\hat{x}=\hat{F}/m(\omega_0^2-\omega^2) \tag{23.5}$$

물론 이것은 앞에서 구했던 해와 일치한다. $m(\omega_0^2-\omega^2)$은 실수이므로 $\hat{F}$와 $\hat{x}$의 위상각은 같다($\omega^2>\omega_0^2$라면 위상각은 180°의 차이를 보일 것이다). 진동자의 진폭에 해당하는 $\hat{x}$의 크기는 $\hat{F}$의 크기에 $1/m(\omega_0^2-\omega^2)$을 곱한 것과 같고, 이 값은 ω와 ω_0가 거의 같을 때 대책 없이 커진다. 즉, 외부에서 가하는 구동력의 주기를 잘 맞추면 진동자는 아주 큰 폭으로 진동하게 된다(줄 끝에 추를 매달고 흔들 때, 흔드는 주기를 잘 맞추면 추의 진폭이 커지는 것도 이런 이유 때문이다).

23-2 저항력이 있는 경우의 강제 진동

지금까지 복소수를 이용한 새로운 테크닉을 도입하여 진동자의 운동을 분석해보았다. 그러나 단순한 강제 진동은 다른 방법으로도 쉽게 풀리기 때문에, 새로운 테크닉의 위력이 유감없이 발휘되지는 못했다. 좀더 어려운 문제를 다루어봐야 그 위력을 실감할 수 있을 것 같다. 그래서 지금부터는 운동에 영향을 주는 또 하나의 요인을 추가하여 운동 방정식을 풀어보자. 식 (23.5)에 의하면 $\omega = \omega_0$일 때 진폭은 무한대가 된다. 그러나 실제로 이런 현상이 일어나는 경우는 없다. 실제 상황에서는 우리가 고려하지 않은 마찰이 작용하여 진동자의 운동을 방해하기 때문이다. 그러므로 좀더 현실에 가까워지려면 마찰력에 의한 항을 방정식 (23.2)에 추가해야 한다.

사실, 물리 문제에 마찰력이 개입되면 머리가 지끈거리기 시작한다. 마찰력을 수식으로 표현하기가 어려울뿐더러, 표현을 한다고 해도 끔찍하게 복잡하기 때문이다. 그러나 다행히도, 물체에 작용하는 마찰력이 물체의 속도에 비례하는 경우가 종종 있다. 걸쭉한 액체나 기름 속에서 물체가 서서히 움직이고 있을 때에도, 물체에 작용하는 마찰력은 이동 속도에 비례하는 것으로 알려져 있다. 물체가 액체 속에서 정지해 있을 때는 마찰이 작용하지 않지만, 빠르게 움직일수록 마찰력은 더욱 커진다. 따라서 이런 경우에는 식 (23.2)에 속도에 비례하는 마찰력 $F_f = -cdx/dt$가 추가되어야 한다. 계산상의 편의를 위해, 비례 상수 c를 $m\gamma$라 하자. 이것은 앞에서 k를 $m\omega_0^2$으로 놓은 것과 비슷한 트릭이다. 그러므로 우리가 풀어야 할 방정식은 다음과 같다.

$$m(d^2x/dt^2) + c(dx/dt) + kx = F \tag{23.6}$$

여기서 $c = m\gamma$, $k = m\omega_0^2$으로 놓은 후에 양변을 m으로 나누면

$$(d^2x/dt^2) + \gamma(dx/dt) + \omega_0^2 x = F/m \tag{23.6a}$$

가 된다.

이 정도면 방정식을 풀기 좋은 형태로 바꾸는 데 성공한 셈이다. 마찰력이 작으면 γ가 작아지고, 마찰력이 강하게 작용하는 경우는 γ가 큰 값을 갖게 된다. 이 선형 미분 방정식은 어떻게 풀어야 할까? 외부의 구동력이 $F = F_0\cos(\omega t + \Delta)$로 주어졌다고 가정해보자. 이것을 식 (23.6a)에 대입하여 풀면 된다. 그러나 우리는 복소수를 이용하기로 했기 때문에 F는 $\hat{F}e^{i\omega t}$의 실수부로, x는 $\hat{x}e^{i\omega t}$의 실수부로 간주하여 이것을 방정식에 대입해야 한다. 그런데 지수 함수의 미분은 아주 간단하므로, 굳이 대입을 해보지 않아도 방정식이 다음과 같이 되리라는 것을 한 눈에 알 수 있다.

$$[(i\omega)^2\hat{x} + \gamma(i\omega)\hat{x} + \omega_0^2\hat{x}]e^{i\omega t} = (\hat{F}/m)e^{i\omega t} \tag{23.7}$$

[복소수를 도입하지 않고 방정식 (23.6a)를 곧이곧대로 풀어 보라. 복소수의 위력을 당장 실감하게 될 것이다.] 이제 양변을 $e^{i\omega t}$로 나누면, 주어진 힘 $\hat{F}$에 대한 진동자의 반응 $\hat{x}$를 구할 수 있다.

$$\hat{x} = \hat{F}/m(\omega_0^2 - \omega^2 + i\gamma\omega) \tag{23.8}$$

이 경우도 $\hat{x}$는 $\hat{F}$에 어떤 상수가 곱해진 형태로 나타난다. $\hat{F}$에 곱해진 인자를 따로 부르는 용어는 없지만, 편의를 위해 일단은 R이라 부르기로 하자.

$$R = \frac{1}{m(\omega_0^2 - \omega^2 + i\gamma\omega)}$$

따라서

$$\hat{x} = \hat{F}R \tag{23.9}$$

이다(γ와 ω_0는 자주 나타나는 양이어서 별도의 이름이 있지만, R을 따로 부르는 이름은 없다). R은 복소수로서 $p + iq$나 $\rho e^{i\theta}$로 나타낼 수 있다. 후자의 경우에 ρ와 θ의 의미가 무엇인지 알아보자. $\hat{F} = F_0 e^{i\Delta}$이고, 실제의 힘은 $F_0 e^{i\Delta} e^{i\omega t}$, 즉 $F_0\cos(\omega t + \Delta)$이다. 그리고 식 (23.9)에 의하면 $\hat{x}$는 $\hat{F}R$과 같다. 그러므로 $R = \rho e^{i\theta}$로 표기하면 $\hat{x}$는 다음과 같은 형태가 된다.

$$\hat{x} = R\hat{F} = \rho e^{i\theta} F_0 e^{i\Delta} = \rho F_0 e^{i(\theta+\Delta)}$$

물리적 의미를 갖는 x는 복소수 $\hat{x}$의 실수부이며 따라서 $\rho F_0 e^{i(\theta+\Delta)} e^{i\omega t}$의 실수부이다. 그런데 ρ와 F_0는 실수이고 $e^{i(\theta+\Delta+\omega t)}$의 실수부는 $\cos(\theta + \Delta + \omega t)$이므로

$$x = \rho F_0 \cos(\omega t + \Delta + \theta) \tag{23.10}$$

이다. 즉, 진동자의 진폭은 F의 크기에 ρ를 곱한 것과 같다. 또, x와 외부 구동력은 위상이 일치하지 않는다. F의 위상은 Δ인데, x의 위상은 $\Delta + \theta$이기 때문이다. 그러므로 ρ는 외부 구동력에 대한 반응의 크기를 나타내고, θ는 추가된 위상차를 나타낸다.

임의의 복소수 a가 있을 때, 절대값의 제곱, 즉 $|a|^2$은 aa^*와 같다. 그러므로

$$\begin{aligned}\rho^2 &= \frac{1}{m^2(\omega_0^2 - \omega^2 + i\gamma\omega)(\omega_0^2 - \omega^2 - i\gamma\omega)} \\ &= \frac{1}{m^2[(\omega^2 - \omega_0^2)^2 + \gamma^2\omega^2]}\end{aligned} \tag{23.11}$$

이다. 위상각 θ는 R로부터 간단하게 계산된다.

$$1/R = 1/\rho e^{i\theta} = (1/\rho)e^{-i\theta} = m(\omega_0^2 - \omega^2 + i\gamma\omega)$$

이고, $\tan\theta$는 실수부와 허수부의 비율이므로

$$\tan\theta = -\gamma\omega/(\omega_0^2 - \omega^2) \tag{23.12}$$

임을 알 수 있다. 앞에 붙어 있는 $-$부호는 $\tan(-\theta) = -\tan\theta$에서 비롯된 것이다. 모든 ω에 대해서 θ는 음의 값을 가지며, 이것은 변위 x의 위상이 힘 F보다 뒤처진 채로 따라간다는 뜻이다.

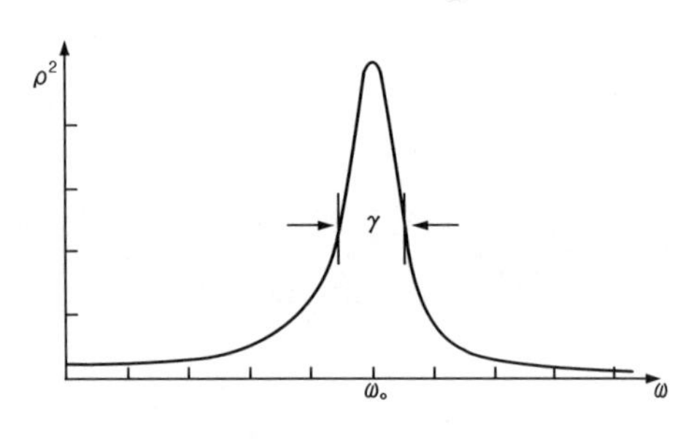

그림 23-2 ω에 대한 ρ^2의 변화

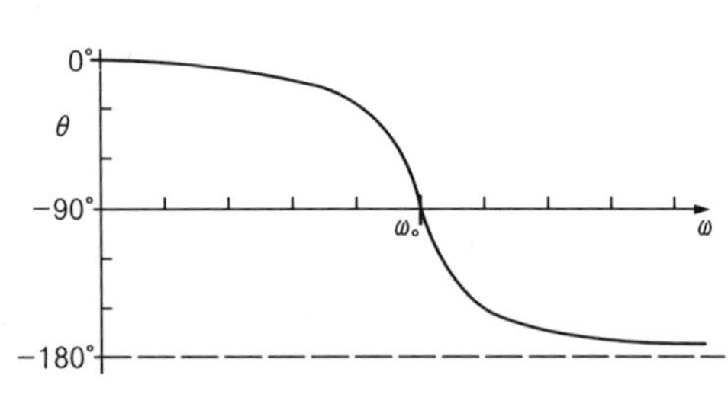

그림 23-3 ω에 대한 θ의 변화

그림 23-2는 진동수 ω에 대한 ρ^2의 변화를 그래프로 나타낸 것이다. (물리적으로 우리의 관심을 끄는 것은 ρ가 아니라 ρ^2이다. ρ^2은 진폭의 제곱에 비례하며, 진동자의 에너지에도 거의 비례한다.) γ가 아주 작으면 $1/(\omega_0^2 - \omega^2)^2$의 역할이 아주 중요해지는데, 이때 $\omega = \omega_0$이면 진동자의 진폭은 거의 무한대로 커지지만 진짜 무한대로 발산하지는 않는다. 왜냐하면 $\omega = \omega_0$라 하더라도 $1/\gamma^2\omega^2$항이 아직 남아 있기 때문이다. 위상의 변화는 그림 23-3과 같이 진행된다.

어떤 특별한 상황에서는 식 (23.8)과 약간 다른 결과가 나타나기도 한다. '공명(resonance)'이라 불리는 이 현상은 강제 조화 진동과 전혀 다른 듯이 보이지만, 사실은 가능한 해 중 하나에 지나지 않는다. γ가 아주 작을 때, 그래프에서 가장 중요한 부분은 $\omega = \omega_0$근처이다. 이 근방에서 식 (23.8)을 조금 변형시켜보자. $\omega_0^2 - \omega^2 = (\omega_0 - \omega)(\omega_0 + \omega)$이므로, ω와 ω_0가 거의 같다면 이 값은 $2\omega_0(\omega_0 - \omega)$로 근사할 수 있다. 또, $\gamma\omega$를 $\gamma\omega_0$로 써도 크게 틀리지 않는다. 이 결과를 식 (23.8)에 대입하면 $\omega_0^2 - \omega^2 + i\gamma\omega \approx 2\omega_0(\omega_0 - \omega + i\gamma/2)$가 되어

$$\hat{x} \approx \hat{F}/2m\omega_0(\omega_0 - \omega + i\gamma/2) \qquad (\gamma \ll \omega_0\text{이고 } \omega \approx \omega_0\text{일 때}) \qquad (23.13)$$

가 되고, 이로부터 ρ^2을 계산하면 다음과 같다.

$$\rho^2 \approx 1/4m^2\omega_0^2[(\omega_0 - \omega)^2 + \gamma^2/4]$$

여기서 숙제 하나를 내주겠다. 그림 23-2에서 ρ^2의 최대값을 1이라 하고, 최대값의 1/2이 되는 지점에서 측정한 그래프의 폭을 $\Delta\omega$라 했을 때, $\gamma \to 0$이면 $\Delta\omega \to \gamma$임을 증명해보라.

그래프의 폭을 가늠하는 또 다른 척도로서, $Q = \omega_0/\gamma$를 사용하기도 한다. 공명이 좁은 구간에서 나타날수록 Q값은 커진다. 예를 들어, $Q = 1000$이라면 이는 가능한 진동수 영역의 1/1000에 해당하는 구간 안에서 공명이 일어난다는 뜻이다. 그림 23-2는 $Q = 5$인 공명을 나타내고 있다.

공명은 여러 분야에서 공통적으로 관측되는 아주 중요한 현상이다. 지금부터 여러 가지 형태의 공명에 대하여 자세히 알아보기로 하자.

23-3 전기적 공명

가장 간단하면서도 광범위하게 공명을 응용하는 분야는 전기 회로이다. 전기 회로는 여러 종류의 회로 소자로 이루어져 있다. 이들 중 흔히 '수동적 회로 소자(passive circuit element)'라 불리는 세 가지 소자가 대표적인데, 혼자 독립된 역할을 하는 경우도 있지만 대부분의 경우에는 세 개의 기능이 조금씩 섞여 있다. 회로 소자에 대한 설명으로 들어가기 전에, 우선 한 가지 짚고 넘어갈 것이 있다. 용수철이나 실의 끝에 추를 매달아서 진동시켰을 때, 모든 질량이 추에 집중되어 있는 것은 아니다. 용수철이나 실도 분명히 질량을 갖고 있다. 또, 매달린 물체도 완전한 강체가 아니기 때문에 약간의 탄성

을 갖고 있다. 그리고 이 탄성은 진동 시스템의 탄성 계수에 영향을 미친다. 그러므로 용수철과 매달린 물체를 완전히 분리시켜서 얻어낸 우리의 결과는 다분히 근사적인 것이다. 그런데 전기 회로의 상황도 이와 비슷하다. 하나의 소자에 한 가지 특성이 집중되어 있다고 간주하면 방정식을 세우긴 쉽지만 실제 상황과 완전히 맞아떨어지지는 않는다. 이것 역시 근사적인 서술에 지나지 않는 것이다. 그러나 그 내막을 일일이 따지고 드는 것은 우리의 목적에 걸맞지 않으므로 그냥 무시하기로 한다. 단, 우리가 얻은 결과들이 완전한 해가 아니라는 것만은 머릿속에 새겨두기 바란다.

회로 소자의 대표 선수 격인 삼총사 중에, 첫 번째 선수는 '축전기(capacitor)'이다(그림 23-4). 가장 간단한 축전기는 아주 가까이 마주보고 있는 두 개의 금속판 사이에 절연체가 삽입된 구조로 되어 있다. 금속판에 전하가 대전되면 두 개의 판 사이에 전위차(전기적 위치 에너지)가 생기고, 자유 전하는 금속판에 연결된 도선을 따라 이동하게 된다. 그러므로 단자 A와 B에도 똑같은 전위차가 형성된다. 즉, 금속판이 $+q$와 $-q$로 대전되면 이들 사이에 V라는 전위차가 생기는 것이다. 물론, 대전된 금속판 사이에는 거의 균일한 전기장이 형성된다. 축전기의 전위차는 다음과 같이 주어진다(이것은 13장과 14장에서 이미 유도했던 결과이다).

$$V = \sigma d/\varepsilon_0 = qd/\varepsilon_0 A \tag{23.14}$$

여기서 d는 두 금속판 사이의 간격이고 A는 금속판의 면적이다. 보다시피 전위차는 대전된 전하량에 비례한다. 평행 금속판이 아닌 다른 모양의 금속판을 사용한 경우에도 전위차는 여전히 전하량에 비례한다. 그러나 이런 경우에는 비례 상수를 결정하기가 어려워진다. 어쨌거나, 여기서 중요한 것은 축전기의 전위차가 전하량에 비례한다는 사실이다. 이는 $V = q/C$로 간단하게 표현할 수 있다. 여기서 C를 '축전기의 용량'이라고 한다.

두 번째로 소개할 회로 소자는 저항기(resistor)이다. 이것은 전류의 흐름을 방해하는 소자로서, 금속제 도선을 비롯한 거의 모든 물질들은 고유의 저항(resistance)을 갖고 있다. 두 개의 물체 사이에 전위차가 있을 때, 그들 사이에 흐르는 전류는 $I = dq/dt$로 주어지며, 이 값은 다음과 같이 전위차에 비례한다.

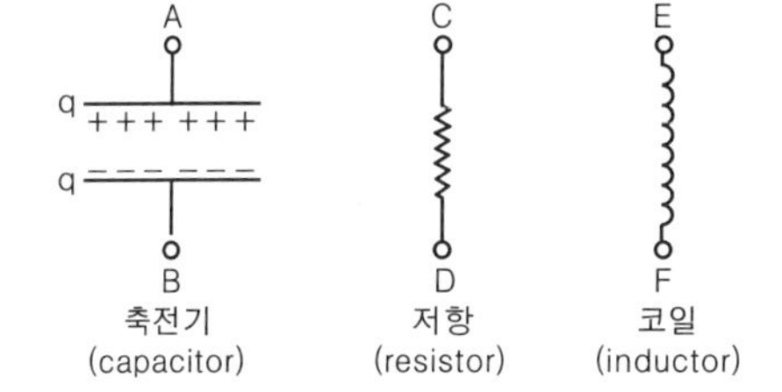

그림 23-4 수동적 회로 소자를 대표하는 세 가지 소자들

$$V = RI = Rdq/dt \tag{23.15}$$

전압(전위차)과 전류 사이를 연결해주는 비례 상수 R을 저항(resistance)이라고 한다. 식 (23.15)는 흔히 '옴(Ohm)의 법칙'이라고 부르는데, 여러분도 어디선가 한번쯤은 들어본 적이 있을 것이다.

축전기에 대전된 전하 q를 역학에서 말하는 변위 x에 비유하면, 전류 $I = dq/dt$는 속도에 해당되고 $1/C$은 용수철 상수 k, 그리고 R은 감쇠 상수 γ에 해당된다. 그렇다면 질량에 대응되는 회로 소자도 있을까? 그렇다, 있다! 코일(coil)이 바로 질량에 해당된다. 코일에 전류가 흐르면 코일의 내부에 자기장이 생기는데, 이 자기장을 인위적으로 바꿔주면 코일에는 dI/dt에 비례하는 전압이 유도된다(이것이 바로 변압기의 원리이다!). 자기장은 전류에 비례하고, 코일에 유도된 전압은 시간에 대한 전류의 변화율에 비례한다.

$$V = LdI/dt = Ld^2q/dt^2 \tag{23.16}$$

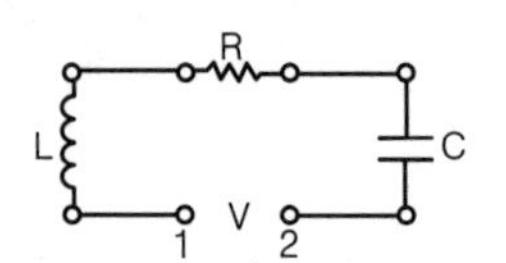

그림 23-5 저항, 코일, 축전기가 연결된 진동 회로

여기서 상수 L은 '자체 인덕턴스(self-inductance)'로서, 진동자의 질량과 비슷한 역할을 한다.

지금까지 언급한 세 개의 소자를 하나의 회로에 직렬로 연결했다고 가정해보자(그림 23-5). 그러면 단자 1과 2 사이에 걸려 있는 전압은 전하를 1에서 2로 옮겨가는 동안 투입된 일에 해당되며, 이 값은 세 개의 부분으로 나누어 생각할 수 있다. 즉, 코일을 지나면서 $V_L = Ld^2q/dt^2$, 저항을 지나면서 $V_R = Rdq/dt$, 그리고 축전기를 지나면서 $V_C = q/C$의 전압 강하가 일어나, 이들의 합이 회로 전체의 전압과 일치하게 된다.

$$Ld^2q/dt^2 + Rdq/dt + q/C = V(t) \tag{23.17}$$

이 방정식은 앞에서 다루었던 강제 조화 진동자의 운동 방정식 (23.6)과 완전히 똑같다. 따라서 풀이 방법도 똑같을 수밖에 없다. 만일 $V(t)$가 주기적으로 변하는 함수라면(강제 진동의 구동력에 해당됨), 전과 같이 $V(t) = \hat{V}e^{i\omega t}$로 쓰고 이중 실수부가 실제의 전류를 의미한다고 생각할 수 있다. 전하 q도 이와 비슷한 과정을 거치면 식 (23.8)과 거의 똑같은 형태로 구해진다[$\hat{q}$의 1계 미분은 $(i\omega)\hat{q}$이고 2계 미분은 $(i\omega)^2\hat{q}$이다]. 방정식 (23.17)은

$$\left[L(i\omega)^2 + R(i\omega) + \frac{1}{C}\right]\hat{q} = \hat{V}$$

또는

$$q = \frac{\hat{V}}{L(i\omega)^2 + R(i\omega) + \frac{1}{C}}$$

와 같이 변형되며, 이것은 또

$$\hat{q} = \hat{V}/L(\omega_0^2 - \omega^2 + i\gamma\omega) \tag{23.18}$$

의 형태로 쓸 수 있다. 여기서 $\omega_0^2 = 1/LC$이고 $\gamma = R/L$이다. 자세히 보면 이것은 강제 조화 운동에서 구했던 $\hat{x}$와 완전히 똑같다! 전기적 진동과 역학적 진동의 유사성은 표 23-1에 요약되어 있다.

표 23-1

일반적 성질	역학적 성질	전기적 성질
독립 변수	시간(t)	시간(t)
종속 변수	위치(x)	전하(q)
관성	질량(m)	인덕턴스(L)
저항	저항 계수(γm)	저항($\mathrm{R} = \gamma L$)

강도	용수철 상수(k)	(축전기 용량)$^{-1}$($1/C$)
공명 진동수	$\omega_0^2 = k/m$	$\omega_0^2 = 1/LC$
주기	$t_0 = 2\pi\sqrt{m/k}$	$t_0 = 2\pi\sqrt{LC}$
진동의 척도	$Q = \omega_0/\gamma$	$Q = \omega_0 L/R$

여기서 잠시 짚고 넘어갈 사항이 하나 있다. 전기에 관한 교과서를 보면 사용하는 기호가 우리와 조금 다르다(다른 분야로 가면 다루는 내용이 같더라도 표기 방식이 다른 경우가 종종 있다). 우선, 전자 공학에서는 전류를 i로 표기하기 때문에 $\sqrt{-1}$을 의미하는 허수 단위는 i가 아닌 j로 표기된다. 그리고 공학자들은 $\hat{V}$와 $\hat{q}$의 관계보다 $\hat{V}$와 $\hat{I}$ 사이의 관계에 관심이 더 많다. $\hat{I} = d\hat{q}/dt = i\omega\hat{q}$이므로, $\hat{q}$ 대신 $\hat{I}/i\omega$를 대입하면

$$\hat{V} = (i\omega L + R + 1/i\omega C)\hat{I} = \hat{Z}\hat{I} \tag{23.19}$$

를 얻는다. 방정식 (23.17)은 종종 다음과 같은 형태로 언급되곤 한다.

$$LdI/dt + RI + (1/C)\int^t Idt = V(t) \tag{23.20}$$

식 (23.19)는 전압 $\hat{V}$와 전류 $\hat{I}$ 사이의 관계를 말해주고 있는데, 이것은 식 (23.18)을 $i\omega$로 나눈 것과 같다. 복소수 $R + i\omega L + 1/i\omega C$는 전기 회로에 자주 등장하는 양으로서, 임피던스(impedance, Z)라는 이름까지 갖고 있다 (지금은 복소수이므로 '복소 임피던스 $\hat{Z}$'라 한다). 그러므로 코일과 저항, 축전기 소자가 모두 달려 있는 복잡한 회로라 해도 $\hat{V} = \hat{Z}\hat{I}$라는 간단한 관계식으로 모든 것을 정리할 수 있다. 그러나 이 식은 그다지 적절한 표현이 아니다. 공학자들이 이런 표기법을 좋아하는 이유는 그들이 소싯적에 배웠던 저항 소자만 달려 있는 직류 회로의 $V = RI$에 익숙해 있기 때문이다. 나중에 교류 회로를 배우면 그게 전부가 아니라는 것을 알게 되지만, 모든 회로를 직류 회로의 개념으로 이해하려는 습성이 남아 있어서 임피던스라는 양을 굳이 정의하게 된 것이다. 그러므로 임피던스는 복잡한 회로의 '대표 저항 값' 정도의 의미를 갖고 있다. 물론 $\hat{Z}$는 실수가 아니라 복소수이다. 허수의 단위만 해도, 이 세상 누구나 i로 표기하고 있는 것을 유독 공학자들만 고집스럽게 j로 표기하고 있다. 그들의 머릿속에 i는 오로지 전류를 나타내는 신성불가침의 기호인 것이다. 이렇게 보면 공학자들이 임피던스를 R이 아닌 Z로 표기하는 것은 기적과도 같은 일이다! (그들은 전류 밀도 j를 언급할 때 또다시 혼란에 빠질 것이다. 과학이 어렵게 느껴지는 것은 자연을 이해하는 것 자체가 어렵기 때문이 아니라, 인간이 만들어낸 인위적인 기호나 단위가 혼란스럽기 때문이다.)

23-4 자연에 나타나는 공명

공명 현상은 전기 회로뿐만 아니라 자연 현상에서도 어렵지 않게 찾아볼 수 있다. 물론, 모든 공명 현상은 그것을 서술하는 방정식도 똑같다. 자연계에

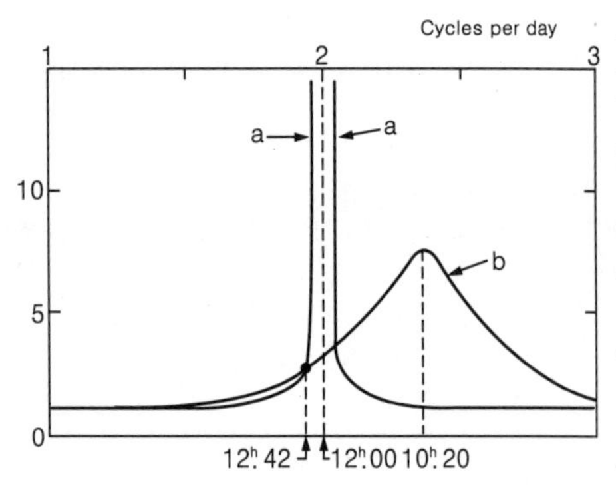

그림 23-6 외부적 영향에 의한 대기의 반응을 진동의 개념으로 추정한 그래프. 곡선 a는 중력에 의해 나타나는 S_2형 대기간만을 나타내고($Q \approx 1/100$), 곡선 b는 M_2형 대기간만을 전제로 그려진 그래프이다[Munk and MacDonald, "Rotation of the Earth", Cambridge University Press (1960)].

는 천연적인 진동 시스템이 수도 없이 존재하는데, 어떤 조건이 만족되면 진동은 종종 공명 현상으로 이어진다. 만일 우리가 도서관을 이리저리 돌아다니며 아무런 생각 없이 책을 골라서 그림 23-2와 비슷한 분포를 보이는 사례를 찾으려면, 얼마나 많은 책을 뒤져야 할까? 아마도 5 ~ 6권만 뒤지면 충분할 것이다. 전체적으로 완만한 분포를 가지면서 어디선가 피크처럼 솟아 있는 그래프는 대부분 공명과 밀접하게 관련되어 있다.

처음 두 개의 사례는 역학에서 찾아볼 수 있는데, 그중 하나가 바로 지구를 둘러싸고 있는 대기이다. 만일 대기가 달의 인력에 끌린다거나 분포 상태가 찌그러지면서 조수의 간만처럼 출렁인다면, 이것은 스케일이 아주 큰 진동으로 간주할 수 있다. 이 진동은 지구를 공전하고 있는 달의 인력에 의해 구동되며, 힘의 각 성분은 사인 또는 코사인의 형태로 표현될 수 있으므로 '강제 조화 진동'의 초대형 사례인 셈이다. 이로부터 예상되는 대기의 반응은 그림 23-6의 곡선 b와 같다(곡선 a는 다른 이론으로 예견한 대기의 반응이다). 그런데 우리는 12.42시간이라는 대기간만의 주기(12시간은 지구의 자전에 의한 효과이고 나머지는 달의 인력에 기인한다)로부터 단 하나의 진동수만 알고 있으므로, 결국 공명 곡선상의 단 한 지점밖에 알 수 없다고 생각할지도 모른다. 그러나 우리는 대기간만의 규모와 위상의 뒤처지는 정도로부터 ρ와 θ를 구할 수 있으며, 이로부터 ω_0와 γ를 유추하여 전체 곡선을 그릴 수 있다! 솔직히 말하자면, 이것은 과학의 궁색한 면을 보여주는 사례이기도 하다. 주어진 두 개의 수로부터 다른 두 개의 수를 구하고, 이로부터 간신히 곡선 하나를 그렸으니 그다지 당당한 쾌거는 아닌 것 같다. 이 이론이 확실하게 검증되려면 진동과 관련된 다른 양들을 측정할 수 있어야 하는데, 이 시점부터 지구 물리학은 난관에 봉착하게 된다. 그러나 이 경우에는 대기의 진동수가 고유 진동수 ω_0와 일치한다는 증거가 있다. 1883년에 인도네시아의 크라카토아(krakatoa) 화산이 폭발하여 수마트라 섬의 절반이 초토화되었을 때 대기의 진동을 측정했더니 $\omega_0 = 10.5$시간이라는 결과가 얻어졌다. 이 값은 이론적으로 예측한 값과 아주 비슷하여, 대기의 진동 이론을 입증하는 증거로서 손색이 없다.

두 번째 사례로는 아주 작은 영역에서 일어나는 역학적 진동을 들 수 있다. 염화나트륨(NaCl) 결정은 언젠가 강의에서 설명한 대로, 나트륨 이온(+)과 염소 이온(−)이 서로 번갈아가며 배열되어 있는데, 모든 양이온을 오른쪽으로 모으고 음이온을 왼쪽으로 모으면 나트륨(Na) 격자는 염소(Cl) 격자에 대해 진동하기 시작한다. 이런 상황을 어떻게 만들어낼 수 있을까? 간단하다. 염화나트륨 결정에 외부 전기장을 걸어주면 된다. 그러면 +/− 이온들이 서로 분리되어 진동하기 시작할 것이다. 그런데 이때 요구되는 전기장은 적외선 복사를 방출할 만큼 진동수가 크다! 그래서 염화나트륨에 의해 흡수되는 적외선을 관측하면 공명 현상이 나타나는 것을 볼 수 있다. 그 결과가 그림 23-7에 나와 있는데, 여기서 가로축은 진동수가 아니라 파장을 나타낸다. 그러나 빛의 진동수와 파장 사이에는 명확한 관계가 있으므로, 둘 중 어느 것을 사용하는가 하는 것은 순전히 기술적인 문제이다. 따라서 그림 23-7을 진동수에 대한 그래프로 해석하면 거기에는 분명히 공명이 일어나는 진동수대가 존재한다.

공명의 폭을 결정하는 요인은 무엇인가? 앞에서 우리가 이론적으로 계산한 폭은 γ였지만, 실제로는 이와 다른 경우가 허다하다. 실제의 폭은 대체로 이론값보다 넓게 나오는데, 그 이유는 두 가지로 요약될 수 있다. 특정 영역 안에서 결정 구조가 비틀려 있을 때, 그 안에 있는 결정의 진동수와 바깥에 있는 결정의 진동수는 다르게 나타난다. 이렇게 되면 공명이 여러 진동수에서 동시에 나타나기 때문에 이들의 효과가 한데 합쳐져서 마치 공명의 폭이 넓어진 것처럼 보이는 것이다. 또는 스펙트로메터(spectrometer)의 슬릿을 너무 넓게 열어서 뾰족한 곡선을 제대로 잡아내지 못했을 수도 있다. 그림 23-7의 공명폭이 넓게 나타난 이유를 설명하려면 이러한 요인들을 좀더 면밀하게 분석해야 할 것이다.

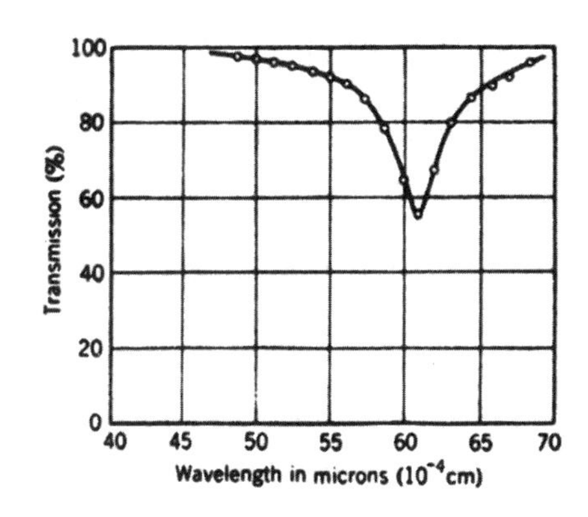

그림 23-7 아주 얇은 염화나트륨 필름(0.17μ)에 대한 자외선 복사의 투과율. [R. B. Barnes, Z. *Physik* **75**, 723 (1932)]를 Kittel이 <Introduction to Solid State Physics>에서 인용.

이번에는 좀더 특이한 예를 들어보자. 자석의 흔들림(swing) 현상에도 공명이 나타난다. N극과 S극으로 된 자석이 균일한 자기장 안에 놓여 있으면 각각의 극이 서로 반대 방향으로 당겨지면서 토크가 발생하여 나침반의 바늘처럼 평형 지점 근방에서 진동하게 된다. 그러나 지금 내가 말하고 있는 자석은 흔히 보는 막대 자석이 아니라 '원자(atom)'라는 자석이다. 원자는 각운동량을 갖고 있으므로 여기에 토크가 작용하면 단순히 그 방향으로 돌아가지 않고 세차 운동을 하게 된다. 이 운동을 측면에서 바라본다면 그것은 일종의 진동이며, 여기에 인위적으로 진동을 교란하거나 구동시켜서 공명을 일으킬 수 있다. 그림 23-8에는 이렇게 유도된 공명의 사례가 그래프로 나타나 있다. 그런데 이 그래프는 약간 다른 방식으로 얻어진 것이다. 지금까지의 분석 방법을 그대로 따른다면 진동을 유도한 자기장의 진동수(ω에 해당함)를 바꿔가면서 실험 데이터를 얻어야 하는데, 기술적인 문제 때문에 그러지는 못하고 그 대신 자기장의 세기를 변화시키면서 데이터를 얻었다. 이것은 고유 진동수 ω_0를 변화시키는 것과 같은 효과를 준다. 즉, 그림 23-8은 ω가 아니라 ω_0에 대한 그래프이다. 어쨌거나, 이것은 ω_0와 γ로 표현되는 공명의 전형적인 사례라 할 수 있다.

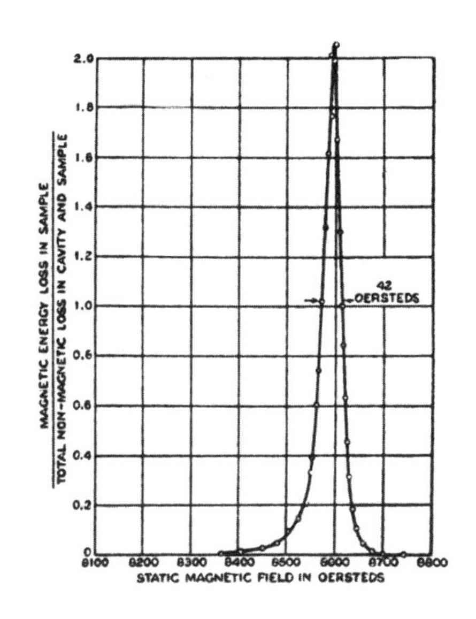

그림 23-8 자기장의 강도 변화에 대한 유기적 상자성체(常磁性體, paramagnet)의 자기 에너지 손실 [Holden et al., Phys. Rev. **75**, 1614 (1949)]

내친김에 좀더 앞으로 나가보자. 그 다음 후보 선수는 원자핵이다. 핵을 이루고 있는 양성자와 중성자는 고유한 방식으로 진동하고 있는데, 그 속사정은 다음과 같은 실험을 통해 확인할 수 있다. 리튬 원자에 양성자를 아주 빠른 속도로 충돌시키면 어떤 반응이 일어나면서 γ선이 방출되고, 일종의 공명 현상에 의해 γ선의 그래프가 그림 23-9처럼 뾰족한 피크를 그리게 된다. 그런데 이 그래프에는 한 가지 특이한 점이 있다. 가로축에 대응되는 양이 진동수가 아니라 에너지라는 것이다! 왜 그랬을까? 양자 역학적 관점에서 볼 때 에너지는 빛의 진동수와 밀접하게 관련되어 있기 때문이다. 거시적 스케일에서 진동수와 관련된 물리량들을 원자적 스케일에서 찾아보면, 대부분이 에너지와 관련되어 있다. 그리고 이 그래프는 그 사실을 입증하는 사례이기도 하다.

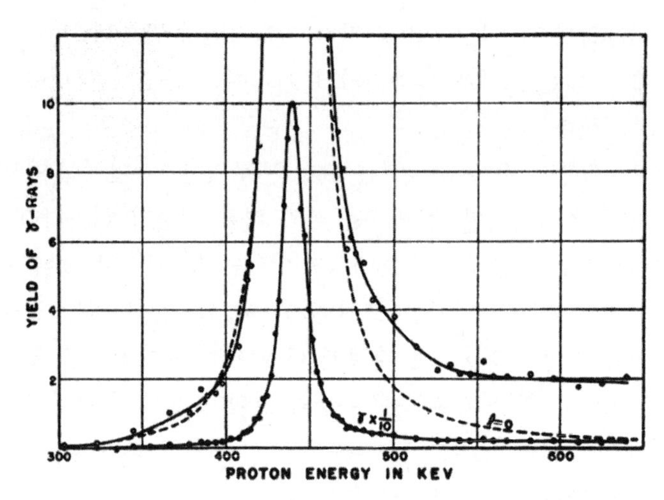

그림 23-9 리튬 원자에 양성자를 충돌시켰을 때 방출되는 감마선의 양을 양성자의 에너지에 대한 함수로 나타낸 그래프. 점선은 양성자의 각운동량 $\ell = 0$일 때 예견되는 이론값이다. [Bonner and Evans, *Phys. Rev.* **73**, 666 (1948)]

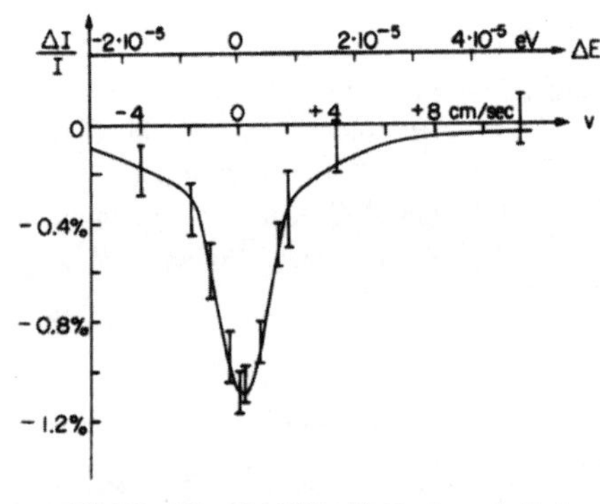

그림 23-10 뫼스바우어(Mössbauer) 효과

이번에는 훨씬 더 작은 영역에서 일어나는 공명의 사례를 찾아보자. 이 현상은 핵의 에너지 준위와 관계되어 있다. 그림 23-10의 ω_0는 대략 100,000 전자 볼트(eV)이고, γ의 폭은 약 10^{-5} 전자 볼트 정도이다. 즉, 이 진동의 Q값은 무려 10^{10}이나 된다! 이 값은 진동 관측 역사상 그 유래를 찾을 수 없을 정도로 무지막지한 것이었다. 뫼스바우어(Mössbauer)는 이 엄청난 공명 현상을 발견하여 노벨 물리학상을 받았다. 그래프의 가로축은 진동수가 아니라 속도인데, 이는 흡수체에 대하여 광원을 이동시킬 때 나타나는 도플러 효과를 이용하여 진동수를 변화시켰기 때문이다. 속도의 단위가 cm/sec로 표현된 것을 보면 이 실험이 얼마나 정교하게 이루어졌는지를 실감할 수 있다.

1962년 1월 1일에 발행된 〈피지컬 리뷰, Physical Review〉에서 공명과 관련된 논문을 찾을 수 있을까? 사실, 공명에 관한 논문은 이 저널에 거의 빠지지 않고 등장한다. 그림 23-11은 1월 1일자 〈피지컬 리뷰〉에 실린 그래프로서, K^-중간자와 양성자가 상호 작용을 주고받을 때 나타나는 공명 현상을 보여주고 있다. 상호 작용의 결과로 나타나는 입자의 개수와 종류에 따라 그래프를 분석해보면, 피크의 위치나 생김새가 모두 비슷하다. 그러므로 우리는 K^-의 특정한 에너지 값에서 공명이 일어나고 있다고 추정할 수 있다. 즉, K^-중간자와 양성자를 한 곳에 모아두면 공명에 상응하는 어떤 상태나 조건이 형성되는 것이다. 이 현상을 어떤 새로운 입자의 존재로 해석해야 할지, 아니면 그저 공명으로 간주해야 할지는 아직 불투명하다. 아주 좁은 영역에서 공명이 일어나면 그것은 아주 '정확한' 양의 에너지가 거기 존재한다는 뜻이 되어, 새로운 입자의 출현으로 간주할 수도 있기 때문이다. 그리고 넓은 범위에 걸쳐서 일어나는 공명은 '수명이 아주 짧은' 입자의 존재를 의미할 수도 있다. 이 책의 2장에서 소립자의 종류를 특성별로 분류했었는데, 2장을 강의하던 무렵에는 이 현상이 발견되지 않았었다. 그러므로 우리의 분류표에 새로운 입자가 추가되어야 할지도 모른다!

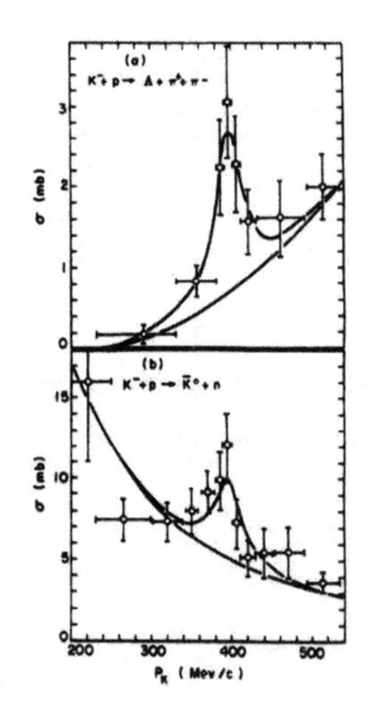

그림 23-11 입자들이 반응할 때 나타나는 산란 단면적(cross section)과 입자의 운동량 사이의 관계. (a) $K^- + p \to \Lambda + \pi^+ + \pi^-$, (b) $K^- + p \to K^0 + n$. (a)와 (b)의 아래쪽에 그려진 곡선은 공명이 없는 경우에 예상되는 값이고, 위쪽의 곡선은 공명에 의한 효과를 더한 결과이다. [Ferro-Luzzi *et al.*, *Phys. Rev.*, Lett. **8**, 28 (1962)]

CHAPTER 24
진동의 감쇠

24-1 진동자의 에너지

이 장의 제목을 '진동의 감쇠'라고 붙여놓긴 했지만, 사실 지금부터 할 이야기는 강제 조화 진동자 운동의 후속편에 해당된다. 앞에서 우리는 강제 진동의 여러 가지 특성을 살펴보았는데, 진동자의 에너지에 관해서는 아직 구체적으로 언급한 적이 없었다. 지금부터 에너지에 대하여 본격적으로 알아보자.

역학적 진동자는 어느 정도의 운동 에너지를 갖고 있을까? 어떤 경우이건 운동 에너지는 속도의 제곱에 비례한다. 여기 임의의 물리량 A가 있다고 하자. A는 속도일 수도 있고 다른 무엇이어도 상관없다. 여기에 복소수의 개념을 도입하여 $A = \hat{A}e^{i\omega t}$라고 쓰면, 실제의 물리량은 A의 실수부에 해당된다. 그런데 복소수를 제곱한 후에 실수부를 취하면 원래의 실수부 이외에 허수부까지 섞여 들어오기 때문에 물리적인 양으로 간주할 수 없게 된다. 그러므로 운동 에너지를 고려할 때에는 복소수 표기법을 잠시 동안 포기해야 한다.

$A = \hat{A}e^{i\omega t}$이고, 복소수 $\hat{A}$를 $\hat{A} = A_0e^{i\Delta}$라 했을 때, 실제의 물리량은 $A_0e^{i(\omega t+\Delta)}$의 실수부, 즉 $A_0\cos(\omega t + \Delta)$이며, 이를 제곱하면 $A_0^2\cos^2(\omega t + \Delta)$가 되어 0부터 A_0^2사이를 오락가락하게 된다. 코사인 제곱의 최대값은 1, 최소값은 0이며 평균값은 1/2이다.

물체가 진동할 때, 어느 특정 순간의 에너지는 우리의 주된 관심이 아니다. 우리의 관심은 충분히 긴 시간에 걸쳐 계산된 A^2의 평균값이다. 그러므로 우리는 다음과 같은 정리를 얻는다—"A가 복소수로 표현되었을 때, A^2의 평균은 $\frac{1}{2}A_0^2$이다." 여기서 A_0^2은 복소수 $\hat{A}$의 크기를 제곱한 것이다(이것은 여러 가지 방법으로 표현될 수 있다. 어떤 사람은 $|\hat{A}|^2$으로 쓰는가 하면, 또 어떤 사람은 $\hat{A}\hat{A}^*$로 표기하기도 한다. 여기서 $\hat{A}^*$는 $\hat{A}$의 켤레 복소수이다). 앞으로 이 정리는 여러 차례에 걸쳐 인용될 것이다.

이제 강제 진동자의 에너지에 대해 생각해보자. 강제 진동자의 운동 방정식은 다음과 같다.

$$md^2x/dt^2 + \gamma mdx/dt + m\omega_0^2x = F(t) \tag{24.1}$$

물론, 우리가 다루게 될 $F(t)$는 코사인 함수로 표현된다. 그렇다면 외부의 구동력 F에 의해 진동자에 가해진 일은 얼마인가? 단위 시간에 가해진 일, 즉 일률(power)은 힘×속력이다(아주 짧은 시간 dt 동안 가해진 일은 Fdx 이므로, 일률은 Fdx/dt 이다). 따라서

$$P = F\frac{dx}{dt} = m\left[\left(\frac{dx}{dt}\right)\left(\frac{d^2x}{dt^2}\right) + \omega_0^2 x\left(\frac{dx}{dt}\right)\right] + \gamma m\left(\frac{dx}{dt}\right)^2 \qquad (24.2)$$

이다. 여기서, 우변에 있는 처음 두 개의 항은 $d/dt[\frac{1}{2}m(dx/dt)^2 + \frac{1}{2}m\omega_0^2 x^2]$ 으로 쓸 수 있다. 즉, 식 (24.2)의 괄호 안에 들어 있는 양은 시간에 대한 전미분으로 표현되기 때문에 비교적 이해하기가 쉽다. 하나는 매달린 물체의 운동 에너지이고 나머지 하나는 스프링의 위치 에너지에 해당된다. 지금부터 이 양을 '저장 에너지(stored energy)'라 부르기로 하자. 말하자면 '진동 운동 속에 저장되어 있는 총 에너지'라는 뜻이다. 이제 충분히 긴 시간에 걸쳐서 진동자의 평균 일률을 계산한다고 해보자. 긴 시간이 지나도 저장 에너지는 변하지 않기 때문에, 이것을 미분하여 평균을 취한 값은 당연히 0이다. 다시 말해서, 긴 시간에 걸쳐 평균 일률을 계산하면, 감쇠항에 의한 기여만 남는다는 것이다. 물론 진동 자체에도 에너지가 저장되어 있지만 이 값은 시간이 흘러도 변하지 않기 때문에 평균 일률에 기여하지 못한다. 그러므로 평균 일률 $\langle p \rangle$는

$$\langle P \rangle = \langle \gamma m (dx/dt)^2 \rangle \qquad (24.3)$$

가 된다. 여기에 $x = \hat{x}e^{i\omega t}$, $dx/dt = i\omega\hat{x}e^{i\omega t}$ 와 앞에서 언급했던 정리 $\langle A^2 \rangle = \frac{1}{2}A_0^2$ 을 이용하면 다음과 같이 쓸 수 있다.

$$\langle P \rangle = \frac{1}{2}\gamma m \omega^2 x_0^2 \qquad (24.4)$$

전기 회로의 경우, dx/dt 는 전류 I 에 대응되며($I = dq/dt$ 이고, 전하 q 는 변위 x 에 대응된다), $m\gamma$ 는 저항 R 에 대응된다. 따라서 에너지 손실의 변화율은 회로의 저항에 전류 제곱의 평균값을 곱한 것과 같다.

$$\langle P \rangle = R\langle I^2 \rangle = R \cdot \frac{1}{2}I_0^2 \qquad (24.5)$$

물론 이 에너지는 저항소자의 온도를 높이는 데 소모되며, 종종 '발열 손실(heating loss)' 또는 '줄 발열(Joule heating)'이라고도 한다.

또 한 가지 흥미로운 것은 저장된 에너지의 양이다. 진동자에 저장된 에너지는 일률과 같지 않다. 진동의 초기에는 에너지를 저장하는 데 일률이 소모되지만, 그 후로는 열손실이 있는 한 계속해서 일률을 흡수하기 때문이다. 그래도 임의의 순간에는 항상 저장된 에너지가 있으므로, 우리는 저장 에너지의 평균값 $\langle E \rangle$를 계산할 수 있다. 앞에서 계산한 $(dx/dt)^2$ 의 평균값을 이용하면

$$\begin{aligned}\langle E \rangle &= \frac{1}{2}m\langle (dx/dt)^2 \rangle + \frac{1}{2}m\omega_0^2 \langle x^2 \rangle \\ &= \frac{1}{2}m(\omega^2 + \omega_0^2)\frac{1}{2}x_0^2 \qquad (24.6)\end{aligned}$$

을 얻을 수 있다. 진동자가 매우 효율적이고 ω가 ω_0와 거의 비슷하여 $|\hat{x}|$가 매우 크다면 저장된 에너지의 양도 커진다. 이런 경우에는 적은 힘으로도 많은 양의 에너지를 얻을 수 있다. 처음에 진동자를 구동시킬 때에는 많은 힘을 가해야 하지만, 일단 시작된 진동을 그 상태로 계속 유지하는 게 목적이라면 마찰력만 이겨낼 정도로 힘을 가해주면 된다. 마찰력이 작으면 진동자는 아주 큰 에너지를 얻게 되고, 진동이 격렬하게 일어나도 에너지의 소모량은 그리 많지 않다. 진동자의 효율은 저장된 에너지의 양과 매 진동당 가해진 일의 비율로 나타낼 수 있다.

한 주기 동안 저장된 에너지와 가해진 일 사이의 비율은 어떻게 계산할 수 있을까? 이 값은 진동계의 Q라고 하는데, '$2\pi \times$평균 저장 에너지/한 주기당 가해진 일'로 정의된다('한 주기당'을 '단위 라디안당'으로 바꾸면 2π라는 계수는 필요 없다).

$$Q = 2\pi \frac{\frac{1}{2}m(\omega^2 + \omega_0^2) \cdot \langle x^2 \rangle}{\gamma m \omega^2 \langle x^2 \rangle \cdot 2\pi/\omega} = \frac{\omega^2 + \omega_0^2}{2\gamma\omega} \tag{24.7}$$

Q는 값이 아주 작으면 별로 써먹을 곳이 없다. 그러나 비교적 큰 값의 Q는 진동자의 성능을 나타내는 척도가 된다. 그동안 과학자들은 Q를 가장 간단하면서도 함축적인 형태로 정의하기 위해 많은 노력을 기울여왔다. 지금은 조금씩 다르게 정의된 여러 가지 형태의 Q가 사용되고 있는데, 값이 아주 커지면 모든 정의들은 똑같은 형태로 통일된다. 가장 일반적으로 사용되고 있는 정의는 ω의 함수로 표현된 식 (24.7)의 형태이다. 여기에 $\omega = \omega_0$를 대입하면 $Q = \omega_0/\gamma$가 되어, 앞에서 정의했던 Q와 같아진다.

전기 회로의 경우, Q는 어떻게 정의되어야 할까? $m \to L$, $m\gamma \to R$, $m\omega_0^2 \to 1/C$로 바꿔서 생각해보면 쉽게 답을 찾을 수 있다(표 23-1 참조). 공명이 일어날 때 Q는 $L\omega/R$이다($\omega =$ 공명 진동수). Q가 큰 회로란, 진동에 저장된 에너지의 양이 한 주기당 회로에 공급된 일의 양보다 훨씬 큰 회로를 말한다.

24-2 감쇠 진동(Damped oscillations)

지금부터 이 장의 본론인 감쇠 진동에 대해 알아보자. 조화 진동자의 방정식에서, 외부의 힘과 관련된 항이 없을 때 얻어지는 해를 과도해(transient solution)라 한다. (물론, 힘이 전혀 작용하지 않는 상태에서 제자리에 가만히 정지해 있는 진동자도 엄연한 해가 있다. '그 자리에 영원히 서 있다'는 것이 바로 해이다!) 이제, 조금 다른 방식으로 시작되는 진동을 생각해보자. 처음에 어떤 힘을 가하여 진동자를 구동시킨 후, 어느 순간에 갑자기 구동력을 차단시키면 어떻게 될까? 일단 Q가 큰 시스템의 경우를 대략적으로 살펴보자. 처음에 힘이 작용하고 있을 때에는 저장된 에너지가 변하지 않으며, 이 에너지를 유지하기 위해 일정량의 일이 행해진다. 그러다가 외부의 힘이 차단되어 더 이상의 일이 투입되지 않으면 에너지의 손실을 막을 수가 없게 된다. 다시 말해서, 지금부터는 저장된 에너지를 까먹고 살아야 하는 것이다. 이 시스템의 $Q/2\pi = 1000$이라 하자. 즉, 한 주기당 가해지는 일이 저장된 에너지의 1/1000이라는 뜻이다. 아무런 구동력 없이 진동하고 있는 진동자가 한 주기당 현재 갖고 있는 에너지의 1/1000씩 소모하면서 계속 움직인다는 것은 그런 대로 타당한 이야기다. 그러므로 Q가 비교적 크다면 다음과 같은 추측을 할 수 있다(나중에 알게 되겠지만 이것은 올바른 추측이다).

$$dE/dt = -\omega E/Q \tag{24.8}$$

이 관계는 Q가 클 때만 성립하기 때문에 대략적인 서술에 불과하다. 매 라디안마다 우리의 진동계는 자신이 갖고 있는 에너지의 $1/Q$을 소모한다. 아주 짧은 시간 dt동안 진행되는 라디안 값은 ωdt이므로, 이 시간 동안 소모되는 에너지는 $\omega dt/Q$이다. 그렇다면 진동수는 어떻게 되는가? 우리의 진동자는 아주 잘 만들어져서, 힘이 작용하지 않아도 균일한 진동수를 유지한다고 가정해보자. 그러면 ω는 ω_0와 거의 같아지고, 식 (24.8)에 의해 저장된 에너지는 다음과 같이 표현될 수 있다.

$$E = E_0 e^{-\omega_0 t/Q} = E_0 e^{-\gamma t} \tag{24.9}$$

이것이 바로 임의의 순간에 측정한 에너지의 값이다. 진동자의 진폭은 시간에 따라 어떻게 변할 것인가? 진폭도 똑같이 유지될까? 아니다! 스프링에 저장된 에너지는 변위의 제곱에 비례하고 운동 에너지는 속도의 제곱에 비례하므로 총 에너지는 변위의 제곱과 증감이 같아야 한다. 따라서 진폭은 에너지가 감소하는 속도보다 두 배 느리게 감소할 것이다(그림 24-1). 다시 말해서, 감쇠 진동의 단기적(transient) 운동에 대한 해는 공명 진동수 ω_0에 가까운 진동수를 가지면서 진폭이 $e^{-\gamma t/2}$를 따라 감소하는 코사인 함수로 추측할 수 있다.

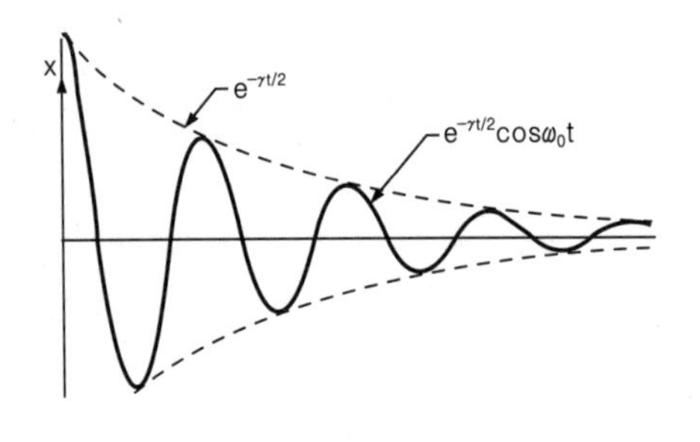

그림 24-1 코사인 감쇠 진동

$$x = A_0 e^{-\gamma t/2}\cos\omega_0 t \tag{24.10}$$

지금부터 미분 방정식을 풀어서 정확한 해를 구해보자. 방정식 (24.1)에서 $F(t) = 0$인 경우는 어떻게 풀어야 할까? 여러분은 수학과가 아닌 물리학과 학생이므로 푸는 방법을 놓고 고민할 필요는 없다. 앞에서 얻은 경험을 토대로, 방정식의 해를 $x = Ae^{i\alpha t}$라 가정한 후에 A와 α를 결정하면 된다(굳이 이런 형태를 가정하는 이유는 무엇인가? 별 거 없다. 그냥 지수 함수를 미분하는 것이 쉽기 때문이다!). 방금 가정한 x를 식 (24.1)에 대입하고($F(t) = 0$), x를 한 번 미분할 때마다 상수 $i\alpha$가 곱해진다는 것을 상기하면 다음과 같은 대수 방정식이 얻어진다.

$$(-\alpha^2 + i\gamma\alpha + \omega_0^2)Ae^{i\alpha t} = 0 \tag{24.11}$$

이 식은 임의의 시간 t에 대해서 항상 성립해야 하므로 괄호 안이 0이거나 $A = 0$이어야 한다. 그런데 $A = 0$이면 더 이상 할 이야기가 없어지기 때문에

$$-\alpha^2 + i\alpha\gamma + \omega_0^2 = 0 \qquad (24.12)$$

일 수밖에 없다. 여기서 α를 구하면 $A \neq 0$인 해를 구한 거나 다름없다!

$$\alpha = i\gamma/2 \pm \sqrt{\omega_0^2 - \gamma^2/4} \qquad (24.13)$$

당분간 $\omega_0^2 - \gamma^2/4 > 0$고 가정하자. 그러면 제곱근을 취하는 데 아무런 문제가 없다. 단지 해가 두 개라는 사실이 조금 귀찮을 뿐이다.

$$\alpha_1 = i\gamma/2 + \sqrt{\omega_0^2 - \gamma^2/4} = i\gamma/2 + \omega_\gamma \qquad (24.14)$$

그리고

$$\alpha_2 = i\gamma/2 - \sqrt{\omega_0^2 - \gamma^2/4} = i\gamma/2 - \omega_\gamma \qquad (24.15)$$

2차 방정식의 근이 두 개라는 사실을 깜빡 잊었다고 가정하고, 우선 첫 번째 경우부터 살펴보자. 여기서 얻은 해는 $x_1 = Ae^{i\alpha_1 t}$이다(A는 임의의 상수). 이제 α_1의 값을 대입해줘야 하는데, 생긴 게 너무 길어서 아무래도 일이 번거로워질 것 같다. $\sqrt{\omega_0^2 - \gamma^2/4} = \omega_\gamma$로 정의하면 수고를 조금 덜 수 있다. 이제 $i\alpha_1 = -\gamma/2 + i\omega_\gamma$이므로, $x = Ae^{(-\gamma/2 + i\omega_\gamma)t}$ 또는

$$x_1 = Ae^{-\gamma t/2}e^{i\omega_\gamma t} \qquad (24.16)$$

를 얻는다. 이 시점에서 몇 가지 짚고 넘어갈 것이 있다. 첫째, x_1은 진동하는 해임에 틀림없지만 진동수는 ω_0가 아니라 ω_γ라는 것이다. 단, 저항 계수 γ가 작으면 진동수는 ω_0에 가까워진다. 둘째, 진동자의 진폭은 지수 함수를 따라 감소한다! 예를 들어 식 (24.16)의 실수부를 취하면

$$x_1 = Ae^{-\gamma t/2}\cos\omega_\gamma \mathrm{t} \qquad (24.17)$$

가 되는데, 이것은 진동수가 ω_γ라는 것만 제외하면 식 (24.10)에서 예측했던 해와 똑같다. 우리의 아이디어가 맞아 들어간 것이다. 그러나 방심은 금물이다. 모든 것이 다 맞지는 않는다! 우리가 무시했던 또 하나의 해가 아직 남아 있기 때문이다.

나머지 해는 α_2인데, α_1과 다른 점은 ω_γ의 부호뿐이다. 그러므로 우리의 두 번째 해는 다음과 같다.

$$x_2 = Be^{-\gamma t/2}e^{-i\omega_\gamma t} \qquad (24.18)$$

이 해는 무엇을 의미하는가? 앞으로 곧 증명하겠지만, 외부의 힘 $F = 0$일 때 방정식 (24.1)의 두 해가 x_1, x_2로 구해졌다면 이 둘을 더한 $x_1 + x_2$도 같은 방정식의 해이다! 따라서 가장 일반적인 해는 다음과 같다.

$$x = e^{-\gamma t/2}(Ae^{i\omega_\gamma t} + Be^{-i\omega_\gamma t}) \qquad (24.19)$$

첫 번째 해를 구해놓고 아주 만족해하고 있었는데, 왜 또다른 해를 추가하여 고생을 자처하고 있는지 궁금할 것이다. 새로 추가된 두 번째 해의 의미는 무

엇인가? 우리는 x의 실수부만이 실질적인 해라는 것을 알고 있다. 그러나 우리가 실수부만 원한다는 것을 수학도 알고 있을까? 외부의 구동력이 작용하는 경우에는 $F(t)$를 작위적으로 복소수 취급하여 방정식의 허수부도 강제 진동을 만족하도록 만들 수 있었다. 그러나 $F(t) \equiv 0$인 지금의 경우에는 "우리가 x를 어떻게 가정하건, 물리적인 해는 x의 실수부이다"라는 조건 자체가 작위적이기 때문에 수학은 아무런 영문도 모르는 상태이다. 이런 불안한 상황에서 과연 올바른 답을 찾아낼 수 있을까?—물론이다. 이것이 바로 수학의 위력이다. 물리적 세계에는 실수해만이 존재한다. 그러나 우리가 처음에 구해놓고 만족했던 해는 실수가 아니라 복소수였다. 그리고 방정식 (24.1)은 앞으로 우리가 실수부만을 택하리라는 것을 전혀 모르고 있기 때문에, 켤레 복소수에 해당하는 두 번째 해를 우리에게 제공해준 것이다. 실제로 이들을 한데 더하면 가뿐하게 실수해가 얻어진다. 이것이 바로 α_2의 역할이다. x가 실수가 되려면 $Be^{-i\omega_\gamma t}$는 $Ae^{i\omega_\gamma t}$의 켤레 복소수가 되어야 한다. 그래야 허수부가 상쇄되어 없어지기 때문이다. 그러므로 우리가 찾는 실수해는 다음과 같다.

$$x = e^{-\gamma t/2}(Ae^{i\omega_\gamma t} + A^* e^{-i\omega_\gamma t}) \tag{24.20}$$

즉, 실수해는 우리의 예상대로 위상 이동(phase shift)과 감쇠(damping)가 동반된 진동이다.

24-3 전기적 감쇠

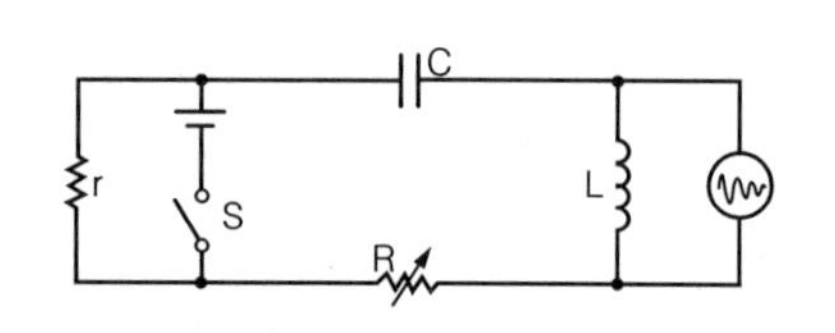

그림 24-2 감쇠 진동을 일으키는 전기 회로

위에서 구한 해가 정말로 맞는지 확인해보자. 그림 24-2와 같이 회로를 구성하고 오실로스코프를 코일 L과 병렬로 연결한 후 스위치 S를 올리면 마찰이 작용하는 역학적 진동자처럼 감쇠 진동이 나타난다. 스위치를 올렸다는 것은 외부의 구동력이 가해지기 시작했다는 뜻이다(오실로스코프는 진동 현상을 눈으로 직접 확인하기 위해 달아놓은 것이다. 그런데 오실로스코프에 나타나는 파형은 단 한번에 파악하기가 쉽지 않으므로 1초당 스위치를 60번 개폐하면서 오실로스코프가 계속해서 파형을 그리게 한다. 한 번 스위치를 닫을 때마다 이 진동은 새롭게 시작되는 셈이다). 그림 24-3 ~ 24-6은 오실로스코프의 스크린에 나타난 감쇠 진동의 사례를 보여주고 있다. 그림 24-3은 Q가 크고 γ가 적은 경우의 감쇠 진동을 나타내는데, 보는 바와 같이 진폭이 빠르게 감소하지 않기 때문에 장시간 동안 진동이 계속된다.

Q값을 줄여서 진폭이 빨리 감소하게 만들어보자. 저항 R이 커지면 Q가 작아진다. 그러면 오실로스코프의 파형은 그림 24-4처럼 빠르게 감소한다. 여기서 저항을 더 증가시키면 파형은 그림 24-5처럼 되었다가 결국에는 진동을 멈추게 된다! 우리의 눈이 신통치 않기 때문에 작은 진동이 안 보이는 것일까? 저항을 계속 키워나가면 그림 24-6처럼 마치 파동이 기절이라도 한 듯 잠잠해진다. 이 현상을 어떻게 수학적으로 설명할 수 있을까?

역학적 진동자에서 저항은 γ 항에 비례한다. 그리고 전기 회로의 경우에는 $\gamma = R/L$이다. 이제, 식 (24.14)와 (24.15)에서 γ가 커지면 ω_0에 의한 변화보다 $\gamma/2$에 의한 변화가 더욱 우세해질 것이다. α_1과 α_2를 다음과 같이 다시 써보자.

그림 24-3

$$i\gamma/2 + i\sqrt{\gamma^2/4 - \omega_0^2}, \qquad i\gamma/2 - i\sqrt{\gamma^2/4 - \omega_0^2}$$

앞에서 이미 언급했던 바와 같이, 우리의 해는 $e^{i\alpha_1 t}$와 $e^{i\alpha_2 t}$이다. 이중 첫 번째 해는

$$x = Ae^{-(\gamma/2+\sqrt{\gamma^2/4-\omega_0^2})t}$$

로서, 진동 없이 단조 감소하는 해임을 쉽게 알 수 있다. 두 번째 해는

$$x = Be^{-(\gamma/2-\sqrt{\gamma^2/4-\omega_0^2})t}$$

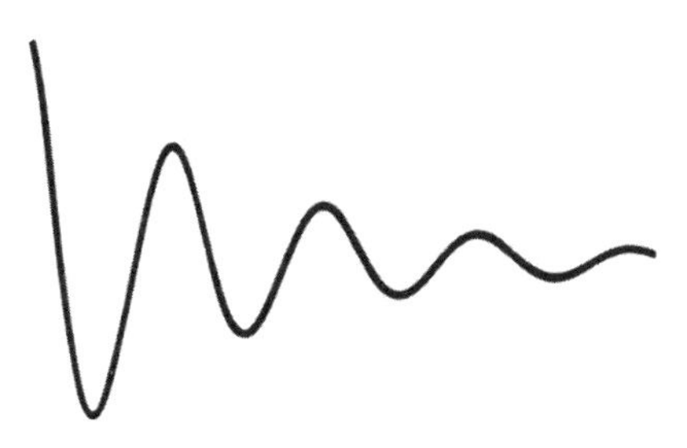

그림 24-4

인데, 여기서 $\sqrt{\gamma^2/4 - \omega_0^2}$은 $\gamma/2$를 초과할 수 없다. 즉, 괄호 안의 양은 항상 양수가 되어 e의 지수는 항상 음수이다. 보라, 이 얼마나 다행한 일인가! 역시 수학의 신은 우리편임에 틀림없다. 만일 e의 지수가 양수였다면 우리가 애써 구한 해는 시간이 흘러감에 따라 대책 없이 무한대로 발산했을 것이다! 이리하여 우리는 두 개의 '안전한' 해를 구하는 데 성공하였다. 둘 다 시간이 흐름에 따라 감소하는데, 이중 하나는 다른 하나보다 감소하는 속도가 더 빠르다. 물론 일반해는 이들을 조합하여 얻어지며, 앞에 붙는 두 개의 상수는 문제에서 주어진 초기 조건에 의해 결정된다. 지금의 경우에는 $A < 0$, $B > 0$이므로 일반해는 두 지수 함수의 차이로 나타날 것이다.

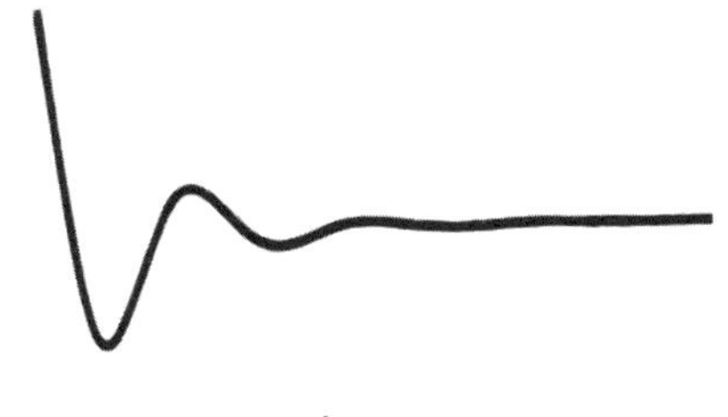

그림 24-5

이제, 초기 조건이 주어진 상황에서 A와 B(또는 A와 A^*)를 구해보자.

$t = 0$일 때 $x = x_0$이고 $dx/dt = v_0$라 하자. 이 조건을 x에 대입하면

$$x = e^{-\gamma t/2}(Ae^{i\omega_\gamma t} + A^*e^{-i\omega_\gamma t})$$
$$dx/dt = e^{-\gamma t/2}[(-\gamma/2 + i\omega_\gamma)Ae^{i\omega_\gamma t} + (-\gamma/2 - i\omega_\gamma)A^*e^{-i\omega_\gamma t}]$$

가 된다. $e^0 = e^{i0} = 1$이므로,

그림 24-6

$$\begin{aligned} x_0 &= A + A^* = 2A_R \\ v_0 &= (-\gamma/2)(A + A^*) + i\omega_\gamma(A - A^*) \\ &= -\gamma x_0/2 + i\omega_\gamma(2iA_I) \end{aligned}$$

를 얻는다. 여기서 $A = A_R + iA_I$이고 $A^* = A_R - iA_I$이다. 따라서

$$\begin{aligned} A_R &= x_0/2 \\ A_I &= (v_0 + \gamma x_0/2)/2\omega_\gamma \end{aligned} \tag{24.21}$$

를 얻게 된다. 이것으로 A와 A^*가 결정되므로, 우리는 초기 조건으로부터 완전한 해를 구한 셈이다. 또한,

$$e^{i\theta} + e^{-i\theta} = 2\cos\theta, \qquad e^{i\theta} - e^{-i\theta} = 2i\sin\theta.$$

를 이용하면 x를 다음과 같은 형태로 쓸 수 있다.

$$x = e^{-\gamma t/2}\left[x_0 \cos \omega_\gamma t + \frac{v_0 + \gamma x_0/2}{\omega_\gamma} \sin \omega_\gamma t\right] \tag{24.22}$$

여기서 $\omega_\gamma = +\sqrt{\omega_0^2 - \gamma^2/4}$이다. 이것이 바로 감쇠 진동의 수학적 표현이다. 지금 당장 필요하지는 않지만, 더욱 일반적인 경우에도 적용될 수 있는 몇 가지 사항을 지적하면서 이 장을 마치고자 한다.

첫째, 외부의 힘이 작용하지 않는 진동계의 일반해는 $e^{i\alpha t}$와 같은 형태의 해들을 더함으로써 얻을 수 있다[이것을 중첩(superposition)이라고 한다]. 지금 우리가 풀었던 문제는 이 원리가 적용되는 대표적인 사례였다. 여기서 α는 일반적으로 복소수이며, α의 허수부가 진동의 감쇠를 나타낸다. 둘째, 22장에서 언급했던 대로 삼각함수와 지수 함수는 수학적으로 아주 밀접하게 관련되어 있는데, 물리적 변수(지금의 경우에는 γ)가 어떤 임계값을 넘어갈 때 진동 함수가 지수 함수로 변하는 것은 바로 이 친밀한 수학적 관계가 현실 세계에 반영된 결과이다.

CHAPTER 25

선형계(Linear System)

25-1 선형 미분 방정식

이 장에서는 특별한 진동자가 아닌 일반적인 진동 시스템의 성질에 대해 알아보자. 그동안 우리가 풀었던 진동계는 다음의 방정식으로 표현되었다.

$$m\frac{d^2x}{dt^2} + \gamma m\frac{dx}{dt} + m\omega_0^2 x = F(t) \tag{25.1}$$

이 식에서 x에 가해진 연산들은 특별한 성질을 갖고 있다. 즉, x 대신 $(x+y)$를 대입하여 얻어지는 결과는 x와 y 각각에 동일한 연산을 가한 후 이들을 서로 더한 것과 같다는 것이다. 또한, x를 ax로 교체하면(a는 상수) 그 결과는 x에 대한 동일한 연산에 전체적으로 a를 곱한 것과 같다. 증명은 아주 간단하다. 단, 방정식 (25.1)의 연산이 좀 길기 때문에 필기량을 줄이기 위해 $\underline{L}(x)$라는 기호를 도입하는 것이 좋겠다. $\underline{L}(x)$는 'L이라는 연산을 x에 적용하여 얻어진 결과'라는 뜻이며, 지금은 식 (25.1)의 좌변을 의미한다. 그러므로 $\underline{L}(x+y)$는 다음과 같다.

$$\underline{L}(x+y) = m\frac{d^2(x+y)}{dt^2} + \gamma m\frac{d(x+y)}{dt} + m\omega_0^2(x+y) \tag{25.2}$$

(일상적인 함수가 아님을 강조하기 위해 문자에 밑줄을 그어서 $\underline{L}$로 표기하였다.) 우리는 이것을 종종 '미분 연산자'라 부르기도 하지만, 사실 어떤 이름으로 불러도 상관없다. 그저 번거로움을 피하기 위해 도입한 기호일 뿐이다.

방금 위에서 언급한 대로, 이 연산자는 다음의 관계를 만족한다.

$$\underline{L}(x+y) = \underline{L}(x) + \underline{L}(y) \tag{25.3}$$

물론 이것은 식 (25.1)의 좌변에 있는 연산들이 $a(x+y) = ax + ay$, $d(x+y)/dt = dx/dt + dy/dt$ 등을 만족하기 때문에 얻어지는 결과이다.

또한, 우리의 연산자 $\underline{L}$은 임의의 상수 a에 대하여 다음과 같은 성질도 갖고 있다.

$$\underline{L}(ax) = a\underline{L}(x) \tag{25.4}$$

[사실, 식 (25.4)는 (25.3)으로부터 유도될 수 있다. 식 (25.3)에 x 대신 $x+x$를 대입하면 $a=2$인 경우의 (25.4)가 바로 얻어진다.]

방정식이 좀더 복잡해지면 $\underline{L}$의 항도 많아지고 미분도 더욱 복잡해질 것이다. 그러나 지금 우리에게 중요한 것은 연산자 $\underline{L}$이 식 (25.3)과 (25.4)를 만족하는지의 여부이다. 만일 만족한다면 이 연산자로 표현되는 계는 '선형계(linear system)'이다. 이 장에서는 선형계만이 갖고 있는 특성들을 주로 살펴볼텐데, 강의가 끝나고 나면 앞장에서 유도했던 특정 시스템의 성질들도 여러분의 머릿속에서 자연스럽게 일반화될 것이다.

이제, 식 (25.1)과 같은 선형 미분 방정식의 일반적인 성질을 알아보자. 첫 번째로 고려할 성질은 다음과 같다—외부의 구동력이 없는 자유 진동자의 운동 방정식이 다음과 같이 주어졌다고 가정해보자.

$$\underline{L}(x) = 0 \tag{25.5}$$

그리고 우리가 어찌어찌하여 x_1이라는 해를 구했다고 하자. 그러면 $\underline{L}(x_1) = 0$이 성립된다. 그런데 x_1이 방정식의 해라면 ax_1도 해이다. 우리는 이미 구해진 해 앞에 임의의 상수를 곱하여 새로운 해를 얼마든지 만들어낼 수 있다. 다시 말해서, 어떤 특정한 '크기'의 운동이 우리의 해였다면, 그 크기를 몇 배로 뻥튀긴 (또는 축소시킨) 운동도 여전히 같은 방정식의 해라는 것이다. 증명은 너무나 간단해서 한마디면 끝난다 : $\underline{L}(ax_1) = a\underline{L}(x_1) = a \cdot 0 = 0$이므로 증명 끝이다.

그 다음, 우리가 갖은 방법을 동원하여 또 하나의 해 x_2를 구했다고 해보자(앞에서 $x = e^{i\alpha t}$로 가정하고 방정식을 풀었을 때, α에 대한 2차 방정식이 얻어지면서 두 개의 해가 나타났었다). 그러면 이 두 개를 더한 $(x_1 + x_2)$도 여전히 같은 방정식의 해이다. 왜 그럴까? 이것도 아주 간단하다. $\underline{L}(x_1) = 0$이고 $\underline{L}(x_2) = 0$인데, $\underline{L}(x_1 + x_2) = \underline{L}(x_1) + \underline{L}(x_2) = 0 + 0 = 0$이기 때문이다. 그러므로 선형계에서 여러 개의 해를 찾았다면, 그들을 모두 더한 것도 여전히 해로 간주할 수 있다.

지금까지 언급한 두 개의 아이디어를 하나로 합쳐보자. 어떤 해에 상수를 곱한 것도 해이고 두 개의 해를 더한 것도 해라고 했으므로, 가장 일반적으로 말하자면 $(\alpha x_1 + \beta x_2)$도 같은 방정식의 해이다. 만일 여기에 세 번째의 해가 또 발견되었다면 그것도 더해주면 된다. 아무리 해가 많아도 전혀 문제될 것이 없다. 앞에서 우리가 구했던 독립적인 해는 단 두 개였는데, 주어진 방정식에서 얻을 수 있는 독립적인 해의 개수는 그 시스템의 자유도(degree of freedom)에 따라 달라진다[두 개의 해가 '독립적(independent)'이라 함은 하나의 해에 상수를 곱하여 다른 해를 만들 수 없다는 뜻이다]. 지금 당장은 갈 길이 바쁘기 때문에 자유도에 관한 자세한 설명은 생략하고, 2계 미분 방정식의 독립해가 일반적으로 두 개라는 사실만 언급하고 넘어가기로 한다.

진동계에 외력(구동력)이 작용한다면 어떻게 될까? 강제 진동의 방정식은

$$\underline{L}(x) = F(t) \tag{25.6}$$

이다. 우리의 친구 조(Joe)는 용케도 하나의 해를 구해내는 데 성공했다. 그가

구한 해를 x_J라 하자. 즉, $\underline{L}(x_J) = F(t)$이다. 이제 우리는 다른 해를 찾으려고 한다. 어떻게 찾을 수 있을까? 우리가 아는 해라곤 식 (25.5)의 해밖에 없으므로 일단 x_1을 조가 구한 해에 더해보자. 그러면 식 (25.3)에 의해

$$\underline{L}(x_J + x_1) = \underline{L}(x_J) + \underline{L}(x_1) = F(t) + 0 = F(t) \tag{25.7}$$

가 얻어진다. 그런데 우변이 $F(t)$로 나온 것을 보면, $x_1 + x_J$도 방정식 (25.6)을 만족하는 해임에 틀림없다. 즉, 강제 진동 해에 자유 진동 해를 더한 것도 강제 진동의 해라는 뜻이다. 이 경우에 자유 진동 해를 '과도해(transient solution)'라고도 한다.

외부의 구동력이 어느 순간에 갑자기 가해지면 처음에는 일시적 해가 나타났다가 시간이 지나면서 사라진다. 그러나 정상해(steady solution, x_J)는 외부의 힘에 의해 유지되기 때문에 시간이 지나도 사라지지 않는다. 긴 시간이 지나면 진동계의 해는 유일한 형태로 결정되지만, 처음에 일어나는 운동은 주로 초기 조건에 의해 좌우된다.

25-2 중첩 원리

미분 방정식의 해와 관련된 재미있는 정리가 또 하나 있다. 외부의 구동력 F_a(이 힘은 $\omega = \omega_a$의 진동수를 갖는다고 가정하자. 그러나 우리의 논리는 F_a의 형태에 상관없이 성립한다)가 작용할 때 그에 해당하는 해 x_a를 구했다고 하자(x_J나 $x_1 + x_J$, 둘 중 어느 것이라 해도 상관없다). 그리고 F_a가 아닌 또 다른 구동력 F_b를 가정하여, 그에 대한 해 x_b도 구했다고 가정하자. 이때, 누군가가 와서 이런 질문을 던졌다. "해를 구하느라 수고하셨습니다. 그런데 F_a와 F_b가 동시에 가해지면 어떻게 되나요? 저는 외부 구동력이 $F_a + F_b$일 때의 해를 알고 싶거든요." 자, 어떻게 해야 할까? 처음부터 모든 계산을 다시 해야 할까? 아니다. 우리는 이미 답을 알고 있다. x_a와 x_b를 더한 것이 바로 새로운 시스템의 해이다! 왜 그럴까? 식 (25.3)을 이용하면 쉽게 증명된다.

$$\underline{L}(x_a + x_b) = \underline{L}(x_a) + \underline{L}(x_b) = F_a(t) + F_b(t) \tag{25.8}$$

이것은 선형계의 중첩 원리(principle of superposition)를 보여주는 대표적인 사례이다. 힘이 아무리 복잡한 형태라 해도, 그것을 여러 개의 간단한 부분으로 분리하여 각각의 부분에 대한 해를 구할 수만 있다면 전체적인 해는 각각의 해를 더하여 얻을 수 있다(그림 25-1).

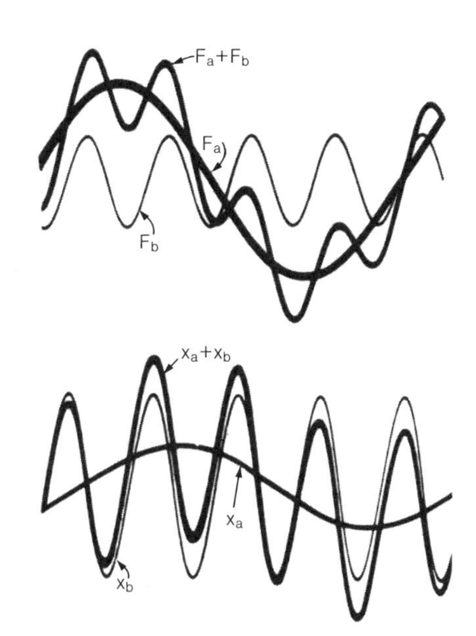

그림 25-1 선형계의 중첩 원리

중첩 원리가 적용되는 또 하나의 예를 들어보자. 이것은 12장에서 이미 언급한 적이 있다. 전하 분포 q_a가 공간상의 한 지점 P에 전기장 E_a를 만들고, 또 다른 전하 분포 q_b는 동일한 P 지점에 전기장 E_b를 만들었다고 하자. 이제 q_a와 q_b가 동시에 존재한다면, P 지점에 형성되는 전기장은 $E_a + E_b$이다(그림 25-2). 즉, 어떤 전하에 의한 전기장을 알고 있을 때, 여러 개의 전하가 만드는 전기장은 각각의 전하에 의해 생성된 전기장을 더하여 얻어진다

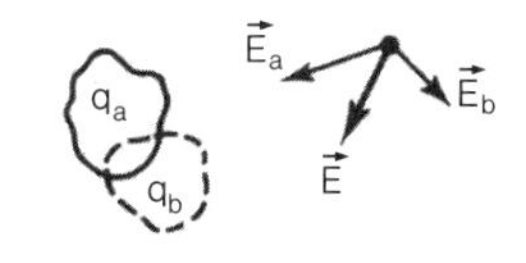

그림 25-2 정전기학에서의 중첩 원리

는 뜻이다. 여기서 전하 분포를 진동자의 변위에, 전기장을 외부의 힘에 각각 대응시키면 바로 위에서 언급한 중첩 원리와 완전히 같은 내용이 된다.

전기의 경우에도 중첩 원리가 적용되는 이유는, 전기장을 결정하는 그 유명한 맥스웰 방정식이 선형 미분 방정식이기 때문이다. 주어진 전하로부터 그 주변에 형성되는 전기장을 구하는 맥스웰 방정식은 식 (25.3)과 (25.4)를 만족한다.

중첩 원리는 우리가 일상적으로 사용하는 기구에도 적용된다. 예를 들어, 여러 방송국이 송신한 전파들 중 내가 듣고 싶은 것만 골라내는 라디오의 튜너 역시 중첩 원리를 이용한 장치이다. 방송국에서 송출되는 전파는 빠르게 진동하는 전기장의 일종으로서, 거기에 음성 신호가 실리면 진폭이 변하고 변조(modulation)되기도 하지만, 소리의 주파수는 전기장의 진동에 비해 아주 낮기 때문에 그다지 큰 영향은 받지 않는다. "본 방송은 전파 780킬로싸이클로 송출되고 있습니다"라는 말은 방송국의 안테나에서 초당 780,000회 진동하는 전기장이 사방으로 퍼져나가고 있다는 뜻이다. 이 전파가 수신용 라디오의 안테나에 있는 전자들을 똑같은 주파수로 진동시키면서 수신이 이루어진다. 그런데 집 근처에 있는 다른 방송국에서 다른 주파수로 전파를 송출하고 있다면(550킬로싸이클이라 하자), 라디오 안테나 속의 전자에게는 초당 550,000회로 진동하는 또 하나의 구동력이 가해지는 셈이다. 그렇다면 이 상황에서 어떻게 우리가 원하는 주파수만을 골라 들을 수 있는 것일까? 어떠한 경우에도 두 개의 방송이 동시에 들린 적은 없었던 것 같다.

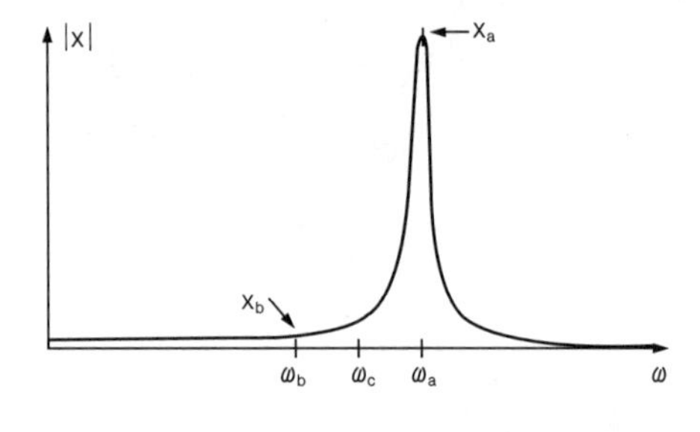

그림 25-3 거의 정확하게 튜닝된 공명 곡선

중첩 원리에 의하면, 외부 전기장이 힘 $F_a + F_b$를 가했을 때 라디오 속에 내장된 선형 회로의 반응은 $x_a + x_b$로 나타나기 때문에, 언뜻 보기에는 이들을 분리할 수 없을 것 같다. 그러나 공명 회로의 경우, 단위 힘에 대한 반응 x를 주파수의 함수로 나타내면 그림 25-3과 같은 곡선이 얻어진다. 물론 앞에서 설명했던 대로, 회로의 Q값이 클수록 피크는 가늘고 뾰족해진다. 이제, 두 방송국이 송출한 전기장(전파)의 세기가 비슷하다고 가정해보자. 다시 말해서, 두 힘의 크기가 거의 비슷하다는 뜻이다. 그리고 우리가 갖고 있는 라디오 회로의 반응은 $x_a + x_b$이다. 그런데 그림 25-3을 보면 x_a가 x_b보다 훨씬 크다. 즉, 두 신호의 세기가 비슷하다고 해도 ω_a의 주파수에 맞춰진 공명 회로를 통과하면 둘 중 하나의 신호에 대한 반응이 훨씬 강해진다. 그러므로 공명주파수가 잘 맞춰지면 다른 신호가 아무리 많다 해도 원하는 신호만을 골라낼 수 있는 것이다.

그렇다면 튜닝(주파수 맞추기)은 어떻게 이루어지는가? 라디오 회로의 L 또는 C를 변화시키면 ω_0를 바꿀 수 있다. 라디오를 켠 후에 둘 중 어느 방송국과도 맞지 않는 위치로 튜닝 다이얼을 돌리면, 회로의 진동수가 새로운 값 ω_c로 이동하면서 아무런 소리도 들을 수 없게 된다(ω_c로 송출하는 제3의 방송국이 없다면). 여기서 다이얼을 계속 돌려 ω_b에 맞추면 'b 방송국'의 방송을 들을 수 있다. 이것이 바로 라디오 송수신의 원리이다. 라디오 방송국은 중첩 원리와 공명을 이용한 '파동 관리국'인 셈이다.*

이제, 복잡한 힘이 가해지고 있는 선형계의 해법에 관하여 약간의 설명을 추가하고자 한다. 풀이법은 여러 가지가 있지만, 일반적으로 적용할 수 있는 방법은 두 가지가 있다. 일단, 힘이 사인파(sine wave)와 같이 주기 함수(또는 이들의 합)로 표현되는 경우의 해법은 이미 알고 있다. 사실은 너무 쉬워서 '해법'이라고 부르기도 민망할 정도다. 그러니 앞으로는 이 경우를 '어린애 장난'이라 부르기로 하자. 그렇다면 복잡한 힘이 작용하고 있는 선형계를 여러 개의 '어린애 장난'의 합으로 표현할 수 있을까? 우리는 복잡한 힘의 사례를 이미 그림 25-1에서 본 적이 있다. 물론 여기에 다른 사인 함수들을 추가하면 얼마든지 더 복잡하게 만들 수 있다. 그런데 이 과정은 거꾸로 진행될 수도 있다. 즉, 임의의 곡선은 각기 나름대로의 파장과 진동수를 갖는 무한히 많은 사인파들로 분해될 수 있다는 것이다. 그렇다면 각각의 사인파는 하나의 '어린애 장난'에 대응되므로, 중첩 원리에 의해 풀이가 가능해진다. 우리가 해야할 일이란, 주어진 힘이 과연 몇 개의 사인파로 분해되는지를 알아내는 것뿐이다. 일단 이것이 알려지면 우리가 원하는 해 x는 분해된 사인파의 합으로 나타낼 수 있다. 단, 각각의 사인파 앞에는 F에 대한 x의 비율을 나타내는 계수가 붙어야 한다. 이 방법을 흔히 '푸리에 변환(Fourier transformation)', 또는 '푸리에 해석(Fourier analysis)'이라고 한다(시간관계상 자세한 설명은 생략한다).

일반적으로 적용될 수 있는 두 번째 풀이법은 다음과 같다. 누군가가 엄청난 정신 노동 끝에 펄스(가느다란 피크) 형태의 힘이 작용하는 시스템을 풀었다고 하자. 이 힘은 어느 순간 갑자기 나타났다가 돌연 사라지는 힘일 것이다. 높이가 1인 펄스를 가정하여 '기준해'를 구하면, 임의의 펄스에 대한 해는 방정식을 따로 풀 필요 없이 기준해에 펄스의 높이를 곱하여 얻을 수 있다. 방정식이 선형이라 참 편리하기도 하다. 하나의 펄스에 대한 해 x는 감쇠 진동을 나타낸다는 것을 우리는 이미 알고 있다. 그렇다면 힘이 그림 25-4와 같은 형태로 주어졌을 때에도 이 방법을 적용할 수 있을까?

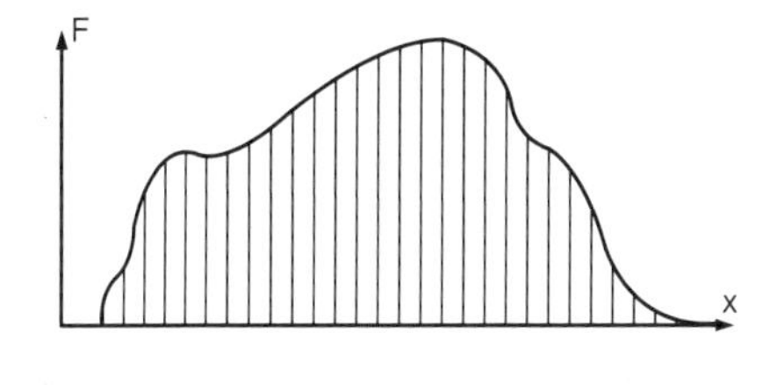

그림 25-4 복잡한 힘은 연속된 여러 개의 펄스로 간주할 수 있다.

이런 형태의 힘은 빠른 속도로 연달아 내리치는 망치에 비유될 수 있다—처음에는 아무런 힘도 작용하지 않다가 어느 순간에 갑자기 망치가 날벼락을 때린다. 그리고 이 충격이 채 가시기도 전에 두 번째 망치가 내리치고(충격은 이전과 다를 수도 있다), 그 뒤를 이어 세 번째 망치, 네 번째 망치… 이런 식으로 정신없이 두들겨 맞다보면 과연 이 힘이 망치에 의한 것인지, 아니면 육중한 물체가 변화무쌍한 힘으로 계속 짓누르고 있는 것인지 구별하기가 어려울 것이다. 즉, 임의의 힘은 순간적인 펄스의 연속으로 간주해도 크게 틀리지 않는다. 그러므로 하나의 펄스에 대한 해를 알고 있다면 이들을 조합하

* 요즘 사용되고 있는 수퍼헤테로다인(superheterodyne) 수신 장치는 원리가 조금 더 복잡하다. 이것은 모든 증폭기들을 하나의 주파수에 맞춰놓고(이를 IF 주파수라 한다) 가변 진동 회로와 입력 신호를 비선형 회로에 결합하여 입력 신호와 회로의 주파수 간의 차이에 해당되는 새로운 진동수를 만들어내는 방식으로 작동된다. 이 진동수와 IF 진동수가 일치하면 증폭이 일어난다. 자세한 내용은 50장에서 설명할 예정이다.

여 완전한 해를 구할 수 있다. 이것을 '그린 함수 법(Green Function Method)'이라 한다. 그린 함수는 가느다란 펄스에 대한 반응을 나타내며, 주어진 힘을 여러 개의 펄스로 분해하여 분석하는 것이 그린 함수 법의 개요이다.

방금 언급한 두 가지 해법은 선형 방정식의 특성이라는 간단한 원리에 기초를 두고 있으므로 누구나 쉽게 이해할 수 있다. 그러나 거기에 필요한 수학적 테크닉들(복잡한 적분 등)은 아직 언급할 단계가 아니라고 본다. 앞으로 수학을 더 배우고 나면 여러분이 원치 않아도 어쩔 수 없이 이런 문제들과 마주치게 될 것이다. 문제는 다소 복잡해 보이겠지만, 기본적인 원리는 지금 말한 것이 전부이다.

물리학에서 선형계는 왜 그토록 중요하게 취급되는가? 이유는 간단하다. 선형계는 우리가 풀 수 있는 시스템이기 때문이다! 그래서 우리는 대부분의 시간을 선형계에 할애하고 있다. 또 하나의 이유를 든다면(이것이 더 중요하다), 물리학의 기본 법칙들이 대부분 선형이라는 것이다. 고전역학을 제패한 뉴턴의 운동 방정식과 전자기학을 천하통일한 맥스웰 방정식, 그리고 (지금까지 우리가 아는 한) 양자 역학을 대표하는 법칙들도 모두 선형이기 때문에, 그것만 풀 수 있어도 자연의 많은 부분을 이해할 수 있다.

어떤 경우에 선형 방정식이 나타나는지 알아보자. 변위가 아주 작으면 많은 함수들은 선형으로 근사될 수 있다. 예를 들어, 단진자의 올바른 운동 방정식은

$$d^2\theta/dt^2 = -(g/L)\sin\theta \tag{25.9}$$

인데, 이것을 풀려면 골치 아픈 타원 함수(ellipic function)를 사용해야 한다. 가장 쉬운 해법은 9장에서 다뤘던 수치적 방법을 사용하는 것이다. 일반적으로, 비선형(non-linear) 방정식은 수치적으로 푸는 것 이외에 이렇다 할 해법이 없다. 그러나 단진자의 각도 변위 θ가 아주 작은 경우라면 $\sin\theta \approx \theta$로 간주할 수 있으므로 식 (25.9)는 선형 방정식이 된다. 이것은 작은 변화가 선형 방정식으로 표현되는 사례들 중 하나이다. 또 하나의 예를 들어보자. 용수철을 살짝 잡아당기면 변위에 비례하는 복원력이 작용한다. 그러나 용수철의 변위가 한계값을 넘어가면 용수철의 힘과 변위 사이의 관계는 전혀 다른 형태로 돌변한다. 앞으로 여러분들은 학창시절의 거의 절반을 선형 방정식과 더불어 보내게 될 것이다. 그만큼 중요하고, 또 그 정도로 만만하다는 뜻이다!

25-3 선형계의 진동

지난 몇 장에 걸쳐 강의한 내용을 복습해보자. 진동이라는 현상을 수학적으로 해석하다보면 모호하고 복잡해지기 일쑤지만, 사실 물리적으로는 어려울 것이 하나도 없다. 수학을 잠시 잊고 순전히 물리적인 관점에서 진동자를 바라보면 모든 것이 명쾌하게 드러난다. 우선 첫째로, 용수철에 질량을 매달았을 때 진동이 일어나는 이유는 너무도 자명하다. 그것은 바로 관성 때문이

다. 용수철을 아래로 잡아당긴 후 가만히 놓으면 매달린 질량은 용수철의 복원력에 의해 위로 올라가다가 평형 지점에 다다른다. 물론 이곳은 용수철이 가장 선호하는 지점이지만, 위로 이동중인 질량은 관성 때문에 운동을 갑자기 멈출 수가 없다. 그래서 평형 지점을 통과하여 위로 계속 올라가면서 용수철을 압축시키고, 역시 용수철의 복원력 때문에 다시 아래로 밀려나게 된다. 이런 과정이 반복되는 현상을 두 글자로 표현한 단어가 바로 '진동'인 것이다. 그러므로 마찰이 없는 경우에는 개념적으로 어려울 것이 하나도 없다. 용수철은 관성 때문에 진동하고, 방해만 하지 않으면 이 운동은 영원히 계속된다. 그런데 여기에 마찰이 작용하면 한 주기가 지난 후의 변위는 이전보다 작아진다.

각각의 주기를 거치는 동안, 그 안에서 대체 무슨 일이 일어나는 것일까? 마찰력의 종류와 크기에 따라 다양한 종류의 사건들이 일어난다. 진동자의 환경을 적당히 조절하여 매 순간 마찰력의 크기가 다른 힘들(용수철의 복원력과 매달린 질량의 관성력)에 비례하도록 만들었다고 가정해보자. 실제의 마찰력은 이런 식으로 작용하지 않지만, 어떻게든 기지를 발휘하여 이런 특이한 마찰력을 만들어냈다고 하자. 그러면 작은 폭으로 진동할 때보다 큰 폭으로 진동할 때 마찰력이 더 세게 작용할 것이다. 그리고 한 차례의 주기가 끝나고 나면 진폭이 작아진 것 빼고는 처음과 동일한 상태를 유지할 것이다. 그런데 진폭이 작아지면 용수철의 복원력도 그만큼 작아지고, 복원력이 작아지면 매달린 물체의 가속도가 줄어들기 때문에 관성력 역시 같은 비율로 작아질 것이다. 물론 우리의 의도대로 마찰력도 같은 비율로 작아진다. 즉, 용수철에 작용하는 모든 힘들이 한 주기가 끝나고 나면 일정한 비율로 작아지는 것이다. 예를 들어, 처음 한 주기가 끝난 후에 진폭이 처음의 90%로 작아졌다면, 그 다음 주기가 끝나고 나면 진폭은 처음의 81%로 줄어들고 그 다음은 73%… 이런 식으로 계속될 것이다. 다시 말해서, 진동의 폭이 매 주기마다 일정한 비율로 줄어든다는 뜻이다. 이와 같이 일정한 시간마다 동일한 비율로 감소하는 양은 지수 함수로 나타낼 수 있다. 처음 진폭과 그 다음 진폭의 비율을 a라 하면, 두 번째 진폭의 비율은 a^2, 세 번째 진폭의 비율은 a^3이다. 따라서, 처음 진폭을 A_0라 했을 때 주기가 n번 반복된 후 진동자의 진폭은 다음과 같이 나타낼 수 있다.

$$A = A_0 a^n \tag{25.10}$$

그런데 주기의 반복 횟수 n은 시간 t에 비례하므로 진동자의 일반해는 $\sin\omega t$나 $\cos\omega t$에 진폭 b^t가 곱해진 형태일 것이다. 그리고 b는 1보다 작은 양수이므로 e^{-c}로 나타낼 수 있다. 그러므로 마찰이 작용하는 진동자의 일반해는 $e^{-ct}\cos\omega t$의 형태를 갖게 되는데, 이것은 앞에서 우리가 수학적으로 얻은 결과와 정확하게 일치한다. 물리적으로 생각해보면 이렇게 간단하다.

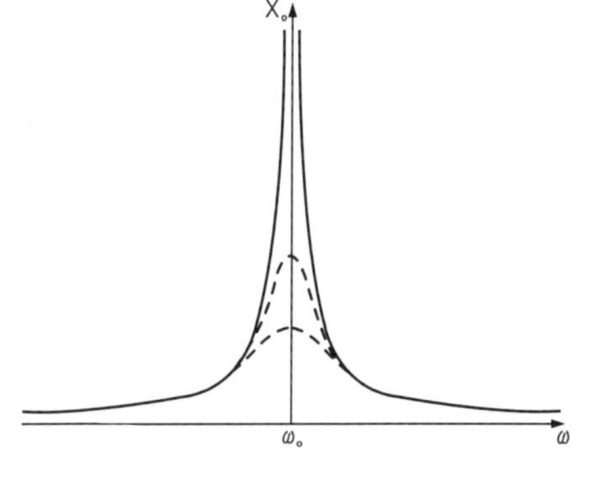

그림 25-5 마찰력의 크기에 따라 공명 곡선의 높이는 달라진다.

마찰력이 달라지면 어떻게 될까? 테이블 위를 미끄러지는 고무처럼, 일반적으로 마찰력은 진동의 폭에 상관 없이 일정한 크기로 작용한다. 이렇게 되면 우리의 운동 방정식은 비선형이 되어 풀기가 곤란해진다. 9장에서 했던 것처럼 수치적으로 풀거나 하나의 주기를 반으로 쪼개서 분석하는 수밖에 없다. 수치적 방법은 그 위력이 마주 막강하여 어떠한 방정식도 풀 수 있지만, 수학적으로 우아하게 답을 구하는 것은 문제가 비교적 간단할 때만 가능하다.

수학적인 분석법은 겉으로 보기에 아름답고 깔끔하지만 사실 따지고 보면 그다지 대단한 것도 아니다. 그것은 아주 간단한 방정식에만 적용될 수 있기 때문이다. 방정식이 조금만 복잡해지면 우리가 지금까지 배운 미분 방정식의 해법은 금방 무용지물이 되어 버린다. 그러나 수치적 해법은 한계라는 것이 없다. 물리학에 등장하는 모든 방정식들은 수치적 방법으로 해결될 수 있다.

공명 곡선은 물리적으로 어떻게 해석해야 하는가? 공명은 왜 일어나는가? 마찰이 없는 단진자를 상상해보자. 어느 순간에 진자를 가볍게 건드렸다면 단진동을 시작할 것이다. 이제, 눈을 감은 상태에서 아무 때나 임의로 진자를 툭툭 친다고 해보자. 어떤 일이 일어날 것인가? 어떤 때는 진자의 이동 방향과 반대로 힘이 가해져서 운동을 방해하기도 하고, 또 어떤 때는 방향이 일치하여 진자의 운동폭이 더 커지기도 할 것이다. 아주 운이 좋아서 타이밍이 계속 맞아들어 갔다면, 진자의 진폭은 점점 더 커져서 천장에 닿을 수도 있다. 이렇게 마찰이 없는 진동을 여러 진동수에 대하여 그래프로 그려보면 그림 25-5가 얻어진다. 이것으로 우리는 공명 곡선을 정성적으로나마 이해한 셈이다. 정확한 곡선을 얻으려면 수학적 과정을 거쳐야 한다. ω가 고유 진동수 ω_0에 가까워지면 곡선은 무한대로 발산한다.

이 단진자에 약간의 마찰력이 작용한다고 가정해보자. 운동의 폭이 작으면 마찰력은 그다지 큰 위력을 발휘하지 못하지만, 공명 곡선에는 눈에 띄는 변화가 생긴다. $\omega \to \omega_0$일 때 곡선이 무한대로 발산하지 않고 적당한 크기에서 둥그스름하게 마무리되는 것이다. 피크의 높이는 진자를 때리면서 가해진 일이 마찰에 의한 에너지 손실을 보상할 수 있는 정도에서 결정되며, 마찰력이 클수록 피크의 끝은 더욱 뭉툭해진다. 여러분은 이렇게 말하고 싶을지도 모른다. "저는 곡선의 폭이 마찰력에 비례한다고 생각했는데요?" 이런 생각이 드는 이유는 모든 곡선의 최대값을 1로 규격화시키는 데 익숙해져 있기 때문이다. 모든 곡선을 똑같은 스케일로 그려놓고 보면, 마찰이 클수록 피크의 최대값이 작아질 뿐, 폭에는 변화가 없다는 것을 한눈에 알 수 있다! 마찰이 작아지면 피크의 끝이 뾰족해지기 때문에 상대적으로 좁게 보이는 것뿐이다. 굳이 말로 표현하자면, "피크가 높아질수록 최대값의 반에 해당하는 폭은 좁아진다"고 말할 수 있을 것이다.

마찰이 엄청나게 크면 어떻게 될까? 마찰이 지나치게 크면 진동이 일어나지 않는다. 이런 경우, 용수철에 저장된 에너지는 마찰력을 간신히 이기는 정도밖에 되지 않기 때문에 서서히 평형 지점으로 되돌아와서 멈추게 된다.

25-4 선형 회로(Linear circuit)

용수철과 질량만이 선형계를 이루는 것은 아니다. 전기적 선형 회로(linear circuit)는 역학적 선형 진동계와 아주 비슷한 특성을 갖고 있다. 이것은 앞에서도 이미 설명한 적이 있는데, 그 이유를 물리적으로 이해하려는 시도는 하지 않았었다. 여러분은 전자기학을 아직 배우지 않았으므로, 지금 당장 구체적인 이유를 이해하기는 어렵다. 그저 실험을 통해 그것이 사실임을 입증할 수 있을 뿐이다.

가장 간단한 경우를 생각해보자. 저항이 있는 도선 하나만 달랑 취해서 양끝에 V라는 전위차를 걸었다. 여기서 V의 의미는 '도선의 전위가 높은 쪽 끝에서 반대쪽 끝으로 전하 q를 이동시키면 qV만큼의 일이 행해진다'는 뜻이다. 물론 전위차가 클수록 일의 양도 많아진다. 이는 접시가 높은 곳에서 떨어질수록 깨지기 쉬운 것과 같은 이치이다. 즉, 전위가 높은 곳에 있는 전하가 낮은 쪽으로 이동하면 에너지를 밖으로 발산한다는 것이다. 그런데 도선 내부의 전하는 떨어지는 접시처럼 일사천리로 이동하지는 못한다. 도선 안에 있는 원자들이 전하(전자)의 이동을 방해하기 때문이다. 이것이 바로 전기 저항의 근원이며, 거의 모든 물체의 저항은 다음의 법칙을 따른다 — 도선 안에서 수많은 전하들이 이동하고 있을 때, 단위 시간당 이동하는 전하의 양, 즉 전류 I는 도선에 걸려 있는 전위차에 비례한다.

$$V = IR = R(dq/dt) \tag{25.11}$$

이것이 바로 그 유명한 '옴의 법칙(Ohm's Law)'이다. 여기서, V와 I의 비례관계를 연결시켜주는 상수 R을 저항이라 하고, 단위는 옴(Ω, volt/ampere)을 사용한다. 역학적 진동계에서는 이처럼 저항이 속도에 직접 비례하는 경우가 거의 없다. 그러므로 전기 회로의 진동 문제는 간단한 계산으로 정확한 답을 얻을 수 있는 아주 깔끔한 문제라 할 수 있다.

전기 회로를 분석할 때, 단위 시간당 행해진 일의 양, 즉 일률을 계산해야하는 경우가 종종 있다. V의 전위차가 걸려 있는 곳에서 전하 q가 이동했다면 이때 행해진 일은 qV이므로, 초당 행해진 일은 $V(dq/dt) = VI = IR \cdot I = I^2R$이다. 이 값은 (에너지 보존 법칙에 의하여) 저항에 의해 1초당 방출된 에너지를 의미하며, 종종 '열손실(heating loss)'이라 불리기도 한다. 백열전구가 뜨거워지는 것도 그곳에서 열손실이 일어나기 때문이다.

물론, 역학적 진동계에는 질량(관성)이 개입되어 있어서, 이로부터 발생하는 고유한 효과가 있다. 그런데 전기 회로에도 질량에 대응하는 물리량—인덕턴스를 발생시키는 코일(coil)이라는 것이 있다. 코일 속을 흐르는 전류는 변화를 싫어하기 때문에 전류를 변화시키려면 전압을 걸어주어야 한다! 만일 전류가 일정하다면, 코일에 전압이 걸려 있지 않다는 뜻이다. 직류 회로에는 인덕턴스라는 개념이 없다. 그것은 오로지 전류가 변하는 상황에서만 개입되는 양이다. 인덕턴스 L과 전압 V의 관계는 다음과 같다.

$$V = L(dI/dt) = L(d^2q/dt^2) \tag{25.12}$$

인덕턴스의 단위로는 헨리(henry)를 사용하는데, 1헨리는 '1볼트의 전압이 가해졌을 때 초당 1암페어의 전류 변화를 유도하는' 인덕턴스를 뜻한다. 식 (25.12)는 뉴턴의 운동 방정식과 비슷한 개념으로 이해될 수 있다. V를 힘 F에, L을 질량 m에 비유하고 I를 속도에 대응시키면 곧바로 뉴턴 방정식이 된다! 뿐만 아니라 이로부터 유도되는 모든 부수적인 방정식들도 생긴 모습이 거의 똑같다. 방정식에 등장하는 모든 물리량들이 1 : 1로 대응되기 때문이다. 역학에서 하나의 사실을 유추해내면, 그에 대응되는 전기적 현상이 항상 존재하는 것이다.

용수철의 늘어난 길이(변위)에 비례하여 복원력이 작용하는 상황은 전기 회로의 무엇에 비유될 수 있을까? $F = kx$에서 시작하여 $F \to V$, $x \to q$로 대치하면 $V = \alpha q$가 된다. α의 정체는 무엇인가? 우리는 이미 답을 알고 있다. 대전된 두 개의 평행 금속판을 가까이 접근시키면 그 사이에는 대전된 전하량에 비례하는 전기장이 형성된다. 따라서 한쪽 금속판에 있는 단위 전하를 맞은편 금속판으로 옮기려면 전하에 비례하는 일을 가해주어야 한다. 이것이 바로 전위차(electric potential difference) V의 정의로서, 하나의 금속판에서 맞은편 금속판으로 가는 길을 따라 전기장을 선적분한 양에 해당된다. V와 q를 연결시켜주는 비례 상수는 전통에 따라 C가 아닌 $1/C$로 표기한다. 이 표기법을 따르면

$$V = q/C \tag{25.13}$$

가 된다. 여기서 C는 축전기의 용량이며, 단위는 패럿(farad)을 사용한다. 용량이 1패럿인 축전기의 금속판에 각각 1쿨롱(다른 쪽은 -1쿨롱)의 전하가 대전되어 있을 때, 두 금속판 사이에는 1볼트의 전위차가 생성된다.

역학적 진동계의 운동 방정식에 나와 있는 물리량들을 우리의 규칙에 따라 바꿔주면 전기 회로에 대한 방정식을 쉽게 얻을 수 있다.

$$m(d^2x/dt^2) + \gamma m(dx/dt) + kx = F \tag{25.14}$$

$$L(d^2q/dt^2) + R(dq/dt) + q/C = V \tag{25.15}$$

이제, 방정식 (25.14)에 대해 우리가 알고 있는 모든 것을 방정식 (25.15)에 적용하면 유사한 결과들이 우르르 쏟아져 나온다. 뿐만 아니라, 이로부터 새로운 사실을 덤으로 유추할 수도 있다.

한데 묶여 있는 여러 개의 용수철에 제각각의 질량이 매달려 있는 복잡한 경우를 생각해보자. 자, 어떻게 해야 할까? 마음을 비우고 처음부터 다시 풀어야 할까? 물론 그것도 하나의 방법이긴 하다. 그러나 이 진동계와 방정식이 똑같은 전기 회로를 가정하여 거기서 문제를 해결할 수도 있다. 예를 들어, 하나의 용수철에 하나의 질량이 매달린 역학적 진동 시스템은 질량에 비례하는 인덕턴스와 $m\gamma$에 비례하는 전기 저항, 그리고 용수철 상수 k에 비례하는 $1/C$을 갖는 전기 회로와 똑같은 방정식으로 서술된다. 또, 전압 V에 대한 반응을 전하 q로 해석하면 이것은 힘 F에 대한 반응으로 x가 변하는 역학 시스템과 완전히 동일해진다! 그러므로 역학적 진동계가 아무리 복

잡하다 해도 거기에 대응되는 전기 회로는 반드시 존재한다. 그렇다면 이런 식으로 무대를 바꿔서 생각하는 것에 무슨 이점이 있는가? 한 시스템에서 풀기 어려운 문제라면 다른 시스템으로 옮겨와도 여전히 어려울 것이다. 역학적 문제를 전기 회로 문제로 바꾸는 것은 문제를 쉽게 만들기 위해서가 아니라, 복잡한 진동 시스템을 구성할 때(또는 변수들을 바꿀 때) 전기 회로를 상대하는 것이 훨씬 간편하기 때문이다.

비유를 들어 생각해보자. 공학 디자이너가 새로운 자동차의 설계를 방금 끝마쳤다. 그런데 그는 이 차가 울퉁불퉁한 길을 달릴 때 얼마나 흔들리는지 미리 알고 싶다. 자, 어떻게 해야 할까? 시제품이 나올 때까지 기다려야 할까? 아니다. 그럴 필요 없다. 전기 회로를 잘 만들면 거의 리얼한 시뮬레이션을 해볼 수 있다. 바퀴의 관성에 대응되는 인덕턴스와 바퀴의 스프링에 대응되는 축전기, 그리고 충격 흡수 장치에 대응되는 저항 등으로 회로를 꾸미면 일단 자동차는 완성이다. 그 다음, 울퉁불퉁한 길은 어떻게 만들어야 할까? 그것도 문제없다. 발전기를 이용하여 이러저러한 전압을 만들어주면 된다. 회로가 완성된 후에 스위치를 켜고 어떤 특정한 축전기의 전하량을 측정하면 자동차가 험한 길을 달릴 때 왼쪽 바퀴가 얼마나 흔들리는지를 예측할 수 있다. 만일 진동이 너무 심하다면 충격 흡수 장치, 즉 저항값을 바꿔서 테스트를 계속하면 된다. 그런데 이럴 때 기존의 저항을 회로에서 떼어내고 새 저항을 다시 연결시켜야 할까? 아니다, 그럴 필요가 전혀 없다. 가변 저항에 달린 다이얼을 돌리기만 하면 된다! 다이얼의 눈금이 10 이상이면 특제 완충 장치를 쓰고, 눈금이 7 이상이면 중저가를 쓰고… 이런 식의 기준만 있으면 만사 OK다. 단순히 다이얼을 돌리는 것만으로 자동차의 성능을 테스트할 수 있다니, 이 얼마나 남는 장사인가!

이 작업을 실현한 기계가 바로 '아날로그 컴퓨터(analog computer)'라는 것이다. 이 기계는 다루기 까다로운 복잡한 문제를 다른 환경의 유사한 문제(같은 방정식을 만족하는 문제)로 변환하여 해결하는 장치이다. 다루기 쉬운 유사 문제로 넘어가면 시스템을 구성하기도 쉽고, 테스트가 끝난 후에 모델을 폐기하기도 쉽다!

25-5 직렬/병렬 임피던스

마지막으로 전기 회로와 관련된 중요한 성질 하나를 짚고 넘어가기로 한다. 이 성질은 회로 소자가 여러 개 연결되어 있을 때 특히 유용하게 써먹을 수 있다. 예를 들어, 그림 24-2와 같이 코일과 저항, 그리고 축전기가 일렬로 연결되어 있는 회로를 생각해보자(스위치와 오실로스코프는 빼고 생각해도 된다 : 옮긴이). 이 회로를 흐르는 전하는 세 개의 회로 소자를 연결된 순서에 따라 모두 통과할 수밖에 없으므로, 도선의 모든 지점에는 같은 양의 전류가 흐른다. 따라서 저항 R을 통과할 때 전압은 IR만큼 떨어지고, 코일 L을 통과할 때는 $L(dI/dt)$만큼 떨어진다. 그리고 각 회로 소자를 통과할 때마다 일어나는 전압 강하를 모두 더한 값은 회로에 걸린 전체 전압 V와 같다. 이것을 방정식으로 표현한 결과가 식 (25.15)였다. 여기에 복소수 표기법을 사용하면 사인 함수 형태의 외력이 가해졌을 때 정상해를 구할 수 있는데, 앞에서 구한 결과는 $\hat{V} = \hat{Z}\hat{I}$였다. 여기서 $\hat{Z}$는 회로의 임피던스이다. 즉, 주기성을 갖는 $\hat{V}$가 가해졌을 때 회로에 흐르는 전류는 $\hat{I}$로 주어진다.

이제, 임피던스가 $\hat{Z}_1$, $\hat{Z}_2$인 두 개의 작은 회로를 직렬로 연결한 후, 도선의 양끝에 전압을 걸었다고 가정해보자(그림 25-6a). 상황이 조금 복잡해지긴 했지만, $\hat{Z}_1$을 흐르는 전류를 $\hat{I}$라 하면 $\hat{Z}_1$을 통과하면서 일어나는 전압 강하는 $\hat{V}_1 = \hat{I}\hat{Z}_1$이며 $\hat{Z}_2$의 전압 강하는 $\hat{V}_2 = \hat{I}\hat{Z}_2$이다. 즉, 두 개의 소자에는 같은 전류가 흐른다. 그러므로 회로에 걸린 전체 전압은 $\hat{V} = \hat{V}_1 + \hat{V}_2 = (\hat{Z}_1 + \hat{Z}_2)\hat{I}$이다. 그런데 이것을 하나의 임피던스에 의한 효과로 해석한다면 $\hat{V} = \hat{I}\hat{Z}_s$로 쓸 수 있으므로, 회로를 대표하는 하나의 임피던스 값 $\hat{Z}_s$는 다음과 같다.

$$\hat{Z}_s = \hat{Z}_1 + \hat{Z}_2 \tag{25.16}$$

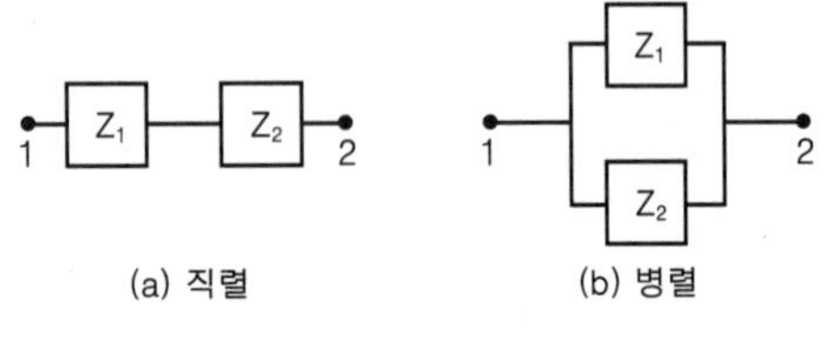

그림 25-6 직렬과 병렬로 연결된 두 개의 임피던스

이번에는 두 개의 작은 회로를 병렬로 연결하고 도선의 양끝에 전압을 걸어보자(그림 25-6b). 그러면 전류가 $\hat{Z}_1$과 $\hat{Z}_2$를 통과할 때 동일한 양의 전압 강하가 일어나고, 도선이 완전한 도체라면(자체 저항이 없다면) 전류는 $\hat{Z}_1$과 $\hat{Z}_2$에 일정한 비율로 배분될 것이다. 그러므로 $\hat{Z}_1$, $\hat{Z}_2$를 통과하는 전류는 각각 $\hat{I}_1 = \hat{V}/\hat{Z}_1$, $\hat{I}_2 = \hat{V}/\hat{Z}_2$가 된다. 즉, 병렬일 때는 전압이 같다. 그리고 도선의 양끝에 흐르는 총 전류 $\hat{I}$는 두 전류의 합이므로 $\hat{I} = \hat{V}/\hat{Z}_1 + \hat{V}/\hat{Z}_2$이다. 이 결과는 다음과 같이 요약될 수 있다.

$$\hat{V} = \frac{\hat{I}}{(\hat{1}/\hat{Z}_1) + (\hat{1}/\hat{Z}_2)} = \hat{I}\hat{Z}_p$$

따라서

$$1/\hat{Z}_p = 1/\hat{Z}_1 + 1/\hat{Z}_2 \tag{25.17}$$

복잡한 회로를 여러 개의 부분으로 분해할 수 있다면, 이런 식으로 각각의 물리량들을 계산한 후에 합성함으로써 전체 회로의 특성을 알아낼 수 있다. 여러 개의 임피던스가 다양하게 연결되어 있고 전압을 발생시키는 발전기에 자체 임피던스가 없다면(즉, 전류가 발전기를 통과하면서 전압이 정확하게 V만큼 상승한다면) 우리는 다음의 법칙을 적용할 수 있다—(1)회로에 있는 모든 분기점(도선이 세 갈래 이상으로 갈라지는 지점)에서 흘러 들어오고 나가는 전류의 합은 0이다. 즉, 분기점으로 흘러 들어온 전류는 어딘가를 통해 흘러 나가야 한다. (2)전하가 임의의 닫혀진 회로(폐회로)를 한 바퀴 도는 동안 가해진 일의 합은 0이다. 흔히 '키르히호프의 법칙(Kirchhoff's Law)'이라 불리는 이 법칙을 이용하면 복잡한 회로를 쉽게 분석할 수 있다. 물론 식 (25.16)과 (25.17)도 키르히호프의 법칙을 이용하여 유도할 수 있다. 이에 관한 자세한 내용은 내년에 전자기학을 배울 때 다시 언급될 것이다.

CHAPTER 26

광학 : 최소 시간 원리

26-1 빛

앞으로 우리는 전자기 복사(electromagnetic radiation)라는 현상의 근원을 찾아 긴 여행을 떠나야 한다. 그리고 이 장은 그 여행에 앞서 간단하게 짐을 꾸리고 준비 운동을 하는 단계에 해당된다. 모든 만사는 출발이 중요한 법이니, 마음의 준비를 잘 해두기 바란다.

우리의 눈에 보이는 빛(가시광선, visible light)은 방대한 스펙트럼을 갖는 전체 빛의 극히 일부에 지나지 않는다. 그 스펙트럼의 각 부분은 각기 나름대로 갖고 있는 고유한 양이 있어서 다른 부분과 구별될 수 있는데, 그것은 다름 아닌 '파장(wavelength)'이다. 가시광선의 파장이 변하면 우리의 눈에는 붉은색에서 보라색에 이르는 다양한 색상으로 감지된다. 전체 스펙트럼을 긴 파장부터 순서대로 배열시키면 그 시작점에는 라디오파(radiowave)가 있다. 라디오파의 파장은 아주 넓은 영역에 걸쳐 있는데, 그중에는 일상적인 방송파의 파장보다 긴 것도 있다. 보통 방송용 라디오파의 파장은 약 500m 정도이다. 그 다음으로는 레이더파(radar wave), 또는 단파(short wave)가 있고 밀리미터파(milimeter wave) 등이 그 뒤를 잇는다. 그런데 사실 이런 파장들 사이에는 명확한 경계선이 없다. 스펙트럼의 성질이 원래 그렇다. 각자 중간 부분에서는 나름대로의 특징이 분명하게 나타나지만, 이웃한 스펙트럼과 연결되어 있는 경계선 쪽으로 가면 누가 누구인지 구별하는 것조차 모호해진다.

밀리미터파를 지나 한참을 더 가면 적외선(infrared)이 나타나고, 그후에 드디어 가시광선이 모습을 드러낸다. 여기서 빨-주-노-초-파-남-보를 거쳐(이 색상들도 경계가 모호하긴 마찬가지다) 더욱 짧은 파장 쪽으로 이동하면 여름철 피부의 적인 자외선(ultraviolet)에 이르고, 조금 더 가면 X-선이 시작된다. 물론 여기에도 명확한 경계는 없다. 파장이 대략 10^{-8}m, 또는 $10^{-2}\mu$ 정도이면 '연 X-선(soft X-ray)'이라 하고, 그 이하는 '경 X-선(hard X-ray)'이라 한다. 여기서 더 나아가면 감마선(γ-ray)에 이르게 된다.

이렇게 방대한 빛의 영역에서 특별히 우리의 관심을 끄는 영역은 대략 세 부분으로 나눌 수 있다. 그중 하나는 실험 도구의 스케일이 파장보다 훨씬 큰 영역으로서, 여기서 사용되는 에너지 감지 장치로는 양자론에 입각한 빛의 에너지(광자, photon)를 잡아낼 수 없다. 감지기의 센서가 너무 크고 둔하기 때문이다. 이런 영역에서는 '기하 광학(geometrical optics)'을 이용하여 빛의 진행을 대략적으로 서술하는 수밖에 없다. 반면에, 실험 도구의 스케일이 파장과 비슷한 영역이 있는데(가시광선의 파장과 견줄 만큼 작게 만들 수는 없지만, 라디오파 정도의 스케일이라면 가능하다), 이 영역에서도 광자의 에너지는 무시할 수 있을 정도로 작기 때문에 파동의 특성을 잘 연구하면 근사적인 서술이 가능하다. 이 분야가 바로 '고전 전자기 복사 이론(classical theory of electromagnetic radiation)'으로서, 양자적 효과는 여전히 무시된다. 이에 관한 내용은 나중에 따로 다루게 될 것이다. 여기서 단파장 쪽으로 더 옮겨가면 파동적 성질은 거의 사라지고 광자의 에너지가 실험 장치의 감지기에 충분히 잡힐 정도로 커지면서 모든 상황이 다시 단순해진다. 이 영역의 주인공은 단연 광자인데, 본 강의에서는 대략적인 설명만 하고 넘어갈 예정이다. 방금 분류한 세 가지 영역의 빛을 통일된 관점에서 서술하는 이론은 아직 개발되지 않았다.

이 장에서는 빛의 파장이나 광자의 성질을 모두 무시한 채, 오로지 기하 광학의 관점에서 빛의 성질을 알아보기로 한다. 빛의 입자성이나 파동성에 관해서는 나중에 때가 되면 설명할 것이다. 지금은 빛의 본성을 논하자는 것이 아니라, 거시적인 스케일에서 빛의 행동 양식을 알아보자는 것이다. 그러므로 우리가 얻게 될 모든 결과들은 대략적인 서술에 불과하다. 모순적인 이야기 같지만, 후에 더욱 정확한 이론을 배우게 되면 이 장에서 배웠던 내용은 잊는 것이 좋다. 그것도 아주 빨리 잊어야 한다. 왜냐하면 이 장이 끝난 후 얼마 지나지 않아 다른 이론을 배울 것이기 때문이다!

기하 광학은 빛의 근사적인 서술에 지나지 않지만, 기술적으로나 역사적으로 아주 중요한 의미를 갖고 있다. 여기서는 다른 교과서에 나와 있는 순서를 따르지 않고, 역사적인 발전 과정을 따라가면서 논리를 전개할 것이다. 물리학의 이론과 아이디어가 어떻게 태어나고 발전해왔는지를 한눈에 조망하려면 이 방법이 최고다.

인간은 빛과 아주 친숙하다. 빛은 태곳적부터 인간을 비롯한 모든 생명들의 삶을 지배해왔다. 그런데 우리는 어떻게 빛을 볼 수 있는 것일까? 옛날부터 다양한 이론들이 제시되어 왔지만, 지금은 "물체의 표면에서 반사된 빛이 우리의 눈에 들어와서 시신경을 자극하면 두뇌가 그 물체의 존재를 시각화시킨다"는 이론이 정설로 받아들여지고 있다. 우리는 이 이론을 어린 시절부터 귀가 아플 정도로 들어왔기 때문에, 누군가가 "우리의 눈에서 무언가가 발사되어 눈 앞에 펼쳐진 풍경을 스캔한 후 그 정보가 눈으로 되돌아온다"는 정반대의 주장을 펼치면 당장 정신병원으로 보내고 싶어질 것이다. 빛의 성질 중 우리의 눈에 쉽게 감지되는 것으로는 '직진성'을 들 수 있다. 즉, 빛이 한 지점에서 다른 지점으로 이동할 때 중간에 장애물이 없고 다른 빛과 간섭을 일으키지 않는다면 항상 직선 경로를 따라간다는 것이다. 그런데 여기에도 이상한 점이 있다. 조명이 켜진 방 안에는 여러 물체에서 반사된 빛들이 정신없이 돌아다니고 있을 텐데, 그중 어떤 빛도 우리의 눈에 들어오는 빛줄기를 방해하지 않는다. 서로 교차하는 빛들이 간섭을 일으킨다면 지금 눈 앞에 펼쳐진 세상이 이렇게 깨끗하게 보일 리가 없지 않은가? 과거에 호이겐스(Huygens)는 빛의 입자성을 반박할 때 이 논리를 사용하였다. 만일 빛을 수없이 날아오는 화살의 다발로 간주한다면, 서로 부딪쳤을 때 아무런 영향도 받지 않는다는 것은 있을 수 없는 일이다. 그러나 이런 비유적인 논리는 별로 설득력이 없다. "빛은 서로를 무사 통과하는 희한한 화살이다"라고 우겨버리면 그만이기 때문이다!

26-2 반사와 굴절

지금까지 언급된 것만으로도, 우리는 기하 광학에 관한 기본적인 아이디어를 얻을 수 있다. 이를 밑천으로 삼아, 지금부터 기하 광학의 세계로 여행을 떠나보자. 우리가 아는 한, 빛은 직선 경로를 따라간다. 이제 빛이 다양한 물체에 부딪쳤을 때 어떤 일이 일어나는지 알아보자. 제일 만만한 물체는 무엇일까? 그렇다. 거울의 경우가 제일 간단하다. 빛이 거울에 부딪치면 더 이상 직진하지 못하고 표면에서 반사되어 새로운 직선 경로를 따라 진행하게 된다. 그리고 이 새로운 경로의 방향은 거울에 입사된 각도에 따라 달라진다. 고대의 과학자들은 이 각도를 놓고 심각한 고민에 빠졌었다. 입사각과 반사각 사이에는 어떤 관계가 있는가? 물론 이 문제는 비교적 쉽게 해결되었다. 거울에 입사된 빛은 입사각과 반사각이 항상 같았다. 빛의 경로와 유리면 사이의 각도는 정의하기 나름이지만, 흔히 법선(거울의 면과 수직한 선)과 이루는 각도를 기준으로 하여 입사각과 반사각을 정의한다. 그러므로 빛의 반사 법칙은 다음과 같이 간단하게 표현할 수 있다.

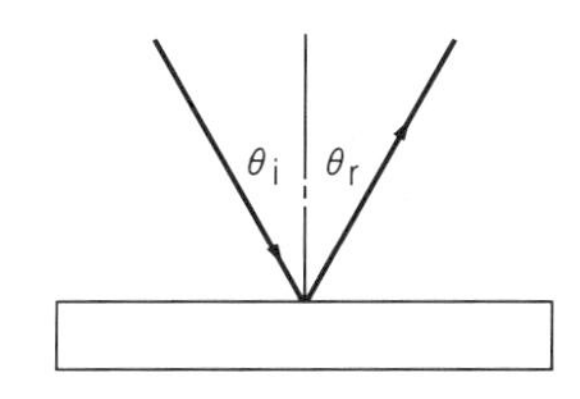

그림 26-1 빛이 반사될 때 입사각과 반사각은 같다.

$$\theta_i = \theta_r \qquad (26.1)$$

이것은 아주 간단한 법칙이다. 그런데 빛이 하나의 매질에서 다른 매질로 접어들 때에는 조금 어려운 문제가 발생한다. 공기 중을 통과하던 빛이 물 속으로 진입하면 빛은 더 이상 직선 경로를 따라가지 않고 갑자기 길을 꺾는 것이다. 입사각 θ_i가 작으면 굴절각 θ_r은 θ_i와 큰 차이가 나지 않지만(굴절이 일어나지 않는다면 θ_i와 θ_r은 같아진다), θ_i가 커지면 굴절이 심하게 일어나서 θ_i와 θ_r은 커다란 차이를 보이게 된다. 그렇다면 입사각과 굴절각은 구체적으로 어떤 관계에 있는가? 이 문제 역시 고대 과학자들을 오랜 세월 동안 괴롭혔지만, 해답을 찾은 사람은 아무도 없었다. 그러나 그들 중 한 사람이었던 프톨레미(Clasudius Ptolemy)는 빛이 다양한 입사각으로 물 속에 진입할 때 나타나는 굴절각을 일일이 측정하여 표를 작성하였는데, 그 결과가 표 26-1에 나와 있다. (많은 사람들은 고대 그리스의 학자들이 아무런 실험도 하지 않은 것으로 믿고 있다. 그러나 굴절의 원리를 완벽하게 알고 있거나 직접 실험을 한 것이 아니라면 이 정도로 정확한 표를 얻는 것은 불가능하다. 그런데 프톨레미의 표를 자세히 보면, 입사각마다 실험을 한 것이 아니라 중

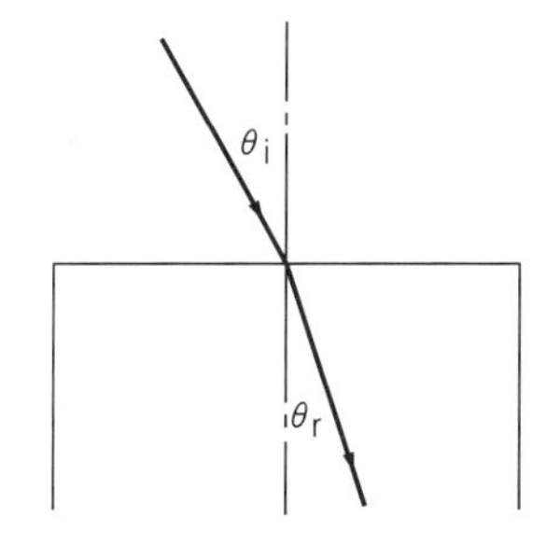

그림 26-2 다른 매질의 경계를 통과할 때 빛은 굴절된다.

간 중간에 자신이 생각하는 예상값을 끼워 넣었다는 느낌이 든다. 굴절각의 변화를 입사각에 대한 함수로 그려보면 수학적 포물선과 정확하게 일치하기 때문이다.)

표 26-1

입사각	굴절각
10°	8°
20°	15-1/2°
30°	22-1/2°
40°	29°
50°	35°
60°	40-1/2°
70°	45-1/2°
80°	50°

이것으로 우리는 물리 법칙을 세우는 데 중요한 첫걸음을 내디딘 셈이다—굴절이라는 현상이 있음을 알았고, 실험 데이터도 얻었다. 이제 실험값들을 서로 연결시켜주는 규칙을 찾기만 하면 된다. 프톨레미가 표 26-1을 얻은 것은 서기 140년경이었는데, 누군가가 이 표로부터 어떤 법칙을 찾아낸 것은 그로부터 근 1500년이 지난 1621년의 일이었다! 그 주인공은 바로 독일의 물리학자 스넬(Wilebrord Snell)로서, 그가 알아낸 법칙은 다음과 같다. 입사각을 θ_i라 하고 굴절각을 θ_r이라 했을 때, $\sin\theta_i$는 $\sin\theta_r$에 어떤 상수를 곱한 것과 같다.

$$\sin\theta_i = n\sin\theta_r \tag{26.2}$$

표 26-2

입사각	굴절각
10°	7-1/2°
20°	15°
30°	22°
40°	29°
50°	35°
60°	40-1/2°
70°	45°
80°	48°

물의 경우, n값은 약 1.33이다. 식 (26.2)는 그 유명한 '스넬의 법칙'으로서, 빛이 공기에서 물 속으로 진입할 때 구부러지는 정도를 알려주고 있다. 스넬의 법칙을 이용하여 물에서의 굴절각을 계산한 결과가 표 26-2에 제시되어 있는데, 프톨레미가 작성한 표 26-1과 놀라울 정도로 잘 일치한다.

26-3 페르마의 최소 시간 원리(principle of least time)

굴절각을 알려주는 공식을 찾긴 했지만, 이것만으로 굴절의 원리를 알았다고 우길 수는 없다. '굴절의 과학'이 성립되려면 왜 이런 공식이 나와야만 했는지, 그 이유를 알아야 한다. "그 이유라는 것이 아예 존재하지 않는다면 말짱 헛수고 아닌가요?"라고 반문할지도 모른다. 물론 그런 경우가 있을 수도 있다. 그러나 우리는 식 (26.2)를 알고 있으므로 성공할 확률이 매우 높다. 지금까지 거의 모든 과학은 이런 조그만 실마리에서 시작되었다.

빛의 행동 양식을 수학적으로 규명한 최초의 과학자는 페르마(Fermat)였다. 1650년에 발표된 페르마의 '최소 시간 원리(principle of least time)'에 의하면, 빛은 거리상의 최단 경로를 따라가는 것이 아니라, 최단 시간이 소요되는 경로를 따라가고 있었다.

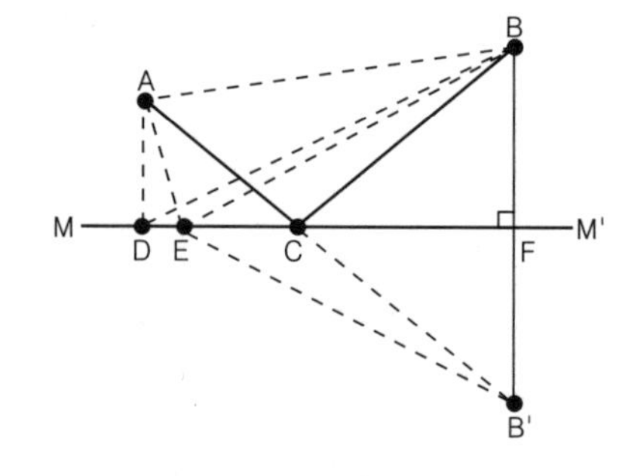

그림 26-3 최소 시간 원리

우선 거울의 경우에 이 원리를 적용해보자. 원리 자체는 간단하지만 그 안에는 빛의 직진성과 반사의 원리까지 모두 포함되어 있다. 즉, 식 (26.1)과 (26.2)는 동일한 원리의 결과라는 것이다. 자연에 대한 우리의 이해는 이런 단계를 거치면서 점차 깊어진다! 그러면 지금부터 다음 문제의 해답을 찾아 보자. 공간상에 두 개의 지점 A, B가 있고 그 아래쪽에 거울 MM'이 놓여 있다(그림 26-3). 가장 짧은 시간 안에 A에서 B로 이동하려면 어떤 경로를 따라가야 하는가? 답은 간단하다. A와 B를 연결하는 직선을 따라가면 된다! 그러나 '거울의 표면을 반드시 거쳐서 가야 한다'는 조건이 부가되면, 문제는 그리 만만하지 않다. A에서 가능한 한 빨리 거울에 도달한 후(D) 곧바로 B

를 향해 달려가면 어떨까? 아무래도 DB가 너무 긴 것 같다. 거울과 만나는 지점을 옆으로 조금 옮기면(E) 출발점에서 거울까지의 거리는 조금 길어지지만, 거울에서 B까지의 거리가 많이 단축되어 결과적으로 이득을 보게 된다. 그렇다면 가장 많은 이득을 볼 수 있는 지점, C의 위치는 어디일까? 약간의 기하학을 이용하면 아주 깔끔하게 해답을 찾을 수 있다.

거울 표면 MM'을 대칭축으로 하여 B와 대칭을 이루는 지점에 가상의 점 B'을 찍어보자($BF = B'F$). 그러면 삼각형의 합동 조건에 의해 $EB = EB'$이 된다. 공기 중의 빛은 항상 등속 운동을 하기 때문에 소요 시간은 거리에 비례한다. 따라서, 빛이 경로 $AE + EB$를 주파하는 데 걸리는 시간은 $AE + EB'$를 주파하는 데 걸리는 시간과 정확하게 같다. 그러므로 두 단계로 나눠진 경로의 합이 어디서 최소가 되는지를 알면 이 문제는 해결된다. 자, 어디가 정답일까? 너무도 쉬운 질문이다. A와 B'을 잇는 직선, 즉 ACB'을 따라가는 것이 가장 짧다! 그러면 $\angle BCF = \angle B'CF = \angle ACM$이 되어, 입사각과 반사각이 같아진다. 결국 식 (26.1)은 그냥 얻어진 것이 아니라 '빛은 최단 시간 경로를 따라간다'는 원리로부터 유도되는 결과였던 것이다. 그 옛날, 알렉산드리아의 헤론은 빛이 최단 경로를 따라간다고 주장한 적이 있었다. 빛의 반사만 놓고 보면 이것도 맞는 주장이긴 하다. 그러나 빛의 굴절 현상은 헤론의 아이디어로 설명할 수 없다. 그래서 페르마가 떠올린 것이 바로 '최단 시간 경로'였다.

빛의 굴절을 분석하기 전에, 거울에 대해서 한 가지 언급해둘 것이 있다. 관측자가 A지점에 있을 때, 광원 B에서 빛이 출발하여 거울에서 반사된 후 A에 도달하는 것은 거울 없이 광원 B'에서 빛이 출발하여 A에 도달하는 것과 똑같은 현상이다. 그러므로 A에 있는 관측자는 이 빛이 B에서 왔는지, 아니면 B'에서 왔는지 구별할 수가 없다. 물론, 거울의 표면에 먼지가 묻어 있다거나 '지금 내 눈 앞에 거울이 있다'는 사실을 알고 있다면 두뇌의 판단에 의해 B(실상)와 B'(허상)을 구별할 수 있겠지만, 원리적으로 이 둘은 다를 것이 없다. 그래서 거울에 비친 영상은 마치 거울 속에 실재하는 것처럼 보이는 것이다.

이제 최소 시간 원리를 이용하여 스넬의 법칙을 유도해보자. 잠깐! 그 전에 한 가지 가정할 것이 있다. 물 속에서 진행하는 빛의 속도가 공기 중에서의 속도보다 느리다는 가정이 필요하다. 공기 중에서의 빛의 속도와 물 속에서 진행하는 빛의 속도의 비율을 n이라고 하자($n > 1$).

우리에게 주어진 과제는 그림 26-4에서 $A \to B$를 잇는 최소 시간 경로를 찾는 것이다. 이제 x축을 바닷가의 해안선이라 하고 그 아래쪽을 바다라고 가정해보자. 물론 해안선의 위쪽은 모래사장이 될 것이다(하늘에서 아래쪽으로 바라본 풍경이다). 어느 화창한 여름날, 미스코리아 빰치게 아리따운 아가씨가 수영을 하다가 다리에 쥐가 났는지, B지점에서 허우적대며 살려달라고 비명을 지르고 있다. 모래사장의 A지점에서 여러분 중 누군가가 이 광경을 목격했다면, 이 좋은 기회를 놓칠 수 없다. 당장 뛰어들어서 그녀를 구해

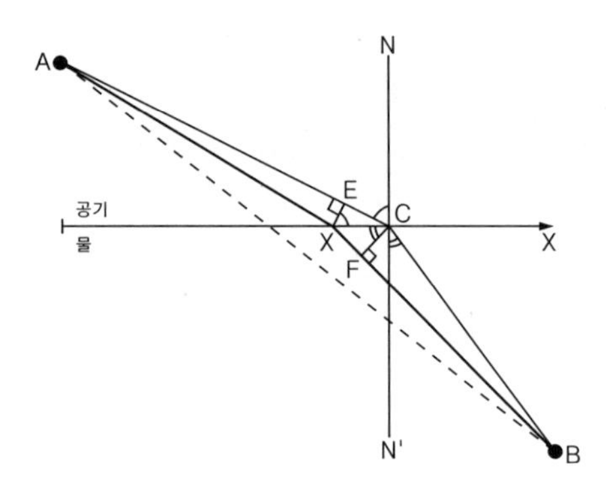

그림 26-4 페르마의 최소 시간 원리

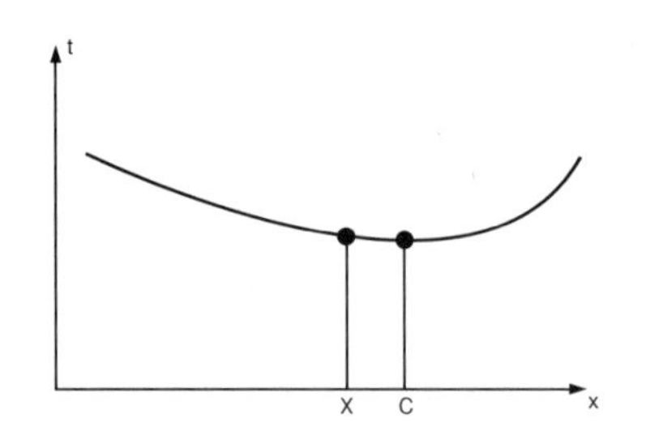

그림 26-5 C가 최소 시간 경로일 때, 그 근방에 있는 경로 X는 소요 시간이 C와 거의 같다.

야 한다! 그런데 사태가 보기보다 심각하여, 가능한 한 빠른 시간 내에 구해야 할 것 같다. 자, 여러분이라면 어느 길을 택하겠는가? 무작정 직선 경로를 따라갈 것인가? 만일 그럴 작정이라면 잠시 이 점을 생각해 보라. 모래사장에서는 뛰어갈 수 있지만, 일단 물 속에 들어가면 상당한 내공이 쌓여 있지 않은 한 더 이상 뛰어갈 수 없다. 어쩔 수 없이 수영 실력을 발휘해야 한다. 그런데 돌고래가 아닌 이상, 수영으로 나아가는 속도는 육지에서 뛰는 속도보다 느릴 수밖에 없다. 그런데도 직선 경로로 가고 싶은가? 그림을 자세히 보라. 직선 경로를 따라가면 수영으로 가야 할 거리가 상당히 길다. 그러므로 최단 시간 내에 그녀에게 도달하려면 다른 길을 찾아야 한다. 즉, 달려가는 거리를 조금 늘리고 수영으로 가는 거리를 줄여서 시간을 단축해야 하는 것이다. 물론, 정확한 답을 얻으려면 모래사장에 앉아서 자신의 달리기 실력과 수영 실력을 비교해가며 신중하게 계산을 해봐야 한다. 미녀는 걱정할 것 없다. 방금 인명 구조원이 그녀를 향해 출발했다. 그러니 조금 아쉽긴 하지만 그녀를 구하는 일은 전문가에게 맡기고, 우리는 풀던 문제나 계속 풀어보자. 만일 경로 ACB가 최단 시간 경로라면, 여기서 조금만 벗어나도 소요 시간이 길어질 것이다. 이제 임의의 경로가 x축과 만나는 지점을 X라 하고, 빛의 진행 시간을 X의 함수로 나타내어 그래프를 그려보면 그림 26-5와 같은 곡선이 얻어진다. 우리의 예상대로, $X = C$일 때 곡선은 최소값을 갖는다. 그런데 곡선의 최소 지점에서는 기울기가 0이기 때문에 그 근방에서 X를 C 근처로 조금 이동해도 소요 시간에는 거의 차이가 없다. 그러므로 임의의 지점 X를 잡은 후에, 이 위치를 아주 조금 이동시켰을 때 소요 시간의 변화가 나타나지 않는다는 조건을 부가하면 C를 찾을 수 있다(물론, 근사식을 2차항까지 고려하면 최소점에서도 아주 작은 변화가 나타난다. 이 경우에는 좌-우 어느 방향으로 이동해도 소요 시간이 늘어난다는 조건을 추가로 부가하면 된다). 이제 우리가 할 일은 임의의 지점 X를 잡아서 빛이 AXB를 주파하는 데 걸리는 시간을 계산한 후, 그 근방의 새로운 경로를 다시 잡아서 이전의 경로와 소요 시간을 비교하는 것이다. 다행히도 이 계산은 매우 쉽다. X가 C 근처에 있으면 둘 사이의 시간차는 거의 0이다. 먼저, 공기 중에서의 경로를 살펴보자. X에서 최소 시간 경로에 내린 수선을 XE라 하면(그림 26-4 참조), 공기 중에서 X를 지나는 경로는 C를 지나는 경로보다 EC만큼 길다. 그러나 물 속에서 수선 CF를 그려놓고 보면, X를 지나는 경로가 C를 지나는 경로보다 XF만큼 짧다. 그런데 방금 위에서 말한 바와 같이 C를 지나는 경로는 최소 시간 경로이고 X는 C와 아주 인접해 있으므로 두 경로의 소요 시간은 1차 근사 이내에서 같아야 한다. 또한, 물 속에서 빛의 속도는 공기 중의 속도보다 $1/n$만큼 느리다고 했으므로, 이로부터 다음의 관계가 성립함을 알 수 있다.

$$EC = n \cdot XF \tag{26.3}$$

그런데 $EC = XC\sin(\angle EXC)$이고 $XF = XC\sin(\angle XCF)$이므로, $\sin(\angle EXC)$

$= n\sin(\angle XCF)$이다. 여기에

$$\angle EXC = \angle ECN = \theta_i, \ \angle XCF = \angle BCN' = \theta_r$$

을 이용하면

$$\sin\theta_i = n\sin\theta_r \tag{26.4}$$

을 얻는다. 즉, 빛의 속도가 공기 중보다 $1/n$ $(n > 1)$만큼 느린 매질로 빛이 접어들 때는 $\sin\theta_i : \sin\theta_r = n$이 되도록 굴절된다는 것을 알 수 있다[$n$은 흔히 굴절률(index of refraction)이라 불리기도 한다 : 옮긴이].

26-4 최소 시간 원리의 응용

이제 최소 시간 원리로부터 유도되는 몇 가지 재미있는 결과들을 알아보자. 우선 첫째로, 상반성 원리(principle of reciprocity)를 들 수 있다. 그 내용인즉, 빛이 A에서 B로 진행할 때 거쳐가는 최소 시간 경로는 B에서 A로 진행할 때의 최소 시간 경로와 일치한다는 것이다(단, 양방향으로 진행하는 빛의 속도가 같아야 한다). 따라서 빛이 어느 한 방향으로 전달되었다면 반대 방향으로도 전달될 수 있다.

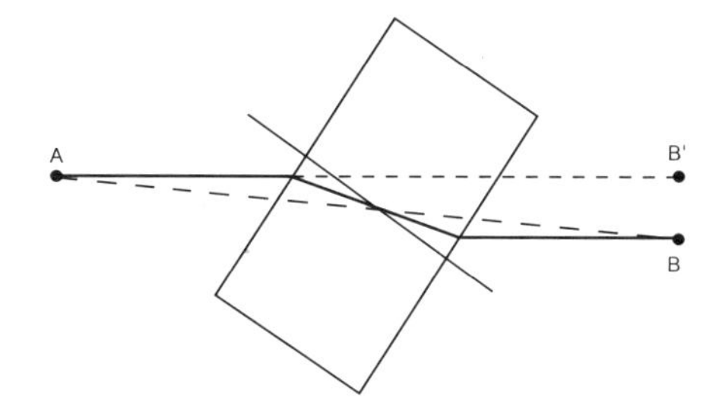

그림 26-6 빛은 투명한 블록을 통과하면서 경로가 평행이동 된다.

양면이 평행한 두꺼운 유리가 빛의 경로에 비스듬하게 놓여 있는 경우(그림 26-6), A에서 B로 진행하는 빛은 유리 속에서 굴절되었다가 공기 중으로 나오면서 다시 굴절되는데, 이때 최종 경로는 원래의 경로에서 벗어나지만 방향은 그대로 유지된다. 즉, A를 출발한 빛과 B로 도달하는 빛은 서로 평행하다. B에서 출발하여 A로 도달하는 경우도 마찬가지다.

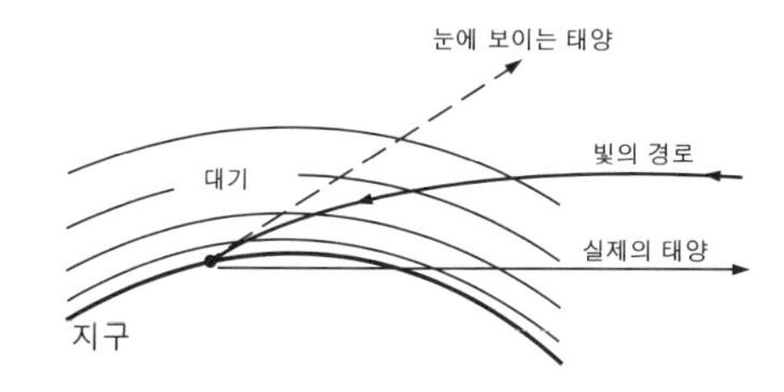

그림 26-7 지평선 근처에서 겉보기 태양은 실제의 태양보다 약 $1/2°$ 가량 고도가 높게 보인다.

재미있는 사실이 또 하나 있다. 여러분이 지는 해를 바라보고 있을 때, 사실 진짜 태양은 이미 지평선 아래로 넘어가 있다. 우리가 보는 태양은 실제의 모습이 아니라 허상이다! 왜 그럴까? 지구의 대기는 밀도가 균일하지 않아서, 위쪽은 밀도가 작고 아래쪽으로 내려올수록 밀도가 커진다. 빛은 진공 중에서보다 공기 중에서 속도가 더 느리고, 공기의 밀도가 커질수록 더 느려지기 때문에, 태양으로부터 오는 빛은 지구의 대기를 통과하면서 연속적으로 굴절되어 그림 26-7의 굵은 선과 같은 궤적을 그린다. 따라서 우리의 눈에 보이는 태양은 실제보다 높은 고도에 있게 되고, 태양이 지평선에 걸린 것처럼 보일 때 이미 실제의 태양은 지평선 아래로 사라지고 없는 것이다. 자동차를 타고 뜨거워진 도로 위를 달릴 때 보이는 신기루(mirage)도 이와 비슷한 현상이다. 도로 앞쪽에 물이 고여 있는 것처럼 보였다가 가까이 다가가면 감쪽같이 사라지는 현상을 여러분도 본 적이 있을 것이다. 신기루의 정체는 무엇일까? 그것은 바로 도로 위에 비춰진 하늘의 모습이다! 하늘에서 땅으로 내려오는 빛이 그림 26-8처럼 휘어져서 우리의 눈에 들어온 것이다. 왜 이런 일이 생기는 것일까? 도로 바로 위의 공기는 매우 뜨겁지만 위로 올라갈수록 차가워진다. 그리고 더운 공기는 찬 공기보다 밀도가 작기 때문에 빛은 더운 공기 속에서 속도가 더 빠르다. 그러므로 하늘에서 온 빛은 더운 공기층을 통과하

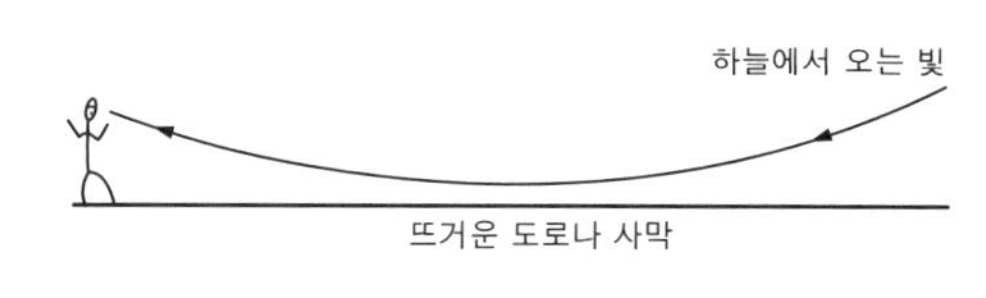

그림 26-8 신기루

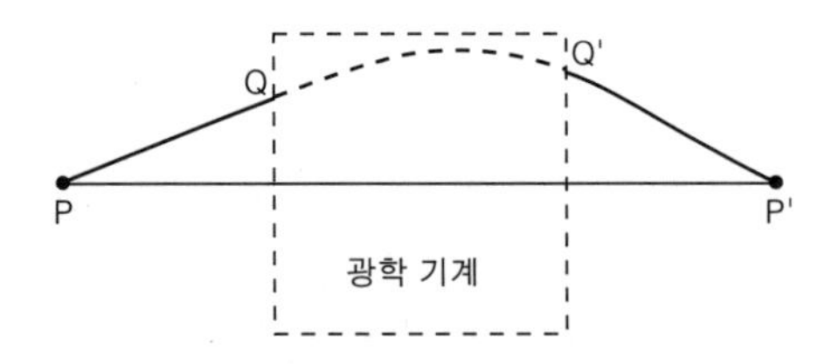

그림 26-9 광학적 "블랙박스"

면서 최소 시간 원리에 따라 굴절되어 그림과 같은 궤적을 그리게 되는 것이

최소 시간 원리의 또 다른 예로, 광원 P에서 발사된 빛을 P'에 어떻 모을 수 있는지 생각해보자(그림 26-9). 누군가가 말한다. "P에서 나온 빛 직선 경로를 따라 P'으로 가도록 그냥 내버려두면 되지 않습니까?"—아 좋은 방법이다. 그러나 P'으로 향하는 빛뿐만 아니라 Q로 진행하는 빛까 P'에 모두 모을 수는 없을까? 빛은 언제나 최소 시간 경로를 따라가기 때 에, 특별한 도구를 사용하지 않는 한 이런 일은 있을 수 없다. P에서 P'으 가는 최소 시간 경로는 하나밖에 없기 때문이다. 자, 어떻게 해야할까? 유 한 방법은 적절한 도구를 이용하여 모든 경로의 소요 시간이 같아지도록 드는 것이다! 즉, 빛을 한 지점에 모아서 초점을 형성하려면 여러 방향으 진행하는 빛들의 소요 시간이 같아지도록 중간에 적절한 방해물을 설치해 한다.

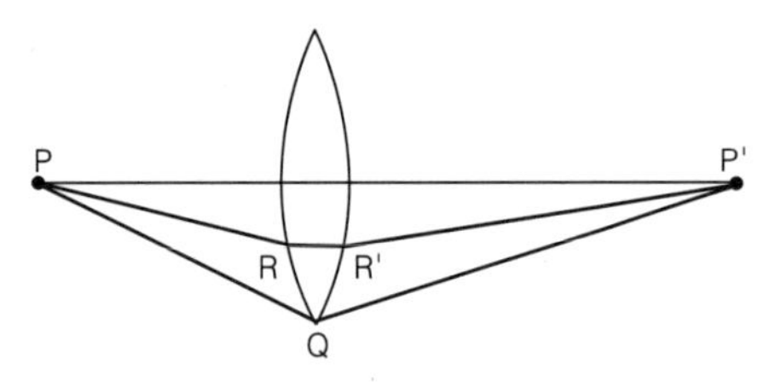

그림 26-10 빛을 한 점에 모으는 광학 기계(렌즈)

이것도 그다지 어려운 일이 아니다. 지금 우리에게 빛의 속도를 늦춰주 유리조각 하나가 주어져 있다고 가정해보자. 그림 26-10에서 PQP'경로 PP'보다 당연히 길기 때문에 빛의 소요 시간도 길 수밖에 없다. 그러나 경 의 중간에 적절한 두께의 유리조각을 설치하여 빛의 속도를 늦추면 두 경 의 소요 시간이 같아지게 만들 수 있다! (얼마나 두꺼워야 하는지는 나중 계산할 것이다.) 뿐만 아니라, $PRR'P'$경로 역시 다른 적절한 두께의 유리 통과시키면 PQP' 및 PP'경로와 소요 시간이 같아질 것이다. 이런 식으로 든 경로의 중간에 적절한 두께의 유리를 설치하여 소요 시간을 일치시키 보면 그림 26-10과 같은 모양의 유리조각이 얻어진다. 이런 모양의 유리조 을 거치면 P를 출발한 모든 빛은 P'에 도달하게 된다. 어디서 많이 본 듯 모양이 아닌가? 그렇다. 이것이 바로 볼록 렌즈의 원리이다! 렌즈의 정확 형태는 다음 장에서 계산할 것이다.

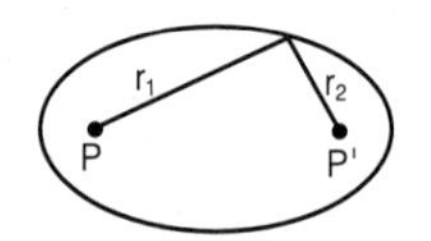

그림 26-11 타원형 거울

또 하나의 예를 들어보자. P에서 나온 빛이 거울에 반사된 후 항상 에 도달하도록 만들고 싶다(그림 26-11). 이렇게 되려면 P에서 P'으로 가 데 소요되는 시간이 모두 같아야 한다. 그런데 지금은 렌즈를 사용하지 않 때문에, 빛의 소요 시간은 거리에 비례한다. 그러므로 우리의 목적을 이루 면 모든 경로의 길이가 한결같이 같아야 한다. 즉, 빛이 거울의 어느 지점 서 반사되건 간에, 경로의 합 $r_1 + r_2$는 일정한 상수가 되어야 하는 것이 자, 이런 조건을 만족하는 도형은 과연 무엇일까? 그렇다. 바로 타원이다! 원의 두 초점에 P와 P'을 위치시키고, 타원의 둘레를 따라 거울로 된 담 을 두르면 된다.

별에서 오는 빛을 한 점에 모을 때에도 같은 원리가 적용된다. 팔로마 에 있는 직경 5미터짜리 헤일 망원경(Hale telescope)은 다음과 같은 원리 작동된다—천체 망원경은 수십억 km 밖에 있는 별에서 출발하여 망원경 도달한 빛을 한 점에 모아주는 장치이다. 앞에서 말했던 것처럼, 빛을 한 에 모으려면 그 점에 도달하는 모든 빛의 소요 시간이 같아야 한다. 물론, 이 자신의 진행 방향에 수직한 면 KK'을 통과할 때에는 시간이나 경로에

무런 변화가 없다(그림 26-12). 이제 KK'을 통과한 여러 개의 빛줄기들을 P'이라는 한 지점에 모아야 한다. 즉, 임의의 X에 대하여 $XX' + X'P'$의 길이가 항상 같은 곡선을 찾아야 하는 것이다. 문제를 좀더 쉽게 만들기 위해, 빛이 도중에 경로를 바꾸지 않고 아래쪽에 있는 평면 LL'을 향해 곧바로 나아간다고 생각해보자. 그러면 KK'면에서 LL'면에 이르는 거리는 어디서나 똑같기 때문에, 우리는 $A'A'' = A'P'$, $B'B'' = B'P'$, $C'C'' = C'P'$ 등을 만족하는 곡선을 찾기만 하면 된다. 이 모든 조건을 만족하는 곡선은 다름 아닌 포물선이다! 즉, 망원경의 반사경을 포물선 모양으로 만들면 별에서 오는 빛을 한 점에 모을 수 있다.

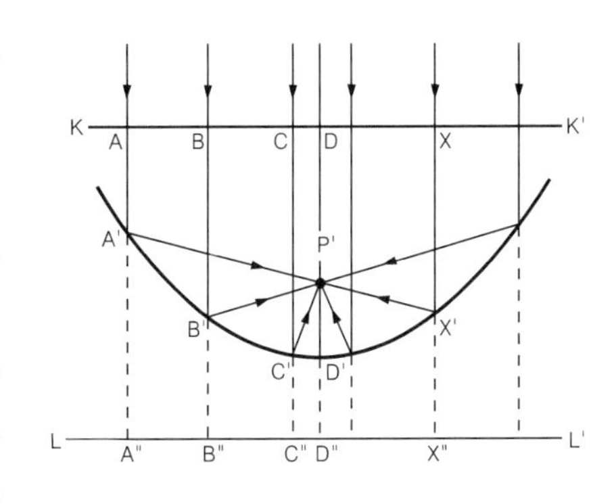

그림 26-12 포물경(포물선 모양의 거울)의 원리

지금까지 언급한 사례들은 광학 기계를 디자인하는 원리를 보여주고 있다. 여러 줄기의 빛을 한 점에 모으려면 적절하게 가공된 유리나 거울을 경로상에 배치하여 모든 경로의 소요 시간이 같아지도록 만들어주면 된다.

집광용 광학 기구의 자세한 구조는 다음 장에서 알아보기로 하고, 지금은 광학 이론을 좀더 파고들어가 보자. 최소 시간 원리와 같은 새로운 이론이 알려지면 누구나 이런 질문을 하고 싶어진다. "네, 그거 아주 멋지군요. 아주 그럴듯해요! 그런데 그것이 물리학을 이해하는 데 무슨 도움이 되나요?" 어떤 사람은 이렇게 대답한다. "그걸 말이라고 해? 그 이론 덕분에 얼마나 많은 현상을 이해할 수 있게 되었는지, 직접 보고도 모른단 말이야?" 또는 이렇게 말하는 사람도 있다. "그것 참 좋은 질문이구만. 그런 의심을 가질만도 해. 하지만 그 이론 덕분에 거울의 원리를 알았잖아? 거울이 휘어져 있어도 거기에 가상의 접선을 그어놓고 입사각과 반사각을 측정해보면 항상 같다구. 그리고 스넬의 법칙으로부터 렌즈의 원리도 알았지. 이 정도면 충분하지 않을까?" 사실, 최소 시간 원리나 반사의 법칙, 그리고 스넬의 법칙은 모두 똑같은 이야기다. 그렇다면 위의 질문은 단순히 철학적인 질문인가? 아니면 물리학이 수학으로 깔끔하게 서술된다고 해서 무작정 믿을 수는 없다는 뜻일까? 이런 논쟁은 앞으로도 한동안 계속될 것이다.

그러나 무엇보다 중요한 것은 새로운 원리로부터 무언가를 예측할 수 있다는 점이다.

그렇다면 페르마의 원리가 무엇을 예견할 수 있는지 알아보자. 여기 유리와 물, 그리고 공기가 있다. 물론 이들은 굴절률 n이 모두 다르다. 지금 우리는 이 세 가지 물질을 놓고 각각 서로에 대한 굴절률을 측정하려고 한다. 일단, 물(2)에 대한 공기(1)의 굴절률을 n_{12}라 하고, 유리(3)에 대한 공기(1)의 굴절률을 n_{13}라 하자. 이제 유리에 대한 물의 굴절률을 측정하면 그 값은 n_{23}이 될 것이다. 단순히 측정에만 의지한다면 n_{12}와 n_{13}, 그리고 n_{23}이 수학적으로 연결되어 있다고 주장할 만한 근거는 없는 것 같다. 그러나 여기에 최소 시간 원리를 적용하면, 세 개의 굴절률 사이에 명백한 관계가 유도된다. n_{12}는 (공기 중의 빛 속도)/(물 속에서의 빛 속도)이고, n_{13}은 (공기 중의 빛 속도)/(유리 속에서의 빛 속도)이므로 n_{23}은 다음과 같이 구할 수 있다.

$$n_{23} = \frac{v_2}{v_3} = \frac{v_1/v_3}{v_1/v_2} = \frac{n_{13}}{n_{12}} \tag{26.5}$$

이것으로 우리는 이미 알고 있는 두 개의 굴절률로부터 새로운 굴절률을 예견하는 데 성공했다. 이뿐만이 아니다. 진공 중에서 빛의 속도는 이미 알고 있으므로, 다양한 물체 안에서 빛의 속도를 측정해두면 모든 종류의 굴절률을 순전히 계산만으로 알아낼 수 있다. 진공에 대한 공기의 굴절률을 n_1 이라 했을 때, 임의의 두 물체 i 와 j 사이의 굴절률은 다음과 같다.

$$n_{ij} = \frac{v_i}{v_j} = \frac{n_j}{n_i} \tag{26.6}$$

스넬의 법칙에만 의존했다면 이런 유용한 관계식을 유도할 수 없었을 것이다.* 물론 이 결과는 실험치와도 잘 들어맞는다. 식 (26.5)와 (26.6)은 최소 시간 원리가 타당함을 입증하는 좋은 증거이기도 하다.

물 속에서 빛의 속도가 느려지는 것도 최소 시간 원리로 설명할 수 있다. 페르마의 원리는 "물 속에서 빛의 속도가 느려지기 때문에 이러저러하게 굴절된다"고 설명하고 있지만, 이 논리를 거꾸로 뒤집으면 다음과 같이 된다. "빛이 물 속으로 들어갈 때 이러저러하게 굴절되므로, 물 속에서 빛의 속도는 공기 중의 속도보다 $1/n$ 배로 느려져야 한다!"

26-5 최소 시간 원리의 더욱 정확한 표현

지금까지 언급된 최소 시간 원리는 대략적인 서술에 불과하다. 아니, 대략적인 서술이 아니라 아예 틀리게 설명되었다. 사실, '최소 시간 원리'라는 용어는 잘못 붙여진 이름이다. 그런데도 이 이름을 고수하면서 그에 맞게 설명을 하려다보니 틀린 설명이 나오게 된 것이다. 지금부터 그림 26-3으로 되돌아가서 최소 시간 원리에 덮여 있는 베일을 벗겨보자. 그림에 의하면 최소 시간 경로는 AB 가 분명하다. 그런데 빛은 어떻게 자신의 길을 찾아가는 것일까? 어떤 이는 이렇게 말할지도 모른다. "그건 최소 시간이 아니라 최대 시간 경로일 수도 있지 않을까요?" 틀렸다. 최대 시간 경로는 아니다. 그 길에서 조금만 벗어나도 소요 시간이 길어지기 때문이다! 올바른 표현은 다음과 같다 — 빛이 진행하는 경로에 약간의 변형(예를 들어, 1% 정도)을 가해도 소요 시간은 거의 변하지 않는다. 좀더 정확하게 말하자면, 소요 시간의 1차 근사는 전혀 변하지 않는다. 2차 근사에 약간의 변화가 있을 뿐이다. 즉, 빛은 "약간의 변형을 가해도 소요 시간에 거의 변화가 없는" 경로를 따라간다.

최소 시간 원리를 이해하는 데에는 또 다른 어려움이 있다. 아래의 설명이 마음에 들지 않는 사람은 최소 시간 원리를 결코 이해할 수 없을 것이다. 우리는 스넬의 법칙으로부터 빛을 '이해'할 수 있었다. 빛이 어떤 매질 속을

* 이 결과는 여러 개의 매질을 겹쳐 놓아도 각 매질의 굴절각이 변하지 않는다는 사실로부터 증명될 수도 있다.

진행하다가 다른 매질의 표면을 만나면 모종의 사건을 겪으면서 경로가 꺾인다. 빛이 한 지점에서 다른 지점으로 이동하고, 그 지점에서 또 다른 지점으로 이동한다—이런 식으로 인과율에 입각하여 생각해보면 이해하기가 쉽다. 그러나 최소 시간 원리는 인과율에 전혀 부합되지 않는다. 하나의 사건이 일어나면 그 결과로 후속 사건이 일어난다는 것이 인과율의 기본 철학인데, 빛은 다른 길로 얼마든지 갈 수 있음에도 불구하고 가장 빠른 지름길을 미리 파악하여 초지일관 그 길을 따라가고 있지 않은가! 대체 이것이 어떻게 가능하다는 말인가? 생명체도 아닌 빛이 자신의 갈 길을 어떻게 '미리' 정할 수 있다는 말인가? 눈 앞에 펼쳐진 모든 길들을 일일이 '냄새맡아보고' 그중 가장 빠른 길을 선택하는 것일까? 이 말이 우습다면 웃어도 좋다. 하지만 어떤 의미에서 이 말은 사실이다! 물론 기하 광학으로는 이 현상을 설명할 수 없다. 이것은 '파장'이라는 개념을 통해 이해되어야 한다. 만일 빛이 길을 냄새맡는 것이 사실이라면, 탐색할 수 있는 거리는 대략 자신의 한 파장 길이 정도일 것이다. 물론, 빛의 파장은 아주 짧기 때문에 일상적인 스케일의 실험 장치로는 이 사실을 확인할 수 없다. 그러나 라디오파를 대상으로 한다면 관측이 가능하다. 라디오파 발생 장치와 슬릿, 그리고 그 뒤에 감지기를 그림 26-13과 같이 설치해놓고 간단한 시험을 해보자. 슬릿이 충분한 크기로 열려 있다면 S를 출발한 라디오파는 직선 경로를 따라 감지기 D에 도달할 것이다. 그러나 감지기의 위치를 D'으로 옮기면 더 이상 라디오파가 도달하지 않는다. 위에서 말한 대로라면 라디오파들이 이렇게 외칠 것이기 때문이다. "이봐, 친구! 그리로 가면 안돼! 거긴 소요 시간이 다른 경로라구!" 그런데 슬릿의 크기를 아주 작게 줄여서 '후각'을 방해하면, 라디오파는 D'에도 도달하기 시작한다!

원리적으로는 빛에 대해서도 이와 똑같은 실험을 할 수 있지만, 일상적인 크기의 슬릿으로는 원하는 결과를 얻을 수 없다. 그러나 주변 환경을 잘 이용하면 이런 현상을 쉽게 관측할 수 있다. 우선, 아주 먼 거리에 있는 가로등이나 자동차의 둥그런 범퍼에 반사된 햇빛을 찾는다. 그 다음, 엄지와 검지 손가락으로 가느다란 틈을 만들어서 눈 앞에 가까이 대고 그 사이로 빛을 바라본다. 바라보는 동안 엄지와 검지가 맞닿을 때까지 두 손가락 사이의 간격을 서서히 좁혀간다. 그러면 처음에는 조그만 점 모양이었던 빛이 점차 기다란 선 모양으로 변해간다. 왜 그럴까? 직선 경로를 따라오던 빛이 좁은 손가락 틈을 통과하면서 여러 방향으로 퍼지고, 그 빛을 감지한 우리의 눈은 마치 그 빛이 여러 방향에서 온 것처럼 인지하기 때문이다. 손가락을 조심스럽게 움직여서 최소한의 틈을 유지하면, 손가락의 외곽선까지도 여러 개로 보인다. 뿐만 아니라, 이전에는 보이지 않던 새로운 색이 보이기도 한다. 이런 현상이 나타나는 자세한 이유는 나중에 설명할 것이다. 지금은 빛이 항상 직진만 하지는 않는다는 사실을 마음 속에 새겨두는 것으로 충분하다.

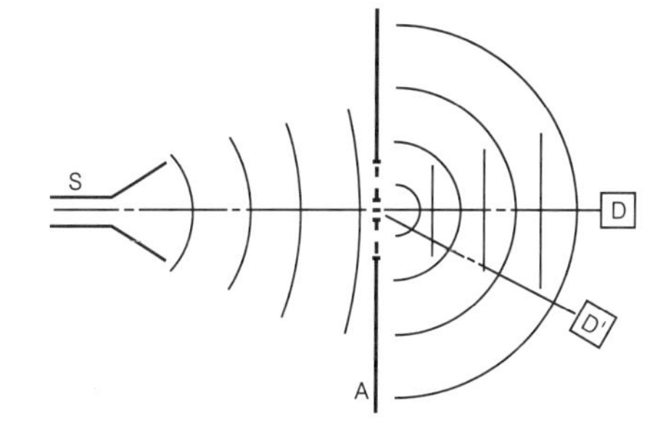

그림 26-13 좁은 슬릿을 통과하는 라디오파

26-6 최소 시간 원리의 숨은 진실

이제 최소 시간 원리가 과연 어떻게 작용하는지, 그 은밀한 속사정을 알아보자. 사실 이 문제는 양자 역학적 관점에서 해결해야 하는데, 여러분은 아직 양자 역학을 배우지 않았으므로 대략적인 설명밖에 할 수 없다. 그림 26-3에 그려진 경로에는 빛의 파동적 성질이 전혀 고려되어 있지 않다. 실제로 빛은 '광자(photon)'라는 입자로 이루어져 있으므로, 지금부터 빛을 파동이 아닌 입자로 간주하고 논리를 전개해보자. 빛이 입자라면 그것을 감지하는 장치를 만들 수도 있을 것이다. 빛의 밝기는 단위 시간당 도달하는 광자의 평균 개수에 비례한다. 우리가 계산하는 것은 A를 출발한 광자가 거울의 표면을 때린 후에 B로 도달할 확률이다. 그런데 확률을 결정하는 법칙이 아주 이상하다 — 임의의 경로를 선택하여 소요 시간을 계산한다. 그리고는 소요 시간에 비례하는 θ를 정의하여 여기에 복소수(또는 복소수 벡터) $\rho e^{i\theta}$를 대응시킨다. 1초당 돌아간 횟수는 빛의 진동수에 해당된다. 그 다음, 다른 경로를 선택하여 동일한 과정을 반복한다. 새로운 경로는 소요 시간이 다를 것이므로 돌아간 각도도 다르다. 각도 θ는 항상 소요 시간에 비례하도록 정의한다. 이런 식으로 모든 가능한 경로에 대하여 $\rho e^{i\theta}$를 구한 후, 이들을 모두 더한다. 단, $\rho e^{i\theta}$는 벡터이므로 벡터의 덧셈 규칙을 따라야 한다. 이렇게 얻어진 최종 벡터의 길이를 제곱한 것이 바로 우리가 구하고자 하는 확률이다!

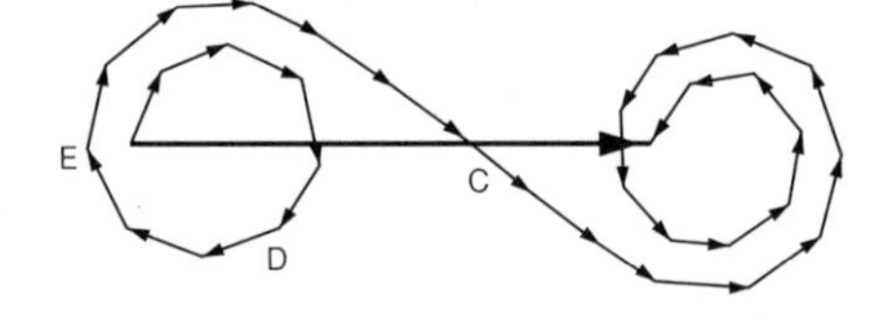

그림 26-14 빛이 진행할 수 있는 모든 경로들의 확률 진폭을 더하면 최종적인 확률 진폭이 얻어진다.

다소 이상해 보이는 이 계산과 최소 시간 원리 사이에는 어떤 관계가 있을까? 그림 26-3에 그릴 수 있는 모든 가능한 경로 ADB, AEB, $ACB\cdots$를 생각해보자. 경로 ACB를 최소 시간 경로라 하면, 이 근방을 지나는 경로들의 소요 시간은 ACB와 거의 비슷하다. 즉, 이들에게 할당된 벡터들은 거의 비슷한 방향을 가리키게 되어(θ값이 비슷하여), 최종 결과(벡터의 덧셈)에 상당한 기여를 하게 된다(그림 26-14의 중간 부분). 그러나 경로 ADB는 소요 시간이 많이 다르기 때문에 여기 할당된 벡터는 방향이 많이 달라서 그다지 큰 기여를 하지 못한다. 벡터의 덧셈에 중요한 기여를 하는 부분은 바로 C근처를 지나는 경로들이다. C에서 많이 벗어난 곳에서는 경로가 조금만 변해도 θ가 획획 돌아가기 때문에 덧셈에 기여를 하지 못하는 것이다(그림 26-14의 양끝 부분). 술에 취해서 비틀거리는 사람은 발걸음의 방향이 제각각이어서, 정상인과 같은 보폭으로 걸어도 앞으로 많이 나아가지 못한다. 거울의 양끝이 전체 확률에 큰 기여를 하지 못하는 이유가 바로 이것이다. 그래서 거울의 양끝을 천으로 가리거나 절단기로 잘라내도 A에서 나온 빛은 무난하게 B로 도달할 수 있다(그림 26-14에서 나선형으로 돌아가는 화살표들을 모두 제거해도 벡터를 더한 결과는 크게 달라지지 않는다). 이처럼, 최소 시간 원리는 화살표로 대변되는 광자의 신기한 성질과 양자 역학의 마술 같은 법칙이 한데 어우러져 나타나는 '자연의 기적'이었던 것이다! (더욱 자세한 내용을 알고 싶은 독자들은 파인만의 『QED, The Strange Theory of Light and Matter, Princeton Univ. Press, 1985』를 참고하기 바란다 : 옮긴이)

CHAPTER 27

기하 광학

27-1 서론

지금부터 '기하 광학(geometrical optics)'을 기초로 하여 26장에서 언급된 아이디어들을 실제 생활에 응용해보자. 기하 광학은 다양한 광학 기계를 제작하는 데 매우 유용한 '근사적 이론'으로서, 대개 기존의 기하학으로 간단하게 표현되지만 경우에 따라서는 끔찍하게 복잡해지기도 한다. 우리는 고등학교 수준의 간단한 법칙을 이용하여 광학 기계들의 원리를 대충 알아볼 수도 있고, 렌즈의 오차(수차)까지 고려하여 더욱 정확한 이론을 공부할 수도 있다. 그러나 후자의 경우는 내용이 너무 복잡하여 여기서 다루기는 좀 무리인 것 같다. 구면 수차와 색 수차 등이 나타나지 않는 정밀한 렌즈를 제작하려면, 관련 서적을 읽어보거나 렌즈에 빛을 투과시켜서 맺혀진 영상을 보며 일일이 보정하는 수밖에 없다. 과거에는 이 작업이 엄청난 노동이었지만, 컴퓨터가 등장한 이후로는 많이 간편해졌다. 문제가 정확하게 정의되기만 하면, 빛의 경로를 계산하는 것은 그리 어렵지 않다. 여기에는 어떤 새로운 원리도 필요 없다. 그저 계산만 하면 된다. 게다가 광학에 나오는 여러 법칙들은 물리학의 다른 분야와 거의 무관하기 때문에 사실 깊이 파고들 이유도 없다. 그런데 여기에는 단 하나의 예외가 있다.

기하 광학을 높은 수준의 추상적 학문으로 끌어올린 사람은 해밀턴이었다. 그 이후로 기하 광학은 역학에서도 매우 중요한 자리를 차지하게 되었다. 사실, 해밀턴의 이론은 광학보다 역학에서 더욱 중요하게 취급되어, 물리학과 대학원의 졸업반쯤 되어야 그 이론을 공부할 수 있다. 이러한 사실을 염두에 두고, 지금은 26장에서 설명한 광학의 기초 원리를 이용하여 간단한 광학 기계의 작동 원리를 알아보기로 하자.

우선, 기하학의 간단한 법칙 하나를 알고 넘어가는 것이 좋겠다. 밑변이 d이고 높이가 h인 직각 삼각형에서(h는 아주 작은 값이라 가정한다), 빗변의 길이 s(두 개의 서로 다른 경로를 거쳐가는 빛의 시간차를 계산할 때, 이 값이 필요한 경우가 많다)는 d보다 길다(그림 27-1). 그런데 얼마나 길까? 두 변의 차이 $\Delta = s - d$는 여러 가지 방법으로 구할 수 있는데, 그중 하나는 다음과 같다. $s^2 - d^2 = h^2$이므로 $(s - d)(s + d) = h^2$이다. 그런데 $s - d = \Delta$이고 $s + d \sim 2s$이므로

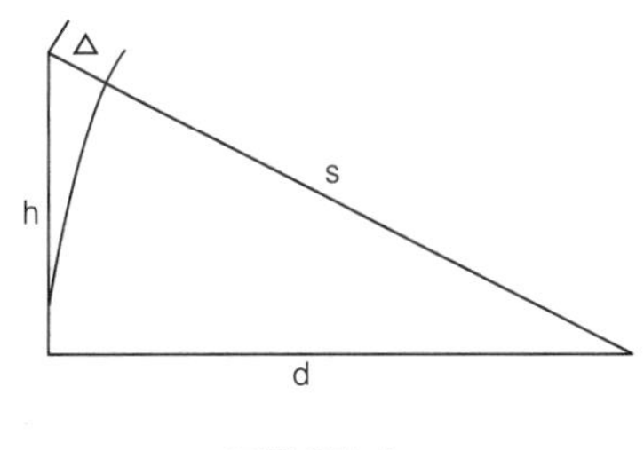

그림 27-1

$$\Delta \sim h^2/2s \qquad (27.1)$$

임을 알 수 있다. 곡면 렌즈를 통해 맺히는 상을 분석하는 데 필요한 기하학은 이것이 전부이다!

27-2 구형 경계면의 초점 거리

가장 간단한 예로, 굴절률이 다른 두 종류의 매질이 서로 맞닿아 있는 경우를 생각해보자(그림 27-2). 굴절률이 임의의 값을 갖는 경우는 여러분이 직접 확인해보기 바란다. 중요한 것은 구체적인 값이 아니라, 그 안에 들어 있는 아이디어이다. 일단 아이디어의 핵심을 이해하면 어떤 경우에도 적용할 수 있다. 자, 그림의 왼쪽에 있는 매질(공기) 속에서 빛이 진행하는 속도를 1이라 하고, 오른쪽 매질(유리) 속에서 빛의 속도를 $1/n$이라 하자. 즉, 공기에 대한 유리의 굴절률이 n이라는 뜻이다.

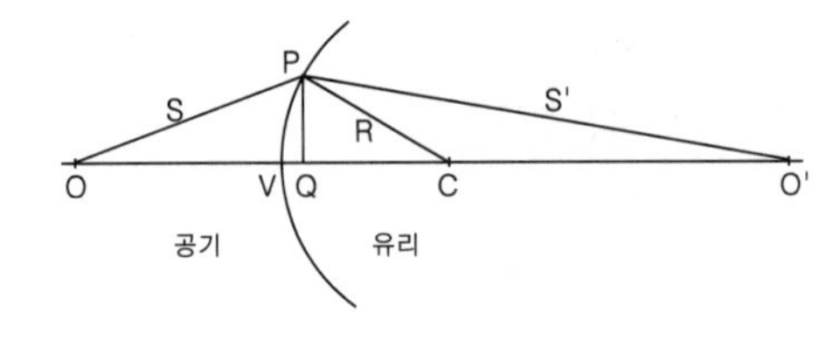

그림 27-2 단일 굴절면을 이용한 초점 맞추기

이제, 경계면 위의 한 점 P로부터 거리가 s인 지점 O와 그 반대쪽으로 거리가 s'인 지점 O'을 정의하자. 우리의 목표는 O를 지나는 모든 빛들이 O'에 집결되도록 경계면의 형태를 결정하는 것이다. 이렇게 되려면 앞장에서 말한 것처럼 모든 경로의 소요 시간이 같아야 한다. 즉, 경계면 위에 있는 임의의 점 P에 대하여 $OP + n \cdot O'P$가 모두 같아야 하는 것이다(공기 중의 빛 속도는 앞에서 1로 가정하였다). 이 조건을 부가하면 경계면이 만족하는 방정식을 얻을 수 있다. 이 문제는 아주 교육적이고 재미있는 연습 문제로서, 여러분이 직접 계산해볼 것을 권한다. 우리의 조건을 만족하는 곡선은 4차 방정식으로 알려져 있는데, 그 형태가 너무 복잡하여 더 이상 진도를 나가기가 어렵다. 그러나 $s \to \infty$의 극한을 취하면 답은 조금 만만한 2차 곡선이 된다. 앞장에서 구했던 포물경과 방금 구한 2차 곡선을 비교해보는 것도 재미있을 것이다. 이것도 쉬는 시간에 한번 해보기 바란다.

어쨌거나, 한 점을 지나는 모든 빛을 다른 한 점에 모아주는 곡선은 생긴 모습이 꽤 복잡하기 때문에, 그 모양으로 유리를 가공하기가 쉽지 않다. 그래서 렌즈를 만들 때에는 약간의 타협점을 찾는다. 즉, 처음부터 정확한 곡면을 만들려고 애쓰지 않고, OO'축 근처를 지나는 빛들만 대충 한 점에 모아주는 형태로 곡면을 가공하는 것이다. 다행히도, 표면을 구형으로 가공하면 완화된 조건이 어느 정도 만족된다. 물론 이렇게 하면 중심축에서 많이 벗어난 빛들은 한 점에 모이지 않는다. 그러나 2차 곡면보다는 구형으로 가공하는 것이 쉽기 때문에, 대부분의 경우 일단 렌즈를 구면형으로 가공한 후 단계적으로 보정해나가는 방법을 사용한다. 중심축 근처를 지나는 빛은 흔히 '근축광선(paraxial rays)'이라 하며, 우리는 근축광선을 한 점으로 모으는 방법에 대하여 주로 논하게 될 것이다. 중심축에서 멀리 떨어진 빛 때문에 나타나는 오차(구면 수차)는 나중에 설명하기로 한다.

그림 27-2에서 P점이 OO'축에 아주 가깝다고 가정하고, P에서 수선 PQ를 그어 그 길이를 h라 하자. 만일 경계면이 점 P를 지나는 평면이라면

O에서 P로 도달하는 데 걸리는 시간은 O에서 Q로 도달하는 데 걸리는 시간보다 길고, P에서 O'으로 도달하는 데 걸리는 시간도 Q에서 O'으로 도달하는 데 걸리는 시간보다 길다. 다시 말해서, P를 거쳐가는 빛과 Q를 거쳐가는 빛은 소요 시간이 다르기 때문에 도저히 한 지점 O'에서 만날 수가 없다. 그러나 경계면을 곡면으로 만들면 VQ를 지나는 동안 시간을 엄청 까먹으면서 두 경로의 소요 시간이 같아질 수 있다. 그래서 경계면은 반드시 곡면이 되어야 하는 것이다! 이제, 두 경로의 소요 시간을 비교해보자. OP를 지나는 동안 초과된 시간은 $h^2/2s$이고, 경로 PO'에서 초과된 시간은 $nh^2/2s'$인데, 이 둘을 더한 결과는 VQ를 지나면서 지연된 시간과 같아야 한다. 얼마나 지연되었을까? 만일 유리가 없었다면 소요 시간은 VQ이고 유리 속에서는 nVQ이므로, 지연된 시간은 $(n-1)VQ$이다. VQ는 얼마인가? C를 구의 중심이라 하고 반경을 R이라 하면 식 (27.1)에 의해 $VQ = h^2/2R$이 된다. 여기에 두 경로의 소요 시간이 같다는 조건을 부가하면 s와 s' 사이의 관계 및 경계면의 반경 R을 구할 수 있다.

$$(h^2/2s) + (nh^2/2s') = (n-1)h^2/2R \tag{27.2}$$

또는

$$(1/s) + (n/s') = (n-1)/R \tag{27.3}$$

두 점 O와 O'이 주어졌을 때, 한 점에서 출발한(또는 그 점을 지나는) 빛을 다른 지점에 모으기 위한 경계면의 곡률 R은 이와 같이 계산될 수 있다.

렌즈의 성질 중에 재미있는 것이 하나 있다. 곡률 R이 주어진 하나의 렌즈는 한 지점에만 초점을 맞출 수 있는 것이 아니다. 그림 27-2는 O에서 온 빛이 O'에 모이는 과정만을 보여주고 있지만, O가 아닌 다른 지점에서 온 빛도 한 점에 모을 수 있다(단, 근축광선에 한한다). 물론, 이 경우에는 초점의 위치도 O'이 아닌 다른 곳으로 이동한다. 그렇다면 실상과 허상의 위치 사이에는 무언가 밀접한 관계가 있을 것 같다. 결론부터 말하자면, $1/s + n/s' =$ 상수인 (s, s')쌍에 대하여 초점이 맺혀진다. 이것이 바로 렌즈의 특성이다.

특히, $s \to \infty$일 때 재미있는 현상이 일어난다. 위의 공식에 의하면 s와 s', 둘 중 하나가 커지면 나머지 하나는 작아진다. 다시 말해서, 점 O가 경계면으로부터 멀어지면 O'은 경계면에 가까워진다는 뜻이다(물론, 그 반대의 경우도 마찬가지다). 그런데 s가 무한대로 멀어지면 s'은 경계면에 마냥 가까워지는 것이 아니라, 어떤 특정한 거리 f'으로 수렴하게 된다. 이 f'을 초점거리(focal length)라 한다. 그리고 상반성의 원리에 의해 지금까지 한 이야기는 빛의 방향을 반대로 바꿔도 여전히 성립한다. 따라서 광원이 유리의 안쪽에 있을 때에는 유리의 바깥쪽(공기)에도 초점이 맺혀질 것이다. 특히, 광원이 유리 속에서 무한대의 거리에 있을 때 공기 중에 맺혀지는 초점의 거리를 보통 f로 표기한다. 이것은 다음과 같이 표현될 수도 있다 — 만일 광원이 f에 있다면, 여기서 출발하여 유리로 향하는 모든 빛은 표면을 통과한 후 유리 속에서 평행선을 그리며 진행한다. f 와 f' 은 다음과 같이 구할 수 있다.

$$n/f' = (n-1)/R \qquad \text{또는} \qquad f' = Rn/(n-1) \tag{27.4}$$

$$1/f = (n-1)/R \qquad \text{또는} \qquad f = R/(n-1) \tag{27.5}$$

여기서 우리는 흥미로운 법칙을 발견할 수 있다. f 와 f' 을 각각의 굴절률로 나누면 다른 하나가 되는 것이다(f 를 $1/n$ 로 나누면 f' 이 되고, f' 을 n 으로 나누면 f 가 된다 : 옮긴이)! 이것은 렌즈와 관련된 어떤 경우에도 적용될 수 있는 일반적인 법칙이므로 기억해둘 만하다. 지금 우리는 경계면이 하나밖에 없는 경우만을 다루고 있지만, 방금 언급한 f 와 f' 사이의 관계는 매질의 종류와 경계면의 개수에 상관없이 항상 성립한다. 식 (27.3)은 종종 다음과 같이 표현되기도 한다.

$$1/s + n/s' = 1/f \tag{27.6}$$

이 식은 (27.3)보다 편리할 때가 많다. 왜냐하면 굴절률이나 렌즈의 반경보다는 f 를 측정하는 것이 훨씬 쉽기 때문이다. 렌즈를 직접 제작하지 않는 한, 우리의 주된 관심은 n 이나 R 이 아니라 f 이다!

이제 s가 f 보다 작으면 재미있는 상황이 벌어진다. 이 경우에도 식 (27.6)이 만족되려면 s' 은 음수가 되어야 한다. 즉, 거리가 음수인 곳에 초점이 맺히는 것이다! 이게 대체 무슨 뜻일까? 여기에는 분명한 의미가 있다. 식 (27.6)은 s 나 s' 이 음수인 경우에도 여전히 유용한 공식이다. 그 의미는 그림 27-3에 설명되어 있다. O 에서 렌즈 쪽으로 퍼져나가는 빛은 유리를 통과하면서 굴절되지만, 광원의 위치가 너무 가깝기 때문에 굴절된 후의 빛은 한 점에 모이지 못하고 여전히 퍼져나가게 된다. 그러나 이 빛들은 마치 유리의 바깥쪽(공기)에 있는 O' 에 광원이 있는 것처럼 행동하고 있다. 그러므로 이런 경우에도 O' 에는 분명한 상이 맺히게 되는데, 이것을 '허상(virtual image)'이라 한다. 반면에 그림 27-2의 O' 은 실상(real image)이다. 다시 말해서, 빛이 정말로 한 점에 모여서 맺히는 상은 실상이고, 빛이 '마치 한 점에서 퍼져 나온 것처럼' 행동할 때, 그리고 그 점이 원래 물체의 위치와 다른 지점에 있을 때에는 허상이 되는 것이다. 따라서 s' 이 음수라 해도, O' 이 반대편에 나타난다는 것만 빼고는 모든 것이 정상이다.

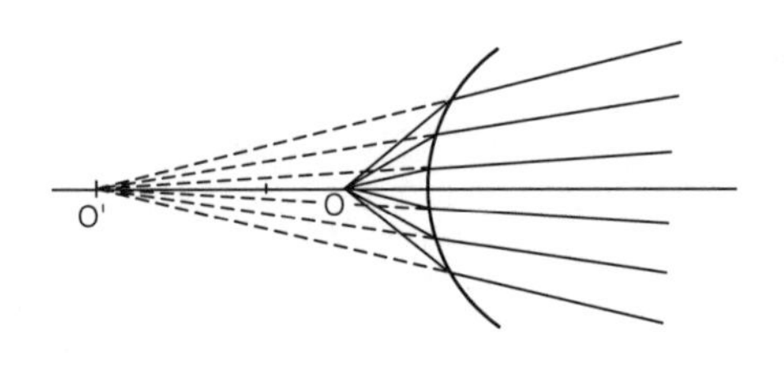

그림 27-3 허상

이번에는 $R \to \infty$ 일 때, 어떤 일이 일어나는지 알아보자. 이 경우에는 $(1/s) + (n/s') = 0$ 이 되어 $s' = -ns$ 가 된다. 이건 또 무슨 뜻일까? 굴절률이 큰 매질 속에서 굴절률이 작은 매질 쪽을 바라보면, 그곳에 있는 점은 실제보다 n 배만큼 멀게 보인다는 뜻이다. 또 반대로 이야기하면 물 속의 풍경을 공기 중에서 바라볼 때 물 속에 있는 물체가 실제보다 가깝게 보인다는 뜻이기도 하다(그림 27-4). 수영장에서 바닥을 바라보면 물의 깊이가 실제보다 3/4배 정도로 얕게 보이는데, 이것은 물의 굴절률이 약 4/3이기 때문이다.

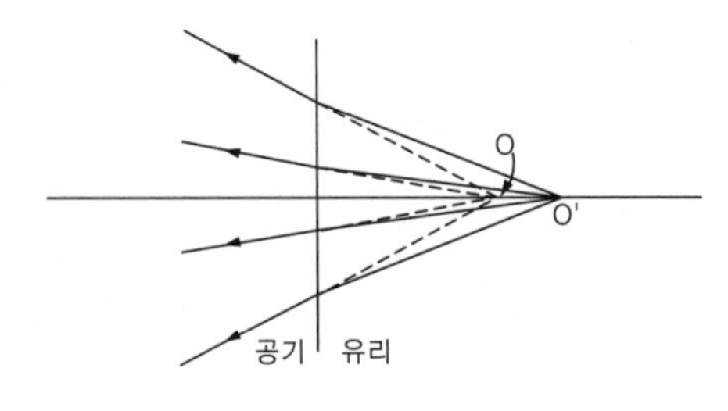

그림 27-4 평면 유리 속의 O'에서 빛이 퍼져 나오면 유리 속의 점 O에 허상이 맺힌다.

구형으로 된 거울은 어떨까? 이것도 왠지 흥미진진할 것 같다. 지금까지 설명한 아이디어를 제대로 이해한 학생이라면 구형 거울 문제는 혼자서도 얼마든지 해결할 수 있다. 그러므로 이에 관한 공식은 연습 문제로 남겨두겠다. 각자 유도해보기 바란다. 일반적으로, 렌즈와 관련된 문제를 풀 때 거리의 부호는 다음의 규칙을 따른다.

(1) 물체(O)가 경계면의 왼쪽에 있을 때 거리 s는 양수이다.
(2) 상(O')이 경계면의 오른쪽에 있을 때 거리 s'은 양수이다.
(3) 곡면의 중심이 경계면의 오른쪽에 있을 때 반경 R은 양수이다.

예를 들어, 그림 27-2에서 s, s', R은 모두 양수이다. 그리고 그림 27-3에서 s와 R은 양수지만 s'은 음수이다. 볼록 렌즈(convex lens) 대신 오목 렌즈(concave lens)를 사용한다면 R은 음수가 된다. 그러나 이 경우에도 식 (27.3)은 여전히 성립한다.

위의 규칙을 따라 구면 거울 문제를 풀어보면, 식 (27.3)에 $n=-1$을 대입한 것과 똑같은 결과가 얻어진다! (굴절률은 각 매질 속에서 빛이 진행하는 속도의 비율로 정의된 양이다. 거울은 빛을 반사시키기 때문에 매질이 변하지 않지만, 빛의 진행 방향이 반대로 바뀌었으므로 $n=-c/c=-1$로 이해할 수 있다 : 옮긴이)

식 (27.3)은 스넬의 법칙으로부터 유도될 수도 있다. $\sin\theta_i = n\sin\theta_r$과, θ가 충분히 작을 때 $\sin\theta \sim \theta$를 이용하면 최소 시간 원리를 적용하지 않아도 동일한 결과가 얻어진다(사실, 스넬의 법칙에는 이미 최소 시간 원리가 내포되어 있다).

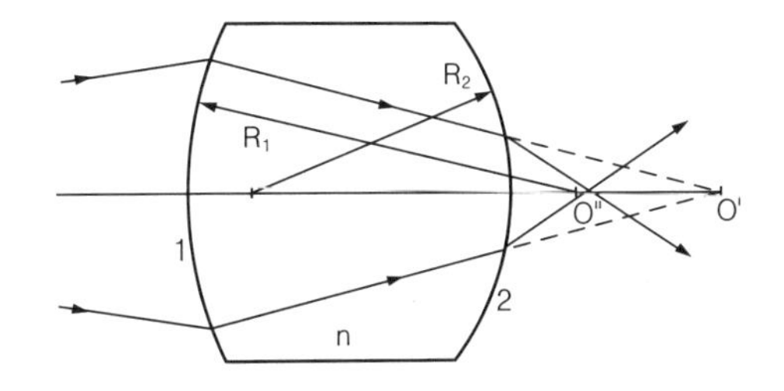

그림 27-5 양면 렌즈를 통해 맺혀지는 상(像)

27-3 렌즈의 초점 거리

이제, 좀더 현실적인 문제를 다뤄보자. 우리가 사용하는 대부분의 렌즈는 양쪽에 두 개의 면을 갖고 있기 때문에 상황이 조금 더 복잡하다. 무엇이 어떻게 달라질 것인가? 여기, 양쪽 면의 곡률이 서로 다른 렌즈가 하나 있다(그림 27-5). 우리에게 주어진 임무는 O에서 온 빛을 O'에 모으는 것이다(그림에는 O가 표시되어 있지 않다). 어떻게 해야 할까? 해결책은 다음과 같다. 우선, 렌즈의 첫 번째 표면에 식 (27.3)을 적용한다. 그러면 O에서 퍼져 나온 빛이 렌즈의 앞면을 통과한 후 하나로 모이는 지점 O'을 알 수 있다(부호에 따라서 허상이 될 수도 있다). 그 다음, 새로운 문제를 제기한다. 유리의 오른쪽에 공기가 있을 때, 유리 속에서 O'을 향하여 수렴하던 빛이 공기 중으로 진입하면 어느 지점으로 수렴할 것인가? 이 경우에도 같은 공식이 적용된다! 정확한 위치는 계산을 해봐야 알겠지만, 그림상으로는 대충 O''에 수렴하게 된다. 굴절률이 다양한 각종 매질들을 100개쯤 붙여 놓은 경우에도 이 과정을 반복하면 최종적으로 상이 맺히는 위치를 정확하게 계산할 수 있다!

렌즈의 개수가 아무리 많다 해도, 일단 첫 번째 경계면을 통과하면서 새롭게 형성되는 O'을 구했다면, 이것을 새로운 광원으로 삼아 그 다음 경계면에 계속해서 적용시켜나가면 된다. 단, 한가지 유념할 것은 빛이 유리 → 공

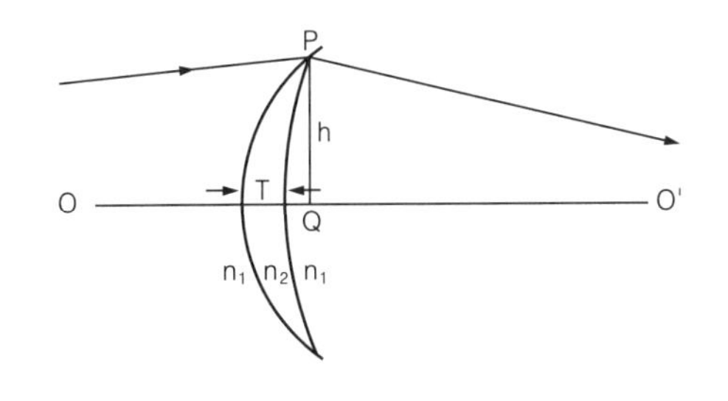

그림 27-6 양면의 곡률이 다른 얇은 렌즈

기로 진행할 때의 굴절률은 n이 아니라 $1/n$이라는 점이다. 그리고 유리의 종류에 따라 굴절률도 천차만별이므로 복잡한 광학 시스템에는 n_1, n_2, $n_3\cdots$ 등 여러 개의 굴절률이 고려되어야 한다. 따라서 식 (27.3)을 일반적인 경우에 써먹으려면 상대적 굴절률을 1과 n으로 국한시키지 말고 n_1, n_2로 일반화시켜두는 것이 편하다.

$$(n_1/s) + (n_2/s') = (n_2 - n_1)/R \tag{27.7}$$

렌즈의 두께가 아주 얇으면 두께에 의한 효과를 무시할 수 있기 때문에 문제가 간단해진다. 그림 27-6과 같은 렌즈에 대하여, 우리는 이런 질문을 던질 수 있다—"O에서 나온 빛이 O'에 도달하게 하려면 렌즈를 어떤 모양으로 만들어야 하는가?" 빛이 렌즈의 끝점 P를 지나는 경우, 직선 경로 OO'보다 초과되는 시간은 $(n_1h^2/2s) + (n_1h^2/2s')$이다. 물론, 이것은 렌즈가 얇다는 전제하에 '굴절률이 n_2이고 두께가 T인' 렌즈에 의한 지연 효과를 고려하지 않은 결과이다. 렌즈의 끝부분은 두께를 거의 무시할 수 있기 때문이다. 이제, 직선 경로 OO'에 대하여 소요 시간을 계산해보자. 이 경로에서는 렌즈 중앙부의 두께 T에 의한 시간 지연 효과가 나타난다. 두 경로의 소요 시간이 같다는 조건을 부가하면

$$(n_1h^2/2s) + (n_1h^2/2s') = (n_2 - n_1)T \tag{27.8}$$

이 얻어진다. 이 식을 T에 관해서 푼 다음, 식 (27.7)과 위에서 언급한 부호 규칙 (3)을 적용하면(볼록 렌즈이므로 $R_1 < R_2$이다),

$$T = (h^2/2R_1) - (h^2/2R_2) \tag{27.9}$$

가 된다. 이것을 다시 식 (27.8)에 대입한 결과는 다음과 같다.

$$(n_1/s) + (n_1/s') = (n_2 - n_1)(1/R_1 - 1/R_2) \tag{27.10}$$

이 경우에도 s'이 무한대로 멀어지면 다른 s는 초점 거리 f로 수렴한다. $n = n_2/n_1$이라 했을 때, f는 다음과 같다.

$$1/f = (n - 1)(1/R_1 - 1/R_2) \tag{27.11}$$

반대로, s가 무한대로 멀어지면 s'은 f'으로 접근하며, 얇은 렌즈의 경우에는 $f = f'$이다(일반적으로 $f/f' = n_1/n_2$이다. 그런데 지금은 f와 f'이 같은 매질(공기) 속에 위치하기 때문에 $n_1 = n_2$가 되어 $f = f'$이다).

다른 사람이 만든 렌즈를 가게에서 구입했을 때, 양면의 곡률과 굴절률을 모르는 상태에서 초점 거리를 알아낼 수 있을까? 물론이다. 아주 먼 거리에 있는 물체를 대상으로 초점을 맞춰보면 쉽게 알 수 있다. 이렇게 초점 거리가 알려지면, 위의 공식은 다음과 같이 간단한 형태로 표현된다.

$$(1/s) + (1/s') = 1/f \tag{27.12}$$

이 관계식에 의하면 $s \to \infty$일 때 $s' \to f$이고, 반대로 $s' \to \infty$일 때

$s \to f$ 이다. 즉, 평행 광선이 렌즈를 통과하여 한 점에 모이는 곳이 f 라는 뜻이다. 또, 물체를 렌즈에 가까운 쪽(또는 멀어지는 쪽)으로 이동시키면 렌즈의 상도 같은 방향으로 이동한다. 그리고 $s = s'$ 이면 $1/s = 1/2f$ 이 되어 물체와 상은 렌즈를 중심으로 대칭을 이룬다.

27-4 확대

지금까지는 하나의 점을 대상으로 하여 렌즈의 성질을 살펴보았다. 그런데 실제의 물체들은 예외 없이 크기를 가지고 있기 때문에, 추가적인 분석이 필요하다. 특히, 렌즈의 확대 효과를 이해하려면 물체의 크기가 반드시 고려되어야 한다. 전구의 필라멘트에서 나오는 빛을 렌즈에 통과시켜서 선명한 상을 잡아보면, 필라멘트의 크기가 실제보다 커지거나 작아지는 것을 볼 수 있다. 이것은 곧 필라멘트의 각 부분이 렌즈를 통과한 후 각기 다른 지점에 초점이 형성되었음을 의미한다. 이 현상을 좀더 구체적으로 이해하기 위해, 그림 27-7에 그려진 얇은 렌즈를 분석해보자(그림에서 렌즈는 생략되었다). 지금 우리가 알고 있는 사실은 대충 다음의 두 가지로 요약된다.

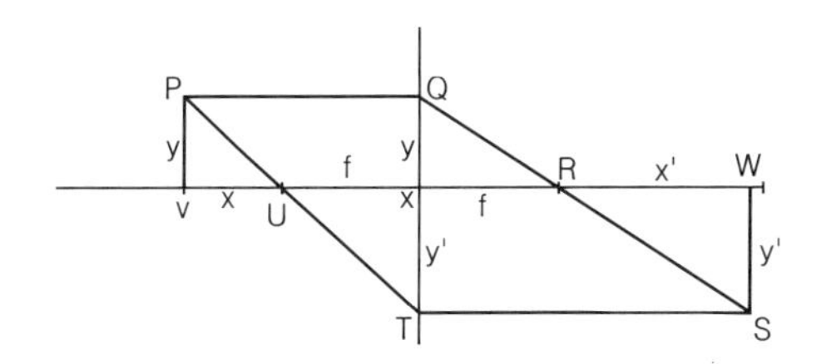

그림 27-7 얇은 렌즈의 기하학적 해석

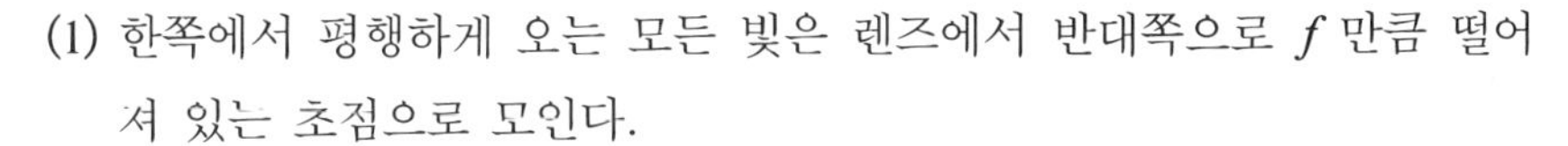

(1) 한쪽에서 평행하게 오는 모든 빛은 렌즈에서 반대쪽으로 f 만큼 떨어져 있는 초점으로 모인다.

(2) 초점을 지나서 렌즈를 통과하는 모든 빛은 평행하게 나아간다.

이 두 가지 사실만 알고 있으면 식 (27.12)를 유도할 수 있다. 렌즈의 초점에서 x 만큼 떨어진 곳에 높이 y 의 물체가 놓여 있다고 생각해보자. 물체의 끝점 P 를 지나면서 중심축에 평행한 빛은 PQ 를 따라 렌즈의 반대편에 있는 또 하나의 초점 R 을 통과하게 된다. 만일 이 렌즈가 P 점의 초점을 어떻게든 형성했다면, P 를 지나는 모든 빛들은 렌즈의 반대편 어딘가에서 한 점에 모였을 것이다. 그러므로 P 를 지나는 수많은 빛의 경로들 중 또 하나를 찾아내어 방금 구한 경로와 만나는 지점을 찾으면 그곳이 바로 P 의 상이 맺히는 지점이 된다. 다른 하나의 경로는 어떻게 찾을 수 있을까? 평행 광선은 렌즈를 통과하면서 한 점(초점)에 모인다는 사실을 '역으로' 이용하면 된다. 즉, 초점을 통과하는 모든 빛들은 렌즈를 거친 후 평행하게 진행하므로[위에 열거한 규칙(2) 참조], 또 하나의 경로는 PUT 를 거쳐 S 에 도달한다는 것을 알 수 있다(물론, TS 는 XW 에 평행한 선이다). 이 S 가 바로 P 의 상이 맺히는 지점이다. 일단 S 가 알려지면, 전체 상이 맺히는 위치와 상의 크기가 결정된다. 상의 높이를 y' 이라 하고, 초점 R 에서 상까지의 거리를 x' 이라 하자. 삼각형 PVU 와 TOU 는 닮은꼴이므로

$$\frac{y'}{f} = \frac{y}{x} \tag{27.13}$$

이다. 또한, 삼각형 SWR 과 QOR 도 닮은꼴이므로

$$\frac{y'}{x'} = \frac{y}{f} \tag{27.14}$$

임을 알 수 있다. 이것을 y'/y에 대해 풀면

$$\frac{y'}{y} = \frac{x'}{f} = \frac{f}{x} \tag{27.15}$$

가 얻어진다. 식 (27.15)는 아주 유명한 렌즈 공식으로서, 이것만 알고 있으면 렌즈에 관한 대부분의 문제는 쉽게 해결된다. 보다시피, 렌즈의 배율 y'/y은 물체(또는 상)의 거리와 초점 거리로 나타낼 수 있다. 또, x와 x'은 초점 거리 f와 다음과 같은 관계에 있다.

$$xx' = f^2 \tag{27.16}$$

이 관계식은 식 (27.12)보다 깔끔한 형태여서 여러모로 사용하기가 편하다. 사실, $s = x + f$, $s' = x' + f$로 놓으면 식 (27.16)은 (27.12)와 똑같아진다. 고개만 끄덕이며 넘어가지 말고, 반드시 증명해보기 바란다.

27-5 복합 렌즈

여러 개의 렌즈가 붙어 있는 복합 렌즈의 성질은 구체적인 증명 없이 결과만 간략하게 언급하고 넘어가기로 하겠다. 복합 렌즈 시스템은 어떻게 분석해야 할까? 방법은 간단하다. 우선 식 (27.12)나 (27.16), 또는 이와 동등한 다른 관계식을 이용하여 첫 번째 렌즈에 의해 맺히는 상의 위치를 계산한다. 그 다음, 이 빛을 광원으로 삼아 두 번째 렌즈의 상을 계산한다. 이 과정을 렌즈의 개수만큼 반복하면 최종적으로 맺히는 상의 위치와 크기 등을 알아낼 수 있다. 이것이 전부이다. 계산만 복잡해졌을 뿐, 새로운 원리나 법칙 같은 것이 전혀 필요 없다. 그래서 설명을 생략하려는 것이다. 그런데 하나의 매질 속에 놓여 있는 복합 렌즈는 그 구체적인 형태에 상관없이 아주 흥미로운 성질을 갖고 있다. 천체 망원경이나 현미경 등 여러 개의 렌즈와 거울로 이루어진 광학 기계들은 공통적으로 다음과 같은 특성을 갖는다—복합 렌즈는 두 개의 '주평면(principal planes)'을 갖고 있다(첫 번째 렌즈의 앞면과 마지막 렌즈의 뒷면이 두 개의 주평면과 거의 일치한다). 주평면의 성질은 다음과 같다. (1)평행 광선이 복합 렌즈에 입사되면, 이들은 모든 렌즈를 통과한 후 두 번째 주평면으로부터 어떤 초점 거리 f만큼 떨어진 지점에 모인다. 이것은 두 번째 주평면이 있는 곳에 얇은 렌즈가 하나만 놓여 있는 상황과 동일하다. (2)평행 광선이 반대 방향으로 입사되면, 이들은 첫 번째 주평면에서 f만큼 떨어진 곳(이전과 같은 f)에 모인다. 이 경우 역시 첫 번째 주평면이 있는 곳에 얇은 렌즈가 하나만 놓여 있는 경우와 동일하다(그림 27-8 참조).

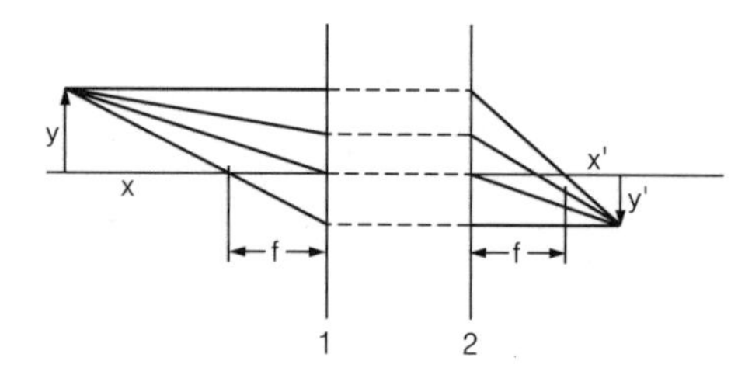

그림 27-8 복합 렌즈의 주평면

복합 렌즈에서 x와 x'을 측정하여 f와 비교해보면, 식 (27.16)이 여전히 성립함을 알 수 있다. 단, 초점 거리 f는 복합 렌즈의 중심이 아니라 주평면으로부터 측정한 거리이다. 얇은 렌즈의 경우, 두 개의 주평면은 하나로 합쳐진다. 얇은 렌즈를 얇게 썰어서 두 개의 더욱 얇은 렌즈를 만든 후에 이들을 분리시켜도 달라지는 것이 없기 때문이다. 얇은 렌즈의 앞면으로 입사된 빛은 경로가 거의 변하지 않은 채 곧바로 뒷면을 통해 밖으로 빠져나간다! 실험이나 계산을 통해 주평면과 초점 거리를 구하면 복합 렌즈의 모든 성질은 알려진 거나 다름없다. 복잡한 광학 기계의 특성을 이렇게 간단하게 알아낼 수 있다니, 정말로 신기하고 흥미롭지 않은가!

27-6 수차(Aberration)

렌즈의 신기함에 감탄을 자아내며 빠져들기 전에, 반드시 해결하고 넘어가야 할 문제가 있다. 지금까지 우리는 빛이 렌즈의 중심축 근처를 지난다는 가정하에 모든 논리를 전개해왔다. 그러나 실제의 렌즈는 제법 덩치가 크기 때문에 중심축에서 멀리 떨어진 곳으로 빛이 들어올 수도 있으며, 따라서 렌즈를 통과한 모든 빛들은 정확하게 한 지점으로 모아지지 않는다. 이로부터 발생하는 렌즈의 오차를 수차(aberration)라 한다. 하나의 렌즈에 나타나는 수차는 여러 종류가 있다. 예를 들어, 렌즈의 중심을 통과하는 빛은 정확하게 초점을 향하고, 중심 근처를 지나는 빛도 거의 정확하게 초점을 지나가지만, 중심축에서 멀어질수록 초점을 벗어나면서 상이 흐려진다. 특히, 렌즈의 끝부분을 통과하는 빛은 심각한 오차를 발생시켜서, 렌즈를 통해 하나의 점을 관측해보면 둥그스름한 영역에 퍼져 있는 것처럼 나타나게 된다. 이것은 렌즈의 면을 4차 곡면이 아닌 구면으로 가공했기 때문에 나타나는 현상으로서, 흔히 '구면 수차(spherical aberration)'라 한다. 구면 수차는 렌즈의 표면을 정밀하게 재가공하거나 여러 개의 렌즈를 붙여서 오차를 상쇄시키는 방식으로 극복할 수 있다.

렌즈가 갖고 있는 결함은 이것 말고도 또 있다. 유리 속을 통과하는 빛은 색상(파장)에 따라 속도(또는 굴절률)가 다르기 때문에 초점이 맺히는 위치도 모두 다르다. 그래서 하얀색 점을 렌즈로 들여다보면 없던 색들이 바구 나타난다. 이런 현상을 '색 수차(color aberration)'라 한다.

또 다른 수차로는 '코마(coma, 비대칭 수차라고도 함)'를 들 수 있는데, 이 현상은 물체가 렌즈의 주축에서 많이 벗어나 있을 때 발생한다. 렌즈로 어떤 물체의 상을 정확하게 잡은 후, 그 위치에서 렌즈를 조금 기울이면 코마가 발생하는 것을 쉽게 확인할 수 있다['코마'라는 이름이 붙은 이유는 렌즈를 통해 맺혀진 상이 마치 혜성(comet)처럼 꼬리를 늘어뜨리고 있기 때문이다 : 옮긴이]. 렌즈 디자이너들은 여러 개의 렌즈를 이어 붙여서 다양한 수차를 상쇄시키고 있다.

렌즈의 수차를 모두 극복하려면 얼마나 많은 보정을 해줘야 할까? 완벽한 렌즈를 만드는 것이 과연 가능한 일일까? 렌즈로 들어오는 모든 빛들을 정확하게 한 점으로 모아주는 완벽한 광학 기계를 만들었다고 가정해보자. 최소 시간 원리에 입각해서 따져볼 때, 이 광학 기계의 완벽함에는 과연 한계가 없는 것일까? 광학 기계가 어떻게 생겼건 간에, 거기에는 빛을 받아들이는 입구가 분명히 있을 것이다. 광학 기계가 완벽하다면, 초점을 지나는 빛들 중 주축에서 가장 멀리 떨어진 빛이라 해도 소요 시간은 정확하게 같을 것이다. 그러나 이 세상에 '완벽한' 것은 없다. 철학적인 주장이 아니라, 사실이 그렇다. 그렇다면 우리의 질문은 이렇게 수정되어야 한다. "가장 바깥쪽으로 들어오는 빛과 주축을 통해 들어오는 빛의 시간차는 어느 정도까지 일치될 수 있는가? 더 이상 수정을 가할 필요가 없는 한계는 어디인가?" 이것은 우리가 얼마나 정확한 렌즈를 원하는가에 달려 있다. 가능한 한 완벽한 렌즈를 만들고 싶다면, 가능한 한 모든 경로의 소요 시간이 같아지도록 만드는 수밖에 없다. 그러나 정확도라는 것이 어느 한계를 넘어서면, 더 이상의 정확도를 추구하는 것은 의미를 잃게 된다. 광학 기계가 감당할 수 있는 정확도에는 분명한 한계가 있기 때문이다!

에너지 보존 법칙이나 질량 보존 법칙처럼, 최소 시간 원리는 정확한 서술이 아니다. 이것은 사실을 근사적으로 표현한 이론에 불과하다. 그러나 그 안에 내포되어 있는 오차가 광학 기계를 이용한 관측 결과에 아무런 영향도 주지 않는다면 더 이상의 정확성을 추구할 이유가 없다. 중심축에서 가장 벗어난 빛과 중심축을 지나는 빛의 시간차가 빛이 한 번 진동하는 데 걸리는 시간(주기)보다 짧다면, 여기서 더욱 정확성을 기한다 해도 광학 기계의 성능은 개선되지 않는다. 빛은 명확한 주기를 가진 진동체이고 진동은 곧 파장과 연결되기 때문이다. 그러므로 입사된 빛의 시간차가 빛의 한 주기보다 짧다면, 더 이상 기계를 수정할 이유가 없다.

27-7 분해능/해상력(Resolving Power)

렌즈와 관련된 기술적인 질문을 하나 던져보자. "상을 정확하게 재생하는 능력, 즉 렌즈의 분해능(또는 해상력)은 무엇에 의해 좌우되는가?" 여러분은 이렇게 생각할지도 모른다. "확대를 계속해 나가면 무엇이든 볼 수 있다. 구면 수차와 색 수차 등이 모두 극복된 성능 좋은 렌즈를 계속 추가해나가면 아무리 작은 물체도 결국에는 우리의 눈에 들어올 것이다." 그러나 사실은 그렇지 않다. 현미경으로 2000배 이상 확대하는 것은 불가능하다. 이론적으로는 10,000배의 배율을 갖는 현미경을 만들 수도 있지만, 이를 통해 10,000배로 확대해서 보면 인접한 작은 점들이 낱개로 구별되지 않고 한데 뭉친 것처럼 보인다. 이것이 바로 광학 현미경의 한계이다. 왜 그럴까? 앞서 말한 대로, 최소 시간 원리 자체가 정확하지 않기 때문이다.

인접한 두 개의 점을 광학 기계로 확대했을 때 이들이 각각 분리된 모습으로 보이려면, 최소한 어느 정도 떨어져 있어야 하는가? 이것은 경로가 다른 빛의 시간차를 이용하여 멋지게 설명할 수 있다. 그림 27-9에서, P점을 출발한 모든 빛들이 동일 시간 경로를 통해 T점으로 모여 상을 맺는다고 하자(물론 이것은 불가능한 이야기지만 지금의 논리와는 별개의 문제이므로 따지지 말자). 렌즈 SR은 수차가 없다고 가정한다. 그렇다면 P근처에 있는 다른 점 P'의 상은 T와 구별될 수 있을까? 기하 광학의 이론에 의하면 두 개의 상이 분명하게 구별된 채로 맺혀야 한다. 그런데 실제로 이런 물체에 렌즈를 들이대면 상이 뭉개져서 점이 하나인지 두 개인지 구별하기가 어려워진다. P'의 상이 T가 아닌 다른 지점에 맺히려면, 렌즈의 양끝을 지나는 두 개의 경로 $P'ST$와 $P'RT$의 소요 시간이 PST 및 PRT의 소요 시간과 달라야 한다. 왜 그런가? 만일 소요 시간이 똑같다면 두 개의 상은 한 지점에 맺히기 때문이다. 그 다음 질문—"두 개의 상을 구별할 수 있으려면 소요 시간은 최소한 얼마나 달라야 하는가?" 모든 광학 기계에 적용되는 분해능의 일반 법칙은 다음과 같다. 두 개의 상이 분리되려면, 두 개의 점을 대상으로 가장 소요 시간이 긴 빛(렌즈의 끝부분을 통과한 빛)을 각각 골라내어 소요 시간을 계산했을 때, '이들의 시간차가 빛의 한 주기보다 긴 곳'에 둘 중 하나의 상이 맺혀야 한다. 렌즈의 가장 위쪽을 지나는 빛과 가장 아래쪽을 지나는 빛의 시간차가 어떤 값을 넘어서면 초점이 흐려지기 시작하는데, 그 한계치는 대략 빛의 한 주기와 같다.

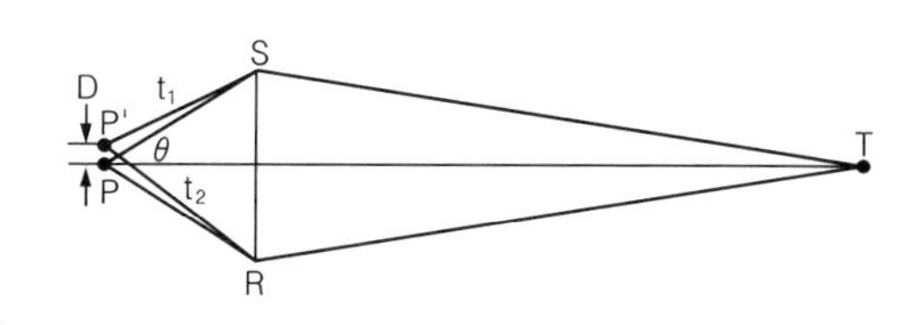

그림 27-9 광학 기계의 분해능

$$t_2 - t_1 > 1/\nu \qquad (27.17)$$

여기서, ν는 빛의 진동수이다(진동수는 초당 진동하는 횟수이며, 빛의 속도를 파장으로 나눈 값과 같다). 두 점 사이의 거리를 D라 하고 섬에서 렌즈를 바라볼 때 형성되는 각을 θ라 했을 때, 식 (27.17)은 $D > \lambda/n\sin\theta$의 형태가 된다(n은 P점에서의 굴절률이고 λ는 빛의 파장이다). 따라서 광학 현미경을 통해 그 존재가 확인되려면 물체의 크기가 적어도 빛의 파장보다 커야 한다. 이 원리를 천체 망원경에 적용하면, 망원경을 통해 인접한 두 개의 별을 광학적으로 분해하고자 할 때, 최소한으로 요구되는 두 별 사이의 각도를 계산할 수 있다.*

---

* 렌즈의 직경을 D라고 했을 때, 이 각도는 약 λ/D이다. 왜 그럴까?

역자후기

전 세계 물리학도들의 필독서인 〈파인만의 물리학 강의, The Feynman Lectures on Physics〉! 표지의 색이 붉어서 세칭 '빨간 책'으로 불리는 그 전설적인 명저가 번역된다는 소식을 처음 접했을 때, 진심으로 반가운 마음과 함께 아직도 이 책이 우리말로 번역되지 않았다는 현실에 일말의 책임감을 느꼈다. 판권이라는 개념이 제대로 정착되지 않았던 시절에 복사본으로 출간되어 수많은 물리학도들에게 물리학의 심오함과 경이로움을 한껏 일깨워 주었던 이 보물과도 같은 책이 40년이 지나도록 영어로만 유통되었다는 것은 기초 과학을 육성하는 우리의 토양이 그만큼 척박했다는 뜻이고, 과학의 대중화가 그 정도로 요원했다는 뜻이기도 하다.

흔히 학생들은 교수를 평가할 때 "실력은 좋은데 강의는 신통치 않다"는 말을 자주 한다. 인류가 낳은 최고의 물리학자였던 뉴턴도 강의만은 너무나 어렵고 횡설수설하여 학생들이 수강을 포기하는 바람에, 케임브리지 대학의 텅 빈 강의실에서 벽을 향해 혼자 열강을 했다고 전해진다. 사실, 지식을 습득하는 것과 그 내용을 다른 사람에게 전달하는 것은 별개의 능력이므로 이 정도의 일화로 뉴턴의 명성에 흠집이 나지는 않을 것이다. 마치 양자 역학의 불확정성 원리처럼 교수의 연구와 강의는 다소 상보적인 관계로 볼 수도 있기에, 연구에 정진하는 학자들의 난해한 강의는 학생들이 감수해야 할 부분이기도 하다.

그러나 파인만은 둘 중 어느 것도 포기하지 않았다. 게다가 그는 두 분야 모두에서 역사에 기록될 만한 업적을 남긴 위대한 학자이자 스승이었다. 그는 맥스웰의 고전 전자기학을 양자 역학 버전으로 완벽하게 재구성하여 '양자 전기 역학(QED, Quantum Electrodynamics)'을 탄생시켰고 그 공로로 노벨상을 수상한 당대의 석학이었지만, 학생들에게 물리학을 소개할 기회만 주어지면 외딴 시골의 고등학교까지 몸소 찾아갈 정도로 사명감이 투철한 물리학의 전도사이기도 했다. '바보가 이해할 수 있는 것은 나도 이해할 수 있다!'는 구호 아래 진행되었던 그의 강의를 듣고 (또는 읽고) 있노라면, 앞에서 끌고 가는 선구자라기보다 학생들을 뒤에서 몰고 가는 양치기와도 같은 인상을 받게 된다. 단 한 명의 학생도 포기하고 싶지 않은 그의 열정은 물리학에 대한 정확하고 깊은 이해와 함께 어우러져 최상의 강의로 표출되었고, 세 권의 책으로 출판된 빨간 표지의 강의록은 그 결정판이라 할 수 있다.

그중 제1권에 해당하는 이 책은 '일반 물리학'을 파인만 특유의 설명으로 재구성한 것으로서, 기존의 교재에는 들어 있지 않은 어려운 주제들이 추가되어 있음에도 불구하고 그 설명 방식이 너무도 독특하고 명쾌하여 바보가 아닌 한 누구나 (사실은 칼텍의 1학년 학생이라면 누구나) 알아들을 수 있는 수준을 초지일관 유지하고 있다. 물론 그 역시 물리학의 신은 아니기에 아주 가끔씩 연결 고리가 명쾌하지 않은 부분도 눈에 띄긴 하지만(아마도 강의 시간이 충분하지 않았기 때문일 것이다), 강의록을 읽다보면 "(파인만은) 마치 책을 읽듯이 자연을 읽어내며, 자신이 발견한 것을 전혀 지루하지 않게, 그리고 복잡하지 않게 설명하는 비상한 재능을 갖고 있다"는 폴 데이비스의 평(『파인만의 여섯가지 물리이야기』 서문 중)이 전혀 과장되지 않은 사실임을 알 수 있을 것이다.

사실 이 책은 대학 1~2학년 학생들이 쉽게 읽을 수 있는 책은 아니다. 각 장의 제목은 후반부의 몇 개를 제외하고 현재 대학에서 강의되고 있는 일반 물리학과 크게 다르지 않지만 그 접근 방식이 전혀 다른데다가 수학보다는 물리적 이해에 중점을 두고 있기 때문이다. 수학적인 내용이 어렵다면 다른 교재를 참고할 수도 있겠지만 이 책은 설명 방식이 너무 독창적이어서 다른 참고 서적을 봐도 별로 도움이 되지 않는다는 단점이 있다. 그러나 이것이 바로 파인만식 강의의 진수이다. 그가 아니면 과연 어느 누가 그토록 생소하고 흥미로운 길로 우리를 인도할 수 있을 것인가! 더욱 놀라운 것은 그 생소한 길을 따라가도 결국은 올바른 목적지에 도달한다는 점이다. 비유적으로 말하자면 파인만은 가장 훌륭한 등반가이자 가장 유능한 셰르파였던 셈이다.

번역서를 출간할 때, 역자들은 자신의 번역이 불완전하여 저자의 명성에 누를 끼치지 않을까 항상 조심스럽다. 그러나 나는 번역을 마치면서 그런 걱정을 전혀 하지 않는다. 일개 번역가가 파인만의 명성에 손상을 입히는 것은 도저히 있을 수 없는 일이기 때문이다. 그리고 파인만의 영감어린 논리와 특유의 위트를 생생하게 살리지 못했다하여 역자를 크게 나무랄 사람도 별로 없을 줄로 안다. 잘못된 번역은 앞으로 차차 고쳐나가야 하겠지만, 그의 천재성과 넘치는 장난기는 어디까지나 그만의 것이므로 역자의 그릇에 그 모두를 담아 낸다는 것은 애초부터 불가능한 일이었다. 그저 우리 나라의 젊은 물리학도들에게 파인만의 원조 강의록을 소개했다는 사실 하나만으로도 역자는 분에 넘치는 영예를 누렸다고 생각한다.

끝으로, 이 책을 번역하는 영예로운 작업을 나에게 일임하고 오랜 시간을 기다려주신 도서출판 승산의 황승기 사장님, 그리고 꼼꼼한 편집과 훌륭한 조언으로 책의 완성도를 높여주신 편집부의 직원 여러분에게 진심으로 깊은 감사를 드린다.

2004년 5월

역자 박병철

찾아보기

ㄱ

ㄴ

ㄷ

ㄹ

ㅁ

ㅂ

ㅅ

ㅇ

ㅈ

ㅊ

ㅋ

ㅌ

ㅍ

ㅎ

Richard Philips Feynman(1918~1988)

리처드 파인만은 흔히 아인슈타인 이후 최고의 천재로 평가되는 미국의 물리학자이다. 1918년에 뉴욕 시 교외에 있는 파라커웨이에서 태어나, 매사추세츠 공과대학(MIT)을 졸업하고 프린스턴 대학교에서 물리학 박사학위를 받았다. 코넬 대학교와 캘리포니아 공과대학에서 교수를 지냈으며, 2차대전 중에는 원자폭탄 개발 계획에 참여했다. 1965년에 양자전기역학(Quantim Electrodynamics, QED) 이론으로 줄리언 슈윙거, 도모나가 신이치로와 함께 노벨 물리학상을 수상했다. 빛과 전자의 상호 작용을 도식화하는 파인만 다이어그램의 창안자이며, 1961년부터 1963년까지 캘리포니아 공과대학(Caltech)의 학부생을 대상으로 강의한 내용을 책으로 엮은 『파인만의 물리학 강의』는 전 세계의 물리학도들에게 '빨간 책' 으로 불려지며 전설이 된 지 오래다. 그는 물리학자이면서도 항상 일상에 호기심이 많았고, 어떤 형식의 권위에도 복종하지 않았던 창조적이고 주체적인 정신의 소유자로서 위대한 연구업적 외에도 재미있는 일화를 많이 남겼다.

1918년 파라커웨이에서 출생
1936년 매사추세츠 공과대학(MIT)에 입학
1940년 프린스턴 대학원 입학
1942년 맨해튼 프로젝트 참여
코넬 대학교 교수로 부임
1943년 로스앨러모스에서 진행중이던 원자폭탄 개발계획에 참여
1945년 코넬 대학 교수로 부임
1951년 캘리포니아 공과대학(칼텍) 교수로 부임
1954년 알베르트 아인슈타인 상 수상
1961년 9월부터 1963년 5월까지 칼텍에서 물리학 강의
(The Feynman lectures on physics)
1962년 E. O. 로렌스 상 수상
1963년 『파인만의 물리학 상의』를 출간하기 시작하여 1965년에 완간(전 3권)
1965년 1965년 초기 양자전기역학의 부정확한 부분을 수정, QED를 완성하여
노벨 물리학상 수상
1972년 물리학을 훌륭히 가르친 공로로 외르스테드 메달 수상
1978년 암 발병
1981년 암 재발
1986년 챌린저 호 참사 원인을 밝혀냄
1987년 또 다른 종양 발견
1988년 사망

옮긴이 박병철

1960년 서울에서 태어나 연세대학교 물리학과를 졸업하고 한국과학기술원(KAIST)에서 박사학위를 취득했다.
현재 대진대학교 물리학과 초빙교수이며, 여러 대학에서 물리학을 강의하면서 번역가로도 활발히 활동하고 있다.
역서로는 『파인만의 여섯 가지 물리 이야기』, 『파인만의 또 다른 물리 이야기』, 『일반인을 위한 파인만의 QED 강의』,
『엘러건트 유니버스』, 『우주의 구조』, 『페르마의 마지막 정리』(영림카디널) 등 20여 권이 있다.

파인만의 물리학 강의 I-I

1판 1쇄 펴냄 2004년 9월 9일
1판 7쇄 펴냄 2018년 1월 25일

지은이 | 리처드 파인만, 로버트 레이턴, 매슈 샌즈
옮긴이 | 박병철
펴낸이 | 황승기
마케팅 | 송선경
본문디자인 | 디자인 미래
펴낸곳 | 도서출판 승산
등록날짜 | 1998년 4월 2일
주 소 | 서울특별시 강남구 테헤란로34길 17 혜성빌딩 402호
전화번호 | 02-568-6111
팩시밀리 | 02-568-6118
이메일 | books@seungsan.com
블로그 | blog.naver.com/seungsan_b

ISBN | 978-89-88907-64-1 94420
978-89-88907-62-7 (세트)